中国地震史研究

（远古至 1911 年）

李文元　李佳金　编著

地震出版社

图书在版编目（CIP）数据

中国地震史研究：远古至1911年/李文元，李佳金编著.
—北京：地震出版社，2021.4
ISBN 978-7-5028-4800-2

Ⅰ.①中… Ⅱ.①李… ②李… Ⅲ.①地震灾害—史料—中国—古代 Ⅳ.①P316.2

中国版本图书馆CIP数据核字（2021）第062051号

地震版　XM4217/P（6051）

中国地震史研究（远古至1911年）

李文元　李佳金　编著
责任编辑：王　伟
责任校对：凌　樱

出版发行：	地震出版社		
	北京市海淀区民族大学南路9号	邮编：	100081
	销售中心：68423031　68467991	传真：	68467991
	总 编 办：68462709　68423029	传真：	68455221
	编辑二部（原专业部）：68721991		
	http：//seismologicalpress.com		
	E-mail：68721991@sina.com		

经销：全国各地新华书店
印刷：河北文盛印刷有限公司

版（印）次：2021年4月第一版　2021年4月第一次印刷
开本：889×1194　1/16
字数：808千字
印张：25.25
书号：ISBN 978-7-5028-4800-2
定价：218.00元

版权所有　翻印必究

（图书出现印装问题，本社负责调换）

祝贺《中国地震史》出版：

研究地震历史，
促进防震减灾。

姚振兴

2018.4.10

姚振兴：中国科学院地质与地球物理研究所研究员，中国科学院院士。

祝贺《中国地震史》出版

增强抗震救灾意识

王震中

二〇一八年九月十日

王震中：中国社会科学院历史研究所研究员，中国社会科学院学部委员。

此樂賊滅天下之萬民也豈不悖哉今天下好戰之國
齊晉楚越若使此四國者得意於天下此皆十倍其國
之眾而未能食其地也是人不足而地有餘也今又以
爭地之故而反相賊也然則是虧不足而重有餘也
還夫好攻伐之君又飾其說以非子墨子曰以攻伐之
為不義非利物與昔者禹征有苗湯伐桀武王伐紂此
皆立為聖王是何故也子墨子曰子未察吾言之類未
明其故者也彼非所謂攻謂誅也昔者有三苗大亂天

欽定四庫全書　墨子　卷五　九

欽定四庫全書　墨子　目錄

非攻中第十八
非攻下第十九

卷六
節用上第二十
節用中第二十一
節用下第二十二闕
節葬上第二十三闕
節葬中第二十四闕

命殛之日妖宵出雨血三朝龍生廟大哭乎市夏冰地
坼及泉五穀變化民乃大振高陽乃命玄宮禹親把天
之瑞令以征有苗四電誘祇有神人面鳥身若瑾以待
搤矢有苗之祥苗師大亂后乃遂幾禹既已克有三苗
焉磨為山川別物上下卿制大極而神民不違天下乃
靜則此禹之所以征有苗也逮至乎夏王桀天有酷命
日月不時寒暑雜至五穀焦死鬼呼國鶴鳴十餘夕乃
命湯於鑣宮用受夏之大命夏德大亂予既卒其命於

欽定四庫全書　墨子　卷五　九

钦定四库全书·墨子·非攻下

记载舜帝时期(约公元前23世纪)山西永济
西南蒲州地震

台湾商务印书馆 1986年

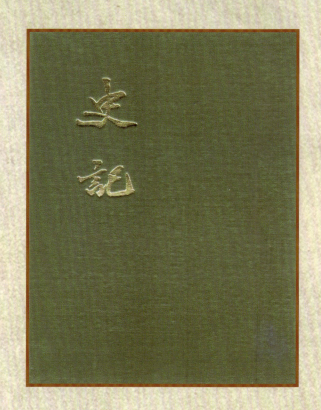

史记·周本纪

记载周幽王二年（公元前780年）陕西三川地震

中华书局1982年第2版

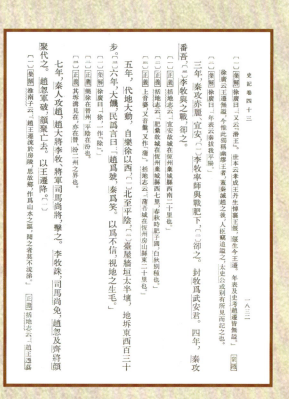
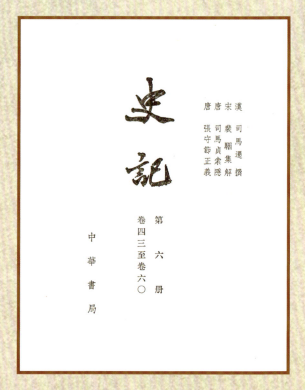

史记·赵世家

记载赵幽缪王五年（公元前231年）晋冀蒙交界地区地震

中华书局1982年第2版

钦定四库全书
太平御览卷八百八十
宋 李昉等 撰
咎徵部七
地震　地裂　地陷
地圻　土踊　地生毛
地震
京房易占曰地動陰有餘

左傳曰南宮極震朝之卿士萇弘謂劉文公曰君其
勉之先君之力可濟也先君謂劉獻公文公父也獻公
卉先君之功可成也君之亡也其三川震今西王之
大臣亦震天弃之矢西王謂子朝弃子朝居之西王也
克東王敬王居狄泉狄泉在王城之東故曰東王也
王城之東故曰東王也東王必大
史記曰周幽王二年三川震太史伯陽甫曰周將亡矣
天地之氣不失其序若過其序民亂之也陽伏而不能
陰迫而不能蒸於是地震陽失而在陰原必塞原塞國必亡

钦定四库全书·太平御览
　　记载鲁昭公二十三年八月丁酉(公元前519年8月8日)周王城地震
　　台湾商务印书馆 1986年

祐四年十二月甲子京師地震甲申忻代并三州地震
壞廬舍覆壓吏民忻州死者萬九千七百四十二人傷
者五千六百五十五人畜擾死者五萬餘代州死者七
百五十九人并州千八百九十人寶元元年正月庚申
秡忻代三州地震十二月甲子京師地震慶歷三年五
月九日忻州地大震說者曰地道貴靜今數震搖兵興
民勞之象也四年五月庚午忻州地震西北有聲如雷
五年七月十四日廣州地震六年二月戊寅青州地震

钦定四库全书 · 宋史 · 五行志
　　记载宋仁宗景祐四年十二月甲申(1038年1月15日)山西北部忻代并三州地震。
　　台湾商务印书馆 1986年

張衡傳

張衡字平子，南陽西鄂人也。[１]世爲著姓。祖父堪，蜀郡太守。衡少善屬文，游於三輔，因入京師，觀太學，遂通五經，貫六藝。雖才高於世，而無驕尚之情，常從容淡靜，不好交接俗人。永元中，舉孝廉，不行，連辟公府，不就。時天下承平日久，自王侯以下，莫不踰侈，衡乃擬班固兩都，作二京賦，因以諷諫，精思傅會，[２]十年乃成。文多，故不載。大將軍鄧騭奇其才，累召不應。

衡善機巧，尤致思於天文、陰陽、歷筭。常耽好玄經，謂崔瑗曰：「吾觀太玄，方知子雲妙極道數，乃與五經相擬，非徒傳記之屬，使人難論陰陽之事，漢家得天下二百歲之書也。復二百歲，殆將終乎？所以作者之數，必顯一世，常然之符也。漢四百歲，玄其興矣。」[３]

[１]西鄂縣，故城在今河南南陽縣北五十里石橋鎮鄂城寺。

[２]「傳會」，傅同附，義爲附益，會是綜合。朝以前散文篇章的綿構爲傅會（或附會），和後人所說的「牽强附會」不同。

[３]玄經，揚雄太玄經。雄字子雲。

[４]謂漢斜天下二百年出現太玄經，再三百年，玄學定要興起。

安帝雅聞衡善術學，公車特徵，拜郞中，再遷爲太史令。遂乃研覈陰陽，妙盡璇機之正。[１]作渾天儀，著靈憲、筭罔論，[２]言甚詳明。順帝初，再轉，復爲太史令。衡不慕當世，所居之官，輒積年不徙。自去史職，五載復還，乃設客問，作應閒以見其志云。[３]……

[１]璇機玉衡，指天上北斗七星，古人用斗柄所指定四時。妙盡璇機之正。是說他精通天文曆法。

[２]靈憲，敍述天體現象的變化，附圖一卷。筭罔論，網羅天地而筭之，久佚。

[３]問，是有所非難。當時有人因他離去官職已五年，又回到原職，說這不是進取之道。衡作此文以「時有遇否、性命難期」作答。

陽嘉元年，[１]復造候風地動儀。以精銅鑄成，員徑八尺，合蓋隆起，形似酒尊，飾以篆文山龜鳥獸之形。[２]中有都柱，傍行八道，施關發機。外有八龍，首銜銅丸，下有蟾蜍，張口承之。其牙機巧制，皆隱在尊中，覆蓋周密無際。如有地動，尊則振龍，機發吐丸，而蟾蜍銜之。振聲激揚，伺者因此覺知。雖一龍發機，而七首不動，尋其方面，乃知震之所在。驗之以事，合契若神。自書典所記，未之有也。嘗一龍機發，而地不覺動，京師學者，咸怪其無徵。後數日，驛至，果地震隴西，於是皆服其妙。自此以後，乃令史官記地動所從方起。

時，政事漸損，權移於下。衡因上疏陳事曰：「伏惟陛下宣哲克明，繼體承天，中遭傾覆，龍德泥蟠。[３]今乘雲高躋，磐桓天位，誠所謂將隆大位，必先倥傯之也。[４]親履艱難者

[１]公元一三二年。

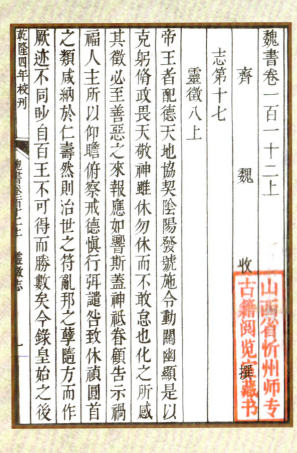

魏书·灵征志（影印本）

记载北魏明元帝泰常四年二月甲子（419年3月16日）司州（今山西大同市东北）地震等。

忻州师范学院图书馆 藏

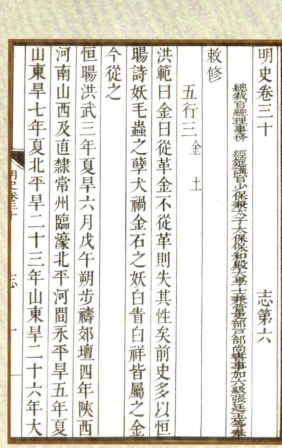
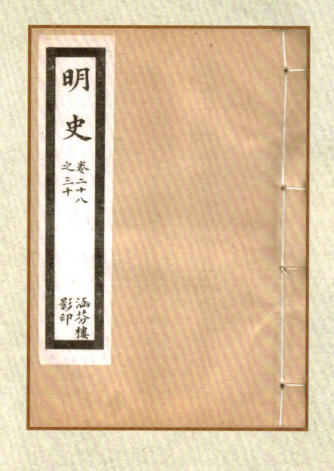

明史·五行志（影印本）

记载洪武四年正月己丑（1371年1月29日）陕西巩昌、临洮、庆阳地震等。

忻州师范学院图书馆 藏

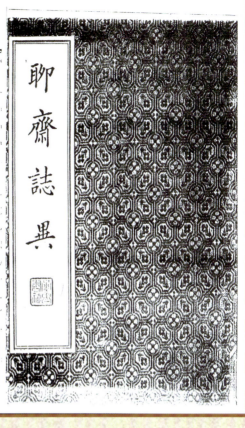

聊斋志异·地震（抄本）

清·乾隆三十年　蒲松龄

记载康熙七年六月十七日（1668年7月25日）山东郯城地震

山东青州图书馆　藏

（《中国地震碑刻文图精选》）

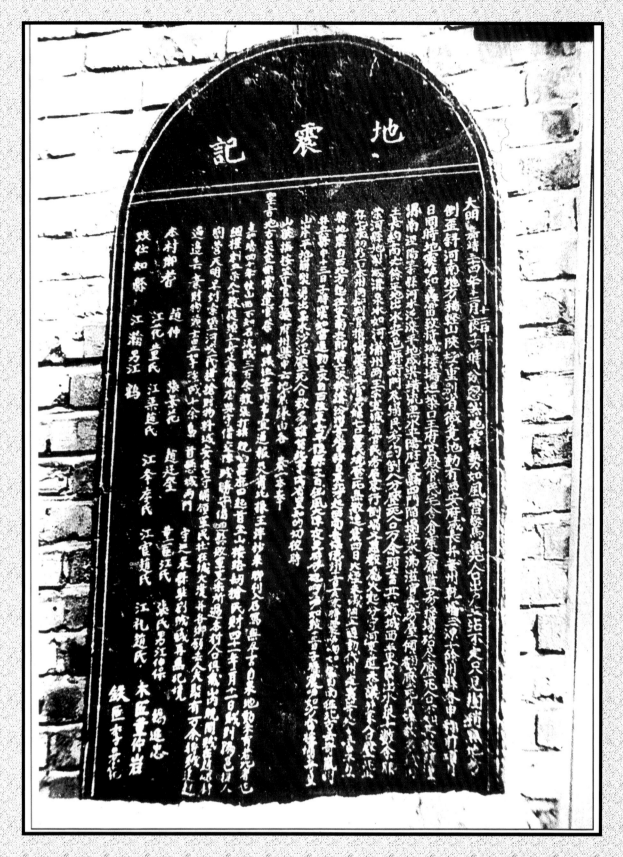

碧霞元君圣母行宫记·地震记
　明·王泮　抄刊
　记载嘉靖三十四年十二月十二日(1556年2月2日)陕西华县地震
　河北涉县娲皇宫 存
　(《中国地震碑刻文图精选》)

祭霍山中镇崇德应灵王碑

元·大德七年十月三日 申敦武等撰

记载大德七年八月初六（1303年9月25日）山西洪洞地震

山西洪洞霍山中镇庙 存

（《中国地震碑刻文图精选》）

大德癸卯八月六日夜漏棲戌部國同時地震河東為甚天子特遣近臣並禱羣望必闍赤塔的迷石翰林直學士林元欽貴御香宮酒異錦幡合内帑銀錠搏平陽府寮霍州趙城官屬致祭于霍山中鎮崇德應靈王越十月三日丁亥三獻禮成因刻諸石庸誌歲月云

大德七年十月

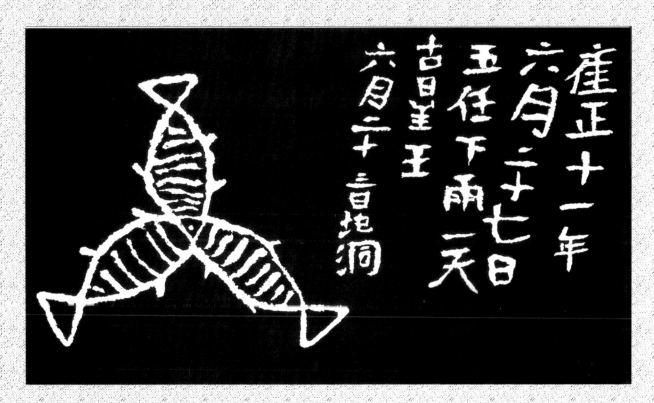

红岩子摩崖地震石刻

　　清·雍正十一年六月二十七日

　　记载雍正十一年六月二十三日（1733年8月2日）云南东川地震

　　四川屏山县中都红岩子彝族聚居区 存

　　（《中国地震碑刻文图精选》）

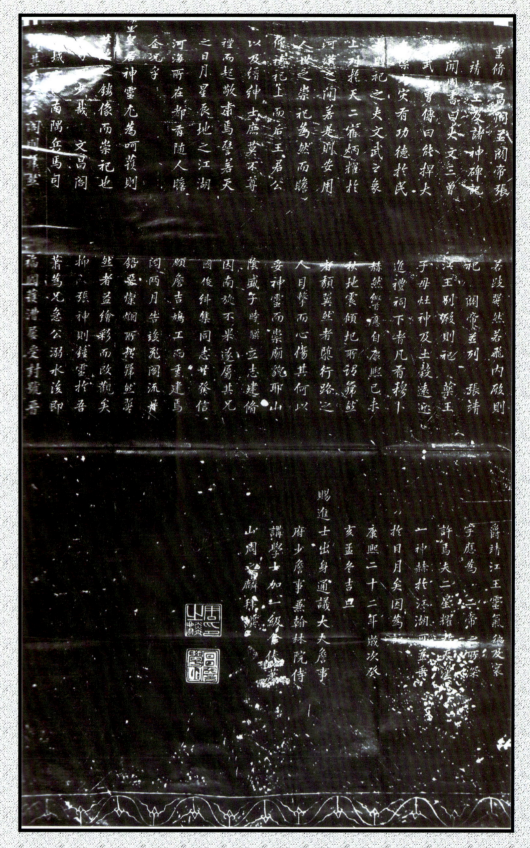

重修文昌阁并关帝庙张靖江王及诸神碑记
　清·康熙二十二年孟冬吉日　周之麟　撰
　记载康熙十八年七月二十八日(1679年9月2日)三河—平谷地震
　北京图书馆　藏
　　(《中国地震碑刻文图精选》)

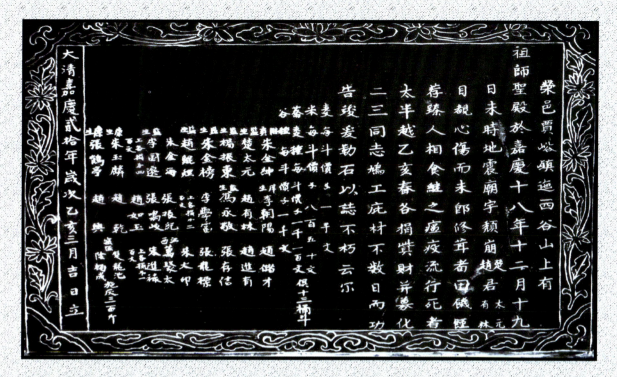

祖师殿碑
　　清·嘉庆二十年三月吉日　立
　　记载嘉庆十八年十二月十九日（1814年1月10日）河南荥阳地震
　　河南荥阳贾峪镇　存
　　（《中国地震碑刻文图精选》）

重修钟楼记
　　清·道光十一年仲秋　立
　　记载道光十年闰四月二十二日（1830年6月12日）河北磁州地震
　　河南林州东卢寨　存
　　（《中国地震碑刻文图精选》）

灵鹰寺庙碑

清·咸丰七年十二月二十四日立　何振世等撰

记载道光三十年八月初七日(1850年9月12日)西昌—普格地震

西昌海南陈瑶村灵鹰寺 存

(《中国地震碑刻文图精选》)

地震德政碑

清·光绪六年孟秋月　徐发祥等　立

记载光绪五年五月初十、十二（1879年6月29日、7月1日）等日南坪地震

四川南坪下塘村　存

（《中国地震碑刻文图精选》）

德政碑

恩　同　再　造

光緒五年五月初十二等日南坪地震成災惟下塘一帶最甚地方武稟明

各大憲仰蒙

總督部堂宮保丁

四成都將軍恆　念切民瘼委員查勘隨即解来庫砰庫色賑卹銀三千兩橋路工銀一千兩除城工銀兩不許外當蒙

藩臺大人程

委員孫　大老爺會同南坪
輒大老爺親赴各鄉逐戶按名放散賑濟銀兩災民親身承領實係庫砰庫色並無減扣分毫城鄉災民均沾實
惠又西諭橋路工程後地震捐息土性燉定趕緊興修以工代賑勿負
上憲恩典災民等不勝惟忭鼓舞之至似地屋荷
殊恩萬難報答惟有銘心鏤骨刊石立誌頌
德政於生生世世爾

光緒六年孟秋月　南坪下汛　被賑　災民

署魯龍汛把總徐發祥
郭元塘紳粮葛荣山
士李文耀恒山陶緒祥

督工建　立

老爺陶元龍　約張占元　等　敬勒

禮部尚書臣黃汝良等謹
題為歲晏民窮報災異陳修省愚衷事祠祭清吏司案呈節
奉本部送禮科鈔出巡按山西
布政司呈禮部尚書李題據沁源縣申報本年肆月貳拾貳日酉時地震
忽而房屋動搖聲若暴風自東南轉向西北而去等因又
該南京禮部尚書李諫宸等題據南京欽天監祯肆月
叁拾日丁酉夜肆更丑時分候得西北方地震隱隱有聲
自西北方乾上來往東南方巽上去等因又
欽差監視宣鎮糧餉兵馬監太監王坤題
崇祯伍年伍月初壹日據鎮安堡守備李光祖稟稱本月
卯時
天降大雨雷電閃灼忽有本堡一西面城樓露霎一聲將樓內擺設
火藥大小銃砲發響一聲及萬人敵無確俱崩碎牆仍將
城樓燒塌具普雷火等因又該
欽差鎮守雲南總兵官征南將軍黔國公沐天波會同巡撫蔡
佃題據順寧府申報本年拾叁日肆更時地震自東
南來忽聞雷聲震蕩房舍動若簸揚等因又該巡按山西
監察御史李高題據嶧縣本年伍月拾玖日酉時地
震微動有聲乾方起至巽方止會同巡撫山西右僉都
史宋統殿會題前事等因又該
欽差提督軍務巡撫四川都察院右僉都御史劉漢儒揭稱據
綿竹縣高起騰申報綿邑地伏而碸本年春夏以來
霪雨不降撤種分秧特插無期己我省有悉沈焦枯未我者
盡緣荒蕪更值蟲蝗肆起地千里樂土為墟
等因又諫德陽縣知縣襲之妾申稟德邑土薄民窮自春
綿德鄉作祟炎赤難堪未穗成友家室慌悴等因又據
仁壽縣知縣翁上猷申稱本縣自貳月兄暘至今百有餘
日山起黃埃野無青草天災流行有秋祀望等因又據監

中国明朝档案总汇第八〇册
礼部尚书黄汝良等题报崇祯五年十二月二十六日（1633年2月4日）山西沁源等处地震本
中国第一历史档案馆 藏

再查正月十一日丑時省城並姚安等處地微震
房屋人口均無損傷惟雲南姚州所二屬情形較重
城垣房屋多有倒塌兩處壓斃人口共有二百餘名口
當即飛飭該管之疲大經親往查勘並添委
因公在省之永昌守根改勳帶日庫銀兩前往會辦
飭撫卹孥俾使災民口食免致缺乏正內即以仰副我
皇上矜念民依之至意候該員查明票春到日再
行奏明復起有限左右昌查勘掌銀按卯緣由會先附片
奏
聞
嘉慶八年閏二月十四日

硃批覽奏欽此

明清宫藏地震档案·军机处录副奏折
云南巡抚初彭龄奏报嘉庆八年正月十一日（1803年2月12日）宾川等州县地震查勘赈恤灾民折
中国第一历史档案馆 藏

奏

奏為奏

聞事本年七月二十七日子時雲南省城地微震動
俄頃即止臣立刻委員分路查勘居民寧貼並
無損壞房屋牆垣一面飛札近省各屬確查去
後連日據路南等州縣具報情形核與省城相
似惟昨據署石屏州知州莊復旦稟報該州於
七月二十七日子時初刻地震起至子正止又
自丑刻至寅刻連震數次申刻又大震一次所
有城垣廟宇官署民房監獄倉廒多有坍倒人
口亦多傷斃覽附近鄉村房屋人口均有震倒傷
斃之處現與史目分投查勘其在監人犯立即

雲貴總督兼署雲南巡撫臣富綱跪

明清宫藏地震档案·军机处录副奏折

云贵总督富纲奏报嘉庆四年七月二十七日（1799年8月27日）云南石屏州等处地震前往赈恤并调兵巡防折

中国第一历史档案馆 藏

嘉慶四年八月二十三日內閣本

上諭富綱奏雲南石屏州等處地震情形現在勘辦
撫邮一摺此次石屏州及鄰界之建水縣兩處地
震猝被災傷房屋坍倒人口間有傷斃殊堪憫惻
該督現已派員帶領銀兩前往查明分別賑邮並
因石屏向未設有大汛另派將備前往彈壓稽查
所辦俱是除查明坍倒房間傷斃人口及城垣衛
署監獄倉廒照例查辦外該督等惟當董率所屬
實力交辦加意撫綏毋致一夫失所以副朕軫念
災黎至意欽此

明清宫藏地震档案·嘉庆朝上谕档第四册

清·嘉庆四年八月二十三日 云南石屏州地震谕旨

记载嘉庆四年七月二十七日（1799年8月27日）云南石屏州等处地震

中国第一历史档案馆 藏

清·康熙五十九年六月十六日 热河地震谕旨

记载康熙五十九年六月初八（1720年7月12日）热河地震

中国第一历史档案馆 藏

（《中国地震碑刻文图精选》）

康熙五十九年六月十六日大學士馬齊
尚書孫查齊徐元夢侍郎查弼納六相特
古武學士阿克敦厄黑訥格爾布發德將
廷錫厲是儀奉
上諭責在京諸臣朕臨御天下六十年無時不
以生民痌瘝為念故凡少過水旱災荒但有
所聞即行施恩拯濟必令窮民得所始懔朕
懷而地震時疫被災尤不可緩朕
歷觀史冊前世每多忌諱以致黎庶疾苦壅
於上聞使恩澤不得下究漸積日久遂成開
鬲朕深以為非直省地方事無巨細必令上
達又隨時諮訪地方大吏亦不敢少有隱諱
務以實心行實政六十年如一日也茲六月
初八日戌時熱河地震朕察其氣覺從西南
來此地雖輕其慕動之處較此必重恐有倒
壞垣壁人民或致傷損故即遣人於四面百
里內外查看方知自西
大臣將地震遠近輕重情形作速查報朕欲

急聞之者恐有被災之處以便及時遣官賑
恤耳今直隸總督宣化總兵俱經奏報而大
臣等始奏稱行查雲貴湖廣四川廣西等處
在所應查乃反置近地而行查數千里外遠
省何謬也朕御極已久歷事最多讀書論
古患窮究其真理大凡地震皆由積氣上冲必
有起處亦必有去處近者其震大遠者其震
南如沙城等地以至山西之蔚州五臺等處
徽宋儒謂陽氣鬱而不申逆為往來則地為
之震其行一道遠不過千里又地震常於北
方蓋以北方土重氣厚無長川大江以洩之
故自江以南震動絕少湖廣等省瀕水之地
朕可決其必無也諸臣身居大僚民生休戚
咸有任責應實究考根底乃既奉諭旨猶事即
當實心籌畫究事部院中宣無讀書之人而
循苟且希圖完事乃既奉諭旨猶因
不明徹道理反合近查遠不亦昧乎前康熙

十八年京畿地震即時分遣各官查驗按戶
賑恤及後山西之嶧縣平陽陝西之平涼地
震亦即遣大吏官負查勘躪租蠲賦婦以救災
黎具有成規諸臣豈忘之耶地方水旱猶可
以次施恩如地震疾疫拯濟之道不可少稽
時日凡圖治貴審其急務朕惟以目前補救
為急聽為氣數而待將來之占驗其又何
及也國家以民為本朕以天下為心天下亦
必以朕心為心民心縈結則本固邦寧矣朕
身為人主推施仁政勢力易便唯行之真誠
則小民得露實惠從來史冊所載遇有災異
減膳徹樂此皆虛文於民生何益天地變異
歷代有之堯舜之時亦不能免有何諱忌朕
六十年來宵旰焦勞不以歲久少懈初心乃
諸大臣偷安圖逸粉飾搪塞平生所讀何書
平日所辦何事朕不勝忿怨特降此旨著發
往嚴責在京滿漢大臣

康熙　地震

清·康熙六十年（1721年）
康熙御制文第四集卷三十
中国人民大学图书馆　藏

之下有大鼠肉重千觔食之已熟字書謂
鼢鼠别有一種大於水牛穿地而行見口
月之光則死皆即此也

地震

朕臨揽六十年讀書閲事務體驗至理大
凡地震皆由積氣所致程子曰凡地動只
是氣動盖積土之氣不能純一闖欝既久
其勢不得不奮老子所謂地無以寧恐將
發此地之所以動也陰陽迫而動於下深
則震雖微而所及者廣淺則震雖大而所
及者近廣者千里而遥近者百十里而止

適當其始發處甚至落瓦倒垣裂地敗宇
而方幅之内逓以近遠而差其發始於一
處旁及四隅凡在東西南北者皆知其所
自也至於湧泉溢水此皆地中所有隨此
氣而出耳既震之後積氣既發斷無再大
震之理而其氣之復歸於脉絡者升降之
間猶不能大順必至於安和通適而後反
其寧静之體故大震之後不時有動搖此
地氣反元之徵也宋儒謂陽氣奮而不申
逆為往來則地為之震此皆明於理者
陽太甚則為地震此皆明於理者西北地
方毅十年内每有震動而江浙絶無緣大

輙能知也地震之由於積氣其理如此而
人鮮有論及者故詳著之

江以南至於荆楚滇黔多大川支水地亦
隆窪起伏無慤百里平行者其勢歆側下
走氣無停行而西北之地彌廣磅礴其氣
厚勁空涌而又無水澤以舒洩之故易為
震也然邊海之地如臺灣月輙數動者
何也海水力厚而勢平又以積陰之氣鎮
乎土精之上國語所謂陽伏而不能出陰
迫而不能烝於是有地震此臺灣之所以
常動也謝肇淛五雜組云閩廣地常動說
者謂濱海水多則地浮夫地豈能浮於海
乎此非通論京房言地震云於水則波今
泛海者遇地動無風而舟自蕩摇舟中人

图尔泰等台湾地震奏折（朱批）

清·雍正十三年十二月二十二日

记载雍正十三年十二月十八日(1736年1月30日)台湾地震

中国第一历史档案馆 藏

（《中国地震碑刻文图精选》）

郝玉麟等台湾地震奏折（朱批）

清·乾隆元年正月二十四日

记载雍正十三年十二月十七日夜(1736年1月29日)台湾地震

中国第一历史档案馆 藏

（《中国地震碑刻文图精选》）

四川巡撫臣碩色謹

奏為奏

聞事本年四月十六日准松潘鎮臣馬義岱據南坪
營守備馮良弼稟稱四月初一日巳時南坪地
方陡然地震時動時止直至初二日午時止將
城垣架口城樓圍牆及守備衙署兵民房牆
壁搖倒一半幸而人畜無傷等因到臣并據署
松潘同知事雅州府通判裴曰發稟同前由臣
查南坪營在松潘口外距松潘尚有四百餘里
實川省西北之邊方今忽據報地震臣無任悚
惕隨飛飭通判裴曰發馳赴南坪詳細查勘一
面將被災兵民加意撫恤及附近南坪各塘汛

并各番寨地方有無震倒損傷之處作速查明
詳報臣酌量撫恤安插務期不致失所外所有
南坪營地震緣由合先奏

聞為此謹

奏

知道了調力俗方政事持恒之朱敬少者来得以
副朕望

乾隆叁年肆月　貳拾　日

四川南坪巡撫碩色地震奏折（朱批）

清·乾隆三年四月二十五日

记载乾隆三年四月初一（1738年5月19日）四川南坪地震

中国第一历史档案馆 藏

（《中国地震碑刻文图精选》）

揭阳地震奏折（朱批）

清·光绪二十一年九月二十九日

记载光绪二十一年七月十一日（1895年8月30日）广东揭阳地震

中国第一历史档案馆　藏

（《中国地震碑刻文图精选》）

代州地震奏折（朱批）

清·光绪二十四年九月初六

记载光绪二十四年八月初七（1898年9月22日）山西代州地震

中国第一历史档案馆　藏

（《中国地震碑刻文图精选》）

序言 (一)

中国大陆地处亚洲核心地带，东有太平洋板块、南有印度板块的双重挤压，地震活动强烈，是全球板内地震十分活跃的地方，地震数量多、震级高、分布广。由于这里的地震属于直下型，震灾格外严重，历史记载丰富。作者归纳总结了我国历史地震的活动规律，和各时期抗震救灾的思想措施，用历史学的观点和方法研究历史地震，既存史，又资政，这类著作目前尚不多见。所以，我对《中国地震史》（远古至 1911 年）一书的出版表示祝贺！

本书将古代地震史划分为先秦、秦汉、三国两晋南北朝、隋唐五代十国、宋元明清五个历史时期，符合中国历史的阶段划分原则。各时期又按照历史地震活动、历史地震活动的时空分布特点、宏观异常、抗震救灾思想和抗震救灾措施等分别予以介绍，震例翔实，分析清晰，既方便读者查找历史地震资料，又能帮助读者了解特定震例所处的宏观历史背景，比以往震例总结多了一份人文色彩，十分宝贵。

学术贵在创新和百家争鸣。希望本书的出版发行，能够引起更多的人关注历史地震，研究震害防御和救灾机制，从而推动我国的防震救灾事业向更高水平迈进。

在本书即将付印之际，写上面几句话，权当序言，亦作为对年轻一代同志的鼓励和肯定。

2018 年 1 月 25 日

马瑾：中国地震局地质研究所研究员，中国科学院院士。

序言（二）

　　李文元、李佳金先生利用工作之余，经过6年多的努力，查阅了大量历史文献，编就了这本《中国地震史（远古至1911年）》大书，内容很丰富，很宝贵；作为一个市的地震部门同志完成这件工作是要付出很大的代价的，这充分体现了作者对中国地震事业的热心和对我国防震减灾工作的重视和献身精神，在此向编著者表示衷心祝贺和充分肯定。

　　研究地震史很重要。因为我国是个地震多发国家，地震带来的灾害也是特别严重，为了防震减灾，减少地震造成的严重的人员伤亡，我们责无旁贷，必需努力奋斗，奋发图强解决地震预报这一世界性的难题。但是，大地震发生的周期较长，所以我们需要通过了解历史地震和没有历史记载的古地震发生的情况，总结分析其宏观发生规律，转移规律，进而研究其发生的原因和条件，以不断改进我们的防震减灾措施。

　　地震的发生与中国朝代的变迁没有直接关系，但是各朝代采取的防震减灾措施是不同的。对前者需要将地震发生地点弄清楚，要将古地名与现今县市地名挂上钩，从文献的描述中分析其烈度与强度，以便与今天的研究结果联系起来；书中附有丰富的地震分布图很重要，需要进一步注明定时、定位、定震级的依据。希望通过今后的努力不断充实这些内容，把中国地震史逐步深化起来，并把它利用起来发挥作用。

赵文津

2018 年 4 月 1 日

赵文津：中国地质科学院研究员，中国工程院院士。

序言 （三）

Geology, including seismology, is a modern science that did not evolve as a separate field of investigation in western tradition until the late eighteenth century.

However China is situated in a region of high seismicity with many historic earthquakes that have had tragically high numbers of casualties. Consequently it is not surprising that earthquakes became an early subject of Chinese interest.

This book, assembled by Li Wen-Yuan, Director of Earthquake Administration Xinzhou, Shanxi Province, and Li Jia-Jin, a Ph. D student, Renmin, University of China, provides the first comprehensive summary of Chinese earthquakes and their monitoring. As such it provides avaluable record for all geologists.

The earliest Chinese earthquake records began during the Qin Dynasty (221B. C. −206B. C.) andwere associated with legends and surface-based observations in an attempt to ascertain their cause. These likely predate any other similar research anywhere.

During the succeeding Han Dynasty (206B. C. −220A. D.), the first seismographs were also built in 132A. D. by Zhang Heng (78A. D. −140A. D.) . This is more than 1700 years before seismographs were invented in Europe and thus was a major achievement. About the same time plans to protect people from earthquakes were also formulated.

This book provides a comprehensive coverage of these early and ongoing developments in seismology.

It is both fascinating and important for historians of geology as well as for all geologists.

It is highly recommended.

Barry J. Cooper

President

International Commission on the History of Geological Sciences (INHIGEO)

（ ＊： 译文见下页。）

序言（三）（译文）

地质学，包括地震学在西方的学术传统中，是一门在 18 世纪末期才发展成独立研究领域的现代科学。

但是，中国自古以来处于全球地震高发区，数千数万计的生命在地震中丧生，所以中国有着非常深远的地震研究的历史传统。

这部著作由山西省忻州市地震局局长李文元，以及中国人民大学博士研究生李佳金共同完成，为研究中国的地震以及抗震救灾历史提供了直观全面的资料，对于地质学家们来说是一份弥足珍贵的记录。

中国有记载的最早地震发生于秦朝（公元前 221 年~公元前 206 年），这些包含了初步观察和神话传说的记载，成为中国最早对地震起因的探究。在相同领域的研究中，本书这一观点或许是最早的。

在汉王朝（公元前 206 年~公元 220 年）的兴盛历史中，最早的地震仪由张衡（公元 78 年~公元 140 年）在公元 132 年发明。这项发明比欧洲地震学的开端要早 1700 多年，是一项十分重大的成就。大约在同一时期，中国的统治者们也开始制定防震减灾、保护百姓的举措。

这本书对地震学在上述早期和后来历史上的发展作了客观全面的论述，它不仅具有较高的可读性，而且对于地质学与地质学史研究者具有很高的学术价值。

我高度推荐相关领域学者阅读这本书。

Barry Cooper

Barry J. Cooper：国际地质科学史委员会（INHIGEO）主席。

目　　录

第一章　先秦时期（远古至公元前 221 年） ·········	1
第一节　先秦时期的地震活动 ·········	1
一、远古时期地震传说 3 次 ·········	1
二、夏时期地震传说 4 次 ·········	1
三、商时期地震传说 3 次 ·········	2
四、西周时期地震 1 次 ·········	2
五、春秋时期地震 7 次 ·········	2
六、战国时期地震 7 次 ·········	3
第二节　先秦时期地震活动的时空分布特点 ·········	4
第三节　先秦时期的宏观异常 ·········	4
一、水 ·········	5
二、动物 ·········	5
三、地生毛 ·········	5
四、地声 ·········	5
第四节　先秦时期的救灾理念、机制、模式、措施 ·········	6
一、救灾理念及措施 ·········	6
二、救灾机制 ·········	8
三、救灾模式 ·········	10
第二章　秦汉时期（公元前 221—公元 220 年） ·········	11
第一节　秦汉时期的地震活动 ·········	11
一、$7 \leqslant M < 8$ 级地震 3 次 ·········	11
二、$6 \leqslant M < 7$ 级地震 7 次 ·········	11
三、$5 \leqslant M < 6$ 级地震 6 次 ·········	13
四、$3 \leqslant M < 5$ 级地震 71 次（目录） ·········	14
第二节　秦汉时期地震活动的时空分布特点 ·········	16
第三节　秦汉时期的宏观异常 ·········	19
一、水 ·········	19
二、动物 ·········	19
三、天气 ·········	19
第四节　张衡发明地动仪 ·········	19
一、张衡简介 ·········	19
二、张衡地动仪 ·········	20
三、公元 138 年陇西地震 ·········	20
第五节　秦汉时期的救灾机制和模式 ·········	21

一、救灾机制	21
二、救灾模式	24

第六节　从汉朝皇帝"地震诏书"的内容看秦汉时期的救灾理念和措施 …… 24

一、汉朝皇帝"地震诏书"的主要内容 …… 24

二、汉朝皇帝"地震诏书"的历史价值 …… 30

第三章　三国两晋南北朝时期（220—589年） …… 31

第一节　三国两晋南北朝时期的地震活动 …… 31

一、$7 \leqslant M < 8$ 级地震 1 次 …… 31

二、$6 \leqslant M < 7$ 级地震 4 次 …… 31

三、$5 \leqslant M < 6$ 级地震 12 次 …… 32

四、$M = 4\frac{3}{4}$ 级地震 6 次 …… 33

五、$3 \leqslant M \leqslant 4\frac{1}{2}$ 级地震 210 次（目录） …… 34

第二节　三国两晋南北朝时期地震活动的时空分布特点 …… 40

第三节　三国两晋南北朝时期的宏观异常 …… 43

一、水 …… 43

二、天气 …… 44

三、动物 …… 44

四、地声 …… 44

五、地生毛 …… 46

六、地光 …… 46

七、植物 …… 47

第四节　三国两晋南北朝时期的救灾理念、机制、模式、措施 …… 47

一、救灾理念 …… 47

二、救灾机制及模式 …… 48

三、救灾措施 …… 55

第四章　隋唐五代十国时期（589—960年） …… 56

第一节　隋唐五代十国时期的地震活动 …… 56

一、$7 \leqslant M < 8$ 级地震 3 次 …… 56

二、$6 \leqslant M < 7$ 级地震 9 次 …… 57

三、$5 \leqslant M < 6$ 级地震 11 次 …… 59

四、$M = 4\frac{3}{4}$ 级地震 7 次 …… 60

五、$3 \leqslant M \leqslant 4\frac{1}{2}$ 级地震 129 次（目录） …… 61

第二节　隋唐五代十国时期地震活动的时空分布特点 …… 65

第三节　隋唐五代十国时期的宏观异常 …… 68

一、水 …… 68

二、地声 …… 69

三、天气 …… 70

四、动物 …… 71

五、地生毛 …… 71

六、地光 …… 71

第四节　隋唐五代十国时期的救灾理念、机制、模式、措施 …… 72

一、救灾理念	72
二、救灾机制	73
三、救灾模式	80
四、救灾措施	81

第五章　宋元明清时期（960—1911 年） ·············· 84

第一节　宋元明清时期的地震活动 ·············· 84

一、8≤M<9 级地震 12 次	84
二、7≤M<8 级地震 53 次	103
三、6≤M<7 级地震 198 次（目录）	149
四、5≤M<6 级地震 504 次（目录）	155
五、4≤M<5 级地震 2627 次（目录）	170
六、3≤M<4 级地震 4200 次（目录略）	247

第二节　宋元明清时期地震活动的时空分布特点 ·············· 247

第三节　宋元明清时期的宏观异常 ·············· 250

一、水	250
二、地声	261
三、动物	275
四、天气	279
五、地光	283
六、地生毛	284
七、地中出火	288
八、其他异象	289

第四节　宋元明清时期的救灾理念、机制、模式、措施 ·············· 289

一、救灾理念	290
二、救灾机制	292
三、救灾模式	313
四、救灾措施	314

附录 ·············· 327

附录一　康熙皇帝论"地震"	327
附录二　中国古代有影响的《地震记》类文献辑录（部分）	328
（一）秦可大《地震记》	328
（二）任塾《地震记》	329
（三）冯可参《灾民歌》	329
（四）沈旺生《磁州地震大灾纪略》	330
（五）周乐《纪磁州地震》	331
（六）吴炽昌《客窗闲话》	331
（七）季元瀛《地震记》	332
（八）柴溥《地震记》	332
（九）崔乃镛《东川府地震纪事》	333
附录三　中国古代地震灾情的有关统计资料	335
（一）死亡万人以上的地震一览表	335

（二）部分地震赈灾拨发钱款表（1911 年前） ⋯⋯⋯⋯⋯⋯⋯⋯⋯⋯⋯⋯⋯⋯ 336

（三）历史上各世纪地震灾情比较 ⋯⋯⋯⋯⋯⋯⋯⋯⋯⋯⋯⋯⋯⋯⋯⋯⋯⋯ 338

附录四　远古至 1911 年 7 级以上大地震一览表 ⋯⋯⋯⋯⋯⋯⋯⋯⋯⋯⋯⋯⋯⋯ 339

附录五　《中国地震史》（远古至 1911 年）审稿意见（部分） ⋯⋯⋯⋯⋯⋯⋯⋯ 353

（一）中国地震学会的审稿意见 ⋯⋯⋯⋯⋯⋯⋯⋯⋯⋯⋯⋯⋯⋯⋯⋯⋯⋯⋯⋯ 354

（二）何永年的审稿意见 ⋯⋯⋯⋯⋯⋯⋯⋯⋯⋯⋯⋯⋯⋯⋯⋯⋯⋯⋯⋯⋯⋯⋯ 356

（三）高建国的审稿意见 ⋯⋯⋯⋯⋯⋯⋯⋯⋯⋯⋯⋯⋯⋯⋯⋯⋯⋯⋯⋯⋯⋯⋯ 357

（四）张九辰的审稿意见 ⋯⋯⋯⋯⋯⋯⋯⋯⋯⋯⋯⋯⋯⋯⋯⋯⋯⋯⋯⋯⋯⋯⋯ 358

（五）曲克信的审稿意见 ⋯⋯⋯⋯⋯⋯⋯⋯⋯⋯⋯⋯⋯⋯⋯⋯⋯⋯⋯⋯⋯⋯⋯ 359

主要参考书目 ⋯⋯⋯⋯⋯⋯⋯⋯⋯⋯⋯⋯⋯⋯⋯⋯⋯⋯⋯⋯⋯⋯⋯⋯⋯⋯⋯⋯⋯ 360

后记 ⋯⋯⋯⋯⋯⋯⋯⋯⋯⋯⋯⋯⋯⋯⋯⋯⋯⋯⋯⋯⋯⋯⋯⋯⋯⋯⋯⋯⋯⋯⋯⋯⋯⋯ 366

第一章　先秦时期（远古至公元前221年）

先秦时期，一般是指秦统一六国以前的历史时期，即从远古至公元前221年，主要包括远古、夏、商、西周、春秋、战国几个阶段，是中国历史发展的重要开端。

先秦时期有记载的地震共25次，其中远古时期地震传说3次，夏时期地震传说4次，商时期地震传说3次，西周时期地震1次，春秋时期地震7次，战国时期地震7次。

第一节　先秦时期的地震活动

一、远古时期地震传说3次

（一）往古之时地震

往古之时，四极废，九州裂，天不兼覆，地不固载。火爁焱而不灭，水浩洋而不息。

（出自《淮南子》）

（二）黄帝一百年地震

黄帝一百年地裂。

（出自《竹书纪年》）

（三）约公元前23世纪舜时期$5\frac{1}{2}$级地震

墨子曰：三苗欲灭时，地震泉涌。

（出自宋·李昉等《太平御览》卷八八〇）

〔子墨子曰〕昔者三苗大乱，天命殛之，日妖宵出，雨血三朝，龙生庙，犬哭乎市，夏冰，地坼及泉，五谷变化，民乃大振。〔乃命禹〕以征有苗，……苗师大乱，后乃遂几。

（出自《墨子》卷五《非攻下》）

二、夏时期地震传说4次

（一）约公元前1831年夏帝发七年地震

〔夏帝发七年〕泰山震。

（出自王国维《今本竹书纪年疏证》卷上）

（二）约公元前1774年帝癸十五年地震

帝癸十五年，夜，中星陨如雨，地震，伊洛竭。

（出自《竹书纪年》）

（三）约公元前1789年帝癸三十年地震

帝癸三十年，瞿山崩。

（出自《竹书纪年》）

（四）约公元前1767年夏帝桀末年6级地震

夏桀末年，社坼裂，其年为汤所放。

（出自王国维《古本竹书纪年辑校》）

〔桀〕十年，五星错行，夜，中星陨如雨，地震，伊、洛竭。

(出自王国维《今本竹书纪年疏证》卷上)

三、商时期地震传说 3 次

（一）约公元前 1189 年商帝乙三年六月地震

〔商帝乙三年〕夏六月，周地震。

(出自王国维《今本竹书纪年疏证》卷上)

（二）约公元前 1177 年周文王八年六月地震

周文王立国八年，岁六月，文王寝疾五日而地动，东西南北，不出国郊。

(出自《吕氏春秋》卷六《制乐篇》)

（三）约公元前 1112 年帝辛四十三年春地震

帝辛四十三年春，崤山崩。

(出自《竹书纪年》)

逮至……殷纣……时，崤山崩，三川涸。

(出自《淮南子·俶真训》)

《淮南子·览冥训》纣为无道，故崤山崩而薄洛之水涸。

(出自《淮南子·览冥训》)

四、西周时期地震 1 次

公元前 780 年周幽王二年 7 级地震：

幽王二年，西周三川皆震。……是岁也，三川竭，岐山崩。

(出自《国语》卷一《周语》)

十月之交，大夫刺幽王也。

十月之交，朔日辛卯，日有食之，亦孔之丑。彼月而微，此日而微，今此下民，亦孔之哀！日月告凶，不用其行。四国无政，不用其良！彼月而食，则维其常，此日而食，于何不臧。烨烨震电，不宁不令。百川沸腾，山冢崒崩。高岸为谷，深谷为陵。哀今之人，胡憯莫惩。

(出自《毛诗正义注疏》卷一二之二《小雅·节南山之什·十月》)

五、春秋时期地震 7 次

（一）公元前 646 年周襄王六年 5 级地震

左氏以为沙麓，晋地。沙，山名也。地震而麓崩，不书震，举重者也。

(出自《文献通考》卷三二〇《物异考》)

（二）公元前 618 年 8 月 24 日鲁文公九年九月癸酉 4 级地震

〔鲁文公九年〕九月癸酉，地震。

(出自《春秋左传正义注疏·春秋经》卷一九)

（三）公元前 557 年 3 月 27 日鲁襄公十六年五月甲子 4 级地震

〔鲁襄公十六年〕五月甲子，地震。

(出自《春秋左传正义注疏·春秋经》卷三三)

（四）公元前 523 年 4 月 13 日鲁昭公十九年五月己卯 4 级地震

〔鲁昭公十九年五月〕己卯，地震。

(出自《春秋左传正义注疏·春秋经》卷四八)

第一章　先秦时期（远古至公元前 221 年）　　·3·

（五）公元前 519 年 8 月 6 日鲁昭公二十三年八月乙未 4 级地震

〔鲁昭公二十三年〕八月乙未，地震。

（出自《春秋左传正义注疏·春秋经》卷五〇）

（六）公元前 519 年 8 月 8 日鲁昭公二十三年八月丁酉 5½ 级地震

〔鲁昭公二十三年〕八月丁酉，南宫极震。苌弘谓刘文公曰：君其勉之，先君之力可济也。周之亡也，其三川震。今西王之大臣亦震，天弃之矣。

（出自《春秋左传正义注疏·春秋传》卷五〇）

（七）公元前 492 年 3 月 17 日鲁哀公三年四月甲午 4 级地震

〔鲁哀公三年〕四月甲午，地震。

（出自《春秋左传正义注疏·春秋经》卷五七）

六、战国时期地震 7 次

（一）公元前 466 年周贞定王三年地震

〔周贞定王〕三年，晋空桐震七日，台舍皆坏，人多死。

（出自宋·刘恕《通鉴外纪》卷一〇引《开元占经》）

（二）公元前 346 年周显王二十三年地震

〔周显王〕二十三年，绛中地坼，西绝于汾（汾水）。

（出自《竹书纪年》卷下）

（三）公元前 280 年秦昭襄王二十七年 5½ 级地震

〔秦昭襄王二十七年〕地动，坏城。

（出自《史记》卷一五《六国年表》）

（四）公元前 232 年秦王政十五年 4 级地震

〔秦王政〕十五年，大兴兵，一军至邺，一军至太原，取狼孟，地动。

（出自《史记》卷六《秦始皇本纪》）

（五）公元前 231 年赵幽缪王五年 6½ 级地震

〔赵幽缪王〕五年，代地大动，自乐徐以西，北至平阴，台屋墙垣太半坏，地坼东西百三十步。六年，大饥。民讹言曰："赵为号，秦为笑。以为不信，视地之生毛。"

（出自《史记》卷四三《赵世家》）

〔赵王迁〕五年，地大动。

（出自《史记》卷十五《六国年表》）

秦王政十六年，赵王迁五年，代地震。自乐徐以西，北至平阴，台屋墙垣太半坏，地坼东西百三十步。胡三省言：乐徐、平阴皆代地。《水经注》：徐水出代郡。

（出自清·康基田《晋乘蒐略》卷六）

（六）公元前 230 年秦王政十七年 4 级地震

〔秦王政十七年〕地动。

（出自《史记》卷六《秦始皇本纪》）

（七）公元前 230 年秦王政十七年山西永济、蒲州 5½ 级地震

（《全国地震目录》有此次地震，暂未查到历史记载。）

第二节 先秦时期地震活动的时空分布特点

先秦时期史籍中有记载的地震共 25 次，其中，$7 \leq M < 8$ 级地震 1 次，$6 \leq M < 7$ 级地震 2 次，$5 \leq M < 6$ 级地震 5 次，主要分布在今陕西、山西、河南、河北一带，构造上处于鄂尔多斯地块南缘及西北缘，即汾渭地震带及其附近（图 1-1）。这一时期发生的最大地震是周幽王二年（公元前 780 年）陕西岐山 7 级地震，这也是中国史书记载最早、记录最可靠的一次大地震。

这一时期的大地震记载较少，频度也不高。

审图号：GS(2016)2878 号　　自然资源部 监制

🟢 $7 \leq M < 8$（共1次）　🟦 $6 \leq M < 7$（共2次）　🔵 $5 \leq M < 6$（共5次）　🟡 $3 \leq M < 5$（共8次）

图 1-1　先秦时期 $3 \leq M < 8$ 级地震分布示意图

第三节 先秦时期的宏观异常

地震前后，往往伴随出现一些地声、地光及地下水、天气、动物等异常现象。虽然这些现象的出现，究竟与地震是何种关系，目前科学界尚无定论，但是，总结和研究这些现象，对地震预测预报而言，无疑是有用处的。市县地震部门的"三网一员"队伍，至今仍在观测并上报这类宏观异常，以期作为专业地震台站专业地震仪器微观观测结果的重要补充。地震现场工作队也在每次震后科学考察中，将宏观异常的出现情况，作为重要考察内容。因此，搜集整理古人对地震前后宏观异常的历史记载，无疑也是有用处的。

一、水

（一）往古之时地震

《淮南子》："往古之时，四极废，九州裂。天下兼覆，地不固载。火燧焱而不灭，水浩洋而不息。"

（出自《淮南子》）

（二）约公元前 23 世纪舜时地震

墨子曰：三苗欲灭时，地震泉涌。

（出自宋·李昉等《太师御览》卷八八〇）

〔子墨子曰〕昔者三苗大乱，天命殛之，……夏冰，地坼及泉，五谷变化，民乃大振。

（出自《墨子》卷五《非攻下》）

（三）约公元前 1767 年夏帝桀末年地震

〔桀〕十年，五星错行，夜，中星陨如雨，地震，伊、洛竭。

（出自王国维《今本竹书纪年疏证》卷上）

（四）约公元前 1112 年帝辛四十三年春地震

逮至……殷纣……时，崤山崩，三川涸。

（出自《淮南子·俶真训》）

纣为无道，故崤山崩而薄洛之水涸。

（出自《淮南子·览冥训》）

（五）公元前 780 年周幽王二年 7 级地震

幽王二年，西周三川皆震。……是岁也，三川竭，岐山崩。

（出自《国语》卷一《周语》）

二、动物

约公元前 23 世纪舜时地震：

墨子曰：三苗欲灭时，地震泉涌。

（出自宋·李昉等《太平御览》卷八八〇）

〔子墨子曰〕昔者三苗大乱，天命殛之，日妖宵出，雨血三朝，龙生庙，犬哭乎市。

（出自《墨子》卷五《非攻下》）

三、地生毛

公元前 231 年赵幽缪王五年 $6\frac{1}{2}$ 级地震：

〔赵幽缪王〕五年，代地大动，自乐徐以西，北至平阴，台屋墙垣太半坏，地坼东西百三十步。六年，大饥。民伪言曰："赵为号，秦为笑。以为不信，视地之生毛。"

（出自《史记》卷四三《赵世家》）

四、地声

公元前 780 年周幽王二年 7 级地震：

十月之交，朔日辛卯，日有食之，亦孔之丑。……烨烨震电，不宁不令。百川沸腾，山冢崒崩。高岸为谷，深谷为陵。哀今之人，胡憯莫惩。

（出自《毛诗正义注疏》卷一二之二《小雅·节南山之什·十月》）

第四节　先秦时期的救灾理念、机制、模式、措施

一、救灾理念及措施

（一）远古时期

我国地处世界两大地震带——环太平洋地震带和欧亚地震带之间，地震地质构造十分复杂，所以，无论在历史上的任何时期，我国都是一个地震多发区。地震数量多、震级高、分布范围广、震灾严重，始终是我国的一个基本国情。远古时期亦不能例外。但是由于远古时期生产力水平极其低下，人类不能对地震等自然灾害作出正确解释，只能认为是一种超自然的神的力量在主宰一切，因而社会上流传着一些神话传说，并把人们的主观愿望夹杂其中，远古时期没有文字，发生地震等自然灾害后只能口口相传。后人依据传说所作的文字记载中，比较出名的有"女娲补天""夸父追日""后羿射日""共工防洪"等。这些神话传说中包含了一些人类避灾抗灾的意识。

（二）夏商时期

大禹治水功高无量，舜帝去世前禅位给禹，禹即位后建夏。禹去世后他的儿子启改变了原始社会禅让制，"启即天子位"，自立为帝，实现了由"公天下"到"家天下"的历史性转变。夏代从禹开始至桀灭亡，共有十四世十七王（参见卜宪群《中国通史》卷一）。商汤伐桀灭夏后，一直至商王帝辛（纣王）为止，是历史上的商朝时期。中国历史上最原始的救灾理念萌芽产生于商代。

这一时期，由于生产力水平低下，人们感觉大自然的支配力量特别强大，就推想在自然界中，也存在一个类似现实社会中的"帝""天帝"或"上帝"在主宰一切，地震等自然灾害就是这些"帝""天帝"或"上帝"在惩罚人类。《尚书　微子篇》中就有"天毒降灾荒"的字句。

由于认为地震等自然灾害是"帝""天帝"或"上帝"在惩罚人类，所以，要想免灾救灾，就只能求救、祷禳于这些"帝""天帝"或"上帝"。这就产生了最原始的救灾理念：天命主义禳弥救灾理念。"周金文字"及《诗经》记载中都可看到这种理念：

"天疾畏降丧，是德不克尽，作忧于先王。"（《师𤾩殷》）

"天降丧乱，饥馑荐臻。靡神不举，靡爱斯牲。……昊天上帝，则不我遗。胡不相畏？先祖于摧。……昊天上帝，则不我虞。敬恭明神，宜无悔怒，……瞻仰昊天，曷惠其宁。"（《诗经·大雅·云汉》）

（三）西周至春秋战国时期

这一时期统治阶级强调"敬天、尚德、保民"。《周礼·地官·大司徒》中讲："以荒政十有二聚万民：一曰散利，二曰薄征，三曰缓刑，四曰弛力，五曰舍禁，六曰去几，七曰眚礼，八曰杀哀，九曰蕃乐，十曰多婚，十有一曰索鬼神，十有二曰除盗贼。""聚万民"即是防止百姓离散，"散利"即是发放救灾物资，"弛力"即是放宽力役，"舍禁"即是取消开放山泽禁令，"去几"即是停收关市税赋，"眚礼"即是减省吉礼的礼数，"杀哀"即是减省凶礼的礼数，"蕃乐"即是收藏起乐器、停止演奏，"索鬼神"即是向鬼神祈祷。可见，这一时期人们的灾害观已经开始改变夏商时期单一的天命主义禳弥救灾理念，重视敬天保民，制定救灾对策，设置救灾职官，抗灾救灾理念发生了质的飞跃。中国历史上最早的救灾学说初步形成。它主要包括以下内容。

1. 救灾理念

（1）敬天尚德保民思想。

西周推翻殷商统治夺取政权后，继承了商代神权社会和商王天命的思想，认为政权是上天赋予的，所以强调"敬天"。《尚书·大诰》载："天休于宁王，兴我小邦周，……克绥受兹命。"《尚书·康诰》载："天乃大命文王，殪戎殷，诞受厥命。"《尚书·康诰》又载："惟命不于常。"《尚书·君奭》载："天不可信，我道惟宁王德延。"所以强调"尚德"。武王在《泰誓》中又载："天矜于民，民之所欲，天

必从之。""天视自我民视，天听自我民听。"《尚书 无逸》中载：统治者要"知稼穑之艰难""知小人之依""保惠于庶民""怀保小民"，所以强调"保民"。

到了春秋战国时期，面对诸侯混战的动荡局面，统治阶层更加意识到"保民"的重要性。孟轲在《孟子·尽心下》中讲："诸侯之宝三：土地、人民、政事。"把土地与人民置于为政之首要。

敬天尚德保民思想的确立，使人们在遇到地震等自然灾害时，开始改变过去单一的认为只是上天在有意惩罚人类、只能以卜祈禳的救灾理念，开始实行既求神保佑、又注意满足人民起码需求的救灾理念。

（2）农本思想。

自古以来，中国以农立国，农业始终是根本。早在商代，就有统治者重视农业生产的记载，《卜辞通纂》492篇就记载有"贞王勿往省黍"的故事。西周时期，《尚书》《诗经》《周礼》《礼记》《国语》等书中也都记载了不少重农故事。

西周统治者十分重视农业生产。《尚书·周书·无逸》载："文王卑服即康功田功，徽柔懿恭，怀保小民，惠鲜鳏寡，自朝至于日中、昃，不遑暇食。"

西周时期开始设置管理农业生产的官员。中央政府中地官司徒负责职掌农业生产。《周礼·地官司徒》载："以土宜之法辨十有二土之名物。以相民宅，而知其利害，以阜人民，以蕃鸟兽，以毓草木，以任土事。辨十有二壤之名物，而知其种，以教稼穑树艺"。大司徒属下的"遂人""掌邦之野"，"以岁时稽其人民，而授之田野""以土宜教甿稼穑，以兴锄利甿，以时器劝甿"；遂大夫"各掌其遂之政令"，"紧岁时稽其夫家之众寡六畜田野，辨其可任者与其可施舍者，以教稼穑"；"县正""掌斯县之政令"，"趋其稼而赏罚之"；"鄼长""里宰"等，"趋其耕耨"；"载师"对"凡田不耕者，出屋粟。凡民无职事者，出夫家之征，以时征其赋"；"闾师"对"凡无职者出夫布""不耕者祭无盛"。

西周时期开始有了仓储。《周礼·地官司徒·遗人》载："遗人掌邦之委积，以待施惠；乡里之委积，以恤民之喜厄；……县都之委积，以待凶荒。""委积"实际上就是粮食仓库，它的作用是"以待施惠""恤民之喜厄"和"以待凶荒"。西周政府还设置"仓人"负责管理粮食仓库，"掌粟之入藏""以待邦用""有余，则藏之，以待凶而颁之"（见《周礼·地官司徒·仓人》）。

2. 救灾措施

（1）禳弥。

西周至春秋战国时期的人们普遍认为，地震等自然灾害是上天在惩罚人类，尤其是惩罚人间的统治者，甚至要改朝换代，所以统治者非常害怕，一旦发生地震等自然灾害，就要向天祷告。"国有大故、天灾，弥祀社稷、祷祠"（《周礼·春官宗伯·大祝》），"国有大灾则帅巫而造巫恒"（《周礼·春官宗伯·司巫》）。

①认为地震与朝代更替有关的记载有：

《淮南子》载：

"逮至……殷纣……时，峣山崩，三川涸。"（《俶真训》）

"纣为无道，故峣山崩，而薄洛之水涸。"（《览冥训》）

②认为巫术求雨能够解除旱灾的记载有：

"卜辞"中载：

"贞舞允从雨。"（《殷礼徵文》）

（2）赈济。

就是用钱款、粮食或衣物等无偿救济灾民。

《礼记·月令》载："天子布德行惠，命有司发仓廪，赐贫穷，振乏绝，开府库，出币帛周天下。"

（3）调粟。

就是通过调拨粮食来救济灾民。调粟分三种：移民就粟、移粟就民、平粜。

①移民就粟。就是让灾民到没有灾情、粮食多的富庶的地方生活。

《周礼·地官司徒》载："大司徒之职……大荒大札，则令邦国移民通财。"《周礼·地官司徒·廪人》载："凡万民之食食者，人四鬴上也，人三鬴中也，人二鬴下也。若食不能二人鬴，则令邦国移民就谷。"

②移粟就民。就是把未发生灾害地区的粮食运到灾区救济灾民。

《周礼·郑康成注》载："移民避灾就贱，其有守不可移者，则输之谷。"《周礼·刘执中订义》载："民可徙则移之就谷，不可徙则谷以周之。"

③平粜。就是官府在灾荒之年将仓库所存之粮平价出售。

《周礼·地官司徒》载："司稼掌巡邦野之稼，……。巡野视稼，以年之上下出敛法，掌均万民之食，而周其急，而平其兴。"春秋战国时期，管仲、李悝各依其说平粜立法，"小饥则发小熟之所敛，中饥则发中熟之所敛，大饥则发大饥之所敛而粜之。故虽遇饥馑水旱，……而人不散。"（见《汉书·食货志》）

（4）安辑。

就是在灾后及时妥善安置逃荒到外地的流民，减免负担，给其好处，设法诱劝引导他们回乡务农，尽早恢复灾区生产生活秩序。

《周礼·地官·旅师》载："旅师……施其惠，散其利……凡新甿之治皆听之，使无征役。"

（5）蠲缓。

就是免除或缓收灾民租税。地震等自然灾害发生后，农业生产秩序被彻底破坏，灾民的生活秩序也被彻底打乱。免除灾民租税，或夏租秋收，今年的租税推迟到明年或后来再收，有利于灾民渡过难关，也有利于统治阶级长治久安。

《周礼·地官司徒》："以荒政十有二聚万民，一曰散利，二曰薄征，……。""薄征"即减轻租赋。

（6）放贷。

就是地震等自然灾害发生后，国家或富户贷给灾民钱粮、种子或耕牛，帮助灾民恢复生产生活秩序。放贷是要收取利息、归还本金的，但它可以缓解灾民一时之困，也是一种积极的救灾措施。

《周礼·地官司徒》："以荒政十有二聚万民。一曰散利……"注谓"散利贷种食也。"疏云："丰时敛之，凶时散之，其民无者，从公贷之。"《管子·揆度篇》："民之无本者，贷之圃疆。""无食者予之陈，无种者贷之新。"《孟子·告子下》："春省耕而补不足，秋省敛而助不给。"

（7）节约。

就是针对灾后经济困难，号召全社会节衣缩食，共渡难关。这种措施往往由统治阶层倡导，并带头降低生活标准，然后带动中下层民众共渡灾荒。

《墨子》："五谷丰收，则五味尽御于主，不尽收，则不尽御。一谷不收谓之馑，二谷不收谓之旱，三谷不收谓之凶，四谷不收谓之馈，五谷不收谓之饥。馑则士大夫以下皆损禄五分之一，旱则损五分之二，凶则损五分之三，馈则损五分之四，饥则尽无禄，廪食而已矣。故饥凶存乎国，人君彻鼎食，大夫彻县，士不入学。君朝之衣不革制，诸侯之客，四邻之使，飧饔飨而不盛。彻骖𫘫，涂不芸，马不食粟，婢妾不衣帛。此告不足之至也。"

综上，西周乃至春秋战国时期逐步形成的救灾理念及其学说、理论，构成了中国古代最初的救灾理念的基本框架，为后世历朝历代所遵循、沿用。当然，后世历朝历代根据当时当地情况，又有所增减、有所发展，会在以后各时期史中分别加以探讨。

二、救灾机制

我国历史上历朝历代虽然一直比较重视救灾工作，但直至清王朝结束，整个古代社会的中央一级政府，都没有设立专门的救灾工作管理机构（参见孙绍骋《中国救灾制度研究》）。各时期救灾工作由最高领导统领，责成相关机构、人员组织实施。

从古代行政机构的演变来看，设官的记载最早见于夏，西周时期中央政府开始有了兼管救灾的官员。

《周礼·地官·司徒》记载：大司徒的职责之一就是"以荒政十有二聚万民"，负责救灾工作；在荒年要"散利"，就是负责发放救灾物资。"大荒大札，则令邦国移民、通财、舍禁、驰力、薄征、缓刑"。大司徒之下设遂人、遂师、委人、廪人、仓人、司稼、遗人等官，负责"掌均万民之食，而周其急"，或"掌邦之委职，以待施惠"等，皆与对灾民的救济工作有关。

表 1-1　西周主要职官隶属简表

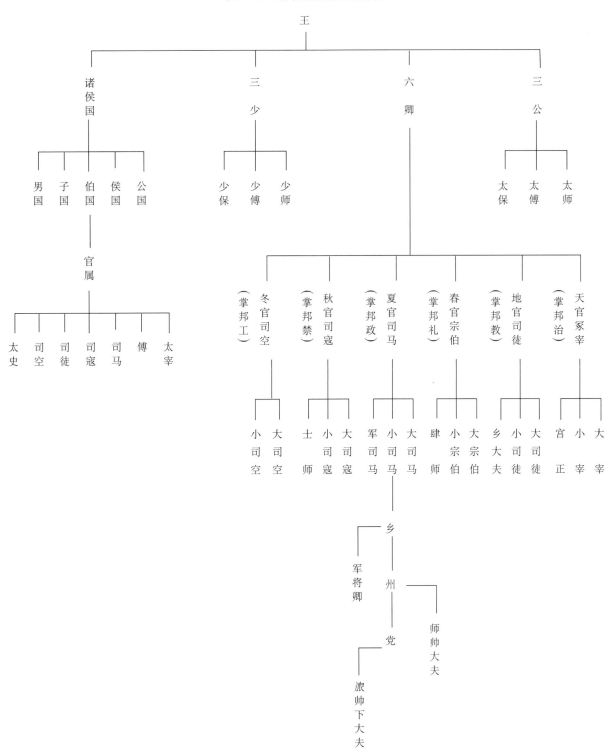

* 本表根据《中国历代职官辞典》和《中国历代官制大辞典》（修订版）等整理。

三、救灾模式

救灾活动是一个复杂的系统工程，需要有一套完整的手续和办法。经过几千年的救灾实践，我们的祖先逐步归纳、整理，形成了从上报到勘察、审核、发赈的较为完善的一整套救灾模式。而在先秦时期，已经开始出现了报灾、发赈的最初形式。比如历史上著名的"晏子救灾"：齐相晏婴先向国王景公报告灾情，然后"请发粟于民"，既上报，又请求发赈，待景公同意后开始实施救灾。这是现存史籍中可见的中国古代最早期的救灾模式。

第二章　秦汉时期（公元前 221—公元 220 年）

秦汉时期，起于公元前 221 年秦始皇统一六国、建立起中国历史上第一个中央集权政府，结束于公元 220 年曹丕称帝灭汉建魏，历时 441 年。秦始皇统一六国之前秦国发生的地震，时间上归属于战国时期，因此划入先秦时期进行介绍。从秦始皇统一六国的公元前 221 年，至汉高祖刘邦推翻秦王朝建立汉朝的公元前 206 年的 15 年，史册中未查找到发生地震的历史记载。所以，秦汉时期的历史地震活动，主要介绍两汉时期有记载的地震活动。这一时期，有记载的 3 级以上地震共 87 次，其中 $7 \leqslant M < 8$ 级地震 3 次，$6 \leqslant M < 7$ 级地震 7 次，$5 \leqslant M < 6$ 级地震 6 次，$3 \leqslant M < 5$ 级地震 71 次。

第一节　秦汉时期的地震活动

一、$7 \leqslant M < 8$ 级地震 3 次

（一）公元前 70 年 6 月 1 日汉宣帝本始四年四月二十九日 7 级地震

本始四年四月壬寅，地震河南以东四十九郡，北海琅邪坏祖宗庙城郭，杀六千余人。

（出自《汉书》卷二七《五行志》）

〔本始四年〕夏四月壬寅，郡国四十九地震，或山崩水出。诏曰："……乃者地震北海、琅邪，坏祖宗庙，朕甚惧焉。丞相、御史其与列侯、中二千石博问经学之士，有以应变，辅朕之不逮，毋有所讳。令三辅、太常、内郡国举贤良方正各一人。律令有可蠲除以安百姓，条奏。被地震坏败甚者，勿收租赋。"大赦天下。上以宗庙堕，素服，避正殿五日。

（出自《汉书》卷八《宣帝纪》）

（二）143 年 9 月 26 日东汉顺帝汉安二年九月至建康元年正月初三 7 级地震

建康元年正月，凉州部郡六，地震。从去年九月以来至四月，凡百八十地震，山谷坼裂，坏败城寺，伤害人物。

（出自《后汉书》志一六《五行志》）

〔汉安二年〕是岁，凉州地百八十震。建康元年正月辛丑，诏曰："陇西、汉阳、张掖、北地、武威、武都，自去年九月已来，地百八十震，山谷坼裂，坏败城寺，杀害民庶。夷狄叛逆，赋役重数，内外怨旷，惟咎叹息。其遣光禄大夫案行，宣畅恩泽，惠此下民，勿为烦扰。"

（出自《后汉书》卷六《顺帝纪》）

（三）180 年东汉灵帝光和三年秋至四年春 $7\frac{1}{2}$ 级地震

〔光和〕三年自秋至明年春，酒泉表氏地八十余动，涌水出，城中官寺民舍皆顿，县易处，更筑城郭。

（出自《后汉书》志一六《五行志》）

二、$6 \leqslant M < 7$ 级地震 7 次

（一）公元前 193 年 2 月 14 日汉惠帝二年正月 6 级地震

惠帝二年正月，地震陇西，压四百余家。

（出自《汉书》卷二七《五行志》）

〔惠帝二年〕春正月癸酉（初四）有两龙见兰陵家人井中，乙亥（初六）夕而不见。陇西地震。

（出自《汉书》卷二《惠帝纪》）

（二）公元前 186 年 2 月 22 日汉高后二年正月二十七日 6 级地震

高后二年正月，武都山崩，杀七百六十人，地震至八月乃止。

（出自《汉书》卷二七《五行志》）

〔高后二年〕春正月乙卯，地震，羌道、武都道山崩。

（出自《汉书》卷三《高后纪》）

〔高后二年〕二（正）月乙卯，晦，地震，羌道、武都道山崩。

（出自汉·荀悦《前汉纪》卷六《高后纪》）

（三）公元前 176 年河南偃师南 6 级地震

（《全国地震目录》有此次地震，暂未查到历史记载。）

（四）公元前 47 年 4 月 17 日汉元帝初元二年二月二十八日 6¾ 级地震

〔初元二年三月〕诏曰："……今朕恭承天地，托于公侯之上，明不能烛，德不能绥，灾异并臻，连年不息。乃二月戊午，地震于陇西郡，毁落太上皇庙殿壁木饰，坏败豲道县城郭官寺及民室屋，压杀人众。山崩地裂，水泉涌出。天惟降灾，震惊朕师。治有大亏，咎至于斯。夙夜兢兢，不通大变，深惟郁悼，未知其序。间者岁数不登，元元困乏，不胜饥寒，以陷刑辟，朕甚闵之。郡国被地动灾甚者无出租赋。赦天下，有可蠲除减省以便万姓者，条奏毋有所讳。丞相、御史、中二千石举茂材异等直言极谏之士，朕将亲览焉。"

（出自《汉书》卷九《元帝纪》）

翼奉字少君，东海下邳人也。……元帝初即位，诸儒荐之，征待诏宦者署，数言事宴见，天子敬焉。……明年二月戊午，地震。其夏，齐地人相食。

（出自《汉书》卷七五《翼奉传》）

〔刘〕向字子政，本名更生。……元帝初即位……〔周〕堪、更生下狱，及〔肖〕望之皆免官。……其春地震，夏，客星见昂、卷舌间。时恭、显、许、史子弟侍中诸曹，皆侧目于望之等，更生惧焉，乃使其外亲上变事，言："……前弘恭奏望之等狱决，三（二）月，地大震。……"

（出自《汉书》卷三六《刘向传》）

（五）公元 46 年 10 月 21 日东汉光武帝建武二十二年九月初五 6½ 级地震

世祖建武二十二年九月，郡国四十二地震，南阳尤甚，地裂压杀人。

（出自《后汉书》志一六《五行志》）

〔建武二十二年〕九月戊辰，地震裂。制诏曰："日者地震，南阳尤甚。……其令南阳勿输今年田租刍藁。遣谒者案行，其死罪系囚在戊辰以前，减死罪一等；徒皆弛解钳，衣丝絮。赐郡中居人压死者棺钱，人三千。其口赋逋税而庐宅尤破坏者，勿收责。吏人死亡，或在坏垣毁屋之下，而家羸弱不能收拾者，其以见钱谷取备，为寻求之。"

（出自《后汉书》卷一《光武帝纪》）

（六）公元 128 年 2 月 22 日东汉顺帝永建三年正月初六 6½ 级地震

顺帝永建三年正月丙子，京都、汉阳地震。汉阳屋坏杀人，地坼涌水出。

（出自《后汉书》志一六《五行志》）

〔永建〕三年春正月丙子，京师地震，汉阳地陷裂。甲午，诏实核伤害者，赐年七岁以上钱，人二千；一家被害，郡县为收敛。乙未，诏勿收汉阳今年田租、口赋。夏四月癸卯，遣光禄大夫案行汉阳及河内、魏郡、陈留、东郡，禀贷贫人。

（出自《后汉书》卷六《顺帝纪》）

张衡字平子，南阳西鄂人也。……时政事渐损，权移于下，衡因上书陈事曰："又前年京师地震土裂，裂者威分，震者人扰也，……"

（出自《后汉书》卷五九《张衡传》）

按：《后汉书》李贤注："顺帝永建三年正月，京师地震也。"

左雄字伯豪，南阳涅阳人也。……永建三年，京师、汉阳地皆震裂，水泉涌出。

（出自《后汉书》卷六一《左雄传》）

（七）公元 138 年 2 月 28 日东汉顺帝永和三年二月初三 6¾级地震

〔永和〕三年二月乙亥，京都、金城、陇西地震裂，城郭、室屋多坏，压杀人。

（出自《后汉书》志一六《五行志》）

〔永和〕三年春二月乙亥，京师及金城、陇西地震，二郡山岸崩，地陷。戊子，太白犯荧惑。夏四月，……戊戌，遣光禄大夫案行金城、陇西，赐压死者年七岁以上钱，人二千；一家皆被害，为收敛之。除今年田租，尤甚者勿收口赋。

（出自《后汉书》卷六《顺帝纪》）

张衡字平子，南阳西鄂人也。阳嘉元年，复造候风地动仪。以精铜铸成，员径八尺，合盖隆起，形似酒尊，饰以篆文山龟鸟兽之形。中有都柱，傍行八道，施关发机。外有八龙，首衔铜丸，下有蟾蜍，张口承之。其牙机巧制，皆隐在尊中，覆盖周密无际。如有地动，尊则振龙，机发吐丸，而蟾蜍衔之。振声激扬，伺者因此觉知。虽一龙发机，而七首不动，寻其方面，乃知震之所在。验之以事，合契若神。自书典所记，未之有也。尝一龙机发而地不觉动，京师学者咸怪其无微，后数日驿至，果地震陇西，于是皆服其妙。自此以后，乃令史官记地动所从方起。

（出自《后汉书》卷五九《张衡传》）

三、5≤M<6 级地震 6 次

（一）公元前 143 年 6 月 7 日汉景帝后元年五月初九 5 级地震

〔后元年〕五月丙戌，地动，其早食时复动。上庸地动二十二日，坏城垣。

（出自《史记》卷一一《景帝纪》）

〔后元年五月〕丙戌，地大动，铃铃然，民大疫死，棺贵。至秋止。

（出自《汉书》卷二六《天文志》）

（二）公元前 91 年 10 月 10 日汉武帝征和二年八月二十日 5½级地震

征和二年七月癸亥，地震，压杀人。

（出自《汉书》卷二七《五行志》）

（三）公元前 35 年 7 月 9 日汉元帝建昭四年六月初五 5¾级地震

〔建昭四年六月甲申〕蓝田地震、山崩，雍灞水。安阳（陵）岸崩，雍泾水，水逆流。

（出自汉·荀悦《前汉纪》卷二三《元帝纪》）

（四）公元前 26 年 3 月 26 日汉成帝河平三年二月二十七日 5½级地震

河平三年二月丙戌，犍为柏江山崩，捐江山崩，皆雍江水，江水逆流坏城，杀十三人。地震积二十一日，白二十四动。

（出自《汉书》卷二七《五行志》）

〔江水〕又东南过犍为武阳县，青衣水、沫水从西南来，合而注之……。江水又东南迳南安县，西有熊耳峡，连山竞险，接岭争高。汉河平中，山崩地震，江水逆流。

（出自北魏·郦道元《水经注》卷三二《江水》）

（五）公元 19 年 2 月 22 日新莽天凤六年二月（高句丽大武神王二年正月）5 级地震

〔高句丽大武神王〕二年春正月，京都震，大赦。

（出自高句丽·金富轼等《三国史纪》卷一四《高句丽本纪》）

（六）公元144年10月25日东汉顺帝建康元年九月十二日5½级地震

〔建康元年〕九月丙午，京都地震。

（出自《后汉书》志一六《五行志》）

〔建康元年九月丙午〕是日，京师及太原、雁门地震，三郡水涌土裂。

（出自《后汉书》卷六《冲帝纪》）

四、3≤M<5级地震71次（表2-1）

表2-1 秦汉时期3≤M<5级地震目录

序号	时间（年·月·日）	北纬（°）	东经（°）	震级 M	地点
1	-175.03.25	34.30	108.90	4	陕西西安
2	-169.12.31	37.70	112.40	4	山西晋阳
3	-162.12.31	34.30	108.90	4	陕西西安西北
4	-149.05.28	34.30	108.90	4	陕西西安西北
5	-147.06.12	34.30	108.90	4	陕西西安西北
6	-145.09.30	34.30	108.90	4	陕西西安西北
7	-142.02.19	34.30	108.90	4	陕西西安西北
8	-138.11.27	34.30	108.90	4	陕西西安西北
9	-131.02.05	34.30	108.90	4	陕西西安西北
10	-131.07.15	34.30	108.90	4	陕西西安西北
11	-73.05.15	34.30	108.90	4	陕西西安西北
12	-67.10.13	34.30	108.90	4	陕西西安西北
13	-48.12.31	34.30	108.90	4	陕西西安西北
14	-47.09.11	34.90	104.70	4½	甘肃陇西一带
15	-42.08.20	34.30	108.90	4	陕西西安西北
16	-41.12.12	34.30	108.90	4	陕西西安西北
17	-29.01.03	34.30	108.90	4	陕西西安西北
18	-25.12.31	34.30	108.90	4	陕西西安西北
19	-13.12.31	34.30	108.90	4	陕西西安西北
20	2.09.23	41.30	125.30	4	辽宁桓仁
21	8.03.31	34.30	108.90	4	陕西西安西北
22	16.02.18	34.30	108.90	4	陕西西安西北
23	19.03.22	41.10	126.20	4	吉林集安
24	76.05.02	35.60	116.30	4½	山东济宁
25	92.06.09	34.70	112.50	4	河南洛阳东北
26	93.04.07	35.40	103.90	4	甘肃临洮
27	95.11.08	34.70	112.60	4	河南洛阳东北

第二章　秦汉时期（公元前221—公元220年）

续表

序号	时间 （年.月.日）	北纬（°）	东经（°）	震级 M	地点
28	97.04.08	35.40	103.90	4	甘肃临洮
29	105.06.19	34.50	107.40	4	陕西凤翔
30	110.10.02	24.70	102.70	4	云南晋宁东
31	118.04.07	41.10	126.20	4	吉林集安
32	122.06.20	34.70	112.60	4	河南洛阳东北
33	123.12.31	34.70	105.40	4	甘肃甘谷东南
34	124.01.06	34.70	112.60	4	河南洛阳东北
35	125.01.20	41.10	126.20	4	吉林集安
36	128.02.22	34.70	112.60	4	河南洛阳东北
37	133.06.18	34.70	112.60	4	河南洛阳东北
38	136.02.18	34.70	112.60	4	河南洛阳东北
39	137.05.25	34.70	112.60	4	河南洛阳东北
40	137.12.22	34.70	112.60	4	河南洛阳东北
41	138.06.02	34.70	112.60	4	河南洛阳东北
42	139.04.24	34.70	112.60	4	河南洛阳东北
43	140.03.22	34.70	112.60	4	河南洛阳东北
44	142.11.04	41.20	126.10	4	吉林集安西北
45	147.05.27	34.70	112.60	4	河南洛阳东北
46	147.10.31	34.70	112.60	4	河南洛阳东北
47	148.01.07	41.10	126.20	4	吉林集安西北
48	149.11.01	34.70	112.60	4	河南洛阳东北
49	149.11.12	34.70	112.60	4	河南洛阳东北
50	151.12.23	34.70	112.60	4	河南洛阳东北
51	152.03.22	34.70	112.60	4	河南洛阳东北
52	152.12.11	34.70	112.60	4	河南洛阳东北
53	154.01.30	41.10	126.20	4	吉林集安西北
54	154.03.04	34.70	112.60	4	河南洛阳东北
55	157.01.26	34.70	112.60	4	河南洛阳东北
56	161.08.07	34.50	107.60	4½	陕西岐山一带
57	162.06.22	34.70	112.60	4	河南洛阳东北
58	165.11.05	34.70	112.60	4	河南洛阳东北
59	171.04.04	34.70	112.60	4	河南洛阳东北
60	173.07.26	36.70	118.70	4	山东昌乐西一带
61	177.11.08	34.70	112.60	4	河南洛阳东北

续表

序号	时间 （年.月.日）	北纬（°）	东经（°）	震级 M	地点
62	178.03.14	34.70	112.60	4	河南洛阳东北
63	178.05.10	34.70	112.60	4	河南洛阳东北
64	179.05.14	34.30	108.90	4	陕西西安西北
65	191.07.31	34.30	108.90	4	陕西西安西北
66	193.12.02	34.30	108.90	4	陕西西安西北
67	194.01.31	34.30	108.90	4	陕西西安西北
68	194.07.06	34.30	108.90	4	陕西西安西北
69	194.07.07	34.30	108.90	4	陕西西安西北
70	209.12.14	29.10	111.70	4	湖南常德东北
71	217.12.15	41.20	126.10	4	吉林集安西北

第二节　秦汉时期地震活动的时空分布特点

秦汉时期（公元前221年—公元220年）历时441年。这一时期，有记载的有感地震（$3 \leqslant M < 5$ 级）共71次，5级以上地震（$5 \leqslant M < 8$ 级）16次，其中 $5 \leqslant M < 6$ 级地震6次，$6 \leqslant M < 7$ 级地震7次，$7 \leqslant M < 8$ 级地震3次。平均每年发生地震（$3 \leqslant M < 8$ 级）约0.2次，其中，平均每年发生有感地震（$3 \leqslant M < 5$ 级）约0.16次，发生5级以上地震（$5 \leqslant M < 8$ 级）约0.036次，发生6级以上地震（$6 \leqslant M < 8$ 级）约0.023次，发生7级以上地震（$7 \leqslant M < 8$ 级）约0.007次。换言之，平均约28年发生一次5级以上地震，44年发生一次6级以上地震，147年发生一次7级以上地震。总体上看，这一时期除公元前131年和公元194年有感地震频度相对较高以外，其他时间段地震频度均不高（图2-1、图2-2）。

这一时期的地震主要分布在今甘肃、陕西、河南、山东等省，辽宁、山西、湖南、云南等省也有零星分布，构造上主要分布于天水—兰州地震带、汾渭地震带及郯庐地震带及其附近（图2-3、图2-4）。

第二章 秦汉时期(公元前221—公元220年)

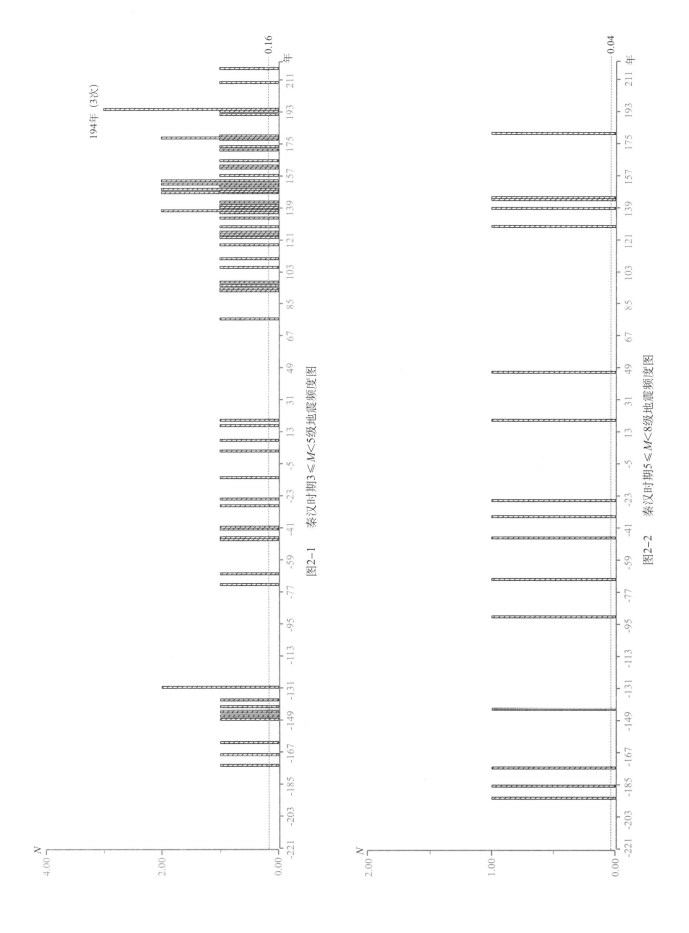

图2-1 秦汉时期 $3 \leq M < 5$ 级地震频度图

图2-2 秦汉时期 $5 \leq M < 8$ 级地震频度图

图2-3 秦汉时期3≤M<5级地震分布示意图

图2-4 秦汉时期5≤M<8级地震分布示意图

第三节　秦汉时期的宏观异常

一、水

（一）公元前 70 年 6 月 1 日汉宣帝本始四年四月二十九日 7 级地震

〔本始四年〕夏四月壬寅，郡国四十九地震，或山崩水出。

（出自《汉书》卷八《宣帝纪》）

（二）公元前 47 年 4 月 17 日汉元帝初元二年二月二十八日 6¾ 级地震

〔初元二年三月〕诏曰："……今朕恭承天地，托于公侯之上，明不能烛，德不能绥，灾异并臻，连年不息。乃二月戊午，地震于陇西郡，毁落太上皇庙殿壁木饰，坏败豲道县城郭官寺及民室屋，压杀人众。山崩地裂，水泉涌出。……"

（出自《汉书》卷九《元帝纪》）

（三）128 年 2 月 22 日东汉顺帝永建三年正月初六 6½ 级地震

顺帝永建三年正月丙子，京都、汉阳地震。汉阳屋坏杀人，地坼涌水出。

（出自《后汉书》志一六《五行志》）

左雄字伯豪，南阳涅阳人也。……永建三年，京师、汉阳地皆震裂，水泉涌出。

（出自《后汉书》卷六一《左雄传》）

（四）180 年秋东汉灵帝光和三年秋—四年春 7½ 级地震

〔光和〕三年自秋至明年春，酒泉表氏地八十余动，涌水出，城中官寺民舍皆顿，县易处，更筑城郭。

（出自《后汉书》志一六《五行志》）

二、动物

公元前 193 年 2 月 14 日汉惠帝二年正月 6 级地震：

〔惠帝二年〕春正月癸酉（初四）有两龙见兰陵家人井中，乙亥（初六）夕而不见。陇西地震。

（出自《汉书》卷二《惠帝纪》）

三、天气

公元前 186 年 2 月 22 日汉高后二年正月二十七日 6 级地震：

〔高后二年〕二（正）月乙卯，晦，地震，羌道、武都道山崩。

（出自（汉）苟悦《前汉纪》卷六《高后纪》）

第四节　张衡发明地动仪

张衡（公元 78—139 年），字平子，河南南阳西鄂人，是东汉时期一位思想家、文学艺术家和科学家。张衡生活在秦汉时期一个地震频发的时期，自他 12 岁时起，到 63 岁去世的半个世纪，发生了 50 余次地震。张衡发明的地动仪，比西方发明的同类仪器，至少早了约 1700 多年，是世界公认的地震仪鼻祖。

一、张衡简介

（一）张衡是一位思想家

张衡生活的东汉时期，儒家"天人感应"、尊孔读经、谶纬迷信占据统治地位。张衡反其道而行之，深入研究西汉扬雄所著《太玄经》，写出了《太玄注》《思玄赋》《驳图谶疏》等，绘制了《玄图》，批判图谶学说是"恶图犬马而好作鬼魅，诚以实事难形，而虚伪不穷也"，是当时朴素唯物主义思想的代表人物之一。

（二）张衡是一位文学艺术家

张衡创作的《温泉赋》《南都赋》《同声歌》等作品，立意高远，辞藻典丽，读后令人心旷神怡。张衡善画山水、动物，与赵岐、刘褒、蔡邕同为东汉四大画家。此外，张衡对音乐舞蹈等艺术也有精深研究。

（三）张衡是一位科学家

张衡继承和发展了前人在天文、历法上的成就，于公元117年制造出"铜铸浑天仪"，编纂了《浑天仪图注》和《漏天转浑天注》两本说明书，还撰写了《灵宪》，绘制了《灵宪图》，比较系统地阐述了自己的天文学理论，认为宇宙是无限的，天体的运行是有规律的，反映了他的朴素唯物主义自然观。他经过对某些天体运转情况的观测，得出一周天为三百六十五又四分之一度的结论，与近世所测地球绕日一周历时365天5小时48分46秒的数值相差无几。他算出的圆周率为10的平方根，为3.16强，比印度和阿拉伯数学家得出这个数值要早500多年。

二、张衡地动仪

张衡所处时代，正是中国历史上的一个地震活跃期（参见中国地球物理学会《中国地球物理学史》页41）。他充分运用天文、数学等知识，经过反复实践，于公元132年发明地动仪，在人类历史上首次用科学仪器监测地震。

《后汉书·张衡传》是这样记载张衡发明地动仪的：

"阳嘉元年，复造候风地动仪。以精铜铸成，员径八尺，合盖隆起，形似酒尊，饰以篆文山龟鸟兽之形。中有都柱，傍行八道，施关发机。外有八龙，首衔铜丸，下有蟾蜍，张口承之。其牙机巧制，皆隐在尊中，覆盖周密无际。如有地动，尊则振龙，机发吐丸，而蟾蜍衔之。振声激扬，伺者因此觉知。中一龙发机，而七首不动，寻其方面，乃知震之所在。验之以事，合契若神。自书典所记，未之有也。尝一龙机发而地不觉动，京师学者，咸怪其无征。后数日驿至，果地震陇西，于是皆服其妙。自此以后，乃令史官记地动所从方起。"

张衡地动仪后来失传了。到了近代，我国和世界上一些国家的科学家纷纷按照史料记载进行研究和复原。由我国古代科技史专家王振铎研究复原的地动仪模型现陈列在中国国家博物馆。

三、公元138年陇西地震

公元138年陇西6¾级地震，是史书中现在能找到的张衡发明地动仪后记录到的唯一一次大地震。

（一）关于公元138年陇西地震的史籍记载

〔永和〕三年二月乙亥，京都、金城、陇西地震裂，城郭、室屋多坏，压杀人。

（出自《后汉书》卷一六《五行志》）

〔永和〕三年春二月乙亥，京师及金城、陇西地震，二郡山岸崩，地陷。戊子，太白犯荧惑。夏四月，……戊戌，遣光禄大夫案行金城、陇西，赐压死者年七岁以上钱，人二千；一家皆被害，为收敛之。除今年田租，尤甚者勿收口赋。

（出自《后汉书》卷六《顺帝纪》）

（二）关于公元138年陇西地震的震中位置

由于该次地震记载较为笼统，前人对震中位置一直有争议，争论的主要焦点是金城郡治究竟在何处。因此，确定金城、陇西二郡郡治的所在地，成为确定震中位置的关键。对金城郡治允吾县的具体位置有不同看法，大致共有五种意见：一是允吾县在今青海民和县古鄯乡北古城，二是在民和县县城，三是在今红古区辖境，四是在今皋兰县境，五是在民和县下川口。

据考证，过去没有关于陇西地震考察的报道。2000年，中国地震局兰州地震研究所袁道阳等人对青海、甘肃、宁夏等众多县市的详细考察证实，汉金城郡郡治允吾县应当在今民和县马场垣乡下川口村西北700米处，湟水南岸台地上；而陇西郡在狄道县（今临洮县）。根据二郡郡治的位置及所辖各县范围，公元138年地震的震中位置大致应在今甘肃省永靖县北西的湟水、黄河附近，长轴方向应为北北西。这为深入研究公元138年陇西6¾级地震的发震构造提供了新的证据。

（三）公元138年陇西地震的发震构造

关于公元138年陇西6¾级地震的发震构造，根据历史地震资料考证和滑坡分布特征，大致可以确定公元138年陇西6¾级地震的极震区范围。从区域地震地质分析，该地震的发震构造应在拉脊山前缘—湟水—永靖一带。公元138年陇西6¾级地震的发生可能与拉脊山前外带挤压槽皱构造的新活动有关。（参见高建国《汉代地震考》）

第五节　秦汉时期的救灾机制和模式

一、救灾机制

秦始皇统一六国、建立中央集权国家政权后，开始实行尚书和九卿制度，中央一级政府开始有了较明确的各衙门分工。这套机构模式后来一直为中国几千年封建社会所沿用和发展。秦汉时期，救灾工作一直没有纳入规范的政务序列。汉代，大司农掌谷货，下辖大司农丞、大司农部丞、太仓令、均输令、平准令、都内令、籍田令、斡官长、铁市长、郡国诸仓长、郡国农监、郡国都水、盐官、铁官、导官令、大司农史、大司农斗食属等。汉成帝时，河"决于馆陶及东郡金堤，泛溢兖豫，……成帝遣大司农奉调钱谷调均河决所灌之郡。"（参见（《汉书·沟洫志》）由此推断汉代大司农可能也兼管救灾工作。

地方官本就担负保一方平安之责，发生自然灾害后，地方官自然就要担负起救灾职责。地方政府的报灾制度在秦代开始出现。河北出土的秦国法律《田律》规定，报灾项目有旱、涝、风、虫等，报灾时间为秋天，漏报、迟报、误报要予以惩罚。这是现在所能见到的最早的报灾制度。（参见孙绍聘《中国救灾制度研究》马宗晋院士所作序言）

秦汉中央机构简表和西汉主要职官隶属简表见表2-2、表2-3。

表2-2　秦汉中央机构简表

组织系统与机构	官名	编制员额	职掌	下属机构
	太尉（大司马）	1人	掌武事	长史、西曹掾、东曹掾、户曹掾、奏曹掾、辞曹掾、法曹掾、尉曹掾、贼曹掾、决曹掾、兵曹掾、金曹掾、仓曹掾、黄阁主簿、令史、御属、官骑
	太常	1人	掌宗庙礼仪	太常丞、太乐令、太祝令、太宗令、太史令、太卜令、太医令、均官长、都水长、庙令、高庙令、世祖庙令、寝令、园令、食官令、虞太宰令、虞太祝令、五畤尉、博士祭酒、博士、赞飨礼官大夫、太常掾、太常掌故、曲台署长
	宗正	1人	宗室事务	宗正丞、都司空令、内官长、诸公主家令门尉
	光禄勋（郎中令）	1人	掌宫门警卫，出充皇帝车骑	光禄丞、光禄掾、光禄主事、光禄主簿大夫、议郎、五官中郎将、五官郎、左中郎将、左署郎、右中郎将、右署郎、郎中三将、郎署长、期门。虎贲中郎将、羽林中郎将、羽林左监、羽林右监、骑都尉、奉车都尉、驸马都尉、谒者仆射

续表

组织系统与机构	官名	编制员额	职掌	下属机构
	卫尉	1人	卫护宫门	卫尉丞、公车司马令、卫士令、南宫卫士令、北宫卫士令、旅贲令、左右都候、宫掖门司马
	太仆	1人	掌舆马	太仆丞、大厩令、未央（厩）令、家马（厩）令、车府令、路軨（厩）令、骑马（厩）令、骏马（厩）令、龙马监长、闲驹监长、騊駼监长、承华监长、边郡六牧师苑令、牧豪令、駧騩厩令、承华厩令、考工令
	廷尉	1人	掌刑狱	廷尉正、廷尉左右监、廷尉左监、廷尉右平、廷尉左平、廷尉史、奏谳掾、奏曹掾、文学卒史从史、书佐
	大鸿胪	1人	掌宾礼	大鸿胪丞、行人令、译官令、别火令、郡邸长、大鸿胪文学、大行卒史、大行治礼丞、典属国
	大司农（大农令）	1人	掌谷货	大司农丞、大司农部丞、太仓令、均输令、平准令、郡内令、籍田令、斡官长、铁市长、郡国诸仓长、郡国农监、郡国都水、盐官、铁官、导官令、大司农史、大司农斗食属
	少府	1人	掌帝室财政	少府丞、尚书令、符节令、太医令、太官令、汤官令、导官令、乐府令、若卢令、考工室令、左弋令、居室令、甘泉居室令、左右司空令、东织令、西织令、东园匠令、胞人长、都水长、均官长、上林十池监、中书谒者令、黄门令、钩盾令、尚方令、永巷令、御府令、内者令、宦者令、中黄门、守宫令、上林苑令、侍中、中常侍、给事黄门侍郎、小黄门、黄门署长、画室署长、玉堂署长、丙署长、中黄门冗从仆射、掖庭令、祠祀令、中藏府令
	水衡都尉	1人	掌国家财政	水衡丞、上林令、均输令、御羞令、禁圃令、辑濯令、钟官令、技巧令、六厩令、辩铜令、衡官、水司空都水、农仓长、甘泉上林都水
	执金吾	1人	掌京师治安	执金吾丞、中垒令、寺互令、都船令、武库令、左辅都尉、右辅都尉、缇骑
	将作大匠	1人	掌治宫室	将作大匠丞、石库令、东园主章令、左校令、右校令、前校令、后校令、中校令、主章长
尚书台	尚书令	1人	拆阅、裁决章奏	尚书左丞、尚书右丞、三公曹、吏曹、二千石曹、民曹、南北主客曹
太子宫官属	太子少傅	1人	辅导太子	
	太子少傅	1人	辅导太子主太子宫官属	太子率更令、太子庶子、太子舍人、太子家令、太子仓令、太子食官令、太子仆、太子厩长、太子门大夫、太子中庶子、太子洗马、太子中盾、太子卫率
	詹事	1人	掌皇后、太子家	詹事丞、中长秋、私府令、永巷令、仓令、厩令、祠祀令、食官令、中太仆、中宫卫尉、大长秋、大长秋丞、中宫仆、中宫谒者令、中宫尚书、中宫私府令、中宫永巷令、中宫黄门冗从仆射、中宫署长、中宫药长

　　* 本表根据《中国历代职官辞典》和《中国历代官制大辞典》（修订版）等整理。

表 2-3　西汉主要职官隶属简表

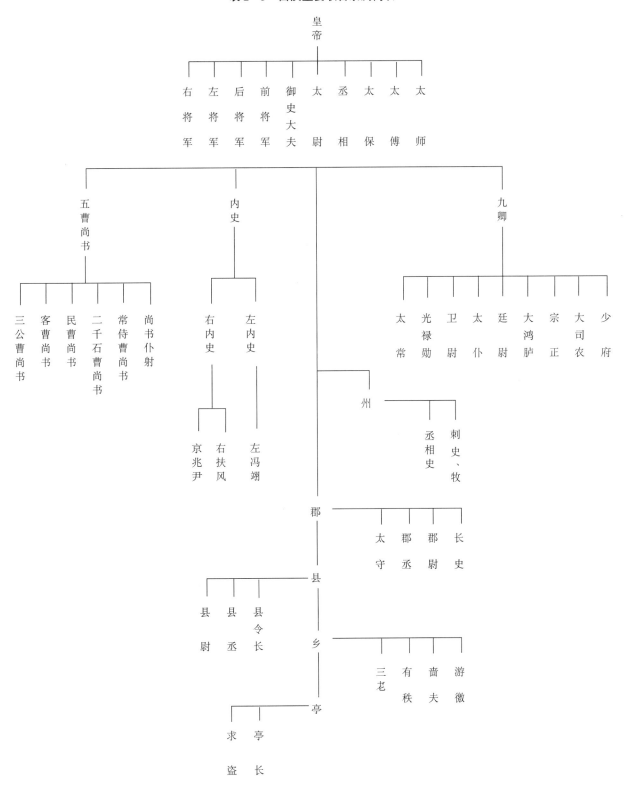

* 本表根据《中国历代职官辞典》和《中国历代官制大辞典》（修订版）等整理。

二、救灾模式

秦汉时期的救灾模式主要为：

（一）上报

《汉书·礼仪志》记载，朝廷要求"自立春至立夏尽立秋，郡国上雨泽"，地方官吏要按时上报雨旱等自然灾害情况。沿大河也规定有上、中、下游遥报之律。出入京师的各级朝廷命官有沿途查报灾情之责。东汉安帝元初二年（公元115年）五月，京师大旱，安帝在诏书中严厉谴责了匿灾不报的行为：地方官隐瞒灾情，诸司监察官吏既不奏闻，又无举正。

（二）勘察

勘察就是地方官吏或中央政府委派大臣到灾区会同地方官吏查勘核实受灾情况，确定成灾程度。它是决定是否赈济以及赈济多少的依据。汉朝政府每遇灾荒，大都要安排官吏前往勘灾。公元前48年汉元帝初元元年四月地震后皇帝诏曰："间者地数动而未静，……朕忧蒸庶之失业，临遣光禄大夫褒等十二人，循行天下，……"。公元前7年11月11日，汉成帝绥和二年九月丙辰地震后皇帝诏曰："郡国比比地动，……朕甚惧焉，已遣光禄大夫循行举籍，……"。

（三）审核

审核就是核实灾民户口和财产，划分灾民受灾等级，以备赈灾时分别对待。汉代民户有贫富差等之分，以不满3万钱为贫民之产，灾赈令中常见家财不满若干、便可免缴当年租赋的内容。东汉和帝永元四年（公元92年）秋歉，次年2月宣帝下诏，令各郡上报贫困户，并要求改变过去审户时以衣物锅碗等生活用品为资产的不合格做法，要求勘灾官员必须深入各家各户仔细详查核实财产，作为赈灾或蠲缓的依据。

（四）发赈

发赈就是对灾民进行实物救济或减免租赋，帮助灾民度过难关。东汉顺帝永建三年正月丙子（公元128年2月22日）地震后，皇帝下诏：实核伤害者，赐年7岁以上钱，人二千；一家被害，郡县为收敛。乙未，诏勿收汉阳今年田租、口赋。汉元帝初元元年（公元前48年）地震发生后，皇帝不仅于当年即"令郡国被灾害甚者毋出租赋"、"赐宗室有属籍者马一匹至二驷，三老、孝者帛五匹，弟者、力田三匹，鳏寡孤独二匹，吏民五十户牛酒"，而且还在第二年又下诏："虚仓廪、开府库振救，赐寒者衣。"

第六节　从汉朝皇帝"地震诏书"的内容看秦汉时期的救灾理念和措施

一、汉朝皇帝"地震诏书"的主要内容

秦朝时期尚无皇帝颁发"地震诏书"一说。自汉朝开始，我国历史上开始有了皇帝"地震诏书"，这一做法一直延续至清朝。汉朝分为西汉和东汉。仅两汉时期，从公元前131年至公元194年的325年间，汉朝皇帝就颁发"地震诏书"29件，平均11.2年1件，为历朝历代之最多。汉朝皇帝的"地震诏书"至少包含了以下三个方面的内容。

（一）介绍了发生地震的时间、地点以及造成灾害的影响范围

这说明汉代对现在常用的地震三要素已经有了初步的认识。但由于这一时期对发震地点和成灾范围的记载大都比较模糊，导致后人对当时许多大地震的灾害情况无法做出准确判断，因而无法准确估算震级大小。当然，也有一些"地震诏书"中对发震时间、地点及成灾范围介绍比较详细的，但这类诏书相对来说比较少。

（1）汉代"地震诏书"中关于地震时间、地点、影响范围的介绍相对比较模糊的有：

①〔地节三年〕冬十月，诏曰："乃者九月壬申地震，朕甚惧焉。"

第二章　秦汉时期（公元前221—公元220年）

（出自《汉书》卷八《宣帝纪》）

②〔元帝初元元年〕夏四月，诏曰："朕承先帝之圣绪，获奉宗庙，战战兢兢。间者地数动而未静，惧于天地之戒，不知所繇。"

（出自《汉书》卷九《元帝纪》）

③〔永光三年〕冬十一月，诏曰："乃者己丑地动，中冬雨水，大雾，盗贼并起。吏何不以时禁？各悉意对。"

（出自《汉书》卷九《元帝纪》）

④〔建始三年〕冬十二月戊申朔，日有食之。夜，地震未央宫殿中。诏曰："……乃戊申日食地震，朕甚惧焉。"

（出自《汉书》卷一〇《成帝纪》）

⑤〔绥和二年秋〕诏曰："朕承宗庙之重，战战兢兢，惧失天心。间者日月亡光，五星失行，郡国比比地动。"

（出自《汉书》卷一一《哀帝纪》）

（2）汉代"地震诏书"中关于地震时间、地点、影响范围的介绍相对比较清晰的有：

①〔本始四年〕夏四月壬寅，郡国四十九地震，或山崩水出。诏曰："……乃者地震北海、琅邪，坏祖宗庙，朕甚惧焉。"

（出自《汉书》卷八《宣帝纪》）

②〔初元二年三月〕诏曰："……今朕恭承天地，……。乃二月戊午，地震于陇西郡，毁落太上皇庙殿壁木饰，坏败豲道县城郭官寺及民室屋，压杀人众。

（出自《汉书》卷七《元帝纪》）

③〔阳嘉〕四年十二月甲寅，京都地震。

（出自《后汉书》志一六《五行志》）

〔阳嘉四年〕十二月甲寅，京师地震。永和元年春正月，夫馀王来朝。乙卯（初一），诏曰："朕秉政不明，灾眚屡臻，典籍所忌，震食为重。今日变为远，地摇京师，咎徵不虚，必有所应。群公百僚其各上封事，指陈得失，靡有所讳。"

（出自《后汉书》卷六《顺帝纪》）

④〔汉安二年〕是岁，凉州地百八十震。建康元年正月辛丑，诏曰："陇西、汉阳、张掖、北地、武威、武都，自去年九月已来，地百八十震，山谷坼裂，坏败城寺，杀害民庶。"

（出自《后汉书》卷六《顺帝纪》）

（二）表达了皇帝对自己执政不力的自责，要求臣民直言相谏，给自己提意见和建议，以求达到补充调整完善现行政策的目的

将地震看成是上天对自己德不配位、执政不力的一种警告，是秦汉以来儒家"天人合一"思想，尤其是"天谴论"思想的一种体现，也是最高统治者对自己执政思想和执政方式的一种检讨和反思。虽然最高统治者此举的根本意图是为了巩固其执政基础，且带有一些唯心主义的成分，但能够在地震灾害发生后想到要征求臣民对自己执政过失的意见、建议，从而改进和完善执政措施，对于老百姓以及历史发展进程而言，无疑具有极大的进步意义。当然，有些自责也属官样文章，只是做做样子、只为给人看看而已。

（1）〔本始四年〕夏四月壬寅，郡国四十九地震，或山崩水出。诏曰："……乃者地震北海、琅邪，坏祖宗庙，朕甚惧焉。丞相、御史其与列侯、中二千石博问经学之士，有以应变，辅朕之不逮，毋有所讳。令三辅、太常、内郡国举贤良方正各一人。律令有可蠲除以安百姓，条奏。被地震坏败甚者，勿收租赋。"大赦天下。上以宗庙堕，素服，避正殿五日。

（出自《汉书》卷八《宣帝纪》）

（2）〔地节三年〕冬十月，诏曰："乃者九月壬申地震，朕甚惧焉。有能箴朕过失，及贤良方正直言极谏之士以匡朕之不逮，毋讳有司。朕既不德，不能附远，是以边境屯戍未息。今复饬兵重屯，久劳百姓，非所以绥天下也。其罢车骑将军、右将军屯兵。"又诏："池籞未御幸者，假与贫民。郡国宫馆，勿复修治。流民还归者，假公田，贷种、食，且勿算事。"

（出自《汉书》卷八《宣帝纪》）

（3）〔元帝初元元年〕夏四月，诏曰："朕承先帝之圣绪，获奉宗庙，战战兢兢。间者地数动而未静，惧于天地之戒，不知所缊。方田作时，朕忧蒸庶之失业，临遣光禄大夫褒等十二人，循行天下，存问耆老鳏寡孤独困乏失职之民，延登贤俊，招显侧陋，因览风俗之化。相守二千石诚能正躬劳力，宣明教化，以亲万姓，则六合之内和亲，庶几乎无忧矣。《书》不云乎？'股肱良哉，庶事康哉！'布告天下，使明知朕意。"

（出自《汉书》卷九《元帝纪》）

（4）〔初元二年三月〕诏曰："……今朕恭承天地，托于公侯之上，明不能烛，德不能绥，灾异并臻，连年不息。乃二月戊午，地震于陇西郡，……天惟降灾，震惊朕师。治有大亏，咎至于斯。夙夜兢兢，不通大变，深惟郁悼，未知其序。间者岁数不登，元元困乏，不胜饥寒，以陷刑辟，朕甚闵之。郡国被地动灾甚者无出租赋。赦天下，有可蠲除减省以便万姓者，条奏毋有所讳。丞相、中二千石举茂材异等直言极谏之士，朕将亲览焉。"

（出自《汉书》卷九《元帝纪》）

（5）〔初元二年〕六月，关东饥，齐地人相食。秋七月，诏曰："岁比灾害，民有菜色，惨怛于心。……阴阳不和，其咎安在？公卿将何以忧之？其悉意陈朕过，靡有所讳。"

（出自《汉书》卷九《元帝纪》）

（6）〔建始三年〕冬十二月戊申朔，日有食之。夜，地震未央宫殿中。诏曰："……乃戊申日食地震，朕甚惧焉。公卿其各思朕过失，明白陈之。'女无面从，退有后言。'丞相、御史与将军、列侯、中二千石及内郡国举贤良方正能直言极谏之士，诣公车，朕将览焉。"

（出自《汉书》卷一〇《成帝纪》）

（7）〔永始四年〕六月甲午，霸陵园门阙灾。出杜陵诸未尝御者归家。诏曰："乃者，地震京师，水灾屡隆，朕甚惧之。有司其悉心明对厥咎，朕将亲览焉。"

（出自《汉书》卷一〇《成帝纪》）

（8）〔绥和二年秋〕诏曰："朕承宗庙之重，战战兢兢，惧失天心。间者日月亡光，五星失行，郡国比比地动……。朕之不德，民反蒙辜，朕甚惧焉。"

（出自《汉书》卷一一《哀帝纪》）

（9）〔建初元年〕三月甲寅，山阳、东平地震，己巳，诏曰："朕以无德，奉承大业，夙夜栗栗，不敢荒宁。而灾异仍见，与政相应。朕既不明，涉道日寡，又选举乖实，俗吏伤人，官职耗乱，刑罚不中，可不忧与！……其令太傅、三公、中二千石、二千石、郡国守相举贤良方正、能直言极谏之士各一人。"

（出自《后汉书》卷三《章帝纪》）

（10）〔建光元年〕冬十一月己丑，郡国三十五地震，或坼裂。诏三公以下，各上封事陈得失。

（出自《后汉书》卷五《安帝纪》）

（11）〔阳嘉二年四月〕己亥，京师地震。五月庚子，诏曰："朕以不德，统奉鸿业，无以奉顺乾坤，协序阴阳，灾眚屡见，咎徵仍臻。地动之异，发自京师，矜矜祇畏，不知所载。群公卿士将何以匡辅不逮，奉答戒异？异不空设，必有所应，其各悉心直言厥咎，靡有所讳。"

（出自《后汉书》卷六《顺帝纪》）

（12）〔阳嘉四年〕十二月甲寅，京师地震。永和元年春正月，夫馀王来朝。乙卯（初一），诏曰："朕秉政不明，灾眚屡臻，典籍所忌，震食为重。今日变方远，地摇京师，咎徵不虚，必有所应。群公百僚其各上封事，指陈得失，靡有所讳。"

（出自《后汉书》卷六《顺帝纪》）

第二章　秦汉时期（公元前221—公元220年）

（13）〔汉安二年〕是岁，凉州地百八十震。建康元年正月辛丑，诏曰："陇西、汉阳、张掖、北地、武威、武都，自去年九月已来，地百八十震，……内外怨旷，惟咎叹息。其遣光禄大夫案行，宣畅恩泽，惠此下民，勿为烦扰。"

（出自《后汉书》卷六《顺帝纪》）

（14）〔建和元年〕夏四月庚寅，京师地震。诏大将军、公、卿、校尉举贤良方正、能直言极谏者各一人。又命列侯、将、大夫、御史、谒者、千石、六百石、博士、议郎、郎官各上封事，指陈得失。又诏大将军、公卿、郡国举至孝笃行之士各一人。

（出自《后汉书》卷七《桓帝纪》）

（15）〔建和三年〕（九月己卯，地震。）庚寅，地又震。……十一月甲申，诏曰："朕摄政失中，灾眚连仍，三光不明，阴阳错序。监寐寤叹，疢如疾首。今京师厮舍，死者相枕，郡县阡陌，处处有之，甚违周文掩胔之义。

（出自《后汉书》卷七《桓帝纪》）

（16）〔永兴二年二月〕癸卯，京师地震，诏公卿、校尉举贤良方正、能直言极谏者各一人。诏曰："比者星辰谬越，坤灵震动，灾异之降，必不空发。救己修政，庶望有补。其舆服制度有逾侈长饰者，皆宜损省。郡县务存俭约，申明旧令，如永平故事。"

（出自《后汉书》卷七《桓帝纪》）

（三）下达了具体的救灾措施

地震过后，当务之急和重中之重是救灾。汉朝统治者认识到了这一点，并且在"地震诏书"中多有表述。汉朝皇帝"地震诏书"中的救灾措施主要包括：

1. 给钱给粮等直接救济

这是汉朝皇帝"地震诏书"中出现较多的救灾措施之一。

（1）〔元帝初元元年〕夏四月，诏曰："朕承先帝之圣绪，获奉宗庙，战战兢兢。间者地数动而未静，"又曰："关东今年谷不登，民多困乏。……赐宗室有属籍者马一匹至二驷，三老、孝者帛五匹，弟者、力田三匹，鳏寡孤独二匹，吏民五十户牛酒。"

（出自《汉书》卷九《元帝纪》）

（2）〔初元二年〕六月，关东饥，齐地人相食。秋七月，诏曰："岁比灾害，民有菜色，惨怛于心。已诏吏虚仓廪、开府库振救，赐寒者衣。"

（出自《汉书》卷九《元帝纪》）

（3）〔永建〕三年春正月丙子，京师地震，汉阳地陷裂。甲午，诏实核伤害者，赐年七岁以上钱，人二千。

（出自《后汉书》卷六《顺帝纪》）

（4）〔建和三年〕〈九月己卯，地震。〉庚寅，地又震。……十一月甲申，诏曰："……民有不能自振及流移者，禀谷如科。"

（出自《后汉书》卷七《桓帝纪》）

2. 减免赋税

这也是汉朝皇帝"地震诏书"中出现较多的救灾措施之一。

（1）〔本始四年〕夏四月壬寅，郡国四十九地震，或山崩水出。诏曰："……被地震坏败甚者，勿收租赋。"

（出自《汉书》卷八《宣帝纪》）

（2）〔元帝初元元年〕夏四月，诏曰："朕承先帝之圣绪，获奉宗庙，战战兢兢。间者地数动而未静，惧于天地之戒，不知所缘。方田作时，朕忧蒸庶之失业，临遣光禄大夫褒等十二人，循行天下，存问者老鳏寡孤独困乏失职之民，延登贤俊，招显侧陋，因览风俗之化。相守二千石诚能正躬劳力，宣明教化，以亲万姓，则六合之内和亲，庶几乎无忧矣。《书》不云乎？'股肱良哉，庶事康哉！'布告天下，使明知朕意。"又曰："关东今年谷不登，民多困乏。其令郡国被灾害甚者毋出租赋。江海陂湖园池，属少府者，以假贫民，勿租赋。"

（出自《汉书》卷九《元帝纪》）

（3）〔初元二年三月〕诏曰："郡国被地动灾甚者无出租赋。"

（出自《汉书》卷九《元帝纪》）

（4）〔绥和二年秋〕诏曰："朕承宗庙之重，战战兢兢，惧失天心。间者日月亡光，五星失行，郡国比比地动。乃者河南、颍川郡水出，流杀人民，坏败庐舍。朕之不德，民反蒙辜，朕甚惧焉。……其令水所伤县邑及他郡国灾害什四以上，民赀不满十万，皆无出今年租赋。"

（出自《汉书》卷一一《哀帝纪》）

（5）〔建武二十二年〕九月戊辰，地震裂。制诏曰："日者地震，南阳尤甚。……其令南阳勿输今年田租刍藁。"

（出自《后汉书》卷一《光武帝纪》）

（6）〔建光元年〕冬十一月己丑，郡国三十五地震，或坼裂。诏三公以下，各上封事陈得失。遣光禄大夫案行，赐死者钱，人二千。除今年田租。其被灾甚者，勿收口赋。

（出自《后汉书》卷五《安帝纪》）

（7）〔永建〕三年春正月丙子，京师地震，汉阳地陷裂。……乙未，诏勿收汉阳今年田租、口赋。

（出自《后汉书》卷六《顺帝纪》）

3. 开放官府山泽等地，解决地震后民不聊生之苦

（1）〔地节三年〕冬十月，诏曰："乃者九月壬申地震，朕甚惧焉。"……又诏："池籞未御幸者，假与贫民。"

（出自（汉书）卷八《宣帝纪》）

（2）〔元帝初元元年〕夏四月，诏曰："朕承先帝之圣绪，获奉宗庙，战战兢兢。间者地数动而未静，惧于天地之戒，不知所繇。"又曰："关东今年谷不登，民多困乏。……江海陂湖园池，属少府者，以假贫民，勿租赋。"

（出自《汉书》卷九《元帝纪》）

4. 掩埋震后死亡人员

大地震后往往有大量死亡人员。对于家族无力掩埋的死亡人员，或者整个家族都已死亡无人掩埋的死亡人员，汉朝政府采取了两项措施：一是给家族中活下来的人一部分钱，让家族成员置办棺木安葬死者；二是如果整个家族都全部死亡了，则由基层政府置办棺木安葬死者。这项政策的实施，一方面固然有统治者迷信思想成分在里面，但从另外一个方面看，及时掩埋死亡人员，不仅可以慰藉死者，使生者在精神上获得解脱，帮助灾民一定程度上减轻了经济负担和精神愧疚，而且更重要的意义在于，此举防范了大灾之后爆发大疫的可能性，对社会稳定和人民生命安全起到了至关重要的作用，其积极意义显而易见。

（1）〔绥和二年秋〕诏曰："间者日月亡光，五星失行，郡国比比地动。……已遣光禄大夫循行举籍，赐死者棺钱，人三千。"

（出自《汉书》卷一一《哀帝纪》）

（2）〔建武二十二年〕九月戊辰，地震裂。制诏曰："日者地震，南阳尤甚。……赐郡中居人压死者棺钱，人三千。其口赋逋税而庐宅尤破坏者，勿收责。吏人死亡，或在坏垣毁屋之下，而家羸弱不能收拾者，其以见钱谷取备，为寻求之。"

（出自《后汉书》卷一《光武帝纪》）

（3）〔建光元年〕冬十一月己丑，郡国三十五地震，或坼裂。……遣光禄大夫案行，赐死者钱，人二千。"

（出自《后汉书》卷五《安帝纪》）

第二章 秦汉时期（公元前221—公元220年） ·29·

（4）〔永建〕三年春正月丙子，京师地震，汉阳地陷裂。甲午，诏实核伤害者，赐年七岁以上钱，人二千；一家被害，郡县为收敛。

（出自《后汉书》卷六《顺帝纪》）

（5）〔建和三年〕（九月己卯，地震。）庚寅，地又震。……十一月甲申，诏曰："朕摄政失中，灾眚连仍，……今京师厮舍，死者相枕，郡县阡陌，处处有之，甚违周文掩骼之义。其有家属而贫无以葬者，给直，人三千，丧主布三匹；若无亲属，可于官墒地葬之，表识姓名，为设祠祭。又徒在作部，疾病致医药，死亡厚埋葬。"

（出自《后汉书》卷七《桓帝纪》）

5. 实行借贷政策，要求有借有还，鼓励灾后流民返乡务农

（1）〔地节三年〕冬十月，诏曰："乃者九月壬申地震，朕甚惧焉。……"又诏："流民还归者，假公田，贷种、食，且勿算事。"

（出自《汉书》卷八《宣帝纪》）

（2）〔永建〕三年春正月丙子，京师地震，汉阳地陷裂。……乙未，诏勿收汉阳今年田租、口赋。夏四月癸卯，遣光禄大夫案行汉阳及河内、魏郡、陈留、东郡，禀贷贫人。

（出自《后汉书》卷六《顺帝纪》）

6. 减免刑罚，大赦天下

此举一是可以体现皇帝仁政思想，二是减轻了国家监狱的负担，三是可以让释放的人尽快投入到救灾的生产生活中，为社会创造财富，四是可以起到安抚民心的作用。

（1）〔初元二年三月〕诏曰："今朕恭承天地，……乃二月戊午，地震于陇西郡，……朕甚闵之。……赦天下。"

（出自《汉书》卷九《元帝纪》）

（2）〔建武二十二年〕九月戊辰，地震裂。制诏曰："日者地震，南阳尤甚。……遣谒者案行，其死罪系囚在戊辰以前，减死罪一等；徒皆弛解钳，衣丝絮。"

（出自《后汉书》卷一《光武帝纪》）

（3）〔建和三年〕〈九月己卯，地震。〉庚寅，地又震。诏死罪以下及亡命者赎，各有差。"

（出自《后汉书》卷七《桓帝纪》）

7. 倡导节约，以上率下

地震后物资匮乏，倡导节约可达到辅助救灾的作用。

（1）〔地节三年〕冬十月，诏曰："乃者九月壬申地震，朕甚惧焉。"……"郡国宫馆，勿复修治。"

（出自《汉书》卷八《宣帝纪》）

（2）〔永兴二年二月〕癸卯，京师地震，诏公卿、校尉举贤良方正、能直言极谏者各一人。诏曰："比者星辰谬越，坤灵震动，灾异之降，必不空发。敕己修政，庶望有补。其舆服制度有逾侈长饰者，皆宜损省。郡具务存俭约，申明旧令，如永平故事。"

（出自《后汉书》卷七《桓帝纪》）

8. 要求对救灾工作进行监督检查

这是现代版纪检监察、审计、检察工作在汉代的萌芽，尽管不是独立的监督检查组织机构，仍由基层权力机构行使监督检查权，但在约2000年前能意识到监督检查的重要性，并且体现在皇帝的"地震诏书"中，其历史意义和价值不容忽视。

〔建和三年〕〈九月己卯，地震。〉庚寅，地又震。……十一月甲申，诏曰："朕摄政失中，灾眚连仍，三光不明，阴阳错序。……其有家属而贫无以葬者，给直，人三千，丧主布三匹；若无亲属，可于官墒地葬之，表识姓名，为设祠祭。又徒在作部，疾病致医药，死亡厚埋葬。民有不能自振及流移者，禀谷如科。州郡检察，务崇恩施，以康我民。"

（出自《后汉书》卷七《桓帝纪》）

二、汉朝皇帝"地震诏书"的历史价值

（1）"地震诏书"记载了地震发生的时间、地点及震灾波及范围，虽然与后世记载比较仍显笼统，给后人研究确定震级造成诸多不便，但与先秦时期比较，已经有了很大的进步。这为后人研究这一时期的历史地震提供了较权威的史学资料。

（2）记载了汉代救灾理念、措施。汉朝建立统一的中央集权国家后，地区间的经济政治联系得以加强，灾后赈济、蠲缓、实施借贷等救灾措施可以在更大范围内展开，救灾效果也更加明显。"州郡检察，务崇恩施"则是现代版的纪检监察、审计、检察工作的萌芽，标志着赈济程序的进一步完善。

（3）表达了自责思想和改过自新的愿望。皇帝诏书把地震看作是上天在惩罚谴责自己，认为应检讨执政缺失，广泛收集各方面意见建议，虽然仍然是先秦时期禳弭思想的延续，而且吸收了汉代以来"天人合一"思想中"天谴论"的成分，具有唯心主义的神秘思想，但是，能够在天灾之后设法修政，采取具体措施便民为民，对于历史进步，尤其是对于当时的老百姓而言，无疑具有积极进步的意义。

（4）有利于快速形成救灾能力。皇帝作为最高统治者，在大地震后生灵涂炭、民不聊生的特殊时期，以诏书形式部署开展各项工作，便于统一各方意志、统筹各地资源、统调各级官吏，快速形成救灾能力，快速挽救灾区生命，快速恢复灾区经济、社会和生活秩序。

第三章　三国两晋南北朝时期（220—589 年）

三国两晋南北朝时期，起于 220 年曹操之子曹丕称帝建魏，结束于 589 年隋文帝杨坚统一全国，历时 369 年。这一时期是中国封建社会第一次大分裂大混战时期。三国两晋南北朝时期，有记载的 3 级以上地震共 233 次，其中 $7 \leqslant M < 8$ 级地震 1 次，$6 \leqslant M < 7$ 级地震 4 次，$5 \leqslant M < 6$ 级地震 12 次，$M = 4\frac{3}{4}$ 级地震 6 次，$3 \leqslant M \leqslant 4\frac{1}{2}$ 级地震 210 次。由于国家长期处于分裂状态，战乱不断，政权更替频繁，天灾人祸相互交织，加剧了这一时期的震后人员伤亡和财产损失。

第一节　三国两晋南北朝时期的地震活动

一、$7 \leqslant M < 8$ 级地震 1 次

512 年 5 月 23 日北魏宣武帝延昌元年四月庚辰 $7\frac{1}{2}$ 级地震：

延昌元年四月庚辰，京师及并、朔、相、冀、定、瀛六州地震。恒州之繁畤、桑乾、灵丘，肆州之秀容、雁门地震陷裂，山崩泉涌，杀五千三百一十人，伤者二千七百二十二人，牛马杂畜死伤者三千余。

（出自《魏书》卷一一二《灵征志》）

〔永平〕四年，朐山之役，丧师殆尽。其后繁畤、桑乾、灵丘、秀容、雁门地震陷裂，山崩泉涌，杀八千余人。

（出自《魏书》卷一〇五《天象志》）

〔延昌元年四月〕癸未，诏曰："肆州地震陷裂，死伤甚多，言念毁没，有酸怀抱。亡者不可复追，生病之徒宜加疗救。可遣太医、折伤医，并给所须之药，就治之。"乙酉，大赦，改年。诏立理诉殿、申讼车，以尽冤穷之理。五月辛卯，疏勒及高丽国并遣使朝献。丙午，诏天下有粟之家，供年之外，悉贷饥民。自二月不雨至于是晦。六月壬申，澍雨大洽。戊寅，通河南牧马之禁。己卯，诏曰："去岁水灾，今春炎旱，百姓饥馁，救命靡寄，虽经蚕月，不能养绩。今秋输将及，郡县期于责办，尚书可严勒诸州，量民资产，明加检校，以救艰弊。"庚辰，诏出太仓粟五十万石，以赈京师及州郡饥民。

（出自《魏书》卷八《世宗纪》）

〔延昌二年〕冬十月，诏以恒、肆地震，人多死伤，重丐一年租赋。十二月丙戌，丐洛阳、河阴二县租赋。乙巳，诏以恒、肆地震，人多罹灾，其有课丁没尽、老幼单立、家无受复者，各赐廪粟，以接来稔。

（出自《北史》卷四《魏本纪》）

〔延昌二年〕冬十月，诏以恒、肆地震，民多死伤，蠲两河一年租赋。十有二月丙戌，丐洛阳、河阴二县租赋。乙巳，诏以恒、肆地震，民多罹灾，其有课丁没尽、老幼单辛、家无受复者，各赐廪以接来稔。

（出自《魏书》卷八《世宗纪》）

二、$6 \leqslant M < 7$ 级地震 4 次

（一）294 年 9 月 7 日晋惠帝元康四年八月 6 级地震

〔元康四年〕八月，上谷地震，水出，杀百余人。居庸地裂，广三十六丈，长八十四丈，水出，大

饥。上庸四处山崩地陷，广三十丈，长百三十丈，水出杀人。

（出自《宋书》卷三四《五行志》）

〔元康四年八月〕上谷、居庸、上庸并地陷裂，水泉涌出，人有死者。

（出自《晋书》卷四《惠帝纪》）

（二）344年12月东晋康帝建元二年6级地震

先是，季龙起河桥于灵昌津，采石为中济，石无大小，下辄随流，用功五百余万而不成。季龙遣使致祭，沉璧于河。俄而所沉璧流于渚上，地震，水波上腾，津所殿观莫不倾坏，压死者百余人。

（出自《晋书》卷一〇六《载记·石季龙》）

（三）406年6月3日十六国后秦姚兴弘始八年五月6级地震

既而苑川地震裂生毛，狐雉入于寝内，（乞伏）乾归甚恶之。

（出自《晋书》卷一二五《载记·乞伏乾归》）

〔西秦乞伏乾归太初〕十九年五月，苑川地震裂。

（出自清·汤球：《十六国春秋辑补》卷八六）

后秦姚兴时，乞伏乾归镇州，地震裂，生毛。百草皆自反。

（出自宋·李昉等《太平御览》卷八八〇及九九四）

（四）462年8月17日宋孝武帝大明六年七月甲申6½级地震

大明六年七月甲申，地震，有声自河北来，鲁郡山摇地动，彭城城女墙四百八十丈坠落，屋室倾倒，兖州地裂泉涌，二年不已。

（出自《宋书》卷三四《五行志》）

〔大明六年七月〕甲申，地震。

（出自《宋书》卷六《孝武帝纪》）

〔大明六年〕秋七月甲申，地震，有声如雷，兖州尤甚，于是鲁郡山摇者二。

（出自《南史》卷二《宋本纪》）

三、5≤M<6级地震12次

（一）294年7月10日晋惠帝元康四年六月5½级地震

〔元康四年〕六月，寿春地大震，死者二十余家。上庸郡山崩，杀二十余人。

（出自《晋书》卷四《惠帝纪》）

（二）294年12月5日晋惠帝元康四年十一月5½级地震

〔元康四年〕十一月，荥阳、襄城、汝阴、梁国、南阳地皆震。

（出自《宋书》卷三四《五行志》）

（三）315年2月21日十六国汉刘聪建元元年正月5级地震

刘聪伪建元元年正月，平阳地震，其崇明观陷为池，水赤如血，赤气至天，有赤龙奋迅而去。

（出自《晋书》卷二九《五行志》）

平阳地震，雨血于东宫，广袤顷余。

（出自《晋书》卷一〇二《载记·刘聪》）

（四）319年1月9日东晋元帝太兴元年十二月5½级地震

〔太兴元年〕十二月，庐陵、豫章、武昌、西陵地震，涌水出，山崩。

（出自《晋书》卷二九《五行志》）

〔太兴元年十二月〕武昌地震。

（出自《晋书》卷六《元帝纪》）

（五）319 年 6 月 18 日东晋元帝太兴二年五月十三日 5 级地震

太兴二年五月癸丑，祁山地震，山崩杀人。

（出自《宋书》卷三四《五行志》）

前凉张寔五年，祁山地震。从中陶原坂三里冒覆下川，忽如见掩，坂上草木存焉。

（出自宋·李昉等《太平御览》卷八八〇引崔鸿《十六国春秋》）

（六）366 年 3 月东晋废帝太和元年二月 5 级地震

海西太和元年二月，凉州地震水涌。

（出自《宋书》卷三四《五行志》）

〔前秦苻坚建元〕二年，秦、雍二州地震裂，水泉涌出，金象生毛，长安大风震电，坏屋杀人。

（出自清·汤球《十六国春秋辑补》卷三三《前秦》）

（七）372 年 8 月 17 日十六国前凉张天锡十年七月 5 级地震

〔前凉张天锡十年〕七月，大水，地震，西平五十日中地十动，土楼崩。

（出自清·汤球《十六国春秋辑补》卷七三《前凉》）

主簿泛称又上疏谏曰："……咸安之初，西平地裂。……"

（出自清·汤球《十六国春秋辑补》卷九四《西凉》）

（八）408 年东晋安帝义熙四年 5 级地震

〔义熙三（四）年〕是岁广固地震，天齐水涌，井水溢，女水竭，河济冻合，而淄水不冰。

（出自《晋书》卷一二八《载记·慕容超》）

（九）416 年十六国后秦姚泓永和元年 5 级地震

〔后秦姚泓永和元年〕先是，天水冀县石鼓鸣，声闻数百里，野雉皆雊。秦州地震者三十二，殷殷有声者八，山崩舍坏，咸以为不祥。

（出自清·汤球《十六国秦秋辑补》卷五三《后秦》）

（十）419 年十六国北燕冯跋太平十一年 5½ 级地震

跋境地震山崩，洪光门鹳雀折。又地震，右寝坏。跋问闵尚曰："比年屡有地动之变，卿可明言其故。"……跋立十一年，至是，元熙元年也，此后事入于宋。

（出自《晋书》卷一二五《载记·冯跋》）

（十一）495 年 4 月 1 日北魏孝文帝太和十九年二月二十日 5½ 级地震

〔太和〕十九年二月己未，光州地震，东莱之牟平虞丘山陷五所，一处有水。

（出自《魏书》卷一一二《灵征志》）

（十二）574 年北周武帝建德三年 5½ 级地震

〔建德三年十二月癸卯〕凉州比年地震，坏城郭，地裂，涌泉出。

（出自《周书》卷五《武帝纪》）

四、$M = 4\frac{3}{4}$ 级地震 6 次

（一）318 年 5 月 26 日东晋元帝太兴元年四月初九 $4\frac{3}{4}$ 级地震

元帝太兴元年四月，西平地震，涌水出。

（出自《宋书》卷三四《五行志》）

〔太兴元年四月〕乙酉，西平地震。

（出自《晋书》卷六《元帝纪》）

（二）362 年 5 月 27 日东晋哀帝隆和元年四月十七日 $4\frac{3}{4}$ 级地震

隆和元年四月丁丑，凉州地震，浩亹山崩。

（出自《宋书》卷三四《五行志》）

（三）374 年 8 月 9 日东晋孝武帝宁康二年七月十五日 4¾ 级地震

宁康二年七月甲午，凉州地震山崩。

（出自《宋书》卷三四《五行志》）

〔宁康二年〕七月甲午，凉州地又震，山崩。

（出自《晋书》卷二九《五行志》）

（四）408 年十六国北凉沮渠蒙逊永安八年 4¾ 级地震

〔北凉沮渠蒙逊永安〕八年，地震，山崩、木折。太史令刘梁言于蒙逊曰："辛酉金也，地震于金，金动剋木，大军东行，无前之征。"时张掖城每有光色。蒙逊曰："王气将成，百战百胜之象也。"

（出自清·汤球《十六国春秋辑补》卷九五《北凉》）

（五）499 年 8 月 5 日齐东昏侯永元元年七月十二日 4¾ 级地震

永元元年七月，地日夜十八震。

（出自《南齐书》卷一九《五行志》）

〔废帝东昏侯永元元年〕秋七月辛未，淮水变赤如血。丙戌，杀尚书右仆射江祐、侍中江祀。地震自此至来岁，昼夜不止，小屋多坏。丁亥，都下大水，死者甚众。赐死者材器，并加赈恤。

（出自《南史》卷五《齐本纪》）

（六）506 年 9 月 1 日北魏宣武帝正始三年七月二十六日 4¾ 级地震

〔正始〕三年七月己丑，凉州地震，殷殷有声，城门崩。

（出自《魏书》卷一一二《灵征志》）

五、$3 \leqslant M \leqslant 4\frac{1}{2}$ 级地震 210 次（表 3-1）

表 3-1　三国两晋南北朝时期 $3 \leqslant M \leqslant 4\frac{1}{2}$ 级地震目录

序号	时间 （年.月.日）	北纬（°）	东经（°）	震级 M	地点
1	225.12.31	30.60	114.20	4	湖北鄂城
2	235.01.06	34.70	112.60	4	河南洛阳东北
3	237.06.22	34.70	112.60	4	河南洛阳东北
4	237.06.24	32.10	118.80	4	江苏南京
5	239.02.21	32.10	118.80	4	江苏南京
6	239.03.19	32.10	118.80	4	江苏南京
7	242.02.16	34.90	104.70	4	甘肃陇西东南
8	242.08.31	34.90	104.70	4	甘肃陇西东南
9	243.02.06	36.40	114.60	4	河北临漳
10	245.03.31	34.90	104.70	4	甘肃陇西东南
11	248.04.10	32.10	118.80	4	江苏南京
12	254.08.30	41.10	126.20	4	吉林集安西北
13	262.12.27	41.10	126.20	4	吉林集安西北
14	263.12.31	30.70	104.10	4	四川成都
15	269.05.18	34.70	112.60	4	河南洛阳东北

序号	时间 （年．月．日）	北纬（°）	东经（°）	震级 M	地点
16	271.08.11	34.70	112.60	4	河南洛阳东北
17	272.02.15	41.10	126.20	4	吉林集安
18	278.07.16	32.30	104.40	4	四川平武东北
19	278.08.02	32.30	104.40	4	四川平武东北
20	281.03.15	32.60	116.80	4½	安徽寿县一带
21	284.03.31	34.70	112.60	4	河南洛阳东北
22	285.09.15	31.60	106.00	4	四川阆中
23	286.09.05	34.90	104.70	4	甘肃陇西东南
24	286.09.05	30.20	103.90	4	四川彭山
25	286.10.04	34.30	108.90	4	陕西西安西北
26	287.06.04	27.00	118.30	4	福建建瓯县南
27	287.08.25	32.90	104.50	4	甘肃文县西北
28	287.09.24	32.10	118.80	4	江苏南京
29	288.11.10	24.40	111.60	4	广西贺州一带
30	288.11.10	41.10	126.20	4	吉林集安西北
31	289.02.07	24.40	111.60	4	广西贺州一带
32	290.01.06	32.10	118.80	4	江苏南京
33	290.02.25	32.10	118.80	4	江苏南京
34	292.01.18	34.70	112.60	4	河南洛阳东北
35	292.10.27	41.10	126.20	4	吉林集安西北
36	293.02.22	30.30	104.10	4	四川成都
37	294.04.12	40.40	115.50	4	河北怀来
38	294.04.12	32.40	110.00	4	湖北竹山西南
39	294.04.12	41.20	123.20	4	辽宁辽阳
40	294.12.04	34.70	112.60	4	河南洛阳东北
41	295.02.01	34.70	112.60	4	河南洛阳东北
42	295.06.29	34.70	112.60	4	河南洛阳东北
43	295.07.28	35.70	104.20	4	甘肃榆中
44	296.03.13	34.70	112.60	4	河南洛阳东北
45	298.02.10	34.30	108.90	4	陕西西安西北
46	300.02.06	41.10	126.20	4	吉林集安西北
47	300.03.07	41.10	126.20	4	吉林集安西北
48	302.12.06	34.70	112.60	4	河南洛阳东北
49	304.01.11	34.70	112.60	4	河南洛阳东北
50	309.12.18	30.40	112.20	4½	湖北江陵一带

续表

序号	时间 （年·月·日）	北纬（°）	东经（°）	震级 M	地点
51	310.06.14	35.70	115.70	4	山东郓城西北
52	310.07.13	34.70	112.60	4	河南洛阳东北
53	314.02.01	35.20	111.20	4	山西夏县西北
54	314.05.06	34.30	108.90	4	陕西西安西北
55	315.07.23	34.30	108.90	4	陕西西安西北
56	316.10.03	36.10	111.50	4	山西临汾
57	320.07.19	31.70	119.70	4½	江苏苏州南京间
58	327.04.08	30.40	112.20	4	湖北江陵
59	327.05.08	30.30	104.10	4	四川成都
60	327.05.13	28.70	115.90	4	江西南昌
61	329.12.31	32.10	118.80	4	江苏南京
62	334.05.14	30.00	120.60	4	浙江绍兴
63	345.08.10	32.10	118.80	4	江苏南京
64	345.12.31	30.30	118.80	4	四川成都
65	346.11.30	32.10	118.80	4	江苏南京
66	347.02.18	32.10	118.80	4	江苏南京
67	347.05.26	32.10	118.80	4	江苏南京
68	347.11.19	32.10	118.80	4	江苏南京
69	348.11.18	32.10	118.80	4	江苏南京
70	349.02.17	32.10	118.80	4	江苏南京
71	353.10.01	32.10	118.80	4	江苏南京
72	354.02.28	32.10	118.80	4	江苏南京
73	355.05.12	32.10	118.80	4	江苏南京
74	355.06.03	32.10	118.80	4	江苏南京
75	359.01.16	32.10	118.80	4	江苏南京
76	361.10.16	37.90	102.60	4	甘肃武威
77	362.05.24	32.10	118.80	4	江苏南京
78	363.05.19	32.40	119.40	4½	江苏扬州
79	364.03.30	30.40	112.20	4	湖北江陵
80	372.11.24	27.40	114.40	4	江西安福
81	373.11.19	32.10	118.80	4	江苏南京
82	374.03.05	32.10	118.80	4	江苏南京
83	376.06.18	32.10	118.80	4	江苏南京
84	377.05.13	32.10	118.80	4	江苏南京
85	377.07.07	32.10	118.80	4	江苏南京

续表

序号	时间 （年．月．日）	北纬（°）	东经（°）	震级 M	地点
86	386.02.15	41.10	126.20	4	吉林集安西北
87	386.07.22	32.10	118.80	4	江苏南京
88	390.04.02	32.10	118.80	4	江苏南京
89	390.09.09	32.10	118.80	4	江苏南京
90	391.02.06	32.10	118.80	4	江苏南京
91	392.07.14	32.10	118.80	4	江苏南京
92	393.01.26	32.10	118.80	4	江苏南京
93	393.01.30	32.10	118.80	4	江苏南京
94	393.03.03	32.10	118.80	4	江苏南京
95	400.05.25	32.10	118.80	4	江苏南京
96	400.10.10	32.10	118.80	4	江苏南京
97	400.10.30	32.10	118.80	4	江苏南京
98	404.03.27	36.70	118.50	4	山东益都西北
99	406.01.06	36.70	118.50	4	山东益都西北
100	408.03.01	32.10	118.80	4	江苏南京
101	408.11.07	32.10	118.80	4	江苏南京
102	409.02.10	29.70	116.00	4	江西九江南
103	412.02.27	26.50	115.00	4½	江西吉安赣州间
104	412.03.27	26.50	115.00	4½	江西吉安赣州间
105	412.04.27	26.50	115.00	4½	江西吉安赣州间
106	412.05.27	26.50	115.00	4½	江西吉安赣州间
107	412.12.31	34.30	108.90	4	陕西西安西北
108	414.04.25	32.10	118.80	4	江苏南京
109	417.12.31	34.30	108.90	4½	陕西西安西北
110	419.03.16	40.20	113.20	4½	山西大同
111	419.03.31	40.20	94.50	4	甘肃敦煌西
112	419.06.30	40.20	94.50	4	甘肃敦煌西
113	421.09.06	32.10	118.80	4	江苏南京
114	429.12.31	34.30	108.90	4½	陕西西安西北
115	430.06.07	32.10	118.80	4	江苏南京
116	435.06.01	32.10	118.80	4	江苏南京
117	435.06.12	32.10	118.80	4	江苏南京
118	436.04.10	32.10	118.80	4	江苏南京
119	436.12.14	37.80	112.50	4	山西太原西南
120	438.05.06	40.20	113.20	4	山西大同东北

序号	时间 （年．月．日）	北纬（°）	东经（°）	震级 M	地点
121	438.08.10	32.10	118.80	4	江苏南京
122	438.12.24	39.90	116.30	4	北京西南
123	438.12.24	35.60	116.80	4	山东衮州北
124	439.12.31	32.10	118.80	4	江苏南京
125	440.07.05	34.80	110.30	4	山西永济蒲州
126	458.05.27	32.10	118.80	4	江苏南京
127	466.05.30	32.10	118.80	4	江苏南京
128	468.08.10	32.10	118.80	4	江苏南京东北
129	472.08.24	32.10	118.80	4	江苏南京
130	474.05.10	32.10	118.80	4	江苏南京
131	474.06.30	39.30	113.50	4	山西繁峙一带
132	474.10.28	40.20	113.20	4	山西大同东北
133	477.05.07	40.20	113.20	4	山西大同东北
134	477.06.23	32.10	118.80	4	江苏南京
135	477.06.27	38.10	108.90	4	内蒙古乌审旗南白城子
136	478.01.20	34.50	106.50	4	甘肃天水
137	478.04.18	35.50	116.80	4	山东衮州北
138	478.09.05	37.70	112.50	4	山西太原西南
139	479.04.02	32.10	118.80	4	江苏南京
140	479.05.04	39.80	118.80	4½	河北卢龙北
141	479.08.31	40.20	113.20	3½	山西大同东北
142	480.06.08	37.70	112.50	4	山西太原西南
143	481.03.24	34.50	106.50	4	甘肃天水
144	482.07.02	34.50	106.50	4	甘肃天水
145	482.09.11	34.50	106.50	4	甘肃天水
146	482.09.12	34.50	106.50	4	甘肃天水
147	483.04.09	34.50	106.50	4	甘肃天水
148	483.06.11	38.40	112.80	4	山西忻州
149	483.08.07	35.60	111.20	4	山西临汾
150	484.12.31	37.70	112.50	4	山西太原西南
151	486.01.30	37.70	112.50	4	山西太原西南
152	486.03.06	34.50	106.50	4	甘肃天水
153	486.03.24	40.20	113.20	3½	山西大同东北
154	486.03.26	40.20	113.20	3½	山西大同东北
155	486.04.04	34.50	106.50	4	甘肃天水

第三章 三国两晋南北朝时期（220—589 年）

续表

序号	时间 （年．月．日）	北纬（°）	东经（°）	震级 M	地点
156	486.05.11	40.20	113.20	3½	山西大同东北
157	486.05.11	41.60	120.40	4	辽宁朝阳
158	495.03.30	32.10	118.80	3½	江苏南京
159	496.02.07	37.70	112.50	4	山西太原西南
160	496.05.01	41.60	120.40	4	辽宁朝阳
161	498.04.09	41.60	120.40	4	辽宁朝阳
162	498.09.03	35.60	116.80	4	山东衮州北
163	498.10.14	37.70	112.50	4	山西太原西南
164	499.07.24	34.70	112.60	3½	河南洛阳
165	499.11.08	32.10	118.80	4	江苏南京
166	500.07.15	34.50	106.50	4	甘肃天水
167	503.02.21	37.90	102.60	4	甘肃武威
168	503.03.04	37.70	112.50	4	山西太原西南
169	503.07.17	34.50	106.50	4	甘肃天水
170	504.01.07	34.50	106.50	4	甘肃天水
171	504.05.05	34.70	112.60	3½	河南洛阳东北
172	504.07.29	34.70	112.60	3½	河南洛阳东北
173	505.11.05	40.20	113.20	4	山西大同东北
174	506.10.02	34.50	106.50	4	甘肃天水
175	506.12.05	32.10	118.80	3½	江苏南京
176	508.02.24	34.50	106.50	4	甘肃天水
177	508.10.23	36.60	118.50	4	山东益都北
178	509.03.02	36.60	118.50	4	山东益都北
179	511.06.28	39.50	114.20	4½	山西灵丘一带
180	511.11.14	40.20	113.20	4	山西大同
181	512.11.11	34.50	106.50	4	甘肃天水
182	512.12.18	38.50	113.40	4½	山西定襄尔一带
183	513.01.09	34.70	112.60	3½	河南洛阳东北
184	513.04.27	36.40	116.10	4	山东茌平西南
185	513.05.24	34.70	112.60	3½	河南洛阳东北
186	515.02.10	34.90	109.90	4	陕西大荔北
187	516.01.17	34.70	112.60	4	河南洛阳东北
188	516.01.20	34.70	112.60	4	河南洛阳东北
189	518.01.17	34.50	106.50	4	甘肃天水
190	521.08.20	34.50	106.50	4	甘肃天水

续表

序号	时间 （年．月．日）	北纬（°）	东经（°）	震级 M	地点
191	522.03.02	32.10	118.80	3½	江苏南京
192	522.07.30	34.30	117.20	4	江苏徐州
193	526.01.22	32.10	118.80	3½	江苏南京
194	533.03.02	32.10	118.80	3½	江苏南京
195	536.12.14	32.10	118.80	3½	江苏南京
196	537.12.14	32.10	118.80	3½	江苏南京
197	541.03.27	32.10	118.80	3½	江苏南京
198	543.02.26	32.10	118.80	3½	江苏南京
199	545.02.28	32.10	118.80	3½	江苏南京
200	545.12.31	37.70	112.50	4	山西太原西南
201	549.05.18	32.10	118.80	3½	江苏南京
202	549.05.25	32.10	118.80	3½	江苏南京
203	549.06.30	36.90	112.90	4	山西武乡东
204	549.12.02	32.10	118.80	3½	江苏南京
205	558.06.06	32.10	118.80	3½	江苏南京
206	563.12.31	37.70	112.50	4	山西太原西南
207	567.07.24	34.30	108.90	3½	陕西西安西北
208	572.11.23	32.10	118.80	3½	江苏南京
209	576.12.12	34.90	110.50	4	山西永济蒲州
210	587.03.06	32.10	118.80	3½	江苏南京

第二节　三国两晋南北朝时期地震活动的时空分布特点

三国两晋南北朝时期（220~589 年）历时 369 年。这一时期，有记载的有感地震（3≤M<5 级）共 216 次，5 级以上地震（5≤M<8 级）17 次，其中 5≤M<6 级地震 12 次，6≤M<7 级地震 4 次，7≤M<8 级地震 1 次。平均每年发生地震（3≤M<8 级）约 0.64 次，其中，平均每年发生有感地震（3≤M<5 级）约 0.59 次，发生 5 级以上地震（5≤M<8 级）约 0.046 次，发生 6 级以上地震（6≤M<8 级）约 0.014 次，发生 7 级以上地震（7≤M<8 级）约 0.003 次。换言之，平均约 22 年发生一次 5 级以上地震，74 年发生一次 6 级以上地震，369 年发生一次 7 级以上地震。总体上看，这一时期除 412 年和 486 年有感地震发生频度相对较高，294 年和 319 年 5 级以上地震发生频度相对较高以外，其他时间段发生地震的频度均不高。5 级以上地震呈每隔几年至几十年发生一次的特点（图 3-1、图 3-2）。

这一时期的地震主要分布在今甘肃、山西、河北、山东、河南、江西、安徽等省，构造上处于鄂尔多斯地块周缘及郯庐断裂带附近，即天水—兰州地震带、汾渭地震带及郯庐地震带附近（图 3-3、图 3-4）。

第三章 三国两晋南北朝时期（220—589年）

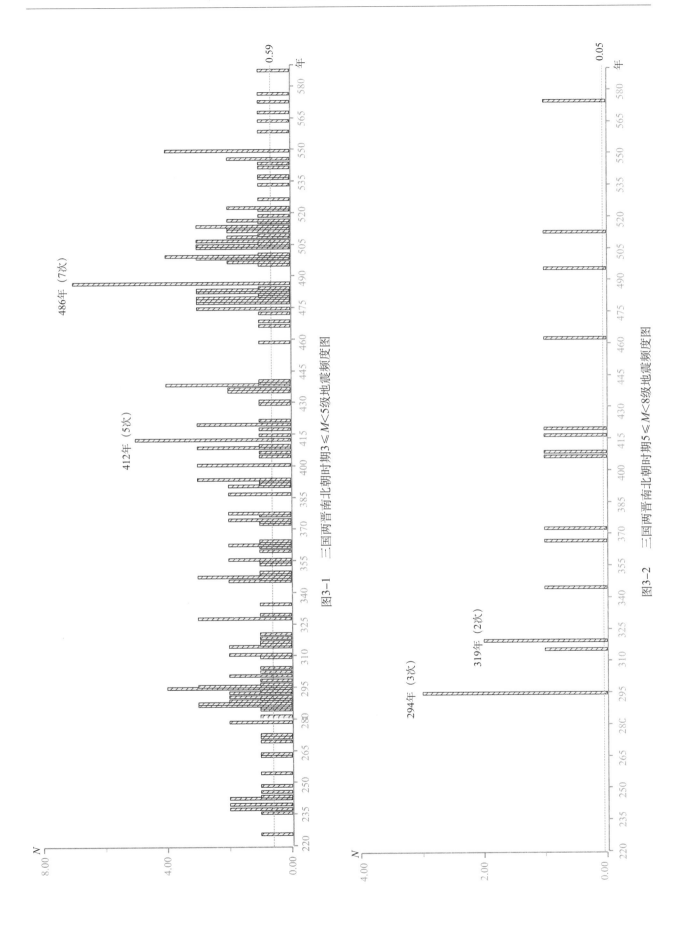

图3-1 三国两晋南北朝时期 $3 \leq M < 5$ 级地震频度图

图3-2 三国两晋南北朝时期 $5 \leq M < 8$ 级地震频度图

图3-3 三国两晋南北朝时期 $3 \leq M < 5$ 级地震分布示意图

图3-4 三国两晋南北朝时期 $5 \leq M < 8$ 级地震分布示意图

第三节　三国两晋南北朝时期的宏观异常

一、水

（一）294 年 9 月 7 日晋惠帝元康四年八月 6 级地震

〔元康四年〕八月，上谷地震，水出，杀百余人。居庸地裂，广三十六丈，长八十四丈，水出，大饥。上庸四处山崩地陷，广三十丈，长百三十丈，水出杀人。

（出自《宋书》卷三四《五行志》）

〔元康四年八月〕上谷、居庸、上庸并地陷裂，水泉涌出，人有死者。

（出自《晋书》卷四《惠帝纪》）

（二）315 年 2 月 21 日十六国汉刘聪建元元年正月 5 级地震

刘聪伪建元元年正月，平阳地震，其崇明观陷为池，水赤如血，赤气至天，有赤龙奋迅而去。

（出自《晋书》卷二九《五行志》）

平阳地震，雨血于东宫，广袤顷余。

（出自《晋书》卷一〇二《载记·刘聪》）

（三）318 年 5 月 26 日东晋元帝太兴元年四年初九 $4\frac{3}{4}$ 级地震

元帝太兴元年四月，西平地震，涌水出。

（出自《宋书》卷三四《五行志》）

（四）319 年 1 月 9 日东晋元帝太兴元年十二月 $5\frac{1}{2}$ 级地震

〔太兴元年〕十二月，庐陵、豫章、武昌、西陵地震，涌水出，山崩。

（出自《晋书》卷二九《五行志》）

（五）363 年 5 月 19 日东晋哀帝兴宁元年四月甲戌 $4\frac{1}{2}$ 级地震

东晋哀帝兴宁元年四月甲戌，扬州地震，湖渎溢。

（出自《晋书》卷二九《五行志》）

（六）366 年 2 月东晋废帝太和元年二月 5 级地震

海西太和元年二月，凉州地震水涌。

（出自《宋书》卷三四《五行志》）

（七）366 年十六国前秦苻坚建元二年地震

〔前秦苻坚建元〕二年，秦、雍二州地震裂，水泉涌出，金象生毛，长安大风震电，坏屋杀人。

（出自清·汤球《十六国春秋辑补》卷三三《前秦》）

（八）372 年 8 月 17 日十六国前凉张天锡十年七月 5 级地震

〔前凉张天锡十年〕七月，大水，地震，西平五十日中地十动，土楼崩。

（出自清·汤球《十六国春秋辑补》卷七三《前凉》）

（九）408 年东晋安帝义熙四年 5 级地震

〔义熙三（四）年〕是岁广固地震，天齐水涌，井水溢，女水竭，河济冻合，而渑水不冰。

（出自《晋书》卷一二八《载记·慕容超》）

（十）462 年 8 月 17 日宋孝武帝大明六年七月甲申 $6\frac{1}{2}$ 级地震

大明六年七月甲申，地震，有声自河北来，鲁郡山摇地动，彭城城女墙四百八十丈坠落，屋室倾倒，兖州地裂泉涌，二年不已。

（出自《宋书》卷三四《五行志》）

（十一）499 年 8 月 5 日齐东昏侯永元元年七月十二日 4¾级地震

〔废帝东昏侯永元元年〕秋七月辛未，淮水变赤如血。丙戌，杀尚书右仆射江祐、侍中江祀。地震自此至来岁，昼夜不止，小屋多坏。丁亥，都下大水，死者甚众。赐死者材器，并加赈恤。

（出自《南史》卷五《齐本纪》）

（十二）574 年北周武帝建德三年 5½级地震

〔建德三年十二月癸卯〕凉州比年地震，坏城郭，地裂，涌泉出。

（出自《周书》卷五《武帝纪》）

二、天气

512 年 5 月 23 日北魏宣武帝延昌元年四月庚辰 7½级地震：

〔延昌元年四月〕癸未，诏曰："肆州地震陷裂，死伤甚多，言念毁没，有酸怀抱。……"自二月不雨至于是晦。六月壬申，澍雨大洽。戊寅，通河南牝马之禁。己卯，诏曰："去岁水灾，今春炎旱，百姓饥馁，救命靡寄，虽经蚕月，不能养绩。"

（出自《魏书》卷八《世宗纪》）

三、动物

（一）315 年 2 月 21 日十六国汉刘聪建元元年正月 5 级地震

刘聪伪建元元年正月，平阳地震，其崇明观陷为池，水赤如血，赤气至天，有赤龙奋迅而去。

（出自《晋书》卷二九《五行志》）

（二）354 年 2 月 28 日东晋穆帝永和十年正月丁卯 4 级地震

东晋穆帝永和十年正月丁卯，地震，有声如雷，鸡雉鸣。

（出自《宋书》卷三四《五行志》）

（三）404 年 3 月 27 日十六国南燕慕容德建平五年二月 4 级地震

十六国南燕慕容德建平五年二月夜，地震，在栖之鸡，皆惊扰飞散。

（出自清·汤球《十六国春秋辑补》卷六〇《南燕》）

（四）406 年 6 月 3 日十六国后秦姚兴弘始八年五月 6 级地震

既而苑川地震裂生毛，狐雉入于寝内，（乞伏）乾归甚恶之。

（出自《晋书》卷一二五《载记·乞伏乾归》）

（五）416 年十六国后秦姚泓永和元年 5 级地震

〔后秦姚泓永和元年〕先是，天水冀县石鼓鸣，声闻数百里，野雉皆雊。秦州地震者三十二，殷殷有声者八，山崩舍坏，咸以为不祥。

（出自清·汤球《十六国春秋辑补》卷五三《后秦》）

（六）479 年 5 月 4 日北魏孝文帝太和三年三月二十六日 4½级地震

〔太和〕三年三月戊辰，平州地震，有声如雷，野雉皆雊。

（出自《魏书》卷一一二《灵征志》）

四、地声

（一）235 年 1 月 6 日三国魏明帝青龙二年十一月 4 级地震

三国魏明帝青龙二年十一月，京都地震，从东南来，隐隐有声，摇动屋瓦。

（出自《三国志》卷三《魏书·明帝经》）

（二）353 年 10 月 1 日东晋穆帝永和九年八月丁酉 4 级地震

东晋穆帝永和九年八月丁酉，京都地震，有声如雷。

第三章 三国两晋南北朝时期（220—589 年）
· 45 ·

（出自《宋书》卷三四《五行志》）

（三）354 年 2 月 28 日东晋穆帝永和十年正月丁卯 4 级地震

东晋穆帝永和十年正月丁卯，地震，有声如雷，鸡雉鸣。

（出自《宋书》卷三四《五行志》）

（四）408 年 3 月 1 日东晋安帝义熙四年正月壬子 4 级地震

东晋安帝义熙四年正月壬子夜，地震有声。

（出自《宋书》卷三四《五行志》）

（五）409 年 2 月 10 日东晋安帝义熙五年正月戊戌 4 级地震

东晋安帝义熙五年正月戊戌夜，寻阳郡地震，有声如雷。

（出自《宋书》卷三四《五行志》）

（六）416 年十六国后秦姚泓永和元年 5 级地震

〔后秦姚泓永和元年〕先是，天水冀县石鼓鸣，声闻数百里，野雉皆雊。秦州地震者三十二，殷殷有声者八，山崩舍坏，咸以为不祥。

（出自清·汤球《十六国春秋辑补》卷五三《后秦》）

（七）462 年 8 月 17 日宋孝武帝大明六年七月甲申 6½级地震

大明六年七月甲申，地震，有声自河北来，鲁郡山摇地动，彭城城女墙四百八十丈坠落，屋室倾倒，兖州地裂泉涌，二年不已。

（出自《宋书》卷三四《五行志》）

〔大明六年〕秋七月甲申，地震，有声如雷，兖州尤甚，于是鲁郡山摇者二。

（出自《南史》卷二《宋本纪》）

（八）468 年 8 月 10 日宋明帝泰始四年七月己酉 4 级地震

宋明帝泰始四年七月己酉，东北有声如雷，地震。

（出自《宋书》卷三四《五行志》）

（九）472 年 8 月 24 日宋明帝泰豫元年闰七月甲申 4 级地震

宋明帝泰豫元年闰七月甲申，东北有声如雷，地震。

（出自《宋书》卷三四《五行志》）

（十）474 年 6 月 30 日北魏孝文帝延兴四年五月 4 级地震

北魏孝文帝延兴四年五月，雁门崎城有声如雷，自上西引十余声，声止地震。

（出自《魏书》卷一一二《灵征志》）

（十一）477 年 6 月 27 日北魏孝文帝太和元年五月 4 级地震

北魏孝文帝太和元年五月，统万镇地震，有声如雷。

（出自《魏书》卷一一二《灵征志》）

（十二）478 年 1 月 20 日北魏孝文帝太和元年闰十一月 4 级地震

北魏孝文帝太和元年闰十一月，秦州地震，殷殷有声。

（出自《魏书》卷一一二《灵征志》）

（十三）478 年 9 月 5 日北魏孝文帝太和二年七月丁卯 4 级地震

北魏孝文帝太和二年七月丁卯，并州地震有声。

（出自《魏书》卷一一二《灵征志》）

（十四）479 年 5 月 4 日北魏孝文帝太和三年三月戊辰 4½级地震

北魏孝文帝太和三年三月戊辰，平州地震，有声如雷，野雉皆雊。

（出自《魏书》卷一一二《灵征志》）

（十五）486 年 1 月 30 日北魏孝文帝太和十年正月辛未 4 级地震

北魏孝文帝太和十年正月辛未，并州地震，殷殷有声。

（出自《魏书》卷一一二《灵征志》）

（十六）506 年 9 月 1 日北魏宣武帝正始三年七月二十六日 4¾ 级地震

〔正始〕三年七月己丑，凉州地震，殷殷有声，城门崩。

（出自《魏书》卷一一二《灵征志》）

（十七）508 年 10 月 23 日北魏宣武帝永平元年九月壬辰 4 级地震

北魏宣武帝永平元年九月壬辰，青州地震，殷殷有声。

（出自《魏书》卷一一二《灵征志》）

（十八）511 年 6 月 28 日北魏宣武帝永平四年五月庚戌 4½ 级地震

北魏宣武帝永平四年五月庚戌，恒、定二州地震，殷殷有声。

（出自《魏书》卷一一二《灵征志》）

（十九）516 年 1 月 17 日北魏宣武帝延昌四年十一月甲午 4 级地震

北魏宣武帝延昌四年十一月甲午，地震从西北来，殷殷有声。

（出自《魏书》卷一一二《灵征志》）

（二十）521 年 8 月 20 日北魏孝明帝正光二年六月 4 级地震

北魏孝明帝正光二年六月，秦州地震有声，东北引。

（出自《魏书》卷一一二《灵征志》）

五、地生毛

（一）366 年 3 月东晋废帝太和元年二月（十六国前秦苻坚建元二年）5 级地震

〔前秦苻坚建元〕二年，秦、雍二州地震裂，水泉涌出，金象生毛，长安大风震电，坏屋杀人。

（出自清·汤球《十六国春秋辑补》卷三三《前秦》）

（二）406 年 6 月 3 日十六国后秦姚兴弘始八年五月 6 级地震

既而苑川地震裂生毛，狐雉入于寝内，（乞伏）乾归甚恶之。

（出自《晋书》卷一二五《载记·乞伏乾归》）

后秦姚兴时，乞伏乾归镇州，地震裂，生毛。百草皆自反。

（出自宋·李昉等《太平御览》卷八八〇及九九四）

（三）436 年 4 月 10 日宋文帝元嘉十三年三月己未 4 级地震

宋文帝元嘉十三年三月己未，建邺地震，白毛生。

（出自《南史》卷一五《檀道济传》）

（四）543 年 2 月 26 日梁武帝大同九年闰正月丙申 3½ 级地震

梁武帝大同九年闰正月丙申，地震，生毛。

（出自《梁书》卷三《武帝纪》）

六、地光

408 年十六国北凉沮渠蒙逊永安八年 4¾ 级地震：

〔北凉沮渠蒙逊永安〕八年，地震，山崩、木折。太史令刘梁言于蒙逊曰："辛酉金也，地震于金，金动剋木，大军东行，无前之征。"时张掖城每有光色。蒙逊曰："王气将成，百战百胜之象也。"

（出自清·汤球《十六国春秋辑补》卷九五《北凉》）

七、植物

（一）417年12月31日十六国后秦姚泓永和二年4½级地震

十六国后秦姚泓永和二年，国中地震，百草皆自反。

（出自宋·李昉等《太平御览》卷九九四）

（二）429年12月31日西秦乞伏暮末永弘二年（宋文帝元嘉六年）4½级地震

西秦乞伏暮末永弘二年（宋文帝元嘉六年），西秦地震，野草皆自反。

（出自《资治通鉴》卷一二一《宋经》）

第四节　三国两晋南北朝时期的救灾理念、机制、模式、措施

从西汉确立"独尊儒术"思想以来，中国古代封建君主一直以儒家思想作为其统治的基本思想，并延续2000余年。作为应对地震等自然灾害的主要救灾理念，也一直以"天人合一""天人感应"引申发展出来的"天谴论"以及"阴阳五行论"作为其最基本思想。这一思想在不同时期又由于政治、经济、文化的发展因素等，表现出一些不同的形式，在社会领域占据了略有不同的主导地位。

三国两晋南北朝时期，总体上看是延续并发展了两汉时期的救灾理念，并在发生大地震后采取了一定的救灾措施。但由于整个社会处于大分裂、大动乱状态，各个统治集团忙于争夺地盘长年征战，所以这一时期的救灾机制和救灾措施相对比较薄弱。

一、救灾理念

（一）天谴论

"天人合一""天人感应"的儒家思想从汉代开始成为统治阶级的主导思想，并一直延续2000余年。这一思想强调人是天的副本，天是人的放大，自然灾害的发生都是与人的善恶、统治者政治的清明与否密切联系的。"天之副在乎人，人之性情有由天者也。以类合一，天人一也。"（《春秋繁露校释》）"灾者天之谴也，异者天之威也。"（《春秋繁露校释》）"国家将有失道之政，而天乃先出灾害以谴告之；不知省，又出怪异以警惧之；又尚不知变，而伤败乃至。"（《春秋繁露校释》）三国两晋南北朝时期，虽战乱不止，政局动荡，但各个政权在对待自然灾害问题上，大都继承了两汉时期"天谴论"的儒家思想。如三国时北齐中书令魏收所纂《魏书》指出："夫在天成象，圣人是观，日月五星，象之著者，变常舛度，征咎随焉。……百王兴废之验，万国祸福之来，兆勤虽微，罔不必至，……。"以此来说明自然灾害都是上天在惩罚谴告人间的统治者，是为政不明的后果。

奉行"天谴论"的结果，是禳弭思想及巫术救灾的盛行。三国时期巫术相对有所收敛，而到了两晋时期，巫术救灾思想又有所发展。

（二）阴阳五行论

三国两晋南北朝时期，各统治政权在信奉儒家"天谴论"思想的同时，又大都是以阴阳五行学说来解释地震等自然灾害的发生。《晋书·五行志》讲："阳伏而不能出，阴迫而不能升，于是有地震"，认为地震的发生是由于阴阳失调而造成的。又讲："蜀刘禅炎兴元年，蜀地震，是时宦人黄皓专权。案司马彪说，阉官无阳施，犹妇人也，皓见任之应，与汉和帝时同事也。是冬，蜀亡。"又讲："晋惠帝元康元年至四年，连岁各地皆有震，是时，贾后乱朝，终至祸败之应也。""此阴道盛，阳道微修故也"。又讲："愍帝建兴二年四月甲辰，地震。三年六月丁卯，长安又地震。是时主幼，权倾于下，四方云扰，兵乱不息之应也。"这些都是讲阴阳失调导致地震的发生。

（三）天道自然观

魏晋玄学是三国两晋南北朝时期的一种重要思想，其天道自然的灾害观，是将天看成是没有意识、

没有意志、没有情感的纯自然客观存在，自然灾害的发生，不是天降惩罚，是自然界运动的产物。由此，地震就既不是"天谴"，也不是阴阳失调，只是一种自然现象。按现在观点，这一思想可以算作是典型的唯物主义灾害观了。但是，我们需注意到的是，魏晋玄学主要流行于当时的社会上流士族阶层，大多仍属于一种坐而论道的清谈，而并没有对当时的社会主流灾害观产生很大影响，因此在肯定其思想价值的同时，也不可太多高估其对当时社会救灾的影响价值。

二、救灾机制及模式

自秦始皇公元前 221 年统一六国、刘邦公元前 206 年建立汉朝开始，中国历史大约维系了 400 余年的统一局面。之后，东汉末年黄巾大起义，地方诸侯势力割据，国家开始出现混乱局面。公元 220 年曹操之子曹丕称帝建魏，221 年刘备称帝建汉，222 年孙权称王、并于 229 年称帝建吴，三国鼎立局面形成。

265 年司马炎称帝建晋，并先后灭汉（蜀汉）、吴，280 年结束三国鼎立局面，国家重新统一，史称西晋。西晋后期发生"八王之乱"，八王之一司马睿在江东称帝，史称东晋。

西晋末年，在北部和西部，匈奴、鲜卑、羯、氐、羌等少数民族先后掘起并问鼎中原，在长江上游和黄河流域先后建立了前赵、后赵、前燕、后燕、西燕、南燕、北燕、前秦、后秦、西秦、前凉、后凉、南凉、北凉、西凉、成、汉、夏、代等十六个政权（成、汉、前赵以一国计，代不计入），历史上"五胡十六国"局面形成。386 年鲜卑族拓跋氏建魏，439 年完成北方统一，结束十六国时期，史称北魏。534 年北魏又分裂为东魏和西魏，北方又形成东、西魏对峙局面。550 年高洋废东魏建北齐，557 年宇文觉废西魏建北周，577 年周武帝宇文邕灭北齐统一北方。因为这些政权均建都北方，史称"北朝"。而在东晋末年，刘裕逼晋恭帝退位自己称帝建宋，此后南方又相继出现齐、梁、陈诸政权，因国都皆在长江之南的建康，史称"南朝"。南朝与北朝存续时间大体相当，南北对峙，史称这一时期为南北朝时期。581 年杨坚废周，称帝建隋，589 年隋统一全国，南北朝时期结束。

综上可见，自公元 220 年汉末曹魏政权建立、三国时期开始，至 589 年隋朝一统天下、南北朝时期结束，369 年的时间段内，无论南北，战乱不止，政权更替频繁，中国社会进入了秦汉之后 2000 年封建社会的第一次大分裂时期。

在这样一个大分裂、大动荡时期，各政权大都基本沿用秦汉时期的官僚机构，个别相对稳定时期，一些政权的中央和地方机构也比较健全，并运转顺畅，如西晋前期和北魏前期。目前，史学界对这一时期各政权的机构设置及沿袭情况研究较少，从现在掌握的资料看，各政权中央一级政府未设立专门的救灾管理机构，救灾工作由尚书省相关部门兼管，救灾模式大体仍沿旧制。

西晋中央机构简表（表 3 - 2）、西晋主要职官隶属简表（表 3 - 3）、北魏北齐中央机构简表（表 3 - 4）、北魏北齐主要职官隶属简表（表 3 - 5）如下。

第三章　三国两晋南北朝时期（220—589 年）

表 3 - 2　西晋中央机构简表

官署名称	长官名	编制员额	职掌	下属机构或属官
相国府	相国	皆不常置	佐皇帝总管军国事务	置长史、掾属等分管具体政务
丞相府	丞相			
	太宰	1 人	名义上佐皇帝治理天下，但除司徒府掌管全国户籍、中正选用、人物品评等事务外，多不掌具体事务	
	太傅	1 人		
	太保	1 人		
	太尉	1 人		
	司徒	1 人		
	司空	1 人		
	大司马	1 人		
	大将军	1 人		
尚书省	录尚书事	1 人，亦有 2 至 3 人分录，或 4 人参录者	统掌天下政务	初置吏部、三公、客曹、驾部、屯田、度支等六曹尚书，后又有所增减。其下有直事、殿中、祠部，仪曹、吏部、三公、比部、金部、仓部、度支、都官、二千石、左民、右民、虞曹、屯田、起部、水部、左主客、右主客、驾部、车部、库部、左中兵、右中兵、左外兵、右外兵、别兵、都兵、骑兵、左士、右士、北主客、南主客、运曹等三十五曹，置郎中二十三人，更相统摄，以后也有变化
	尚书令	1 人		
	尚书左仆射	1 人		
	尚书右仆射	1 人		
侍中省	侍中	4 人	掌向皇帝奏事，侍奉皇帝起居，充当顾问，主管殿内门下诸事，并负有谏诤之责，与散骑常侍等共平尚书奏事	
	给事黄门侍郎	4 人		
散骑省	散骑常侍	4 人	与侍中省共平尚书奏事，侍奉皇帝起居，亦曾掌草拟皇帝诏表，还负有顾问谏诤之责	通直散骑常侍、员外散骑常侍、给事中、散骑侍郎、通直散骑侍郎、员外散骑侍郎
中书省	中书监	1 人	掌管草拟皇帝诏令，呈奏案章，兼有侍从皇帝之任	中书舍人
	中书令	1 人		
	中书侍郎	4 人		
秘书寺	秘书监	1 人	掌管国家所藏的图书典籍，兼掌修撰国史	秘书丞、秘书郎，又领著作省
	太常	1 人	掌管宗庙陵寝，祭祀礼仪，天文术数，议定百官谥号，音乐鼓吹以及经学教育等事务	太常博士、国子祭酒、国子博士、太学博士、太史令、太庙令、太乐令、鼓吹令、陵令、协律校尉、灵台丞

续表

官署名称	长官名	编制员额	职掌	下属机构或属官
	光禄勋	1人	掌管宫殿禁卫、宫门出入，管理在殿中侍卫的诸郎以及皇家园林，并侍奉皇帝饮食等事务	虎贲中郎将、羽林郎将、冗从仆射、羽林监、五官中郎将、左中郎将、右中郎将、东园匠令、太官令、御府令、守宫令、黄门令、掖庭令、清商令、华林园令、暴室令
	卫尉	1人	掌管皇宫诸门卫士，宫中巡逻，收捕罪臣，国家武器仓库以及全国的金属开采冶炼	武库令、公车令、卫士令、诸冶令，左、右都侯，南、北、东、西督冶掾等
	太仆	1人	掌管御用车马，负责田猎，国家畜牧业生产等事务	典农都尉，典虞都尉，典虞丞，左、右、中典牧都尉，车府令，典牧令，乘黄厩令，骅骝厩令，龙马厩令
	廷尉	1人	掌管国家司法刑讯，并处理郡、国所上报的疑狱	廷尉正、廷尉监、廷尉评、律博士
	大鸿胪	1人	掌管诸侯、王的拜授、吊祭、入朝礼仪，诸侯及四方蛮夷的朝贡，皇家园林等	大行令、典客令、园池令、钩盾令、邺玄武苑丞
	宗正	1人	掌管宗室属籍，序录嫡庶以及宗室的违法行为等	
	大司农	1人	掌管国家粮食贮藏、运输，以及供应御膳等事务	太仓令、籍田令、导官令，襄国都水长，东、西、南、北部护漕掾
	少府	1人	掌管御用器物及兵器的制作，皇帝私有金银钱帛等物的收藏，主要建筑材木和工匠，管理物价，织物染色等事务	材官校尉、中尚方令、左尚方令、右尚方令、中黄左藏令、中黄右藏令、左校令、甄官令、平准令、奚官令、左校坊丞、邺城中黄左藏丞、邺城中黄、右藏丞、油官丞
	将作大匠	1人，有事则置	掌管修建宗庙、宫室、陵墓、园林等土木工程	
	大长秋	有皇后则置	掌管皇后宫中事务	
御史台	御史中丞	1人	掌管监察朝中百官以及地方行政官员，并掌授节、铜虎符、竹使符等事务	治书侍御史、侍御史、殿中侍御史、禁防御史、检校御史、符节御史
谒者台	谒者仆射	1人，省置无常	掌管朝中主要官员的拜授，朝会时百官班次及司仪等事务	谒者
都水台	都水使者	1人	掌管河渠堤防，陂池灌溉以及舟船器械等事务	河堤谒者

* 本表据《中国历代职官辞典》和《中国历代官制大辞典》（修订版）等整理。

表 3-3 西晋主要职官隶属简表

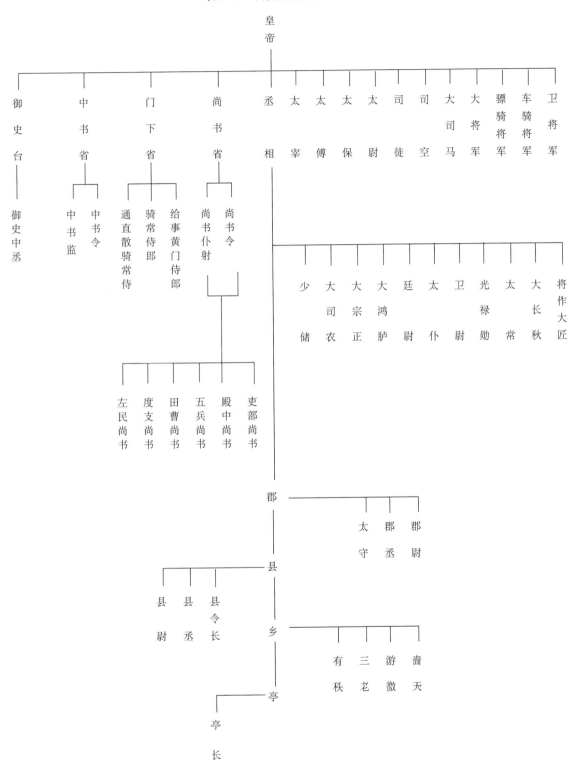

* 本表据《中国历代职官辞典》和《中国历代官制大辞典》（修订版）等整理。

表 3-4 北魏北齐中央机构简表

官署名称		长官名	编制员额	职掌	下属机构或属官
尚书省		录尚书事	1人	统掌全国政务	吏部、殿中、祠部、五兵、都官、度支等六尚书
		尚书令	1人		
		尚书左、右仆射	各1人		
尚书省	吏部	吏部尚书	1人	掌管全国官吏的选拔、任用、考核及封爵等	吏部、考功、主爵等三曹
	殿中	殿中尚书	1人	掌管宫殿禁卫、礼仪、御用车马及其它物品	殿中、仪曹、三公、驾部等四曹
	祠部	祠部尚书	1人	掌管祭祀礼仪制度、接待番国使者、疆域地图、屯田、土木工程及工匠等事务	祠部、主客、虞曹、屯田、起部等五曹
	五兵	五兵尚书	1人	主管全国军事行政事务及鼓吹、太乐、杂户等	左中兵、右中兵、左外兵、右外兵、都兵等五曹
	都官	都官尚书	1人	掌管国家司法及监察事务，并管理航运及水利工程，供应朝廷百官膳食等事务	都官、二千石、比部、水部、膳部等五曹
	度支	度支尚书	1人	管理国家财赋收支、计帐、户籍以及仓廪库藏等事务	度支、仓部、左户、右户、金部、库部等六曹
门下省		侍中	6人	掌管侍奉皇帝起居，负有谏诤之责，兼收纳尚书奏章，并有封驳诏令之权	领左右局、尚食局、尚药局、主衣局、斋帅局、殿中局
		给事黄门侍郎	6人		
中书省		中书监	1人	掌管草拟皇帝诏令，兼掌侍从及进奉皇帝的伎乐	又领舍人省
		中书令	1人		
		中书侍郎	4人		
秘书省		秘书监	1人	掌管国家所藏图书典籍，并兼掌修撰国史	又领著作省
		秘书丞	1人		
集书省		散骑常侍	6人	侍从皇帝，有谏诤之责，并兼掌修撰起居注	又领起居省
		通直散骑常侍	6人		
中侍中省		中侍中	2人	管理皇帝饮食、药物以及宫门出入等事务	有中尚药典御、中谒者仆射等属官及中尚食局、内谒者局
		中常侍	4人		
		中给事中	4人		
御史台		御史中丞	1人	掌管监察百官以及地方行政	有治书侍御史、侍御史、殿中侍御史、检校御史等属官，又领符节署
都水台		都水使者	2人	掌管全国各地河流的渡口、桥梁以及灌溉、航运等事务	又领都尉、合昌、坊城等三局
谒者台		谒者仆射	2人	掌管朝会及吉凶公事的司仪及传导等事务	

续表

官署名称	长官名	编制员额	职掌	下属机构或属官
太常寺	太常卿	1人	掌管宗庙陵寝、祭祀礼仪以及天文术数等事务	诸陵署、太庙署、太乐署、衣冠署、鼓吹署、太祝署、太史署、太医署、廪牺署、太宰署、郊祠局、崇虚局、清商部、黄户局、灵台局、太卜局
	太常少卿	1人		
光禄寺	光禄卿	1人	掌管宫殿禁卫、殿内铺设和百官朝会的膳食等事务	守宫署、太官署、宫门署、供府署、肴藏署、清漳署、华林署、东园局
	光禄少卿	1人		
卫尉寺	卫尉卿	1人	掌管京城及皇宫诸门的警卫，守护国家武器仓库，并兼理冤狱	统城门寺，又领公车署、武库署、卫士署、修故局
	卫尉少卿	1人		
大宗正寺	宗正卿	1人	掌管宗室属籍	统皇子王国、诸王国、诸长公主家官吏
	宗正少卿	1人		
太仆寺	太仆卿	1人	掌管皇家御用车马以及国家畜牧业	骅骝署、左龙署、右龙署、左牝署、右牝署、驼牛署、司羊署、乘黄署、车府署、司讼局、典腊局、出入局
	太仆少卿	1人		
大理寺	大理卿	1人	掌管国家重大案件的审判	有大理正、大理监、大理评、律博士等属官
	大理少卿	1人		
鸿胪寺	鸿胪卿	1人	掌管接待蕃国宾客、朝会礼仪和宗教事务	典客署、典寺署、司仪署
	鸿胪少卿	1人		
司农寺	司农卿	1人	掌管国家农业生产、粮食贮藏及交易，并管理宫廷食物及百官廪禄的供应	平准署、太仓署、钩盾署、典农署、导官署、梁州水次仓署、石济水次仓署、藉田署
	司农少卿	1人		
太府寺	太府卿	1人	掌管金帛库藏以及冶铸、织染、器物制作等事务	左、中、右尚方，左藏署、司染署、诸冶东道署、诸冶西道署、黄藏署、右藏署、细作署、左校署、甄官署
	太府少卿	1人		
国子寺	国子祭酒	1人	掌管训教勋臣子弟以及国子学、太学、四门学事务	国子学博士、太学博士、四门学博士
长秋寺	长秋卿	1人（用宦者）	掌管后宫诸宫阁事务	中黄门署、掖庭署、晋阳宫署、中山宫署、园池署、中宫仆署、奚官署、暴室局
	中尹	1人（用宦者）		
将作寺	将作人匠	1人	掌管国家各项土木工程的施工事务	若有营作，则置主将、副将及长史、司马等，又领军主、车副、幢主、幢副等
昭玄寺	昭玄大统	1人	掌管全国佛教事务，管理诸州、郡、县沙门曹	诸州、郡、县沙门曹
	昭玄统	1人		
	都维那	3人		

* 本表据《中国历代职官辞典》和《中国历代官制大辞典》（修订版）等整理。

表 3-5 北魏北齐主要职官隶属简表

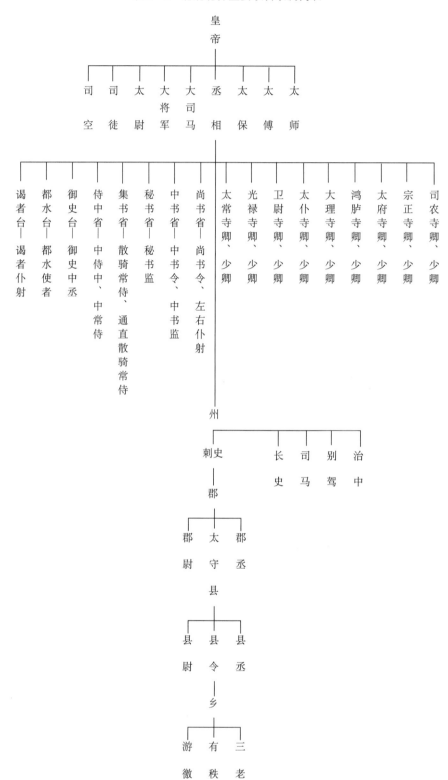

* 本表据《中国历代职官辞典》和《中国历代官制大辞典》(修订版) 等整理。

三、救灾措施

（一）赈济

（1）〔元康〕八年正月丙辰，地震。诏发仓廪，赈雍州饥人。

（出自《晋书》卷四《惠帝纪》）

（2）〔废帝东昏侯永元元年〕地震自此至来岁，昼夜不止，小屋多坏。丁亥，都下大水，死者甚众。赐死者材器，并加赈恤。

（出自《南史》卷五《齐本纪》）

（3）〔延昌元年四月〕癸未，诏曰："肆州地震陷裂，死伤甚多……"。庚辰，诏出太仓粟五十万石，以赈京师及州郡饥民。

（出自《魏书》卷八《世宗纪》）

（4）〔延昌二年〕乙巳，诏以恒、肆地震，人多离灾，其有课丁没尽，老幼单立，家无受復者，各赐廪粟，以接来稔。

（出自《北史》卷四《魏本纪》）

（5）〔延昌二年〕乙巳，诏以恒、肆地震，民多离灾，其有课丁没尽，老幼单立，家无受復者，各赐廪以接来稔。

（出自《魏书》卷八《世宗纪》）

（二）蠲缓、放贷、通禁

（1）〔延昌元年四月〕癸未，诏曰："肆州地震陷裂，死伤甚多，言念毁没，有酸怀抱。……乙酉，大赦，改年。诏立理诉殿、申讼车，以尽冤穷之理。五月辛卯，疏勒及高丽国并遣使朝献。丙午，诏天下有粟之家，供年之外，悉贷饥民。……戊寅，通河南牧马之禁。己卯，诏曰："……今秋输将及，郡县期于责办，尚书可严勒诸州，量民资产，明加检校，以救艰弊。"

（出自《魏书》卷八《世宗纪》）

（2）〔延昌〕三年春二月乙未，诏曰："肆州秀容郡敷城县、雁门郡原平县，并自去年四月以来，山鸣地震，于今不已，告谴彰咎，朕甚惧焉，祗畏兢兢，若临渊谷，可恤瘝宽刑，以答灾谪。"

（出自《魏书》卷八《世宗纪》）

（3）〔太元元年〕夏五月癸丑，地震。甲寅，诏曰："顷者上天垂监，谴告屡彰，朕有惧焉，震惕于心。思所以议狱缓死，赦过宥罪，庶因大变，与之更始。"于是大赦，增文武位各一等。

（出自《晋书》卷九《孝武帝纪》）

（三）医治

〔延昌元年四月〕癸未，诏曰："肆州地震陷裂，死伤甚多，言念毁没，有酸怀抱。亡者不可復追，生病之徒宜加疗救。可遣太医、折伤医，并给所须之药，就治之。"

（出自《魏书》卷八《世宗纪》）

第四章　隋唐五代十国时期（589—960 年）

隋朝建立于 581 年，隋唐五代十国时期起算于 589 年隋文帝杨坚统一全国，结束于 960 年赵匡胤"黄袍加身"建立宋朝，历时 371 年。这一时期是中国封建社会继续发展并达到繁荣昌盛的一个鼎盛时期，在当时的世界上亦属于最富庶强大的国家。隋唐五代十国时期，有记载的 3 级以上地震共 159 次，其中 $7 \leqslant M < 8$ 级地震 3 次，$6 \leqslant M < 7$ 级地震 9 次，$5 \leqslant M < 6$ 级地震 11 次，$M = 4\frac{3}{4}$ 级地震 7 次，$3 \leqslant M \leqslant 4\frac{1}{2}$ 级地震 129 次。

第一节　隋唐五代十国时期的地震活动

一、$7 \leqslant M < 8$ 级地震 3 次

（一）734 年 3 月 23 日唐玄宗开元二十二年二月初十 7 级地震

〔玄宗开元二十二年〕二月壬寅，秦州地震，廨宇及居人庐舍崩坏殆尽，压死官吏以下四十（千）余人，殷殷有声，仍连震不止。命尚书右丞相萧嵩往祭山川，并遣使存问赈恤之，压死之家给復一年，一家三人已上死者给復二年。

（出自《旧唐书》卷八《玄宗纪》）

开元二十二年二月壬寅，秦州地震，西北隐隐有声，坼而复合，经时不止，坏庐舍殆尽，压死四千余人。

（出自《新唐书》卷三五《五行志》）

〔开元二十二年〕二月壬寅，秦州地震，给復压死者家一年，三人者三年。

（出自《新唐书》卷五《玄宗纪》）

秦州中都督府……（贞观）十四年，督秦、成、渭、武四州，治上邽。十七年，废秦岭县。开元二十二年，缘地震，移治于成纪县之敬亲川。

（出自《旧唐书》卷四〇《地理志》）

秦州天水郡，中都督府。本治上邽，开元二十二年以地震徙治成纪之敬亲川。

（出自《新唐书》卷四〇《地理志》）

时天水地震，陵迁为谷，城夏于隍。公谋去故绛，制造新邑。

（出自清·胡聘之《山右石刻丛编》卷七：《大唐故宣威将军守右武卫中郎将陇西董君墓志铭》）

（二）814 年 4 月 6 日唐宪宗元和九年三月初八 7 级地震

〔元和〕九年三月丙辰，巂州地震，昼夜八十震方止，压死者百余人。

（出自《旧唐书》卷三七《五行志》）

〔元和九年〕三月己酉朔，丙辰，巂州地震，昼夜八十震，压死者百余人。

（出自《旧唐书》卷一五《宪宗纪》）

〔元和〕九年三月丙辰，巂州地震，昼夜八十，压死百余人，地陷者三十里。

（出自《新唐书》卷三五《五行志》）

〔元和九年〕三月丙辰，巂州地震。

（出自《新唐书》卷七《宪宗纪》）

第四章 隋唐五代十国时期（589—960年）

（三）849年10月24日唐宣宗大中三年十月初一7级地震

〔宣宗大中三年〕十月辛巳，京师地震，河西、天德、灵、夏尤甚，戍卒压死者数千人。

（出自《旧唐书》卷一八《宣宗纪》）

大中三年十月，京师地震，振武、天德、灵武、盐、夏等州皆震，坏军镇庐舍。

（出自《旧唐书》卷三七《五行志》）

大中三年十月辛巳，上都及振武、河西、天德、灵武、盐、夏等州地震，坏庐舍，压死数十（千）人。

（出自《新唐书》卷三五《五行志》）

〔大中三年〕十月辛巳，京师地震。是月，振武及天德、灵武、盐、夏二州地震。……〔五年四月〕辛未，给复灵、盐、夏三州、邠、宁、鄜、坊等道三岁。

（出自《新唐书》卷八《宣宗纪》）

大中三年十一（？）月，京师地震。振武、天德、灵武、夏州、盐州皆奏地大震，坏军城庐舍，云伽镇使及荆南押防秋兵马小使，并压死傔卒，死者数十辈。

（出自宋·王溥《唐会要》卷四二）

二、6≤M<7级地震9次

（一）600年12月16日隋文帝开皇二十年十一月初三6级地震

开皇二十年十一月，京都大风，发屋拔树。秦、陇压死者千余人。地大震，鼓皆应。净刹寺钟三鸣，佛殿门锁自开，铜象自出户外。

（出自《隋书》卷二三《五行志》）

〔开皇二十年〕十一月戊子，天下地震，京师大风雪。

（出自《隋书》卷二《高祖纪》）

及太子勇废，立上为皇太子。是月，当受册。高祖曰："吾以大兴公成帝业。"令上出舍大兴县。其夜，烈风大雪，地震山崩，民舍多坏，压死者百余口。

（出自《隋书》卷三《炀帝纪》）

〔隋书曰〕隋文帝开皇二十年，废太子勇，以晋王广为皇太子。将册之夜，烈风大雪，地震山崩，人舍多坏，杀人。

（出自宋·李昉等《太平御览》卷八八〇）

（二）624年8月18日唐高祖武德七年七月二十六日6级地震

〔武德七年七月甲午〕巂州地震山崩，江水咽流。

（出自《旧唐书》卷一《高祖纪》）

〔武德〕七年七月巂州地震，山摧壅江，水噎流。

（出自《新唐书》卷三五《五行志》）

〔武德七年七月甲午〕巂州地震山崩，遏江水。

（出自《新唐书》卷一《高祖纪》）

（三）649年9月15日唐太宗贞观二十三年八月癸酉朔 6¾级地震

〔贞观二十三年〕八月癸酉朔，河东地震，晋州尤甚，坏庐舍，压死者五千余人。（三日又震。诏遣使存问，给复二年，压死者赐绢三匹。）

（出自《旧唐书》卷四《高宗纪》）

〔贞观二十三年〕八月癸酉，河东地震。（乙亥，又震。庚辰，遣使存问河东，给复二年，赐压死者人绢三匹。）

（出自《新唐书》卷三《高宗纪》）

〔贞观〕二十三年八月一日，晋州地震，坏人庐舍，压死者五十（千）余人。

（出自《旧唐书》卷三七《五行志》）

〔贞观二十三年〕八月癸酉夜，地震，晋州尤甚，压杀五千余人。

（出自《资治通鉴》卷一九九《唐纪·太宗贞观二十三年》）

（四）701 年 8 月 16 日唐武后大足元年七月初四 6 级地震

大足元年七月乙亥，扬、楚、常、润、苏五州地震。

（出自《新唐书》卷三五《五行志》）

（五）756 年 12 月 1 日唐肃宗至德元年十一月辛亥朔 6 级地震

〔肃宗〕至德元年十一月辛亥朔，河西地震有声，地裂陷，坏庐舍，张掖、酒泉尤甚。至二载六月始止。

（出自《旧唐书》卷三七《五行志》）

〔至德元年〕十一月辛亥，河西地震有声，圮裂庐舍，张掖、酒泉尤甚。……〔至德二载〕三月癸亥，河西自去冬地震，至是方止。

（出自《旧唐书》卷一○《肃宗纪》）

〔至德元载〕十一月辛亥朔，河西地震裂有声，陷庐舍，张掖、酒泉尤甚，至二载三月癸亥乃止。

（出自《新唐书》卷三五《五行志》）

〔至德元年〕十一月辛亥，河西地震。

（出自《新唐书》卷六《肃宗纪》）

〔至德〕二年三月，河西又震。

（出自宋·王溥《唐会要》卷四二）

（六）777 年唐代宗大历十二年 6 级地震

〔大历〕十二年，恒、定二州地大震，三日乃止，束鹿、宁晋地裂数丈，沙石随水流出平地，坏庐舍，压死者数百人。

（出自《新唐书》卷三五《五行志》）

〔大历十二年〕是岁，恒、定、赵三州地震。冬，无雪。

（出自《新唐书》卷六《代宗纪》）

（七）788 年 3 月 12 日唐德宗贞元四年正月二十六日 6½级地震

〔贞观四年正月〕乙亥，（京师）地震，金、房尤甚，江溢山裂，庐舍多坏，居人露处。陈留雨木如大指，长寸余，有孔通中，下而植于地，凡十里许。

（出自《旧唐书》卷一三《德宗纪》）

（八）793 年 5 月 31 日唐德宗贞元九年四月十三日 6 级地震

〔贞元〕九年四月辛酉，京师又震，有声如雷。河中尤甚，坏城垒庐舍，地裂水涌。

（出自《旧唐书》卷三七《五行志》）

〔贞元九年〕夏四月辛酉，地震，有声如雷，河中、关辅尤甚，坏城壁庐舍，地裂水涌。

（出自《旧唐书》卷一三《德宗纪》）

〔贞元九年〕四月辛酉，关辅、河中地震。

（出自《新唐书》卷七《德宗纪》）

（九）876 年 7 月 18 日唐僖宗乾符三年六月二十日 6½级地震

乾符三年六月乙丑，雄州地震，至七月辛巳止，州城庐舍尽坏，地陷水涌，伤死甚众。

（出自《新唐书》卷三五《五行志》）

〔乾符三年〕六月乙丑，雄州地震。……七月辛巳，雄州地震。

（出自《新唐书》卷九《僖宗纪》）

〔乾符三年九月〕雅（雄）州自六月地震至七月未止，压伤人颇众。

（出自《旧唐书》卷一九《僖宗纪》）

三、5≤M<6级地震11次

（一）638年2月14日唐太宗贞观十二年正月二十二日5¾级地震

〔贞观十二年正月〕壬寅，松、丛二州地震，坏庐舍，有压死者。

（出自《旧唐书》卷三《太宗纪》）

（二）692年山东惠民东南5级地震

（《全国地震目录》有此次地震，暂未查到历史记载。）

（三）712年2月19日唐睿宗景云三年正月初四5½级地震

〔睿宗景云三年正月〕甲戌，并、汾、绛三州地震，坏庐舍。

（出自《旧唐书》卷七《睿宗纪》）

景云三年正月甲戌，并、汾、绛三州地震，坏庐舍，压死百余人。

（出自《新唐书》卷三五《五行志》）

〔先天元年正月〕甲戌，并、汾、绛三州地震。

（出自《新唐书》卷五《睿宗纪》）

（四）788年1月14日唐德宗贞元三年十一月二十七日5¼级地震

〔贞元三年十一月丁丑〕是夜，京师地震者三，鸟巢散落。

（出自《旧唐书》卷一二《德宗纪》）

〔贞元〕三年十一月丁丑夜，京师、东都、蒲、陕地震。

（出自《新唐书》卷三五《五行志》）

（五）863年1月27日唐懿宗咸通四年正月5½级地震

懿宗咸通四年正月，翼城地震。坏庐舍，压死者甚多。

（出自康熙《山西通志》卷三〇）

（六）865年12月唐懿宗咸通六年十二月5½级地震

〔咸通〕六年十二月，晋、绛二州地震，坏庐舍，地裂泉涌，泥出青色。

（出自《新唐书》卷三五《五行志》）

（七）867年2月18日唐懿宗咸通八年正月初六5½级地震

〔咸通八年正月〕丁未，河中、晋、绛地大震，庐舍压仆伤人，有死者。

（出自《旧唐书》卷一九《懿宗纪》）

（八）886年唐懿宗光启二年5½级地震

闽王初为泉州刺史。州北数十里，地名桃林，光启初，一夕村中地震有声，如鸣数百面鼓。及明视之，禾稼方茂，了无一茎，咸掘地求之，则皆倒悬在土下。其年（王）审知克晋安，尽有瓯闽之地六十年。至其子延义立，桃林地中复有鼓声……及明视之，亦无一茎，掘地求之，则亦倒悬土下。其年延义为左右所杀。王氏遂灭。

（出自宋·徐铉《稽神录》卷五：《桃林禾稼》）

光启二年，地震。龙首龙尾二关、三阳城皆崩。

（出自明·杨慎《南诏野史》上卷《大蒙国》）

（九）925年11月18日后唐庄宗同光三年十月二十五日5¾级地震

〔同光三年十一月戊戌〕徐州、邺都上言，十月二十五日夜，地大震。

（出自《旧五代史》卷三三《庄宗纪》）

〔同光四年正月癸亥〕诸州上言，准宣为去年十月地震，集僧道起消灾道场。

（出自《旧五代史》卷三四《庄宗纪》）

〔同光四年二月丙申〕上岁天下大水，十月邺地大震，自是居人或有亡去他郡者。

（出自《旧五代史》卷三四《庄宗纪》）

是岁，大水，四方地连震，流民殍死者数万人，军士妻子皆采稆以食。

（出自《新五代史》卷二八《豆卢革传》）

〔同光〕三年十一月二十五日夜，魏、博、徐、宿地大震。

（出自《旧五代史》卷一四一《五行志》）

〔同光〕三年十一月二十五日夜，魏府、徐泗地大震。

（出自宋·王溥《五代会要》卷一〇）

〔同光三年〕十一月甲寅（二十五日），地震。

（出自《新五代史》卷五九《司天考》）

（十）929 年后唐明宗天成四年 5 级地震

〔天成四年〕是岁，所在地震，居人有坏庐舍者。

（出自宋·范坰、林禹《吴越备史》卷一）

（十一）949 年 5 月 9 日后汉隐帝乾祐二年四月初四 $5\frac{1}{2}$ 级地震

汉乾祐二年四月丁丑，幽、定、沧、营、深、贝等州地震，幽、定尤甚。

（出自《旧五代史》卷一四一《五行志》）

〔汉乾祐二年四月〕是月，幽、定、沧、贝、深、冀等州地震。

（出自《旧五代史》卷一〇二《隐帝纪》）

四、$M = 4\frac{3}{4}$ 级地震 7 次

（一）642 年唐太宗贞观十六年 $4\frac{3}{4}$ 级地震

以噶尔为首之聪明大臣，巧妙地由汉地迎来一位神仙——公主。她随身带着康福之源——释迦牟尼佛像，很多珠宝玉器，镶着松耳石的金字典籍，三百六十部佛经，两万件衣物，无数食物和宝石雕鞍，数不尽的绸缎，六十名工艺匠师和八测、五验、六炼、四性配方等整套医学书籍，作为嫁妆来到吐蕃。四方百姓皆以为是朝自己方向降临而去迎接。（公主等）抵达倭塘湖畔树林边，马车陷于沙砾，同时发生地震，驮畜皆躺下……。

（出自达隆巴·阿旺朗杰《宗教史·妙海》第六页）

（二）835 年 4 月 15 日唐文宗大和九年三月初十 $4\frac{3}{4}$ 级地震

〔大和〕九年三月乙卯，京师地震，屋瓦皆坠，户牖间有声。

（出自《新唐书》卷三五《五行志》）

（三）836 年 2 月 29 日唐文宗开成元年二月初五 $4\frac{3}{4}$ 级地震

开成元年二月乙亥夜四更，京师地震，屋瓦皆坠，户牖之间有声。

（出自《旧唐书》卷三七《五行志》）

开成元年二月乙亥，（京师地）又震。

（出自《新唐书》卷三五《五行志》）

（四）879 年 3 月 1 日唐僖宗乾符六年二月 $4\frac{3}{4}$ 级地震

〔乾符〕六年二月，京师地震，有声如雷，蓝田山裂水涌。

（出自《新唐书》卷三五《五行志》）

〔乾符六年〕二月，京师地震，蓝田山裂，出水。

（出自《新唐书》卷九《僖宗纪》）

（五）880 年 2 月陕西歧山 4¾级地震

（《中国地震目录》有此次地震，暂未查到历史记载。）

（六）927 年 8 月河南郑州 4¾级地震

（《中国地震目录》有此次地震，暂未查到历史记载。）

（七）953 年 11 月后周太祖广顺三年十月 4¾级地震

〔后周太祖广顺三年十月〕壬申，邺都、邢、洺等州皆上言地震，邺都尤甚。

（出自《旧五代史》卷一一三《太祖纪》）

广顺三年十月，魏、邢、洺等州地震数日，凡十余度，魏州尤甚。

（出自《旧五代史》卷一四一《五行志》）

广顺三年十月，魏、邢、洺地震，累日凡十余度。邺都宫署内尤甚，屋瓦皆堕。

（出自宋·王溥《五代会要》卷一〇）

五、3≤M≤4½级地震 129 次（表 4-1）

表 4-1　隋唐五代十国时期 3≤M≤4½级地震目录

序号	时间 （年．月．日）	北纬（°）	东经（°）	震级 M	地点
1	594.06.23	34.30	108.90	3½	陕西西安西北
2	601.11.18	34.90	110.50	4	山西永济蒲州
3	602.05.02	34.40	107.80	4½	陕西扶风一带
4	602.10.14	34.90	140.70	4	甘肃陇西一带
5	619.11.14	34.30	108.90	3½	陕西西安西北
6	627.12.31	30.70	104.10	4½	四川成都
7	633.11.30	34.30	108.90	3½	陕西西安西北
8	636.11.05	34.80	110.30	4	山西蒲州
9	638.02.15	32.60	103.60	4	四川松潘
10	646.11.08	38.10	106.30	4	宁夏灵武
11	649.09.17	36.10	111.50	3½	山西临汾
12	650.01.05	36.10	111.50	3½	山西临汾
13	650.05.09	36.10	111.50	3½	山西临汾
14	650.05.19	36.10	111.50	3½	山西临汾
15	650.07.18	36.10	111.50	3½	山西临汾
16	650.07.19	36.10	111.50	3½	山西临汾
17	651.11.22	36.10	111.50	3½	山西临汾
18	652.01.08	38.50	113.00	3½	山西定襄
19	652.12.31	31.90	118.40	3½	江苏南京牛首山
20	671.10.12	34.30	108.90	3½	陕西西安
21	677.02.27	34.30	108.90	3½	陕西西安
22	682.11.12	34.30	108.90	3½	陕西西安

续表

序号	时间 (年.月.日)	北纬 (°)	东经 (°)	震级 M	地点
23	687.08.29	34.70	112.50	3½	河南洛阳东
24	688.08.06	34.70	112.50	3½	河南洛阳东
25	688.09.15	34.70	112.50	3½	河南洛阳东
26	694.05.11	31.80	119.90	3½	江苏常州
27	699.11.08	34.70	112.50	3½	河南洛阳东
28	708.07.26	28.90	121.20	4	浙江临海
29	710.07.02	29.60	120.80	3½	浙江嵊县
30	736.11.13	34.30	108.90	3½	陕西西安
31	737.01.05	34.70	112.50	3½	河南洛阳东
32	738.04.22	34.30	108.90	3½	陕西西安
33	762.12.31	29.60	91.70	4½	西藏扎囊东北桑伊
34	767.12.25	34.30	108.90	3½	陕西西安
35	768.06.13	34.30	108.90	3½	陕西西安
36	769.04.02	34.30	108.90	3½	陕西西安
37	769.07.01	34.30	108.90	3½	陕西西安
38	780.05.17	34.30	108.90	3½	陕西西安
39	782.07.31	34.30	108.90	3½	陕西西安
40	783.05.27	34.30	108.90	3½	陕西西安
41	783.06.13	34.30	108.90	3½	陕西西安
42	786.06.25	34.30	108.90	3½	陕西西安
43	788.01.14	34.80	111.50	4½	河南渑池一带
44	788.01.16	34.80	111.50	4½	河南渑池一带
45	788.02.16	34.30	108.90	3½	陕西西安
46	788.02.17	34.30	108.90	3½	陕西西安
47	788.02.18	34.30	108.90	3½	陕西西安
48	788.03.04	34.30	108.90	3½	陕西西安
49	788.03.05	34.30	108.90	3½	陕西西安
50	788.03.06	34.30	108.90	3½	陕西西安
51	788.03.07	34.30	108.90	3½	陕西西安
52	788.03.09	34.30	108.90	3½	陕西西安
53	788.03.10	34.30	108.90	3½	陕西西安
54	788.03.19	34.30	108.90	3½	陕西西安
55	788.03.21	34.30	108.90	3½	陕西西安
56	788.03.22	34.30	108.90	3½	陕西西安

第四章 隋唐五代十国时期（589—960年）

续表

序号	时间 （年．月．日）	北纬（°）	东经（°）	震级 M	地点
57	788.04.02	34.30	108.90	3½	陕西西安
58	788.04.20	34.30	108.90	3½	陕西西安
59	788.04.25	34.30	108.90	3½	陕西西安
60	788.05.06	34.30	108.90	3½	陕西西安
61	788.05.07	34.30	108.90	3½	陕西西安
62	788.07.01	34.30	108.90	3½	陕西西安
63	788.07.02	34.30	108.90	3½	陕西西安
64	788.09.27	34.30	108.90	3½	陕西西安
65	788.10.07	34.30	108.90	3½	陕西西安
66	794.05.13	34.30	108.90	3½	陕西西安
67	794.05.18	34.30	108.90	3½	陕西西安
68	797.08.12	34.30	108.90	3½	陕西西安
69	812.10.12	34.30	108.90	3½	陕西西安
70	812.11.11	34.30	108.90	3½	陕西西安
71	815.12.08	34.30	108.90	3½	陕西西安
72	816.04.04	34.30	108.90	3½	陕西西安
73	817.02.10	34.30	108.90	3½	陕西西安
74	820.03.17	34.30	108.90	3½	陕西西安
75	828.02.08	34.30	108.90	3½	陕西西安
76	832.04.08	31.30	120.60	3½	江苏苏州
77	833.07.13	34.30	108.90	3½	陕西西安
78	835.04.03	34.30	108.90	3½	陕西西安
79	835.04.15	34.30	108.90	4½	陕西西安
80	836.02.29	34.30	108.90	4½	陕西西安
81	836.04.23	34.30	108.90	3½	陕西西安
82	837.12.10	34.30	108.90	3	陕西西安
83	839.12.09	34.30	108.90	3½	陕西西安
84	842.03.17	34.10	115.70	4	河南商丘南
85	843.01.31	34.30	108.90	3½	陕西西安
86	858.10.13	37.80	112.50	3½	山西太原南
87	860.05.28	34.30	108.90	4	陕西西安
88	872.05.15	31.20	120.00	4½	江苏太湖一带
89	876.07.28	35.70	115.40	3½	河南濮阳东濮城
90	877.01.21	34.30	108.90	3½	陕西西安

续表

序号	时间 （年.月.日）	北纬（°）	东经（°）	震级 M	地点
91	877.08.07	37.80	105.90	4	宁夏灵武
92	881.01.10	34.30	108.90	3½	陕西西安
93	883.09.30	36.10	111.50	3½	山西临汾西南
94	885.02.22	30.30	104.10	4	四川成都一带
95	886.03.31	30.30	104.10	4	四川成都一带
96	886.12.31	24.90	118.60	3½	福建泉州
97	887.01.02	36.70	115.20	3½	河北大名东北
98	895.04.15	37.70	112.50	3½	山西太原西南
99	908.05.21	34.80	114.30	3½	河南开封
100	924.12.27	38.10	114.60	3½	河北正定
101	927.11.07	30.40	112.20	3½	湖北江陵
102	927.11.27	34.50	107.40	3½	陕西凤翔
103	927.12.25	34.70	112.50	3½	河南洛阳东
104	927.12.26	34.70	112.50	3½	河南洛阳东
105	928.01.02	34.00	113.80	3½	河南许昌
106	928.01.06	34.70	112.50	3½	河南洛阳东
107	928.10.18	35.60	111.20	3½	山西新绛
108	931.08.16	37.70	112.50	3½	山西太原西南
109	931.08.17	37.70	112.50	3½	山西太原西南
110	931.08.18	37.70	112.50	3½	山西太原西南
111	932.01.15	34.70	112.50	3½	河南洛阳东
112	932.02.01	35.00	105.20	4	甘肃秦安
113	932.10.07	35.00	105.20	4	甘肃秦安
114	932.11.02	35.00	105.20	4	甘肃秦安
115	933.06.05	26.10	119.30	4	福建福州
116	934.05.21	30.70	104.10	4	四川成都一带
117	936.04.28	30.70	104.10	4	四川成都一带
118	937.05.19	44.00	119.30	4	内蒙古巴林左旗
119	937.07.06	44.00	119.30	4	内蒙古巴林左旗
120	938.11.26	30.70	104.10	4½	四川成都一带
121	938.11.27	30.70	104.10	4½	四川成都一带
122	938.11.28	30.70	104.10	4½	四川成都一带
123	939.07.23	30.70	104.10	4	四川成都一带
124	940.07.23	30.70	104.10	4	四川成都一带

续表

序号	时间 （年．月．日）	北纬（°）	东经（°）	震级 M	地点
125	940.12.06	30.70	104.10	4	四川成都一带
126	942.02.22	30.70	104.10	4	四川成都一带
127	952.12.11	43.90	119.30	4	内蒙古巴林左旗
128	952.12.24	30.70	104.10	4	四川成都一带
129	953.05.20	30.70	104.10	4	四川成都一带

第二节　隋唐五代十国时期地震活动的时空分布特点

隋唐五代十国时期（589~960年）历时371年。这一时期，有记载的有感地震（3≤M<5级）共136次，5级以上地震（5≤M<8级）23次，其中5≤M<6级地震11次，6≤M<7级地震9次，7≤M<8级地震3次。平均每年发生地震（3≤M<8级）约0.43次，其中，平均每年发生有感地震（3≤M<5级）约0.37次，发生5级以上地震（5≤M<8级）约0.06次，发生6级以上地震（6≤M<8级）约0.03次，发生7级以上地震（7≤M<8级）约0.008次。换言之，平均约16年发生一次5级以上地震，约31年发生一次6级以上地震，约124年发生一次7级以上地震。总体上看，这一时期除788年是一个地震高发期，发生了23次有感地震和2次5级以上地震以外，其他时间段地震频度不高。5级以上地震呈每隔几年至几十年发生一次的特点（图4-1、图4-2）。

这一时期的地震主要分布在今甘肃、陕西、山西、河北、内蒙古、山东、四川等省，构造上处于鄂尔多斯地块周缘地区，即武都—马边地震带、天水—兰州地震带、汾渭地震带、河北平原地震带及郯庐地震带及其附近（图4-3、图4-4）。

· 66 ·　中国地震史研究（远古至1911年）

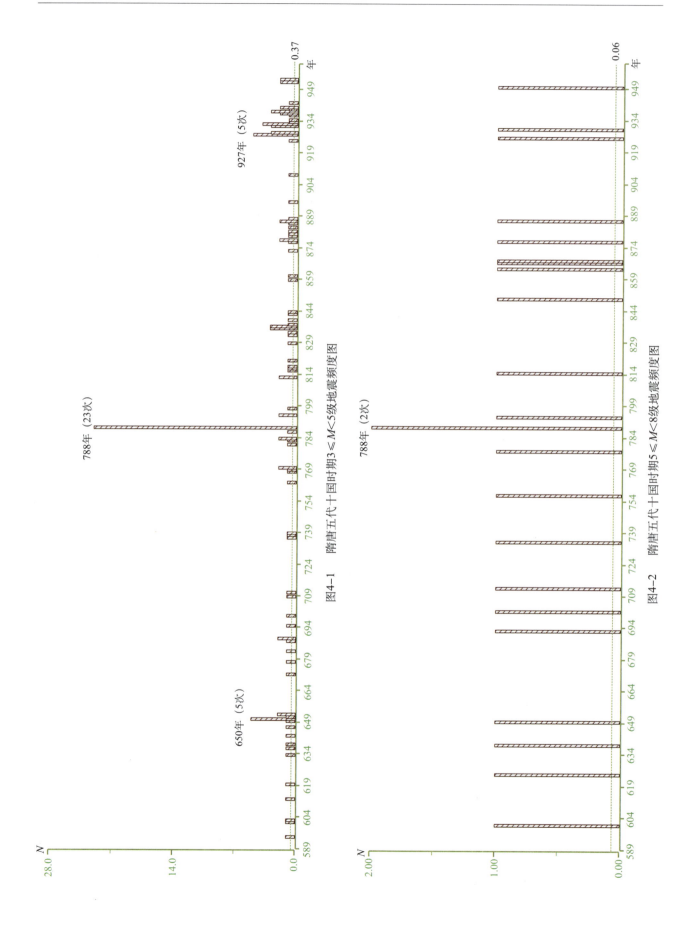

图4-1　隋唐五代十国时期 $3 \leq M < 5$ 级地震频度图

图4-2　隋唐五代十国时期 $5 \leq M < 8$ 级地震频度图

图4-3 隋唐五代十国时期3≤M<5级地震分布示意图

图4-4 隋唐五代十国时期5≤M<8级地震分布示意图

第三节　隋唐五代十国时期的宏观异常

一、水

（一）788 年 2 月 16 日唐德宗贞元四年正月庚戌朔地震

〔贞元四年正月庚戌朔〕是日质明，含元殿前阶基栏槛坏损三十余间，压死卫士十余人。京师地震，〈辛亥（初二）又震，壬子（初三）又震。……丁卯（十八日），京师地震，戊辰（十九日）又震，庚午（二十一日）又震。……癸酉（二十四日），京师地震。……乙亥（二十六日），地震，金、房尤甚，江溢山裂，庐舍多坏，居人露处。陈留雨木如大指，长寸余，有孔通中，下而植于地，凡十里许。〉

（出自《旧唐书》卷一三《德宗纪》）

（二）788 年 9 月 27 日唐德宗贞元四年八月十九日地震

〔贞元四年〕八月甲午，（京师地）又震，有声如雷；甲辰，又震。灞水暴溢，杀百余人。

（出自《新唐书》卷三五《五行志》）

（三）793 年 5 月 31 日唐德宗贞元九年四月十三日 6 级地震

〔贞元〕九年四月辛酉，京师又震，有声如雷。河中尤甚，坏城垒庐舍，地裂水涌。

（出自《旧唐书》卷三七《五行志》）

〔贞元九年〕夏四月辛酉，地震，有声如雷，河中、关辅尤甚，坏城壁庐舍，地裂水涌。

（出自《旧唐书》卷一三《德宗纪》）

（四）842 年唐武宗会昌二年地震

自是国中地震裂，水泉涌，岷山崩；洮水逆流三日，鼠食稼，人饥疫，死者相枕籍。鄯、廓间夜闻鼙鼓声，人相惊。

（出自《新唐书》卷二一六《吐蕃传》）

（五）865 年 12 月唐懿宗咸通六年十二月 5½级地震

〔咸通〕六年十二月，晋、绛二州地震，坏庐舍，地裂泉涌，泥出青色。

（出自《新唐书》卷三五《五行志》）

（六）876 年 7 月 18 日唐僖宗乾符三年六月二十日至七月辛巳（初六）6½级地震

乾符三年六月乙丑，雄州地震，至七月辛巳止，州城庐舍尽坏，地陷水涌，伤死甚众。

（出自《新唐书》卷三五《五行志》）

（七）879 年 3 月 1 日唐僖宗乾符六年二月 4¾级地震

〔乾符〕六年二月，京师地震，有声如雷，蓝田山裂水涌。

（出自《新唐书》卷三五《五行志》）

〔乾符六年〕二月，京师地震，蓝田山裂，出水。

（出自《新唐书》卷九《僖宗纪》）

（八）925 年 11 月 18 日后唐庄宗同光三年十月二十五日地震

〔同光四年二月丙申〕上岁天下大水，十月邺地大震，自是居人或有亡去他郡者。

（出自《旧五代史》卷三四《庄宗纪》）

是岁，大水，四方地连震，流民殍死者数万人，军士妻子皆采稆以食。

（出自《新五代史》卷二八《豆卢革传》）

（九）928 年 10 月 18 日后唐明宗天成三年闰八月二十七日地震

〔天成三年闰八月〕是月二十七大水，河水溢。绛州地震。

第四章　隋唐五代十国时期（589—960 年）　　　· 69 ·

（出自《旧五代史》卷三九《明宗纪》）

（十）952 年 11 月 25 日后蜀孟昶广政十五年十一月地震

〔广政十五年〕十一月，地震，十二月天雨毛。

（出自宋·张唐英《蜀梼杌》卷下）

二、地声

（一）601 年 11 月 18 日隋文帝仁寿元年十月十五日 4 级地震

隋文帝仁寿元年十月十五日，蒲州栖岩寺立塔，地震山吼，如钟鼓声。

（出自唐·道世《法苑珠林》卷五三）

（二）646 年 11 月 8 日唐太宗贞观二十年九月辛亥 4 级地震

唐太宗贞观二十年九月辛亥，灵州地震，有声如雷。

（出自《新唐书》卷三五《五行志》）

（三）734 年 3 月 23 日唐玄宗开元二十二年二月初十 7 级地震

〔玄宗开元二十二年〕二月壬寅，秦州地震，廨宇及居人庐舍崩坏殆尽，压死官吏以下四十（千）余人，殷殷有声，仍连震不止。命尚书右丞相萧嵩往祭山川，并遣使存问赈恤之，压死之家给復一年，一家三人已上死者给復二年。

（出自《旧唐书》卷八《玄宗纪》）

开元二十二年二月壬寅，秦州地震，西北隐隐有声，坼而复合，经时不止，坏庐舍殆尽，压死四千余人。

（出自《新唐书》卷三五《五行志》）

（四）756 年 12 月 1 日唐肃宗至德元年十一月辛亥朔 6 级地震

〔肃宗〕至德元年十一月辛亥朔，河西地震有声，地裂陷，坏庐舍，张掖、酒泉尤甚。至二载六月始止。

（出自《旧唐书》卷三七《五行志》）

〔至德元年〕十一月辛亥，河西地震有声，圮裂庐舍，张掖、酒泉尤甚。……〔至德二载〕三月癸亥，河西自去冬地震，至是方止。

（出自《旧唐书》卷一〇《肃宗纪》）

〔至德元载〕十一月辛亥朔，河西地震裂有声，陷庐舍，张掖、酒泉尤甚，至二载三月癸亥乃止。

（出自《新唐书》卷三五《五行志》）

（五）767 年 12 月 25 日唐代宗大历二年十一月壬申 3½ 级地震

唐代宗大历二年十一月壬申，京师地震，有声自东北来，如雷者三。

（出自《旧唐书》卷三七《五行志》）

（六）793 年 5 月 31 日唐德宗贞元九年四月十三日 6 级地震

〔贞元〕九年四月辛酉，京师又震，有声如雷。河中尤甚，坏城垒庐舍，地裂水涌。

（出自《旧唐书》卷三七《五行志》）

〔贞元九年〕夏四月辛酉，地震，有声如雷，河中、关辅尤甚，坏城壁庐舍，地裂水涌。

（出自《旧唐书》卷一三《德宗纪》）

（七）849 年唐宣宗大中三年十月辛巳地震

大中三年十月辛巳，马邑地震有声，坏民庐舍。

（出自万历《马邑县志》）

（八）877 年唐僖宗乾符三年十二月 3½ 级地震

唐僖宗乾符三年十二月，京师地震有声。

（出自《旧五代史》卷三九《明宗纪》）

（九）879年3月1日唐僖宗乾符六年二月4¾级地震

〔乾符〕六年二月，京师地震，有声如雷，蓝田山裂水涌。

（出自《新唐书》卷三五《五行志》）

（十）883年9月30日唐僖宗中和三年秋3½级地震

唐僖宗中和三年秋，晋州地震，有声如雷。

（出自《新唐书》卷三五《五行志》）

（十一）886年唐懿宗光启二年5½级地震

闽王初为泉州刺史。州北数十里，地名桃林，光启初，一夕村中地震有声，如鸣数百面鼓。及明视之，禾稼方茂，了无一茎，咸掘地求之，则皆倒悬在土下。其年（王）审知克晋安，尽有瓯闽之地六十年。至其子延义立，桃林地中复有鼓声……及明视之，亦无一茎，掘地求之，则亦倒悬土下。其年延义为左右所杀。王氏遂灭。

（出自宋·徐铉《稽神录》卷五：《桃林禾稼》）

（十二）886年12月31日唐僖宗光启二年地震

闽王初为泉州刺史。州北数十里，地名姚林，光启初，一夕村中地震有声，如鸣数百面鼓。

（出自宋·徐铉《稽神录》卷五《姚林禾稼》）

（十三）939年7月23日后蜀孟昶广政二年六月4级地震

后蜀孟昶广政二年六月，蜀地震，恸恸有声。

（出自宋·张唐英《蜀梼杌》卷下）

（十四）940年12月6日后蜀孟昶广政三年十月4级地震

后蜀孟昶广政三年十月，蜀地震，从西北来，声如暴风急雨之状。

（出自宋·张唐英《蜀梼杌》卷下）

三、天气

（一）600年12月16日隋文帝开皇二十年十一月初三6级地震

开皇二十年十一月，京都大风，发屋拔树。秦、陇压死者千余人。地大震，鼓皆应。净刹寺钟三鸣，佛殿门锁自开，铜像自出户外。

（出自《隋书》卷二三《五行志》）

〔开皇二十年〕十一月戊子，天下地震，京师大风雪。

（出自《隋书》卷二《高祖纪》）

及太子勇废，立上为皇太子。是月，当受册。高祖曰："吾以大兴公成帝业。"令上出舍大兴县。其夜，烈风大雪，地震山崩，民舍多坏，压死者百余口。

（出自《隋书》卷三《炀帝纪》）

〔隋书曰〕隋文帝开皇二十年，废太子勇，以晋王广为皇太子。将册之夜，烈风大雪，地震山崩，人舍多坏，杀人。

（出自宋·李昉等《太平御览》卷八八〇）

（二）777年唐代宗大历十二年6级地震

〔大历十二年〕是岁，恒、定、赵三州地震。冬，无雪。

（出自《新唐书》卷六《代宗纪》）

（三）812年9月14日唐宪宗元和七年八月地震

〔宪宗〕元和七年八月，京师地震。宪宗谓侍臣曰："昨地震，草树皆摇，何祥异也？"

第四章　隋唐五代十国时期（589—960 年）　　　　　　　　·71·

（出自《旧唐书》卷三七《五行志》）

四、动物

（一）788 年 1 月 16 日唐德宗贞元三年十一月己卯 4½级地震

唐德宗贞元三年十一月己卯夜，京师地震，是夕者三，巢鸟皆惊，人多去室。

（出自《旧唐书》卷三七《五行志》）

（二）794 年 5 月 18 日唐德宗贞元十年四月十一日地震

〔贞元十年四月〕癸丑，（京师）又震，侍中浑瑊第有树涌出，树枝皆戴蚯蚓。

（出自《新唐书》卷三五《五行志》）

（三）860 年 5 月 28 日唐懿宗咸通元年五月庚戌 4 级地震

唐懿宗咸通元年五月庚戌，京师地震，山谷禽兽惊走。

（出自宋·王溥《唐会要》卷四二）

五、地生毛

（一）783 年 5 月 27 日唐德宗建中四年四月十八日地震

〔建中四年四月〕甲子，京师地震，生黄白毛，长尺余。

（出自《旧唐书》卷一二《德宗纪》）

（二）788 年 4 月 20 日唐德宗贞元四年三月初六地震

〔贞元四年〕三月甲寅，（京师地）又震，己未（十一日）又震，庚午（二十二日）又震，辛未（二十三日）又震。京师地生毛，或白或黄，有长尺余者。

（出自《旧唐书》卷三七《五行志》）

（三）788 年 5 月 7 日唐德宗贞元四年三月二十三日地震

〔贞元四年三月〕辛未，（京师）又震。京师地生毛，或白或黄，有长尺余者。

（出自《旧唐书》卷三七《五行志》）

（四）832 年 4 月 8 日唐文宗大和六年二月 3½级地震

大和六年二月，苏州地震，生白毛。

（出自《新唐书》卷三五《五行志》）

六、地光

（一）601 年 11 月 18 日隋文帝仁寿元年十月十五日地震

隋文帝立佛舍利塔……蒲州栖岩寺立塔，地震山吼，钟鼓大声。又放光五道，至二百里皆见。

（出自唐·道世《法苑珠林》卷五三）

〔仁寿元年〕十月十五日正午入函一时起塔。……蒲州栖岩寺立塔，地震山吼，如钟鼓声。又放光五道，二百里皆见。

（出自唐·道宣《集神州三宝感通录》卷上）

（二）708 年 7 月 26 日唐中宗景龙二年七月初一地震

〔中宗景龙二年〕秋七月辛卯，台州地震。癸巳（初三）……有赤气竟天，其光烛地，经三日乃止。

（出自《旧唐书》卷七《中宗纪》）

（三）842 年唐武宗会昌二年地震

当时，大地发生了大地震，四面八方燃烧起来，天空呈现出血红色；流星陨石相互撞击，纷纷坠落；在汉蕃交界的西哈久拉塘中央，作为蕃所管辖的界山拉日山倾倒了，因之堵塞了碌曲，于是河水回漩，并向上游倒流；复自水中发出巨大声响和亮光；同时尚有雷击。……这时的地震、声响和亮光，在喇萨也感到十分清晰。

（出自巴吴·祖拉陈娃《贤者喜宴》）

第四节　隋唐五代十国时期的救灾理念、机制、模式、措施

隋唐五代十国时期，是中国历史上的一个鼎盛时期。隋朝立国 38 年，可以看作是这一时期的前奏；唐朝立国 289 年，经济、政治全面发展，可以看作是这一时期的主体；五代十国历时 53 年，政局动荡、战乱不断，可以看作是这一时期的衰落期。从总体上看，隋唐五代十国时期，是继两汉之后中国封建社会经济政治全面发展的第二个鼎盛时期，也是同时期世界上最强盛的国家。由于总体上政局稳定，政通人和，经济实力雄厚，各项制度健全，所以这一时期的救灾理念、救灾机制、救灾措施都比较丰富，既有对过去的继承，又有新的发展，因而救灾效果也比较明显。

一、救灾理念

儒家思想在汉代被确立为统治思想后，历经三国两晋南北朝三四百年发展，在隋唐时期已经融入了当时社会政治生活的方方面面。隋唐五代十国时期的救灾理念，主要包括民本思想、农本思想、灾异天谴思想和阴阳五行思想。

（一）民本思想

经历汉以后三国两晋南北朝长期动乱之后，隋唐统治者充分认识到了老百姓对国家长治久安的重要性。唐太宗李世民讲："朕每日坐朝，欲出一言，即思此一言于百姓有利益否，所以不敢多言。"（《贞观政要》卷六《慎言语》）"为君之道，必须先存百姓，若损百姓以奉其身，犹割股以啖腹，腹饱而身毙。"（《贞观政要》卷一《君道》）唐玄宗李隆基在《赈恤河南诏》中也讲："德惟善政，政在养人。"（《全唐文》卷二七《玄宗皇帝赈恤河南诏》）足见这一时期最高统治者在救灾工作中的民本思想。

（二）农本思想

中国自古便是一个农业国家，农本思想由来以久，这一时期表现尤甚。

唐太宗李世民讲："国以民为主，民以食为天，若禾黍不登，则兆非国家所有。"（《贞观政要》卷八《务农》）又讲："夫衣食为人天，农为政本，仓廪实则知礼节，衣服丰则知廉耻，故躬耕东郊，敬授八时。国无九岁之储，不足备水旱；家无一年之服，不足御寒暑。"（《贞观政要》卷八《务农》）一代女皇武则天命人编写《兆人本业记》，大力推广农业技术。

农本思想的强化，农业生产的发展，为仓储粮食提供了可能，也使仓储制度进一步完善。

（三）灾异天谴思想

由汉代董仲舒"天人感应论"引申发展而来的"灾异天谴"思想，经历代统治者和文人学者不断宣传灌输，到隋唐五代十国时期，几近成为国人共识。"若政得其道，而取不过度，则天地顺成，万物茂盛，而民以安乐，谓之至治；若政失其道，用物伤天，民被其害而愁苦，则天地之气沴，三光错行，阴阳寒暑失节，以为水旱、蝗螟、风雹、雷火、山崩、水溢、泉竭、雪霜不时，雨非其物，或发为氛雾、虹蜺、光怪之类，此天地灾异之大者，皆生于乱政。"（《新唐书·五行志一》）。《旧唐书·五行志》也载：贞观二十三年八月一日，晋州地震，坏人庐舍，压死者五十余人。三日又震。十一月五日又震。永徽元年四月一日又震。六月十二日又震。高宗顾谓侍臣曰："朕政教不明，使晋州之地屡有震动。"（《旧唐书》卷三七《五行志》、《唐会要》卷四二）

灾异天谴思想，虽属迷信，但也在一定程度上约束了统治者，使其修身修政，调整政策，对震后赈济百姓亦有好处。

（四）阴阳五行思想

阴阳五行思想萌芽于商代，载于《洪范》，该书据说是周武王灭商后被俘的商贵族箕子答武王问天道

第四章　隋唐五代十国时期（589—960 年）　　　　·73·

而作，当时的"五行"即是指"水、火、木、金、土"，没有什么神秘的东西。（见何兆武、步近智、唐宇元、孙开太《中国思想发展史》，中国青年出版社，1980 年）。经历代发展，到隋唐时期，阴阳五行思想成为了一种人们普遍认可的灾害观。《新唐书·五行志二》中记载："土失其性，则有水旱之灾，草木百谷不熟也。……阴盛而反常则地震，故其占为臣强，为后妃专恣，为夷犯华，为小人道长，为寇至，为叛臣。"（《新唐书》卷三五《五行志二》）

唐代普遍认为宰相能调合阴阳。《旧唐书》《姚崇传》讲："宰相者，上调阴阳，下安黎庶，致君尧舜，致时和平。"（《旧唐书》卷一二四《姚崇传》）所以在地震等自然灾害屡屡发生时，宰相往往就辞职领责。

在阴阳五行思想指导下，统治者往往将地震等自然灾害事件归结为阴阳失调，调阴阳的措施往往是修政、济民。从这个角度讲，阴阳五行思想不仅具有一定的唯物主义成分，而且对救灾工作亦有正面作用。

二、救灾机制

隋唐时期，基本形成了以封建君主为核心的救灾行政管理体制，但救灾机构未单列。

隋朝时设尚书省、中书省、门下省三省，属于朝廷政务机构，负责决策与颁布政令。三省中，尚书省地位最高。《隋书·百官志》讲："尚书省，事无不总"。尚书省总领吏部、礼部、兵部、都官（开皇三年改刑部）、度支（开皇三年改民部）、工部等六部，其中度支（民部）掌财税出纳及人口、土地、钱谷、贡赋，辖民部、度支、金部、仓部四司。三省下面设寺，包括太常、光禄、卫尉、宗正、太仆、大理、鸿胪、司农、太府、国子、将作等十一寺，作为朝廷事务机构，承接尚书省政令，具体执行诏令政策。其中，司农寺负责国家仓库、林苑、市场及薪炭供应等事务，统太仓、平准、上林、导官等署。赈济、救灾等工作似应在该寺中兼管。

地方行政机构，隋初为州、郡、县三级，隋炀帝大业三年（607 年）易州为郡，地方官制变成郡县二级。地方政府承担本地区救灾职责。

隋朝中央机构简表（表 4 - 2）、隋朝主要职官隶属简表（表 4 - 3）如下。

表 4 - 2　隋朝中央机构简表

机构		长官				职掌	下属机构或主要职官	
		通称		员额				
文帝	炀帝	文帝	炀帝	文帝	炀帝		文帝	炀帝
三公		太尉 司徒 司空		1人 1人 1人		参议国之大事，无其人则缺		
尚书省		尚书令 尚书左仆射 尚书右仆射		1人 1人 1人		无事不总	吏部、礼部、兵部、都官、度支、工部六部	吏部、户部、礼部、兵部、刑部、工部六部
吏部		吏部尚书		1人		掌天下官吏选授、勋封、考课	吏部、主爵、司勋、考功四司	选部、主爵、司勋、考功四司
礼部		礼部尚书		1人		掌礼仪、祭祀、朝聘	礼部、祠部、主客、膳部四司	仪曹、祠部、主客、膳部四司
兵部		兵部尚书		1人		掌天下武官选授、版图、甲仗	兵部、职方、驾部、库部四司	兵曹、职方、驾部、库部四司
都官		都官尚书		1人		掌纠非违得失、律令勾检	都官、刑部、比部、司门四司	宪部、都官、比部、司门四司
度支		度支尚书		1人		掌天下人口、土地、钱谷、贡赋	度支、户部、金部、仓部四司	民部、度支、金部、仓部四司
工部		工部尚书		1人		掌天下营造、屯田、山泽	工部、屯田、虞部、水部四司	起部、屯田、虞部、水部四司
门下省		纳言		2人		掌部从朝直，兼出使劳问	城门、尚食、尚药、符玺、御府、殿内六局	黄门侍郎、给事、符玺郎
内史省		内史令		2人		掌出纳帝命	内史侍郎、内史舍人	内史侍郎、内史舍人、起居舍人
秘书省		秘书监		1人		典司经籍、天文历法	著作、太史二曹	著作局、太史监
御史台		御史大夫 治书侍御史		1人 2人		掌纠察弹劾	侍御史、殿中侍御史、监察御史	
太常寺		太常卿		1人		掌陵庙群祀、礼乐仪制、天文术数	郊社、太庙、诸陵、太祝、衣冠、太乐、清商、鼓吹、太医、太卜、廪牺等署	郊社、太庙、诸陵、太祝、太乐、鼓吹、太医、太卜、廪牺等署
光禄寺		光禄卿		1人		掌诸膳食	太官、肴藏、良酝、掌醢四署	
卫尉寺		卫尉卿		1人		掌禁卫甲兵	公车、武库、守宫三署	
宗正寺		宗正卿		1人		掌宗室属籍	不统署	

续表

机构		长官				职掌	下属机构或主要职官	
		通称		员额				
太仆寺		太仆卿			1人	掌诸车辇、马牛、畜产之属	骕骦、乘黄、龙厩、车府、典牧、牛羊六署	乘黄、典厩、东府、典牧四署
大理寺		大理卿			1人	掌决正刑狱	大理司直、大理正、大理监、大理评、大理丞	大理正、大理监、大理评、大理司直、大理评事
鸿胪寺		鸿胪卿			1人	掌蕃客朝会、吊祭、吉凶	典客、司仪、崇玄三署	典蕃、四方使者、司仪等署
司农寺		司农卿			1人	掌仓、市、菜、薪、园池等	太仓、典农、平准、廪市、钩盾、华林、上林、导官八署	上林、太仓、钩盾、导官四署
太府寺		太府卿			1人	掌金帛府库、营造器物	左藏、右尚方、左尚方、司染、右藏、黄藏、掌冶、甄官八署	京师东市、京师西市、东都东市、东都南市、东都北市、平准、左藏、右藏八署
内侍省	长秋监	内侍	长秋令	2人	1人	掌内侍奉、传制令	内尚食、掖庭、宫闱、奚官、内仆、内府六局	掖庭、宫闱、奚官三署
都水台	都水监	都水使者	都水令	2人	2人	掌河渠、津梁、舟楫	掌船局、诸津	舟楫、河渠二署
国子寺	国子监	国子祭酒			1人	掌训教胄子	国子、太学、四门、书学、算学五学	国子学、太学
将作寺	将作监	将作大匠	将作大监	1人	1人	掌诸营造	左校、右校二署	左校、右校、甄官三署
	少府监		少府令		一人	掌宫廷器物、织染、冶炼		左尚、右尚、内尚、司织、司染、铠甲、弓弩、掌冶八署
	殿内省		殿内监		1人	掌诸供奉		尚食、尚药、尚衣、尚舍、尚乘、尚辇六局
	谒者台		谒者台大夫		1人	掌劳问、慰抚、察授及申奏冤枉		通事谒者及散骑、承议、通直、宣德、宣义、征事、将仕、登仕、散从九郎
	司隶台		司隶台大夫		1人	掌诸巡察		别驾、刺史、诸郡从事

* 本表据《中国历代职官辞典》和《中国历代官制大辞典》（修订版）等整理。

表 4-3　隋朝主要职官隶属简表

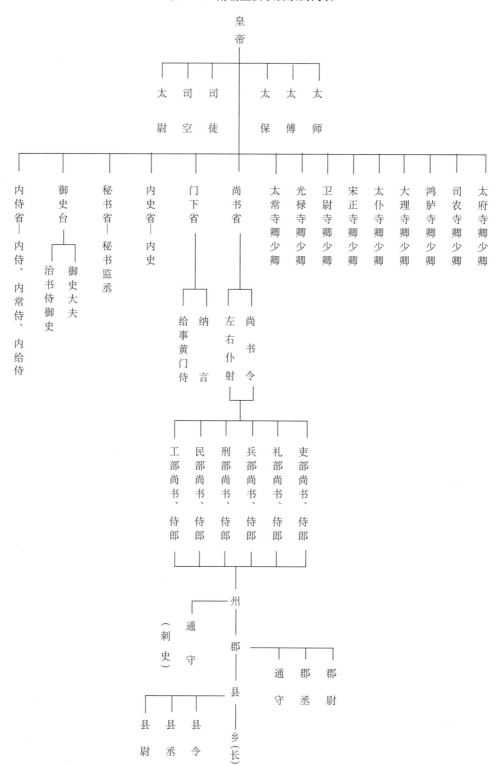

* 本表据《中国历代职官辞典》和《中国历代官制大辞典》（修订版）等整理。

唐朝官制在隋朝官制的基础上又有所发展，大的体制仍为三省六部制，事务机构则演变为九寺五监。三省为中书省、门下省、尚书省，中书省制定政策，草拟诏敕，门下省审核复奏，尚书省颁发执行。尚书省下辖吏、户、礼、兵、刑、工六部，六部分三等，吏、兵为前行，刑、户为中行，礼、工为后行。六部中，户部掌天下田户、钱谷、贡赋之政，辖户部、度支、金部、仓部四司，应是兼管赈济救灾。

地方行政机构，唐前期（安史之乱前）为州（府）、县二级制，到中后期则演变为道、州、县三级制，并按地理位置、辖境大小、户口多少以及经济发达程度划分为不同等级。地方政府承担本地区救灾职责。

唐朝中央机构简表、唐朝主要职官隶属简表如表4-4、表4-5。

表4-4　唐朝中央机构简表

机构	长官		职掌	下属机构或主要职官
	通称	员额		
三公	太尉 司徒 司空	1人 1人 1人	佐天子理阴阳、平帮国，无所不统	
政事堂	执政事笔	1人	佐天子总百官、治万事	吏房、枢机房、兵房、户房、刑礼房五房
中书省	中书令	2人	掌军国政令	集贤殿书院、史馆、中书侍郎、中书舍人附：翰林院、翰林学士
门下省	侍中	2人	掌出纳帝命。军国之务，与中书令参总	弘文馆。门下侍郎、给事中、符宝郎
尚书省	尚书令 尚书左仆射 尚书右仆射	1人 1人 1人	掌总领百官，推行政令	尚书部省及吏部、户部、礼部、兵部、刑部、工部六部
尚书省	吏部	吏部尚书　1人	掌文选、勋封、考课之政	吏部、司封、司勋、考功四司
	户部	户部尚书　1人	掌天下田户、钱谷、贡赋之政	户部、度支、金部、仓部四司
	礼部	礼部尚书　1人	掌天下礼仪、祭享、贡举之政	礼部、祠部、膳部、主客四司
	兵部	兵部尚书　1人	掌武选、地图、车马、甲仗之政	兵部、职方、驾部、库部四司
	刑部	刑部尚书　1人	掌律令、刑法、徒隶、勾覆、关禁之政	刑部、都官、比部、司门四司
	工部	工部尚书　1人	掌百工、屯田、山泽、诸司公廨之政	工部、屯田、虞部、水部四司
御史台	御史大大	1人	掌刑法典章、肃正朝廷	台院（侍御史）、殿院（殿中侍御史）、察院（监察御史）三院及东都留台
秘书省	秘书监	1人	掌经籍图书、天文历法	著作局、司天台
殿中省	殿中监	1人	掌天子服御	尚食、尚药、尚衣、尚舍、尚乘、尚辇六局及仗内六厩、仗内六闲
内侍省	内侍监	2人	掌在内侍奉、出入宫掖宣传	掖庭、宫闱、奚官、内仆、内府、太子、内坊六局

续表

机构	长官		职掌	下属机构或主要职官
	通称	员额		
九寺	太常寺 太常卿	1人	掌礼乐、郊庙、社稷	两京郊社、太乐、鼓吹、太医、太卜、廪牺、汾祠、两京武成王庙八署
	光禄寺 光禄卿	1人	掌酒醴膳羞	太官、珍羞、良酝、掌醢四署
	卫尉寺 卫尉卿	1人	掌器械文物	两京武库、武器、守宫三署
	宗正寺 宗正卿	1人	掌天子族亲属籍	诸陵台、崇玄等署 诸陵，曾隶太常寺
	太仆寺 太仆卿	1人	掌厩牧、车辇	乘黄、典厩、典牧、车府四署及诸牧监
	大理寺 大理卿	1人	掌折狱、详刑	大理少卿、大理正、大理丞、大理司直、大理评事、大理狱丞
	鸿胪寺 鸿胪卿	1人	掌宾客及凶仪	典客、司仪二署
	司衣寺 司农卿	1人	掌仓储委积	上林、太仓、钩盾、守官四署及储仓、司竹、诸汤、宫苑、盐池、诸屯等监
	太府寺 太府卿	1人	掌财货、廪藏、贸易	两京四市、平准、左藏、右藏、常平八署
五监	国子监 国子祭酒	1人	掌国学训导之政	国子、太学、广文、四门、律、书、算七学
	少府监 少府监	1人	掌百工技巧之政	中尚、左尚、右尚、织染、掌冶五署及诸冶、铸钱、互市等监
	将作监 将作监	1人	掌土木工匠之政	左校、右校、中校、甄官四署及百工等监
	军器监 军器监	1人	掌缮造甲弩	弩坊、甲弩二署
	都水监 都水使者	2人	掌川泽、津梁、渠堰、陵池之政	舟楫、河渠二署及诸津

＊本表据《中国历代职官辞典》和《中国历代官制大辞典》（修订版）等整理。

表 4-5　唐朝主要职官隶属简表

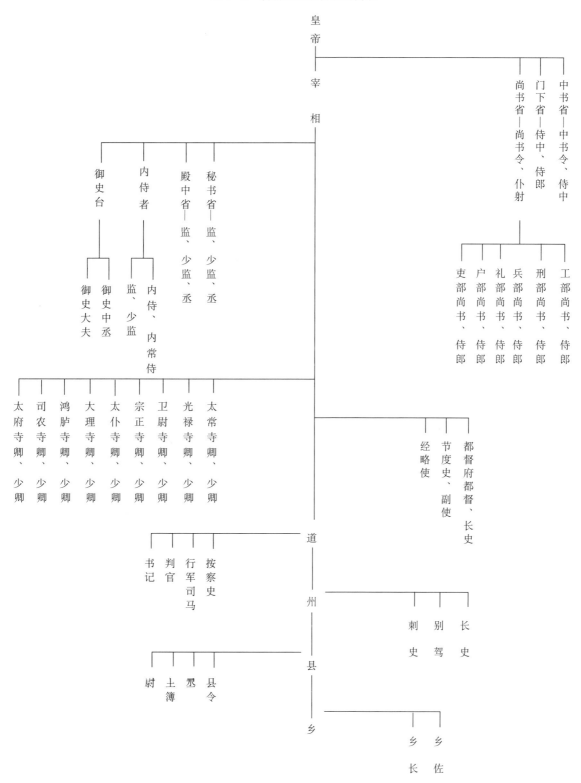

* 本表据《中国历代职官辞典》和《中国历代官制大辞典》（修订版）等整理。

三、救灾模式

从先秦时期晏子救灾故事出现报灾记载开始，历经秦汉、三国两晋南北朝不断发展完善，到隋唐时期，政府的救灾模式已经比较完备，并且基本定型。隋唐时期救灾模式主要包括：一是地方政府上报灾情，二是中央政府决策，三是地方政府单独或与中央政府相关部门共同执行决策、协同救灾，四是中央监察机构对救灾过程及工作人员进行监督。四位一体，环环相扣，确保救灾工作取得实效。

（一）上报

唐朝实行从基层开始逐级上报灾情制度。"其应损免者，皆主司合言。主司，谓里正以上。里正须言于县，县申州，州申省，多者奏闻。"（《唐律疏议》卷一三《户婚律》）由于唐朝时官吏政绩与户口、租税挂钩，为防止地方官瞒灾不报，《户婚律》规定了隐瞒不报的惩罚措施："诸部内有旱、涝、霜、雹、虫、蝗为害之处，主司应言而不言及妄言者，杖七十。""若不以实言上，妄有增减，……赃罪重杖七十者，坐赃论，罪止徒三年。"（《唐律疏议》卷一三《户婚律》）

（二）决策

收到地方官员上报的灾情后，朝廷大臣会依灾情大小分别处置。灾小者直接责相关部门办理；灾大而重者，会呈报皇帝。皇帝召集相关大臣进行讨论，有时也专门下诏在全国范围内征求意见建议，然后制定救灾决策。这类决策往往包含三方面内容：一是自责。788年3月6日，〔贞元四年正月〕二十日，京师地震，帝谓宰臣曰："盖朕寡德，屡致后土震惊，但当修政，以答天谴耳。"（《旧唐书》卷三〇《五行志》）二是派大臣致祭山川，有时甚至更改年号。885年1月24日，〔中和五年〕正月地动，十月十余度，以七曜占之，多兵饥馑。三月，改光启元年。《锦里耆旧传》卷五）三是派大臣慰问、查灾并制定救灾对策。734年3月23日，〔玄宗开元二十二年〕二月壬寅，秦州地震，……命尚书右丞相萧嵩往祭山川，并遣使存问赈恤之，压死之家给复一年，一家三人已上死者给复二年。（《旧唐书》卷八《玄宗纪》）

（三）救灾

地方政府是救灾的执行主体。《册府元龟》卷一〇六《帝王部·惠民二》中就记载："委本州府长吏明作等第，差官吏对面宣赐，先从贫下起给。"开元七年十月，玄宗颁发诏令，要求地方官吏："至于常赋，则著恒典，检据成损，蠲减有条。"（《全唐文》卷二五四《苏颋·处分朝集使敕四》）

中央有关部门负责协助地方开展救灾。

唐前期中央政府负责救灾的部门包括：都水监、工部的水部司、太府卿的常平署、户部的仓部司、司农卿的太仓署等等，它们都承担部分减灾救灾职责。都水监、水部司负责水利设施，常平署、仓部司、太仓署则主要负责救灾物资的储藏以及调运。《唐六典》记载，都水监"掌川泽津梁之政令"，水部司"掌天下川渎陂池之政令"。《旧唐书》记载，常平署"掌仓储之事，掌仓粮关钥，出纳粜籴。"《新唐书》记载，仓部司"掌天下库储，出纳租税、禄粮、仓廪之事。以木契百，合诸司出给之数，以义仓、常平仓备凶年，平谷价。"《唐六典》记载，"太仓署"掌九谷廪藏之事"。完备的职责分工确保了政府部门在震后救灾中各司其职、快速响应。

（四）监督

监督贯穿救灾全过程。

1. 对上报灾情的监督

唐太宗贞观元年八月河南等地发生霜灾，太宗下诏："中书侍郎温彦博、尚书右丞相魏徵、治书侍御史孙伏伽、检校中书舍人辛谓等分往诸州，驰驿检行。"（《唐大诏令集》卷一一一《温彦博等检行诸州苗稼诏》）

2. 对救灾决策的监督

唐初负责监督救灾决策的机构主要是谏官系统，包括分别隶属于中书、门下两省的左右谏议大夫、

第四章　隋唐五代十国时期（589—960年）　　　　·81·

左右拾遗、给事中、左右补阙、左右散骑常侍等官员。《新唐书·百官志二》记载："（左散骑常侍）掌规讽过失，侍从顾问。……（左谏议大夫）掌谏论得失，侍从赞相。……（给事中）诏敕不便者，涂窜而奏还，谓之'涂归'。……（左补阙、左拾遗）掌供奉讽谏，大事廷议，小则上封事。……（右散骑常侍、右谏议大夫、右补阙、右拾遗）掌如门下。"（《新唐书》卷四七《百官志二》）可见，唐代的谏官系统不仅可以对中央政府的救灾决策提出修改和反对意见，而且有时甚至可以批改、驳还皇帝诏敕，对救灾决策的最后形成发挥着重要作用。

3. 对救灾过程的监督

唐初负责监督救灾执行过程的官员主要有三种：①御史监察。御史台是唐初最高的监察机构，御史监察也是唐初最常见的救灾监察形式。"秩卑任重，御史之流也。委以时巡，奸宄自禁。"（《全唐文》卷267《卢俌·置都督不便议》）②监察使臣监察。唐初经常向地方派遣监察使臣，如太宗贞观时，"遣大使十三人巡省天下诸州，水旱则遣使，有巡察、安抚、存抚之名。"（《新唐书》卷49《百官志四》）其职责之一便是监察地方州县的水、旱、蝗、地震等各种自然灾害的救灾工作。③救灾使臣监察。重大或较大自然灾害发生后，唐初政府会往重灾区派遣专门的救灾使臣，监督并协助地方官吏共同开展救灾工作。这些救灾使臣不仅巡查灾情，而且负责对地方官员救灾实效、灾后蠲赈等情况进行评估与监察。

四、救灾措施

隋唐五代十国时期，先有隋文帝"开皇之治"，后有唐太宗"贞观之治"、唐玄宗"开元盛世"，经济政治快速发展。同时，该时期地震灾害频发，371年时间内，共发生167次大小地震，其中$7 \leqslant M < 8$级地震3次，$6 \leqslant M < 7$级地震9次，$5 \leqslant M < 6$级地震11次，$M = 4\frac{3}{4}$级地震7次，救灾任务繁重，救灾的措施也比较丰富。可以说，经济政治快速发展的过程，也是与地震等自然灾害作斗争的过程，救灾的成效反过来又影响和促进了经济政治的发展。从这方面讲，当时采取的一系列救灾措施，不仅为后人积累了宝贵的经验，而且对当时经济政治的发展做出了贡献。

这一时期形成了相对固定的一整套救灾措施，并为以后各朝代所沿用和发展。这些救灾措施包括：震前重视农业生产，并积谷入仓以备救灾之用；震时及时采取祈禳、修政、赈济、调粟等救灾措施，减少人员伤亡和财产损失，保持社会稳定。

（一）震前准备措施

地震前大兴水利、发展农业生产，并积谷入仓，为地震后开展救灾工作提供了充足的物质准备。

1. 兴修水利，发展农业生产

隋文帝建国之初就陆续开凿了广通渠、山阳渎等人工水道。隋炀帝即位之后，从大业元年（605年）开始，用了6年时间，修凿了南起余杭、北达涿郡、西通洛阳的大运河，全长1747千米。唐太宗时期颁布均田令，推行"务在宽简、轻徭薄赋"的租庸调令，并大兴水利；玄宗时采取措施消除阻碍农业发展的因素，加强财政管理，推进农业生产，国力进一步强盛。

2. 发展仓储

我国仓储制度历史悠久。西周时设"仓人"负责建仓积谷事务，设"遗人"掌管储备及赈救饥荒、抚恤百姓等事务。这是仓储制度的雏形。西汉时汉宣帝采纳耿寿昌建议，令边郡皆筑仓，谷贱时抬高价格收购以利农，谷贵时减价粜卖以便民，定仓名为"常平仓"。而这一思想则源于战国时李悝提出的"平粜法"。汉代"常平仓"主要是为平抑粮价，而非救灾。到了唐代，为了应对频繁发生的自然灾害，唐太宗李世民和唐玄宗李隆基等几代皇帝几经政策调整，最终将"常平仓"建成了抗灾救灾的重要基地，赈救灾民，维护社会稳定。而由隋文帝杨坚采纳工部尚书长孙平"令诸州百姓及军人纳课当社、共立义仓"、创立藏粮于民间的"义仓"制度后，"义仓"这一仓储制度又在唐代得到了进一步发展完善，并一直延续至清。

唐代主要包括六个仓种，分别是正仓、转运仓、太仓、军仓、常平仓和义仓。其中：正仓是县仓和州（郡）仓的统称，主要职能是受纳租税，赈济灾民。《册府元龟·邦计部·常平》载："每岁水旱，皆以正仓给。无仓之处，就食他州"；转运仓是沿漕路建置的。《隋书·食货志》载：开皇三年（公元583年）"以京师仓廪尚虚"，于卫州置黎阳仓，洛州置河阳仓，陕州置常平仓（即太原仓），华州置广通仓（即永丰仓）。大业年间在洛水入河处置洛口仓，洛阳北置回洛仓，通济渠口置虎牢仓，东都置含嘉仓，河道转运系统更加完善；太仓雏形最早见于先秦时期。《睡虎地秦墓竹简·仓律》载："县上食者籍及它费太仓，与计偕。"说明早在战国时期，秦国已有了太仓的正式称谓。唐于长安设有太仓。太仓粟米主要来自全国各地由州仓和县仓征纳、经转运仓上供的正租。此外还含有少量京官职田地租。个别时期，和籴粟也输纳太仓；军仓是军人中的戍边兵在驻防处或屯田处设置的储粮仓，有大型军仓、中型军仓、小型军仓三个等级；常平仓在唐代得到快速发展。《唐会要·仓及常平仓》载：贞观十三年（公元639年），朝廷下令在洛、相、幽、徐、齐、并、秦、蒲八州置常平仓。开元、天宝时期，各地普遍置常平仓。到开元间仍未置常平仓的大区，只剩下江南道和岭南道；义仓在唐代占有举足轻重的地位。《旧唐书·食货志》载：贞观二年（公元628年）四月，"自是天下州县始置义仓，每有饥馑，则开仓赈给。"《册府元龟·惠民》载：自武德元年（公元618年）至开成五年（公元840年）的220余年间，唐代诸仓实行赈贷136次，其中义仓赈贷（宪宗及宪宗以后的义仓赈贷亦含常平仓赈贷）共为106次，太仓18次，转运仓4次，正仓6次，其他2次。

可见，无论从仓廪的类型，还是从仓廪的职能来说，唐代都继承和发展了此前历朝历代仓储传统，既使国家财政体系稳定可靠，又强化了防灾救灾功能，可以说是历代仓储制度的集大成时期。（参见孟昭华《中国灾荒史记》、李向军《中国救灾史》等）

（二）震时救灾措施

1. 修政

（1）〔永徽元年〕六月十二日，（晋州地）又震。高宗顾谓侍臣曰："朕政教不明，使晋州之地，屡有震动。"

（出自《旧唐书》卷三七《五行志》）

（2）〔永徽元年六月〕庚辰，晋州地震，诏五品以上言事。

（出自《新唐书》卷三《高宗纪》）

（3）〔贞元〕四年正月朔日，德宗御含元殿受朝贺。是日质明，殿阶及栏槛三十余间，无故自坏，甲士死者十余人。其夜，京师地震。（二日又震，三日又震，十八日又震，十九日又震，二十日又震。帝谓宰臣曰："盖朕寡德，屡致后土震惊，但当修改，以答天谴耳。"二十三日又震，二十四日又震，二十五日又震，时金、房州尤甚，江溢山裂，屋宇多坏，人皆露处。）

（出自《旧唐书》卷三〇《五行志》）

（4）光启元年三月，中书门下奏曰："伏以前年冬月有震，俄然巡幸，主司宗祝，迫以怆惶移跸凤翔，未敢陈奏。今将回銮辂，皆举典章，清庙再营，孝思戒备。伏请降敕命，委所司参详典礼修奉。"诏从之。

（出自宋·王溥《唐会要》卷一七《庙灾变》）

（5）〔中和五年〕正月地动，一月十余度，以七曜占之，多兵饥馑。三月，改光启元年。

（出自宋·句延庆《锦里耆旧传》卷五）

（6）〔闽国惠宗龙启元年〕五月，福州地震。帝避位修道，命福王继鹏权总万机。

（出自清·吴任臣《十国春秋》卷九一《闽二·惠宗本纪》）

2. 祈禳

（1）〔玄宗开元二十二年〕二月壬寅，秦州地震，廨宇及居人庐舍崩坏殆尽，压死官吏以下四十（千）余人，殷殷有声，仍连震不止。命尚书右丞相萧嵩往祭山川，并遣使存问赈恤之。

（出自《旧唐书》卷八《玄宗纪》）

（2）〔长兴二年十月〕辛酉，左补缺李详上疏："以北京（太原府）地震多日，请遣使臣往彼慰抚，察问疾苦，祭祀山川。"从之。

第四章　隋唐五代十国时期（589—960 年）　　　　　　　　　　·83·

（出自《旧五代史》卷四二《明宗纪》）

3. 赈济

（1）〔贞观二十三年〕八月癸酉朔，河东地震，晋州尤甚，坏庐舍，压死者五千余人。（三日又震。诏遣使存问，给復二年，压死者赐绢三匹。）

（出自《旧唐书》卷四《高宗纪》）

（2）〔贞观二十三年〕八月癸酉，河东地震。（乙亥，又震。庚辰，遣使存问河东，给復二年，赐压死者人绢三匹。）

（出自《新唐书》卷三《高宗纪》）

（3）〔贞观二十三年八月〕三日（河东晋州）又震。诏遣使存问，给復二年，压死者赐绢三匹。

（出自《旧唐书》卷四《高宗纪》）

（4）〔贞观二十三年八月〕乙亥，（河东地）又震。庚辰，遣使存问河东，给復二年，赐压死者人绢三匹。

（出自《新唐书》卷三《高宗纪》）

（5）〔玄宗开元二十二年〕二月壬寅，秦州地震，廨宇及居人庐舍崩坏殆尽，压死官吏以下四十（千）余人，殷殷有声，仍连震不止。命尚书右丞相萧嵩往祭山川，并遣使存问赈恤之，压死之家给復一年，一家三人已上死者给復二年。

（出自《旧唐书》卷八《玄宗纪》）

（6）〔开元二十二年〕二月壬寅，秦州地震，给復压死者家一年，三人者三年。

（出自《新唐书》卷五《宣宗纪》）

（7）〔大中三年〕十月辛巳，京师地震。是月，振武及天德、灵武、盐、夏二州地震。……〔五年四月〕辛未，给復灵、盐、夏三州，邠、宁、鄜、坊等道三岁。

（出自《新唐书》卷八《宣宗纪》）

4. 移民就粟

（1）〔隋文帝开皇十四年〕五月辛酉，京师地震。关内诸州旱。……八月辛未，关中大旱，人饥。上率户口就食于洛阳。

（出自《隋书》卷二《高祖纪》）

（2）开皇十四年五月，京师地震。……是岁关中饥，帝令百姓就粮于关东。

（出自《隋书》卷二三《五行志》）

第五章 宋元明清时期（960—1911 年）

宋元明清时期，起于赵匡胤"黄袍加身"建立宋朝的 960 年，结束于 1911 年底（孙中山 1912 年元旦宣誓就任总统、宣告中华民国成立），历时 951 年。这一时期是中国封建社会继续发展而后开始转向衰败的一个重要时期，也是中国传统社会的后期。宋元明清时期，有记载的 3 级以上地震共 7594 次，其中 $8 \leqslant M < 9$ 级地震 12 次，$7 \leqslant M < 8$ 级地震 53 次，$6 \leqslant M < 7$ 级地震 198 次，$5 \leqslant M < 6$ 级地震 504 次，$4 \leqslant M < 5$ 级地震 2627 次，$3 \leqslant M < 4$ 级地震 4200 次。该时期是中国古代历史上的大震高发期，也是中国封建社会救灾理念、机制的成熟期。

第一节 宋元明清时期的地震活动

一、$8 \leqslant M < 9$ 级地震 12 次

（一）1303 年 9 月 17 日元成宗大德七年八月初六 8 级地震

〔大德〕七年八月辛卯夕，地震，太原、平阳尤甚，坏官民庐舍十万计。平阳赵城县范宣义郇堡徙十余里。太原徐沟、祁县及汾州平遥、介休、西河、孝义等县地震成渠，泉涌黑沙。汾州北城陷，长一里，东城陷七十余步。

(出自《元史》卷五〇《五行志》)

〔大德七年八月〕辛卯夜，地震，平阳、太原尤甚，村堡移徙，地裂成渠，人民压死不可胜计，遣使分道赈济，为钞九万六千五百余锭，仍免太原、平阳今年差税，山场河泊听民采捕。

(出自《元史》卷二一《成宗纪》)

考元之大德七年八月初六日戌时地震，本路一境房屋尽皆塌坏，压死人口二十七万有余，地震频频不止，直至十一年乃定。

(出自清康熙三十四年十月邑庠生郭巩图撰《重建三圣楼记》)

（二）1411 年 10 月 8 日永乐九年九月十二日 8 级地震

〔铁兔年九月十一日〕约半夜时分发生强烈地震，黎明时发生比之前更大的地震。许多房屋倒塌，经堂东门墙壁倒塌五至六度长，门窗亦倒，旧依恬殿门前经书倒下约五十捆，金顶下塌一大块墙壁；正中的供奉品亦倒下来。此时佛仍在背诵经文，并令念经之僧众迁居室外。十五日夜又发生大地震，托其恩泽，倖无大损失。其他地区灾害严重，出现山岩塌落，湖崩等现象；有的村庄被埋入地下，平地出现大裂缝，众多人畜死亡，损失惊人。

(出自阿旺朗杰《达隆白教传》)

藏历铁兔年九月十一日至十五日发生大地震，此后数日地震不断，仁布宗府倒塌。附近村户受害甚重。

(出自开巴嘎夏《仁布世系史》)

（三）1556 年 2 月 2 日嘉靖三十四年十二月十二日 $8\frac{1}{4}$ 级地震

嘉靖三十四年十二月地震。本月十二日夜，子丑之辰连震三次，有声如雷，从西南去。是时山西蒲州等处，坏城郭庐舍大半，压死居民不可胜计。华山崩，沔水溢，灾变为甚，自此以下，百余年无考。

(出自清·韩国瓒《获鹿县志》卷九)

第五章 宋元明清时期（960—1911年）

〔嘉靖三十四年十二月〕壬寅，是日山西、陕西、河南同时地震，声如雷，鸡犬鸣吠。陕西渭南、华州、朝邑、三源（原）等处、山西蒲州等处尤甚。或地裂泉涌，中有鱼物，或城郭房屋陷入池（地）中，或平地突城（成）山阜，或一日连震数次，或城郭房屋陷（或累日震不止），河渭（渭河）泛张（涨），华兵（岳）终南山鸣。河清数日，压死官吏军民奏报有名者八十三万有奇。时致仕南京兵部尚书韩邦奇、南京光禄寺卿马理、南京国子监祭酒王维桢同日死焉。其不知名未经奏报者，复不可数计。（校勘记：声如雷，阁本脱声以下十九字。三源旧校改"源"作"原"。平地突城山阜，广本抱本"城"作"成'，是也。或城垧房屋陷，河渭泛张，华兵终南山鸣，旧校改作：或累日震不止，渭河泛涨，华岳终南山鸣。）

(出自《嘉靖实录》卷四三〇)

〔嘉靖三十四年十二月〕壬寅，山西、陕西、河南同时地震，声如雷。渭南、华州、朝邑、三原、蒲州等处尤甚，或地裂泉涌，中有鱼物，或城郭房屋陷入地中，或平地突成山阜，或一日数震，或累日震不止。河渭大泛，华岳终南山鸣，河清数日，官吏军民压死八十三万有奇。

(出自《明史·五行志》)

〔嘉靖三十四年十二月〕壬寅，山西、陕西、河南地大震，河渭溢，死者八十三万有奇。

(出自《明史·世宗本纪》)

〔嘉靖三十五年二月壬辰〕礼部以山西、河南同日地震，请如例修省。

(出自《嘉靖实录》卷四三二)

大明嘉靖三十四年十二月十二日夜子时分，忽然地震，势如风雷惊觉人口，出户立站不定，只见树梢点地，房倒歪斜。河南地方稍轻，山陕极重，别省微觉地动。有西安府咸、长并华州、乾、耀、三源（原）十余州县各申称，前项月日，同时地震，声如轰雷，致将城楼、墙垣、垛口、王府宫殿、官民宅舍、仓库、公廨、监房摇塌殆尽，压死人口不知其数。临潼、渭南、泾阳等县，河水泛涨，平地成渠，横流黑水。平阳府夏县，四门陷塌，井水沸溢，官民房屋倾颓，压死男妇数多。城内土长约高丈余，平地出水。安邑县衙门尽塌，民房约倒八分，压死人口万余，头畜无其数；城西半里崩出水泉十数余眼。荣河县地裂成沟，泉水如河。蒲州两王宗室，城墙、官民房屋尽行倒塌，又兼数处火起。分守河东道参议并家人口压死，止存七岁幼男一口。本州同知判官损伤压死各官男妇七口，军民烧压死无数。连震四日，火烟未灭，随止随动。代州、定襄等处，十三日子丑时地震。自西北方起往东南去，即时六次。徐沟、汾州等处申称；自东北方起西南去。保德州十二日亥末时，震声响如雷。自南往北方去。岢岚州并兴县申；十三日子时震如雷，连动三次，自西往东去。平陆县十二日狂风大阵，夜更时分，炮响三声如鼓。十三日子时，震声如万雷，摇塌房屋、山岸、平地崩裂、涌出黑水沙泥，压死人口数多。虽有此事，隔省岂知的切。

彼时山陕抚按等官，各据府州县申云地震缘由，各奏一本。奉圣旨：地方灾变非常，遣官祭神、赈恤等项事宜，通报灾省。比掾王泮抄来，聊刊入石，写无尽言。自来地动，未有若此者也。……

(出自佚名《地震记》见《碧霞元君圣母行宫记碑》碑阴 碑存河北涉县西北娲皇宫)

〔嘉靖〕三十四年十二月，山西、陕西、河南同时地震，蒲州等处尤甚。或地裂泉涌，或城房陷入地中，或平地突成山阜，或一日连震数次，或累日震不止，河、渭泛，华岳终南山鸣，或移数里，河清数日。压死奏报有名官吏军民八十二万有奇。致仕南兵书韩邦奇、光禄卿马理、祭酒王维桢同日死焉，其不知名未及经奏报者，复不可胜计。

(出自明·王圻《续文献通考》卷二二一)

嘉靖三十四年乙卯十二月十二日壬寅，山西、河南、陕西同日地大震，声如雷，鸡犬鸣吠。陕西华州、朝邑、三原等处，山西蒲州等处尤甚。或地裂泉涌，中有鱼物，或城郭房屋陷入地中，或平地突成山阜，或一日连震数次，或累日震不止。河渭泛涨，华岳终南山鸣，河壅数日。压死官吏军民奏报有名者八十三万有奇。致仕南兵书韩邦奇、南光禄卿马理、南祭酒王维桢同日死焉。朱仲良家八十五丁，陈朝元家一百十九丁俱覆，如此者甚众，其不知名未经奏报者，复不可数计。

(出自明·朱国桢《涌幢小品》卷二七)

（四）1654 年 7 月 21 日顺治十一年六月初八 8 级地震

〔顺治十一年〕本年六月初八日夜半，臣方卧榻，忽觉身摇，忽起出听，地震有声，墙壁房屋势同倾覆，历数刻始止。诘朝据报：会省倒损城楼一座，民间壁屋亦有倒损，未至伤人。……至十日以后，节据镇将、司、道、府、州、县各官齐升等具报：西安、邠州、同官、盩厔、长武、平凉、三原、乾州、郃阳、淳化、秦州、耀州、庆阳、凤县、三水、巩昌、宁远、礼县、清水、延安、西和、秦安、伏羌、礼店所等府、州、县、所地方，于初八日亥时及初九日子、丑、寅、卯、辰各时地震，或一、二次，或五、六次或一、二十次。其间无恙者，仅三原、郃阳、耀州三处。其余地方有报震倒窝铺、城楼，或数座或十余座者；有报震倒门洞、监仓，或数处或尽倾者；有报震倒官民房屋或十数间或百余间者，有报震倒城墙、垛墙或数堵或数十堵以及一百、二百、七百余堵者；有报伤亡人口或数名或数十名者。唯秦州、宁远、礼县、西和、秦安等处，则称城墙、垛墙尽塌，伤亡人口不知其数者。……今震而徧（遍）历西、延、平、庆、巩、汉等府地方，声若轰雷，则更异常。虽各处报有震倒墙垣房屋、伤亡人口，无如巩属地方为甚。

（出自陕西巡抚马之先题本）

入夏以来，屡闻河决。昨又读陕抚马之先特报地震一疏，坏城堡，倾庐舍，毙人民，变甚烈矣。

（出自清·朱樇《国朝奏疏》卷七：季开生《沥陈民隐十款》）

〔顺治十一年六月〕丙寅，陕西西安、延安、平凉、庆阳、巩昌、汉中府属地震，倾倒城垣，楼垛、堤坝、庐舍，压死兵民三万一千余人及牛马牲畜无算。

（出自《清世祖实录》卷八四）

顺治十一年六月初八日夜，西安各郡地大震，自西北来，有声如雷，坏室庐，压人无算。（次日又微震。秦州为甚，震百余日，山皆倒置，水上高原，城廓、衙舍一无存者。自是或数月震，经年震，大小震凡三年乃止。）

（出自清·贾汉复　李楷《陕西通志》卷三〇）

顺治十一年六月初八日夜，西安各郡地大震，……秦州为甚，震百余日，山皆倒置，水上高原，城廓衙舍一无存者。自是或数月震，经年震，大小凡三年乃止。

（出自清·贾汉复　李楷《陕西通志》卷三〇）

顺治十一年甲午六月初八，通江地震。

（出自清·李锦山《滟滪囊》卷四：《李大保节制川陕篇》）

（五）1668 年 7 月 25 日康熙七年六月十七日 8½ 地震

〔康熙七年〕六月十七日戌时地震。督抚入告者，北直、山东、浙江、江南、河南五省而已。闻之入都者，山西、陕西、江西、福建、湖广诸省同时并震。大都天下皆然，远者或未及知，史册所未有。诸督抚疏，唯浙督赵公廷臣引咎请罢，最得大臣之体。今年长庚属地，白气经天，洪水犯都城，地震遍海内，旱蝗水潦，萃于半载之中。

（出自清·彭孙贻《客舍偶闻》《振绮堂丛书》）

康熙七年六月十七日地震，从西北起，戛戛有声，房屋动摇。

（出自清·刘深《香河县志》卷一〇）

康熙七年六月十七日戌时地震，虢声自西北来。一时楼房树木皆前俯后仰，从顶至地者连二三次，遂一颤即倾。城楼垛口，官舍民房并村落寺观，一时俱倒塌如平地。打死男妇子女八千七百有奇。查上册人丁打死一千五百有奇。其时地裂泉涌，上喷二三丈高，遍地水流，沟浍皆盈，移时即消化为乌有。人立地上，如履圆石，辗转摇晃，不能站立，势似即陷，移时方定。合邑震塌房屋约数十万间。其地裂处，或缝宽不可越，或缝深不敢视。其陷塌处皆如阶级，有层次。裂缝两岸皆有淤泥细沙。其所陷深浅阔狭，形状难以备述，真为旷古奇灾。如庠生李献玉屋中裂缝，存积一空，献玉陷入穴中，势似无底，忽以水涌浮起，始得扳岸而出。廪生李毓垣室中有麦一箇，陷入地中，仅存数据。又廪生高德懋夫妻子女家口共计二十九人，仅存一男一女，其余尽皆打死。其时死尸遍于四野，不能殓葬者甚多，凡值村落之处，腥臭之气达于四远，难以俱载。即此三家，亦足以见灾震之祸烈而惨矣。

（出自清·张三俊　冯可参《郯城县志》卷九）

郯城县报：〔康熙七年六月十七日〕地震，声若轰雷，势如覆舟。城内四关六百余户尽倒，死者百余，城垛全坍，周围坼裂，城楼倾尽，城门压塞，自夜彻旦，响震不止。监仓衙库无存，烟灶俱绝，暴雨烈日，官民露宿无依。马头集为通商办课所赖、商贾杂处，房屋尽塌，压死男妇千余。四郊地裂，穴涌沙泉，河水横溢，人民流散。

（出自清·彭孙贻《客舍偶闻》　《振绮堂丛书》）

又东抚胪扳极详，然尚有奏报所未尽者。如郯城李家庄一镇并陷，凡数千家，不见奏中。有客自李家庄来者，未至里余，臭不可闻，一村俱死，无收瘗者。复前数十里，寄村妪豕牢下宿，遂忍饥一日。又浙之□奏者过李家庄，四人共入一店。一人起如厕，屋崩，急走一桌下，幸而不死，已断一足。

（出自清·彭孙贻《客舍偶闻》　《振绮堂丛书》）

今按兖属沂、郯同被重灾，而郯视沂为尤甚。盖沂属分社一百有八，震死人丁一万二千有奇。郯属不过四十五社，尚不敌沂属之半，乃震死八千七百有奇，尚有无从查考不敢捏报者。则郯之灾伤视沂不尤为惨哉。

（出自清·张三俊　冯可参《郯城县志》卷九）

康熙七年六月地震，压死老幼男妇八千七百有奇，内成丁一千五百有奇。房屋倒塌一空，积尸遍于四野。兼以洪水害稼，瘟痢随作，而摇震之势，屡年不息。

运军行粮：本府广盈仓粟米折色银三百三十两六钱九分五厘七毫六丝八忽三末，内除康熙七年地震压死人丁免派外，实该征银三百二十六两一钱五分四厘五毫四丝八先。

赋税：康熙七年分裁扣加银一十二两二钱七分九厘五毫一丝七忽一先。通共该解户部银四千九百一十六两四钱三分六厘九毫一丝一忽四末二先，内除康熙七年地震压死人丁奉文免派外，止该解户部银四千八百四十九两一钱二分九厘一毫一丝四忽三末一先。

（出自清·张三俊　冯可参《郯城县志》卷三）

县城：万历二十一年知县文广始甃砖城，四门楼各建阀阅重楼，四角各建砖楼。……康熙七年地震，四楼俱倒塌无存，城倾大半，尚未修整。

公署：县治在城东北隅。……顺治六年……始建大堂、二库共五间，顺治十一年知县张崇德继建后堂三间。康熙七年六月十七日地震，倒塌东库一间，堂多毁裂，尚未修整。

（出自清·张三俊　冯可参《郯城县志》卷二）

学宫：郯城县黉学旧在城外，至明初始改迁于今城之内，历历可查，至今二百余年，而颓整几次矣，及前此地势坑坎，风雨损坏，久已破败而不可安……不期至康熙七年六月十七日复遇地震异常大变，大成残毁，墙垣尽为崩倒，堂甚悉被震裂……以视郯之城垣崩塌不堪者，尤更甚也。

（出自清·张三俊　冯可参《郯城县志》卷一〇：杜景炤《迁改黉宫呈词》）

郯学旧坐关西，白元木工信徙筑今城，旧学为元兵焚毁，始以今学建旧城内之西北隅。……适值客夏地震，圣殿两庑，倾圮崩塌，上漏下湿。

（出自清·张三俊　冯可参《郯城县志》卷一〇：冯可参《改迁黉学叙》）

文庙儒学：在县治西。……庙斋，祭器、书籍、师宅，因经残破灾震，俱已颓圮湮废。

（出自清·张三俊　冯可参《郯城县志》卷五）

城隍庙：在县治东。……康熙七年地震，倒塌殆尽。

问官祠：在县治北门内，为堂三间，……俗传孔子问官之址，正在于此，故名问官祠。康熙七年地震圮坏，知县黄六鸿重修。

（出自清·张三俊　冯可参《郯城县志》卷四）

问官祠：祠距北城数武，而碑于道左，颜曰问官故里。……祠圮于康熙七年之地震。余为捐俸重葺，因略次其概以诏（昭）郯人士云。

（出自清·张三俊　冯可参《郯城县志》卷一〇：黄六鸿《重修问官祠记》）

郯子庙：在城南十五里寨子社，……万历三十二年……重修，及康熙七年地震倒塌。

大觉寺：在城里东北隅，……康熙七年地震倒塌殆尽。

万福寺：在县西北八十里作城社，康熙七年地震塌坏。

（出自清·张三俊　冯可参《郯城县志》卷四）

三圣堂：居于庄之东，经戊申地震之变，倾圮无存，只堆残石废瓦于荒草颓垣中。

（出自清·张三俊　冯可参《郯城县志》卷一〇：杜景炤《重修三圣堂募疏》）

冯可参：福建邵武县人，由进士康熙七年任，……到任甫两月，即遭地震之变。公询问灾伤，抚恤残黎，施药以救疾病，民赖全活者甚众。

（出自清·张三俊　冯可参《郯城县志》卷六）

灾民歌有引：予下车甫两月，而天灾洊至，疟痢继发。号苦之声，彻于四境，触目伤心，遂作是歌。其文虽浅率无当大雅，然情之所至，聊为郯民告哀，亦将为凡被灾者告哀也。……

郯城野老沿乡哭，自言地震遭荼毒。忽听空中若响雷，霎时大地皆翻覆。或如奔马走危坡，或如巨浪摇轻轴。忽然遍地涌沙泉，须臾旋转皆乾没。开缝裂坼陷深坑，斜颤倾欹难驻足。阴风飒飒鬼神号、地惨天昏蒙黑雾。逃生走死乱纷纷，相呼相唤相驰逐。举头不见眼前人，举头不见当时屋。盖藏委积一时空，断折伤残嗟满目。颓垣败壁遍荒村，千村能有几村存。少妇黄昏悲独宿，老妪白首抚孤孙。夜夜阴磷生鬼火，家家月下哭新魂。积尸臭腐无棺殓，半就编芦入塚墦。结席安蓬皆野处，阴愁霖潦晴愁暑。几许伶仃泣路旁，身无归傍家无主。老夫四顾少亲人，举纛谁人汲沙渚。妻孥寂寂葬荒丘，泣向厨中自蒸黍。更苦霪雨不停休，满陌秋田水涨流。今年二麦充官税，明年割肉到心头。嗟乎哉，漫自猜，天灾何事洊相摧，愁眉长锁几时开。先时自谓灾方过，谁知灾后病还来。恨不当时同日死，于今病死有谁哀。

（出自清·张三俊　冯可参《郯城县志》卷九；冯可参《灾民歌》）

（六）1679 年 9 月 2 日康熙十八年七月庚申 8 级地震

……据天文科该直五官灵台郎贾善等呈报：本年七月二十八日庚寅（申）巳时地动有声，从东北艮方起。

（出自钦天监治理历法南怀仁等题本）

〔康熙十八年七月庚申〕谕户部、工部；本月二十八日巳时地忽大震，变出非常。……念京城内外，军民房屋多有倾倒，无力修葺，恐致失业；压倒人口，不能棺殓，良可悯恻；作何加恩轸恤，速议以闻。

（出自《清圣祖实录》卷八二）

康熙十八年七月庚申京师地震。通州、三河、平谷、香河、武清、永清、宝坻、蓟州、固安等处尤甚。

（出自清·周家楣　缪荃孙《顺天府志》卷六九）

〔康熙〕十八年七月二十八日巳时地震，从西北至东南，如小舟遇风浪，人不能起立。城垣房屋存者无多。四面地裂，黑水涌出，月余方止。所属境内压毙人民甚众。

（出自清·陈昶　王大信《三河县志》卷七）

康熙十八年地震后，奉诏赈城乡穷民及户丁一千四百七十户，各白银一两。压死男妇一千一百六十八名，各给棺殓银一两五钱。本年地丁钱粮全行蠲免。又免十七年以前民欠钱粮。

（出自清·陈昶　王大信《三河县志》卷五）

城池：康熙十八年地震，知县任塾重修。

县治：明洪武初建，在城西北隅。正统间重修。中为牧爱堂，东为典史厅，西为财赋库，后堂为知县住宅，东为县丞宅，县丞裁，主薄居之。……典史厅南东面为吏户礼承发司，架阁库，仪仗房，财赋库，南西面为兵刑工马政科舖长司房。大堂前建圣谕坊，前为仪门，门东为军赋堂，为粮局，为神器库，为土地祠，门西为禁狱，前为大门，上有谯楼。大门外为申明堂，西为旌善亭。万历十二年知县王自谨重建土地祠，马神庙，厩神共三楹，监狱房十间。嘉靖四十五年知县崔璪重建大门谯楼、寅宾馆。此旧

第五章　宋元明清时期（960—1911 年）　　　　　　　　　　　·89·

制也。皇清康熙十八年地震，俱圮无存。

（出自清·陈昶　王大信《三河县志》卷三）

儒学：在县治西南，金泰和间建。明宣德元年重修迄今。康熙十三年又重修落成。康熙十八年地震尽倒。

（出自清·张吉午《顺天府志》卷三

八闽彭鹏为临沟宰，始至三日，谒先师庙，漂摇孤支，东西前后皆平芜地。询之，曰：己未地大震也。

（出自清·陈昶　王大信《三河县志》卷一五：彭鹏《三河学宫告成记》）

学宫：康熙十三年知县任塾重修学宫。二十一年知县余学昌于地震后重修。

（出自清·陈昶　王大信《三河县志》卷三）

明设御马监，内监掌之。公廨墙垣皆极宏丽，又有南北马房，……又有牧马草场地。至国朝康熙十八年地震，公廨墙垣无存。

（出自清·陈昶　王大信《三河县志》卷一四）

官兵营房：康熙十八年地震后，知县任塾奉旨建造官兵营房一百三十二间。

（出自清·陈昶　王大信《三河县志》卷一〇）

舍利塔：在县西门外，金正隆元年显武将军孟胜建。传藏佛牙舍利子于内，高十三级。康熙十八年地震，顶簪四坠，层级难分，而塔身屹立如故。

（出自清·陈昶　王大信《三河县志》卷二）

碧霞元君祠：沟邑北关之祠，修建于大清定鼎之十年。……余以康熙二十年来宰沟邑，治民事神，唯宰职任。甫下车，遍谒诸神庙，类多风雨不蔽。询之，知为十八年地震重灾，民居与神祠俱毁。

（出自清·陈昶　王大信《三河县志》卷一五：余学昌　《重修碧霞元君祠碑记》）

伏魔大帝关圣庙：考之碑记，一修于天启，再修于崇祯，……其榱题壮丽，金碧辉煌，盖蔚然白观也。无何，康熙己未年被地震大灾，沟邑独当重厄。金城铁壁一时倾颓，而帝之殿庑廊屋亦就沦圮。绣幡宝座之间，鸟啼鼠立矣。

（出自章准燮　吴宝铭《三河县新志》卷一二：《重修伏魔大帝关圣庙记》）

转脚碑：在河北马房古庙内，因康熙十八年地震，撼动转向而不仆。

（出自清·陈昶　王大信《三河县志》卷一四）

康熙十八年己未七月二十八日巳时，余公事毕，退西斋假寐，若有人从梦中推醒者，视门方扃，室内阒无人，正惝恍间，忽地底如鸣大炮，继以千百石炮，又四远有声，俨数十万军马飒沓而至。余知为地震，蹶然起，见窗牖已上下簸荡，如舟在天（大）风波浪中。趿而趋，屡仆，仅得至门。门启，门后有木屏，余方在两空间，砉然一声，而屋已摧矣。梁柱众材，交横门屏上，堆积如山，一洞未灭顶耳。牙齿腰肮俱伤，疾呼无闻者，声气殆不能续，因极力伸右手出寸许。儿璺辈遍寻余，望见手指动摇，亟率众徙木畚土，食顷始得出。举目则远近荡然，了无障隔，茫茫浑浑，如草昧开辟之初。从瓦砾上奔入，一婢指云：主母在此下。掘救之，气已绝。恸哭间，问儿璺弟坖云："汝辈幸无恙，余三十口何在？"答云："在土积中未知存广"。乃俯而呼，有应者，掘出之。大抵床几之下，门户之侧，皆可赖以免。其他无不破颅折体，或呼不应，则不救矣。正相莫知所以，忽闻喧噪声，云地且沉，争登山缘木而避。盖地多折裂，黑水兼沙从地底涌泛。有骑驴道中者，随裂而堕，了无形影。故致人惊骇呼告耳。顷之，又闻呼大火且至，乃倾压后灶有遗烬，从下延烧而然。急命引水灌之。旋闻劫棺椁夺米粮，纷纷攘攘，耳无停声。因扶伤出抚循，茫然不得街巷故道。但见土砾成丘，尸骸枕籍，覆垣欹户之下，号哭呻吟，耳不忍闻，目不忍睹。历废城内外，计剩房屋五十间有半，不特柏梁松栋倏似灰飞，即铁塔石桥，亦同粉碎。登高一呼，唯天似穹庐盖四野而已。顾时方暑，归谋殡孺人。觅一裁工无刀尺。一木工无斧凿。不得已，为暂槁埋毕。举家至晚不得食，仿佛厨室所在，疏之获线面一筐，煮以破甕底，盛以水筲，各就啖少许。次日人报县境较低于旧时。往勘之。西行三十余里及柳河屯，则地脉中断，落二尺许。渐西北至东务里，则东南界落五尺许。又北至潘各庄，则正南界落一丈许。阖境似甑之脱坏，人几为鱼鳖，岂唯陵谷之变已耶。八月初一日，銮仪卫沙必汉奉上谕，着户、工二部堂官一员查明其复，施恩拯救。阁臣会议具请，奉旨着侍郎萨穆哈去。初六日萨少农到县，散赈城厢穷民五百二十九户，十六日户部主事沙世到县，散赈乡村穷民九百四十一户，户各白金一两。十八日又传旨，通州、三河等处遇灾压死之人，查明具奏。九月十五日工部主事常德、笔帖式武宁塔到县，散给压死民人旗人男妇大小共二千四百七十四名口，又无主不知姓名人二百三名口，内孩幼不给，旗民死者另请旨，并无主不知姓名地方官料理外，将压死男妇一千一百六十八名口，人给棺殓银二两五钱，伊亲属具领讫。又先是八月初九日上谕。通州、三河等处地震重灾地方，分别豁免钱粮具奏。随奉巡抚金查明三河、平谷最重，香河、武清、宝坻次之，蓟州、固安又次之。最重者应将本年地丁钱粮尽行蠲免，次者应免十分之三，又次者应免十分之二，具疏题奏，奉旨依议。三河地丁应得全蠲。钦哉皇恩浩荡，如海如天，民始渐得策立，骨肉相依。其不幸至于流离鬻卖者，十之一二而已。计震所及，东至奉天之锦州，西至豫之彰德，凡数十里，而三河极惨。自被灾以来，九阅月矣，或一月数震，或间日一震，或微有摇杌，或势欲摧崩，迄今尚未镇静。备阅史册，千古未有，不知何以致此？虽然，九水七旱，天所见于尧汤之世者，岂关人事哉！

（出自清·陈昶　王大信《三河县志》卷一五　任塾《地震记》乾隆二十五年刊本）

康熙十八年七月二十八日巳时，忽地底如鸣大炮，……平谷东南自水峪庄至海子及新开峪，连及蓟县之盘山，其崩陷尤甚。海子庄东南有山，南北长里许，名锯齿崖，山皆参差松散，形如锯齿，盖地震摇散而未崩陷者。其他中断如刀切而止存其半者，皆崩而陷入地中者也。邑西北七里大辛寨庄南有砖井，形歪斜，人呼为搬倒井，亦地震移动之所致。是时，城郭村庄，房屋塔庙，荡然一空。远近茫茫，了无障隔。黑水横流，田禾皆毁。阖境人民，除墙屋压毙及地裂陷毙之外，其生者止存十之三、四。更兼秋禾不登，人多无食，又有饿死及逃亡者，户口盖寥寥矣。大抵县之四境，较低于旧时，或二尺或五尺一丈不等，如甑之脱坏。……

（出自李兴焯　王兆元《平谷县志》卷三：陈景伊《平谷地震记》）

康熙十八年七月平谷地震极重，城乡民房塔庙荡然一空。遥望茫茫，了无障隔。唯王札居宅与其嫂李氏旌表牌坊屹然无恙。

（出自李兴焯　王兆元《平谷县志》卷六下）

鲁家庄在平谷县治之正西十里许，为顺义怀柔之冲，素称富庶。自昔年地震以后，频遭荒歉。

（出自李兴焯　王兆元《平谷县志》卷六上：康熙五十九年五月，嘉善浦文焯撰《贾公遗受碑》）

古塔：平邑县治西北隅，现存之塔，其上截曾经倾圮，系因其旧基而重修者。高三丈余，非如其旧，塔高出城头，势凌霄汉，为一邑之杰观也。……是塔创于辽时，……明代塔犹完好。又按清代《平谷续志》内地震记云，康熙十八年七月平谷地震，古塔倾颓。考清史亦载康熙十八年七月京师地震，诏群臣各言政事得失。平邑距京师仅百余里，必系同时地震。以清史记文互相考证，则是塔圮于地震时无疑矣。

（出自李兴焯　王兆元《平谷县志》卷六下：《平谷县古塔内潦陀罗尼经石刻考》）

贾龙文，字采公，山右蒲州人，康熙十年知县事。十八年地震，岁频歉，民多流亡。公设法招集之，免其徭役，俾各遂生业。又建置书院，嘉惠士林。在任凡二十有二年，功德在民。邑人建有遗爱碑，在县西鲁各庄庙内。

（出自李兴焯　王兆元《平谷县志》卷五下）

（七）1739 年 1 月 3 日乾隆三年十一月二十四日 8 级地震

榆林府城于乾隆三年十一月二十四日戌时偶然地震，约凡半刻方宁，少顷又复微震。至二十五日辰时，一夜接续共微震七次，俱系随震随止。……城垣衙署以及兵民房垣间有塌损，内中有被塌微伤者兵丁二名，民人三名。被塌至故者，民人母女二口。……确查东至黄甫营，西至盐场堡，南至绥德州等处，自榆林府迤南迤东，较榆林府微轻，迤西相同，间有塌损房垣伤兵民之家。

（出自陕西延绥总兵王廷极奏折）

据延绥总兵王廷极禀称：本年十一月二十四日戌时，榆林府城地微震动，少顷即止。继又微震，一

第五章　宋元明清时期（960—1911年）　　　　　　　　·91·

夜接续，至次日早，共计微震七次。二十五、六两日，犹然微动二三次，俱随动随止。城垣、寺庙均有震塌之处，兵民房屋墙垣塌损者多寡不一，塌死民间母子二人。……至榆林接壤各营堡，唯西路之怀远、响水、保宁等堡，震动塌损与府城大概相同。至东路之双山、常乐，南路之归德、鱼河一带，震动稍轻。其余窎远处所，现在行查等语。查陕省乾州、咸阳等处，本年十一月二十四日地震，民人房屋有塌伤之处。

（出自川陕总督查郎阿奏折）

乾隆三年冬月，怀远大地震，民舍城垣倾毁过半。

（出自刘济南　曹子正《横山县志》卷二）

县署：邑建于雍正八年，裁波罗州同、威武巡检，以怀、波、响、威、清五营堡改置县治，其县署乃巡按行台旧宇也，建自明万历间，百余年来木石颓敝，砖瓦倾欹。迄置县后，莅兹土者虽各有些小修葺，又皆粉饰目前，一经乾隆三年地震，辄倾颓殆尽。

（出自清·苏其炤《怀远县志》卷一）

戊午春，余奉命兹邑，下车进署，古屋数间，残梁欹壁。是冬地震，朽拉枯摧，几乎不蔽风雨。

（出自清·苏其炤《怀远县志》卷三：苏其炤《重建县署记》）

响水堡玄帝祠：奈历年久远，重修虽或屡经，而风雨渐以侵蚀，迨戊午地震后，正殿摧残，金像剥落，两廊倾颓，垣墉坍塌。

（出自刘济南　曹子正《横山县志》卷四：胡大莭《重修响水堡玄帝祠碑记》）

臣查郎阿于十二月十八日到宁。查得宁夏府城于十一月二十四日戌时陡然地震，竟如簸箕上下两簸。瞬息之间，阖城庙宇、衙署、兵民房屋倒塌无存。男妇人口奔跑不及，被压大半。……城垣四面塌撺，仅存基址。其满城房屋，亦同时一齐俱倒，官兵被压死者一千数百名。且平地裂成大缝，长数十丈不等，宽或数寸或一二尺不等。地中黑水带沙上涌，亦有陷入而死者。城垣亦俱塌撺，且城根低陷尺许。臣到宁阅看，昔日繁庶之所，竟成瓦砾之场。惨目伤心，莫此为甚。而地气尚未宁静，每昼夜震动三五次。其宁城北面一百六十余里至宝丰县，西面四十余里至平羌堡，南面、东面俱二三十里之村庄，其被震之重与宁城相类。此外受伤稍轻。查平罗、新渠、宝丰三县，洪广一营，平羌一堡，阖城房屋亦倒塌无存。而平罗、新渠、宝丰等处，平地裂缝，涌出黑水更甚，或深三五尺、七八尺不等。民人被压而死者已多，其被溺、被冻而死者，亦复不少，城垣亦大半倒塌。……现在郡城内掩埋之压死大小口一万五千三百余躯。此外瓦砾之中存尸尚多。

（出自川陕总督查郎阿等奏折）

臣等宁夏地方，于十一月二十四日戌时，忽自西北有声，遽尔地震摇动一二次，所有满兵城中房屋，自臣等衙署以至兵丁房屋，尽皆塌坍。……其城中数处，地皆裂开二、三寸，向外涌水。自此地动不止，直至日出之后，方得稍安。所有各城城楼，坍有数处。城垣虽未塌坍，俱皆下陷，以致城门不能开展。

（出自镇守宁夏等处将军阿鲁等奏折（满文））

甘肃宁朔满城（今宁夏银川市）、花马池（今宁夏盐池）、兴武营（今宁夏盐池西北长城边上）、灵州（今宁夏灵武）、中卫（今宁夏中卫）、广武（今宁夏广武）、玉泉堡（今宁夏青铜峡西北）、横城堡（今宁夏灵武北横城）。

镇守宁夏等处将军臣阿鲁等谨奏，为奏闻满城压死人丁数目并汉城被灾情形事：本年十一月二十五日，臣等曾将二十四日戌时地震，官兵房屋尽皆塌坍，所有压死人数另行查明具奏等因奏闻在案。今查得八旗压毙佐领三员，骁骑校一员，领催前锋披甲人一百九名，步军四十一名，闲散满人二十七名，余丁幼童三百十九名，另户妇女五百九十二名，家下步军十一名，家下男妇、幼童、幼女一百十五名，雇工男女幼童三十八名，共压毙人一千二百五十六员名。本日满城四门下陷，不能开展，刨挖一日始得开展西门。于二十六日臣阿鲁·喀拉急赴汉城看视，官兵民房俱皆倒塌，压死人丁不能悉记。总兵杨大凯、道员钮廷彩仅能脱身，知府顾尔昌全家俱被压死。烟焰直至三日未熄。所存男妇沿街奔走，号哭不绝。……今查得汉城城内民人自此直至三十日，并皆无事，日夜仍复地动不止。臣等复问钮廷彩宁夏所属州县，据云平罗、保丰、新渠三县所报被灾之处与宁夏同。灵州所报微轻，中卫县尚未报到。

（出自镇守宁夏等处将军阿鲁等录副奏折）

兹于初六日又据总兵杨大凯呈称：据协路差查呈报：花马、兴武、灵州、中卫、广武、玉泉、横城等营堡，均于十一月二十四日地震，并未伤损。唯平罗、宝丰、新渠、洪广、平羌五营堡震灾甚重，房屋皆倒，打死军民甚多。续据都司董茂林呈称：差人探得宝丰、新渠并所属各营堡，以及沿河户民一带，地震后裂开大窟，旋壅出大水，并河水泛涨进城，一片汪洋，深四五尺以至六七尺不等。民人、牲畜冻死，淹死甚多。一应军器等项，俱被水淹无存。其军民男妇得生者，暂在城上栖身。再查户民房屋庄村，亦被水淹大半。

（出自川陕总督查郎阿奏折）

准陕西宁夏镇臣杨大凯差把总王大朋齐咨前来报称：宁夏镇城陡于十一月二十四日戌时地震，一刻之间，官署、民房尽行倒塌。……又据把总王大朋口禀：该镇离城二十里大坝地方，动势即已减半，至四十里铺，房舍俱无损塌等语。……（再，甘城同日戌时微觉动摇。一切城池、房舍、军民，俱安谧无损。又查就近之肃州，安西口外等处，亦各宁贴。）

（出自甘肃提督瞻岱奏折）

据宁夏总兵官杨大凯呈称：宁夏城于十一月二十四日戌时陡然地震，变出非常，一刻官署、民房一齐俱倒。房倒火起，延烧彻夜。本职只身逃出房外。子媳并孙，家人男妇因房火烧压已死六口。印信、王命等项俱在房内，火烈未能觅取。延至天明，一望皆瓦砾之场，火光更甚，合城哭声振天。官弁军民马匹被焚压死者甚多。……但闻得宁夏府知府顾尔昌家，俱被房压，出来之人甚少。在城房屋并无存留。人民被伤压死者十之四五。……被震之后，火势甚炽，三四日来，昼夜不熄。军民既被震灾，复罹火患，衣服口粮尽皆无存。营中军装器械伤损甚多，马匹压死者亦众。遍城皆火，虽竭力经营，无法扑灭。盖因兵丁被焚压而死者，十中约有四五，其余亦有受伤者。……据报平罗、宝丰、洪广被震亦重，且地裂水出，较镇城涌水更大。……又于亥刻据宁夏洪广营游击杨士超呈称：本年十一月二十四日戌时地震起，至二十六日未止。衙署、仓廒、兵民房屋俱已倒塌，城郭震擢，又遭火烧，兵民约计十分之中打死四五，现存者大半受伤，甲马打死一半。旗帜、器械火烧无存。

（出自川陕总督查郎阿奏折）

宁夏陡遭地震，官民房舍，瞬息之间，一齐倾圮。而城垣亦俱倒塌，仅存基址。……又平罗县城亦俱倒塌，仅存基址。……又洪广营……城垣房屋，俱已倒塌无存。……又中卫、花马池两协，灵州、玉泉、广武、兴武、横城、石空寺堡等处……其城垣俱有倒塌。又平羌、威镇、镇朔、镇北、镇罗、韦州、临河、红山、枣园、毛卜喇、宁安、清水等营堡，或有全行倒塌者，或有倒缺数处者。

（出自兵部右侍郎班第等奏折）

乾隆三年十一月二十四日酉时，宁夏地震，从西北至东南，平罗及郡城尤甚，东南村堡渐减，地如奋跃，土皆墳起。平罗北新渠、宝丰二县地多坼裂，宽数尺或盈丈，水涌溢，其气皆热，淹没村堡。三县地城垣、堤坝、屋舍尽倒，压死官民男妇五万余人。

（出自清·张金城　杨浣雨《宁夏府志》卷二二）

乾隆三年冬十一月，靖远、庆阳、宁夏地震。平罗北新渠、宝丰、中卫、香山等处尤甚。一时地如奋跃，土皆墳起，坼裂数尺或盈丈，水涌溢，其气皆热。村堡、城垣、堤坝、屋舍、窑庄尽倒，压毙官民男妇五万余人。……

（出自清·升允　安维峻《甘肃新通志》卷二）

〔乾隆三年十二月〕丁亥，谕：据宁夏将军阿鲁等奏称：宁夏地方于十一月二十四日戌时地动，满城官兵房屋尽皆坍塌等语，朕心深为轸念。所有城内官兵人等作何加恩赈恤之处，着将军作速查明，一面奏闻，一面办理。其各处被灾兵民人等，着该地方官即行查明，一体赈恤。边地寒冷，务令安妥，毋致一夫失所。

（出自《清高宗实录》卷八二）

第五章　宋元明清时期（960—1911 年）

〔乾隆三年十二月〕辛卯，谕：前据宁夏将军阿鲁奏报：宁夏地方于十一月二十四日戌时地动，朕心轸念。已降旨令将军督抚等加意抚绥安插，无使兵民失所。今据阿鲁续奏：是日地动甚重，官署民房倾圯，兵民被伤身毙者甚多。文武官弁亦有伤损者……。著兵部侍郎班第，驰驿前去即于明日起程，动拨兰州藩库银二十万两，会同将军阿鲁并地方文武大员，查明被灾人等，逐户赈济，急为安顿，无使流离困苦。其被压身故之官弁，著照巡洋被风身故之例，加恩赏恤，其动用银两，该部另行拨补。再宁夏附近之州县被灾者，著班第会同地方文武大员，一体查赈，无得遗漏。

（出自《清高宗实录》卷八二）

夏、朔、平、新、宝、灵、中七州县，赈给压毙有主埋葬大口二万四千一百一十九口，小口一万二千九百口。每大口给银二两，小口七钱五分，共银五万七千九百一十三两。又夏、朔、平、新、宝五县，掩埋压毙无主大口一千二百四十口，小口九十四口。照有主之例，每大口给银二两，小口七钱五分，共银二千五百五十两五钱。又宁夏府赈给压毙驻宁满洲官兵内佐领三员，每员恤赏银二百二十五两。骁骑校一员，恤赏银一百二十五两。领催十名，前锋九名，每名赏恤银一百两。马甲九十二名，每名赏恤银七十五两。步甲五十四名，每名赏恤银二十五两，共银一万九百五十两。又压毙知府一员，恤赏银二百二十五两。千总一员，恤赏银一百二十五两。把总一员，恤赏银五十两。马兵一百五十六名，每名赏恤银三十五两。步守兵一百五十三名，每名赏恤银二十五两，共银九千六百八十五两。又盐茶厅压死民人大口十二口。固原州压死大口五口，小口三口。镇原县压死大口二口小口一口。每大口给银二两，小口七钱五分，共银四十一两。

再查有主压毙灾民，较原奏少大口二十四口，系宁朔县重开之数，今照数删除。

（出自户部、工部题本）

震灾后，命侍郎班第查办赈恤陈奏。奉恩旨：凡被压身故民人，大口每民给埋葬银二两，小口每名给埋葬银七钱五分，无主人口，官与埋葬，共费帑银六万五百余两。现在人口散给口粮外，有两口者给房一间，三口者给房二间，五口者给房三间，多者照例递增，每间给房价银二两。灵州、中卫被灾轻者，每间给房价银一两，共费帑银二十九万七千余两。民家牛只有被灾伤毙者，每户给牛价八两，分四年带征还项。满汉官兵被压身故者，照巡洋被风倒赏恤，共费帑银二万八百余两。

（出自清·张金城　杨浣雨《宁夏府志》卷二二）

〔乾隆四年三月壬子〕吏部等部议覆：钦差兵部右侍郎班第奏称：宁夏地震，所属新渠、宝丰率成冰海，不能建城筑堡，仍复旧观，请将二县裁汰，所有户口，从前原系召集宁夏、宁朔等乡民人，令其仍回原籍，有愿留佣工者，以工代赈。俟春融冰解，勘明可耕之地，设法安插，通渠溉种，其渠道归宁夏水利同知管理。应如所请，从之。

（出自《清高宗实录》卷八八）

〔乾隆四年十一月壬申〕又谕：上年宁夏地震之后，朕心日夕忧思，多方筹划，一年以来，陆续经理，地方渐有起色，……着将宁夏、宁朔、平罗三县额徵银粮草束，再宽免一年。……

（出自《清高宗实录》卷一〇五）

〔乾隆四年十一月壬申〕川陕总督鄂弥达等奏：宁夏府属新渠、宝丰二县，前因地震水涌，县治沉没，请裁。其可耕之田，将汉渠尾就近展长，以资灌溉。经部议奏，准行。

（出自《清高宗实录》卷一〇五）

……窃查宁夏田地全赖大清及唐、汉三渠之水，以资灌溉，源远流长，用之不竭。……上年十一月二十四日地震之时，各渠之底口淤塞及裂缝者甚多，并倒缺岸口百十处，修理之需，数倍于每岁。……查大清及唐、汉大渠三道，共计五百八十八里有奇。支渠二十六道，共计九百三里有奇。淤塞之处，俱挑挖疏通；裂缝倒缺之处，俱修筑完固，于三月二十六日放水。

（出自甘肃布政使徐杞录副奏折）

惠农渠：惠农渠并昌润渠皆侍郎通智、宁夏道单畴书等奉旨肇开。惠农渠口初在宁夏县叶昇堡俞家嘴并汉渠而北，至平罗县西河堡归入西河，长二百里。乾隆五年经震灾奏请复修，自俞家嘴至通润桥增长一十里有奇。

（出自清·张金城　杨浣雨《宁夏府志》卷八）

宁夏地震，每岁小动，民习为常，大约春冬二季居多，如井水忽浑浊，炮声散长，群犬□吠，即防此患。至若秋多雨水、冬时未有不震者。乾隆三年十二月（十一月）二十四日地大震，数百年来震灾莫甚于此。甲戌夏，余赴馆宁夏署中，有刘姓老火夫并二三故老遇难幸免，备述是夜更初，太守方宴客，地忽震有声，在地下如雷，来自西北往东南，地摇荡掀簸，衙署即倾倒。太守顾尔昌，苏州人，全家死焉。宁地苦寒，冬夜家设火盆，屋倒火燃，城中如昼。地多裂，涌出黑水，高丈余。是夜动不止，城堞、官廨、屋宇无不尽倒。震后继以水火，民死伤十之八九，积尸遍野，暴风作，数十里尽成冰海。宁夏前称小南京，所谓塞上江南也。民饶富，石坊极多，民屋栉比无隙地，百货俱集，贸易最盛。自震后，武臣府第如赵府、马府俱不存，地多闲旷、非復向时饶洽之象。

（出自清·王绎辰《银川小志》卷末）

宁夏府城，宋兴州城故址，景德间赵德明所筑，旧制周围一十八里。东西袤于南北，相传以为人形，……乾隆三年地震城尽毁。乾隆五年发帑重建。

（出自清·张金城　杨浣雨《宁夏府志》卷五）

〔乾隆八年四月癸丑〕工部议准：甘肃巡抚黄廷桂疏称：宁夏府城旧制，门外原建南北关厢。自乾隆三年地震倒塌后，修筑郡城，未经一并估建。又护城壕一道，亦因地震摇平，未估疏濬，请复旧制修理。从之。

（出自《清高宗实录》卷一八九）

〔乾隆六年六月己亥〕工部议覆：甘肃巡抚元展成疏言：宁夏府城垣、衙署、仓廒、监狱、庙宇等项，地震倒塌，请一并建造。查宁夏府城，计周二千七百五十四丈，照旧址分设六门，水簸箕六十二道，大城楼、瓮城楼各六座，角楼四座，铺楼二十四座，城外河桥六座。宁夏道、宁夏府理事同知、水利同知、夏、朔二县、宁夏府教授、训导、夏、朔二县教谕、宁夏府经历、夏、朔二县典史衙署各一所。宁夏镇前营游击、左营游击、右营游击、城守营都司、守备衙署各一所。文庙、关帝庙、城隍庙各一座。鼓楼、魁星楼、牌楼、演武厅各一座。六城门军房六处、夏、朔二县仓廒、监狱各一所。应如所请，于部拨宁夏工程银内动支兴建。从之。

（出自《清高宗实录》卷一四四）

满城：旧在府城外东北，雍正元年筑，乾隆三年地震废，五年移建府城西十五里平湖桥东南。

宁夏道署：旧在府城隍庙西，乾隆三年地震毁，四年移建于城西。

（出自清·张金城　杨浣雨《宁夏府志》卷五）

文庙：在〔宁夏〕县治北，……康熙三十八年监牧同知李珩、雍正十年本郡官绅等先后重修。乾隆三年地震圮，四年重修。

（出自清·王绎辰《银川小志》）

学宫：在府治北……乾隆三年地震毁，四年奉旨动帑修建。

东魁阁、西魁阁：一在府学东，一在府学西，乾隆三年地震废，五年重建。

承天寺：在光化门内东，夏谅祚建，有记。明洪武初，一塔独存，万历间重修，增建昆卢阁，乾隆三年地震塔废，今遗址犹存。

（出自清·张金城　杨浣雨《宁夏府志》卷六）

承天寺为宁夏古刹，其浮图倒影，尤称灵异，乾隆戊午三年地震，塔寺并残毁。

（出自清·张金城　杨浣雨《宁夏府志》卷一九）

永祥寺：在马营，明正统间建，乾隆三年地震后重修。

土塔寺：在镇远门外，明正统时建，乾隆三年地震塔废，今改建殿。

城隍庙：在府城北，明成化、万历间重修，乾隆三年〔地〕震毁，动帑重建。

王公祠：在府署东，国朝公建，地震后重修。

清宁观：在振武门东，祀北帝真武，元昊避暑宫旧址。明总兵陈泰建……。乾隆三年地震后重建。

三清观：在南薰门外东，明庆靖王建，……乾隆三年地震后，人民重修。

关帝庙：在府城东北隅……乾隆三年地震毁，四年动帑重修。

岳武穆庙，在城东北隅，明万历间建。乾隆三年地震〔毁〕，后知府牟融等重修。

（出自清·张金城　杨浣雨《宁夏府志》卷六）

岳忠武碑：在郡城忠武庙、乃忠武自书送张紫岩北伐诗……碑高六尺余，宽三尺余……清乾隆五年地震碑失，后掘得之，碑断，合之不遗一字。

（出自清·马福祥　王之臣《朔方道志》卷三）

方妃祠：在宁夏县〔署〕前，乾隆三年地震毁。

药王洞：在永通桥东，乾隆三年地震后残毁。乾隆二十八年……重修。

海宝塔：在振武门外，不知始建何时，五代赫连勃勃重修。康熙四十八年地震，颓其颠四层，次年僧照墅募修。乾隆三年地震塔废，四十三年满汉官吏军民捐资重建。

四牌楼：在城中，乾隆三年震灾后动帑重建。

御书赐勇略将军赵良栋坊，在清和门大街，地震毁。

御书赐直隶总督赵宏燮坊日风清畿甸，在南薰门大街，地震毁。

御书赐台湾参将罗万仓坊，在永通桥南，地震毁。

勅建同胞三义坊，为马世龙子献图、呈图、负图三忠立，在南塘，地震毁，

顶阙风云坊，在光化门西，城震毁。

宗烈、宗义、功德、贤师、十年遗爱、奕世承恩、彤庭弼直、天伦重贲、天朝耳目、京卿、威振华夷、气壮山河、进士〔等坊〕，以上俱于乾隆三年地震毁。

（出自清·张金城　杨浣雨《宁夏府志》卷六）

戊午地震，宁夏城中，文武且尽，公以差出得免。……继夫人郭氏、一子，地震同殁。

（出自清·张洲《对雪亭文集》卷六：《东园任公神道碑铭》嘉庆二年刊本）

乾隆三年十一月二十四日地忽震裂，河水上泛，灌注两邑，而地中涌泉直立丈余者不计其数，四散溢水，深七、八尺以至丈余不等，而地土低陷数尺，城堡房屋倒塌，户民被压溺而死者甚多。新渠县城南门陷下数尺。北城门洞仅如月牙，而县属商贾民房及仓廒亦俱陷入地中。粮食俱在水沙之内，令人刨挖，米粮热如汤泡，味若酸酒，已不堪食用。四面各堡俱成土堆，惠农、昌润两渠俱已坍塌，渠底高于渠口。自新渠而起二三十里以外，越宝丰而至石咀子，东连黄河，西连贺兰山，周廻一二百里，竟成一片水海。宝丰县城仓廒亦半入地中，户民无栖息之所，大半仍回原籍。

（出自清·徐保宇《平罗纪略》卷八）

（八）1812年3月8日嘉庆十七年正月二十五日8级地震

为伊犁地震、厄鲁特放牧之山崩坍、人畜压毙、查明赈救，仰请天恩事。本年正月二十五日戌时、亥时连续大震一次。奴才当即交付详查。各仓库官兵驻房，未有倾倒，仅墙垣坍塌。……二月初九日，厄鲁特部领队大臣杨桑阿率该部总管那顺波罗特众官员，会见奴才报称：正月二十五日夜晚大地震，衮造哈、呼吉尔台、齐木库尔图等山崩坍数处。特穆尔放牧牲畜之兵丁三十九名，家奴八名被压毙。官私牲畜压毙五千三百余匹。又昌玛等地所居伐木民人、犯人十一名，皆房倒毙命。……衮造哈、呼吉尔台、齐木库尔图等地之山，共四处崩坍，每处长二十里至六十里不等，宽五、六里不等，深十余丈、二十丈不等，共压毙四十七人、二千五百九十余匹官家牲畜及二千七百余私畜属实。又房倾压毙罚为奴之犯人及伐木民人，共十一人，亦属实。

（出自伊犁将军晋昌奏摺（满文））

〔嘉庆十七年四月壬子〕赏恤伊犁额鲁特游牧地方地震灾民。

（出自《清仁宗实录》卷二五六）

嘉庆十七年正月二十有五日戊亥，伊犁地震，衮佐特哈胡吉尔台山裂四处，长二十里至六十里，宽

五六里，深十余丈至二十丈，又于平地涌出高阜，其土虚浮，践之即陷，临风摇动数日乃止。死者厄鲁特人四十七，流人十一；官牧牲畜二千五百九十五只，厄鲁特牲畜千七百余只。

（出自清·徐松《西域水道记》卷四）

嘉庆十七年正月二十五日戊亥二时，伊犁地震，厄鲁特游牧衮佐特哈、胡吉尔泰（台）、齐木库尔图等处山裂四处，长二十里至六十里不等，宽五六里不等，深高十余丈至二十丈不等，压毙蒙古人四十七名，遣犯十一名，官厂牲畜二千五百九十五隻，厄鲁特本身牲畜一千七百余集（隻），当经将军晋昌奏明。奉上谕：伊犁厄鲁特游牧衮佐特哈等处山崩数里，压毙官厂牧兵家奴并伐木民人，甚属可怜，施恩，著照晋昌所奏，被灾脱出男妇七十名，每名赏给马一匹，牛四只，羊五只，皮袄一件，布一匹，银二两，即在去年收获孳生及房租银两内动拨外，压毙人等，加恩每大口赏银五两，每小口赏银三两，其压毙官厂牲畜，免其赔补。

（出自清·松筠《新疆识略》卷一〇）

（九）1833 年 8 月 26 日道光十三年七月十二日 8 级地震

水蛇年七月十一日傍晚至次日凌晨，共发生地震二十一次。加容卡肖大佛塔受到破坏。

（出自加容卡肖佛塔主管仁增白桑等人致聂拉木税官禀贴（藏文））

水蛇年七月十二日黄昏，绒辖地方地震二十一次，宗府及民房倒塌二十二幢，百姓伤亡甚众，马匹牲畜死亡尤多……。

当日黄昏时，吉隆地方地震，宗府及众多民房倒塌，人员、财物遭灾极重。

（出自西藏摄政策墨林·楚臣加措致驻藏大臣文（藏文））

为咨报事：本年八月十七日有官员自日喀则报称：据定日守备马文治禀称：闻知道光十三年七月二十九日申时，聂拉木和绒辖两地区发生地震。前已明令调查后向上呈禀。今年八月六日申时，据绒辖宗本桑珠林报称：七月十二日戌时，绒辖地区地震二十一次。当第三次地震时，宗署住房之楼顶及马厩等被震塌。百姓住房震毁二十二处。绒辖卓偏岭寺共二十二柱殿舍震倒十二柱。另有一座四柱佛殿被震倒塌。此处西侧京仁寺之佛像震碎，东北侧僧舍亦震垮。同时，桥梁亦震坍等情。嗣又遵大老爷之命派专人去边界查看界石，据禀称：边境所立界碑无损，唯路坏桥翻。经卑职查实，绒辖地区自七月十二日地震，至二十九日间，每日七、八次，询诸宗下所属百姓，所云相同，并极恐惧。据此，已命宗本督促所属及时修复宗署、寺庙及民房。

又，道光十三年，八月七日巳时，据吉隆宗本扎呷哇报称：本年七月十二日酉时地震，寅时大震，宗署与百姓房屋以及马牛等牲畜皆受损失。自七月十二日酉时起，每日有震，极为可怖。经细查，所报属实，已入档案。同时，前后送来之三份箭书，内容亦属可信，已着令宗本切实注意。七月二十八日，从拉萨派出调查之官兵，由廓尔喀人引路，不久即抵定日。途中骑马、驮马、背夫、帐篷、垫子、饲料、柴禾等皆有安排；险路、桥梁亦予修整，一如往昔。

（出自驻藏大臣隆文致摄政策墨林·楚臣加措文）

卑职绒辖关卡税官、卓偏岭寺活佛，寺庙执事及上下陈塘幸存贫穷百姓禀告如下：去年七月十一日地震，致使税卡楼房上下及百姓住房二十余处倒塌，卓偏岭寺大殿二十四柱楼房中，仅有一楼十二柱尚存，其余房屋包括僧舍等，全部倒塌，此事前已向上司大人及代本、宗本禀报在案。奉政府批复：上述情形均因地震所致，不应借调人力援助，拟给予救济。此后复于十月四日再次呈禀，奉复示内谕：大殿、税卡住所及僧舍等要迅速修复，至于修复面积、乌拉人数、开支等，以及工程时间等均须报明，可从协噶尔仓库中拨领资助粮等因，唯至今尚未奉到。自去岁八月三日至九月二十七日，石、木工匠及僧俗乌拉等，共一百一十一人，仅砌完房基。入冬之后，我等派人为修建大殿募化捐助，总管大老爷捐献砖茶一箱半，其他施主，信徒亦略有捐赠。由于主管收税官以及喇嘛执事多方筹集，终于在今年二月十一日开工，石匠、木工、泥塑匠、铁匠、僧俗等共一百八十人，将寺庙外墙砌成。谚云"命蹇者多灾难"，果然应验。（五月十一日又猝发地震，到十四日天明，税卡东西两侧之南房及百姓五处房屋尽皆倒塌，卓偏岭寺大殿东南角下方二层楼之墙基处，裂陷宽六十度，山边采石乌拉五人死亡，七名男女因房屋倒塌受重伤。)

（出自西藏绒辖税官等呈总管代本宗本文（藏文））

查协噶尔粮库存粮，原用于政府之重要用项，而不用于一般修缮事宜。惟考虑此次绒辖地区之寺庙、百姓住房等被地震破坏，可按诸噶伦拟议，从协噶尔粮库支付三百石粮食，交驻定日代本及协噶尔宗堆，由彼等负责面交绒辖宗堆、卓偏岭寺执事及百姓，并将卓偏岭寺、宗府及百姓住房等修建永固。

（出自驻藏大臣隆文咨摄政策墨林·楚臣加措文）

卑职聂拉木税卡税官德喀瓦暨凯墨巴二人谨具文恭禀。近于七月十二日傍晚，至次日凌晨，此间聂拉木地区以及尼泊尔境内，连续发生地震，致使税卡官邸，差民百姓住房等遭到极大破坏，坍塌倾圮无遗。再者，当时递送驻藏大臣致廓尔喀国王文书之使者及互市信使次仁旦增等，去时途中耽误六天，等侯回信六天，返回时，又因受地震破坏，道路、隘口、驿站、铁索桥等被震倒或被塌方流沙、滚石破坏或阻塞，因而不得不离开正常通道而翻山越谷，故回程费时颇多。此情已向驻定日代本禀报明白。

（出自西藏聂拉木税官禀噶厦文（藏文））

指令如下：据尔等呈文报称：去年地震，聂拉木税房严重震裂，全部外墙及内梁均需重建。其所需木料，虽已下令自樟木和曲香地方砍伐，唯此两地百姓住房亦大都倒塌，业已断炊，支差伐木实有困难。此外，在本区边界铁索桥以上之险路各关隘均被堵塞，商路中断，亟待修通道路；新建税卡房屋，此地百姓无法负担等情。经查所称情况属实。

（出自西藏噶厦饬聂拉木税卡正副主管指令（藏文））

从此地集市到樟木之间，道路坎坷，由于地震为害，尤其艰险。

（出自西藏聂拉木税官德喀瓦·凯墨巴呈诸噶伦文（藏文））

二月四日，卑职代、总等接宗噶宗二宗本报称：水蛇年七月十二日，在宗噶宗琼噶关帝庙一带连续发生强烈地震，并降大雪。本年正月十六、十七、十八日，连续猛刮大风，致使该庙西侧楼顶层建筑倒塌五庹长，需要挖找埋压之物。代理代本接到文书称：因关帝庙十分重要，不能不予修缮，特遣值班甲本益西随同二宗本到现场查看，并在第二年三月十九日送上巡查报告，内称：该庙主楼一层西侧倒塌约五庹许，即初次震倒之一椽面积；西南外墙原裂损严重，木料已不堪使用，此次全部塌毁。关帝庙西侧楼上塌陷必须重修。

（出自西藏驻定日代、总呈噶厦文（藏文））

（十）1833 年 9 月 6 日道光十三年七月二十三日 8 级地震

〔道光〕十二年壬辰六月十八日安宁河大水。十三年癸巳七月二十三日辰、巳时地大震。八月初二日安宁河大水。

（出自清·何东铭《邛㠔野录》卷六九　同治抄本）

〔道光〕十三年癸巳七月二十三日辰、巳时地大震。

（出自清·邓仁垣　吴钟崙《会理州志》卷一二）

查七月份据各属禀报，上旬得雨深透，中下两旬晴雨调匀。……二十三日巳刻，云南、澂江、曲靖、临安、武定等府州所属地方，同时地震。

（出自云南巡抚伊里布奏折）

伏查本年七月二十三日云南地震，除安宁、富民、罗次、禄丰、昆阳、易门、南宁、霑益、陆凉、罗平、马龙、平彝、新兴、路南、建水、石屏、通海、嵩峨、武定、禄劝等二十州县震势较轻，勘不成灾，均毋庸赈恤蠲免外，其昆明、嵩明、宜良、河阳、寻甸、蒙自、晋宁、江川、阿迷、呈贡十州县勘系成灾。臣等当将成灾之昆明等十州县本年应征钱粮奏请豁免，嗣经覆查，秋禾收获甚丰，而此成灾十州县内，有此村坍塌房屋，伤毙人口甚重，而彼村并无倒房伤人安帖无恙者，是以复经奏请将该十州县内被灾之户蠲免钱粮，而不被灾之户，仍旧输纳钱粮。……查滇省钱粮本轻，计此昆明等十州县总共年额应征钱粮银米合银八万余两，此中应免者大约数不及半。

（出自云贵总督阮元等奏折）

窃查上年七月二十三日滇省昆明等十州县地震成灾，当经奏明赈恤并请将该州县上年应征钱粮蠲免。嗣复查明该州县秋禾收获甚丰，又经奏请将被灾之户蠲免钱粮，其不被灾之户仍旧输纳。……统计昆明等十州县内除无粮之户不计外，实计被灾有粮二万六千九百五十一户，应免税秋米四千四百三十四石零米，折银三千三百二十八两零条、公耗羡银一万一千三百七十二两零，应一并蠲免。其未被灾有粮一十万三千四百八十七户，应征税秋米一万六千九百三十三石零米，折银一万一百五两零条，公耗羡银三万九千七百七十三两零，应照旧征收。

（出自云贵总督阮元等奏折）

呈贡县地震，倒塌瓦屋一千四百零二间，草房二千三百七十间，压毙男妇大口四十四人，小口六十四人，受伤男妇大小口一百二十七人，受灾男妇大口四千五百五十六人，小口三千四百九十三人。

晋宁州地震，倒塌瓦屋五百七十六间，草房一千零三十五间，压毙男妇大口四十七人，小口二十九人，受伤男妇大口一百一十七人，受灾男妇大口九百九十九人，小口七百七十八人。

寻甸州地震，倒塌瓦屋六千零八十六间，草房四千八百八十一间，压毙男妇大口四百九十九人，小口五百二十四人，受伤男妇大小口四百四十七人，受灾男妇大口一万四千九百三十六人，小口一万二千六百五十二人。

河阳县地震，倒塌瓦屋六千六百五十七间半，草房五千一百间，压毙男妇大口六百六十人，小口五百七十七人，受伤男妇大小口二百五十九人，受灾男妇大口一万零三十一人，小口五千九百十一人。

江川县地震，倒塌瓦屋二百五十五间，草房三百三十二间，压毙男妇大口二人，小口二人，受伤男妇大小口九人，受灾男妇大口五百八十六人，小口三百七十二人。

蒙自县地震，倒塌瓦屋二千二百三十七间，草房六千五百六十间，压毙男妇大口一百三十四人，小口一百五十一人，受伤男妇大小口一百人，受灾男妇大口六千五百二十六人，小口三千七百九十五人。

阿迷州地震，受灾瓦屋一千八百八十四间，草房一千一百八十八间，压毙男妇大口三十一人，小口五人，受伤男妇大小口五十一人，受灾男妇大口二千一百九十九人，小口九百五十四人。

总计昆明等十州县因地震倒塌瓦屋四万八千八百八十八间半，每间赈给银五钱，共银四万四千四百四十四两二钱五分，草房三万八千七百三十三间，每间赈给银三钱，共银一万一千六百十九两九钱；压毙大口四千三百五十六人，每大口赈给银一两五钱，共银六千五百三十四两；小口两千三百五十一人，每小口赈给银五钱，共银一千一百七十五两五钱；受伤男妇大小口一千七百五十四人，每人赈给银五钱，共银八百七十七两；受灾男妇大口九万一百九十六人，每大口赈给粮一石，共粮九万一百九十六石，小口六万三千一百八十九人，每小口赈给粮五斗，共粮三万一千五百九十四石五斗。

（出自管理户部事务长龄题本（满文））

道光十三年癸巳七月二十三日巳刻，昆明、嵩明、宜良、河阳、寻甸、蒙自、晋宁、江川、阿迷、呈贡等十州县同时地大震，坍塌瓦草房八万三四千间，压毙男妇六千七百余口。午未二时又震，至夜又震数次。（八月、九月或三四日或五六日又震十余次。）安宁、富民、罗次、禄丰、昆阳、易门、南宁、霑益、陆凉、罗平、马龙、平彝、新兴、路南、建水、石屏、通海、嶍峨、武定、禄劝、元江、镇沅、广西、景东、永北、蒙化、镇南、赵州、保山、云州、鹤庆、会泽、恩安、宝宁、文山、白井、琅井等厅、州、县提举同时亦震，间有损伤房屋人口。

（出自清·阮元　王崧《云南通志稿》卷四）

〔道光十三年七月二十三日〕巳刻，昆明等十余县同时地大震，坍塌瓦草房八万三四千间，压毙男妇六千七百余口。午未二时又震，至夜又震数次。八月、九月或三四日或五六日又震十余次。富民等数十州县提举同时亦震，间有损伤房屋人口。省垣南门外东塔震倒，人民尽避伏空地。嵩明房屋倾圮，人民压毙，地面裂而复合，黑泉涌出，杨林尤甚。宜良损伤房屋人口。河阳坍塌房屋，压毙男妇无算，连震至八月一日乃止。蒙自毁房屋毙人口，是日同时大震，嗣又续震数次。晋宁巳刻大震，城垣房屋坍塌实多，男妇间有打伤压毙者。江川同时屡震，间有损伤房屋人口。阿迷同时大震，毁房毙人。呈贡房屋倒塌甚多，伤毙人民不计其数。宣威同时大震，坏屋舍。路南屡震，损伤房屋人口。姚州自西而来，有声

第五章 宋元明清时期（960—1911 年） ·99·

如雷。陆良大震，有声如雷，房屋倾圮者甚多，月余乃止。马龙损伤尚少。建水今东关鸡马市西栏旧铺欹斜倾倒，即地震遗迹。禄劝八、九两月房屋倒塌，人口伤毙。蒙化八月三日又震。恩安坏民户房屋甚众。曲溪房庐覆没人民甚众。牟定房屋倾圮，压毙人民甚众。元江、新平、镇沅八月九月同时地震。其余现象略同。

（出自龙云　周锺嶽《云南通志》卷二二）

滇南以癸巳七月下浣三日，日逾午震。先期黄沙四塞，昏晓不能辨，凡三昼夜。又期先降霢雨九日，雨色黑，沾白夹衣玄若涅。将震昼晦，屋尽炬炷以烛，历十有二刻乃复明，明已，震。震之时，声自北来，状若数十巨炮轰，计十余州县相次厄，或裂或墳，或高者谷，或渊者陵。最烈则嵩明之杨林驿，市廛旅馆，尽反而覆诸土中，瞬成平地，核所毙万余口，河阳某广文与焉。省府西南城及所属昆明，宜良次之，毙或千余人，少亦无虑百余。晋宁、呈贡、富民等邑又次之。时伊中丞华农方治事，东厢墙倾，毁其案。走出，瓦飞坠。奔诣堂，堂之榱亦冽然崩析有声，历旬有一日夜乃息。（嗣仲秋十五日震又作，为时二十有四刻余，声微，所损较逊于前。越明年元旦日丑时又震，申刻方已，余如癸巳八月状。）

（出自清·魏祝亭《天涯闻见录》卷二）

癸巳七月滇地震，凡三旬始安，而二十三日为甚。昆明、嵩明诸处伤人及屋宇无算。震毕，偶一人取釜炊食，视之有文如古篆不可辨，传播渐众，各取釜视之，悉有文，同者才十之三四，已而征他处，莫不然，又偏处石上有细纹如针类墨画，亦不知其故。

（出自清·何彤云《赓缦堂杂俎》）

道光癸巳七月二十三日云南地震，一日夜十余次，灾最重者为杨林汤池。闻是日人家釜底皆有字，多寡不一，郭孝廉宗泰课徒十八人于大佛寺楼下，人皆死；楼上人卧醒，见楼板与地平，由窗出皆免；又某家妇示（适）哺予压墙下三日，人闻儿啼出之，母子皆无恙。

（出自清·吴振棫《养吉斋余錄》卷五）

道光十三年七月二十三日地大震，迄九月未已，荡析民居无数，人多死者。

（出自清·戴絅孙《昆明县志》卷八）

丁口毙伤，丁口赈银各数目刊后：坍塌房一间，赈银二两，共塌房七千四百二十二间。塌墙一堵，赈银五钱，共塌墙一千三百八十八堵。大丁一口，赈银一两，共大丁一万四千六百七十八口。小丁一口，赈银五钱，共小丁一万零一百七十八口。毙丁一口，赈银三两，共毙丁六百一十一口。伤丁一口，赈银五钱，共伤丁二百三十四口。一份修文庙工程银二千九百六十六两五钱八分四厘，一份修武庙工程银八百两零八钱四分六厘。分查各坊镇里卫灾户，于春刊后，道光十四年。

（出自清·《滇东地震调查资料年表》卷四：《土主庙内慈善救济会碑记》

云南府城：……明洪武十五年重筑砖城，周九里三分，高二丈九尺二寸，设六门，上皆有楼。……居南门西偏者为钟楼。环城有河，可通舟楫。外有重关，跨衢市之隘。……康熙二十年因大兵攻围吴逆，倾圮重修……乾隆十三年知府徐铎继修，二十一年知县额鲁礼重修，二十九年知县魏成汉动项修理，三十年复有坍塌。……二十二年小东门城脚陷落，城楼垛口坍塌，巡抚诺穆亲委知县朱学醇修理。五十五年被雨坍塌，巡抚尚忠委知县施廷良修。嘉庆四年小西门外城脚陷落，巡抚初彭龄委知县李治重修。……二十一年……创建东偏鼓楼以配西偏鼓（钟）楼……道光十三年地震，墙垣鼓楼半多倾圮。

（出自清·岑毓英　陈灿《云南通志》卷三五）

〔道光〕十三年地震，杨林尤甚，房屋倾圮，人民压毙，裂而复合，黑泉涌出。

（出自清·胡绪昌　王沂渊《嵩明州志》卷二）

城池：明隆庆二年……筑砖城，周三里三分，辟四门上有楼……雍正七年知州安鼎和重修，周围长四百四十七丈，高一丈四尺，脚厚一丈，顶厚八尺。乾隆元年巡抚张允随请国帑委知州张浩重修，制仍其旧。八年北门城墙坍塌，十年署知州陈齐庶捐修，三十四年署知州张德晋捐廉重葺，道光十三年地震，倾圮过半。

（出自清·胡绪昌　王沂渊《嵩明州志》卷三）

（十一）1879 年 7 月 1 日光绪五年五月十二日 8 级地震

光绪五年五月十二日地震，坑水有漾出者。

（出自清·陈兆麟　祁德昌《开州志》卷一）

光绪五年五月（辛巳地震。）乙酉又震。

（出自张凤瑞　张坪《沧县志》卷一六）

光绪五年五月十二日寅刻，池水溢，似被搏激。陕西、四川是日地震。

（出自秦夏声　刘鸿逵《庆云县志》卷三）

惟前月十二日，山、陕、川、陇四省同日地震。晋中不过略动片刻；陕西有山崩、桥断之异，城楼房屋亦有倒塌；川省则山崩，倾陷民房甚多；而尤以甘肃阶，文为甚。石泉中丞来信，连震半月不定。此等异象，实为罕见。

（出自清·曾国荃《曾忠襄公书札·致刘南云》卷一四）

据甘肃藩司崇保详称：（案据阶州、文县、成县、西固州同，秦州、秦安、清水、礼县、徽县、两当、三岔州判，泾州、崇信、灵台、安化、甯州、固原、海城、平凉、静甯、隆德、化平、西和、洮州、陇西县丞，会甯、安定各厅、州、县先后驰报：本年五月初十日午时地震，至二十二日始定。中间或隔日微震，或连日稍震即止。）惟十二日寅时，阶州及文县、西和等处大震，有声如雷，地裂水涌。城堡、衙署、祠庙、民房，当之者非彻底坍圮，即倾欹坼裂。压毙民人或数十名及百余名，或二、三百名不等。牲畜被压伤毙甚多。

（出自陕甘总督左宗棠奏折）

兹据署甘肃藩司杨昌濬详称：遵查甘肃地震，惟阶州、文县、西和具、西固州同，暨洮州、黑番四旗被灾较重，业经发给银两，由巩秦阶道谭继洵、前署巩秦阶道龙锡庆，督同印委各员尽心经理。被灾老弱妇女，倖保无虞，而修理城堡，开濬河渠，以工代赈，壮丁就近备趁，尤资养赡。此外，巩、秦、平、庆、泾、固、兰州所属各州县，虽经震动，间有压毙人畜，均不成灾。

（出自陕甘总督左宗棠又折）

复据署阶州直隶州石本清禀称：地震之后，山裂水涌，滨城河渠失其故道；上下游各处，节节土石堆塞，积潦纵横。五月二十九、六月初一等日，大雨如注，山谷积水复横决四出，将州城西南隅新筑溃口冲塌，并灌入城，淹倒南门城楼及迤东一带城身，宽长约计七八百丈。城中游击衙署及民房数百所并遭淹没。阶城地势低洼，居民于地震时已移避高处，故淹毙尚少。

（出自陕甘总督左宗棠录副奏折）

〔光绪五年七月〕戊寅，谕内阁：左宗棠奏甘肃东南各州，县地震情形，现筹抚恤一摺。甘肃阶州等州县，于本年五月初十日地震至二十二日始定。其间或隔日微震，或连日稍震即止。惟十二日阶州、文县、西和等处大震有声。城堡庙宇官署民房率多倾坏，伤毙多人。览奏实深矜悯。著左宗棠委员详加查勘，将被灾户口妥为抚恤，毋任失所。阶州教谕鲁遵孔、训导栗遇寅，阖家眷属被灾陷没，著即查明请恤。

（出自《清德宗实录》卷九八）

〔光绪五年八月乙丑〕陕甘总督左宗棠奏。阶州等处地震水淹，派员抚恤情形。得旨。所有被灾较重地方，著即饬属将诸务妥速筹办，加意抚恤，毋令小民失所。

（出自《清德宗实录》卷九九）

光绪五年（五月初十日地震，）十一日大水，十二日寅刻地大震，南山崩塌，冲压西南城垣数十丈，居民二百余家。城中突起土阜，周二里许。各处山飞石走，地裂水出，杀九千八百八十一人，弥月不息。六月朔，江水涨发，淹没城垣、营署、民房。十月十四日黄雾四塞，人对面不相识。

（出自清·叶恩沛　吕震南《阶州直隶州续志》卷一九）

〔光绪五年五月〕阶、文、西和地震历十有三日。

（出自《清史稿·德宗本纪一》）

第五章 宋元明清时期（960—1911 年）

光绪五年己卯春，甘肃阶州地震，有声如雷，荡决数百里，山崩壅江，江夺溜埽半城去，压毙学正训导各一，有册可稽报到司者，城内外十铺共死六百九十四人，四乡共死八千五百六十四人。文县共死一万七百九十二人。成县、西固、秦安共死约二千余人。秦州、礼县、西和、徽县最轻，亦共死五百余人。阶州下游有巨镇曰洋汤河，万家烟火，倏成泽国，鸡犬无踪，竟莫可考其人数。当其初震也，烈风暴雨，山川吼啸，大地起落如波浪，万民失魄，四方奔窜倾跌，生死相压蹂躏，郊野号哭震天，如是者两日夜，略停又大震一日夜。从此，一日或数震，数日或一震，虽不若前之猛，然难民之逃避山隈水涯者又复伤残无算。直至数月后其震始稀，将及两年始永定。噫！诚亘古之大劫也。念时任提刑，与崇巂峰方伯会请人告，且请发帑。制军方绾钦符兼带督篆，驻肃州督吴外师，雅不欲以内地灾祲萦圣虑，致启他变，故再上不报。数月后御史刘川督讳匿地震，得旨严诘。制军恐，星夜补奏，以"伤人无多"、四字括之。实则川震为陇震余波，彼劾者竟舍陇而言川，真能得避实击虚之诀矣。

（出自清·史念祖《弢园随笔》）

惟甘肃阶州地震，至陷学宫、官舍。星变于上，地动于下，默念时局，莫名悚惕。

（出自清·曾国荃《曾忠襄公书札·复阎丹初》卷一四）

〔阶州〕地震，南山崩裂，冲倒南门楼一座，并西南东南二隅城墙，冲倒八九百（？）余丈不等。南河由城穿过，冲倒所城民房一百余家不等。军城衙署民房全行冲淌，垛口全行摇落，城身多有拆〔坼〕裂，东门城楼由南转东，城垣倒塌十余丈，垛口俱落，西门城楼由北转西，倒塌城垣四、五丈，正面倒塌一百余丈，垛口俱落。

（出自《史念祖随录》转引自《中国地震资料年表》）

文庙大成殿被土全行涌压无形。文昌庙前殿讲堂摇倒十四间，军城太山庙淹塌房三十余间。城外万寿山玉皇宫、龙兴寺、玉凤山太山庙、岳王庙坍塌佛殿共六十间，木石无存，贡院被土涌压大楼、大堂、号房、厨灶三十余间，教场冲淌大堂三间，内房九间，木石无存。州署、厅署大堂二堂，官衙科房，仪门头门梁柱多半欹斜，墙壁倒塌过半，各处小房均塌。监狱摇倒西南角监墙十余丈，仓厫倒塌一座。衙内关帝各庙坍塌一、二十间。武营衙署止存大、二、三堂，其余房屋门楼军火器械概行漂没。学正训导衙署并眷口均被泥水涌毙鲁学正男女大小七口，栗训导男女二丁。

城铺：木城头铺水冲坍塌三公祠东楼十间，头二三铺共水冲塌民房三百一十间有余，共压毙男女大小二十二口，城外四铺梁家园子民房尽被山压，共压毙男女大小七十六口。郭家沟坍塌民房十余间，压毙男女大小十二口。城外北山青水沟，坍塌民房三十余间，压毙男女大小十六口。总计城外四铺，坍塌民房百十九间余，压毙男女大小八十六口。本城四、五、六、十等铺共坍塌民房二百十三间，压毙男女大小一百十六口。七、八、九等铺民房多被冲压，共毙男女大小三百五十九口。军城民房尽被水冲，共压毙男女大小七口。北关教场坍塌民房二十余间。以上十铺军城共伤毙男女大小百九十四口。

四乡：东乡压毙男女六百五十有奇，牲畜房屋毙坏十分之二。南乡压毙男女四千一百有奇，牲畜房屋毙坏十分之六。西乡压毙男女一千八百有奇，牲畜房屋毙坏十分之四。北乡压毙男女一千三百二十有奇，牲畜房屋毙坏十之六。

以上城乡总共伤亡男女大小八千五百六十四口有奇。

（出自《史令祖随录》转引自《中国地震资料年表》）

阶州行，志灾也。友人自阶州还，言己卯夏五月，甘肃地震，阶州城中压杀三万余人。黄子异之而赋其事。

有客来自阶州城，面黄足蹇鼚躃行，向余咋舌道怪事，惊魂未定心犹悸。去年五月天尚寒，阶人挟纩嫌不温。忽然大地声如吼，城倾屋裂无处走。第宅簸摇避山野，山崩活葬深崖下。夫觅妻兮父寻子，哭声震天天不理，可怜阶州十万齿，三万余人同日死。阶州之牧名青天，各廨震毁兹独全。使君眷口得无恙，迺信廉吏天所相。广文先生鲁与栗，同匿孔庙延旦夕，须臾大成殿亦坼，呜呼两家共窀穸。阶州城西河水长，河西壁立山苍苍。亡何山扑过河来，城中突峙山崔嵬。崔嵬下是黄泉窟，埋没何时觅残骨。可怜官民共颠踬，骨肉转眼异存殁。纵得生逢犹恍惚，且各吞声图苟活。河被山埋流入城，汪洋忽讶洪涛声。劫数未满何可匿，不死震压死漂溺。阳侯作威势更猛，其不死者亦侥幸。兰州大府发慈仁，遣官来拯阶州人。泽枯西伯今重见，散粟贤侯恩自徧。导河策欲法随刊，城守尤期版筑完。何况地与羌戎接，日夜边防须妥帖。昨来汉番方构乱，尚烦征调资禦捍。贱子三月离阶州，艰难出险经百忧。如今生还诚不意，偶一回思犹堕泪。我闻此语心惨伤，彼民何辜罹此殃。传闻秦蜀地亦震，安得长城为静镇。

（出自清·黄维申《报晖堂集·逃禅集下》卷一三）

州城：明洪武五年，知州简原辅始建所城于坻陇岗东，今砖城是也。周二里，高二丈四尺……隆庆间复建土城于砖城之西，三面环抱，即今州治。周八里，高二丈……顺治十三（一）年六月地震，城垣尽圮，州守陈加伦重修……光绪五年五月十二日地震，南山崩塌，江水冲决，损裂城垣三十八丈。

（出自清·叶恩沛　吕震南《阶州直隶州续志》卷五）

游击署：在砖城西北隅，坐艮向坤，即昔参将署也，康熙间副将林忠捐俸买民地增建，……光绪五年地震，江水冲没砖城，营署一切无存，游击陈再益新建。

训导署：在学宫之右，州守洪维善重修，因地震陷没，前道龙锡庆建于义路之左。

学正署：在学宫之左，……光绪五年地震后，前道龙锡庆重修。

（出自清·叶恩沛　吕震南《阶州直隶州续志》卷六）

学宫：同治初……一切毁圮，十年州守洪维善重修。光绪五年地震被土陷没正殿。前道龙锡庆增筑地址高五尺许，重建正殿，极其高轩。

书院：道光二十八年移建今之文昌宫，改为正明书院，……同治年毁，……州守洪维善重修。光绪地震后，州守文治重修。

（出自清·叶恩沛　吕震南《阶州直隶州续志》卷七）

贡院：在城西南隅，雍正八年……创修。考院规模极其宏敞，嗣因变乱塌圮。同治九年州守洪维善重修，视旧更为轩豁。光绪五年地震后，州守文治补修。

（出自清·叶恩沛　吕震南《阶州直隶州续志》卷六）

文庙：在州城西，康熙二年知州戴其贞重修，三十七年知州陈勋又重修，雍正七年知州葛时改建，同治三年后，壁瓦毁坏。十年知州洪维善补修。光绪五年地震倾圮，前道龙锡庆重建。

（出自清·叶恩沛　吕震南《阶州直隶州续志》卷一三）

庙外建节义祠三楹，牌坊三楹，至同治发逆之变一切毁圮。十年州守洪维善重修。光绪五年地震，被土陷没。

（出自清·叶恩沛　吕震南《阶州直隶州续志》卷七）

白龙江神庙：在南门外堤上，康熙三十七年重建，地震后，前巩、秦、阶道龙锡庆修建。

普光寺：在州城西隅，元王祥建，明知州顾良弼重修。……地震倾圮，州守叶公改建。

（出自清·叶恩沛　吕震南《阶州直隶州续志》卷一三）

陈加伦咸阳人，由贡生任清水，迁阶州，时地震城颓，捐俸增筑，建城楼八座。

（出自清·升允　安维峻《甘肃新通志》卷六一）

公叶恩沛，睹斯民凋敝之状，恻然有安集之志，特以事权不属，莫由代庖。及光绪五年复遭地震，惟阶地最重，凡经前任之叠加补修者，一切陷没无存。

（出自清·叶恩沛　吕震南《阶州直隶州续志》卷首：吕震南《阶州直隶州续志序》）

（十二）1902年8月22日光绪二十八年七月十九日$8\frac{1}{4}$级地震

晚宿，遇湘人马某自喀什噶尔来云：光绪二十八年七月十九日加未，喀什噶尔东八十里，地名喀什牙满牙〔地〕震甚，忽裂陷，宽四、五尺，长约百里，深不可测，间涌黑水，俯视阴风刺骨，作硫磺臭。有缠民跨马过，蹈入。酉刻再震，白气自内出，裂复合，所陷马伸一首不能出。喀什、莎车西四城连震二年有余始止。

（出自清·裴景海《河海昆仑录》卷四）

第五章　宋元明清时期（960—1911年）　　　　　　　　　　·103·

八月二十二号，即华历七月十九日，新疆喀什噶尔地震甚厉，民屋坍倒，城镇毁伤，灾区甚广，人民之被压而死者约千余名，附近亚士颠村压毙四百人，吕宜林死二十人。自是连日大震，直至八月初二日始止。旋有热气一阵吹来，历五日少散。

（出自《汇报》　光绪二十八年壬寅十月三十日）

在此期间，喀什噶尔及其邻近许多地区于一九〇二年八月二十二日发生强烈地震。地震始于上午八点，持续一分半钟。许多不坚固的泥屋和墙壁均遭破坏，造成了一些死亡。（八月三十日又发生一次地震，据报喀什噶尔以北的阿图什地区死亡人数超过六百。在天山以北，在纳伦和阿特巴什以及在叶尔羌以东，地震则较轻微。）印度的地震记录站宣布这是一级地震，但是因为交通不便，科学家无法前往详细（勘）受震区，他们估计震中在北纬四十度，东经七十四度。

（出自达布斯《新疆探查史·第六章》卷四）

〔光绪二十八年十月己亥〕甘肃、新疆巡抚饶应祺奏：新疆南路疏勒、疏附等厅、州、县地震，北路阜康县被蝗，受灾轻重不一。已先后饬司道委员确勘，筹办赈抚。

（出自《清德宗实录》卷五〇六）

〔光绪二十九年二月戊子〕谕：潘效苏奏，查明新疆被灾地方请豁免粮草一摺。上年六、七月间新疆镇西厅被雹，疏附县地震尤重，业经饬令勘灾区轻重，妥筹抚恤。兹据查明被灾情形，深堪悯恻，所有该厅应征粮草，着加恩一律豁免，以纾民困。该部知道。

（出自《清》朱寿朋《光绪朝东华录》卷一七八）

〔一九〇二年八月二十二日喀什噶尔地震〕：附近村庄完全破坏了，在山区有裂缝，崩塌。被破坏的建筑物在一千四百〔所〕以下，约四百人死亡。传播地区比较大，从北纬三十七度至四十五度，东经六十七度至八十一度。

（出自《苏联中央地震常设委员会通报》第二卷　第三期）

二、7≤M<8 级地震 53 次

（一）1038 年 1 月 15 日宋仁宗景祐四年十二月十七日 7¼级地震

先是京师地震，直使馆叶清臣上疏曰："……乃十二月二日丙夜，京师地震，移刻而止。定襄同日震，至五日不止，坏庐寺、杀人畜，凡十之六。大河之东，弥千五百里而及都下，诚大异也。……"

（出自宋·李焘《续资治通鉴长编》卷一二〇）

〔景祐四年十二月〕甲申（十七日），忻、代、并三州言地震，坏庐舍，覆压吏民。忻州死者万九千七百四十二人，伤者五千六百五十五人，畜牧死者五万余。代州死者七百五十九人。并州千八百九十人。知忻州祖百世、都监王文恭、监押高继芳、石岭关监押李昊并伤。而前忻州监押薛文昌、并州阳兴寨监押苗整皆死。诏赐百世、整及文昌之家钱各十万，文恭、继芳、昊各五万，其军民死伤者，皆赐有差。自是河东地震，连年不止，或地裂泉涌，或火出如黑沙状，一日四五震，民皆露处。乙酉（十八日），命侍御史程戡仕升、忻州，体量安抚。右司谏韩琦上疏曰："……今北道数郡，继以地震上闻……"。

（出自宋·李焘《续资治通鉴长编》卷一二〇）

臣旬日前窃闻民间传言星躔示变，及京师曾有地震之异。……数日来又闻河东忻州地震，连日大坏官私舍宇，伤损人命。臣虑陛下近岁以来，颇有灾异，而常事待之，且未足多挂圣念，但斋醮道场而止。

（出自宋·赵汝愚《宋名臣奏议》卷三八：韩琦《上仁宗论星变地震冬无积雪疏》）

景祐四年十二月，忻、代、并三州地震。

（出自宋·王偁《东都事略》卷五《仁宗纪》）

公在相位不久，其年（景祐四年）冬，雷地震，星象数变。

（出自宋·欧阳修《欧阳文忠公集》卷二一：《陈文惠公（尧佐）神道碑》）

宝元元年春正月甲辰（初七），雷。丙辰（十九日），以地震及雷发不时，诏转运使、提点刑狱按所部官吏，除并、代、忻州压死民家去年秋粮。

（出自《宋史》卷一〇《仁宗纪》）

〔宝元元年正月〕乙卯（十八日），大理评事、监在京店宅务苏舜钦诣匦通疏曰："臣闻河东地大震裂，涌水，坏屋庐城堞，杀民畜几十万，历旬不止。……丙辰（十九日），诏曰："比者善气弗效，阳眚屡见，地大震动，雷发不时……"庚申（二十三日），除并、代、忻州压死民家去岁秋税。

（出自宋·李焘《续资治通鉴长编》卷一二一）

（二）1125 年 9 月 6 日宋徽宗宣和七年七月三十日 7 级地震

〔宣和〕七年七月己亥，熙河路地震，有裂数十丈者，兰州尤甚。陷数百家，仓库俱没。河东诸郡或震裂。

（出自《宋史》卷六七《五行志》）

〔宣和七年七月〕熙河、河东路地震。

（出自《宋史》卷二二《徽宗纪》）

郑骧字潜翁，信之玉山人。登元符三年进士第……通判岢岚军，改庆阳府。姚古奏为熙河兰廓路经略司属官。钱盖自渭易熙，奏辟幕下。地震，秦陇金城六城坏，骧为盖言六城熙河重地，宜趣缮治，因自请董兵护筑，益机滩新堡六百步，以控西夏。堡成，以功迁官，赐绯衣银鱼。

（出自《宋史》卷四四八《郑骧传》）

（三）1216 年 3 月 24 日南宋宁宗嘉定九年二月二十八日 7 级地震

〔嘉定〕九年二月辛亥，东、西川地大震四日。

（出自《宋史》卷六七《五行志》）

〔嘉定九年〕二月甲申朔，日有食之。辛亥，东西两川地大震。

（出自《宋史》卷三九《宁宗纪》）

（四）1352 年 4 月 26 日元顺帝至正十二年闰三月初四 7 级地震

〔至正十二年〕闰三月丁丑，陕西（陇西）地震，庄浪、定西、静宁、会州尤甚、移山湮谷，陷没庐舍，有不见其踪者。

（出自《元史》卷五一《五行志》）

〔至正十二年三月〕陇西地震百余日，城郭颓夷，陵谷迁变，定西、会宁、静宁、庄浪尤甚。会州公宇中墙崩……。改定西为安定州，会州为会宁州。

（出自《元史》卷四二《顺帝纪》）

（五）1500 年 1 月 13 日弘治十二年十二月初四 7 级地震

〔弘治十二年十二月己丑〕云南云南府地震。

（出自《弘治实录》卷一五七）

慧光寺塔：常乐寺在府城南，俗呼东寺。慧光寺在府城南，俗呼西寺。二寺俱唐贞元初弄栋节度使王嵯颠建。各有白塔，高十三丈，其慧光寺塔弘治十二年冬地震摇倒。十七年太监刘昶并滇人募众重建。二塔对峙，最壮远观。

（出自明·邹应龙、李元阳《云南通志》卷一三）

弘治十二年十二月初四日，澂江地震。官民庐舍倾坏，人多压死，月余乃止。

（出自明·邹应龙、李元阳《云南通志》卷一七）

弘治十二年二月初四日，河阳地震，官民庐舍倾坏，人多压死，月余乃止。

（出自清·李丕垣　《河阳县志》卷一八）

（六）1501 年 1 月 29 日弘治十四年正月庚戌朔 7 级地震

〔弘治十四年正月庚戌〕陕西延安、庆阳二府，潼关等卫，同、华等州，咸阳、长安等县，是日至次日地皆震，有声如雷。而朝邑县尤甚，自是日以至十七日频震不已，摇倒城垣楼橹；损坏官民庐舍共五千四百余间，压死男妇一百六十余人，头畜死者甚众；县东十七村所在地坼，涌水泛溢，有流而成河者。

是日河南陕州及永宁县、卢氏县、山西平阳府及安邑、荣河等县，各地震有声。蒲县自是日至初九日，日震三次或二次，城北地坼，涌沙出水。

（出自《弘治实录》卷一七〇）

查得近该巡按陕西监察御史燕忠奏称：据西安并长安等县声称：弘治十四年正月初一日申时分，忽然地震，有声从东北起响，向西南而去，动摇军民房屋。本日酉时分复响，有声如前，至次日寅时又响如前。及据本府朝邑县申，本年正月初一日并初二日寅时地震，声响如雷，自西南起，将本县城楼、垛口，并各衙门仓监等房，及蒹县军民房屋，震摇倒塌，共五千四百八十五间，压死大小男女一百七十名口，压伤九十四名口，压死头畜三百九十一头只。及县东北、正东、东南地方安昌八里一十九处，遍地窍眼，涌出水深浅不等，汛流震开裂缝，长约一二丈、四五丈者，涌出溢流，良久方止；蔡家堡、严伯村等，四处涌出，几流成河。不明（时）动摇，自本日起至十五日尚震未息，人民惊惶四散，逃避高阜去处塔庵存住等因。随据延安、庆阳二府及直隶潼关等处各声称，所属州县与前长安等县日（同）时地震，声势相同。具奏该礼部抄出。又访河南河南府灵宝等县，亦各地震如前。臣唯地乃静物，止而不动，动则失其常也。……，况朝邑县南近华岳，东连黄河，而潼关、朝邑地震如此之甚，则华岳黄河必为之震溢矣。

（出自明·马文升《马端肃公奏议》卷七）

〔弘治〕十四年正月庚戌朔，延安、庆阳二府，同、华诸州，咸阳、长安诸县，潼关诸卫，连日地震，有声如雷。朝邑尤甚，频震十七日，城垣、民舍多摧，压死人畜甚众，县东地坼，水溢成河；自夏至冬，复七震。是日，陕州永宁、卢氏二县，平阳府安邑、荣河二县，俱震有声。蒲州自是日至戊午连震。

（出自《明史·五行志》）

辛酉弘治十四年正月，陕西西安、延安、庆阳、潼关等处，地震有声，朝成（邑）县地震尤甚，声响如雷，震倒官民房屋五千余间，压死男妇一百七十，自朔至望日，震尚未息，不时动摇，县东安昌八里，遍地窍眼涌水，有震开裂缝，长一二丈或四五丈者，涌出溢流如河。

（出自明·陈建《皇明通纪》卷一三）

〔弘治〕十四年辛酉春正月朔，陕西西安府及长安等县地震，是日朝邑县亦震，塌各衙门仓监等及军民房屋共五千四百八十五间，压死大小男女一百七十名口，伤者九十四名口，压死头畜三百九十一头只。又本县正东安昌里等十九处遍地窍眼涌出水深浅不等，震开裂缝长约或一二丈、或四五丈；又蔡家堡、严伯村等四处涌水几成河。

（出自明·王圻《续文献通考》卷二二一）

〔弘治〕十四年正月庚戌朔，陕西地大震。时河南之永宁、卢氏，山西之蒲州、安邑、荣河亦于是日震。〈二月乙未至三月癸亥，蒲州地凡二十九震。十月辛酉，南京地震。〉

（出自清·龙文彬《明会要》卷二）

弘治十四年正月元日，关中地震，朝邑为甚，坏城郭官民庐舍，高原井竭，卑湿地裂，奄忽水深尺许，蒸庶惊惶四出，压死四百余人，至十一月犹震不已。

（出自明·郭实《续朝邑县志》卷八）

〔弘治十四年四月〕癸未，巡抚保定等府都御史张缙，以潼关卫元日地震，上修省五事。

（出自《弘治实录》卷一七三）

〔弘治十四年正月庚戌朔〕陕西地大震，朝邑县尤甚，自元日至十七日连震不止，地坼成河，压死甚众，连及山西、河南等处，皆震有声。

（出自明·朱国桢《皇明大政记》卷二一）

〔弘治〕十四年正月元日，关中地震，至十一月震犹不已。

（出自明·张应诏《咸阳县新志》卷六七）

去年（弘治十三年）七月以来，陕西地方肃、浪等处，天鼓鸣响，地震有声，已非一次。今年（弘治十四年）正月元日至十七日西安、延绥、庆阳等处，地震不已，而朝邑一县被灾尤甚，地裂泉涌，水流成渠，摇倒房屋，压死人畜以千百计。

（出自清·吴炳《陇州续志》卷八）

弘治辛酉元日，朝邑地震如雷。城宇撼落者五千三百余所，遍地窍发如瓮口，或裂长一二寻，涌泉泛溢，几成川河，迄望夕犹震摇不息，人民逃散。

（出自明·徐祯卿《异林》戊集）

弘治十四年岁次辛酉，二月庚辰朔，越十七日丙申，钦差镇守陕西等处地方御用太监刘云等致祭于西岳华山之神曰：今年正月朔日以来，陕西布政司所属州县同时地震者三，有声如雷，动摇官民庐舍，□州、朝邑震动尤甚，崖摧地裂，水涌沙溢，坏城垣、官□民居殆半，覆压死者百六十余人，伤者九十余人，□畜死伤亦数百，昼夜连震，逾月不止，人心惊骇，四□逃避。

（出自明·李时芳《华岳全集》（清汤斌重订）卷三：《刘云祭华山之神文》）

弘治十四年，岁次辛酉正月庚戌朔，越某日陕西等处承宣布政司分守关内道右参政章元应谨率华阴县县丞等官、张鉴等敢昭告于西岳华山之神曰：弘治辛酉正月元日、二日，环关辅属境郡邑同时地震者三，有声如雷，动摇官民屋庐。朝邑一县震动尤甚，城垣、楼堞、公廨、民居倾摧略半，被压死伤甚伙，二日、四日以至旬日仍震不已。陵谷坼裂，水泉涌出，人民惊惶，四散逃避，露坐野宿，无所依栖，扶老携幼，啼声在路，讹言沸腾，群心惑乱，城市乡村为之一空。

（出自清·姚远翱《华岳志》卷四《地震祭文》）

〔弘治〕十四年正月朔日，蒲州地震，有声如雷，坏庐舍，压死人民甚众。

（出自明·杨宗气《山西通志》卷三一）

〔弘治〕十四年正月朔，蒲州地震，有声如雷，形势闪荡，如舟在浪中。官民墙屋倾颓，压死人民甚多。

（出自清·傅淑训《平阳府志》卷一〇）

弘治十四年正月朔，陕西地震。（原注：西安、延安、庆阳、潼关地震有声，韩城县尤甚，声响如雷，自朔至望未已，县东有裂地长一二丈或四、五丈者，涌水溢流如河。）

（出自明·李思孝《陕西通志》卷四）

〔弘治〕十四年正月朔至望，地震。

（出自清·乔履信《富平县志》卷八）

弘治十四年正月地震。

（出自明·王九畴《华阴县志》卷七）

弘治十四年春正月朔，地震韩城，声响如雷，倾倒官民房屋五千余间，压死男妇一百七十，自朔至望震犹未息，县东安昌八里遍地决裂，有长一三丈者，有五丈者，涌水溢流成河。（原注：引自宪章录）

（出自明·苏进《韩城县志》卷六）

（七）1515 年 6 月 27 日正德十年五月初六 7 级地震

正德十年五月六日姚安、大姚地震，官民庐舍倾圮殆尽。

（出自明·邹应龙 李元阳《云南通志》卷一七）

〔正德十年五月壬辰〕云南地震，逾月不止，或日至二三十震，黑气如雾，地裂水涌，坏城垣、官廨、民居，不可胜计。死者数千人，伤者倍之。地道之变未有若是之烈者也。

（出自《正德实录》卷一二五）

〔正德〕十年五月壬辰，云南赵州、永宁卫地震，……。

（出自《明史·五行志》）

〔正德十年十一月癸卯〕礼科都给事中叶相等言：云南大理府赵州永宁卫地震，或连二十余日，或日二、三十发，所在城屋倾圮，人死伤者千计。

（出自《正德实录》卷一三一）

第五章　宋元明清时期（960—1911年）　　　　　·107·

正德十年五月地震，毁民居，压死人口。

（出自清·程近仁《赵州志》卷三）

正德十年五月地震，坏宇屋城垣。

（出自清·李世保《云南县志》卷四）

〔正德〕十年五月，邓川州地大震。〈六月又震。八月又震。〉

（出自明·邹应龙、李元阳《云南通志》卷一七）

〔正德十年〕五月六日武定、禄丰、元谋、鹤庆、姚安、丽江、大姚同日地震。

（出自明·刘文征《滇志》卷三一）

正德十年五月禄丰地震，官民庐舍倾圮殆尽。

（出自清·张毓碧《云南府志》卷二五）

〔正德〕十年五月六日鹤庆地大震，官民庐舍倾圮殆尽。

（出自明·邹应龙、李元阳《云南通志》卷一七）

府治：创建于洪武十六年癸亥，重修于正统九年甲子，时守为莆田林君遒节，迄今七十余年，其间相继修葺者不能尽述，岁久屡经地震，公署一切倾废殆甚。弘治间内江刘君珏建正衙后楼三楹颇崇邃。正德甲戌清江孙君伟以府门卑陋，建鼓楼耸民瞻视。乙亥夏地震，正堂、经历司、照磨所，申明、旌善二亭，知府、同知等诸厅舍尽坏。

（出自明·邹应龙、李元阳《云南通志》卷五）

儒学：元时建。……正统十二年，知府林遒节重修。正德十年五月，地震倾圮。十一年副使朱衮改玄化寺为庙，为学宫，知府吴堂次修建。

（出自明·邹应龙、李元阳《云南通志》卷八）

庙学：元时建于府治东南二里。明正统十二年知府林遒节拓而营之。正德二年增建尊经阁。十年五月，地震倾圮。

（出自清·范承勋《云南通志》卷一六）

常熟吴子堂以己卯之夏，来知鹤庆府……。正德乙亥之夏，寺皆震圮。前知府汪标急欲迁之。会更知大理，故不果有成。戊寅秋，巡抚、巡按、布政、按察官咸命迁，始迁大成殿、棂星门、戟门、东西角门，迨今乃获迟迁，而大备将落成矣。

（出自明·邹应龙、李元阳《云南通志》卷八户部侍郎永昌张志淳《迁学记》）

司仪僧纲司玄化寺，在府治南半里……正德十五（？）年五月地大震，殿宇倾圮。副使朱衮以废址改儒学，迁佛宇于学西隙地，司仪即之。

（出自明·邹应龙、李元阳《云南通志》卷一三）

〔正德〕十年五月六日地大震，民居半圮。

（出自明·邹应龙、李元阳《云南通志》卷一七）

（八）1536 年 3 月 29 日嘉靖十五年二月二十八日 7 级地震

嘉靖十五年丙申二月二十八日癸丑，四更点将尽，地震者三，初震房屋有声，鸡犬皆鸣，随以天鼓自西北而南。后数日得报，唯建昌尤甚，城郭廨宇皆倾，死者数千人，都司李某亦与焉。

（出自明·陆深《蜀都杂抄》不分卷）

东岳祠：建昌卫之城西有东岳祠者，我皇明开设四川行都司时已建有此，迄今百八十余年，四时兴祭不废……期嘉靖十五年二月二十八日非常灾异地震，将城垣寺观倒塌，本庙捲蓬神像□□□□皆倾圮，风雨飘零。

（出自明·余守祖《重修东岳神祠记》）

嘉靖丙申二月二十八日夜子时四川一省地震，有声如雷，南至建昌尤甚。山崩地裂，城室尽塌，五昼夜雷声不绝，烈风可畏，山泉河水尽皆黄浊。

（出自明·徐应秋《玉芝堂谈荟》卷二五）

泸山古刹，创自唐贞观时……迨至嘉靖年间，地震滩（坍）塌，段氏所施之田，尽皆化为沧海。

（出自清·马腾霄《泸山碑记》南明永历七年孟冬撰立　碑存西昌泸山光福寺）

嘉靖丙申地震，而斯庙倾颓。

（出自《重修庙碑记》）

嘉靖十五年蜀中之震亦奇，是年为丙申年二月二十八日丑时，四川行都司附郭建昌卫、建昌前卫以至宁番卫，地震如雷吼者数阵，都司与二卫公署，二卫民居城墙一时皆倒，压死都指挥一人、指挥二人、千户一人、百户一人、镇抚一人、吏三人、士夫一人、太学生一人，土官土妇各一人，其他军民夷獠不可数计。又徐都司父子、书吏、军伴等百余，无一得脱，水涌地裂，陷下三、四尺，卫城内外，俱若浮块，震至次月初六日犹未止。

（出自明·沈德符《野获编》卷二九）

近者四川行都司建昌、宁番等卫地震，城垣崩塌数多，房屋倾压，官吏、军夷死数近万……天意未回，前患未殄，自今年二月二十八日至今一月之内，或至数见，一日之间或至再作，臣逐时查勘，六月二十日据建昌兵备副使胡仲谟揭帖禀称，该地方地动尚犹未止，未可恃以为安。

（出自明·刘大谟《四川总志》卷一六：潘鉴、陆林《情告山川疏》）

嘉靖十五年二月二十八日丑时，建昌、宁番二卫地震，如雷吼者数阵，都司及二卫公署，内外民居城垣，一时皆塌，压死都指挥一人、指挥二人、千夫长四人、百夫长一人、所镇抚一人、吏三人、士夫一人、太学生一人，土官土妇各一人，军民夷僚不计。水涌地裂，陷下三四尺，卫城内外若浮块而已，震至次月初六犹不休。

（出自明·曹学佺《蜀中广记》卷三四）

《巡抚都御史潘鉴亟处重大灾患疏》：嘉靖十五年三月十五日，据四川行都司佥事、都指挥佥事曹元呈称：本年二月二十八日丑时建昌卫地震，声吼如雷数阵。本都司并建前二卫大小衙门、官厅宅舍、监房仓库、内外军民房舍、墙垣、门壁、城楼、垛口、城门俱各倒塌顷（倾）塞，压毙掌印都指挥佥事徐锐、指挥郝廷、千户翟忠、杨晟、百户陈銮、所镇抚冷裕，吏陈嘉颂、朱维鉴、喻金重。土妇师额、土舍安宇、乡官李珍、监生傅备等并各家口及内外屯镇乡村、军民客商人等，死伤不计其数。自二十八日以后至二十九日，时常震动有声，间有地裂涌水，陷下三、四、五尺者。卫城内外，似若浮块，山崩石裂，军民惊惶。又据宁番卫申称；同日地震，房屋墙垣倒塌无存，压死指挥刘英，千户刘爵、郑廉及军民男妇等因各到臣，臣觌灾惭负，闻言忧悯，痛自修省及县……。续据越巂卫镇西、邛、雅、崇庆、嘉、眉、资阳、大邑、峨嵋等卫所州县各申：地震倒塌城垣不等。……本年三月十九日又据建昌卫申称：前项地震至本月初六日摇动未止，人心欠宁。

（出自明·刘大谟《四川总志》卷一六：《巡抚都御史潘鉴亟处重大灾患疏》）

嘉靖十五年二月，州境地震。同日雅州、建昌、宁番、越巂、镇西等卫所州县俱震。

（出自清·戚延裔《邛州志》卷一一）

嘉靖十五年二月二十八日，建昌地震数次，死伤不计其数，间有地裂，军民惊惶无措。宁番、越巂、镇西、邛、雅等卫所州县同时地俱震。

（出自明·刘大谟《四川总志》卷一六）

〔嘉靖〕十五年二月二十八日地大震，自夜半至天明乃止。

（出自清·张鹏翮《遂宁县志》卷三）

嘉靖十五年二月二十八日夜半地震，至天明乃止。

（出自清·张松孙《潼川府志》卷一二）

（九）1548 年 9 月 22 日嘉靖二十七年八月十一日 7 级地震

〔嘉靖二十七年八月〕癸丑，京师及辽东广宁卫，山东登州府同日地震。

（出自《嘉靖实录》卷三三九）

嘉靖二十七年八月十一日未时，地大震有声，坏民庐舍，夜复震，至十三日乃止。

第五章　宋元明清时期（960—1911 年）　　　　　　　　　　　　　　·109·

（出自明·李光先《宁海州志》卷上）

嘉靖戊申八月十一日地震。

（出自明·艾梅《滨州志》卷三）

嘉靖戊申八月十一日地震。

（出自清·韩文焜《利津县志》卷九）

嘉靖二十七年八月十一日申时地震。

（出自清·宋弼《高苑县志》卷八）

〔嘉靖〕二十七年八月十二日，地大震，城为之崩。

（出自清·施闰章《登州府志》卷一）

嘉靖二十七年登属邑地大震，城崩屋坍塌者甚多。

（出自清·万邦维《莱阳县志》卷九）

〔嘉靖〕二十七年八月十二日地大震。

（出自清·罗博《福山县志》卷一）

（十）1561 年 8 月 4 日嘉靖四十年六月十四日 7 级地震

〔嘉靖四十年六月〕壬申，山西太原，大同等府，陕西榆林、宁夏、固原等处各地震有声，宁、固尤甚，城垣、墩台、房屋皆摇塌。地裂涌出黑黄沙水，压死军人无算，坏广武、红寺等城。兰州、庄浪天鼓鸣。

（出自《嘉靖实录》卷四九八）

嘉靖四十年六月壬申，太原、大同、榆林地震，宁夏、固原尤甚。城垣、墩台、府屋皆摧，地涌黑黄沙水，压死军民无算，坏广武、红寺等城。

（出自《明史·五行志》）

〔嘉靖四十年九月甲辰〕以陕西固原、宁夏地震伤人，发太仓银八千两并留本省事例银三千两赈恤。

（出自《嘉靖实录》卷五〇一）

〔嘉靖四十年十一月〕戊申，巡按陕西御史鲍承荫奏报，固原镇六月中地震压死诸苑监牧军千余户、牧马五百余匹。

（出自《嘉靖实录》卷五〇三）

〔嘉靖〕四十年吉州地震，时六月十四日，屋瓦皆有声。

（出自明·傅淑训《平阳府志》卷一〇）

〔嘉靖四十年六月地震，城堞、官署，民房多毁，自是月余，不时震动。

（出自明·解学礼《朔方新志》卷三）

嘉靖四十年六月壬午（申），宁夏地震，城垣、墩台、屋舍皆摧，拥（涌）黄黑沙水，压死军民无算。

（出自清·张金城《宁夏府志》卷一一）

提学金事殷武卿撰文书院记：宁夏国初建卫学，嘉靖戊戌都御史石湖吴公，即学东巷购民居建养正书院，……学宫东故有监鐥中官署，后罢中官入卫，游击居焉，四十三载甲子大中承鉴川王公抚临夏土，每视学辄喟然曰，诸戎马旌旗日往来学宫侧，诸生敬业之地皆戎马旌旗薮矣，其何以居大业而远器缁也，适地震后，书院倾圮。

（出自明·杨寿《朔方新志》卷四）

撰文书院：嘉靖四十三载甲子大中丞鉴川王公抚临夏土……适地震后，书院倾圮，游击署亦敝漏不可居。……始役于嘉靖丙寅七月，至隆庆建元六月晦，越期年始落成。

（出自清·张金城《宁夏府志》卷一九）

宁镇北隅旧有玄帝神宇曰清宁观。……嘉靖辛酉地震倾颓。……（巡抚都御史杨时宁万历辛丑重修清宁观记）

（出自明·杨寿《朔方新志》卷四）

嘉靖四十年六月十四日巳时，地震异常。城池馆舍倾者十之八九，压死人民大半。

（出自清·高巖《朔方广武志》卷上）

嘉靖辛酉季夏地震，起自西南牛首一带，寺宇倾颓，佛像损坏。

（出自清·高巖《朔方广武志》卷下　《重修牛首寺碑记》）

嘉靖四十年六月十四日午时地震，二十余日，居民不安。

（出自清·李一鹏《靖远卫志》卷一）

〔嘉靖〕四十年六月宁夏、固原地震，裂。

（出自明·李思孝《陕西通志》卷四）

嘉靖四十年宁夏、固原地震，裂，逾月乃止。

（出自清·许容《甘肃通志》卷二四）

嘉靖四十年，坤道弗宁，震动千里，山移谷变，寺宇倾颓。

（出自清·郑元吉《续修中卫县志》卷九：张应台《重修安庆寺碑记》）

嘉靖四十年六月十四日地大震，山崩川决，城舍皆倾圮，安庆寺永寿塔颓其半。后庆王重修。至康熙四十八年地震，塔复崩其半云。

（出自清·黄恩锡《中卫县志》卷二　《安庆寺碑记》）

安庆寺：嘉靖四十年震劫，梵宇宝塔倾圮，独中殿大佛俨然未动。

（出自清·黄恩锡《中卫县志》卷九）

（十一）1588 年 8 月 9 日万历十六年闰六月十八日 7 级地震

万历十六年闰六月十八日，建水、曲江同日地震，有声如雷，山木摧裂，河水噎流。

（出自清·陈肇奎《建水州志》卷一七）

万历十六年闰六月十八日，临安通海、曲江同日地震，有声如雷，山木摧裂，河水噎流，通海倾城垣，仆公署、民居，压者甚众，曲江尤甚。

（出自明·刘文徵《滇志》卷三一）

夏秋间，临安通海地震，连日不止，压死可千余人。

（出自明·诸葛元声《滇史》卷一四）

（十二）1597 年 10 月 6 日万历二十五年八月二十六日 7 级地震

〔万历二十五年八月〕礼科署科事给事中项应祥奏地震事。于本月二十六日晨起，栉沐间，忽见四壁动摇，窗楞戛戛有声，移时始定，正在惊骇。及入垣办事，复据长安、承天等门守卫等官包宗仁等禀称：本日卯时，皇城内外地动，从西北起，往东南，连震三次乃止。

（出自明·王圻　《续文献通考》卷二二一）

〔万历二十五年八月〕甲申，京师地震。

（出自《万历实录》卷三一三）

〔万历二十五年九月辛丑〕礼部给事中刘泽言：京师连日地震，变属异常。

（出自《万历实录》卷三一四）

〔万历二十五年八月〕甲申，京师地震，宣府、蓟镇等处俱震。

（出自《明史·五行志》）

〔万历〕二十五秋八月甲申地震，水溢，诸乡村水俱溢。

（出自清·王箫《滑县志》卷四）

〔万历〕二十五年八月二十六日辰时，安东地震。二十七日申时又震。

（出自明·宋祖舜《淮安府志》卷二四）

万历二十五年八月二十六日辰时地震，河渠水翻，房栋皆摇。

（出自清·余光祖《安东县志》卷一五）

〔万历〕二十五年八月二十六日地震水涌，自二十六日至二十八日，连三日地震，城内外诸水皆旋长旋消，若潮汐然。

（出自明·罗士学《沛志》卷一）

〔万历二十五年八月甲申〕山东潍县、昌邑、安乐〔乐安〕、即墨皆震。临淄县不雨濠水忽涨，南北相向而斗。又夏庄大湾，忽见潮起，随聚随开，聚则丈余，开则见底，乐安小清河水逆涌流，临清砖板二闸无风起大浪。

（出自《万历实录》卷三一三）

〔万历二十五年〕八月地震，越三日又震。

（出自清·王珍《潍县志》卷五）

〔万历二十五年八月甲申〕辽阳、开原、广宁等卫俱震，地裂涌水，三日乃止，宣府，蓟镇等处俱震，次日复震。蒲州池塘无风生波，涌溢三四尺。

（出自《万历实录》卷三一三）

〔万历二十五年〕九月，蓟辽总督邢玠奏地震事，辽东殷家湖等处地震异常。

（出自明·王圻《续文献通考》卷二二一）

（十三） 1600 年 9 月 28 日万历二十八年八月二十二日 7 级地震

〔万历〕二十八年八月二十二日地大震，有声如雷，城垣、衙署、民舍倾圮殆尽，人民压死无算。是夜连震三、四次。是月地上生毛。

（出自清·齐翀《南澳志》卷一二）

〔万历二十八年〕十月福建巡抚金学曾奏漳南道于八月二十二日戌时地震，响声如雷。又二十三日夜戌时地震，澳城官舍民房倾倒，压死陈二、黄森、张德、妇女吴氏等六命。自戌至卯连震六七次。二十五日复震。上杭、武平等县续报皆同。又福州、兴化、泉州、延平、建宁、汀州、邵武等府，福宁等州陆续各报二十三日戌时震起，亥时复震，有声。二十四日酉时连震三次。

（出自明·王圻《续文献通考》卷二二一）

〔万历二十八年〕八月二十三夜一鼓地震，自东而西，屋宇摇动。

（出自明·丁继嗣《建宁府志》卷四七）

〔万历二十八年〕八月二十三夜地震。

（出自明·魏时应《建阳县志》卷八）

〔万历二十八年〕八月地震。

（出自清·潘拱辰《松溪县志》卷一）

〔万历二十八年〕八月，安溪、同安地震。二十三日，汀州地震；是夜，建宁、漳州大震。

（出自清·孙尔準《福建通志》卷二七一）

万历二十八年八月二十三日地震。

（出自清·曾曰瑛《汀州府志》卷四五）

万历二十八年庚子，连日地震，生毛，短者四五分，长者□□。

（出自佚名《安海志》卷八）

万历二十八年八月，同安地大震。

（出自明·阳思谦《泉州府志》卷二四）

〔万历〕二十八年八月二十三日戌时地大震，一夜凡五震，水磨径口有巨石，大五丈余，崩坠。

（出自清·陈汝咸《漳浦县志》卷四）

万历二十八年八月二十三日夜地大震。

（出自清·薛凝度《云霄厅志》卷一九）

万历庚子八月地震，有半时之久，声似雷响，有风无雨，东城墙垣倒十五丈。

（出自清·王相《平和县志》卷一二）

〔万历二十八年〕八月二十日夜戌时，地大震，城倒三百九十余堞，坏屋伤人，南澳城亦圮数十丈。是夜，连震数次。次日未时，又震。以后每日皆震数次。地上生毛。

（出自清·秦炯《诏安县志》卷二）

万历二十八年八月二十三夜戌时，地大震。二十四日酉时又大震。

（出自明·梁兆阳《海澄县志》卷一四）

〔万历〕二十八年庚子秋八月念三夜地大震，有声如雷。翌日下午又震。

（出自清·唐文藻《潮阳县志》卷一二）

〔万历〕二十八年庚子秋八月念三夜地大震，墙屋倾颓。翌日下午又震。

（出自清·陈树芝《揭阳县志》卷四）

〔万历〕二十八年秋八月地数震，至念三日酉时又大震，有声如雷，墙垣皆裂，三四刻乃止。其明日申时又震。念七日申时又震。

（出自清·张秉政《惠来县志》卷一二）

〔万历〕二十八年八月癸巳戌刻，四邑地皆震。

（出自清·陈奕禧《南安府志》卷一七）

（十四）1604 年 12 月 29 日万历三十二年十一月初九 7½级地震

〔万历三十二年十一月乙酉〕夜、浙、直、福建地震。兴化尤甚，坏城舍，数夕而止。

（出自《国榷》卷七九）

〔万历三十二年〕十一月九日戌时地震。

（出自清·纪圣训《高淳县志》卷一）

〔万历〕三十二年十一月九日，地震有声，自西北至东南。

（出自清·程国栋《嘉定县志》卷三）

万历甲辰〈九月七日未申间，地震有声，如两舟相触者〉。十一月九日复然，月杪丑寅间复然。

（出自清·王肯堂《郁冈斋笔麈》卷四）

〔万历〕三十二年甲辰冬十一月初九夜地震，屋为之倾，声闻数百里。

（出自清·王文麟《上饶县志》卷一一）

〔万历〕三十二年冬十一月初九地震，声闻数百里。

（出自清·连柱《玉山县志》卷一）

万历三十二年甲辰冬十一月初九日戌时地震，居民房屋有声如倒塌，声闻数百里。

（出自清·毕士俊《贵溪县志》卷一）

〔万历〕三十二年十一月初九夜初更，地大震，浙、闽、广皆然。嗣后不时震动，踰月乃已。

（出自清·黄惟桂《兴国县志》卷一一）

〔万历〕三十二年，两浙地震。

（出自清·赵士麟《浙江通志》卷二）

万历三十二年十一月初九戌时地震，河水腾涌，起自西北。

（出自清·张思齐《馀杭县志》卷八）

万历三十二年十一月初九日戌时地动，墙屋有坏者。

（出自清·吕昌期《严州府志》卷一九）

〔万历〕三十二年十一月九日地震。

（出自清·董世宁《乌青镇志》卷一）

〔万历〕三十二年十一月初九日，闽中地大震，复连震者数夜。

（出自明·陆梦祖《闽书》卷一四八）

万历三十二年十一月初九日夜，福宁地大震如雷，山谷响应；寿宁县地震。是年饥。是日，福州、兴化、建宁、松溪、寿宁同日地震。福州大震有声，夜不止，墙垣多颓。兴化地大震，自南而北，树木

第五章　宋元明清时期（960—1911 年）　　　　　　　　　　　　　　　· 113 ·

皆摇有声，栖鸦惊飞，城圮数处，屋倾无数，洋尾、柯地、利港水利田皆裂，中出黑沙，作硫磺臭，池水皆涸。初十夜，地又震。

（出自清·孙尔准《福建通志》卷二七一）

〔万历〕三十二年十一月初九日，地大震有声。时方夜，动摇不止，屋若将倾，人争惊避，墙垣多颓塌。江浙之震皆然。

（出自明·喻政《福州府志》卷七五）

万历三十二年十一月地大震动。

（出自明·王继祀《古田县志》卷一四）

〔万历〕三十二年十一月初九日夜地大震，自南而北，树木皆摇有声，栖鸦皆惊飞，城崩数处，城中大厦几倾，乡间屋倾无数，有伤人者。洋尾厝地、下柯地、港利田地皆裂，中出黑沙作硫磺臭，池水亦因地裂而涸，故老谓地震以来未有如此之甚者也。初十日夜，地又震。俗传连震十数夜。

（出自明·马梦吉《兴化府志》卷五八）

〔万历〕三十二年十一月初九，松溪、寿宁同日地震。

（出自明·丁继嗣《建宁府志》卷四七）

〔万历三十二年〕十一月初九戌时地震，屋瓦有声。虎伤人，不可胜计，顺昌、将乐皆然。

（出自清·萧来鸾《延平府志》卷二一）

万历三十二年甲辰二月，黑光磨荡。十一月间，自初二地震，至初九夜戌时大震，声如雷，震动如下急滩之舟，如登颠风之树，人俱覆堕，未敢必其命。泉城开元塔石坠一边，清源山及南安地裂，涌出沙水，气若硫磺，地裂沙涌，说处尚多，从古未有，半年方息。

（出自佚名《安海志》卷八）

〔万历〕三十二年十一月九日地大震，夜凡十余次，城雉民舍，坠坏甚多，地裂数处，至次年正月六日乃止。

（出自清·刘佑《南安县志》卷二〇）

南安县城：在府城西十五里。旧无城，嘉靖三十七年倭寇至，公私残毁，知县夏汝砺始申议甃石为城，门四，各有楼，有月城，南月城覆以营房，周围七百七十四丈有奇，堞二千二十四，敌楼七，窝铺三十六……。万历二十五年，知县袁崇友砌石修之，增高三尺，仍东西南北各添设湾角楼四座。三十二年，地大震，城堞尽圮，知县周绍祚修之。改湾角楼为潮音阁、关王阁、聚星阁、玄天阁。

（出自明·阳思谦《泉州府志》卷四）

南安县学：在县城东二里，黄龙溪左。旧建于县治西，绍兴中，知县刘孔修移建今所。……洪武、永乐间，知县罗安、余庆修斋舍、仪门……弘治二年，知县黄济建馔堂，修棂星门、明伦堂，竖左右二坊：左曰"义路"，右曰"礼门"。十一年知县沈诚建斋宿所于明伦堂西。嘉靖三年，知县颜容端重修……二十八年知县唐爱凿泮池，建石桥于左，复左右建应奎：毓秀二坊，立文昌、台甲二台。三十七年，倭寇侵坏，知县夏汝砺建二宾馆于邑城，为学官舍，二在城隍庙左，一在城隍庙右，寇平仍移旧廨，知县甘宫重修葺之。……万历三十四年，地大震，仪门折，戟门外二石坊圮，知县周绍祚重修之。

（出自明·阳思谦《泉州府志》卷五）

（十五）1605 年 7 月 13 日万历三十三年五月二十八日 7½ 级地震

万历三十三年五月二十八日酉时，临武地震。

（出自清·谭弘宪《衡州府志》卷二二）

〔万历〕三十三年五月二十八日丑时地大震，次日子时复震，又次日申时大震。〈六月初四日戌时大震。七月初四日子时复震。八月二十五日戌时震，子时复大震。十月初七日申时又震。半年之间连震八次，闻琼，雷更甚，盖从前所无云。〉

（出自明·刘廷元《南海县志》卷三）

万历三十三年乙巳夏五月辛丑夜，廉、钦地大震。自后日震二、三次，或数日一震，夜亦如之，其震之始也，多起于东南，间有从东北者。（冬十月钦州连日地震，癸丑，廉州复地震。）自五月二十八日起至十月二十日止，从古地震未有若此之久者。

（出自清·周硕勋《廉州府志》卷五）

〔万历三十三年〕五月二十八日亥时地大震，自东北起，声响如雷，公署民房崩倒殆尽，城中压死者数千，地裂水沙涌出，南湖水深三尺，田地陷没者不可胜纪。调塘等都田沉成海，计若千顷。二十九日午时复大震，以后不时震响不止。

（出自清·潘廷侯《琼山县志》卷一二：署府事吴籙申文）

〔万历〕乙巳之夏，地震异常，公署屋宇、宾馆、中军、材官、厅事荡然倾圮，爰即鸠工修葺为之一新。其时明堂仅容旋焉，复捐三十金，购民居开扩之……。万历三十四年丙午孟夏吉旦

（出自王国宪《琼山县志》卷一六：邓钟《汉两伏波祠记》）

明吴籫：湖广澧州人，府同知，廉公爱民，严于驭下，躬亲案牍，滑吏敛手。万历三十三年地震，琼民压死者千百计，查城内外居民，捐金埋葬。震荡之后，百役并兴，然调度有方，民不苦劳，后以左迁去，众论惜之。

（出自清·牛天宿《琼郡志》卷六）

琼山县瑞云桥：即城外南桥，旧名虹桥，宋建，长六十五丈，广一丈一尺，九洞。明天顺间，副使邝彦誉增高二尺，存三洞。万历二十一年圮坏，郡守阮纯如委经历陈忠嗣重修，教谕韩鸣金记。三十三年地震复崩坏。

迈容桥：县东七十里那社都，明永乐间乡人吴琼达建砌。明万历三十三年地震崩陷。

（出自清·牛天宿《琼郡志》卷二）

琼山县天宁寺：正统六年，文昌乡老韩真祐捐财重建正殿。八年知府程莹以湫隘，又辟地迁其构于后，为观音阁，于旧址重建大雄宝殿，暨诸楼阁法藏、斋堂、僧舍咸备……。成化间都纲普明重建二堂及外门……。正德丁丑秋善慧捐赀重建观音阁及修正殿、普庵堂、四大天王等宇。万历戊寅唐守可封建亭于正殿后藏龙亭，名曰万寿。乙巳地震倾圮。

（出自清·牛天宿《琼郡志》卷二）

关王庙：弘治初拓府治，街僚迎祀关王于江东，祠专杞关王，其庙后祀观音。万历戊子周守希贤创正厅。乙巳地震复修。

文昌祠：在小西门，原系黎婆庙基，乡官廖士衡、王钺同众改建范贤义学，祀朱、吕二公。明万历乙巳地震倾圮。

（出自清·牛天宿《琼郡志》卷二）

新溪港：在县东五十里演顺都，与文昌交界。明万历间地震，沉陷数十村。名为新溪，与铺前港相通，海船出入，内通三江，有渡往来。

（出自清·王贽《琼山县志》卷一）

苍茂圩岸：〔万历〕丁酉年副使胡桂芳、知府李多见、同知经仁本协勘，募夫买石修塞。乙巳年地震，副使蔡梦说，知府倪栋委、李友忠董修复古流车灌田，碑铭存记。长牵圩岸、后乐圩岸，二岸在丰华都，因万历乙巳年地震田沉。

（出自清·潘廷侯《琼山县志》卷三）

下窑明昌塔：在郡城北三里许下窑村前，明万历年间知府涂文奎、科给事许子伟及乡士夫同建。乙巳地震崩颓。

（出自清·潘廷侯《琼山县志》卷四）

（十六）1609 年 7 月 12 日万历三十七年六月十二日 7¼级地震

〔万历三十七年六月〕辛酉，甘肃地震，红崖、清水等堡军民压死者八百四十余人，边墩摇损凡八百七十里。东关地裂，南山一带崩，讨来等河绝流数日。

（出自《万历实录》卷四五九）

第五章　宋元明清时期（960—1911 年）　　　　　　　　　　　　　　·115·

〔万历三十七年〕是年甘肃地震如雷，摇倒边墙一千一百余丈，压死军民八百余人，城垣衙舍毁坏无算。

（出自《皇明通纪》卷二二）

〔历历〕三十七年六月辛西，甘肃地震，红崖、清水诸堡压死军民八百四十余人，圮边墩八百七十里，裂东关地，南山崩。

（出自清·钟赓起《甘州府志》卷二）

〔万历三十七年〕六月十二日子时地震八次，倾倒城垣一千一百余丈，仓廒公署民房四百六十余处，摧损边墩五百七十余里，压死军民男妇六百二十余人。

（出自明·李日华《味水轩日记》卷一）

（十七）1622 年 10 月 25 日天启二年九月二十一日 7 级地震

〔天启二年九月甲寅〕陕西固原州星殒如雨。平凉、隆德等县，镇戎、平虏等所，马刚、双峰等堡地震如飘，城垣震塌七千九百余丈，房屋震塌一万一千八百余间，牲畜塌死一万六千余只，男妇塌死一万二千余名口。

（出自《天启实录》卷二六）

〔天启〕二年九月二十一日夜半地震有声。

（出自明·张一英《同州志》卷一六）

天启二年地大震。

（出自清·常星景《隆德县志》卷下）

（十八）1626 年 6 月 28 日天启六年六月初五 7 级地震

〔天启六年六月〕丙子寅时，京师地震，阁臣顾秉谦等上疏，恭候圣安。是日，天津三卫、宣、大俱连震数十次，倒压死伤更惨，山东济、东二府，河南一州六县俱震。

（出自《天启实录》卷七二）

〔天启〕六年六月丙子，京师地震。济南、东昌及河南一州六县同日震。天津三卫、宣府、大同俱数小震，死伤惨甚。山西灵丘昼夜数震，月余方止，城廓、庐舍并摧，压死人民无算。

（出自《明史·五行志》）

地震谣：六月五日地震，次日皇子薨。

四更床翻如震涛，鸡未鸣，狗群嗥，卷衣起望天星高，但闻人语沸嘈嘈，狱庙沉森鬼不敢号。

（出自明·高出《镜山庵集》卷三四）

〔天启六年六月五日〕京师地震，天津三卫、宣大同日震，死伤甚众。

（出自清·清庄廷珑《明史钞略》哲皇帝本纪下）

〔天启六年〕大同府于六月初五日地震，从西北起，东南而去，其声如雷。摇塌城楼城墙二十八处。浑源州从西起，城撼山摇，声如巨雷，将城垣大墙四面官墙震倒甚多。王家庆堡天飞云气一块，明如星色，从乾地起，声如巨雷之状，连震二十余顷，至辰时仍不时摇动。本堡男妇群集，涕泣之声遍野。摇倒内外女墙及大墙二十余丈，仓库、公署、军民庐舍十颓八九。压死多命，积尸匝地，秽气薰天，惨恻不忍见闻。灵丘亦然。广昌同日四鼓地震，摇倒城墙开三大缝。

（出自明·金日升《颂天胪笔》卷二一　《天启丙寅本府申文》）

〔天启〕六年六月丙子，大同地震数十，死伤惨甚。灵丘昼夜数震，月余方止，城廓庐舍并摧，压死人民无算。

（出自清·吴辅宏《大同府志》卷二五）

天启六年六月初五日丑时，大同府属地震，从西北起东南而去，其声如雷，摇塌城楼城墙二十八处。

（出自清·刘士铭《朔平府志》卷一一）

〔天启六年〕六月初五日丑时，大同府地震如雷，从西北起，至东南去，浑源州等处亦然，城墙俱倒，压死甚众。

（出自清·计六奇《明季北略》卷二）

〔天启六年闰六月辛亥〕宣大总督张樸疏言：灵丘县从六月初五日丑时至今一月，地震不止，日夜震摇数十次，城廓庐舍先已尽皆倾倒，压死居民五千二百余人，往来商贾不计其数。臣等先设处银一千五百余两，委官分赈，必须大破□格，发千金速行赈恤，死者藁埋，生者饘养。

（出自《天启实录》卷七三）

天启六年闰六月地震，有声如雷，全城尽塌，官民庐舍无一存者，压死多人，枯井中涌水皆黑。

（出自清·丘宏誉《灵邱县志》卷二）

城池：唐开元年筑，周围三里二百三十步，高二丈，壕深一丈。明天顺二年徙城南三十二步重筑，周围五里，高四丈，壕深一丈五尺，门二。正德三年知县杨文奎创建东西街通商贾……隆庆元年重修，高二丈八尺，女墙五尺。万历二十四年……重修，砖包，高三丈五尺，女墙七尺。天启六年闰六月，地忽大震，城关一时尽塌，衙舍民房俱毁。压死者过半。

（出自清·岳宏誉《灵邱县志》卷一）

古东门：旧时县城有东西两门……设楼阁。至明天启丙寅岁地震，全城崩圮，一时工力不给，止创一门，今遗址尚存。

（出自清·岳宏誉《灵邱县志》卷一）

四牌坊：在县治十字街，天启间地震颓毁。

（出自清·岳宏誉《灵邱县志》卷一）

登云坊：在县东，地震同时毁。

（出自清·岳宏誉《灵邱县志》卷一）

觉山寺：云中灵邱古成州地也。邑治东南二十里许，山岳拱峙，溏水环绕，中有古刹曰觉山。考诸往牒，创自北魏孝文帝太和七年……传及辽大安六年，镇国大王因射猎过此，遂请之上，发内帑敕立提点，重辉梵刹，大异旧时，巍峨踞一方之胜。延至明千有馀岁，适值地震，庙貌摧残，钟簴寝废，遗址故墟，杳莫可寻。而山川风景，依稀满目。

（出自清·岳宏誉《灵邱县志》卷三　崇祯三年王从仪《再修觉山寺记》）

灵丘地自天启六年大震至今，每岁常微震不止。

（出自明·杨嗣昌《杨文弱先生集》卷二五）

〔天启六年〕六月，大同、武乡、榆社、寿阳、襄垣、广昌、灵邱、广灵、浑源地震，有声如雷。〈闰六月，寿阳再震，秋九月又震。〉

（出自清·石麟《山西通志》卷一六三）

（十九）1642 年西藏洛隆西北 7 级地震

（《全国地震目录》有此地震，暂未查到此次地震的历史记载。

（二十）1652 年 7 月 12 日顺治九年六月初七 7 级地震

顺治九年六月初七日辰时地震有声，次日巳时地复大震。时其下若万马奔驰，上有黄灰遮蔽，鸡犬皆惊，婴孩喊叫，城垛尽坏，民居半颓倾，压死十余人。日夜之中，震动不可数计，有若簸扬，民惧覆压，俱皆露宿。复雷雨大作，平地水泛，偶有声息，呼喊惶乱，莫能自主。邻郡次之，唯弥渡更甚，官舍民居，不存片瓦，压死农民三千有余，客商无名者不知其数。地皆崩裂，涌出臭泥，鳅鳝盘结地上，不知何来。山上乱石飞坠，河内流水俱乾。自后或日震数次，或间日又震，直至十二年始渐息。

（出自清·蒋旭　陈金珏《蒙化府志》卷一）

〔顺治九年壬辰六月〕蒙化地大震。地中若万马奔驰，尘雾障天。夜复大雨，雷电交作，民舍尽塌，压死三千余人。地裂涌出黑水，鳅鳝结聚，不知何来。震时河水俱乾，年余乃止。

（出自清·范承勋　吴自肃《云南通志》卷二八）

顺治九年六月，弥渡地大震，涌黑水，覆官舍民居，压死千余人。

（出自《赵州志》雍正十三年）

第五章　宋元明清时期（960—1911年）

（二十一）1683 年 11 月 22 日康熙二十二年十月初五 7 级地震

〔康熙二十二年十月壬寅〕山西太原府地震。

（出自《清圣祖实录》卷一一二）

〔康熙二十二年十一月〕甲戌，山西巡抚穆尔赛察报地震被伤人数。得旨：著尚书萨穆哈带司官一员，明日即前往亲履详勘，应作何拯救，会同该抚确议以闻。

（出自《清圣祖实录》卷一一三）

〔康熙二十二年十二月己酉〕差往山西查勘地震工部尚书萨穆哈等疏言：崞县、忻州、定襄、五台、代州五州县，振武卫一卫，被灾人民，共赈过银九千八百六十五两。下所司知之。

（出自《清圣祖实录》卷一一三）

〔康熙二十二年十二月丙辰〕谕户部：又山西崞县、忻州、定襄、五台、代州、振武卫新经地震，被灾颇重，虽经遣官赈济，仍应量行加恩，以示赈恤。其被压身故民人，所有康熙二十三年应徵地丁钱粮，著与全免。其房舍倒坏，力不能修者，丁银全免。地亩钱粮，著免十分之四。……

（出自《清圣祖实录》卷一一三）

〔康熙二十二年〕冬十月，平遥、临晋、灵丘、广昌、广灵、神池、马邑、襄垣、武乡、交城、忻州、定襄、静乐、五台地震，奉旨赈恤并免次年钱粮三分之一。

（出自清·石麟　储大文《山西通志》卷一六三）

癸亥地震。康熙癸亥，十月初五日、山西巡抚穆尔赛疏报，太原府属地震，凡十五州县，而岱（代）州，崞县，繁峙为甚。崞县城陷地中。毁庐舍凡六万余间，与丁未山东，己未京师之灾相似。

（出自清·王士祯《池北偶谈·谈异》卷二二）

张道祥字履吉，赡长子，以父荫授秘书院中书舍人。顺治十七年从定西将军平云南，授洱海佥事。康熙七年改雁门佥事，进参议。吴三桂叛，命兼辖大同粮饷，并督应州矿务事。……二十一年山西地震，道祥赈生瘗死，抚恤备至。大同大饥，出己赀购米四千余石以赈。时乐户乘饥买饥民女子为娼，道祥捕诸恶，纯〔绳〕以法，追出数百人，验文卷出赀赎之，给以饮食路费。又力请巡抚奏免云。代被灾粮赋，颂声远闻。

（出自清·王峻、石杰《徐州府志》卷一九）

〔康熙〕二十二年十月初五日申时地震，坏民庐舍，马邑城垣倒塌。

（出自清·刘士铭、王露《朔平府志》卷一一）

康熙二十二年十月初五日申时地震，坏民庐舍。

（出自清·汪嗣圣、王霭《朔州志》卷二）

康熙二十二年十月初五日申时地震，屋宇多倾塌。

（出自清·侯凯、蔺炳章《左云县志》卷一）

〔康熙〕二十二年十月初五日地震，墙垣塌毁。

（出自清·王镐《宁武守御所志书》不分卷）

护城墩：在城北高岗，共二层，高连女墙七丈，周围二十八丈，俱砖包，内券洞五十八孔，顶建砖楼三间，于康熙二十二年十月初五日地震塌毁。外罗砖包小墙，高连女墙一丈六尺，周围四十丈，东南面亦经震塌。

护关东梁墩：在东关北土岗，高连女墙三丈三尺，周围二十丈，俱砖包，券有洞口，上建砖楼一座，亦经地震塌毁。

护关西梁墩：在西关北土岗，高连女墙三丈四尺，周围二十二丈，俱砖包，上建砖楼一座，亦经震塌。

（出自清·王镐《宁武守御所志书》不分卷）

〔康熙〕二十二年十月初五日地大震，官舍民房多毁，压伤人畜。

（出自清·窦容邃《忻州志》卷四）

〔康熙〕二十二年十月初五日未时地大震，其声如雷，平地绝裂出水，或出黄黑沙。县治前旌善。申明亭俱倒，四面城楼垛口尽裂，树疃屋垣塌倒，压死人千余，畜类无数，而横山（村）及原平等处尤甚。抚院奏疏，奉旨委工部亲勘，每口给棺银一两二钱，次年粮免三分之一。是冬大震后时或动摇，每日夜十数次，五六年内，或一日数次，或数日一次，渐复其常。

（出自清·王会隆《定襄县志》卷七）

广济渠：旧渠起自州镇忻口蝦蟆石，经灰岭，四家庄，白村十里许入县界。灌溉不啻万亩，利诚溥哉。……康熙二十一年荒废之后，又值亢旸（阳），人心惶怖。邑侯赵公甫下车，他务未遑，即以水利下询生员……劝得夫名一百八十，刻日兴工。……经始于莅政之十月朔，落成于明年九月，……岂期大利将兴，忽遭异常地震，两载之劳，堕于瞬息。……

（出自清·王时炯 牛翰垣《定襄县志》卷八：张二酉《广济渠碑记》）

康熙二十二年癸亥冬十月初五日午时地震，声如万马，从西北来。城垣，楼橹、女墙、衙宇，仓库，寺观皆圮，压死男妇多人。奉旨颁银一千八百两，委官按给。

（出自清·周三进《五台县志》卷八）

城垣：县城始于元魏，周迴三里余二十步，高九丈，东面断崖栖堞，南面东半断崖栖堞，西面通垣，北面据崖为垣，置南、北、西三门，独阙东门，砖之。自明隆庆四年知县张绍芳始上建南北二楼，外筑郭垣护围。万历二十四年知县高数仞增修大垣，高三丈二尺，厚二丈五尺，垛口六百三十五，皆砖，敌台二十五座，门三座，悉包以铁。万历三十三年知县李养才增修城楼四座。……后因虒河冲裂东，北城垣各数十余丈，知县梁继祖筑之，重修城楼四座，角楼四座。康熙癸亥岁冬十月地震，城垣倾裂，知县周三进重修四面垛墙，四门城楼，北门瓮城。

（出自清·周三进《五台县志》卷三）

我周侯之牧兹土也，值癸亥地震之后，其始下车，公署毁缺，城垣倾裂，楼橹埤墙荡无所遗，三门壅塞，行路梗涩。于是贼盗宵聚，百室悬釜。公露栖旰食，抚循慰止，严更巷陌，期月而人复安堵。

（出自清·周三进《五台县志》卷八：陈之美《修城碑记》）

癸亥岁，复值坤舆不宁之变，倾毁不一，河水溢近，去城仅数武，而北门几圮。

（出自清·周三进《五台县志》卷八：吕先声《修虒河碑记》）

内署：大堂后为后堂三楹，前宅门一座，守门房一楹。后堂东为内署正庭房三楹，东西房六楹，后小庭五楹，外有书房三楹，茶房一楹。宅东北隅有观音堂一座。明景泰间知县张智，弘治间知县魏濂，万历七年知县陈谠相继重修，规制益隘。清朝康熙六年知县梁继祖一概增新，又于堂西买地建庭五楹，名曰思补，前亭一座，名曰知风。又北房三楹，南房三楹。癸亥地震倾圮大半。知县周三进捐俸兴役，次第修葺，概复旧观。

（出自清·周三进《五台县志》卷三）

县衙宇：康熙癸亥冬地震，概为倾圮。

（出自清·周三进《五台县志》卷八：李燕生《修衙宇碑记》）

学宫：康熙癸亥冬地震，大成殿、两庑，戟门、启圣祠、名宦祠等处一时尽圮，观者恻然。

（出自清·周三进《五台县志》卷三）

康熙二十二年，我台邑之文庙逢震叠毁折，过者恻然，莫不各有茂草之叹！

（出自清·周三进《五台县志》卷八：杨鸣鹤《重修文庙碑记》）

仓库：仓在县治南。东、西、北厫三座，官厅一座，大门一座。癸亥地震倾圮。知县周三进修补完备。

（出自清·周三进《五台县志》卷三）

……余承乏兹邑之始，属坤舆不宁之后，楼堞埤墙率皆毁裂，公庭馆库大半圮废，教化之典不振，而百神之禋祀怠，里甲之令不树，而矜卹之政亦阻矣。四五年来理残补缺，少有可观，亦不敢谓百废俱兴，其规模则颇具耳。

第五章　宋元明清时期（960—1911年）　　　　·119·

（出自清·周三进《五台县志》卷三）

康熙二十二年十月初五日未时地大震。初，西北声若震雷，黄尘遍野，树梢几至委地，毁坏民房，人多压死。神山、三泉、原平、大阳等处尤甚，地且迸裂，或出水，或出黑沙，人皆露处，屋虽存，不时摇动，至十月中乃定。是冬天气颇燠。

（出自清·邵丰镛《崞县志》卷五）

学校：大成殿七间，在城东南隅，元大定间建。明洪武三年知县周英重建。三十三年县丞刘大渊，景泰，成化间知县武桓、姜义、杨庆、吴祥等重修。……清朝顺治十二年知县杨泽，康熙十五年知县熊之翰、县丞宋师圣率绅士续修。……二十二年地震倾圮。

（出自清·邵丰镛《崞县志》卷二）

崞山神庙：在县西南二十五里崞山西南麓，地名兔儿坪。……宋政和五年重修，明弘治壬子，清朝康熙己酉先后补葺。二十二年地震倾圮。

（出自清·邵丰镛《崞县志》卷四）

崇福寺：在县西南七里中苏鲁村，元朝敕建。康熙二十二年地震倾圮。

（出自清·邵丰镛《崞县志》卷四）

关帝庙：一在南门瓮城内，历年久远，代有补修。康熙乙丑地震，庙圮。

（出自清·邵丰镛《崞县志》卷四）

兹于癸亥岁偶遭地震灾，而□庙规模未坏，罗汉圣像山塑墙壁多有摇损倒毁者。

（出自《补修吉祥寺罗汉圣像碑记》）

大清国康熙二十二年十月初五日地震塌坏。三十九岁次庚辰年庚辰月癸丑日重建。

（出自《瑞雲寺樑上题记》）

（二十二）1695 年 5 月 18 日康熙三十四年四月初六 7 级地震

康熙三十四年四月初六日戌时地震有声，鸡犬皆惊，是日〔地震〕山西尤甚。

（出自清·康如琏　刘士麟《晋州志》卷一〇）

康熙三十四年乙亥夏四月六日地震。

（出自清·武蔚文　郭程光《大名府志》卷四）

康熙三十四年四月初六日地震。

（出自清·张维祺　李棠《大名县志》卷二七）

〔康熙〕三十四年乙亥夏四月六日地震。

（出自清·吴大镛　王仲甡《元城县志》卷一）

〔康熙三十四年〕四月太原、平阳、潞安、汾、泽等属地震，临汾、洪洞、襄陵、浮山尤甚。奉旨发帑散赈，又给贫民修葺银，每间与一两，并发西安库帑，修筑城垣、官廨、学舍。

（出自清·石麟　储大文《山西通志》卷一六三）

康熙三十四年四月六日地震，邑中井溢。

（出自清·钱之青　张天泽《榆次县志》卷七）

〔康熙三十四年四月丙辰〕谕户部：顷山西巡抚噶尔图等奏报：四月初六日，平阳府地震，房舍倒塌，农民损伤，随经特遣司官，星驰前往，察勘情形。比复传问往来经过及本籍人员，具述屋宇尽皆倾毁，人口多被伤毙，受灾甚重。

（出自《清圣祖实录》卷一六六）

〔康熙三十四年四月〕庚申，户部遵谕议覆：赈恤山西平阳府地震被灾人民，应差部院堂官一员，会同该抚查明，压死大口，给银一两五钱，小口给银七钱五分，有力不能修房之民，每户给银一两。得旨：赈恤平阳被灾人民，着马齐驰驿速往察明被灾地方，本年应征钱粮，停止征收，每一大口，着增银五钱，人各给与二两，余依议。

（出自《清圣祖实录》卷一六六）

康熙三十四年五月壬戌朔，奉差山西平阳等处赈济户部尚书马齐请训旨，上谕之曰：尔传谕巡抚噶尔图，平阳等处地震，房舍倒坏，人们压毙，伊应亲身于彼处设厂居住，将被灾百姓救护。……其平阳府洪洞县被灾百姓，尔会同巡抚噶尔图、亲身往彼处赈济，务令均沾实惠。

（出自《清圣祖实录》卷一六七）

〔康熙三十四年六月辛丑〕奉差山西赈济户部尚书马齐等回奏：赈济山西平阳府临汾等十四州、县、一卫地震被伤人们，赈济银十二万六千九百两零。停征临汾、洪洞、浮山、襄陵四县，平阳一卫本年额赋。下所司知之。

（出自《清圣祖实录》卷一六七）

〔康熙三十四年乙亥四月丙辰〕平阳府地震……其平阳府属见任京官之人，欲归视家室者，不必开缺，着给假往视。

（出自清·胤禛（世宗）编《圣祖仁皇帝圣训》卷三）

……现经藩司吴邦庆等查照康熙三十四年平阳府地震抚恤之例办理。奴才检查平阳府地震原卷，当时被灾共二十八州县，内被灾较重十四州县，统计压毙民人五万二千六百余名。……

（出自钦差刑部侍郎那彦宝奏摺）

〔康熙〕三十四年四月地震。初六日戌时有声如雷，城垣、衙署、庙宇、民居尽行倒塌，压死人民数万。各州县一时俱震，临汾、襄陵、洪洞、浮山尤甚。知府王辅详请发蒲州、河津仓米煮粥。奉旨发帑银赈济，又给贫民盖房银每间一两，又发陕西库银修筑城垣、府县两学及文武各衙门。

（出自清·刘棨 孔尚任《平阳府志》卷三四）

康熙三十四年乙亥四月初六日戌时，平阳地震，有声如雷，顷刻间城垣、衙署、庙宇、民舍尽行倒塌，城乡人民压死数万，城内东关压死者尤多。时知府王辅详请发蒲州、河津仓米煮粥赈济。奉旨发帑金，遣户部大堂马齐发赈济。每大口给银二两，赈过银三万六千二百一十二两，每小口给银七钱五分，赈过银七千三百零五两。自力不能盖房之户，每户给银乙两，赈过银乙万四千二百乙十八两。以上三项，通共赈过银五万七千七百三十五两。随奉户部大堂马齐题请，阖省大小各官捐银与在城贫民盖房。每户盖房乙间，给银乙两，共给过银四千五百九十两零。七月内又奉旨发西安捐纳银二十万，遣工部员外郎倭伦修理城垣、府县两学并文武各衙门、仓库、监狱、共用过银二万九千五百一十五两六钱七分一厘。临汾县知县三韩彭希孔谨识。

（出自清·林弘化《临汾县志》卷八）

巡抚山西副都御史噶尔图疏报：平阳府临汾、洪洞、襄陵、浮山等县于四月初六日戌时地震，倾倒公私廨舍房屋四万余间，压死兵民一万八千有奇。二十五日奉上谕，谕户部：顷据山西巡抚噶尔图同太原总兵官周复兴奏报，平阳府地震，房舍倒塌，人民损伤，随经特遣司官户部员外郎登德等星驰前往察勘情形，比复传问往来经过及本籍人员，具述屋宇尽皆倾毁，人民多被伤毙，受灾甚重，……部议照康熙二十二年崞县等五州县地震赈卹之例，每大口给银一两五钱，小口给银七钱五分。得旨：依议，仍每名口加银一两，遣户部尚书马奇（齐）驰驿速往。

（出自清·王士桢《居易录》卷二七）

〔康熙三十四年岁次乙亥〕据云曾见小报内有山西平阳府洪洞等三县，于四月初六、七、八三日大雨，地震，房屋坍倒，压死多人。既而地中出火，烧死人畜树木房屋什物无算。随又水发，淹死人畜又无算。闻有亢姓者，系敌国之富，亦遭此劫。地俱沉陷。朝廷差官勘验，发帑赈济，拯救难民。查报只存活六万口有零。……如此灾异，古今罕见。

（出自清·姚廷遴《历年记》（续记）卷四）

乙亥四月六日，山西平阳复震，屋舍平垣，夷为平地，压死人民数千万。

（出自清·赵君举《三愿堂日记》）

（二十三）1709 年 10 月 14 日康熙四十八年九月十二日 7 级地震

康熙四十八年九月十二日巳时地震，自西南来。

第五章　宋元明清时期（960—1911年）　　　　　　　·121·

（出自清·王士仪《永和县志》卷二二）

〔康熙〕四十八年九月十二地震，房屋动摇，墙垣之不坚固者多倒塌。

（出自清·王克昌　殷梦高《保德州志》卷三）

康熙四十八年九月十二日辰时地大震。初，大声自西北来，轰轰如雷。官舍、民房、城垣、边墙皆倾覆。河南各堡平地水溢没踝，有鱼游，推出大石有合抱者，井水激射高出数尺，压死男妇二千余口，自是连震五十余日，势虽稍减，然犹日夜十余次或二三次，人率露栖，过年馀始定。

（出自清·黄恩锡《中卫县志》卷二）

城池：中卫为应理旧治，元以前创建，无可考。旧地狭隘，……天顺四年参将朱荣增修，高三丈五尺，濠池深一丈，阔七丈八尺。明万历二年参将张梦登始奏请砖甃，遂为西路坚城，完固甲于诸塞。迨本朝康熙四十八年九月十二日地大震，崩塌十之七八，楼垣尽倾。虽司事者力捐金修复，仅完葺东西二门。

城池东关：万历初巡抚罗凤翔奏建，周围二百四十八丈。十一年巡抚张一元题请砖甃，为东西二门。中多店舍，往来行旅栖托焉。迨经康熙己丑地震后，门垣大半倾圮矣。

（出自清·黄恩锡《中卫县志》卷二）

中卫县城元应理州……其旧基东西长，南北缩，周围五里七分，高二丈四尺，址厚二丈五尺，顶厚一丈五尺，垛墙五尺九寸，女墙二尺、城门三……，东门外有关，万历初巡抚罗凤翔奏建……十一年巡抚张一元甃以砖。国朝康熙己丑地震后多圮。

（出自清·张金城　杨浣雨《宁夏府志》卷五）

中卫县署：在城西通衢南向，为旧卫署。康熙四十八年地震倾圮。

西路同知署：旧在城东南隅，顺治七年移建通衢、南向。康熙四十八年地震倾覆。

副将署：在县城东大街，南向。康熙四十八年地震倾圮。

文庙：正统八年镇抚陈瑀始请建学，在城东北隅。后巡抚徐廷章……改建于街衢适中，左庙右学如制。……至康熙四十八年秋地大震，两庑明伦堂斋房尽倾圮，惟正殿独存。

（出自清·黄恩锡《中卫县志》卷二）

永寿塔：安庆寺碑云：嘉靖四十年六月十四日地大震，山崩川决，城舍皆倾圮，安庆寺永寿塔颓其半，后庆王重修。至康熙四十八年地震，塔复崩其半。

（出自清·黄恩锡《中卫县志》卷二）

（二十四）1713 年 9 月 4 日康熙五十二年七月十五日 7 级地震

康熙五十二年癸巳七月庚申，四川茂州及平番营地震。

（出自《清圣祖实录》卷二五五）

康熙五十二年九月丙辰，赈济四川茂州及平番等营堡地震被灾饥民。

（出自《清圣祖实录》卷二五六）

〔康熙五十二年七月〕庚申，四川茂州及平番营地震，赈之。

（出自王先谦《十一朝东华录·康熙》卷九二）

康熙五十二年秋七月，茂州地震，叠溪、平番城圮。

（出自清·查郎阿　张晋生《四川通志》卷三八）

康熙癸巳地变，震及文庙，两庑倾圮，黉宫欹侧，庙左故有圣像碑，亦露处一隅，盖茂草可伤者凡三十馀年矣，前任刘公〔讳〕墙乃募材鸠役重修之。

（出自清·丁映奎《茂州志·重修圣像碑亭记》）

康熙五十二年癸巳七月庚申全蜀地震，茂州震甚，压杀人民。

（出自清·李维翰　王一贞《中江县志》卷一）

康熙五十二年癸巳秋七月庚申，全蜀地大震，茂州震甚，倾塌城屋，压杀人民。

（出自清·王谦言　陆箕永《绵竹县志》卷一）

康熙五十二年七月庚申子时地震。

（出自清·张赓谟《广元县志》卷八）

康熙癸巳七月十五日子时，朱樟地震行：
匏瓜星孤夜欲明，地维墳裂天为惊，
千崜万壑送奇响，远听疾似雷铿鍧。
少焉掀翻墙壁动，石鼓砰磅振八纮，
丁铛环珮若风解，窸窣窗纸号秋声。
譬如浮舟乍离岸，沧海无蒂流青萍，
凿破混沌果如此，顷刻欲使西南倾。
男呻女吟泣覆釜，神呼鬼救忙支撑，
小儿闻声不敢哭，梦呼起起空街行。
仓皇不知何所诣，两膝踡跼心怦怦，
大恐天时频荡漾，齑粉何止长平阬〔坑〕。

（出自清·朱樟《观树堂诗集合刊》卷三）

康熙五十二年癸巳七月庚申，全蜀地震。射邑亦然，毙人民甚多。

（出自清·张松孙　胡光琦《射洪县志》卷八）

（二十五）1718 年 6 月 19 日康熙五十七年五月二十一日 7½级地震

〔康熙五十七年〕五月二十一日地震。

（出自清·李于垣　杨元锡《长垣县志》卷九）

〔康熙〕五十七年五月二十一日寅时地动，良久乃已。

（出自清·李居颐《翼城县志》卷二六）

乾隆元年五月二十七日奉上谕：
朕又闻康熙五十七年伏羌、通渭、秦安、会宁等县及岷州卫有地震伤亡缺额之七千六百八十丁。该银一千四百八十六两有零，人口既无，丁银自应蠲免。

（出自军机处上谕档）

〔康熙〕五十七年夏五月廿一日地大震，山崩。城北笔架山（县北里许）一峰崩覆没。城东北隅平地裂陷，黄沙、黑水涌出，南乡尤甚，土山多崩。城乡压杀老幼男女共四万有奇。

（出自清·何大璋　张志达《通渭县志》卷一）

〔康熙〕五十七年地大震，通渭县城池俱陷、一二好事者就近告归，即以安定监作县治焉。

（出自清·王烜《静宁州志》卷八）

因康熙戊戌地震城坏，雍正八年移治安定监。乾隆十三年复归旧治。

（出自清·何大璋　张志达《通渭县志》卷二）

县城：明洪武二年建，……成化癸巳……大加修凿，城高三丈，池深一丈五尺，三门裹以铁，上建重楼，下设吊桥。……万历四五年知县张二南大加修拓，高厚倍之，甃堞以砖。万历四十二年知县刘世纶又悉从整理。……本朝康熙五十七年地震，山崩城圮，从前规模荡然尽废，东北城垣俱被覆没，只存西南一隅。官民移住西关……雍正八年知县杨公逢请移治安定监……乾隆十三年奉旨复还旧治。

县署：县旧署在正街，北接城垣……明洪武四年主簿徐复观创建……顺治中知县张二南重建谯楼，规模壮丽，至康熙二年知县顾竟成大加修理，煥工改观。康熙五十七年地震俱被覆没，知县黄维屏草构数楹暂听事于西关外。

儒学：旧在县署西，北尽城垣，……洪武初主簿徐复观创建，成化十九年知县赵信重修，万历四十三年知县刘世纶重修。至国朝顺治中知县李永昌重修。康熙十一年知县顾竟成重建明纶堂三楹……康熙五十七年地震覆没。

文庙：先师殿五楹，高五丈有奇，阔四丈有奇……康熙十一年知县顾竟成重修……经康熙五十七年

第五章　宋元明清时期（960—1911 年）　　　· 123 ·

地震俱被覆没。

社稷坛、山川坛、先农坛，各坛自康熙五十七年地震倾圮无存。

关帝庙：在县署西，正殿三楹，乐楼三楹俱新建。……康熙戊戌之变，笔架山崩，飞土至庙侧北，忽壁立拥成一峰，殿宇虽倾，圣像屹坐无损。

厉坛：在县城北一里，各坛自康熙五十七年地震倾屺无存。

仓廒：预备仓在县署南后街，南抵城墙，北通街道，东西邻民居，内大廒五楹，东西廒房各五楹，官厅三楹，仓门一楹。知县王燿时重修，康熙间地震圮废。

（出自清·何大璋　张志达《通渭县志》卷三）

庆祝宫：地震后无定位，临期以关帝庙代之。

马王庙：国初为予备仓，地震尽覆。

养济院：旧在草场西，地震尽覆。

（出自清·高蔚霞　苟廷诚《通渭县新志》卷三）

城隍庙：旧在县署东，正殿三楹，后殿三楹，诸曹殿各三楹，仪门，大门各三楹，地震覆没。今因旧址重建正殿三楹，后殿三楹，大门三楹。

（出自清·何大璋　张志达《通渭县志》卷三）

城隍庙：吾邑灵侯庙，旧在县署之东，戊戌地震，山覆而城圮，城隍皆丘壑矣。

（出自清·高蔚霞　苟廷诚《通渭县新志》卷一二；李南晖《移建城隍庙记》　光绪十九年刊本）

黄维屏：号雪峰，四川万县人，由乡魁教习京邸，文名籍甚，选知通渭，明年西徼之役，运粮嘉峪关，事将竣，邑地大震，公署民房尽覆，县捕厅家无噍类；维屏家眷数十口，只长子珣暨一幼女存焉……阅日地又震，郊外创立草舍，聊听公事。

（出自清·高蔚霞　苟廷诚《通渭县新志》卷九）

（二十六）1725 年 8 月 1 日雍正三年六月二十三日 7 级地震

……准钦差管理打箭炉税务喇嘛赵楚尔臣藏布、员外郎伊特格咨称：六月二十三日申时，打箭炉地忽然大震，将喇嘛官员住居衙门、买卖人等并蛮人住居房屋，楼房俱行摇塌，一间无存。被房楼压死买卖民人并蛮人，十分压死七八分。再，宣慰司桑结、驿丞俞殿宣、料理钱粮事务效力之南部县典史徐翀霄，俱被所塌房楼压死。我等亦被所塌楼房盖压，仅得家人救出。……

（出自署川陕总督岳锺琪奏折）

……化林协副将张成隆禀报：……一路看验打箭炉内之沈村猴子坡烹坝等处，唯猴子坡碉房震倒，其余虽亦地震，不甚伤人。独打箭炉河东平房所伤微轻。河西碉楼所倒甚多，所伤人民甚众。现在同成都府知府在各处确查名数，给赏完日另报外，至打箭炉之外革达、木鸦、里塘、巴塘等处，皆丝毫无恙。

（出自署川陕总督岳锺琪奏折　雍正三年九月二十日）

六月二十三日申时打箭炉地动，将税务衙门及买卖人、蛮人住房碉楼房屋俱行摇塌，压死宣慰司土司桑结、驿丞俞殿宣、粮务办事之南部县典史徐翀霄，并压死买卖人、蛮人等甚多。

（出自《硃批谕旨》四川巡抚王景灏奏折　雍正三年七月初二日　雍正武英殿朱墨套印本）

〔雍正〕三年夏六月，西炉地震。

（出自《清史稿·灾异志》）

〔雍正〕〈十年壬子春正月初五地震，十月数震，西城堞倾。〉癸丑年正月二十六日复震。

（出自清·管学宣《石屏州志》卷一）

（二十七）1733 年 8 月 2 日雍正十一年六月二十三日 7¾ 级地震

〔雍正〕十一年癸丑六月二十三日申时地震，戌时又震。

（出自清·王秉韬《霑益州志》卷三）

〔雍正〕十一年六月二十三日地大震，山谷崩裂，河水滥流。南城压死一儿，甫十岁，四境压死数十人。知府崔乃镛有地震纪事。自是以后，巧家每月地震，至十三年犹不止。

（出自清·崔乃镛《东川府志》卷一　雍正十三年刊本）

雍正癸丑六月廿三日申时，东川府地震。是日停午，怪风迅烈，飒然一过，屋瓦欲飞，为惊异者久之。及申刻，地忽动，始自西南来，轰声如雷，疾驱而北，平地如波涛起落，汹涌排莫，楼台房屋如舟之逐浪，上下四五反复而后定。立者仆，行者颠，神悸魂摇，莫知所措，相向直视，噤无一语。人民惘惘趋祝于城隍祠，祠固无损，列庑墙圮而已。衢巷瓦屋多有圮者，而四城楼高五丈，甍甓脊檐无分毫损，斯亦奇已，睥睨低于楼三丈，南北则十损其九，东西十存其六、抑又奇也。民间板屋茅屋旧颓败者反全，而完者多四壁倾倒，亦有不可解者。府署年久积朽及参将署多五十年物，不胜动摇，故多倒塌，其材木朴拙，墙堵坚厚者俱无损。南关伤十二岁幼童一。所幸动在昼日，故人知趋避，无覆没之惨耳。合城中、庙祠民舍倾仆摧残，惶惶怅怅，日间但觉惊骇，初不知其可悯也。就夜，家人妇子露宿野处，三鼓下沿陌巷稽之，以防宵小乘机，而灯火荧荧，皆在园圃间，隔垣篱望之，乃始涔涔泪下也。当初震时，适坐参戎王荣先斋中，与祖令商往省禾，惊而趋出，屋瓦悉落于二人座所，而余座无片瓦，使稍迟出，则二人不能无患已。城东三里许为土城，与以舍村居址相接。以舍二十四家倾其二十一家，无一椽存者，而土城乃毫无损伤。鱼硐邨居悬崖之下，壁石槎枒，垒垒欲坠，偶一过之，辄为心悸，询之土人，有古不闻仆压之患。是日地震，一大石崩落，正及夷人五即之屋，观者胥谓其必覆无留余矣。甫近屋，石忽斜飞而去，置诸隙地，若人推转之者，草屋数楹竟无恙。又夷人普三元一屋离山颇远，忽一石飞下，压其草庐，椽栋篱壁，毫不可见，幸其男女俱就田，故免于祸。城西三里许有龙潭，水自山罅出，甚清冽，居人从不知山腹之有鱼也。潭上祠内读书童子，因地震趋立潭侧，见众鱼倒出，大者盈数尺，捕之不可得。震已，鱼悉入。水昏弥月不清，以弥月数动不息也。巧家离府治三百里，震尤数，署泛悉坏。一民屋地如湍激而旋，屋与人俱陷，及震已竟如故。阿白汛兵五十附崖为营伍。是日，李守戎成票唤汛丁操阅，兵悉出屋，听约，期病者亦强起就问，忽地震崖倾，汛兵俱得无恙。龙格兵民庐舍皆倾，千总署独晏然。一兵既醉，伏于门限，为梁压死。统计巧家一路夷寨山岩峡径被压死者共十六人，或以不及避而死，或竟以避而死，虽其数定，而皆以横死，宁不悲夫！扯勒田开裂，水尽漏竭，次日悉合无痕，苗蕃如故，引水溉之如初。大抵巧家居山巅左右环二大江，居人传年有震感，未有如此之甚也。小江一区，居治之西隅，南通碧谷坝，西南通汤丹厂，尤称甚焉。山谷纷飓，土石翻飞，崖岸隳堕，陵阜分错，而沿山道途，多阻绝不通。最可悯者，禾苗沃若，畦塍纵横破裂，渐就枯槁耳。莲花池者苗寨也，民家旧房基一方约半亩，居人种蔴甚茂。地震时蔴地中分，一半不动，其一半飞旋而去，越其连陌之稻畦贴于其侧，稻苗无少损，蔴亦无一茎偃者，与原留之一半，遥相对峙，芄芄然如故也。紫牛坡耕牛震仆于地者三次，战慄不能移步，而耕者直立不仆。巴河夷妇采茶蓼饲畜，地裂足陷伏地，拔趾甫出而地裂忽合，长裙合入地尺许，剖之得出。牧子负刍归，行阡陌中，与一人迎面蹉跌，不谙地震，唯相顾而笑，顾视田塍横斜破裂，竟失归途。阿旺小营土阜居人数家，地震推其居址于前一里许，房舍瓜蔬果木竹篱，无纤毫参差，宛如未动，而男妇竟不觉其在谷口也。回视旧址仅一土壤耳。引格河对峙两山，一时同卸，土石阻流，鱼虾毕现，居人环视而不敢取。木树郎两岸山颓断流，沙石汇阻三日，水溢溃决田亩，冲蚀禾稼，而沟洫寸裂，无复旧形。有兄妹三人，居屋面崖，地震恐惧，出屋坐石崖下，俱压死而屋无恙。夷人板壁草舍即覆压可救，而碧谷、阿旺、小江皆倚山为居，山崩石裂，故致毙者四十余人，视他处独惨。八年之杀戮，独碧谷一带生全不被兵，而年来丰稔为东郡之最，往复消长，造化之理，固如斯耶，碧谷之西曰卑七马生，于七月初五日见山半之村居田畦移行至山下，而山上叠石以次堆积旧址，其田畦谷苗依然蕃茂，水道亦从田间来，竟不断梗，若天然者。自紫牛坡地裂，有罅由南而北，宽者四五尺，田苗陷于内，狭者尺许，测之以长竿，竟莫知浅深，相延几二百里，至寻甸之柳树河止，田中裂纹，直横不一，断续不绝，引水辄不闻声，盖浸入甚深，其内必多空缺，高岸为谷，古之志矣。汤丹厂与碧谷相连，震动略相等。厂人累万，厂有街市巷陌，震时可以趋避，伤亡者仅四五人，而入山采矿之□硐，深入数里，一有动摇，碛叠沙挤，难保其不死亡也。厂数百硐，硐千百砂丁，一硐有七十三尖。尖者各商取矿之路径也，每尖至少不下十四五人，即一硐中而倖出者盖少矣。硐客辄匿之，谓我硐小兄弟俱出无损者。小兄弟者，即砂丁也。大抵厂商聚楚、吴、蜀、秦、滇、黔各民，五方杂聚，谁为亲识，贪利亡躯，盖不知其凡几，呜呼可哀也。纵复怜而恤之，胡从而及之，呜呼！亦惨甚已！况厂地之多，又不止于汤丹一处，民命可惜，至于死亡，等诸蝼蚁，则平时之悯卹商民，当何如其留心也。自震后，不时地鸣有声，如涛如雷，昼夜无常，几匝月而后止，其震之前一日，天气山光，昏暗如暮，疑其将雨，不知地震也。自廿三以来，日有昏沉之气，非雾非烟，非沙非土，微雨则息，自十二日始清。是年雨旸合节，谷丰岁稔，何以罹此灾也。闻之丰乐之世，亦有灾异，凶荒之年，不乏祥瑞。天道不可必，而人事之修省则未可弛也。事闻，各大宪恻然悯恤，飞檄委员赍锸逮赈，亡者伤者，覆者损者，溥及厚施，实惠广被。七月廿夜丑时，迅雷疾霆，大雨如注，阴阳和顺，自是而后遂无震惊之虑。说者又以地震主兵，庚戌四年动，则有乌东之变，壬子正月动则有元普之师，其或然耶！有土者其预慎之。

（出自清·崔乃镛《东川府志》卷二：崔乃镛 《东川府地震纪事》）

巧家厅城：东川府治西北四百里为巧家地，今为木城于龙格，设经历司治之。……此雍正七年改设也。会泽知县祖承佑详请获允置经历司署二十六间，右军守府署三十三间，千总分汛者那安机租署十六间，把总署十六间，兵房一百五十间。本城周围一里三分，相地督工，则署经历盛朝也。守备李成与署经历又建万寿宫、关帝庙、土地祠，一时并举，不敢颓靡，以踵前车守备李成，又修治演武场一区，……经始于九年，落成于十年，十一年为地震倾圮。

（出自清·崔乃镛《东川府志》卷二 《巧家创设建制记》）

经历公署：前在巧家营，清雍正六年由东川移此。九年，会泽县令祖承佑，详请允准正式修署，计房二十六间，十一年地震倾圮。

（出自陆崇仁 汤祚《巧家县志稿》卷三）

右军守备公署：清雍正九年建，十一年地震倾圮，后修复。

（出自陆崇仁 汤祚《巧家县志稿》卷三）

万寿宫，关帝庙，土地祠……经始于〔雍正〕九年，落成于十年，十一年为地震倾圮。

（出自清·方桂 胡蔚《东川府志》卷二〇）

（二十八）1786年6月1日乾隆五十一年五月初六7¾级地震

川南自清溪县至打箭炉等处，据报于五月初六七等日地震，情形稍重。经臣恭折奏明亲赴勘办。当即由双流、新津、邛州、名山、雅安、荣经等州县前往，沿途查询情形，间有城垛房屋微损之处。……唯清溪县间段倒塌城身三十四丈零，垛口连墙二百二十六丈零。因该城西南二面，俱于山上起建，震塌较多。其官民房屋多在平地，亦有墙壁倾圮、屋宇歪斜之处，尚属无多，亦均自为修整。自清溪县西南（北）一百三十里过飞越岭，即系沈边、冷边、咱里三土司地境。其泰宁营在沈边土司境内，高据山半之化林坪，……原有兵房三百九十八间。兵丁现住三百十四间，内震塌一百九十二间。又应行估变空闲衙署、兵房一百九间，亦并倒塌。又倒塌药局六间，所贮药弹等项，移贮演武厅空房，并无损失。其余都司千总衙署及仓房、库房并现住兵房，均有墙壁坍卸、间架欹斜之处，均需修理。该营以山为城，唯东西有城门楼二座，年久糟朽，兹更欹斜可危，现即令拆卸，……其在营官兵，因该地初动势缓，均得避出无损。……自化林坪西南（北）八十里为泸定桥，在冷边土司境内。查勘桥头御碑亭墙裂缝，脊瓦脱落，护崖羊圈坍卸十二丈。其余桥墩、桥亭、铁索等项，尚无损坏。桥东巡检汛弁廨署兵房，均在平地，微有坍损。……其桥西即系咱哩土司之境，与明正土司接壤。查沈边、冷边、咱里三土司地方袤延二百里，共倒塌贫民瓦土房一百二十七间，压毙男妇大小四名口。其三土司穷番碉房平房，共倒塌六百七十一间，压毙男妇大小一百八十一名口。……查各该处被灾情形，大势系东北较轻，至西南（北）渐重。其在山谷之间，又重于平地，而惟打箭炉为尤甚。该处于初六日午刻地忽大动，至酉刻势方稍定。初七日复动数次，以后连日小动，至十八日方止，以致城垣全行倒塌，不存一雉。文武衙署、仓库、兵房等项，全塌者共一百六十九间，歪斜脱落、墙壁倾颓者三百八十四间，其完善者十止一二。压毙勒休千总陈荣一员，兵丁二名。所有存贮军装、药弹、器械等项均无损失。城内店铺房屋倒塌七百二十七间，压毙内地商民三十五名。查在炉贸易商民，本系有力之户。其无业食力贫民计共五十一户，计倒塌土房五十四间，压毙民人五名。明正司除土司官寨大小头人锅庄外，计倒塌番民碉房一百七十七座，压毙番民男妇大小一百九十三名口。倒塌喇嘛寺，压毙喇嘛二十一名。伏查沈边等土司为边地藩篱，联络外藩，地处要冲，而炉城尤汉番汇聚之区，自四十一年被水之后，殷富已不如前，今又以地震被灾，察看兵商民番情形，颇为拮据。现即酌加抚恤，照例每瓦房一间给银一两，草房一间给银五钱，压毙人口大口每名二两，小口每名一两，分别散给。番地并无草房，间有土石筑盖平房，即照草房之例酌给。各该处本少内地穷民，被灾后又各回原籍，共计抚恤过银一百五十一两五钱。……计沈边、冷边、咱里三土司被灾番民共散给银八百九十九两伍钱，明正司炉城被灾番民共散给银五百一两五钱，共用过银一千五百五十二两五钱。……至清溪县、化林坪、打箭炉三处城垣及文武衙署兵房等项，现饬藩司调委妥员，按估修复。……其自泰宁营至炉城一带，道路本多崎岖，因山石坍坠，径途阻塞；遍桥打断之处甚多，文报不能驰递。各土司番夫灾后狼狈，且道里较长，开修不易。臣于途次就饬派泰宁、阜和兵丁，并换班官兵，正在赴臺，即令该将备带同协力开修，虽已通行，尚有需绕道足行之处。现饬各土司拨夫再加修治，俾无阻碍。至打箭炉以外通藏大路，山势陂陀，道路塘汛，损坏无几，亦饬该土司查明修理，不致有阻。再臣沿途察看各土司境内，二麦黄熟，杂粮畅茂，夏秋均获有收。唯沈边所属之老虎岩地方，因初六日地震，大山裂坠，壅塞河流，致水停蓄泛溢，沈边等土司，沿河田地，多遭淹浸，积水高二十余丈，至十五日塞处冲开，奔腾迅下，田地又被冲刷，现亦委员往查，酌加抚恤。其下游经清溪县、宁远府交界之处，即大渡河两岸万工堰等处，营汛田庐，均被水冲没。并前据宁越营、越巂厅禀报地震亦有倒塌城垣衙署兵房之处，已饬建昌镇会同宁远府查勘。

（出自四川总督保宁录副奏摺）

……至建昌一带，均于五月初六七同日地震，惟越巂厅、宁越营二处较重。越巂厅城，除先经陆续倒塌一百二十七丈零，节年列入缓修奏报外，今有（又）震塌一百一十六丈零。北门城台城楼并经震塌，余俱鼓裂歪斜。又通判、照磨、儒学廨宇，仓监本系年久糟杇，共倒塌四十六间，又倒塌兵房二十六间，坍损十九间，倒塌居民瓦草房三十九间，压毙男妇大小四名口。宁越营震塌都司衙署九间，营汛现住兵房共六十二间，坍损二十五间，倒塌居民瓦草房七十一间。其余各塘汛卡房并多坍损。臣率建昌镇臣魁麟及该府厅等查明属实，察看情形较炉城一带尚为轻减。所有震塌民房压毙人口，照例共抚恤银六十三两，亦经按户散给。……其余建昌营分（各）州县并各处铜厂，地动较短，已据该地方官自行料理。

（出自四川总督保宁录副奏摺）

〔乾隆五十一年五月辛未〕保宁奏：打箭炉、化林坪、泸定桥等处，于五月初六七等日同时地震，城垣、衙署、兵民房屋均有倒塌，人口亦有伤毙。现在驰赴各该处，亲加查勘等。

（出自《清高宗实录》卷一二五五）

〔打箭炉〕城垣：雍正始建，乾隆二十一年改建，四十一年被水尽圮，重修。五十一年地震，城垣又圮。

廨宇：署内仓厫四十间，建署右白土坎上，五十一年地震，监狱、仓厫俱重修。

（出自《打箭炉志略》）

川省地震，人家房屋墙垣倒塌者不一其处。初震时自北而南，地中仿佛有声，鸡犬皆鸣、缸中注水多倾侧而出，人几不能站立。震后复微微作颤，颤已移时复震，如是者数次，自午至酉方息。临息时，成都西南大响三声，合郡皆闻，不解其故，越数日传知清溪山崩。清溪去成都五百里而遥，其声犹巨炮也。山崩后，壅塞泸河（又作大渡河），断流十日。至五月十六日，炉水忽决，高数十丈，一涌而下，沿河居民悉漂以去。嘉定府城西南临水，冲塌数百丈，江中旧有铁牛，高丈许，亦随水而没，不知所向。沿河沟港，水皆倒射数十里，至湖北宜昌势始渐平，舟船遇之，无不立覆。叙、泸以下，山村房料壅蔽江面，几同竹簰。涪州、黔江山亦崩塞，由山底浮流十余里始入大江。其时地震，川南尤甚，打箭炉及建昌等处数月不止，官舍民庐俱倒塌，被火延烧无一存者，至八月之后，始获宁居。

（出自清·张邦伸《锦里新编》卷一四）

乾隆五十一年五月初六日地震，县境屋壁动摇，人难定立，时动时止，〔日〕数十次至初七日乃止。

（出自清·汪士侃《双流县志》卷四）

第五章　宋元明清时期（960—1911 年）

（二十九）1789 年 6 月 7 日乾隆五十四年五月十四日 7 级地震

〔乾隆五十四年闰五月甲午〕……富纲等奏：滇省通海、宁州、河阳、江川、河西等五州县，均于五月十四日连次地震，城垣、官署俱有坍坏，并多倒塌民居、伤毙人口之处。

（出自《清高宗实录》卷一三三〇）

兹据查明通海等五州县，城垣官署俱有坍坏，民居并多倒塌，间有伤毙人口之处，共赈银九千九十余两，需谷一万九千三百五十余石。此次通海等处同时地震，情形较重，小民仓猝被灾，殊甚轸恻，若仅每石折银五钱，为数尚少，恐不敷买食，着再施恩加倍折给一两，所有已经散给者，仍即按数补发。

（出自《清高宗实录》卷一三三一）

〔乾隆五十五年二月乙亥〕蠲免云南通海、河西、宁州、河阳、江川等五州县乾隆五十四年分地震灾田银米，并豁除傍海展没田二百三十七亩有奇。

（出自《清高宗实录》卷一三四九）

五十四年地震，坍塌城垣四座。其江川、通海、河阳三县，地居腹里，应请缓修。唯宁州四门城楼、墙身、垛口皆被震坍，较江川等处为甚。

（出自云南巡抚谭尚忠奏折）

乾隆五十四年四月，宁州雨沙，五月与通海同时地震，坏屋舍，伤人畜，矣□村倾入湖中。震无时，月余乃止。

（出自清·江濬源　罗惠恩《临安府志》卷一七）

宁州城：〔临安府志〕明嘉靖十一年巡按毛凤诏檄知州李道全筑土城，周三里三分，高一丈六尺，厚称之……〔旧志〕崇祯十三年分守道程楷改筑砖城，周三里三分，高一丈五尺……〔案册〕乾隆二十八年知州蒋恒建请帑重修。〔宁州宋访〕五十四年地震城垣尽圮。道光二十九年知州李荣燦重修东城楼并东南城垣。

（出自清·岑毓英　陈燦《云南通志》卷三六）

新龙潭：在福德山之北，介黑白二龙潭之中，素无水。乾隆五十四年五月十四日地震，水忽潢出，居民乃潴之以资灌溉。

（出自刘启藩　卢厚山《黎县志》第四册）

乾隆五十四年题准宁州地震摇落入海不能垦复田二顷三十七亩二分七厘，开除无征。

（出自刘启藩　卢厚山《黎县志》第四册）

新城建庙正殿三间，东西两耳，源租三石以奉香火，由来已久。然年远湮没，寺石朽坏，几难为继。……乙巳间改旧更新……焕然维新焉。及地震崩折又替，数人协力修补，照前办理，于是庙宇崔巍，神像辉煌。

（出自《新城乡关圣宫碑记》）

（三十）1792 年 8 月 9 日乾隆五十七年六月二十二日 7 级地震

本年六月二十二日申时，台湾府城地震，其势颇重。臣等当即派委员弁分赴城厢内外查勘，据报倒坏民房五十四间。所幸动在日间，人多奔逸，仅止伤毙男妇三口。再查郡城城垣、衙署、监狱、仓厫均皆完好。唯城内及安平营房墙壁，间有损坏等情。二十三日未时，风闻嘉义县地方大震，有倒屋伤人之事。当委台湾府杨绍裘星夜驰赴查勘去后。二十四日，据凤山县营具报：二十二日申时地震，县城内外及各庄房屋，俱无损坏。唯阿公店街倒坏营房三间，店房二间。阿里港街坍倒草屋八间，伤毙民人一名。又据嘉义县营禀报：二十二日未、申二时连次地震，申末尤甚。东西北三门倒坏民房十分之八，南门倒坏民房十分之四，人口俱有压毙。闻得近山一带村庄，亦有震倒房屋伤毙人口。……再，仓厫倒坏七间，军装火药各局及堆卡兵房俱有倒坏，压毙兵丁一名。其在监人犯，先因墙裂将人犯提禁在外，拨役防护，并无损失。二十五日，又据彰化营禀报：二十二日未时，地震数次，其势甚重。文武衙署、民房坍倒十居其六，压毙兵丁二名。闻得远乡民庐俱有震坍以及伤毙人口，现在往查另报。至监犯先已防护尚无损伤。又据淡防厅营禀称：二十二日未时地震，城乡各处并无倒坏房屋、伤损人口等情……。兹于七月十二日据该府杨绍裘查明回郡禀称：嘉义、彰化二县地震被灾情形，近山村庄较重，沿海各庄稍轻。……臣等细加查核，台湾、凤山两县倒坏民间瓦房五十六间。……又倒坏草房八间，压毙男妇大口四名。又塌倒营房三间。……嘉义城乡共坍塌民、番瓦房一万四千四百二十六间……又倒坏草房四百三十八间，压毙男妇大口二百一十二名口，小口三十九口，压伤男妇大小共四百一十四名口。又塌倒各汛营房一百八十一间，压毙兵丁一名，压伤兵丁一十八名。彰化县城乡共坍塌民、番瓦房九千七百二十三间。……又倒坏草房五百零七间，压毙男妇大口三百三十一名口，小口二十二口，压伤男妇大小共三百二十六名口又塌倒各汛营房一百七十八间，压毙兵丁五名，压伤兵丁二十三名。再，嘉义、彰化二县文武衙署、仓厫、军装、火药局均有坍塌。……再查凤山、嘉义、彰化三县震倒各汛卡房三百六十二间。

（出自福建水师提督兼台湾总兵哈当阿奏折）

六月十三日起至二十一日，连日大雨，溪水正在泛涨，加以地震，近溪之眉目义等庄民屯、叛产田园，被水冲压，约有二百余甲。

（出自福建水师提督兼台湾总兵哈当阿奏折）

据台湾镇道报称：六月二十二日申时台湾府城地震，当即查勘倒坏民房五十四间，因在白昼，民人奔避，仅伤男妇三口。城垣、衙署、监狱、仓厫均皆完好，唯城内及安平营房，墙壁间有损坏。又凤山县亦同时地震，其势尚轻，唯阿里港等街民房间有倒坏，余俱完好。至嘉义、彰化二县，连次地震，被灾稍重，民房倒塌较多，人口亦有压毙，衙署、仓厫、军装、火药各局及堆房，火房均有倒坏，在监人犯先经提禁，拨役防护，并无疏失。当即飞饬台湾府前往督同嘉、彰二县上紧查勘，并设立粥厂捐米煮赈，多搭棚寮，俾无力灾黎，暂为栖止，……至淡水厅地方同日微动，并无损坏，二十三日未时风闻嘉义县地方大震，有倒屋伤人之事，当委台湾府杨绍裘星夜驰赴查勘去后。二十四日，据凤山县营具报二十二日申时地震，县城内外及各庄房屋俱无损坏，唯阿公店街倒坏营房三间，店房二间。阿里港街坍倒草屋八间，伤毙民人一名。又据嘉义县营禀报，二十二日未申二时连次地震，申末尤甚。东西北三门倒坏民房十分之八。南门倒坏民房十分之四。人口俱有压毙。闻得近山一带村庄亦有震倒房屋、伤毙人口。现在分头确查，并饬委营弁巡典各官分赴各乡查明另报。再，仓厫倒坏七间，军装、火药各局及堆卡、兵房俱有倒坏，压毙兵丁一名。其在监人犯，先因墙裂，将人犯提禁在外，拨役防护，亦无损失。二十五日，又据彰化县营禀报：二十二日未时地震数次，其势甚重。文武衙署、民房坍倒拾居其陆，压毙兵丁二名。闻得远乡民庐俱有震坍以及伤毙人口，现在往查另报。至监犯先已防护尚无损伤。又据淡水厅营禀称：二十二日未时地震，城乡各处并无倒坏房屋、伤损人口等情。当即飞饬台湾府督同嘉义、彰化二县上紧勘明具报。并饬设立粥厂逐日捐米煮给，并多为搭盖棚寮，俾安栖止，以恤灾黎。兹于七月十二日，据该府杨绍裘查明回郡禀称：嘉义、彰化二县地震被灾情形，近山村庄较重，沿海各庄稍轻。且自五十一年逆匪滋扰之后，民间新建房屋，类皆筑土墙垣，木料细小，易于倒坏。并据开造各县倒坏房屋，分别有力无力及伤毙人口清册前来，臣等细加查核，台湾、凤山两县倒坏民间瓦房五十六间。除查明有力之家计瓦房三十五间，毋庸抚恤外，实应恤倒坏瓦房二十一间，又倒坏草房八间，压毙男妇大口四名，又倒坏营房三间，先行就近尝恤外。嘉义城乡共坍塌民番瓦房一万四千四百二十六间，内除抄封翁云宽、杨文麟、林爽文各案内入官房屋二百六十八间及查明有力之家并尚未全行倒坏，计房屋九千九百七十二间，毋庸抚恤外，实应恤倒坏瓦房四千一百八十六间，又倒坏草房四百三十八间，压毙男妇大口二百一十二名口，小口三十九口。压伤男妇大小共四百一十四名口。又，倒坏各汛营屋一百八十一间，压毙兵丁一名，压伤兵丁一十八名。彰化县城乡共坍塌民番瓦房九千七百二十三间，内除抄封翁云宽、杨光勋、林爽文各案内入官房屋五十三间及查明有力之家并尚未全行倒坏，计房屋五千九百一十九间，毋庸抚恤外，实应恤倒瓦房三千七百五十一间，又倒坏草房五百〇七间。压毙男妇大口三百三十一名口，小口二十二口，压伤男妇大小共三百二十六名口。又倒塌各汛营房一百七十八间。压毙兵丁五名，压伤兵丁二十三名。再，嘉义、彰化二县文武衙署、仓厫、军装、火药局均有坍塌。再查凤山、嘉义、彰化三县震倒各汛卡兵房三百六十二间，系兵丁栖宿之所，未便露处，饬令台湾府先行动支府库备公银两给发各县，赶紧召匠修建。

又附片具奏：再据台湾府杨绍裘禀，据彰化县禀称：现据各业佃禀报，六月十三日起至二十一日，连日大雨，溪水正在泛涨，加以地震，近溪之眉目义等庄民屯、叛产田园被水冲压约有二百余甲。现在溪水未退，难以履勘⋯⋯。

查台湾府册报，勘实台湾、凤山、嘉义、彰化四县地震无力贫民倒塌房屋共八千九百一十一间，内瓦房七千九百五十八间。⋯⋯又勘实嘉义、彰化二县地震无力贫民压伤男妇大小共七百四十名口，内男妇大口共六百一十一名口。⋯⋯又勘实嘉义、彰化二县地震，压伤兵丁共四十一名。

（出自福建巡抚浦霖题本）

〔乾隆五十七年八月戊子〕伍拉讷等奏：据台湾镇道报，六月二十二日申时，台湾城地震，倒坏民房，伤毙男妇三口。凤山亦同时地震，其势尚轻。嘉义、彰化二县连次地震，被灾稍重，民房倒塌较多，人口亦有压毙。现于藩库内提银一万两，委员领解前往，协同该道府厅县，查明抚恤等语。

（出自《清高宗实录》卷一四一一）

〔嘉庆八年癸亥秋七月乙巳〕又谕，台湾凤山等县，因地震倒塌兵房，动支备公银两修建，系乾隆五十八年题销卹赏银两案内，声明赶办工程，该督自应遵照定例，先将估册报部，俟复准后再行按限题销，庶不致有浮冒迟延情弊。此等工程并非若险要河工，必须赶紧抢护者可比，何得不预先估报，即行动项修建。况又迟至十年之久，此时始称修竣，违例率请奏销，外省办理诸事，因循疲玩最为恶习，玉德著传旨申饬。

（出自《清仁宗实录》卷一一六）

（三十一） 1799 年 8 月 27 日嘉庆四年七月二十七日 7 级地震

本年七月二十七日子时，云南省城地微震动，俄顷即止。臣立刻委员分路查勘，居民宁贴，并无损坏房屋墙垣。一面飞札近省各属确查去后，连日据路南等州县具报情形，核与省城相似。唯昨据署石屏州知州庄复旦禀报，该州于七月二十七日子时初刻地震起，至子正止，又自丑刻至寅刻，连震数次，申刻又大震一次。所有城垣、庙宇、官署、民房、监狱、仓廒，多有坍倒，人口亦多伤毙。附近乡村房屋、人口，均有震倒、伤毙之处。⋯⋯又据邻境之建水县知县王好音具禀：二十七日子刻地震，当即查勘监狱，并无损坏。唯衙署、仓库、民房及城垣垛口，间有坍塌黢裂，人口亦有伤损。至于四乡有无震坍房屋，伤损人口，现与教职、典史分往确查另报。

（出自云贵总督富纲奏折）

查此次石屏地震，西北之宝秀等一百八十四村，情形最重，近城九铺次之。东南之吴家庄等四十九村又次之。因夜深俱已睡卧，猝不及避，以致人口多有伤毙。内除有力各户倒不给赈外，其实在贫乏者，统计城乡共倒塌瓦房五千七百二十八间，草房九千二百八十六间。压毙男妇大口一千一百六十口，小口一千六十一口，压伤男妇大小共一千一百四十九口。实在被灾各户，男妇大口八千四百六十口，小口六千二百八十三口。⋯⋯又赶赴建水县城乡查察，该县虽于子刻地震数次，幸为时不久，被灾较轻。计实在无力各户，共倒塌瓦房五百三十四间，草房一千五百三十八间。压毙男妇大口二十一口，小口九口，压伤男妇大口共五十五口。实在被灾各户，男妇人口一千二百八十四口，小口八百二十二口。⋯⋯再查建水县城垣、仓库、衙署，不过间有坍损。⋯⋯唯石屏州城四门城楼、墩台、捲硐炮台，全行坍塌。周围内外城墙，亦多有震坍之处。

（出自云贵总督富纲录副奏折）

〔嘉庆四年己未八月己酉〕上谕内阁：富纲奏云南石屏州等处地震情形现在勘办抚恤一摺。此次石屏州及连界之建水县两处地震，猝被灾伤，房屋倒塌，人口有伤毙，殊堪怜悯，该督现已派员酌带银两，前往查明，分别抚恤。并因石屏向未设有大汛，另派将备前往弹压稽查，所办俱是。除查明坍倒房间，伤毙人口及城垣、衙署、监狱、仓廒照例查办外，该督等惟当董率所属，实力妥办，加意抚绥，毋使一夫失所，以副朕轸念灾黎至意。

（出自《仁宗睿皇帝圣训》卷五二）

今据临安府知府江濬源详据，署石屏州李青云详称：遵查卑州于上年七月二十七日地震，水没沙压田亩。……亲赴沙压之西北乡等处，逐一履勘，委属沙压。又赴东乡石屏异龙湖及西乡宝秀海等处踏查，实系地近海滨，本属低窐。除可以垦复田一顷三十二亩九分一厘七毫二丝。卑职督令上紧挑挖培补外，其实民不能垦复之东北乡沙压田三顷二十亩七分八厘二毫，西乡及宝秀海水没田三顷三十二亩三分零八丝。贰项民赋共田六顷五十三亩八厘二毫八丝。应纳秋粮十四石五斗六升四合五勺，条丁银一十五两二钱九分三厘，公件耗羡银九两二钱四分。

该臣看得石屏州地方于嘉庆四年七月二十七日地震案内，水没沙压田亩内，除可以垦复者，先经转饬查明，督令上紧挑挖培补，其实在不能垦复田亩，亦经饬令查确详办去后。兹据云南布政使陈孝升会同粮储道钱汝丰详称：除蠲免被灾各户应纳嘉庆四年分钱粮并倒塌居民房屋，伤毙人口赈恤银谷及石屏州震倒衙署房屋估修工料等项，业经次第分案。

(出自云南巡抚初彭龄题本)

〔嘉庆四年八月己酉〕赈云南石屏、建水二州县地震灾民。

(出自《清仁宗实录》卷五〇)

〔嘉庆六年二月己巳〕除云南石屏州地震田六顷五十三亩有奇额赋。

(出自《清仁宗实录》卷七九)

嘉庆四年七月二十七日，石屏地大震，建水次之。石屏坏城堞民居，伤毙二千余人。

(出自清·江濬源　罗惠恩《临安府志》卷一七)

嘉庆四年己未七月，石屏地大震，坏城堞民居无算。(八月又大震，伤毙男妇三千余人。二十八日綵虹满天，如弓、如带、如半环向背不一。)

(出自清·阮元　王崧《云南通志稿》卷四)

曩石屏地层，压而毙者逾二千名口，余往按户而赈，其殒于非命者皆平民，而行谊著闻之家不与焉。

(出自清·江濬源《介亭全集·北上偶闻》)

嘉庆己未地震，灾户嗷嗷，恳当事开厂赈粥，身理宝秀二十余灶，劳瘁备至，民不苦饿。

(出自清·江濬源《介亭全集·外集·石屏罗孝廉墓志铭》)

〔石屏〕州城：乾隆十九年地震，城垣崩塌四十余丈，知州管学宣详明捐修，四十五年重修。四城楼并垛口墙垣各有修葺。

嘉庆四年地震，城堞楼槽倾圮。

(出自清·阮元　王崧《云南通志稿》卷三八)

〔石屏〕庙学：在州治东。……康熙八年知州刘维世建棂星门，四十年知州张毓瑞重建尊经阁，四十五年知州刘承启重建启圣祠。雍正元年阖州绅士重建大成殿两庑、义路、礼门坊。乾隆十五年知州王尚楣改棂星门为砖坊。二十四年知州管学宣率绅士重建明伦堂。五十年阖州绅士重建崇圣祠，翼以两庑，重修尊经阁，改建明伦堂于学署之前。嘉庆四年地震，署州李青云请帑率绅士重修。

(出自清·阮元　王崧《云南通志稿》卷七九)

〔石屏〕龙泉书院在城北门外，……乾隆十八年知州管学宣重建，四十五年修补。嘉庆元年知州周理、刘大鼎捐修。四年地震倾圮。

(出自清·阮元　王崧《云南通志稿》卷八四)

(三十二) 1806 年 6 月 11 日嘉庆十一年四月二十五日 $7\frac{1}{2}$ 级地震

卑职隆子宗堆二人恭呈短禀如下：自前年火虎年四月二十五日夜发生严重地震，造成大批房塌人伤以来，每月都发生四五次地震。

卑职二宗堆　于土龙年六月二十九吉祥日敬上

(出自隆子宗堆呈报连续地震成灾帖 (藏文))

卑职隆子宗二宗堆恭呈短禀如下：……查本地区一带非汉人来往大道，来源唯靠从前收入和福德积攒，然遭受严重毁灭，断壁残垣，比比皆是。如此残破情况，为前后藏各地所仅见。

上年地震后，特派官员视察时即有"尽多安排新户"之布告。饬令尽力收容百姓。然而，……直至

第五章　宋元明清时期（960—1911 年）　　　　　　　　　　　　　　　· 131 ·

火兔年，……均无新来户补充逃亡户，……。

　　卑职二宗堆　敬上　火兔年十一月二十一日

（出自隆子宗宗本呈噶厦禀帖（藏文））

　　卑职隆子宗宗堆二人谨具短函恭禀：前年地震为害实为宗属各地空前未有之巨灾，因摇动甚烈，柱折梁倾者甚多，今后宗府难以居住。德珠日顶寺之大殿、佛堂、库房、僧舍等坍塌损坏者尤多。此外，大部分宗属庙产房舍亦遭巨灾。

　　小的两个宗堆俯伏叩拜　五月二十一日

（出自隆子宗宗堆呈噶履禀帖（藏文））

（三十三）1816 年 12 月 8 日嘉庆二十一年十月二十日 7½ 级地震

　　接据署打箭炉同知吉恒转据口外角洛汛弁禀报：嘉庆二十一年十月二十日丑时，章谷一带地震，喇嘛寺及各房屋猝遭倒塌，压毙汉、番男、妇大小人口甚多。……当即饬委建昌道叶文馥，督同署同知吉恒出口确勘。……兹据该道督同该署同知，驰往该处逐处确查。勘得共倒塌楼房一百一十八间，平房九百八十六间。刨验各尸，共压毙汉、番大男妇并大喇嘛一千八百一十六名口，小男女、小喇嘛一千三十八名口。

（出自四川总督常明奏折）

（三十四）1830 年 6 月 12 日道光十年闰四月二十二日 7½ 级地震

　　接据藩司颜伯焘详称：保定省城于闰四月二十二日戌刻微觉地震，少顷即止。当即饬查近省各州县，是否同时地震，有无妨碍。旋据磁州禀报：本月二十二日戌刻地震起，至二十三日巳时始定。城垣、桥座、仓厫、监狱、衙署，以及居民房署，均有膙裂坍塌。州署压毙家人二名。磁州营都司刘文玉被压受伤，尚不甚重。……又据禀报：同时地震之邯郸县、肥乡县城垣、衙署、仓厫、监狱，均坍塌膙裂。其余永年、成安、广平三县，民房间有塌损歪斜，人口均无损伤。并准大名道移会大名、元城、清丰、南乐、开州等州县，同时地震。……复据大名道李德立禀称：磁州续报，二十三日戌时，地复大震，民房坍塌过半，损伤人口亦多。州城关厢及西乡情形最重，南乡次之，东北两乡稍轻。……其与磁州接壤之邯郸、成安二县，续报地震，官民房屋亦多坍塌，尚无伤毙人口。

（出自直隶总督那彦成录副奏折）

　　接据大名道李德立禀称，该道驰赴磁州，路经成安，查得该县城关及东南北三乡倒塌房屋无多，唯西乡毗连磁州各村，倒塌房屋约有十分之四，尚无伤毙人口。……磁州东南北三乡，倒塌房屋十之五六，伤毙人口尚少。唯州城衙署、监仓、城垣、庙宇、民房全行捐（损）塌。西乡彭城一带相同，因人烟稠密，居民躲避不及，受伤压毙较多。……邯郸境内，坍塌房屋较多，间有伤毙人口，情形不重。……唯磁州南北西三门及南关大石桥全行塌卸。

（出自直隶总督那彦成录副奏折）

　　再，直隶磁州据派赴磁州帮办抚恤之清河道徐寅第及大名道李德立先后禀称：……自闰四月二十三日以后地常微震。本月初七日又复大震，所剩房屋，全行倒塌，幸居民近皆露处或搭蓆棚栖身，是以并未伤毙人口。

（出自直隶总督那彦成录副奏片）

　　道光十年五月初八、十一等日，运司陈崇礼先后禀详据称：五月初四、初八等日，据磁州商人晋永泰、临漳、成安二县商人晋元亨禀报：磁州、临漳引地于闰四月二十二日戌刻同时地震，城乡房屋俱多倒塌，压伤人口不少引地店房夥役人等，磁州如在城总店及南关、岳城、城厂、琉厂五处房屋，亦全塌坏，店役人等受伤轻重不一。再，于五月十一日，据运司详称：闰四月二十日至五月初六日先后据赞皇县商人晋永吉，……等禀报：该商等引地自四月二十八九日起至闰四月初四五等日止，连日大雨倾注，河水、山水涨发漫溢。被水情形，各处轻重不同。

（出自盐政阿扬阿奏折）

　　窃查磁州一带地震……查明同时地震之大名，元城、清丰、南乐、开州、永年、广平、肥乡并此外各州县，或微震即止，毫无妨碍，或震动稍久，民间旧屋间有坍塌。……惟磁州自闰四月二十三日以后，地常微动，至五月七日又复大震，房屋全倒，情形最重，邯郸次之，成安较轻。……现已查明成安县被灾之温连送等二十三村并无压毙人口，……震坍民房查明无力应给修费者，共瓦房七百一十三间。土房四百二十九间，共需银九百二十七两五钱。邯郸县城关及西南庄等一百九十六村共压毙男妇大口一百七十七名，小口一百十五名口，共应给埋葬银四百六十九两；震塌民房查明无力应给修费者，瓦房二千二百九十一间，土房七千六百十一间。……磁州城关及彭城镇等被灾四百一十三村，压毙男妇大口二千七百七十五名口，小口二千七百一十名口，应给埋葬银八千二百六十两，震塌民房查明无力应给修费者，瓦房九千九百五间，土房六万六千五百五十三间。

（出自直隶总督那彦成奏折）

道光十年七月初七日内阁奉上谕：那彦成奏地震被灾之营汛兵力拮据，请赏借兵饷一摺。直隶磁州营、邯郸汛防守兵丁庐舍全被震塌，现需修葺，兵力未免拮据。……今灾出不意，栖止无所，……赏给一季饷银共一千六十六两。

（出自军机处上谕档）

窃查去年闰四月二十二日，京畿三辅地方广轮干余里，同日地震。其尤甚者，则直隶之磁州、河南之临漳县等处。近有臣乡人入都，据云：该地方将震之时，有声从西北来，如雷轰炮击，瞬息之间，树梢扫地，尘埃障天，屋瓦飞掷，井水肆溢，房屋倒塌殆尽，人物压毙无算。又平地坼裂，有水从内涌出，其色黑白不等。水尽继之以沙，沙尽继之以寒气。男号女泣，惨苦万状。且大震以后或一日数震，或间日一震，或乌乌有声，或微微稍动。自去年闰四月以迄于今未止。考之历代史册，所记地震之甚且久，罕有过于此者。

（出自给事中刘光三奏折）

〔道光十年五月辛西〕抚恤直隶磁、邯郸、肥乡、永年、成安、广平、大名、元城、清丰、南乐、开十一州县地震灾民。

（出自《清宣宗实录》卷一六九）

〔道光十年五月丙戌〕蠲缓直隶磁州、邯郸、成安三州县地震灾民本年下忙地粮有差。

（出自《清宣宗实录》卷一六九）

〔道光十年七月壬戌〕修直隶磁、邯郸二州县地震坍塌文武衙署仓廒监狱，并给兵丁一月饷银，修理房屋，从总督那彦成请也。

（出自《清宣宗实录》卷一七一）

〔道光十年七月甲申〕以长芦引地地震成灾，缓征直隶磁、邯郸、成安……新旧引课有差。

（出自《清宣宗实录》卷一七一）

〔道光十一年正月戊午〕贷给直隶磁、邯郸、成安、雄、安、高阳、沧、无极、延庆九州县上年地震、被水灾民籽种口粮，并平粜仓谷，缓征磁、邯郸、文安、大城、成安五州县本年额赋。

（出自《清宣宗实录》卷一八三）

〔道光十一年四月己酉〕暂缓直隶磁、邯郸、成安三州县上年地震灾区新旧额赋有差。

（出自《清宣宗实录》卷一八七）

〔道光十一年六月戊申〕以直隶磁州上年地震欠收，粮价昂贵，贷营兵一季饷银。

（出自《清宣宗实录》卷一九一）

道光十年庚寅闰四月二十二日戌刻，余晚餐甫毕，与洌泉朱表兄同坐三堂闲话。忽闻有声如地雷、火炮，初听远远而来，顷刻即至，又如千军万马，并作一声，其势甚猛，目见三堂楹柱，上下簸荡，如舟在大风波浪中。朱兄曰：大灾至矣，迅步往外。

余思印信在卧室，宜亟取，而眷口亦须保护，遂趋进。时有二仆，因上房摇动，恐飞瓦掷及余身，扶掖复回三堂。余立意内进，二仆不谙余意，左右牵制，来往者再四。余细视住房及过堂均未坍塌，奋身直趋，急取印藏诸怀。聚集家人，幼儿孙男女，暨姬婢辈，择空旷处围坐。

第五章　宋元明清时期（960—1911 年）　　　　　　· 133 ·

是时，余侧室刘氏在东厢房内，正思趋出间，而厢房东墙北墙俱倒。东倒者压其背，北倒者压其一手，幸未及首，故能出声嚷喊，时众方喧哗，罔觉。刘所生于保儿才十二岁，泣告余曰：我母且压在东厢矣！亟宜救。余以手击破窗楞，命仆妇扒进救出。刘手背均受微伤。

寿儿、惠儿于地未动时，同往署之西偏花园内纳凉，及见动，皆奋奔东北，赴上房视余。其时地如掀簸，且走且蹶，一路飞砖飘瓦，着肩背负痛不知，直至见余。余视两儿虽受磕伤，尚无妨害。检点亲丁人口，少一四岁孙女，系寿儿所生。寿儿妇唐，余之甥女也，意甚忧戚。余慰之曰：不妨。命干仆寻觅，至夜半于署外抱回，惊喜交集。

又遣仆遍问幕中友戚诸公。知孟、聂、屠、施诸兄及堂叔，俱在大西偏莲池北隙地内，无恙。朱兄于三堂分手后，从已坍之断椽碎瓦上，跣足踽避于三堂西院杏树下。又知山阴俞兄、福建曾兄，皆经被压，借仆辈勇力掘土救出，幸俱无恙。家人中压毙司阍方升一人，曾仆郭湘一人，情殊可悯。

二十三日黎明急欲出外履勘、茫然不得街巷故道。唯闻都阍刘公压伤腿足。学师马公、彭城千总郝公均被压受伤，城关及四乡压毙人口无数。衙署、仓监、城垣、庙宇、民房倒塌殆尽。是日戌刻又复大动。

二十四日从折栋崩榱瓦砾中，高高下下走看情形。黎民老幼、莫不风栖露宿，悲若哀鸿，伤心惨目，何忍视之。千百年石梁绰楔均已毁折，奚况市廛之不为齑粉哉！

二十五、六、七等日亲赴四乡周历查勘，西乡情形最重，南乡次之，东北乡稍轻。当即遍为安抚，官民相视而哭，此时民情大可见矣。随查得城乡地多坼裂，黑水夹细沙从地底涌出，泛滥大道。黑水涌处，其洞或圆样，或腰圆，大小不一。或有高地而改洼者，或有城濠洼地反挤而为高者，有井水味淡变而为咸者，亦有本味咸改而为淡者。西乡离城十五里，地名东武仕，有平石桥，下通滏阳河发源之水，地动后，水漫桥上一二尺不等。余查灾每过是桥，舆夫必多人扶持过去，询之土人，佥云：地动则水涨，动稍息则水渐消，复动则复涨。又云：地动水涨则井涸，种种灾异，令人不可解者，未能枚举。先是禀请本道府按临督办。署中房屋尽倒，集夫畚除积土碎料，择隙地或就倒房之基搭蓆棚数十处，以为道府厅及大小委员办公栖息之所。幕友均住蓆棚。内眷大小二十余人踡踃于一矮棚内，昼夜不安。因嘱表弟蔡率家丁将眷口送于广平府，赁房暂寓。

常平仓倒塌，穀石雨淋，恐致霉变，急用蓆片露囤迁之。监墙已倒，囚人不能羁禁，禀请本道府于清河、广平、曲周、鸡泽、威县五处，分寄监禁。

是时官民用蓆甚夥，磁产不敷所用，遣胥役往邻邑各处采买。署内外因公用蓆片二万数千张，计费二千余金。

余初有先放义仓谷以安民心之议，嗣道府按临，指示机宜，意见吻合。于是尽放城乡义谷一万一千一百五十余石，以资民食。民心大定。

两旬之间，发通禀者三。旋蒙大宪据禀入奏。天子轸念民瘼，命督臣派委大员发帑，带同各委员查勘抚恤。维时大宪檄委清河道宪徐、前首府候补刺史白，天津司马顾，正定司马陶，顺德司马彭，广平司马罗，肥乡县汪、威县曹、怀柔县曾，灵寿县梁、候补知州阿，即用知县袁，候补知县陈、黎、刘，候补县丞徐，候补未入葛、岳先后到磁。即同本州学正张，训导马、吏目宋分赴城乡查勘压毙人口及倒塌房屋。又分别倒房有力无力之家，造册查对，苇篷秉烛达旦不休。又分委监放恤银，按名散给。共计压毙大小男女五千四百八十五名口，倒塌房屋二十余万间。内除有力之家不计外，其无力贫民查明应给修费者，共瓦房九千九百五间，土房六万六千五百五十三间。每压毙大口一名给埋葬银二两，小口一两，共给埋葬银八千二百六十两。每瓦房一间给修费银一两，土房五钱，共给修费银四万三千一百八十一两五钱。

初因西乡彭城界连豫省，恐有不逞之徒及外来游民藉端生事，当即知会分防州判杨、千总郝实力稽查。一面禀请本道商之镇台，委大名游府张带同弁兵驻劄彭城深资弹压。本城赖有都阍刘，署都阍安、千总李巡查防护，城乡藉以安静。

同时被灾者：北邯郸、东成安、西南豫之武安、安阳、临漳等县，而磁州为独重。复蒙大宪奏准豁免磁州本年下忙钱粮，赏给兵丁三月口粮。……

余不文，聊为磁民纪灾异，亦为磁民颂皇恩也。是为记。

道光十年岁次庚寅秋八月，桐乡沈旺生记于磁州官廨。

（出自清·沈旺生《磁州地震大灾纪略》）

道光十年后四月二十二日酉时地震，山崩地裂，房屋倾圮，伤人无数。其后或一日一震，或不时而震，人心慌恐，几无宁日，至十二年春乃息。地震之灾磁州为最，磁州于彭城为最。余从彰德回乡阅渔洋、岳城等村，其房舍倾塌有十之六七者，有十之八九者。及彭城唯有土地庙中间尚在，其他殿宇、民居、基址俱倾，并无半楹存留者，访伊父老所伤性命一千七百有奇，异乡贸易于兹被伤而没者，未可计数。彰德七属，咸被其灾，有重有轻，涉素苦寒，虽被灾未甚，而民情已难堪。

（出自清·《关帝庙碑记》）

（三十五）1842 年 6 月 11 日道光二十二年五月初三日 7 级地震

为巴里坤地方忽遭地震，恭摺奏闻，于五月初三日卯时，猛然地震，一刻之间，满汉两城、文武大小衙署及兵房、仓库等处，同时被震。其中有全行压塌者，城垣城楼，并商民百姓房屋，率皆塌损歪斜，军民人等男妇家口均在空隙之处，搭盖棚帐，暂行栖止。是晚复大雨一夜，……且连日仍不时震动。……再查军民内亦有压毙、压伤者约数十名。

（出自伊犁参赞大臣庆昌录副奏折）

接据镇西府知府吉昌、宜禾县知县嵩山等禀报：巴里坤宜禾县地方，于五月初三日卯刻，陡然连次地震，势甚凶猛，所有满汉二城城垣以及文武衙署、仓库、监狱、兵房、铺面、居民房屋，被震倒坍者，不计其数。并查得汉城压毙男妇二十三名口，压伤者三十九名口。并据各乡乡约、屯田兵丁禀报，各乡屯俱被地震，各有伤毙人口。自初三卯刻起，至初五日午刻，陆续震动，尚未停息。兵民俱在街市露处，现为搭盖窝铺，俾令栖身。并经该县嵩山亲往各乡勘验确查，俟查明另行禀报等情。同日又接准巴里坤领队大臣阿精阿咨呈称：是日地震，该处满城坍塌城垣、衙署、兵房无数，并压毙男妇十三名口，压伤三十名口。现因地震未定，先在空隙处支搭帐房席棚，暂令栖止。

（出自乌鲁木齐都统惠吉录副奏折）

巴里坤地方前于五月初三日陡然连次地震。……兹据镇迪道图壁禀称：勘得巴里坤满、汉二城城垣大半倒塌，雉堞堕落无存，文武衙署、兵民房屋以及仓库、监狱、庙宇，均已倒塌，间有一二存者，亦皆歪斜损坏。兵民人等男妇子女，均在露处，亦有于衙（街）巷搭盖席棚栖止者，啼号情状，实堪悯恻。随即督同委员及该府县在于城乡逐细查勘，城内受灾较四乡尤重。满城压伤男妇大小二十九名口，压毙一十四名口。除各营自行赏恤外，又查城乡居民压伤男妇大小三十九名口，压毙者二十七名口。……又查居民震塌房屋，共计五千四百六十三间。

（出自乌鲁木齐都统惠吉录副奏折）

〔道光二十二年六月壬辰〕又谕：惠吉奏巴里坤宜禾地方，猝遭地震，受灾甚重，饬员前往督办抚恤一摺。巴里坤为新疆东路瘠苦之区，现猝遭地震，兵民房屋陡被震塌，必致失所无依，情殊可悯。该处距乌鲁木齐一千数百里，若俟委员后再行筹办，未免往返稽延，自应急为抚恤。……

（出自《清宣宗实录》卷三七五）

〔道光壬寅二十二年九月二十三日〕宜禾地震半月，城垣衙署，半就倾圮……此本年六七月间事也。

（出自清·林则徐《荷戈纪程》）

黄濬……道光壬午成进士，以知县用，……戊戌谪乌鲁木齐。……会癸卯夏，巴里坤地震，城圮。都护惠吉奏请重修，檄充督催之役。甲辰十月，城工成，都护唯勤奏请议叙，得释回之旨，时十二月十四日也。

（出自清·王菜 《柔桥文钞·黄濬传》卷一四）

（三十六）1846 年 8 月 4 日道光二十六年六月十三日 7 级地震

道光丙午六月十三日，时加寅，江、浙等处地震，屋瓦横飞，居民狂奔，呐喊之声，山鸣谷应。震前片时东南有流星大如斗，光烛天门，震后有流火如碗口大小，下堕者其多。

（出自清·马承昭《续当湖外志》卷六）

〔道光〕二十六年正月三日己未雷。六月十三日丙寅寅刻地震。

（出自清·王检心　刘文淇《仪征县志》卷四六）

〔道光〕二十六年丙午六月十三日地大震。

（出自清·周际霖　周顼《如皋县续志》卷一五）

〔道光〕二十六年丙午夏六月十三日地震。

（出自清·龚宝琦　黄厚本《金山县志》卷一七）

〔道光〕二十六年六月十三日寅时地震。

（出自清·林达泉　李联琇《崇明县志》卷五）

〔道光二十六年〕六月十三日丑刻地大震。〈十月五日亥刻又震。〉

（出自清·程其珏　杨震福《嘉定县志》卷五）

〔道光〕二十六年丙午春霪雨，六月十三日地震。有声如雷，刻余始定。

（出自清·梁蒲贵　朱延射《宝山县志》卷一四）

〔道光〕二十六年丙午春霪雨。六月十三日地震，有声如雷，刻余始定。

（出自清·张人镜《月浦志》卷一〇）

〔道光二十六年六月〕十三日寅时地震。〈二十六日酉刻复震，有声自北而南。〉

（出自清·王政　王庸立《滕县志》卷五）

道光二十六年六月丙寅地震。

（出自清·周凤鸣　王宝田《峄县志》卷一五）

〔道光〕二十六年六月十三日夜地大震。

（出自清·舒孔安　王厚阶《宁海川志》卷二）

〔道光〕二十六年丙午夏闰五月二十九日大风。六月十三日地震。

（出自清·常之英　刘祖幹《潍县志稿》卷三）

〔道光〕二十六年丙午夏六月地震。〈十二日寅刻床榻皆摇动，门环大响多时。〉十三夜又小动二次。

（出自清·张柏恒《安丘新志·总记》）

〔道光丙午二十六年〕六月十三日地震。〈十九日地震。〉

（出自清·刘嘉树　苑莱池《诸城县续志》卷一）

道光二十六年六月十三日丑时地震。屋瓦倾仄。

（出自清·方溶《潋水新志》卷一二）

〔道光〕二十六年六月十三日夜地震。

（出自清·彭润章　叶廉锷《平湖县志》卷二五）

宁波地震：八月四日凌晨三时后不久，我被地震惊醒。当时我正在酣睡中，片刻后才意识到骚扰的真正性质。大气中有个低沉的吼声（原注：本城中其他各处的好几个人也都听到），明显地来自北方或西北方向，房顶也在动，好像被猛烈大风逐渐吹起，我以为是个特大风暴，正想起床去关窗户，发现摇动还在继续，整幢房子都在猛烈地摇动，这时我才知道事情的性质，我怕房子会倒塌，我想最好的办法是逃到室外空地。但是我走出房子以前，摇动已停止。所有这些，历时约一分钟。地面和房子摇动的方向是从北到南的，并且在某些地方比在其他各处感觉更为明显。

（出自《中国丛报》（英文）　1846年　第9期）

道光二十六年六月丙寅寅刻地震有声。

（出自清·戴枚　张恕《鄞县志》卷六九）

〔道光〕二十六年丙午六月十三日寅刻，有大声如排山倒海，拉擸雷碬，屋宇皆摇。是时人多未起，觉床如舟在浪中，掀簸不已。时方有怪异，人皆以为怪，铳砲钲鼓呐喊，满城阗然，而不知为地震。闻东南各省，同时皆震，此亦非常之变也。

(出自清·尹元炜《溪上遗闻别录》卷二)

〔道光〕二十六年六月十三日戌时地震。

(出自清·史致驯　陈重威《定海厅志》卷二五)

〔道光二十六年〕六月十三日寅时地震。

(出自清·王藩　沈元泰《会稽县志稿》卷九)

道光二十六年丙午夏六月丙寅地震，岁大饥。

(出自清·王瑞成　张濬《宁海县志》卷二三)

丙午六月十三日寅卯之间地震，将近三刻，房舍摇撼，人在床第，簸蹂如行波浪中。是时，有火球大如斗，或云有形如赤蛇二盘旋空际，想星陨也。〈次日，戌、亥间又微震。〉十二日脯西北红光竟天，长虹横亘，连日风雨不测，猝病死者甚多，生产亦时有怪异。……〈十九日辰刻，或云又微震，然未觉也。〉

(出自清·徐宗幹《斯未信斋杂录·亚庐杂记》卷三)

(三十七) 1850 年 9 月 12 日道光三十年八月初七 7½级地震

窃臣于八月十六日，接据署西昌县知县鸣谦禀称：八月初七日夜亥刻，县城内忽然地震，簸摇动荡，屋宇倒坍。该县亦被木石压倒，逾时始获救出。其时阖城号呼鼎沸，因黑夜霖雨，无从往救。及至天明，遍城木石倒塞，不辨街巷。庙宇、城楼、文武衙署及监狱、仓库尽行倒坍。宁远府教授曾习传，西昌县教谕滕昺甲均被压死。各署内均有压毙丁口，军民被压身死者不计其数。大雨如注，地下雷鸣，犹时作小震，〈至初八日酉刻不止。〉

(出自四川总督徐泽醇录副奏折)

本年八月初七日夜，西昌县城内地震。屋宇倒塌，压毙官民，前据西昌县暨镇府禀报，当经委员前往查勘，一面缮摺奏报在案。嗣据西昌县续禀，县属德昌所与东南各乡，受灾亦重。并据署会理州知州乔用遴禀称：该州属披砂汛及附近之大弗场、松林坪、新村等处，亦於八月初七日夜同时地震。民房大半倒塌，人民压毙压伤不少。……兹据建昌镇总兵福炘、署宁远府知府牛树梅、署西昌县知县鸣谦并文武委员查明：西昌县城垣倒塌二百余丈；西、南、北三门城楼及文武衙署、仓廒、库局、庙宇、监狱，概行倒坍。附城一带及县属之上所、中所、下所、澧州、太和场、高草坝、德昌所、鱼水场等处各乡场，亦均被震受灾。宁远府教授曾习传，西昌县教谕滕昺甲，把总吴应贵、蔡福，云骑尉贾志先、胡祥，外委马坤、戴文熙共八员，兵丁八十二名，并该总兵福炘之妻女、中营游击文升之妻及其子妹、该署府牛树梅之子，皆被压毙。在监禁卒、人犯，亦各被压殒命。掘出尸身数十具，头面尽皆压碎，无可辨认。城内城外及各乡场，除外来客民被压身死者不计外，共计灾户二万七千八百八十家，灾民十三万五千三百八十二名口，倒塌居民瓦屋、草房二万六千一百六间，压毙男妇二万六百五十二名口。官无栖止，民多露处。加以连日大雨，至八月十四日，始获晴霁。……

伏查该处灾务，前已于司库捐备经费项下提银五千两，委员解往抚恤。嗣恐不敷接济，经臣与在省各官及邻近府县先量力捐廉，现已有一万六千余两。又于此内提银五千两解往以资应用。该处受灾较重，不但被灾穷民必须逐加优恤俾免失所，即城垣、衙署、仓库、药局、监狱等工，皆关系紧要，亦当次第兴修。

(出自四川总督徐泽醇奏折)

其会理州属之披砂汛，松林坪、八家村等十四处，共震倒民房一千八百三十八户，压毙男妇二千八百七十八名口。……惟西昌县监犯，该县前因不及细查，仓猝具禀，未经叙明数目。兹据查明除压毙禁卒、更夫及帖监解役不计外，在监人犯实止压死五名。因变逃出之犯三十六名。

(出自四川总督徐泽醇奏折)

〔道光三十年十月戊子〕又谕：徐泽醇奏查办地震被灾情形一摺。四川西昌县城乡一带于八月初七日地震。城垣、衙署、仓库、监狱，概行倒坍，压毙男妇二万六百余名口。览此情形，深堪悯恻。……宁远府教授曾习传，西昌县教谕滕昌甲，把总吴应贵、蔡福，云骑尉贾志先、胡祥，外委马坤、戴文熙同时被压身死。著照例赐恤。其会理州属，亦于同日地震，并著该督迅即委员查勘抚恤，据实具奏，馀著照所拟办理。

（出自《清文宗实录》卷二〇）

〔道光〕三十年庚戌八月初七日子时，西昌、会理、越嶲、冕宁、德昌、迷易、河西、礼州、冕山等处同时地震。会理属之披砂、松林坪、大佛场、新邨等处，共震倒房屋一千八百三十八户，打毙男女二千八百七十六名。

（出自清·邓仁垣　吴钟崙《会理州志》卷一二）

〔道光三十年〕八月初七日夜子时，西昌、会理、越嶲、冕宁、德昌、迷易、河西、礼州、冕山等处同时地震。郡城屋宇倾复，压毙数万人。会理州属之披砂压死数百千人。

（出自清·何东铭《邛嶲野录》卷六九）

邛海公田为西昌民公有产业之大宗也，溯自道光三十年八月初七日县属地大震，县城内外暨今东海镇一带地方被灾最惨，邛海水溢，山陵崩溃，海河壅塞，沿岸良田湮没者弥望皆是。县民死者二万余人，财产损失甚巨。时宁远知府牛树梅、西昌县知事鸣谦皆被压伤。

（出自郑少成　杨肇基《西昌县志》卷四；《邛海公田专案纪要》）

（三十八）1867年12月18日同治六年十一月二十三日7级地震

淡水这个安静的市镇，十八日上午十时二十分经受了一次可怕的地震。震情十分恐怖，事先亦未听到隆隆的声音，开始时只感到轻微的震动，我们只好趋避屋外，震动渐次增强，我们如醉似地摇晃起来。当我们正摇摇摆摆地站在地上看着住房即将倒塌时，突然一声巨响和一股浓烟似的尘土吸引了我们的注意力，原来附近一个小山丘上（座落在淡水镇中）的许多房屋被震塌了。居民们呼天抱地一片慌乱，不知所措地像蚂蚁般奔跑着。山丘上的情景异常可怕，村民们都吓呆了，站在他们住房的瓦砾堆前呆若木鸡，也不去营救那些不幸被活埋在废墟下面的受灾者。……房屋的土墙倒在了屋里，碎块四散，锄头和铁锨都找不到，倒下的房顶又碍事，无法把人救出来。人们太惊慌了也许漠然无知了，傻待在那里什么事也不做。

有两个人死在床上（大概是鸦片鬼）。一个正在做饭的妇女活着得救了，她的脸部被烧得很可怕。还有许多人伤势很重。震向是由东北到西南，房屋有规律地倒塌，好像受到排炮轰击一般。估计淡水死亡的人数为三十人。离开淡水几英里的小镇帕千那损坏更大。据报道有一百五十人死亡。感谢上帝，这次地震没有发生在夜里。整个白天和当天晚上，每隔一小时左右就感到颤动。最后一次是在早晨六时三十分左右。据住在硫磺矿里的人们说，那里只感到轻微的震动。矿里的蒸气似乎在减少，在这里经常嗅到的那种令人厌恶的气味，在十八日及以后几天里变得更为强烈了。高处的房屋损坏得最厉害。

在基隆，第一次感到震动是在上午九时四十五分，延续了三十秒钟。海关前的地面上有一些裂缝。市镇内大部分房屋震塌。有许多人被压在废墟下面。棕榈岛和基隆岛之间的海面上有烟雾。海港内的水涌向海外，致使远至阎王岩的地方有几秒钟成为无水地带，所有的东西都被退去的海水卷走了，然后海水又形成两个大浪涌回，将舢板和上面的人淹没，并把帆船搁浅在基隆对岸。海港整天都处于混乱之中，到20日还没有宁静下来。海水也不像往常那样清澈，而是变得又黄又浑。大量的鱼被冲到岸上。……海水退出港口时，有一个男人从一条帆船上下来，但是在他到达岸上之前，就被回涌的海水淹没了。无数的煤船倾覆沉没。一条深埋在沙中多年的旧帆船冲上了岸。……从基隆的山丘上和硫磺矿附近落下很多的大石块。据当地人说，从这里到基隆沿岸的地面上有一条大的裂缝。二十日早晨六时三十分，一次突发的震动迫使我们走出房屋。当天夜里又感到两次震动，气压很高。十八日天气特别晴朗，和过去的几个星期一样。十九日阴云并下了一点小雨，次日放晴。中国人认为这些地震是因反常的缺雨现象所致。我们很想知道这仅是局部地区的震动呢，还是别的地区也感受到了？由于我们无法精确地判断时间，因而基隆和淡水报道的时间有较大的差距，一个人的表比另一个人的表快或慢上半小时是常有的事。

（出自《字林西报》（英文）1868年1月4日）

〔同治〕六年艋舺街火，六月有年。冬十一月地大震。淡北大水，……。二十三日鸡笼头、金包里沿海山倾地裂，海水暴涨，屋宇倾坏，溺数百人。

（出自清·陈培桂《淡水厅志》卷一四）

鸡笼山以肖形名，同治六年地震崩缺，改名奎临。

（出自清·陈培桂《淡水厅志》卷四）

一八六七年地震发生在十二月十八日，海水从基隆港倾泻而出，留下了一个干涸的泊位，但不几秒钟，带着两个浪头的海水又汹涌而回，淹没了舢板和人口。基隆，金包里及巴其那等城镇部分泡为废墟。淡水遭到严重破坏，好几百人死亡。

（出自《1881 年通商各关贸易报告》（英文） 第十七期 附件《台湾淡水部分》）

FORMOSA 一书，此次记述，乃作者本人口吻，曰："一八六七年二月十八日（原按：为同治六年阴历十一月二十三日）北部地震更烈，灾害亦更大。基隆城全被破坏，港水似已退落净尽，船只被搁于沙滩上；不久，水又复回，来势猛烈，船被冲出，鱼亦随之而去。沙滩上一切被冲走。原本建筑良好之屋宇，亦被冲坏。土地被沙淹没，金包里地中出声。水向上冒，高达四十尺；一部分土地沉入海中，基隆港口内，有若干尺面积地方，其下落已较原来为深。此系据若干欧洲商人证实报告。"

（出自方豪《方豪六十自定稿》上册）

〔一八六七年十二月十八日〕台湾基隆地方地大震，全市倒坏。海啸。死者众多。附近火山口岩浆溢出。

（出自武者金吉《日本地震史料·年表》（日文））

（三十九）1870 年 4 月 11 日同治九年三月十一日 7¼级地震

臣于四月初七、十一等日，连据管理巴塘粮务试用通判吴福同、驻防巴塘汛崇化营都司马开昌报称：三月十一日巳刻，巴塘一带，突然地震山崩，衙署、仓库、碉寨、民房，及汉夷军民同时被压。该通判都司及在台兵弁均各受伤，逃出后，正拟设法救护。四处火光倏起，加以疾风烟焰飞腾，延烧甚猛，该通判筹划救火之策。而连日地震，不但人难驻足，兼之河水暴竭，直至十七日，始得将火救熄。被压之衙署、仓库、卷宗及军民房屋，多成灰烬。汉番军民、喇嘛伤毙甚众。正土司扎喜受伤甚重，副土司郭宗班觉官印均无下落。各乡及竹巴笼汛等处，亦连日地震。赴藏大路崩陷，不能行走。……汉番军民遭此奇灾，不但口食无资，抑且栖身无所，深堪悯恻。

（出自四川总督吴棠奏折）

〔同治九年五月丁卯〕谕军机大臣等，……又据吴棠奏称：巴塘地震，筹款抚恤各等语。本年三月间，四川巴塘一带地震火发，压毁人民房屋。该处遭此天灾，殊堪悯恻。吴棠业已筹动款项，派员前往赈恤，即著妥为安抚，毋令失所。将此由五百里各谕令知之。

（出自《清穆宗实录》卷二八二）

同治九年三月十一日未刻，巴塘山崩地裂，顷刻数百户人烟为乱石压平，而伤人无数。管塘粮务员吴次陶（通）字福同，河南固始人。是日忽闻天上一片响声，不知何故。旋见山裂地震，风火俱起，又见场市房屋随倒，非常惊吓，顷刻即到公所前，地亦裂，自以为决无生矣。忽由上落下大木柱一根，压于身上，即抱此柱蛇行而上，竟未损折，亦大福之人也。……附刊禀报：

窃卑台本年三月十一日突然地震，后被火灾，前经大略禀报去后，复再设法于十七日始行将火救灭，衙署仓库卷宗均为火烬，而地震山崩尚不时倾颓，觉地中声隐约如雷，盘旋顶撞，如登浪舟，汉番军民恐慌万状。查巴塘现存者一千余人，其中跌压受伤者甚众。汉番军民喇嘛等约毙一千有奇。唯东面只震四十余里，南西北三面皆震一、二百里，二、三百里不等。震后复火，番民均被压烧过半，纷纷搬移如蚁。军民衣粮早经缺乏，虽经设法，终属燃眉。各乡粮食，或为地震，或遭火烧，大半乌有，现在乏食之虞。又兼之正土司扎发虽经连印救出，受伤沉重不起。又询副土司郭宗班觉逃出，复往救□，则身印均压于官寨内，现在官印均无下落。又据竹巴笼汛外委游朝胜禀称：该汛与卑台同时地震，碉房一切倒塌无存，该外委身亦受伤。又查巴塘卫藏通衢，公文差使不时往来，今遭崩塌，东自崩察木塘，下起至

第五章　宋元明清时期（960—1911 年）　　　　　　　　·139·

藏交界，倒裂甚多，其至二三里，一二里不等，或成深潭，或为峭壁，上则悬崖千丈，下迫金沙大江，步行皆不能走。竹巴笼汛到巴大道，虽得三四日方到。巴交藏地界，前途有无阻碍，未准。江卡汛守备移知前来，未敢附报。除一面安抚清查烧压人民外，理合将大塞崩禀报，压毙兵丁九名，受伤弁兵二十一名，巴塘、巴底塘、竹巴笼、空子顶等处共压毙塘马三十二匹。

（出自清·恒保《公余随笔》卷三）

前曾派信使达瓦携带禀贴，已于二月十三日从此启行。……随即又派一信使携带禀贴，追赶前使。……不料巴塘发生空前自然灾害，群山崩陷，道路中断，信使身受重伤。前派信使在归途中，正与后派信使相遇，二人遂偕同返回。据称巴塘一带大路已不能通骡马，只有单人绕行之羊肠小道。……

关于巴塘发生地震一事，想神聪早已获悉。此处民众遭到从未听闻之毁坏和危难。本来在地震前二三日，天降大雪，牛马家畜被封圈中，砍柴山路亦被大雪堵塞。大家只好困坐家中。至三月十二日，日出天晴，刚过午时，突然发生地震。顷刻间房屋全部倒塌。当脱难者正抢救被压于塌屋断壁下男女时，上村年敖代巴住房和下村代康涅巴才久恩穷毗连之一带房屋又起大火。风助火势，越烧越旺，大火有烧遍全村之势。当人众跑去取水救火时，又发现村庄附近浇田水槽已被震塌断裂，水源断绝，大家不知所措。此时，压于塌屋下之人，被烟熏火烧，难以忍受，人人痛哭惨叫，呼喊求救，竟被活活烧死。代康一家除婆、媳、儿子三人外，其它人等虽然一时逃生，但大部房屋和财物被大火焚尽。土司本人亦因太阳穴受伤，于五、六天后死去。年敖土司和两个女儿压于屋下，葬身大火，尸骨无存。代康家只有堵在阁楼里的人活着，并抢救出小部分财物。年代家仅有儿童、外出他乡之少数人以及个别奴仆活着，而房屋毁于大火。由于地震之绝灭性破坏，现巴塘镇未剩一间住房。残存汉藏百姓纷纷逃往野外避难，住于避风棚里。汉人粮仓及一些房舍，因楼层不高，未受重灾。法兰西人萧兴并未受伤，据说正在医治受伤之巴塘人。

据未受伤而幸存之执事喇嘛本人说，寺庙扎仓僧众在大雄宝殿集会时，围坐念经之一百多个喇嘛全被砸死，其余未受损失。僧房除活佛卧室未完全震坏，其他全部倒塌。寺内未受火灾，故供器、佛像等物，已全部抢出。除大经堂西面吉佛堂墙壁倒塌，其余震裂缝隙很宽，但至今尚未倒塌。

此外，察木多上下一带，均受到地震轻微波及，但灾情不如巴塘严重。地震灾情严重之处是从包木拉到巴茶噶山以上，和噶节茶玛山以下至考考峡谷一带。最重者只有巴塘镇一处。此范围内除绒日一半房屋被毁坏外，还未发现有其他严重损失。

包木下方之巴塘河流域，以竹巴笼灾情最为突出，中巴村等村庄重伤之藏汉男女达二分之一，房屋大部变成废墟。由于巴塘上下大山垮陷，巴塘谷底北面之其台河口被阻塞，加以山洪暴发，顿成一片汪洋，周围一带民房被洪水冲走。现在每天仍发生一二次地震。又因巴塘上下一带大山崩塌，到处尘土飞扬，犹如雾雨笼罩，一片昏暗。

幸存藏汉百姓，食宿无着，理塘曲宗特派专人给予照管。先后来往之人及此处特派专差所报情况相同。

据云已向内地政府奉报多次，但来此了解灾情之官员，至今尚不能确知何日可到。虽然巴塘交通大路很可能中断，但转到茶叶路经下巴塘仍有两路可通。对玛曲河一带安全情况，以及到底需几天才能通过等情，已派精干人员前往调查，如能安全通行，则不另探它路。此外，山路也能安全通行。

（出自四川雅砻粮官平饶呈噶厦禀帖（藏文））

巴塘为川藏接壤，□当孔道，同治九年三月十一日突遭地震，人民沦亡两千余名，大道崩塌四百余里，又杀牲畜，人心四散。

下巴塘正副土司罗宗旺登　邵宗扎保《功德碑》同治十年桂月立　碑存巴塘莺哥咀

因同治九年三月十一日陡遭地震，已将关帝、城隍庙宇尽行倒塌。

（出自巴塘大营官　《功德文约》）

西藏来信报道：位于金沙江左岸（扬子江上游的名称）距云南西北边界约一百二十英里人烟稠密的大城市巴塘，于一八七〇年四月十一日发生惊人的地震，全市被毁。地震是如此强烈，以至四月十三日还有巨大石块从山上滚落山旁。此后，震动逐渐减弱，迄至五月九日尚有震感。察觉到初震系在上午十时，当时居民家里都在生火煮饭，当屋宇崩塌后，融融大火在片刻间烧遍全城，大火持续了一个多星期，守卫城市的二十名官方土兵和同样人数的藏族士兵，当地的土司头人，四百名喇嘛和大约四千名老百姓受灾死亡，埋入废墟。有三名住在市内的法国传教士侥幸逃出，不得不投奔到打箭炉的主教处，他们的随从中仅一人丧命，三人受重伤，但他们的住所及教堂全部毁坏，屋内的财物不是被火烧毁，就是被匪洗劫，因为有歹徒趁火打劫。巴塘以西乡下大部分毁坏，北面较远地区虽无房屋倒塌，但震动强烈，人们不得不移居帐篷达五天之久。

（出自《北华捷报》（英文） 1870 年 7 月 22 日）

四月十一日午前约十一时，四川以西的巴塘发生一次强烈的地震。官署、寺庙、粮仓、库房、堡垒和所有平民住房都震塌了，建筑物里的人们大部分丧命。四处发生火灾，到 16 日才扑灭。但地下的隆隆声像远处雷鸣那样的继续着，而地面则东摇西摆，起伏颠簸，过了约十天才平静下来。在平静之前有好几天河水溢出堤坝，地面龟裂，喷出黑色臭水。受地震影响的地区其范围超过 400 英里，地震在这整个地区同时发生，有 2298 人死亡，有几处陡峻的山开裂，成为很深的裂罅。在别处，平原上的丘陵成为险峻的悬崖，而道路则被阻塞，不能通行。

（出自《中国风土人民事物记》（英文） 1903 年刊本）

（四十） 1871 年 6 月同治十年 7½级地震

同治十年地震有声。

（出自清·谢延庚 贺廷寿《六合县志·附录杂事》）

〔同治〕十年辛未地震有声。

（出自清·李应观 杨益豫《新繁县志》卷一四）

〔同治十年〕地震，墙壁动摇。

（出自清·聂缉庆 桂文炽《临高县志》卷三）

由于今年强烈地震，宗府主要房屋全部倒塌，现在重建中。所需土、石材料拟主要由清理废墟中挖掘，与旧地址相连之大厢房亦正修建中。两间天女神经堂及其天窗等工程，无法重修，业已禀报在案。经查明天女神经堂、楼下大厅财神经堂内，财神手脚有微损，除有两椽地方未倒外，其余周围上、中、下殿堂无一完整，遍处断壁残垣。接收物资中除铜像外，其他佛像全部碰坏。武器库中挖出之若干箱枪枝，因宗府内无处存放，只得存放于雪巴幸存空房中，已留人看守。卑职等仍在清查埋于地下之物品。仓库中多数物资与土、石相杂，估计损失不小。现仍在彻底清理中，今后有何发现，经核实再详细上报。目前地震仍在继续，且雨季已经来临，加上天女神经堂和财神经堂仅有两根椽子未倒，则二经堂将十分危险。天女神和财神搬迁之事，经打卦问卜，以不搬为宜。寒冬将至，只得从简办理。此地十余户牧民承担南北各宗之繁重差役，加以今年地震灾情严重，房屋全倒，人畜物品亦全埋于地下。宗、寺院、百姓处境悲惨，因此无法支应差务。未逃男女差民群起哭诉，急待免去各种差役。

（出自西藏错那宗呈噶厦文（藏文））

西藏错那宗修建工程管事及宗本等呈噶厦文（藏文）五月二十四日收到：

尔宗府房舍被地震破坏，民房倒塌，人财毁灭，不胜恐怖，百姓和尔等申诉无法支应临时和常年薪差赋，恳请减免，情词甚切。且噶厦藏文秘书央培等两位管事，亦禀报证实财物〔损失〕及百姓要求豁免政府各项差役租赋等情，但因各方入不敷出，故未便贸然照准。但尔等修建住房和派乌拉重建宗府等事，实属甚为困难。兹决定：尔后错那地方除持有牌票之官商，运米人员，和宗本等特殊人员外，其余所有贵族、寺庙、商人、不论尊卑，即使持有牌票，在大灾期间，二年内亦不得催派乘骑、驮畜、马伕、伙伕、柴草等差役。

（出自西藏噶厦饬错那宗令（藏文））

本年错那地区发生前所未闻之地震，宗府楼上楼下全部倒塌。

（出自西藏噶厦饬洛扎等四宗令（藏文））

第五章　宋元明清时期（960—1911 年）　　　　　　　　　　　　　·141·

传闻在措美宗哲古多喀亦发生地震，大批房屋倒塌，此事尔等尚未呈报。务即切实查明，以及应如何减免，一并将计划报来，方可根据百姓生活及承担劳役情形减免部分差税，否则，一律不准。据悉，洛扎宗亦发生地震，且宗府倾圮严重，应本自事自理原则，以不借工征集乌拉为佳。以后，如必须重修宗府时，申明情况，再酌情办理。目前地震仍频，震区遭到一些损失。……同时，关于修复洛扎镇肢大佛堂之尊圣经塔等事，可依拉康谿堆安排办理。

（出自西藏噶厦批复央培文（藏文））

拉加里辖区属下霞洛家之征收公粮仓库有倒塌危险，若将公粮仍存放原处，殊难放心，故于去年搬进门朝东之北仓，但今年因发生地震，该库墙壁出现裂缝，不得已又搬进门朝西之粮仓。

（出自西藏拉加里粮库人员具结书（藏文））

（四十一）1883 年 10 月光绪九年九月 7 级地震

阿里总管觉哲和哲德二人经驿站投递禀帖及附礼收悉，现批复如下：去年九月普兰和噶尔通等地遭到空前大地震，宗府、谿卡房屋倒塌，曾饬尔二人调查。据报称：查从噶尔通废墟土石中挖出之粮、物、死牲畜皮等，已按库存帐目查收回库，所缺部分应田有关人员备办交齐。库存账目上未曾载有之多余财物及死牲畜皮张等，系属暂交财物，着暂交噶尔通谿堆本人保存；木料应设法从废墟土石下面挖出，备今后修建谿卡房屋之用。此事应切实通知各头人和百姓，共同效力。其他事项，分别批复如后。须即切实遵办勿违。

（出自西藏噶厦批复（藏文））

（四十二）1887 年 12 月 16 日光绪十三年十一月初二 7 级地震

据临安府及所属之石屏、建水等州县各禀报：十一月初二日酉刻，至初三日寅刻，地忽大震十余次，有声如雷。城垣、衙署或倒或裂，庙宇倾圮。石屏州城内民房南城震倒十之八九，东城震倒一半，西北稍差，而决裂歪斜已千余间。男妇老幼压毙二百余人，受伤及成废者共三百余人。四乡村寨被压民人：东乡死者八百余人，伤者七八百人。南乡死者二百余人，伤者四百余人。西乡死者三百余人，伤者五百余人。北乡死者百余人，伤者倍之。城乡死伤共四千余名口。房屋倒者十之八九。未倒之房，亦皆决裂歪斜。谷米器具，尽被覆压。满目哀鸿，非特栖身无所，抑且糊口无资，露宿风餐，贫富无异。又建水县城内压毙七人，伤者数十人。城外西南乡至西北乡三十余村寨，倒房三四百间，压毙二百四十九人，伤者一百五十六人。灾民冻馁情形与石屏相等。伏查此次该州县地震为灾，倒塌民房死伤之众，实为从来所未有。…又阿迷、新兴二州及威远厅地方，同时地震。城署民房亦有倒裂，幸未伤人。唯远厅监狱震倒，监犯一并逸出。

（出自云南巡抚谭钧培录副奏折）

查光绪十三年十一月初二日酉刻至初三日寅刻，石屏、建水等州县地震成灾，震倒房屋压毙男女甚众。……据布政使曾纪凤会同善后局司道详称，据署石屏州知州王培心会同委员等禀报：……州城关厢重灾三百八十四户，……次灾二百八十七户，……又次灾五百五十七户，……被伤二百九十三丁口，……压毙二百四十一丁口。……东乡重灾 千二百五十七户，……次灾七百二十一户，又次灾一千四百五十五户……被伤七百一十一丁口，……压毙八百七十二丁口……。南乡重灾一百零七户，……次灾一百三十七户，又次灾三百四十二户，……被伤七十五丁口，……压毙四十五丁口，……西乡重灾三百七十一户，……次灾三百五十九户，……又次灾五百一十九户，……被伤四百九十七丁口，……压毙二百七十四丁口。……北乡重灾五十九户，……次灾二百三十三户，……又次灾三百零五户，……被伤二百三十一丁口，……压毙一百三十四丁口。……又据署建水县知县王衍谦造报，该县地方被灾四十八寨，计五百六十九户。

（出自云南巡抚谭钧培录副奏折）

〔光绪十三年十二月壬寅〕云南巡抚谭钧培奏石屏、建水地震成灾，业经筹款赈恤。

（出自《清德宗实录》卷二五〇）

云南总督报告：云南省南部发生强烈地震。地震开始于一月十四日下午五时至六时之间，持续至翌晨四时，在此期间，猛烈震动在十次以上，声如雷鸣。在石屏、建水及其附近城市，城墙或倒塌或坼裂，官署寺庙亦遭同样命运。石屏城南部房屋，倒塌十之八九，东部房屋倒塌及半，北部与西部房屋虽倒塌较少，但仍有千余间墙壁坼裂倾斜。二百名男女老幼惨遭压毙，三百余人终身残废。周围村庄死伤亦众。东郊死八百人，伤七八百人；南郊死二百人，伤四百人；西郊死三百人，伤五百人；北郊死一百人，伤二百人。总计市内外共死伤四千余人。……在建水城内有七八百人死亡，数十人受伤。

(出自《字林西报》(英文) 1888 年 3 月 21 日)

前载一月十四日云南所发生之地震，是中国史上最猛烈之一次，始于傍晚六时，延续至翌晨四时。在此期间，有十二或十四次大震动，房屋受到极大破坏，多人丧命。地震之中心在石屏州，波及范围东西约为一百七十英里，南北约六十英里，石屏处于中央位置。此次地震属于水平类型，其方向是东北东与西南西，可以判断同该地区之山谷、湖泊、河流之主要方向几乎成直角。地震波从位于石屏城稍西之极震区向两个方向延伸：一是向北，即向湖泊之方向；一是向西，远达一百二十英里外之威远城。

(出自《字林西报》(英文) 1888 年 3 月 22 日)

光绪十三年丁亥冬十一月初二日，石屏地大震，声如雷鸣，自远而近。城垣崩颓，房屋倾圮过半，压死老幼男女二千余人。每日或震一次，或震数次不等，至两月乃止。

(出自清·岑毓英 陈灿《云南通志》卷四)

光绪丁亥冬月初二日，石屏地大震，毙二千余人，伤者不知其数，古今中外未有也。石屏于嘉庆年间曾经大震，《滇系》载之。想亦火山伊迩之故欤。

(出自袁嘉穀《滇绎·今官余谈》卷四)

(四十三) 1888 年 6 月 13 日光绪十四年五月初四 7½级地震

据臣监观象台值班官生报称：五月初四日申正二刻，西北方起地震动二次。

(出自管理钦天监事务奕涫等奏)

〔光绪十四年〕五月乙卯，京师，〈奉天、山东〉地震。

(出自《清史稿·德宗本纪》)

通州地震：初四日地震，叠据各处来函照登于报。前又接北通州信云：是日下午四点一刻钟自西往东地震一次，六点钟地震一次，夜间十一点二刻钟地震。唯初次地中有声较大，房屋为之摇撼，案上所设物件无不颠仆。行人站立不稳，如痴如醉。其时新街关帝庙大殿山花坍倒，郡庙前棚铺房屋亦震倒两间，居民咸有戒心，夜间不敢安眠，竟有坐以待旦者。直至次日，人心始定。按此与京津两处地震情形大略相同。

(出自《申报》 光绪十四年戊子五月十四日)

光绪十四年五月四日地震，屋内器具皆动。

(出自陈桢 李兰增《文安县志》卷终)

光绪十六年五月初四日下午二钟地震，约五分钟，池水泛滥，铃铎作声。

(出自唐肯 章钰《霸县志》卷四)

昨下午四时十五分，这里发生一次非常明显的地震，……我感到一阵奇怪的如同要晕倒的预兆，好像要从椅子上摔下来似的，我本能地抓住了它，同时观察了房中情况。我发现所有悬挂的灯都在摇晃，这使我无可怀疑地确认发生了地震。在那瞬间，震动的间隔差不多是有节奏的。我们马上就离开房间，但能看到所有的灯都一致地顺着南北线摇摆。从这些灯的摆动可以测得这次震动力：从挂钩到悬挂灯的最低点是五十英寸，从这一点摆动看约五至六英寸的一个弧。这次震动持续四至五分钟。我估计，这次震动在四时十五分开始至四时二十分停止，我看到一个大水罐中的水呈波浪式摇晃，它溅湿了水罐的边缘，并留下了湿痕，其最高点约为四分之三英寸。我观察到，这个水罐周边的湿痕高度几乎相等，就是说晃动没有明显的转向。在四时二十七分感到两次或三次震动，挂灯摆动了约一英寸，但这次的方向是北、西北，偏南、东南，没有更多的震动发生。

(出自《中国时报》(英文) 1888 年 6 月 23 日)

第五章　宋元明清时期（960—1911年）　　　　　　　　　　· 143 ·

初四日天津地震叠纪报章……去津稍远地方正不知作何景象。电报局员董电询北京，牛庄，沈阳以及烟台各局，据称是日地震从同，唯其详不得而闻耳。

（出自《申报》　光绪十四年戊子五月十三日）

京师天津一带地震情形，叠纪前报。兹闻营口亦于初四日午后三点半钟地震，纸窗格格作响，墙上所挂物件摇摆不定，一刻即止。至四点半钟又觉微动，营街迤东震动尤甚。可见此次地震大率由西南而往东北，惟不知营口东北震若何耳.

（出自《申报》　光绪十四年戊子五月十三日）

〔光绪十四年五月〕乙卯，〈京师、奉天〉山东地震。

（出自清·朱寿朋《光绪朝东华录》卷八九）

光绪十四年五月初四日地震。伏五贺家庄西南地裂尺许，长丈余，深不可测，数日乃合。

（出自清·罗宗瀛　成瓘《邹平县志》卷一八）

光绪十四年五月初四日未刻地震。

（出自清·方作霖　王敬铸《淄川县志》卷九）

〔光绪十四年五月〕初四日过午，地连震数次。

（出自《新城县后志·灾详志》）

〔光绪十四年〕五月初四日未申之际地大震，有声自西北来，人自倾倒，房屋摇动，犬吠鹊噪，炊许始定。闻是日近海诸县震动尤甚。海丰、阳信等处平地有陷如井者，有坼裂数尺自缝中喷出黑泥，中有虾蟹鱼蛤之类。

（出自卢永详　王嗣鋆《济阳县志》卷二〇）

光绪戊子十四年五月初四日地震，房屋有倒者，唯利津尤甚，数十日不止。后地裂一缝，宽四五尺，长数百丈，自内出黑泥，臭不可闻。又天鼓鸣，自东海崖向西北行，如碌碡声。

（出自盖景延　孙似楼《禹城县志》卷八）

（四十四）1893 年 8 月 29 日光绪十九年七月十八日 7 级地震

再，本年八月初五日，据阜和协副将徐联魁、打箭炉同知赵□会禀：噶达汛地方，于七月十八日卯刻地震，压毙兵民，倾倒房屋。查看惠远庙全行震倒，压毙喇嘛多名。查噶达汛，即泰凝地方。……旋据该厅协续报，查勘得实在压毙喇嘛六十五名，分别安埋。受重伤者三十八名。……该庙堪布札葱所属夷民房屋及噶达汛一带，并明正土司所属中谷八麦〔美〕上下地方，暨泽居小喇嘛寺四座，夹坝石小喇嘛寺一座，蒙子石道坞等处，通共震倒夷房四百七十九户，小喇嘛寺共五座，压毙喇嘛三名，汉、夷兵、民男女共九十八丁口。又角洛汛同日辰时地震，共震倒汉夷房屋三百二十五户，喇嘛寺二座，压毙喇嘛六名，男女三十九丁口。又角洛汛同日辰时地震，共震倒汉房屋三百二十五户，喇嘛寺二座，毙喇嘛六名，男女三十九丁口。盖由西之夹坝石，至于东之中谷地震，约计三百余里等情。臣查此次地震，通计震倒惠远庙一座，小喇嘛寺七座。震倒汉、夷民房共八百零四户，压毙惠远庙喇嘛及各小寺喇嘛共七十四名，压毙汉夷兵民男女共一百三十七丁口。其喇嘛及兵民之受重伤者，共七十名。

（出自四川总督刘秉璋奏片）

水蛇年七月十八日黎明时，噶达惠远寺一带发生地震。该寺楼上、下共一千四百余间房屋倒塌，六十五名喇嘛死亡，九十八名喇嘛受伤。受震区域东至中谷，西到恰坝石，共约三百余方里范围，汉、藏民人房屋共倒塌约四百幢，死亡二百二十八人，受伤一百三十三人。

（出自驻藏帮办大臣奎焕致摄政第穆咨文（藏文））

近接阜和协副将徐联魁、打箭炉枭司同知赵□等禀称：噶达等地方，今年七月十八日卯时发生地震，造成灾害等情，当时副将会同卑职早已呈报在案。并即委派副将普柯左营都司李鼎臣，携带卑职所拨赈银前往震区，查实情况予以救济。近接该都司复函称：自奉命酌办放赈，立即动身前往噶达等地，经实地察看，惠远寺已被地震破坏殆尽，视野所及，满目疮痍，楼阁亭台，椽柱墙瓦俱成碎片残垣。该寺房舍多寡已无法清点。幸得雍正年间，敕建该庙时所刻碑文尚可稽考。计该寺初建时有上下经院一千四百余间。该寺被地震毁坏倾倒时，约有僧人二百余名被埋其下，堪布和执事数人侥幸得以逃出。其后，从瓦砾断墙之下救出百余僧众幸免一死。被埋致命者实有六十五人。包括堪布和执事在内负重伤者达三十八名，轻伤六十余名。从瓦砾中挖出皇上御赐达赖喇嘛之赤金佛九尊，镀金铜佛百尊，黄缎绣龙轿帘一幅，桃尔佛帽一顶，金丝缎袈裟一件，花边袈裟一件，金盘龙索伦马鞍一副。其中铜佛大部分已损坏，余皆完好。惠远寺堪布属下藏民百姓房屋被震毁者达百又六户，被埋于倒屋下毙命男女三十四人，噶达地震发生时，汉人军旅及百姓房屋被毁者凡二十五户，被埋地下毙命男女计五十名。

噶达属下乡间，汉民百姓被地震毁坏房屋者三十五户，被埋地下而致命之男女十一人，重伤三十二人。当地衙门亦遭摧毁，幸人员无一伤亡。

明正土司属下中谷地区，藏民百姓被地震毁坏房屋者达二十五户，被埋瓦砾而毙命男女两人。一小庙被地震摧毁，幸而僧众无一伤亡。

八美地方，藏民百姓被地震毁坏房屋者二十三户，男女三人死亡。察曲一小庙被毁，僧众三人死亡。另有三小庙被毁，僧侣幸无伤亡。

赵市地方，藏民百姓房屋被地震毁坏二十八户，男女二人死亡。

恰坝石中洛附近，因地震造成藏民百姓五十五户房屋倒塌，男女十四人死亡，一小寺庙被震毁，但僧人无伤亡。

漆雅地区，六户藏民百姓房屋倒塌，男女二人死亡。

卡耶洼地方，十一户藏民百姓房屋倒塌，男女四人死亡。

隆则石地方，两户藏民百姓房屋倒塌，幸无伤亡。

卡考恰地方，二十户藏民百姓房屋倒塌，幸无伤亡。

考洛地方，六户藏民百姓房屋倒塌，但无伤亡。

西俄洛司地方，汉、藏民百姓之房屋倒塌者达三十五户，死亡男女共九名。

乔瓦地方，二十户藏民百姓住房倒塌，死亡男女共十四名。

道孚地方，四十户藏民百姓房屋被毁，男女十三人死亡。

革什咱土司属下沙瓦地方，四十五户汉、藏民百姓房屋倒塌，男女十一人死亡。

目前，西起恰坝石地方东至中谷一带受震区，敝都司均已察看完毕，对因地震致命汉、藏僧俗人等之尸体已掩埋完毕。所携赈银二百两，已对最急需救济之噶达地方惠远寺属中谷、八美各地受灾汉、藏民百姓分户赈济完毕，无分文剩余。其余灾民尚无暇顾及等情。查该都司所禀情形，正逐级向上呈报。二位总督大人训示：噶达地区发生地震，房屋倒塌，各族男女十五名被葬身瓦砾，惠远寺全部被毁，僧众二百左右葬身瓦砾之中，其情深堪悲悯。今着尔查清受震灾之面积，被毁房屋总数，被地震埋于瓦砾中而致命之僧俗死难者人数，以及寺庙现存朝廷御赐各物损坏情况，详细呈报，以便据情上奏等因，奉此遵谕再呈报于下：谨遵台命：惠远寺暂时难于修复，目前应将地震毙命僧众尸体悉数安善掩埋，并对受伤堪布、执事、僧众人等，每人发给五两现银赈济，不得遗漏。对彼等僧众应安置在附近一寺庙之中。此外，为僧俗人等生存计，对死亡之十五名百姓，按人发给其家属抚恤白银五两。此项银两，着尔台垫付。尔应一面将情况呈报，一面凑积银两准备待命发放。为此，已向两司及建昌道等发出切实照办之命令等因，奉此，查李都司已遵命对已死僧俗人等之尸体妥善掩埋完毕。惠远寺受轻伤之僧众无须救济，对负重伤之堪布、执事及僧众共三十八名，已按人发给赈银五两，共支白银一百九十两。对噶达地区因震死亡军丁、百姓十五人，已按人发给其家属赈银五两，共支白银七十五两，该两项总计支出白银贰百陆拾伍两，卑职已从打箭炉库银中如数垫付，并向副将交割完毕。目前，该款已收回归库讫。又，惠远寺附近并无寺庙，从离该寺十三里至百余里地面之寺庙都已被震裂或破败，因而无地可以安置惠远寺僧众。目前已令该堪布僧众等暂时支帐栖身，所赈济之银两，半数用于购置帐篷，半数用于医药、生活等项开支。此等处置，是否妥当，恭候明示。此外，对房屋被震裂震坏未予救济之四百四十九户汉、藏民百姓，对因地震死亡各族男女一百十七人之家属，对受重伤之三十二人，对九个小寺庙，以及因震致死之三名僧侣等，是否需要救济，敬祈明示。

第五章　宋元明清时期（960—1911 年）　　　　　　　　　　　　　　　　　　　　　·145·

（出自驻藏大臣咨转摄政第穆文（藏文））

顷接阜和协副将徐联魁、打箭炉桌司同知赵□等呈文禀称：光绪十九年七月二十二日噶达把总张仲礼禀报：今年七月十八日卯时，卑职治下突然发生地震，军营民房除六间外全部倒塌，男女百姓十五人被倒屋压下毙命。汉人军士高福元、刘玉龙等人负伤，卑职幸无恙。此外，经去惠远寺察看，寺庙全部倾倒。僧侣二百余人，以及无数骡马牲口，牛羊等俱被埋于瓦砾之中。幸存堪布、执事等僧众之下体均负重伤。至于朝廷御赐各物是否损失，待查清后再报等情。查噶达、泰宁等地，位处汉地北路，距打箭炉二百七十里许。雍正七年间，因西藏受准噶尔入侵威胁，朝廷降旨在泰宁建寺，并钦定寺名曰"惠远庙"。寺庙建成后，特迎请里塘出生之七世达赖喇嘛格桑嘉错于此驻锡。雍正十二年，达赖喇嘛重返拉萨，留下喇嘛僧众七十人在寺中供奉三宝，每年由打箭炉拨库银七百两作为全寺香火供奉，并委派把总一名率兵三十名驻札该地，保持寺庙安全。凡此均系朝廷体恤边境生民之深厚恩典。此次不幸遭此重灾，实堪悯恻，地震发生后，为安定民心，卑职捐出奉银二百两，会同副将委派阜和左营都司李鼎臣发放救济，以解灾民燃眉之急，并借以安抚诸僧俗百姓。同时命该都司将受震地区面积，军民僧众人等被地震破坏之房屋数目，死亡及受伤人数，寺庙中皇上御赐物品各宗及下落等，一一细查，立即上呈钧览。

泰宁此次发生严重地震，致皇上降旨敕建圣庙毁于一旦，是否需派员视察，安抚百姓，募材鸠役，在废墟上重建庙宇以示关怀等，卑职二人已呈管见，敬候将军、总督二位大人裁夺。

上述种种，已向成都将军、总督部堂，执事大臣等禀讫，特此呈报。

与此同时，复据负责政务事宜第穆。呼图克图咨文内开：近于九月十日，收到雅柯基巧堪穷益西土登呈文禀称，七月三十日，惠远庙僧众等禀呈：本月十七日，全体僧众正在虔诵经文讲习佛法之时，突然发生地震。寺院内外房屋全部倒塌无遗，佛像经卷、法器什物悉被覆于瓦砾之下。半数僧人殒命，幸存无恙之少许僧众，亦失去生活所依，急需照拂。请即转呈上师及时赐福等情。

（出自驻藏大臣致摄政第穆咨文）

一八九三年八月二十九日，四川省边境的西藏噶达地区，发生一次极猛烈的地震，毁坏了九千平方英里的地方。达赖喇嘛的惠远大寺院和七座小喇嘛庙全毁。本地士兵和藏族士兵及其家属之住房八百零四幢遭到同一命运。七十四名喇嘛和一百三十七名汉、藏人民死亡，还有多人受伤。

（出自《中国风土人民事物记》（英文）　1903 年刊本）

（四十五）1895 年 7 月 5 日光绪二十一年闰五月十三日 7 级地震

再，据莎车直隶州知州潘震禀报：光绪二十一年闰五月十三日辰刻，色勒库尔地方，忽然地震，簸动异常，约计一时之久。未刻又震一次。十四、十五两日，犹不时震动。该处旧堡基址、垛口均经损毁，西面倒缺两处，长三四丈不等。并坏炮台三座。其余营房、局屋、粮仓，坍塌无存。军装、粮料多被压坏。堡内及附近各庄民房，倾倒不少。

（出自新疆巡抚陶模录副奏片）

〔光绪二十一年七月辛酉〕甘肃新疆巡抚陶模又奏，色勒库尔地方因地震坍塌炮台，营房及附近民居多处。

（出自《清德宗实录》卷三七三）

〔光绪二十一年闰五月〕癸丑，新疆地震。

（出自清·朱寿朋《光绪朝东华录》卷一二八）

喀什噶尔地震发生在七月二十三日〔俄历〕，有两次感觉很强烈的地面波状运动。……第一次地面波动发生在早上八点钟，方向从西北到东南，持续约二十秒；第二次是在半小时以后，方向从北到南，持续二十五秒钟。第二次比第一次稍弱，两次震动都使重吊灯摆离铅垂线三十度。

在色勒库尔和库车同样感觉到这次地震。从库车仅得到了关于这次地震的电报，而关于色勒库尔和喀什噶尔地震是我根据中国海关官员的正式报告报导的。报告说："闰五月十三日从七点钟到九点钟，在塔什库尔干剧烈震动，后来渐渐减弱，不少居民房屋被破坏，中国衙署的墙壁倒塌五至六俄丈"。从色勒库尔来的当地人转告我，他们不仅在塔什库尔干，而且在其他地方也看见地震痕迹，其破坏与塔什库尔干差不多。他们在那里看见较多的地震裂缝和地表崩塌。

有关库车的地震后果尚无报导。

英国驻喀什噶尔代表玛卡尔特内前往帕米尔经过色勒库尔，给我寄来关于那里发生地震的下列消息。

塔什库尔干几乎所有的房子均遭到破坏，至今〔一八九五年六月二十七日——俄历〕大部分居民和中国军人住在帐篷里。毫无疑问，震动是很强烈的。玛卡尔特内观察了四个不同地方一些还残存的墙，并根据被破坏的墙壁位置断定：地震波经过塔什库尔干是从六十五度方向向二四五度方向传播。此外，在地表可见长约五十米，宽二厘米的地裂缝，方向为二五度至二〇五度，从而说明这种裂缝最初是比较宽的。

秘书苏累玛诺姆对八月五日至十日在塔什库尔干发生的地震在时间上做了一些观察：五至十日有三十三次地震，十一日至二十日有三十一次地震。

（出自《俄罗斯地理学会会刊》 1895 年卷三一）

七月二十七日参观塔什库尔干的乡村。村庄和堡垒都呈现出一种凄惨的景象，此地全部及毗临地域，曾遭七月七日至二十日多次地震所强烈动摇，本区每一间房子都被摧毁，少数未坍的房子，其墙壁上从顶到底，都有裂纹。不过这些房屋系用抗震程度很差的材料外涂泥土建成的。地面还有几条裂纹，方向是西南、东北。在地震进行中，前后共有八十次震动。第一次最强烈，就在这次震动中，使全城被毁。最末次震动，发生于今晨八点十分，我正睡在地上，很清楚地觉得它是沿着东西线移动的，地面上似乎隆起波动，一个爆炸声如远方雷声一般，清晰可辨。

（出自斯文赫定《通过亚细亚》（英文） 卷二）

（四十六） 1896 年 3 月光绪二十二年二月 7 级地震

卑职昌都基巧、强佐、大尔汗喇嘛谨此敬禀，窃以为诸公深思远虑，必不因此见责！卑职所禀要旨：西藏与康青等藏族地方众生利乐之根本，邓柯地方曲柯寺主寺与分寺，以及龙塘渡母经堂、佛像和法器供品庙产，溯其福斋之来源，本由曲柯与噶布西两地土司负责管理并安排堪布。……然不幸众生灾难临头，火猴年二月，一场可怖之地震，使寺庙、经堂、佛像以及僧俗人等尽陷地下。经敝寺代理人丹杰滚布扎西率人排除万难，尽力抢救，方使未遭地震损坏之主佛像龙塘渡母殊圣宝像有所安置，仍为众生依托祈求之救主，我等并竭尽全力按原样重建经堂庙宇，并恢复经堂寺庙原有内藏外附物品。

（出自昌都基巧、寺庙拉让等呈西藏诸噶伦文（藏文））

诸位噶伦阁下：

小民等曲科土旦林寺拉让和属民百姓暨噶西寺执事属民共同向阁下诚恳请求，伏乞垂察。……火猴年地震后，除龙塘渡母佛堂及曲科土旦林之大经堂等未能重建外，渡母殿和寺庙之大经堂等处仍在继续修建中……火猴年。

（出自曲科土旦林寺拉让及属民公禀（藏文））

春科土司据金沙江之西岸，地方沃野，人民千余户，尚以自立，不属藏管。雍正四年，散秩大臣周瑛西征，随军有功，授为安抚司，隶属四川建昌道，于光绪二十四（二）年地震，土司全家压死，以土妇之弟格松曲渣代理土司。格松曲渣系木多江巴林寺之喇嘛。至宣统元年边务大臣征服增科，经此查明，追回印信号纸，归并设治。

（出自清·刘赞廷《邓柯县图志》不分卷）

（四十七） 1902 年 11 月 21 日光绪二十八年十月二十二日 7¼级地震

福州报导一次地震，发生于十一月二十一日下午三点一刻，这与厦门少数特别敏感的人感觉此地有一次地颤的印象相符，因为日期与时间都确切符合，但是可能因为震动甚轻微，以致未引起注意。

（出自《字林西报》（英文） 1902 年 12 月 18 日）

一九〇二年十一月二十一日十五时三分在台东发生地震，全岛有感。稍显著地震。

（出自西村传三《昭和十年台湾震灾志·台湾地震史》（日文） 1936 年刊本）

第五章　宋元明清时期（960—1911 年）　　　　· 147 ·

（四十八）1904 年 8 月 30 日光绪三十年七月二十日 7 级地震

前据阜和协副将陈均山、打箭炉直隶同知刘廷恕电禀，转据角洛汛把总禀报，该汛将军梁等处地方，暨麻书、孔撒两土寨，于七月二十日、三十日、八月初二日三次地震成灾，坍塌居民房屋多间。该处灵雀寺殿宇，并衙寨道坞均多震塌，计压毙汉、番居民、寺内喇嘛共四百余人。

（出自四川总督锡良奏片）

阜和协，打箭炉厅会报角洛汛夷荒地震情形禀：敬禀者：七月二十五日据角洛汛把总马负图禀称：七月二十日酉时，卑汛地方忽然地震，上至将军梁子，下至松林口约二百里，沿路居民房屋多被震倒，查勘道坞街场倾塌八十余家，压毙男妇三十余名口，灵雀寺三大殿倒塌，只存中殿偏斜，及僧房百余间，倾塌五百余间，压毙喇嘛一百余名，孔撒小官寨倾倒，压毙结葱头人、差民十四名，麻书土妇骨肉芝吗居寨倒塌，该母子逃出。火燃烧毙住客一人，汛署倒塌。该汛所管四乡具报，压毙男妇大小二百余名。

又据报，七月三十日夜丑时，八月初二日未时，二次地震，前动未塌房间均又坍塌，灵雀寺又压毙喇嘛三名，本街金恰寨侧呷那山等处又压毙男妇十六名口。……并查明正土司、两巴单东土司，霍耳五家土司，亦同时地震，幸不如角洛汛地震之甚。

（出自《四川官报·公牍》）

〔光绪三十年十一月乙亥〕署四川总督锡良奏，川境打箭炉，角洛汛、将军梁等处地方三次地震成灾，委员恤赈情形。得旨：著即妥为抚恤，毋任失所。

（出自《清德宗实录》卷五三七）

（四十九）1906 年 12 月 23 日光绪三十二年十一月初八 7.7 级地震

再，上年十一月初八日丑初，新疆省城忽尔地震，至丑初一刻始止，尚无倒屋伤人情事。……于是月十三日，据署绥来县知县杨存蔚禀报，该县属博罗通古等村镇，均于初八日同时地震，房屋倒塌伤毙人口为数不少。……计县属博罗通古地方，震倒民房五百二十间，压毙男女一百零五名，灾民二百五十四名，震塌渠岸十余里。又石厂子地方，震倒民房六百八十间，压毙男女六十七名，灾民三百四十四名。又庄浪庙地方，震倒民房三百四十二间，压毙男女四十六名，灾民二百二十九名，震塌渠岸三十余里。又牛圈子地方，震倒民房三百七十八间，压毙男女二十六名，灾民二百一十九名。又附近数里之大塘地方，震倒民房一百零八间，压毙男女四十一名，灾民四十六名。被灾各户，或全家覆毙，或仅存老稚，即残喘幸延，亦压覆数时，受伤甚重。粮食衣物，既陷没无余。况值雪厚冰坚，异常寒冷，沙碛露处，冻馁交逼，情形实堪悯恻。……此次地震甚广，由北路塔城、乌苏，以达南路吐鲁番，焉者府等处，均于是夜同时震动，幸尚无倒屋伤人情事。

（出自甘肃新疆巡抚联魁奏片）

〔光绪三十三年四月癸亥〕甘肃，新疆巡抚联魁奏，绥来县属地震伤人，派员赶办赈抚。得旨：着即妥为赈抚，以恤灾黎。

（出自《清德宗实录》卷五七二）

（五十）1908 年 8 月 20 日光绪三十四年七月 7 级地震

尔等所报情形和请求书五件，已于七月十七日收悉，并已转呈代理摄政赤苏活佛及助理摄政大人，并经认真商酌。已对受地震灾害倒塌之桑却寺呈文单独批复。多尔拉寺震损严重，该寺喇嘛僧侣仅存一人。为资助其修复工程，兹从当地三分之一利粮中拨粮六十、八十、一百石，可告知寺主热穷布巴。其所需民工乌拉由所属地区以供食不供薪方法征调。修缮管事由尔等及该寺执事共同担任。工程务求坚固，并须及时将详情上报。关于拉旺绕登寺倒塌一事，经查该处房屋墙壁本不牢固，今罹地震之灾，倒塌自不待言，对幸存房屋应即饬令所属百姓修复完好。拉旺绕登寺西侧有一门朝东名"均姆"之粮仓，亦因年久失修，破烂不堪，……倒塌土石、梁柱以及屋檩等，已批给桑却寺等使用，尔等要遵照执行，届时移交。根据历次所订契文规定，对谿卡、拉让、粮库等维修，应令所属百姓负责，须立即筹划修复事宜。据悉，塔曲和俄曲两寺仅有裂痕，并非即将倒塌。尔等呈文亦认为两寺及宗府，拉旺绕登寺等受创最重。鉴此，令塔曲和俄曲二寺，由其自行安排修缮。

中国地震史研究（远古至 1911 年）

（出自西藏噶厦饬浪卡子宗本令（藏文）　土鸡年八月十八日）

从去年六月二日起，地震日夜不停。到十六日晚茶时分，又发生极大地震。从我寺经堂至道果祖师殿，有两柱面积屋顶塌落，上下墙壁大面积倾倒，壁上大小裂缝极多，两间僧房倒塌。此外，浪卡子宗所属打隆寺，为救主达赖及僧俗官员存放干肉之内外两间库房被震裂，椽子脱落。其西南面名"扎拉康"者，外间三柱屋顶及四椽上下两屋倒塌。防冰雹喇嘛厨房有两椽两柱被震塌。两柱炒青稞房被震倒。中间楼上走廊倒塌。防冰雹喇嘛住房，即过去浪卡子宗府官员之卧室内外两间倒塌。中殿里，浪卡子宗管理塔尔林寺时所塑镀金佛像和泥塑像多尊被震毁。供有银质郎杰佛塔之渡母佛殿倒塌两柱。东面厢房塑有各尊护法神像、佛母及毗沙门天王塑像之护法殿倒塌四柱。其下有关防大印封存之官府仓库和周围厢房以及称为，"匈谿拉让嘎布"即白色官府佛爷方丈三层楼房墙壁震裂，屋架脱榫，屋檐柽柳和檐瓦一段一段裂开，摇摇欲坠。当即请宗府官员来此登记损失情况，并火速驰报噶厦。噶厦对桑却寺和多尔拉寺单独呈文已作批复。对我等根据公房、经堂，围墙倒塌实情，认为若不修复，定有损于西藏吉祥永固之灼见作出"必须派差民立即修复"之指示，并同时下达维修命令。遵即将存放干肉之内外两间、楼上走廊、下面之"匈谿拉让嘎布"三间楼房等处，需加支撑梁柱之处，均已支撑或修复。此外，倒塌和裂缝较大之墙壁亦需重修。唯我处系牧区，不产粮食，家底薄弱，最近并须去南路支应差事，许多差民住房破坏亦需维修，而贫苦差民困难极大，特此故再次恳求政府负责维修面积较大之公房。如碍难承担，则只好由我等提供民工，但请求贵族及官府不要从此地借用民工。所有民工以及石木匠人等之工资口粮，并请由政府发给。

库里尚存有旧木料为数颇多，我牧区缺乏木材，恳请拨给使用。素仰僧俗官长轸念百姓苦楚，关怀备至，敬祈广开宏恩，准如所请为祷。

（出自西藏浪卡子打隆寺、塔尔林寺僧众属民呈摄政噶丹池巴文）（藏文）

（五十一）1909 年 4 月 15 日宣统元年闰二月二十五日 7.3 级地震

昨天在台湾的台北地区发生一次地震，有十二人死亡，十二人受伤。

此即徐家汇天文台星期四所记录的那次地震。

（出自《字林西报》（英文）　1909 年 4 月 17 日）

神户报刊关于台湾地震附加的详细报导：震动持续了三分钟，全岛有感。台北死十人，伤十三人。到目前为止已知一百四十所房屋毁坏或遭受损失，全部损失还不清楚，估计颇重。基隆当场死本地人两名，伤数人，其中一些为日本人。宜兰和大园也有伤亡，铁丝网毁坏，爱玉铁路损失很大。

（出自《字林西报》（英文）　1909 年 4 月 28 日）

〔一九〇九年四月十五日〕台北强震。三时五十四分，发生在台北南部（北纬二十五度，东经一百二十一度五）全岛有感，台北州及新竹州北部，死九人，伤五十一人。住房全坏一百二十二户，半坏二百五十二户，破损七百九十八户，烧毁一户。在台北仅仅感到有一次余震。

（出自西村传三《昭和十年台湾震灾志·台湾地震史》（日文）　1936 年刊本）

〔明治四十二年〕四月十五日台湾地震，房屋全，半倾二〇四间，死伤六〇人。

（出自大阪每日　东京日日新闻社《每日年鉴》（日文）　1929 年刊本）

（五十二）1909 年 11 月 21 日宣统元年十月初九 7.3 级地震

〔一九〇九年十一月二十一日〕北东部强震。十五时三十六分发生在大南澳南部（原注：北纬二十四度四，东经一百二十一度八），除本岛南端外全都有感。台北州及花莲港厅北部伤四人，住房全坏十四户，半坏二十五户，破损十四户。

（出自西村传三《昭和十年台湾震灾志·台湾地震史》（日文）　1936 年刊本）

（五十三）1910 年 4 月 12 日宣统二年三月初三 7¾级地震

〔一九一〇年四月十二日〕八时二十二分，在基隆东方海中（原注：北纬二十五度一，东经一百二十二度九）发生强震，全岛及澎湖有弱震以上感觉。台北新竹州住房全坏十三户，半坏二户，破损五十七户。

（出自西村传三《昭和十年台湾震灾志·台湾地震史》（日文）　1936 年刊本）

三、6≤M<7 级地震198次（表5-1）

表 5-1　宋元明清时期 6≤M<7 级地震目录

序号	时间 （年.月.日）	北纬（°）	东经（°）	震级 M	地点	烈度
1	1022.04.00	39.80	113.10	6½	山西大同、应县间	Ⅷ
2	1057.03.30	39.70	116.30	6¾	北京南	Ⅸ
3	1067.11.12	23.60	116.5	6¾	广东潮州一带	Ⅸ
4	1068.08.20	38.50	116.50	6½	河北河间	Ⅷ
5	1102.01.22	37.70	112.40	6½	山西太原一带	Ⅷ
6	1119.02.00	44.90	124.80	6¾	吉林前郭	Ⅸ
7	1143.04.00	38.50	106.30	6½	宁夏银川	Ⅷ
8	1144.08.16	38.50	116.00	6	河北河间	Ⅷ
9	1185.06.15	24.30	118.00	6½	福建漳州外海域	暂无考证
10	1209.12.13	36.00	111.80	6½	山西浮山	Ⅷ~Ⅸ
11	1219.06.09	35.60	106.20	6½	宁夏固原南	Ⅷ~Ⅸ
12	1264.00.00	29.70	90.60	6	西藏堆龙德庆楚布寺	Ⅷ
13	1290.10.04	41.60	119.30	6¾	内蒙古宁城西	Ⅸ
14	1291.09.01	36.10	111.50	6½	山西临汾一带	Ⅷ
15	1305.05.11	39.80	113.10	6½	山西怀仁大同一带	Ⅷ~Ⅸ
16	1306.09.20	35.90	106.10	6½	宁夏固原南	Ⅷ~Ⅸ
17	1314.10.13	36.60	113.80	6	河北涉县	Ⅷ
18	1327.09.00	30.10	102.70	6	四川天全	暂无考证
19	1337.09.16	40.40	115.70	6½	河北怀来一带	Ⅷ
20	1440.11.04	36.70	103.30	6¼	甘肃永登	Ⅷ
21	1445.12.21	24.50	117.60	6¼	福建漳州	Ⅷ
22	1467.01.28	27.50	101.60	6½	四川盐源一带	Ⅷ
23	1477.05.22	38.50	106.30	6½	宁夏银川西	Ⅷ
24	1478.08.26	27.50	101.60	6	四川盐源一带	Ⅷ
25	1481.03.18	33.50	116.20	6	安徽亳州南	暂无考证
26	1481.07.24	26.50	99.90	6¼	云南剑川	Ⅷ+
27	1484.02.07	40.50	116.10	6	北京居庸关一带	Ⅷ~Ⅸ
28	1487.08.19	34.40	108.90	6¼	陕西临潼、咸阳一带	Ⅷ
29	1489.01.15	27.80	102.30	6¾	四川西昌、越西一带	Ⅸ
30	1502.10.27	35.70	115.30	6½	河南濮城	Ⅷ
31	1505.10.19	32.50	123.00	6½	黄海	暂无考证
32	1512.10.18	25.00	98.50	6¾	云南腾冲东南	Ⅸ

续表

序号	时间 (年.月.日)	北纬 (°)	东经 (°)	震级 M	地点	烈度
33	1515. 10. 00	25. 70	100. 20	6	云南大理	Ⅷ⁻
34	1524. 02. 14	34. 00	114. 10	6	河南许昌、张潘店一带	≥Ⅶ
35	1536. 11. 01	39. 80	116. 80	6	北京通县附近	Ⅶ～Ⅷ
36	1568. 05. 05	39. 00	119. 00	6	渤海	暂无考证
37	1568. 05. 25	34. 40	109. 00	6¾	陕西西安东北	Ⅸ
38	1571. 09. 19	24. 10	102. 80	6¼	云南通海	Ⅷ
39	1573. 01. 20	34. 40	104. 00	6¾	甘肃岷县	Ⅸ
40	1577. 03. 23	25. 00	98. 50	6¾	云南腾冲	Ⅸ
41	1587. 04. 10	35. 30	113. 50	6	河南修武东	Ⅶ～Ⅷ
42	1600. 00. 00	40. 00	76. 00	6	新疆阿图什	暂无考证
43	1604. 10. 25	34. 20	105. 10	6	甘肃礼县	Ⅷ
44	1605. 07. 19	21. 60	110. 30	6½	广东廉江附近	暂无考证
45	1605. 08. 17	21. 60	110. 30	6	广东廉江附近	暂无考证
46	1605. 10. 07	21. 30	110. 50	6	广西陆川南	暂无考证
47	1605. 12. 15	21. 00	110. 50	6½	海南琼山北	暂无考证
48	1606. 11. 30	23. 60	102. 80	6¾	云南建水	Ⅸ
49	1611. 09. 09	21. 40	111. 20	6	广东电白东南海中	暂无考证
50	1614. 10. 23	37. 20	112. 10	6½	山西平遥附近	Ⅷ
51	1618. 05. 20	37. 00	111. 90	6	山西介休	Ⅷ
52	1618. 11. 16	39. 80	114. 50	6½	河北蔚县附近	Ⅷ
53	1622. 03. 18	35. 50	116. 00	6	山东恽城南	Ⅷ
54	1623. 05. 04	25. 50	100. 40	6¼	云南祥云西北	Ⅷ
55	1624. 02. 10	32. 30	119. 40	6	江苏扬州附近	Ⅷ⁻
56	1624. 04. 17	39. 50	118. 80	6½	河北滦县	Ⅷ
57	1624. 07. 04	35. 40	105. 90	6	甘肃庄浪（旧）	Ⅷ
58	1627. 02. 06	37. 50	105. 50	6	宁夏中宁石空寺	Ⅷ
59	1628. 10. 07	40. 60	114. 20	6½	河北怀安西洋河堡	Ⅷ
60	1630. 01. 16	32. 60	104. 10	6½	四川松潘小河	Ⅷ
61	1631. 08. 14	29. 20	111. 70	6¾	湖南常德	Ⅷ⁺
62	1634. 01. 14	34. 00	105. 20	6	甘肃西和	Ⅷ
63	1642. 06. 30	35. 00	110. 90	6	山西安邑西	Ⅷ
64	1652. 03. 23	31. 50	116. 50	6	安徽霍山东北	≥Ⅶ
65	1655. 00. 00	23. 00	120. 20	6	台湾台南附近	Ⅷ
66	1657. 04. 21	31. 30	103. 50	6½	四川汶川	Ⅷ

第五章　宋元明清时期（960—1911 年）

续表

序号	时间 （年.月.日）	北纬（°）	东经（°）	震级 *M*	地点	烈度
67	1658.02.03	39.40	115.70	6	河北涞水	Ⅶ～Ⅷ
68	1661.02.15	23.00	120.20	6½	台湾台南附近	Ⅷ
69	1665.04.16	39.90	116.60	6½	北京通县西	Ⅷ
70	1668.07.26	36.40	119.20	6¾	山东安丘	暂无考证
71	1668.09.18	36.20	117.10	6	山东泰安东北	暂无考证
72	1672.06.17	35.60	118.80	6	山东莒县	暂无考证
73	1673.10.18	40.50	113.50	6½	山西天镇西北	暂无考证
74	1680.09.09	25.00	101.60	6¾	云南楚雄	Ⅸ
75	1688.06.16	26.50	99.90	6¼	云南剑川	Ⅷ⁺
76	1704.09.28	34.90	107.00	6	陕西陇县	Ⅷ
77	1711.10.22	23.20	120.00	6½	台湾嘉义、高雄海滨	Ⅷ
78	1713.02.26	25.60	103.30	6¾	云南寻甸	Ⅸ
79	1720.07.12	40.40	115.50	6¾	河北沙城	Ⅸ
80	1720.10.31	23.10	120.30	6¾	台湾台南市	Ⅸ
81	1721.09.00	23.00	120.20	6	台湾台南市	Ⅷ
82	1722.00.00	30.00	99.10	6	四川巴塘一带	≥Ⅷ
83	1725.01.08	25.10	103.10	6¾	云南宜良、嵩明间	Ⅸ
84	1730.09.30	40.00	116.20	6½	北京西北郊	Ⅷ
85	1732.01.29	27.70	102.40	6¾	四川西昌东南	Ⅸ
86	1736.01.30	23.10	120.30	6¼	台湾台南东北	Ⅷ
87	1738.12.23	33.30	96.60	6½	青海玉树西北	Ⅷ
88	1747.03.00	31.40	100.70	6¾	四川炉霍	≥Ⅷ
89	1748.05.02	32.80	103.70	6½	四川松潘漳腊北	＞Ⅶ
90	1748.08.30	30.40	101.60	6½	四川道孚乾宁东南	Ⅷ
91	1750.09.15	24.70	102.90	6¼	云南澄江	Ⅷ
92	1751.05.25	26.50	99.90	6¾	云南剑川	Ⅸ
93	1752.00.00	31.40	79.90	6½	西藏札达西	≥Ⅷ
94	1755.01.27	24.70	102.20	6½	云南易门	Ⅷ⁺
95	1755.02.08	23.70	102.80	6	云南石屏东	Ⅷ
96	1761.05.23	24.40	102.60	6¼	云南玉溪北古城	Ⅷ
97	1763.12.30	24.20	102.80	6½	云南江川通海间	Ⅷ⁺
98	1764.06.27	33.00	121.50	6	黄海	暂无考证
99	1765.02.09	44.70	82.90	6½	新疆精河	Ⅷ
100	1765.09.02	34.80	105.00	6½	甘肃武山、甘谷一带	Ⅷ⁺

续表

序号	时间 （年.月.日）	北纬（°）	东经（°）	震级 M	地点	烈度
101	1776.12.00	23.50	120.50	6	台湾嘉义	Ⅷ
102	1785.04.18	39.90	98.00	6½	甘肃玉门惠回堡	Ⅷ
103	1786.06.02	29.90	102.00	6	四川康定南	暂无考证
104	1791.00.00	30.80	95.00	6¾	西藏边坝	Ⅸ
105	1792.09.07	30.80	101.20	6¾	四川道孚东南	Ⅷ
106	1793.05.15	30.60	101.50	6	四川道孚乾宁	Ⅷ
107	1803.02.02	25.70	100.50	6¼	云南宾川、祥云间	Ⅷ
108	1806.01.11	25.30	115.70	6	江西会昌南	Ⅷ
109	1811.03.18	24.80	120.80	6¾	台湾新竹西海中	暂无考证
110	1811.09.27	31.70	100.30	6¾	四川炉霍朱倭	Ⅸ
111	1814.11.24	23.70	102.50	6	云南石屏	Ⅷ
112	1815.10.13	25.00	121.30	6¾	台湾桃园外海域	暂无考证
113	1815.10.23	34.80	111.20	6¾	山西平陆	Ⅸ
114	1820.08.04	34.10	113.90	6	河南许昌东北	Ⅷ
115	1829.11.19	36.60	118.50	6¼	山东益都一带	Ⅷ
116	1831.09.28	32.80	116.80	6¼	安徽凤台东北	Ⅷ
117	1834.06.17	28.00	86.30	6¼	西藏定日绒辖	Ⅷ
118	1837.09.00	34.60	103.70	6	甘肃临潭、岷县间	Ⅷ
119	1839.02.07	26.10	99.90	6¼	云南洱源	Ⅷ
120	1839.02.23	26.10	99.90	6¼	云南洱源	Ⅷ
121	1839.06.28	23.50	120.40	6½	台湾嘉义	Ⅷ⁺
122	1845.00.00	29.50	94.30	6¾	西藏林芝附近	暂无考证
123	1845.02.00	24.10	120.50	6¼	台湾彰化	Ⅷ
124	1847.00.00	28.50	92.50	6	西藏隆子南	暂无考证
125	1847.11.12	33.00	122.00	6	黄海	暂无考证
126	1848.12.03	24.10	120.50	6¾	台湾彰化	Ⅸ
127	1852.05.26	37.40	105.10	6	宁夏中卫西南	Ⅷ
128	1852.12.16	33.50	121.50	6½	黄海	暂无考证
129	1853.04.14	33.50	121.50	6½	黄海	暂无考证
130	1853.04.15	33.00	121.50	6	黄海	暂无考证
131	1853.04.23	32.00	122.50	6	黄海	暂无考证
132	1856.06.10	29.70	108.80	6¼	湖北咸丰、四川黔江间	Ⅷ
133	1861.07.19	39.10	121.70	6	辽宁金县	Ⅷ
134	1862.06.07	23.30	120.20	6¾	台湾台南西海域	Ⅸ

第五章 宋元明清时期（960—1911 年）

续表

序号	时间 （年.月.日）	北纬（°）	东经（°）	震级 M	地点	烈度
135	1875.06.08	25.00	106.40	6½	广西凌云北	暂无考证
136	1876.08.05	25.50	99.50	6	云南永平	VII⁺
137	1878.11.23	23.50	118.00	6	南海	暂无考证
138	1878.12.00	28.50	97.50	6½	西藏察隅	VIII
139	1879.04.04 03：30′00″	34.00	122.00	6½	黄海	暂无考证
140	1881.02.18	24.50	120.70	6	台湾新竹南	VIII
141	1881.06.17 15：18′00″	25.00	120.00	6	台湾海峡	暂无考证
142	1881.07.20	33.60	104.60	6½	甘肃礼县西南	VIII
143	1882.12.02	38.10	115.50	6	河北深县	VIII
144	1882.12.09 10：22′00″	23.80	120.50	6¾	台湾彰化、嘉义西海域	暂无考证
145	1884.11.14	23.10	101.00	6½	云南普洱	VIII⁺
146	1885.01.15	34.00	105.70	6	甘肃天水南	VIII
147	1888.11.02	37.10	104.20	6¼	甘肃景泰	VIII
148	1889.08.00	37.70	75.20	6	新疆塔什库尔干	VIII
149	1892.04.22	22.70	120.20	6	台湾高雄西	VII⁺
150	1893.12.17	41.70	82.80	6¾	新疆库车西南	IX
151	1893.12.25	41.20	80.30	6½	新疆阿克苏	VIII
152	1895.08.30	23.50	116.50	6	广东揭阳	VIII
153	1896.03.04	38.00	76.00	6½	新疆塔什库尔干附近	VIII
154	1896.11.01	39.40	75.80	6½	新疆阿图什	VIII
155	1897.03.14	24.70	121.80	6	台湾宜兰附近	VIII
156	1898.06.21	39.80	76.60	6½	新疆阿图什	VIII
157	1900.05.15 10：20′00″	21.50	120.70	6	台湾巴士海峡	暂无考证
158	1901.02.15	26.00	100.10	6½	云南邓川东、西湖	VIII⁺
159	1901.04.26	29.50	90.10	6¾	西藏尼木	IX
160	1901.06.07 08：05′00″	24.70	121.80	6.4	台湾宜兰附近	暂无考证
161	1902.03.20 08：59′00″	23.00	120.20	6¼	台湾嘉义	暂无考证
162	1902.07.03 23：36′45″	43.40	129.40	6.6	吉林汪清	暂无考证
163	1902.08.22 23：00′00″	39.80	76.20	6.1	新疆阿图什北	暂无考证
164	1902.08.23 01：50′00″	39.80	76.20	6	新疆阿图什北	暂无考证
165	1902.08.24 09：30′00″	39.80	76.20	6.4	新疆阿图什北	暂无考证
166	1902.08.31 05：48′00″	37.00	78.00	6.8	新疆皮山南	暂无考证
167	1902.09.15 10：36′00″	39.80	76.20	6	新疆阿图什北	暂无考证
168	1902.09.16 19：40′00″	39.80	76.20	6.2	新疆阿图什北	暂无考证

序号	时间 （年．月．日）	北纬（°）	东经（°）	震级 M	地点	烈度
169	1902. 11. 04 19：33′30″	36. 00	96. 00	6.9	青海都兰西	暂无考证
170	1902. 12. 19 22：50′00″	39. 80	76. 20	6.2	新疆阿图什北	暂无考证
171	1903. 09. 07 15：14′00″	22. 70	121. 10	6	台湾台东东海中	暂无考证
172	1903. 10. 19 11：10′00″	39. 30	74. 50	6.2	新疆乌恰西南	暂无考证
173	1904. 02. 05 05：00′00″	40. 00	78. 00	6.1	新疆巴楚西北	暂无考证
174	1904. 04. 24 14：39′00″	23. 50	120. 50	6½	台湾嘉义	Ⅷ
175	1904. 11. 06 04：25′00″	23. 50	120. 30	6¼	台湾嘉义	Ⅷ
176	1905. 03. 14 18：42′00″	40. 00	76. 00	6	新疆阿图什北	暂无考证
177	1905. 08. 25 17：46′45″	43. 00	129. 00	6¾	吉林安图	暂无考证
178	1905. 08. 28 12：23′05″	24. 20	121. 70	6	台湾花莲东北海中	暂无考证
179	1906. 03. 17 06：42′00″	23. 60	120. 50	6¾	台湾嘉义	Ⅸ
180	1906. 03. 18 03：02′39″	23. 60	120. 50	6	台湾嘉义	暂无考证
181	1906. 03. 28 06：58′40″	24. 30	118. 60	6¼	福建厦门海外	暂无考证
182	1906. 04. 14 03：18′00″	23. 40	120. 40	6½	台湾嘉义	Ⅷ⁺
183	1906. 04. 14 07：52′00″	23. 40	120. 40	6¼	台湾嘉义	暂无考证
184	1907. 05. 13	44. 20	86. 30	6	新疆玛纳斯南	Ⅷ
185	1908. 01. 11 11：35′00″	23. 70	121. 40	6½	台湾花莲西南	暂无考证
186	1909. 05. 11 23：23′37″	24. 40	103. 00	6	云南华宁、弥勒间	暂无考证
187	1909. 05. 11 23：54′24″	24. 40	103. 00	6½	云南华宁、弥勒间	Ⅷ⁺
188	1909. 08. 04	28. 80	90. 50	6½	西藏浪卡子	Ⅷ
189	1910. 01. 08 22：49′30″	35. 00	122. 00	6¾	黄海	暂无考证
190	1910. 06. 17 13：28′40″	21. 00	121. 00	6½	台湾七星岛南	暂无考证
191	1910. 07. 12 15：36′12″	37. 00	76. 00	6¾	新疆塔什库尔干	暂无考证
192	1910. 09. 01 08：44′55″	22. 70	121. 70	6½	台湾火烧岛东	暂无考证
193	1910. 09. 01 22：20′59″	24. 10	122. 40	6½	台湾花莲东海中	暂无考证
194	1910. 11. 14 15：34′31″	24. 50	122. 00	6¼	台湾宜兰苏澳东	暂无考证
195	1911. 03. 24 11：17′00″	24. 00	122. 00	6	台湾花莲东海中	暂无考证
196	1911. 05. 15 00：41′00″	22. 50	115. 00	6	广东海丰外海域	暂无考证
197	1911. 07. 00	28. 50	97. 50	6½	西藏察隅	Ⅷ
198	1911. 10. 15 07：24′00″	31. 00	80. 50	6¾	西藏扎达东南	暂无考证

四、5≤M<6 级地震504次（表5-2）

表5-2　宋元明清时期5≤M<6级地震目录

序号	时间 （年．月．日）	北纬（°）	东经（°）	震级 M	地点	烈度
1	999.10.00	31.80	119.90	5½	江苏常州	Ⅶ
2	1000.01.23	37.10	114.50	5	河北邢台	Ⅵ～Ⅶ
3	1046.04.24	36.50	121.50	5½	黄海	暂无考证
4	1069.01.24	38.20	117.00	5	河北沧州东南	≥Ⅵ
5	1076.12.00	39.90	116.40	5	北京	Ⅵ
6	1111.00.00	25.70	100.20	5½	云南大理	Ⅶ
7	1128.00.00	29.30	98.60	5	西藏芒康	暂无考证
8	1138.08.22	39.30	115.50	5½	河北易县	Ⅶ
9	1161.11.09	34.20	108.20	5	陕西周至郝村	Ⅵ
10	1169.01.31	31.90	104.40	5	四川北川	Ⅵ
11	1216.07.02	29.60	102.60	5	四川汉源北	Ⅵ
12	1227.07.00	38.50	106.30	5½	宁夏银川	Ⅶ
13	1304.02.00	36.10	111.50	5	山西临汾一带	Ⅵ
14	1307.00.00	34.50	107.60	5	陕西歧山	Ⅵ
15	1316.00.00	36.40	111.10	5½	山西蒲县	Ⅶ
16	1318.02.21	42.60	122.10	5	辽宁阜新	Ⅵ
17	1323.01.07	40.60	115.10	5	河北宣化	暂无考证
18	1336.01.20	31.20	116.10	5¼	安徽霍山西南	暂无考证
19	1338.08.10	40.40	115.20	5	河北涿鹿	Ⅵ
20	1342.05.13	37.70	112.50	5½	山西太原南	Ⅶ
21	1346.03.00	37.50	119.50	5	山东莱州湾	暂无考证
22	1351.05.07	37.70	112.50	5½	山西太原南	暂无考证
23	1366.08.15	38.00	112.70	5¾	山西忻县徐沟一带	Ⅶ⁺
24	1367.00.00	37.90	112.50	5½	山西太原一带	Ⅶ
25	1368.07.16	37.80	111.50	5¼	山西临县东南	暂无考证
26	1378.05.08	38.50	106.30	5¾	宁夏银川	Ⅶ
27	1407.00.00	31.20	112.60	5½	湖北钟祥	Ⅶ
28	1425.03.16	31.70	116.50	5¾	安徽六安	Ⅶ
29	1440.12.25	36.30	103.40	5½	甘肃永登苦水湾	Ⅶ
30	1446.04.08	23.60	102.80	5½	云南建水	Ⅶ
31	1447.00.00	29.00	88.00	5½	西藏萨迦、日喀则间	Ⅶ
32	1448.10.09	38.30	109.70	5½	陕西榆林	Ⅶ

序号	时间 （年．月．日）	北纬（°）	东经（°）	震级 M	地点	烈度
33	1456.07.12	40.40	115.70	5	河北怀来东北	Ⅵ
34	1467.06.18	39.60	112.30	5½	山西朔县、威远堡间	Ⅶ
35	1469.11.13	31.20	112.60	5½	湖北钟祥	Ⅶ
36	1470.01.17	30.10	113.20	5	湖北武汉西南	暂无考证
37	1474.11.05	26.60	100.20	5½	云南鹤庆	Ⅶ
38	1474.12.20	37.90	106.30	5½	宁夏灵武南	Ⅶ
39	1477.03.28	35.20	104.20	5½	甘肃临洮、陇西一带	Ⅶ
40	1480.09.22	28.60	102.50	5½	四川越西一带	Ⅶ
41	1481.07.06	40.30	119.00	5	河北卢龙东北	暂无考证
42	1485.01.26	34.80	110.30	5½	山西蒲州一带	Ⅶ
43	1485.03.15	35.30	117.90	5½	山东费县	Ⅶ
44	1485.03.25	35.80	117.00	5	山东泰安南	暂无考证
45	1485.04.16	36.80	112.00	5	山西汾阳东南	暂无考证
46	1485.05.25	35.40	104.60	5¼	甘肃陇西	暂无考证
47	1485.06.05	40.20	117.90	5	河北遵化	Ⅵ
48	1488.00.00	25.70	101.30	5	云南大姚	Ⅵ
49	1488.09.25	31.70	103.90	5½	四川茂县一带	Ⅶ
50	1491.09.23	32.70	119.00	5	安徽天长附近	暂无考证
51	1493.05.04	35.50	115.20	5¼	河南濮城西南	暂无考证
52	1494.04.02	25.50	103.80	5½	云南曲靖	Ⅶ
53	1495.04.19	37.60	105.60	5½	宁夏中卫东	Ⅶ
54	1497.02.26	36.30	112.90	5	山西屯留一带	Ⅵ
55	1497.03.08	38.30	106.30	5¼	宁夏银川东	暂无考证
56	1498.11.23	26.10	99.90	5	云南洱源	Ⅵ
57	1499.07.26	25.20	100.30	5½	云南巍山	Ⅶ
58	1501.06.11	26.50	99.90	5¾	云南剑川	Ⅶ⁺
59	1502.12.04	39.00	112.60	5¼	山西代县西南	暂无考证
60	1505.07.20	37.80	105.90	5¼	宁夏青铜峡南	Ⅶ
61	1505.10.26	35.20	110.90	5	山西安邑、万泉间	Ⅵ
62	1506.03.29	35.30	110.10	5½	陕西合阳	Ⅶ
63	1506.05.07	25.40	103.30	5½	云南寻甸易隆	Ⅶ
64	1507.03.14	22.80	110.60	5	广西玉林东北	暂无考证
65	1507.11.14	24.80	102.60	5¼	云南安宁东南	Ⅵ⁺
66	1508.11.00	23.70	115.70	5	广东揭阳西北	暂无考证

第五章　宋元明清时期（960—1911年）

续表

序号	时间 （年.月.日）	北纬（°）	东经（°）	震级 M	地点	烈度
67	1511.05.22	25.00	101.60	5½	云南楚雄	Ⅶ
68	1511.11.27	26.60	100.00	5¾	云南鹤庆、剑川间	Ⅶ⁺
69	1511.12.11	39.20	116.60	5½	河北霸县	暂无考证
70	1514.00.00	26.30	99.40	5	云南云龙顺荡井	Ⅵ
71	1514.00.00	25.10	99.20	5½	云南保山	Ⅶ
72	1514.10.30	38.70	113.00	5¼	山西代县南	暂无考证
73	1516.00.00	29.40	112.00	5	湖南澧县东南	暂无考证
74	1517.01.14	25.20	100.80	5½	云南巍山、楚雄一带	暂无考证
75	1517.07.22	24.10	102.60	5¾	云南通海河西	Ⅶ
76	1517.10.01	37.60	119.20	5½	山东掖县西莱州湾	暂无考证
77	1519.09.00	23.50	117.20	5	广东潮阳东北海中	暂无考证
78	1519.11.23	33.50	114.10	5	河南临颖、上蔡间	暂无考证
79	1520.04.05	25.20	100.30	5½	云南巍山	Ⅶ
80	1520.08.28	24.40	100.80	5¾	云南景东	Ⅶ⁺
81	1520.09.01	35.80	115.80	5¼	山东郓城西北	暂无考证
82	1522.00.00	26.10	99.90	5	云南洱源雒马井	Ⅵ
83	1522.02.07	34.20	114.10	5¾	河南鄢陵、洧川一带	Ⅶ
84	1524.03.29	31.30	120.10	5¼	江苏苏州西	暂无考证
85	1524.03.31	19.20	110.60	5	海南琼海外海域	暂无考证
86	1524.04.15	19.30	110.50	5	海南琼海东南	Ⅵ
87	1525.09.13	33.80	115.40	5¾	河南太康东南	暂无考证
88	1525.10.12	33.90	115.70	5½	安徽凤阳西北	暂无考证
89	1526.05.31	25.80	105.20	5	贵州晴隆	Ⅵ
90	1526.06.09	25.80	105.20	5	贵州晴隆	Ⅵ
91	1527.00.00	39.80	118.10	5½	河北丰润	Ⅶ
92	1528.00.00	37.90	114.60	5	河北栾城	Ⅵ
93	1533.02.22	25.20	103.60	5½	云南陆良西北	Ⅶ
94	1537.05.23	33.60	117.60	5½	安徽灵壁	Ⅶ
95	1538.00.00	38.00	115.60	5	河北深县	Ⅵ
96	1539.08.18	23.60	102.80	5½	云南建水	Ⅶ
97	1542.08.21	39.00	111.10	5	山西保德	Ⅵ
98	1542.11.29	34.70	104.90	5½	甘肃武山	Ⅶ
99	1542.12.00	34.20	106.00	5	甘肃徽县、天水间	Ⅵ
100	1543.05.08	35.20	118.50	5	山东临沂东	暂无考证

续表

序号	时间 （年.月.日）	北纬（°）	东经（°）	震级 M	地点	烈度
101	1545.02.00	40.00	114.00	5¼	河北阳原一带	暂无考证
102	1546.09.29	34.50	117.70	5½	江苏邳县寨山	Ⅶ
103	1548.00.00	38.90	100.40	5	甘肃张掖	Ⅵ
104	1549.04.00	37.00	111.90	5½	山西介休	Ⅶ
105	1549.11.11	24.70	117.30	5	福建龙岩东南	暂无考证
106	1554.06.05	39.00	113.00	5	山西太原、大同间	暂无考证
107	1556.12.13	38.80	101.10	5	甘肃山丹	Ⅵ
108	1558.06.00	23.40	111.50	5½	广东封开封川	Ⅶ
109	1558.06.00	37.50	112.20	5	山西交城	Ⅵ
110	1558.12.01	34.50	109.70	5½	陕西华县	Ⅶ
111	1560.00.00	24.20	102.70	5½	云南通海北	Ⅶ
112	1560.04.00	24.90	103.10	5½	云南宜良	Ⅶ
113	1560.08.07	39.30	99.60	5	甘肃高台附近	暂无考证
114	1561.03.03	38.80	101.10	5½	甘肃山丹	Ⅶ
115	1562.02.24	38.50	106.30	5½	宁夏银川	Ⅶ
116	1562.06.00	39.60	118.70	5	河北滦县南	Ⅵ
117	1563.10.00	36.80	112.90	5	山西武乡	Ⅵ
118	1567.00.00	25.80	99.20	5	云南云龙	Ⅵ
119	1567.03.19	24.70	119.00	5½	福建泉州海外	暂无考证
120	1568.00.00	36.00	107.90	5½	甘肃庆阳	Ⅶ
121	1568.01.00	34.20	109.30	5½	陕西蓝田	Ⅶ
122	1568.04.11	34.40	109.20	5½	陕西临潼	Ⅶ
123	1568.04.11	38.50	106.30	5¾	宁夏银川	Ⅶ
124	1568.04.22	33.10	107.00	5	陕西汉中	Ⅵ
125	1568.04.23	33.10	107.00	5	陕西汉中	Ⅵ
126	1568.05.07	39.00	119.00	5	渤海	暂无考证
127	1569.00.00	32.70	109.00	5	陕西安康	Ⅵ
128	1569.00.00	34.60	110.30	5	陕西潼关	Ⅳ
129	1572.00.00	26.20	104.10	5	云南宣威	Ⅵ
130	1574.00.00	27.60	119.10	5½	浙江庆元	Ⅶ
131	1574.08.29	25.50	120.00	5¾	福建莆田东海域	暂无考证
132	1575.03.26	29.00	114.00	5½	江西修水西	暂无考证
133	1575.06.19	32.70	112.50	5¼	河南南阳南	暂无考证
134	1576.00.00	25.80	99.20	5	云南云龙	Ⅵ

第五章 宋元明清时期（960—1911 年）

续表

序号	时间 （年.月.日）	北纬（°）	东经（°）	震级 M	地点	烈度
135	1577.04.10	24.20	102.90	5	云南澄江建水一带	暂无考证
136	1578.12.31	25.10	99.20	5¼	云南保山	Ⅵ⁺
137	1580.09.15	39.50	112.30	5¾	山西平鲁	Ⅶ
138	1581.05.28	39.80	114.50	5¾	河北蔚县附近	Ⅶ
139	1581.07.00	32.90	104.60	5½	甘肃文县	Ⅶ
140	1582.00.00	35.70	107.30	5	甘肃镇原	Ⅵ
141	1582.03.00	40.10	113.20	5	山西大同	Ⅵ
142	1583.05.17	39.70	114.00	5½	山西广灵、浑源一带	Ⅶ
143	1584.03.00	37.50	119.20	5	山东莱州湾	暂无考证
144	1584.07.08	23.00	112.50	5	广东肇庆附近	暂无考证
145	1584.08.06	22.90	112.50	5	广东肇庆附近	暂无考证
146	1585.03.06	31.20	117.70	5¾	安徽巢县南	Ⅶ
147	1586.04.02	25.20	100.30	5¾	云南巍山	Ⅶ⁺
148	1586.05.26	39.90	116.30	5	北京	Ⅵ
149	1587.04.10	35.30	113.70	5½	河南修武东	暂无考证
150	1587.10.04	35.20	110.80	5	山西临猗	Ⅵ
151	1588.07.00	38.40	112.80	5	山西忻县	Ⅵ
152	1588.07.02	37.50	118.50	5	山东利津东	暂无考证
153	1590.07.00	36.50	102.70	5	甘肃乐都	Ⅵ
154	1590.07.07	35.50	103.90	5½	甘肃临洮	Ⅶ
155	1591.00.00	36.60	110.00	5	陕西延长	Ⅵ
156	1591.11.21	38.80	101.10	5	甘肃山丹	Ⅵ
157	1592.01.00	25.00	98.50	5¾	云南腾冲	Ⅶ⁺
158	1594.03.24	34.30	114.70	5	河南通许东南	暂无考证
159	1596.00.00	42.60	124.00	5.5	辽宁开原北	Ⅶ
160	1596.09.00	25.10	101.10	5	云南南华一带	暂无考证
161	1597.02.14	31.90	104.40	5½	四川北川	Ⅶ
162	1597.12.00	37.70	121.60	5¼	山东福山海域	暂无考证
163	1599.01.24	25.30	111.70	5	湖南道县南	暂无考证
164	1599.01.25	21.00	111.00	5½	广东吴川近海	暂无考证
165	1599.05.01	41.60	122.70	5	辽宁北镇东	暂无考证
166	1599.10.16	25.30	103.00	5	云南嵩明	Ⅵ
167	1600.03.26	23.80	117.20	5½	福建诏安	Ⅶ
168	1600.12.02	25.00	102.80	5¼	云南昆明附近	暂无考证

续表

序号	时间 （年.月.日）	北纬（°）	东经（°）	震级 M	地点	烈度
169	1602.00.00	25.80	105.20	5	贵州晴隆	Ⅵ
170	1602.10.23	26.10	99.90	5	云南洱源	Ⅵ
171	1603.05.30	31.20	112.60	5	湖北钟祥	Ⅵ
172	1605.06.08	30.80	113.00	5	湖北钟祥东南	暂无考证
173	1606.02.20	21.00	110.50	5½	海南琼山北	暂无考证
174	1607.00.00	24.80	119.00	5¼	福建泉州海外	Ⅶ
175	1607.10.02	34.30	108.90	5	陕西西安	Ⅵ
176	1608.09.23	37.70	105.80	5½	宁夏青铜峡南	Ⅶ
177	1609.06.07	24.80	119.00	5¾	福建泉州海外	暂无考证
178	1610.02.03	28.50	104.50	5½	四川高县庆符	Ⅶ
179	1610.03.13	32.40	104.60	5½	四川平武东	Ⅶ
180	1612.03.12	25.30	103.10	5¼	云南寻甸、昆明一带	暂无考证
181	1612.03.13	23.60	103.20	5	云南蒙自倘甸附近	Ⅵ
182	1612.06.03	25.40	103.30	5½	云南寻甸易隆	Ⅶ
183	1615.03.01	32.00	120.90	5	江苏南通狼山镇	Ⅵ
184	1615.07.20	38.80	106.30	5½	宁夏平罗西南	Ⅶ
185	1615.08.24	25.00	101.60	5¼	云南楚雄	Ⅵ⁺
186	1615.12.00	40.00	115.00	5	河北宣化西南	暂无考证
187	1616.02.10	37.70	105.90	5¾	宁夏青铜峡西南	Ⅶ
188	1616.10.10	40.70	116.10	5	河北赤城东南	Ⅵ
189	1618.00.00	25.80	99.20	5¼	云南云龙	Ⅵ⁺
190	1618.00.00	20.00	110.10	5½	海南澄迈	Ⅶ
191	1620.03.05	31.10	112.70	5	湖北钟祥东南	暂无考证
192	1620.04.00	25.40	101.00	5	云南南华西北	暂无考证
193	1620.10.19	37.10	117.50	5	山东齐东（旧）	Ⅵ
194	1620.12.00	25.50	103.50	5¼	云南曲靖、寻甸一带	Ⅶ⁻
195	1621.03.00	39.50	116.70	5½	河北永清东北	Ⅶ
196	1621.11.22	37.90	121.20	5¼	山东蓬莱东海域	暂无考证
197	1622.04.17	36.60	116.80	5½	山东长清一带	暂无考证
198	1622.10.26	35.40	103.90	5½	甘肃临洮	Ⅶ
199	1623.06.23	32.60	104.10	5½	四川松潘小河	Ⅶ
200	1624.00.00	38.40	112.70	5	山西忻县	Ⅵ
201	1624.02.01	38.50	118.00	5½	渤海	暂无考证
202	1624.03.26	26.50	99.90	5¾	云南剑川	Ⅶ⁺

续表

序号	时间 (年.月.日)	北纬 (°)	东经 (°)	震级 M	地点	烈度
203	1624.04.19	38.50	118.00	5½	渤海	暂无考证
204	1624.07.00	26.90	100.20	5	云南丽江	Ⅵ
205	1624.07.19	38.90	115.50	5½	河北保定	Ⅶ
206	1624.10.00	33.20	107.50	5½	陕西洋县	Ⅶ
207	1625.04.00	38.30	116.90	5	河北沧州	Ⅵ
208	1626.05.30	40.00	117.40	5½	天津蓟县	Ⅶ
209	1626.10.08	26.90	109.70	5	湖南会同	Ⅵ
210	1627.00.00	37.80	113.60	5½	山西平定	Ⅶ
211	1629.03.00	36.10	103.70	5½	甘肃兰州	Ⅶ
212	1630.00.00	30.70	113.50	5	湖北天门汉川一带	Ⅵ
213	1630.10.14	30.20	113.20	5	湖北沔阳沔城	Ⅵ
214	1631.00.00	33.70	106.10	5½	甘肃徽县南	Ⅶ
215	1631.07.00	35.50	107.90	5	甘肃宁县	Ⅵ
216	1631.07.21	35.20	104.30	5½	甘肃临洮、陇西一带	Ⅶ
217	1631.11.01	28.20	112.40	5½	湖南常德东南	暂无考证
218	1631.11.08	29.20	111.70	5¾	湖南常德北	暂无考证
219	1632.00.00	32.40	109.70	5	湖北竹溪	Ⅵ
220	1632.09.04	39.70	117.00	5	北京通县东南	暂无考证
221	1634.00.00	33.20	104.80	5½	甘肃文县	Ⅶ
222	1634.03.30	30.70	115.40	5½	湖北罗田	Ⅶ
223	1634.12.00	35.10	107.60	5½	甘肃灵台	Ⅶ
224	1635.10.26	33.20	107.50	5½	陕西洋县	Ⅶ
225	1636.00.00	33.10	107.00	5½	陕西汉中	Ⅶ
226	1636.00.00	36.80	108.80	5	陕西志丹	Ⅵ
227	1637.06.08	28.50	103.50	5	四川屏山西南	暂无考证
228	1638.01.00	36.60	105.50	5½	宁夏海原	Ⅶ
229	1640.00.00	37.50	105.60	5	宁夏中宁	Ⅵ
230	1640.09.00	30.50	114.90	5	湖北黄冈	Ⅵ
231	1641.00.00	34.50	105.50	5	甘肃天水礼县间	Ⅵ
232	1641.11.26	23.50	116.50	5¾	广东揭阳东	Ⅶ
233	1642.11.20	33.10	118.50	5	江苏盱眙西北	Ⅵ
234	1643.12.00	25.70	101.10	5½	云南姚安、盐丰间	Ⅶ
235	1644.02.08	32.90	117.50	5½	安徽凤阳	Ⅶ
236	1644.05.00	25.50	102.40	5	云南武定	Ⅵ

续表

序号	时间 (年.月.日)	北纬 (°)	东经 (°)	震级 M	地点	烈度
237	1644.07.30	23.00	120.10	5¼	台湾台南西	Ⅶ
238	1651.01.17	26.20	116.60	5½	福建宁化	≥Ⅵ
239	1652.02.10	31.40	116.30	5½	安徽霍山	暂无考证
240	1654.02.17	30.90	117.50	5¼	安徽庐江东南	暂无考证
241	1654.07.22	34.50	107.00	5½	甘肃天水东	暂无考证
242	1654.09.15	36.10	115.60	5½	山东朝城	Ⅶ
243	1654.11.00	32.50	114.60	5	河南息县西北	暂无考证
244	1655.03.18	34.80	108.10	5¼	陕西凤翔东北一带	暂无考证
245	1655.04.17	24.40	102.60	5	云南玉溪	Ⅵ⁺
246	1657.10.00	40.20	115.00	5	河北宣化南	暂无考证
247	1659.12.25	26.50	117.40	5	福建南平西南	暂无考证
248	1662.10.11	33.20	114.80	5½	河南项城	Ⅶ
249	1663.04.00	26.10	99.90	5¼	云南洱源	Ⅵ⁺
250	1664.00.00	38.70	112.70	5½	山西忻县、代县间	Ⅶ
251	1664.09.30	21.80	112.50	5	广东台山西南	暂无考证
252	1665.00.00	37.90	102.60	5	甘肃武威	Ⅵ
253	1665.09.19	22.70	111.60	5	广东罗定	Ⅵ
254	1668.08.24	36.50	118.50	5¾	山东临朐一带	暂无考证
255	1670.07.00	25.20	102.20	5½	云南禄丰、罗次间	Ⅶ
256	1670.12.00	35.30	118.00	5	山东费县	Ⅵ
257	1671.09.00	35.30	118.00	5	山东费县一带	Ⅵ
258	1673.03.29	31.80	117.30	5	安徽合肥	Ⅵ
259	1674.04.00	24.50	103.80	5	云南泸西	Ⅵ
260	1675.00.00	34.10	114.80	5½	河南太康	Ⅶ
261	1675.06.00	34.80	111.10	5	山西平陆、芮城间	Ⅵ
262	1675.08.03	35.60	116.80	5	山东兖州	Ⅵ
263	1677.00.00	37.70	113.70	5	山西平定	Ⅵ~Ⅶ
264	1677.09.00	33.40	104.90	5½	甘肃武都	Ⅶ
265	1678.00.00	40.70	115.30	5	河北宣化西北赵川	Ⅵ
266	1679.09.04	39.00	116.00	5¾	河北雄县一带	暂无考证
267	1679.10.00	37.60	112.50	5½	山西徐沟	Ⅶ
268	1679.12.26	31.40	119.50	5¼	江苏溧阳	Ⅶ
269	1681.00.00	35.80	109.40	5	陕西洛川	Ⅵ
270	1683.10.10	23.10	113.00	5	广东南海	Ⅵ

第五章　宋元明清时期（960—1911 年）

续表

序号	时间 （年.月.日）	北纬（°）	东经（°）	震级 M	地点	烈度
271	1686.00.00	37.10	106.50	5½	宁夏同心东北	Ⅶ
272	1686.01.01	22.80	110.10	5¼	广西梧州、合浦间	暂无考证
273	1686.05.12	23.50	120.40	5¾	台湾嘉义	Ⅶ
274	1692.09.12	24.50	103.80	5½	云南泸西	Ⅶ
275	1694.05.00	25.00	121.50	5½	台湾台北	Ⅶ
276	1695.02.15	24.90	110.00	5¼	广西融安东南	暂无考证
277	1696.07.07	25.00	102.80	5¾	云南昆明	≥Ⅶ
278	1698.00.00	41.50	121.20	5	辽宁义县	Ⅵ
279	1701.00.00	25.20	102.50	5½	云南富民	Ⅶ
280	1703.00.00	29.00	91.60	5	西藏穷结	Ⅵ
281	1704.09.18	38.10	116.70	5½	河北东光、沧州	Ⅶ
282	1708.10.26	36.70	114.70	5¾	河北永年东南	Ⅶ
283	1710.04.16	27.80	111.30	5½	湖南新化	Ⅶ
284	1712.12.22	32.00	119.00	5	江苏仪征西南	暂无考证
285	1715.10.11	23.50	120.40	5½	台湾嘉义	Ⅶ
286	1717.07.06	29.50	111.40	5¼	湖南临澧西	暂无考证
287	1722.02.00	24.20	102.40	5	云南峨山	Ⅵ
288	1724.00.00	40.50	115.30	5	河北怀来新保安	Ⅵ
289	1729.08.10	25.60	100.20	5¼	云南凤仪、大理间	Ⅵ⁺
290	1730.00.00	36.90	117.90	5	山东长山（旧）	Ⅵ
291	1730.09.21	23.90	120.70	5¼	台湾彰化东南	暂无考证
292	1731.10.22	24.10	118.20	5	福建漳州外海域	暂无考证
293	1731.11.00	31.30	121.00	5	江苏昆山南	Ⅵ
294	1732.11.00	23.70	102.50	5	云南石屏	Ⅵ
295	1734.03.00	30.20	103.50	5	四川蒲江	Ⅵ
296	1736.00.00	30.60	101.50	5½	四川道孚乾宁	Ⅶ
297	1736.12.25	37.80	121.60	5	黄海	暂无考证
298	1737.09.30	35.10	114.40	5½	河南封丘	Ⅶ
299	1738.05.19	33.30	104.20	5¾	四川南坪	Ⅶ
300	1739.02.23	38.50	106.30	5½	宁夏银川	Ⅶ
301	1741.00.00	30.60	101.50	5	四川道孚乾宁	Ⅵ
302	1741.11.14	23.70	102.50	5	云南石屏	Ⅵ
303	1742.00.00	32.10	110.80	5	湖北房县	Ⅵ
304	1742.00.00	30.60	101.50	5	四川道孚乾宁	Ⅵ

续表

序号	时间 （年.月.日）	北纬（°）	东经（°）	震级 M	地点	烈度
305	1743.06.30	30.70	118.40	5	安徽泾县	Ⅵ～Ⅶ
306	1746.07.29	40.20	116.20	5	北京昌平	Ⅵ
307	1748.02.23	31.30	103.50	5¾	四川汶川	Ⅶ
308	1748.03.06	30.20	101.50	5¾	四川康定塔公	Ⅶ
309	1748.10.12	31.00	102.40	5½	四川小金崇德	≥Ⅵ
310	1748.11.21	36.40	106.10	5½	宁夏固原北	Ⅶ
311	1749.02.28	22.90	112.00	5	广东云浮	Ⅵ
312	1750.00.00	30.60	101.50	5	四川道孚乾宁	Ⅵ
313	1752.05.17	31.30	122.30	5	上海长江口	暂无考证
314	1754.00.00	24.80	121.00	5	台湾新竹	Ⅵ
315	1754.05.00	37.70	112.50	5	山西太原南	Ⅵ
316	1754.06.00	25.00	101.60	5	云南楚雄	Ⅵ
317	1756.12.07	29.10	116.90	5½	江西波阳东北	暂无考证
318	1757.06.13	24.90	98.40	5½	云南腾冲沙坡	Ⅶ
319	1761.11.03	24.40	102.60	5¾	云南玉溪	Ⅶ⁺
320	1765.00.00	30.60	101.50	5	四川道孚乾宁	Ⅵ
321	1765.03.15	41.80	123.40	5½	辽宁沈阳	Ⅶ
322	1765.05.01	35.30	103.90	5½	甘肃临洮	Ⅶ
323	1765.07.04	40.10	116.00	5	北京昌平西南	暂无考证
324	1765.08.16	34.50	108.20	5	陕西西安、凤翔间	暂无考证
325	1770.00.00	29.30	91.50	5¾	西藏扎囊	Ⅶ
326	1770.01.16	31.40	116.30	5¾	安徽霍山	暂无考证
327	1770.09.26	24.90	99.90	5½	云南凤庆北	Ⅶ
328	1772.03.01	38.30	114.40	5	河北灵寿	Ⅵ
329	1775.00.00	42.30	123.90	5½	辽宁铁岭	Ⅶ
330	1778.10.29	22.50	110.60	5¼	广西玉林东南	暂无考证
331	1779.00.00	42.70	121.80	5¾	内蒙古库伦	Ⅶ
332	1781.10.03	25.90	101.10	5¼	云南大姚盐丰	Ⅶ⁺
333	1782.04.30	25.80	111.80	5	湖南宁远、永州间	Ⅵ
334	1783.00.00	25.60	103.80	5¼	云南沾益	Ⅶ⁻
335	1785.00.00	30.60	101.50	5¾	四川道孚	Ⅶ
336	1785.00.00	25.00	98.50	5¼	云南腾冲	Ⅶ⁻
337	1786.06.10	29.40	102.20	5	四川泸定得妥	暂无考证
338	1789.11.07	34.60	110.30	5	陕西潼关	Ⅵ

第五章　宋元明清时期（960—1911 年）

续表

序号	时间 （年.月.日）	北纬（°）	东经（°）	震级 M	地点	烈度
339	1791.02.11	38.00	115.00	5½	河北深县西	≥Ⅵ
340	1791.04.08	23.80	117.50	5½	福建东山外海中	≥Ⅶ
341	1792.11.30	30.60	101.50	5½	四川道孚乾宁	Ⅶ
342	1795.08.05	39.70	118.70	5½	河北滦县	Ⅵ~Ⅶ
343	1796.03.00	36.00	119.40	5	山东诸城	Ⅵ
344	1797.00.00	23.00	120.20	5	台湾台南市	Ⅵ
345	1797.08.05	39.40	118.90	5	河北乐亭	Ⅵ
346	1804.00.00	24.90	115.60	5¼	江西寻乌	Ⅶ⁻
347	1805.06.25	37.10	114.50	5	河北邢台	Ⅵ
348	1805.08.05	39.70	119.20	5½	河北昌黎	Ⅶ
349	1808.08.16	28.40	92.30	5½	西藏隆子	Ⅶ
350	1811.00.00	30.60	101.50	5¾	四川道孚乾宁	Ⅶ
351	1812.04.02	34.60	110.60	5½	河南灵宝西北	Ⅶ
352	1813.00.00	36.00	111.40	5¼	山西襄陵	Ⅵ~Ⅶ
353	1814.01.10	34.60	113.50	5	河南荥阳贾峪	Ⅵ
354	1814.02.04	35.80	114.40	5½	河南汤阴、浚县间	Ⅶ
355	1815.07.00	24.80	121.80	5	台湾宜兰附近	Ⅵ
356	1815.08.05	39.10	117.20	5	天津	Ⅵ
357	1816.00.00	24.80	121.80	5¾	台湾宜兰附近	Ⅶ
358	1816.09.00	24.80	121.80	5½	台湾宜兰附近	Ⅶ
359	1819.02.24	36.10	102.30	5¾	青海化隆	Ⅶ
360	1819.09.14	26.50	107.20	5¾	贵州贵定	Ⅶ
361	1820.10.00	34.80	111.20	5	河南陕县	Ⅵ
362	1822.04.24	33.00	104.60	5½	甘肃文县	Ⅶ
363	1823.08.00	32.70	107.90	5½	陕西镇巴	Ⅶ
364	1824.08.14	23.00	113.00	5	广东广州西南	暂无考证
365	1827.03.23	34.90	111.10	5½	山西平陆	Ⅶ
366	1829.04.00	37.50	111.20	5½	山西离石	Ⅶ
367	1830.06.13	36.40	114.30	5½	河北磁县	暂无考证
368	1830.06.24	37.30	114.70	5½	河北隆尧西南	Ⅶ
369	1830.06.26	36.40	114.30	5¾	河北磁县	Ⅶ⁺
370	1832.01.00	24.30	117.00	5	福建平和西	Ⅵ
371	1832.08.00	39.90	96.80	5½	甘肃玉门昌马	Ⅶ
372	1833.12.13	24.80	121.80	5	台湾宜兰附近	Ⅵ

续表

序号	时间 (年.月.日)	北纬 (°)	东经 (°)	震级 M	地点	烈度
373	1834.00.00	33.00	97.00	5½	青海玉树附近	Ⅶ
374	1834.04.11	25.00	103.00	5	云南宜良汤池	Ⅵ
375	1835.06.06	36.30	116.40	5	山东平阴	Ⅵ
376	1839.10.12	31.30	120.00	5	江苏宜兴东	暂无考证
377	1840.00.00	35.60	103.20	5½	甘肃临夏一带	暂无考证
378	1840.11.00	23.60	120.50	5½	台湾云林	Ⅶ
379	1844.08.00	28.10	103.90	5	云南大关北	暂无考证
380	1844.12.02	31.50	122.00	5	长江口	暂无考证
381	1845.11.00	26.00	100.10	5½	云南邓川	Ⅶ
382	1850.00.00	34.70	104.90	5	甘肃武山	Ⅵ
383	1852.11.17	36.00	118.80	5	山东诸城西	暂无考证
384	1853.04.16	32.00	122.50	5½	黄海	暂无考证
385	1853.04.17	32.00	122.50	5½	黄海	暂无考证
386	1853.04.24	32.00	122.50	5½	黄海	暂无考证
387	1853.11.00	39.00	76.20	5½	新疆英吉沙	Ⅶ
388	1854.12.24	29.10	107.00	5½	四川南川陈家场	Ⅶ
389	1855.11.20	31.50	122.00	5	长江口	暂无考证
390	1855.12.11	39.20	121.60	5½	辽宁金县	Ⅶ
391	1856.04.10	39.10	121.70	5¼	辽宁金县	Ⅶ⁻
392	1859.03.12	35.20	118.20	5½	山东临沂西	暂无考证
393	1859.09.19	40.70	122.20	5¼	辽宁营口	Ⅶ⁻
394	1860.01.25	22.50	109.40	5¼	广西灵山东北	暂无考证
395	1862.02.00	25.90	100.10	5½ M	云南大理上关	Ⅶ
396	1862.11.28	35.40	111.50	5	山西绛县西南	暂无考证
397	1862.12.26	35.60	111.50	5½	山西曲沃、绛县间	Ⅶ
398	1863.06.00	25.80	100.10	5½	云南邓川南	Ⅶ
399	1863.08.30	29.10	114.10	5	江西修水、湖北通城间	Ⅵ
400	1863.09.25	43.80	87.60	5½	新疆乌鲁木齐	Ⅶ
401	1868.07.21	32.80	109.70	5½	陕西白河、洵阳间	暂无考证
402	1868.10.30	32.40	117.80	5½	安徽定远南	Ⅶ
403	1870.00.00	22.40	120.60	5¾	台湾屏东枋寮	Ⅶ
404	1870.07.05	24.10	102.00	5¼	云南新平	Ⅶ⁻
405	1871.06.26	20.20	110.20	5½	琼州海峡	暂无考证
406	1872.09.21	31.20	120.30	5½	江苏太湖	暂无考证

续表

序号	时间 (年.月.日)	北纬 (°)	东经 (°)	震级 M	地点	烈度
407	1873.00.00	23.00	120.20	5½	台湾台南市	Ⅶ
408	1874.06.23	22.10	114.40	5¾	广东担杆列岛外海域	暂无考证
409	1875.00.00	27.30	103.70	5	云南昭通	Ⅵ
410	1875.08.00	28.80	93.00	5½	西藏朗县、加查一带	暂无考证
411	1876.00.00	25.70	100.20	5	云南大理下关	Ⅵ
412	1877.10.00	26.00	101.90	5	云南元谋北	Ⅵ
413	1878.08.07	27.30	100.90	5½	云南宁蒗大村街	Ⅶ
414	1879.00.00	24.40	103.40	5½	云南弥勒	Ⅶ
415	1879.06.29	33.20	105.00	5¾	甘肃武都附近	暂无考证
416	1879.11.23	24.60	98.70	5	云南龙陵	Ⅵ
417	1880.02.29	24.60	120.80	5½	台湾苗栗	Ⅶ
418	1880.06.22	32.90	104.60	5½	甘肃文县	Ⅶ
419	1880.07.17	34.80	108.10	5	陕西永寿	Ⅵ
420	1880.09.06	39.70	118.70	5	河北滦县	Ⅵ
421	1881.06.00	28.60	102.50	5	四川越西一带	Ⅵ
422	1881.09.25	25.10	121.60	5½	台湾台北附近	Ⅶ
423	1882.01.00	24.40	103.40	5¾	云南弥勒	Ⅶ+
424	1882.10.21	33.70	105.30	5	甘肃礼县东南	暂无考证
425	1882.12.06	38.10	115.50	5½	河北深县	Ⅶ
426	1883.06.23	37.90	112.60	5½	山西太原	Ⅶ
427	1884.01.00	23.50	120.40	5½	台湾嘉义	Ⅶ
428	1884.06.00	23.50	120.40	5	台湾嘉义	Ⅵ
429	1885.00.00	44.30	85.00	5½	新疆奎屯	Ⅶ
430	1885.04.07	40.70	122.20	5½	辽宁营口	Ⅶ
431	1885.12.22	23.90	103.70	5¼	云南丘北西南	Ⅵ+
432	1887.04.08	24.00	116.80	5	广东饶平三饶	Ⅵ
433	1887.07.00	37.40	103.80	5	甘肃景泰北	Ⅵ
434	1888.03.29	28.60	114.50	5¼	江西宜丰北	暂无考证
435	1889.09	38.10	106.30	5½	宁夏灵武	Ⅶ
436	1889.10	36.30	115.10	5	河北大名	Ⅵ
437	1889.11.21	23.00	120.20	5	台湾台南附近	Ⅵ
438	1890.00.00	36.90	112.90	5½	山西武乡	Ⅶ
439	1890.02.17	36.50	102.00	5¼	青海西宁东	Ⅵ+
440	1890.04.22	26.50	99.90	5½	云南剑川	Ⅶ

续表

序号	时间 （年．月．日）	北纬（°）	东经（°）	震级 M	地点	烈度
441	1890.08.30	21.90	110.10	5¾	广东廉江、广西陆川间	暂无考证
442	1890.10.06	27.30	100.30	5	云南丽江北大具里	Ⅵ
443	1891.04.17	37.10	111.90	5¾	山西介休南	Ⅶ
444	1891.11.00	23.00	120.20	5	台湾台南	Ⅵ
445	1892.02.10	28.90	105.00	5	四川南溪	Ⅵ
446	1892.07.28	19.80	110.50	5	海南海口、文昌间	Ⅵ
447	1893.02.23	38.30	116.80	5	河北沧州	Ⅵ
448	1893.04.00	25.60	102.50	5	云南禄劝	Ⅵ
449	1893.06.01	36.60	101.80	5½	青海西宁南	Ⅶ
450	1893.10.17	25.10	121.50	5	台湾台北附近	Ⅵ
451	1894.08.24	26.20	104.10	5	云南宣威	Ⅵ
452	1895.07.11	25.20	100.30	5	云南巍山	Ⅵ
453	1896.02.12	26.90	100.20	5½	云南丽江	Ⅶ
454	1896.02.14	29.30	104.90	5¾	四川富顺	Ⅶ
455	1897.01.05	29.90	115.20	5	湖北阳新	Ⅵ
456	1898.08.00	27.30	103.70	5	云南昭通	Ⅵ
457	1898.09.22	39.10	113.00	5¾	山西代县	Ⅶ
458	1899.00.00	24.80	98.30	5½	云南梁河	Ⅶ
459	1899.11.28	23.40	109.60	5	广西武宣南	Ⅵ
460	1900.00.00	24.40	103.40	5	云南弥勒	Ⅵ
461	1900.05.00	36.10	114.20	5	河南安阳西	Ⅵ
462	1900.08.00	30.50	103.50	5	四川邛崃一带	Ⅵ
463	1902.05.00	26.50	99.90	5	云南剑川南	Ⅵ
464	1902.08.00	26.30	99.90	5½	云南剑川、洱源间	Ⅶ
465	1902.08.29	39.80	76.20	5.7	新疆阿图什北	暂无考证
466	1902.09.19	39.80	76.20	5.9	新疆阿图什北	暂无考证
467	1903.00.00	43.80	87.60	5	新疆乌鲁木齐	Ⅵ
468	1903.06.07	24.70	121.70	5½	台湾宜兰	暂无考证
469	1904.09.09	31.00	101.10	5½	四川道孚	≥Ⅶ
470	1904.09.11	31.00	101.10	5½	四川道孚	≥Ⅶ
471	1905.04.28	33.80	122.00	5.3	黄海	暂无考证
472	1905.08.12	22.10	113.40	5	广东澳门外海	暂无考证
473	1905.09.29	33.80	121.50	5.6	黄海	暂无考证
474	1905.11.08	29.40	104.70	5	四川自贡	Ⅵ

第五章　宋元明清时期（960—1911 年）

续表

序号	时间 （年．月．日）	北纬（°）	东经（°）	震级 M	地点	烈度
475	1906.01.07	26.20	104.10	5½	云南宣威	Ⅶ
476	1906.03.03	41.70	82.70	5	新疆库车西南	Ⅵ
477	1906.03.22	23.50	120.40	5	台湾嘉义	暂无考证
478	1906.03.26	23.70	120.50	5½	台湾嘉义	Ⅶ
479	1906.03.29	24.30	118.60	5½	福建厦门海外	暂无考证
480	1906.04.06	23.60	120.50	5	台湾嘉义	Ⅵ
481	1906.04.07	23.40	120.40	5½	台湾嘉义	Ⅶ
482	1906.04.08	23.40	120.40	5½	台湾嘉义	暂无考证
483	1906.05.00	24.60	98.70	5½	云南龙陵	Ⅶ
484	1906.05.04	23.40	120.40	5¼	台湾嘉义	Ⅵ⁺
485	1906.08.16	29.10	111.70	5	湖南常德	Ⅵ
486	1906.08.19	24.20	118.30	5¼	福建厦门近海	暂无考证
487	1907.10.15	24.80	118.70	5	福建泉州	Ⅵ
488	1908.00.00	33.50	106.00	5½ M	陕西略阳北	Ⅶ
489	1909.01.20	22.90	121.30	5½	台湾台东东北海中	暂无考证
490	1909.02.21	37.40	113.60	5	山西和顺	Ⅵ
491	1909.05.15	27.20	103.60	5½	云南鲁甸	Ⅶ
492	1909.05.23	24.00	120.90	5.6	台湾埔里	Ⅶ
493	1909.07.00	26.50	99.90	5½	云南剑川及第村	Ⅶ
494	1909.11.11	38.10	114.40	5½	河北获鹿	Ⅶ
495	1909.12.30	32.70	121.50	5	黄海	暂无考证
496	1910.00.00	24.60	98.70	5½	云南龙陵	Ⅶ
497	1910.01.21	24.00	121.60	5½	台湾花莲	暂无考证
498	1910.03.20	24.00	120.70	5¼	台湾台中附近	暂无考证
499	1910.03.26	23.90	121.60	5¼	台湾花莲	Ⅵ
500	1910.05.06	33.00	121.50	5½	黄海	暂无考证
501	1911.01.25	39.80	114.50	5.9	河北蔚县	Ⅶ
502	1911.02.05	23.00	109.80	5¼	广西灵山东北	暂无考证
503	1911.02.06	29.70	116.00	5	江西九江	Ⅵ
504	1911.10.17	26.60	103.10	5¾	云南巧家、会泽间	Ⅶ⁺

五、4≤M<5级地震2627次（表5-3）

表5-3　宋元明清时期4≤M<5级地震目录

序号	时间（年.月.日）	北纬（°）	东经（°）	震级M	地点	烈度
1	962.11.04	30.30	120.20	4	浙江杭州	暂无考证
2	964.12.31	25.10	99.20	4	云南保山	暂无考证
3	967.09.30	34.80	114.00	4½	河南中牟一带	暂无考证
4	996.06.23	38.10	106.40	4	宁夏灵武西南	暂无考证
5	999.10.24	32.40	119.40	4	江苏扬州	暂无考证
6	1001.10.25	36.00	107.90	4	甘肃庆阳	暂无考证
7	1003.03.11	30.70	104.10	4	四川成都一带	暂无考证
8	1004.03.23	30.30	104.10	4½	四川成都西	暂无考证
9	1005.12.31	25.10	99.20	4	云南保山	暂无考证
10	1007.09.12	30.30	104.10	4	四川成都一带	暂无考证
11	1007.10.05	30.30	104.10	4	四川成都一带	暂无考证
12	1011.08.00	38.20	114.60	4¾	河北正定	Ⅵ
13	1011.08.07	29.70	104.10	4½	四川井研一带	暂无考证
14	1013.12.31	24.90	118.60	4	福建泉州	暂无考证
15	1027.04.22	34.50	106.50	4	甘肃天水	暂无考证
16	1038.03.07	38.40	112.90	4¾	山西忻县	暂无考证
17	1043.06.24	38.40	112.70	4	山西忻州	暂无考证
18	1045.10.06	29.80	112.70	4½	湖北江陵东南	暂无考证
19	1045.12.31	37.80	120.70	4	山东蓬莱	暂无考证
20	1047.11.20	34.50	113.20	4½	河南登封一带	暂无考证
21	1054.12.29	36.00	106.30	4	宁夏固原	暂无考证
22	1057.03.30	39.10	116.30	4½	河北霸县一带	暂无考证
23	1067.07.31	36.70	115.20	4	河北大名东北	暂无考证
24	1068.09.03	23.60	116.60	4	广东潮州	暂无考证
25	1069.01.31	23.60	116.60	4	广东潮州	暂无考证
26	1089.03.31	36.70	115.20	4	河北大名东北	暂无考证
27	1089.03.31	34.30	109.00	4	陕西西安	暂无考证
28	1092冬	37.90	102.60	4¾	甘肃武威	Ⅵ
29	1092.11.08	36.60	107.30	4	甘肃环县	暂无考证
30	1096.04.09	31.10	105.10	4	四川三台	暂无考证
31	1100.03.19	30.10	118.20	4	安徽黄山	暂无考证
32	1128.02.22	34.30	108.90	4	陕西西安	暂无考证

第五章　宋元明清时期（960—1911年）

续表

序号	时间 （年.月.日）	北纬（°）	东经（°）	震级 M	地点	烈度
33	1133.09.09	31.10	120.40	4½	江苏苏州湖州间	暂无考证
34	1136.07.16	30.30	119.90	4	浙江旧余杭	暂无考证
35	1137.08.21	45.50	127.20	4	黑龙江阿城南	暂无考证
36	1141.01.23	45.50	127.20	4	黑龙江阿城南	暂无考证
37	1157.12.31	30.80	120.40	4½	浙江杭州江苏苏州间	暂无考证
38	1163.07.09	30.70	104.10	4	四川成都	暂无考证
39	1164.03.01	25.00	118.70	4½	福建福州	暂无考证
40	1169.02.01	31.90	104.40	4½	四川北川西北	暂无考证
41	1169.02.02	31.90	104.40	4½	四川北川西北	暂无考证
42	1169.02.03	31.90	104.40	4½	四川北川西北	暂无考证
43	1193.09.30	29.70	90.60	4½	西藏堆龙德庆西	暂无考证
44	1193.12.03	29.60	91.30	4½	西藏拉萨一带	暂无考证
45	1193.12.04	29.60	91.30	4½	西藏拉萨一带	暂无考证
46	1195.04.10	39.90	116.30	4½	北京南郊	暂无考证
47	1210.10.26	39.90	116.30	4	北京南郊	暂无考证
48	1216.03.28	28.40	103.80	4½	四川雷波马湖	暂无考证
49	1216.04.09	28.40	103.80	4½	四川雷波马湖	暂无考证
50	1216.04.14	28.40	103.80	4½	四川雷波马湖	暂无考证
51	1216.07.02	29.60	102.60	4½	四川汉源北	暂无考证
52	1216.07.03	29.60	102.60	4½	四川汉源北	暂无考证
53	1216.12.01	29.60	102.60	4½	四川汉源北	暂无考证
54	1216.12.02	29.60	102.60	4½	四川汉源北	暂无考证
55	1219.08.06	29.60	102.60	4½	四川汉源北	暂无考证
56	1219.08.13	35.50	106.60	4	陕西平凉	暂无考证
57	1221.06.11	29.60	102.60	4½	四川汉源北	暂无考证
58	1249.12.31	25.70	100.20	4	云南大理	暂无考证
59	1255.07.08	29.00	104.00	4½	四川宜宾西北	暂无考证
60	1271.06.16	29.60	103.80	4	四川乐山	暂无考证
61	1271.09.03	29.60	103.80	4	四川乐山	暂无考证
62	1274.12.03	26.10	119.30	4	福建福州一带	暂无考证
63	1275.04.08	26.10	119.30	4½	福建福州一带	暂无考证
64	1279.06.22	28.90	88.00	4¾	西藏萨迦	暂无考证
65	1283.04.30	29.70	90.60	4½	西藏堆龙德庆西	暂无考证
66	1288.11.26	30.40	120.10	4½	浙江杭州北	暂无考证

续表

序号	时间 （年．月．日）	北纬（°）	东经（°）	震级 M	地点	烈度
67	1289.07.29	37.50	112.50	4¾	山西徐沟	Ⅵ
68	1290.10.19	41.60	119.30	4	内蒙古宁城西	暂无考证
69	1302.12.29	25.60	103.20	4½	云南寻甸一带	暂无考证
70	1303.01.05	25.60	103.20	4½	云南寻甸一带	暂无考证
71	1304.09.11	37.40	112.60	4¾	山西太谷	Ⅵ
72	1306.03.22	36.30	113.10	4½	山西洪洞	暂无考证
72	1307.12.31	40.20	113.20	4½	山西大同	暂无考证
74	1308.07.06	26.90	104.10	4½	云南昭通宣威间	暂无考证
75	1308.07.06	34.80	104.80	4½	甘肃陇西武山间	暂无考证
76	1311.04.24	38.50	106.30	4¾	宁夏银川	Ⅵ
77	1311.08.06	38.90	100.40	4	甘肃张掖	暂无考证
78	1314.03.08	41.60	119.30	4	内蒙古宁城	暂无考证
79	1314.05.23	41.60	119.30	4	内蒙古宁城	暂无考证
80	1315.01.02	41.60	119.30	4	内蒙古宁城	暂无考证
81	1328.09.01	41.60	119.00	4	内蒙古宁城	暂无考证
82	1328.11.09	30.20	103.50	4½	四川蒲江	暂无考证
83	1328.11.23	41.60	119.30	4	内蒙古宁城	暂无考证
84	1329.09.13	29.70	90.60	4½	西藏堆龙德庆西	暂无考证
85	1330.10.04	29.50	90.10	4¾	西藏拉萨、日喀则间	暂无考证
86	1330.10.22	41.60	119.30	4	内蒙古宁城	暂无考证
87	1331.08.00	28.70	93.40	4¾	西藏朗县扎日	暂无考证
88	1332.05.12	41.60	119.00	4	内蒙古宁城	暂无考证
89	1332.09.10	35.00	104.70	4	甘肃陇西	暂无考证
90	1334.01.00	28.80	117.10	4¾	江西乐平南	暂无考证
91	1336.03.09	30.20	116.00	4¾	安徽宿松、湖北黄梅间	Ⅵ
92	1338.09.01	40.60	115.10	4	河北宣化	暂无考证
93	1341.04.00	37.90	112.40	4¾	山西太原一带	Ⅵ
94	1342.04.23	34.50	114.50	4¾	河南通许	Ⅵ
95	1344.01.23	36.30	119.80	4	山东高密东南	暂无考证
96	1345.02.10	36.20	116.20	4	山东东平北部	暂无考证
97	1345.03.12	40.00	117.80	4	河北玉田北	暂无考证
98	1346.04.00	37.10	117.90	4¾	山东高青东南	Ⅵ
99	1347.05.18	36.30	116.30	4½	山东平阴西	暂无考证
100	1351.08.30	30.60	111.90	4¾	湖北枝江北	暂无考证

第五章　宋元明清时期（960—1911 年）

续表

序号	时间 （年.月.日）	北纬（°）	东经（°）	震级 *M*	地点	烈度
101	1353.05.11	35.60	105.30	4½	甘肃会宁一带	暂无考证
102	1354.05.02	37.00	111.90	4¾	山西介休	Ⅵ
103	1354.12.22	30.60	118.70	4	安徽泾县一带	暂无考证
104	1356.03.10	40.00	117.80	4	河北玉田北	暂无考证
105	1356.08.04	20.90	110.20	4	广东海康	暂无考证
106	1366.05.17	34.60	119.10	4½	江苏连云港海州	暂无考证
107	1368.07.22	28.40	115.40	4	江西高安	暂无考证
108	1368.12.02	34.30	108.90	4	陕西西安	暂无考证
109	1371.01.29	35.50	106.00	4½	甘肃静宁东	暂无考证
110	1372.06.01	24.20	111.10	4¾	广西贺县西	暂无考证
111	1372.06.01	22.80	113.20	4	广东广州南	暂无考证
112	1372.09.25	23.10	113.30	4¾	广东广州西北	Ⅵ
113	1375.02.11	30.20	102.90	4	四川芦山一带	暂无考证
114	1377.10.20	30.70	104.10	4	四川成都	暂无考证
115	1378.06.12	41.20	123.20	4	辽宁辽阳	暂无考证
116	1379.05.24	37.00	112.00	4½	山西太原临汾间	暂无考证
117	1380.10.28	35.60	103.20	4	甘肃临夏	暂无考证
118	1380.12.26	37.90	102.60	4	甘肃武威	暂无考证
119	1380.12.26	35.60	103.20	4	甘肃临夏	暂无考证
120	1380.12.27	35.40	105.90	4	甘肃庄浪	暂无考证
121	1381.01.24	35.60	103.20	4	甘肃临夏	暂无考证
122	1381.02.05	37.90	102.60	4	甘肃武威	暂无考证
123	1381.04.29	37.90	102.60	4	甘肃武威	暂无考证
124	1384.03.29	33.90	114.30	4½	河南扶沟一带	暂无考证
125	1390.02.09	36.60	116.80	4½	山东济南一带	暂无考证
126	1395.09.26	26.50	100.00	4	云南鹤庆剑川间	暂无考证
127	1395.10.18	26.50	99.90	4	云南剑川	暂无考证
128	1399.05.13	31.10	116.90	4½	安徽桐城望江霍丘间	暂无考证
129	1399.09.00	40.40	115.00	4¾	河北宣化南	暂无考证
130	1401.01.24	31.60	119.90	4	江苏常州西南	暂无考证
131	1403.09.21	23.60	116.60	4	广东潮州潮阳一带	暂无考证
132	1403.12.13	39.50	116.50	4½	河北永清	暂无考证
133	1403.12.31	30.30	109.50	4	湖北恩施	暂无考证
134	1404.12.26	37.00	116.60	4½	山东济南西北	暂无考证

续表

序号	时间 (年.月.日)	北纬 (°)	东经 (°)	震级 M	地点	烈度
135	1408.02.28	37.60	121.10	4¾	山东蓬莱东南	暂无考证
136	1409.02.13	37.60	121.10	4¾	山东蓬莱东南	暂无考证
137	1409.04.12	37.90	112.60	4	山西太原	暂无考证
138	1411.04.30	37.80	113.40	4	山西平定盂县间	暂无考证
139	1411.08.31	37.80	113.40	4	山西平定盂县间	暂无考证
140	1416.10.29	38.80	116.50	4	河北文安大城间	暂无考证
141	1420.12.31	23.60	102.80	4	云南建水	暂无考证
142	1425.08.22	29.00	116.90	4	江西波阳东	暂无考证
143	1443.12.31	30.00	120.60	4½	浙江绍兴	暂无考证
144	1444.05.26	25.30	101.10	4¾	云南洱海、楚雄一带	≥Ⅵ
145	1444.05.26	25.20	101.00	4½	云南楚雄祥云间	暂无考证
146	1445	23.40	112.60	4¾	广东四会	Ⅵ
147	1445.03.30	37.50	120.90	4½	山东蓬莱东南一带	暂无考证
148	1449.02.00	40.40	115.00	4¾	河北宣化南	暂无考证
149	1449.09.10	25.40	112.90	4½	湖南宜章	暂无考证
150	1449.09.11	25.40	112.90	4½	湖南宜章	暂无考证
151	1449.09.12	25.40	112.90	4½	湖南宜章	暂无考证
152	1451.09.10	31.80	120.00	4½	江苏南京常熟间	暂无考证
153	1455.05.30	31.40	120.70	4½	江苏苏州常熟间	暂无考证
154	1458.09.16	25.00	99.00	4	云南保山一带	暂无考证
155	1465.04.04	31.80	112.00	4½	湖北襄樊钟祥南漳间	暂无考证
156	1466.08.31	27.50	101.60	4½	四川盐源一带	暂无考证
157	1466.12.31	21.60	110.30	4	广东廉江	暂无考证
158	1467.02.22	41.60	121.80	4	辽宁北镇	暂无考证
159	1467.07.22	27.50	118.50	4¾	福建松溪西	暂无考证
160	1468.04.13	20.00	110.30	4½	海南琼山	暂无考证
161	1469.01.04	30.60	114.20	4	湖北武昌	暂无考证
162	1469.12.22	19.80	109.70	4	海南临高一带	暂无考证
163	1470.01.22	30.60	114.30	4	湖北武昌	暂无考证
164	1470.09.27	21.40	110.50	4	广东湛江北	暂无考证
165	1471.02.28	24.60	99.90	4	云南凤庆	暂无考证
166	1471.09.30	38.20	102.80	4½	甘肃武威东北	暂无考证
167	1471.10.30	37.90	102.60	4	甘肃武威	暂无考证
168	1472.10.02	38.30	109.80	4	陕西榆林	暂无考证

第五章　宋元明清时期（960—1911年）

续表

序号	时间 （年．月．日）	北纬（°）	东经（°）	震级 M	地点	烈度
169	1472.10.19	38.00	112.20	4½	山西太原岢岚一带	暂无考证
170	1473.04.14	37.60	112.50	4½	山西清源一带	暂无考证
171	1473.08.08	37.60	112.50	4½	山西清源一带	暂无考证
172	1474.02.24	27.30	117.30	4½	福建邵武	暂无考证
173	1474.05.22	26.50	100.20	4	云南鹤庆	暂无考证
174	1475.06.12	31.30	120.60	4	江苏苏州	暂无考证
175	1475.11.01	29.20	104.10	4½	四川犍为一带	暂无考证
176	1477.05.06	35.60	103.20	4½	甘肃临夏	暂无考证
177	1477.05.20	35.60	103.20	4½	甘肃临夏	暂无考证
178	1477.05.21	35.60	103.20	4½	甘肃临夏	暂无考证
179	1477.05.22	35.00	117.80	4¾	山东临沂西	暂无考证
180	1478.01.30	31.70	103.80	4	四川茂县	暂无考证
181	1478.09.27	31.40	103.20	4	四川理县	暂无考证
182	1478.09.28	31.40	103.20	4	四川理县	暂无考证
183	1478.10.04	25.00	98.50	4	云南腾冲	暂无考证
184	1479.04.18	24.00	113.50	4½	广东广州韶关间	暂无考证
185	1479.05.13	23.70	113.30	4	广东清远佛冈间	暂无考证
186	1479.06.08	31.70	120.00	4	江苏常州	暂无考证
187	1479.07.26	31.70	103.80	4	四川茂县	暂无考证
188	1479.10.14	31.20	121.80	4½	江苏苏州东南	暂无考证
189	1479.10.17	31.40	120.50	4½	江苏苏州西北	暂无考证
190	1480.03.25	24.80	119.00	4½	福建泉州	暂无考证
191	1480.03.25	32.80	116.00	4	安徽阜阳颍上间	暂无考证
192	1480.04.01	38.50	106.30	4½	宁夏银川	暂无考证
193	1480.05.15	33.70	114.00	4½	河南郾城临颍间	暂无考证
194	1480.10.11	20.00	110.30	4	海南琼山	暂无考证
195	1480.10.25	29.10	119.60	4	浙江金华	暂无考证
196	1480.11.05	31.40	103.20	4	四川理县	暂无考证
197	1481.06.24	37.90	112.60	4	山西太原	暂无考证
198	1481.06.30	40.30	119.00	4	河北青龙南	暂无考证
199	1481.07.03	34.50	114.50	4	河南通许	暂无考证
200	1481.12.31	34.60	112.40	4	河南洛阳一带	暂无考证
201	1483.01.28	28.80	105.20	4½	四川泸州长宁	暂无考证
202	1483.04.00	40.40	115.00	4¾	河北宣化南	暂无考证

续表

序号	时间 （年.月.日）	北纬（°）	东经（°）	震级 M	地点	烈度
203	1483.04.15	35.00	104.60	4½	甘肃陇西	暂无考证
204	1483.05.19	34.50	103.70	4	甘肃临潭东	暂无考证
205	1483.06.13	35.50	116.50	4	山东兖州西	暂无考证
206	1483.07.19	31.70	103.80	4	四川茂县	暂无考证
207	1484.03.05	35.00	107.00	4½	甘肃陇县一带	暂无考证
208	1484.03.05	34.40	104.00	4	甘肃岷县	暂无考证
209	1484.05.03	32.10	118.80	4	江苏南京	暂无考证
210	1484.06.04	34.40	104.00	4	甘肃岷县	暂无考证
211	1484.07.30	25.70	100.20	4	云南大理	暂无考证
212	1484.10.28	28.50	118.00	4	江西上饶	暂无考证
213	1485.07.03	40.40	115.80	4¾	北京居庸关西北	暂无考证
214	1485.12.06	26.10	119.30	4½	福建连江	暂无考证
215	1486.09.01	25.10	99.20	4	云南保山县蒲蛮关	暂无考证
216	1486.09.03	25.10	99.20	4	云南保山县蒲蛮关	暂无考证
217	1486.10.15	30.60	104.10	4½	四川成都北	暂无考证
218	1486.12.31	40.20	117.90	4	河北遵化	暂无考证
219	1487.03.31	30.60	114.00	4½	湖北咸宁安陆间	暂无考证
220	1487.06.21	22.80	113.20	4	广东顺德一带	暂无考证
221	1487.09.18	22.50	110.70	4	广东吴川西南	暂无考证
222	1487.09.19	22.80	113.20	4½	广东顺德	暂无考证
223	1487.09.27	27.10	112.90	4	湖南衡阳东	暂无考证
224	1487.10.13	40.70	115.30	4	河北宣化龙门间	暂无考证
225	1487.10.25	31.10	113.80	4½	湖北云梦一带	暂无考证
226	1488.06.21	29.60	103.80	4¾	四川乐山东	暂无考证
227	1488.09.26	31.80	104.30	4	四川石泉	暂无考证
228	1489.03.24	31.40	103.20	4	四川理县	暂无考证
229	1489.05.15	40.40	114.50	4	河北怀安	暂无考证
230	1489.06.08	35.40	103.50	4½	甘肃临洮一带	暂无考证
231	1489.09.03	40.10	117.70	4½	河北遵化蓟县间	暂无考证
232	1489.12.20	31.50	103.50	4½	四川理县，茂县	暂无考证
233	1490.01.01	35.50	105.40	4¾	甘肃会宁南	暂无考证
234	1490.01.01	35.30	105.40	4	甘肃会宁东南	暂无考证
235	1490.02.06	31.50	103.60	4	四川汶川	暂无考证
236	1490.03.05	31.70	103.80	4	四川茂县	暂无考证

第五章 宋元明清时期（960—1911 年）

续表

序号	时间 （年．月．日）	北纬（°）	东经（°）	震级 M	地点	烈度
237	1490.03.18	28.60	102.50	4	四川越西	暂无考证
238	1490.03.19	28.60	102.50	4	四川越西	暂无考证
239	1490.03.19	28.60	102.50	4½	四川越西	暂无考证
240	1490.04.05	29.90	103.40	4	四川洪雅	暂无考证
241	1490.06.29	21.70	109.20	4½	广西合浦	暂无考证
242	1490.07.23	34.60	104.40	4	甘肃岷县无武山间	暂无考证
243	1491.01.06	31.40	103.20	4	四川理县	暂无考证
244	1491.03.03	31.70	103.80	4	四川茂县	暂无考证
245	1491.04.30	36.60	105.00	4	甘肃靖远东	暂无考证
246	1491.06.30	26.50	112.60	4	湖南长宁北	暂无考证
247	1491.08.10	31.70	103.80	4½	四川茂县	暂无考证
248	1491.11.06	40.30	118.30	4½	河北迁西	暂无考证
249	1491.11.07	34.50	105.30	4½	甘肃甘谷南	暂无考证
250	1492.01.10	40.60	115.20	4	河北宣化新宝安间	暂无考证
251	1493.01.27	40.00	122.20	4¾	辽宁海城南	暂无考证
252	1493.04.05	37.70	112.70	4	山西榆次	暂无考证
253	1493.06.09	31.70	103.80	4	四川茂县	暂无考证
254	1493.06.27	40.50	115.60	4	河北怀来	暂无考证
255	1493.07.04	34.20	105.20	4	甘肃礼县	暂无考证
256	1493.07.08	29.60	103.80	4½	四川乐山	暂无考证
257	1493.12.17	37.70	112.70	4	山西榆次	暂无考证
258	1494.01.13	32.00	117.80	4	安徽肥东一带	暂无考证
259	1494.05.06	38.50	121.00	4½	山东庙岛群岛一带	暂无考证
260	1494.05.07	38.50	121.00	4½	山东庙岛群岛一带	暂无考证
261	1494.07.25	31.70	103.80	4	四川茂县	暂无考证
262	1495.01.02	40.10	116.20	4	北京昌平南	暂无考证
263	1495.02.19	27.90	102.30	4	四川西昌	暂无考证
264	1495.06.04	27.90	102.30	4	四川西昌	暂无考证
265	1495.06.08	31.20	103.40	4½	四川灌县，汶川间	暂无考证
266	1495.07.07	31.50	103.60	4½	四川汶川一带	暂无考证
267	1495.07.29	22.50	112.20	4	广东高明阳春间	暂无考证
268	1495.09.06	39.90	118.00	4½	河北丰润西北	暂无考证
269	1495.09.26	25.80	105.20	4	贵州晴隆	暂无考证
270	1495.09.28	25.80	105.20	4	贵州晴隆	暂无考证

续表

序号	时间 (年.月.日)	北纬（°）	东经（°）	震级 M	地点	烈度
271	1495.10.05	25.40	119.40	4¾	福建莆田东海域	暂无考证
272	1495.10.11	25.80	105.20	4	贵州晴隆	暂无考证
273	1495.10.12	25.80	105.20	4	贵州晴隆	暂无考证
274	1495.10.13	25.80	105.20	4	贵州晴隆	暂无考证
275	1495.10.14	25.80	105.20	4	贵州晴隆	暂无考证
276	1495.10.15	25.80	105.20	4	贵州晴隆	暂无考证
277	1495.10.16	25.80	105.20	4	贵州晴隆	暂无考证
278	1495.10.17	25.80	105.20	4	贵州晴隆	暂无考证
279	1495.10.18	25.80	105.20	4	贵州晴隆	暂无考证
280	1495.10.23	35.80	115.70	4½	山东郓城西北	暂无考证
281	1495.11.08	34.60	119.10	4¾	江苏连云港海州	暂无考证
282	1495.12.15	32.20	109.30	4	陕西安康	暂无考证
283	1495.12.25	27.70	106.90	4	贵州遵义	暂无考证
284	1496.03.02	32.00	110.40	4½	湖北竹山一带	暂无考证
285	1496.03.07	40.10	117.70	4½	河北遵化蓟县间	暂无考证
286	1496.03.17	39.60	116.00	4½	河北涞水北京间	暂无考证
287	1496.05.15	39.80	118.00	4½	河北丰润	暂无考证
288	1496.05.24	39.00	100.50	4	甘肃张掖	暂无考证
289	1496.11.16	31.40	103.40	4½	四川汶川理县间	暂无考证
290	1496.12.31	31.40	104.50	4½	四川绵阳绵竹间	暂无考证
291	1497.03.08	38.30	106.40	4	宁夏银川南	暂无考证
292	1497.03.24	35.30	106.20	4½	宁夏隆德南	暂无考证
293	1497.04.01	31.70	103.80	4	四川茂县	暂无考证
294	1497.04.10	31.40	103.20	4	四川理县	暂无考证
295	1497.06.00	30.50	116.50	4¾	安徽潜山西南	暂无考证
296	1497.07.08	38.80	116.80	4	河北文安大城间	暂无考证
297	1497.08.02	25.80	114.80	4	江西赣州上犹间	暂无考证
298	1498.05.26	38.50	106.30	4	宁夏银川	暂无考证
299	1499.04.11	27.90	102.30	4	四川西昌	暂无考证
300	1499.05.31	32.60	104.10	4	四川松潘小河	暂无考证
301	1499.07.19	28.50	102.20	4	四川冕宁	暂无考证
302	1499.07.21	32.60	104.10	4	四川松潘小河	暂无考证
303	1499.08.09	32.60	104.10	4	四川松潘小河	暂无考证
304	1499.08.17	32.60	104.10	4	四川松潘小河	暂无考证

第五章　宋元明清时期（960—1911 年）

续表

序号	时间 （年．月．日）	北纬（°）	东经（°）	震级 M	地点	烈度
305	1499.08.24	32.60	104.10	4	四川松潘小河	暂无考证
306	1499.08.27	32.60	104.10	4	四川松潘小河	暂无考证
307	1499.12.31	31.00	121.50	4	上海松江	暂无考证
308	1500.04.08	21.90	111.20	4	广东高州地安乡	暂无考证
309	1500.04.30	25.00	118.70	4½	福建泉州	暂无考证
310	1500.05.13	24.50	118.50	4½	福建厦门海外	暂无考证
311	1500.07.16	35.40	110.80	4	山西万荣荣河	暂无考证
312	1500.10.01	25.80	105.20	4	贵州晴隆	暂无考证
313	1500.10.03	21.90	108.60	4	广西钦州	暂无考证
314	1501.01.19	24.50	118.50	4½	福建厦门海外	暂无考证
315	1501.03.07	31.40	103.50	4	四川汶川南	暂无考证
316	1501.07.17	32.00	103.70	4	四川茂县叠溪	暂无考证
317	1501.08.05	34.80	110.00	4	陕西大荔朝邑间	暂无考证
318	1501.08.06	34.80	110.00	4	陕西大荔朝邑间	暂无考证
319	1501.09.05	36.90	117.90	4	山东邹平东	暂无考证
320	1501.09.08	31.50	103.60	4	四川汶川	暂无考证
321	1501.10.13	34.50	109.30	4½	陕西高陵	暂无考证
322	1501.10.19	26.60	106.70	4	贵州贵阳	暂无考证
323	1501.10.22	22.00	108.60	4	广西钦州	暂无考证
324	1501.11.08	33.90	114.90	4½	河南太康淮阳间	暂无考证
325	1501.11.23	31.30	120.60	4½	江苏苏州吴江间	暂无考证
326	1501.11.27	31.30	120.60	4½	江苏苏州吴江间	暂无考证
327	1501.12.04	31.20	121.20	4½	上海松江间	暂无考证
328	1501.12.07	31.30	120.60	4¾	江苏苏州	暂无考证
329	1502.00.00	33.40	120.10	4¾	江苏盐城	Ⅵ
330	1502.01.27	34.70	110.10	4	陕西朝邑	暂无考证
331	1502.01.30	32.00	103.70	4½	四川汶县叠溪	暂无考证
332	1502.02.02	40.00	112.80	4½	山西大同平鲁间	暂无考证
333	1502.04.02	26.90	116.30	4	江西广昌	暂无考证
334	1502.05.15	28.40	115.40	4	江西高安	暂无考证
335	1502.07.22	39.00	100.50	4	甘肃张掖	暂无考证
336	1502.08.12	24.00	110.80	4	广西苍梧平乐间	暂无考证
337	1502.09.10	26.70	100.70	4	云南永胜	暂无考证
338	1502.09.10	22.60	99.90	4	云南澜沧	暂无考证

中国地震史研究（远古至1911年）

续表

序号	时间 (年.月.日)	北纬（°）	东经（°）	震级 M	地点	烈度
339	1502.09.23	29.00	117.10	4	江西乐平	暂无考证
340	1502.10.10	25.00	98.50	4	云南腾冲	暂无考证
341	1502.10.10	31.50	104.70	4	四川绵阳	暂无考证
342	1502.10.14	40.30	116.50	4	河北旧怀来	暂无考证
343	1502.10.25	34.40	107.60	4½	陕西岐山	暂无考证
344	1502.11.12	39.70	118.90	4	河北滦县昌黎间	暂无考证
345	1502.12.31	24.90	118.70	4	福建泉州一带	暂无考证
346	1503.02.24	24.90	103.10	4½	云南宜良	暂无考证
347	1503.04.09	34.20	105.20	4½	甘肃礼县	暂无考证
348	1503.10.13	25.70	119.40	4½	福建福清一带	暂无考证
349	1503.12.31	25.00	101.00	4½	云南景东南华间	暂无考证
350	1504.02.09	31.40	103.40	4½	四川理县汶川	暂无考证
351	1504.08.24	34.40	114.10	4½	河南尉氏一带	暂无考证
352	1504.08.24	34.40	114.20	4¾	河南杞县西南	暂无考证
353	1504.11.16	35.00	115.90	4	山东成武	暂无考证
354	1505.03.00	40.40	114.90	4¾	河北宣化南	暂无考证
355	1505.03.07	39.70	112.80	4½	山西大同平鲁间	暂无考证
356	1505.06.21	38.10	106.10	4½	宁夏青铜峡一带	暂无考证
357	1505.07.18	31.70	103.90	4	四川茂汶	暂无考证
358	1505.07.29	31.30	103.40	4	四川汶川	暂无考证
359	1505.10.17	30.50	120.90	4	浙江海宁平湖间	暂无考证
360	1505.10.18	30.10	120.50	4½	浙江绍兴一带	暂无考证
361	1505.12.31	23.60	102.80	4	云南建水	暂无考证
362	1505.12.31	25.00	103.20	4½	云南宜良一带	暂无考证
363	1506.02.03	40.30	115.60	4	河北怀来一带	暂无考证
364	1506.05.02	39.50	116.30	4	河北文安北	暂无考证
365	1506.05.06	24.90	103.00	4	云南昆明宜良间	暂无考证
366	1506.09.07	36.30	120.70	4¾	山东即墨东	Ⅵ
367	1506.09.12	36.30	120.70	4½	山东即墨东	暂无考证
368	1506.10.24	37.80	119.90	4½	山东莱州湾	暂无考证
369	1506.11.13	31.50	103.70	4½	四川汶川茂汶间	暂无考证
370	1506.11.14	30.70	104.10	4	四川成都	暂无考证
371	1506.11.21	31.40	103.50	4½	四川汶川南	暂无考证
372	1506.11.23	24.90	116.70	4½	福建永定	暂无考证

第五章　宋元明清时期（960—1911 年）

续表

序号	时间 （年．月．日）	北纬（°）	东经（°）	震级 M	地点	烈度
373	1506.12.31	32.80	109.30	4½	陕西旬阳白河间	暂无考证
374	1506.12.31	32.70	117.00	4	安徽淮南一带	暂无考证
375	1507.04.21	31.30	118.40	4	安徽当涂繁昌间	暂无考证
376	1507.09.24	22.50	107.50	4½	广西崇左北一带	暂无考证
377	1508.04.09	33.80	105.60	4½	甘肃武都	暂无考证
378	1508.12.31	33.10	112.90	4½	河南邓州叶县间	暂无考证
379	1508.12.31	29.40	121.20	4	浙江新昌宁海间	暂无考证
380	1508.12.31	36.10	115.10	4	河南南乐	暂无考证
381	1509.00.00	28.60	112.40	4¾	湖南益阳一带	Ⅵ
382	1509.04.21	35.40	119.70	4¾	山东日照东海域	暂无考证
383	1509.05.23	34.50	105.00	4½	甘肃武山南一带	暂无考证
384	1509.06.30	31.30	121.60	4½	上海嘉定东	暂无考证
385	1509.08.13	23.60	116.00	4½	广东惠州潮州间	暂无考证
386	1509.10.01	21.60	110.60	4¾	广东化州、吴川间	暂无考证
387	1509.10.22	33.80	105.60	4	甘肃武都	暂无考证
388	1510.01.17	40.30	115.40	4	河北怀来新保安	暂无考证
389	1510.03.05	21.60	110.30	4	广东廉江	暂无考证
390	1510.04.19	31.00	109.20	4	四川云阳奉节	暂无考证
391	1510.05.28	34.80	110.10	4½	陕西朝邑	暂无考证
392	1510.07.12	38.50	106.30	4	宁夏银川	暂无考证
393	1510.07.15	37.60	115.60	4	河北冀县与衡水间	暂无考证
394	1510.08.29	31.50	103.50	4½	四川理县茂县	暂无考证
395	1510.09.30	28.00	116.50	4½	江西抚州	暂无考证
396	1510.10.31	30.30	105.00	4	四川乐至	暂无考证
397	1510.11.17	35.30	110.10	4	陕西合阳南	暂无考证
398	1510.11.28	24.90	109.50	4¾	广西柳州东北	暂无考证
399	1510.12.31	30.80	120.00	4	浙江湖州西南	暂无考证
400	1511.02.08	28.10	116.50	4½	江西进贤金溪间	暂无考证
401	1511.05.27	23.80	111.30	4½	广西梧州广东电白间	暂无考证
402	1511.08.30	34.30	104.50	4½	甘肃岷县东	暂无考证
403	1511.08.30	31.40	104.80	4	四川绵阳	暂无考证
404	1511.09.01	21.40	110.80	4	广东吴川	暂无考证
405	1511.09.18	25.60	103.20	4	云南寻甸	暂无考证
406	1511.10.31	26.70	108.00	4½	贵州镇远都匀间	暂无考证

续表

序号	时间 （年．月．日）	北纬（°）	东经（°）	震级 *M*	地点	烈度
407	1511. 12. 31	33. 20	112. 80	4	河南南阳东北	暂无考证
408	1512. 01. 29	35. 90	114. 90	4	河南内黄	暂无考证
409	1512. 03. 08	34. 90	109. 80	4½	陕西蒲城	暂无考证
410	1512. 04. 04	31. 20	120. 30	4½	江苏太湖	暂无考证
411	1512. 06. 02	25. 00	101. 50	4½	云南楚雄	暂无考证
412	1512. 06. 14	25. 00	101. 50	4½	云南楚雄	暂无考证
413	1512. 06. 22	30. 20	103. 60	4¾	四川邛崃南	暂无考证
414	1512. 06. 22	30. 00	104. 00	4½	四川邛崃资中间	暂无考证
415	1512. 08. 18	35. 00	104. 70	4	甘肃陇西	暂无考证
416	1512. 10. 26	29. 90	103. 00	4½	四川荥经名山一带	暂无考证
417	1512. 10. 31	24. 60	114. 60	4	江西赣州大余间	暂无考证
418	1513. 02. 19	40. 30	120. 30	4	辽宁兴城西南	暂无考证
419	1513. 05. 21	37. 10	121. 40	4½	山东乳山北	暂无考证
420	1513. 06. 20	36. 10	116. 30	4	山东东平北	暂无考证
421	1513. 09. 23	26. 70	102. 20	4	云南会理	暂无考证
422	1513. 12. 15	28. 60	104. 20	4	四川屏山	暂无考证
423	1513. 12. 23	40. 40	114. 10	4½	山西天镇	暂无考证
424	1513. 12. 31	23. 60	102. 80	4	云南建水	暂无考证
425	1514. 04. 19	28. 80	104. 60	4	四川宜宾	暂无考证
426	1514. 04. 24	28. 80	104. 60	4	四川宜宾	暂无考证
427	1514. 05. 04	30. 70	104. 10	4	四川成都	暂无考证
428	1514. 05. 05	28. 80	104. 60	4	四川宜宾	暂无考证
429	1514. 07. 03	25. 00	101. 50	4	云南楚雄	暂无考证
430	1514. 07. 24	32. 00	103. 70	4½	四川茂县叠溪	暂无考证
431	1514. 08. 30	27. 60	119. 70	4	浙江泰顺	暂无考证
432	1514. 09. 22	31. 70	103. 80	4	四川茂县	暂无考证
433	1514. 10. 30	28. 80	104. 60	4	四川宜宾	暂无考证
434	1514. 11. 22	31. 60	103. 70	4½	四川汶川茂县间	暂无考证
435	1514. 11. 28	25. 00	101. 50	4	云南楚雄	暂无考证
436	1514. 11. 30	31. 70	103. 80	4	四川茂县	暂无考证
437	1514. 12. 11	30. 80	104. 30	4	四川新都金堂一带	暂无考证
438	1514. 12. 17	37. 50	102. 60	4½	甘肃古浪西	暂无考证
439	1515. 01. 17	35. 30	111. 00	4¾	山西闻喜西	暂无考证
440	1515. 02. 01	25. 00	101. 50	4	云南楚雄	暂无考证

第五章 宋元明清时期（960—1911年）

续表

序号	时间 （年.月.日）	北纬（°）	东经（°）	震级 M	地点	烈度
441	1515.02.25	25.00	101.50	4	云南楚雄	暂无考证
442	1515.03.10	35.80	106.20	4	宁夏固原南	暂无考证
443	1515.03.18	25.70	100.20	4	云南大理	暂无考证
444	1515.03.24	25.00	101.50	4	云南楚雄	暂无考证
445	1515.08.04	37.60	112.20	4	山西清徐交城间	暂无考证
446	1515.08.19	26.00	100.10	4	云南洱海县邓川	暂无考证
447	1515.08.19	25.20	102.10	4	云南禄丰	暂无考证
448	1515.10.10	25.70	100.20	4	云南大理	暂无考证
449	1515.10.16	26.00	100.10	4	云南洱源县邓川	暂无考证
450	1516.01.13	34.80	118.30	4	山东临沂南	暂无考证
451	1516.02.13	31.10	104.20	4	四川什邡	暂无考证
452	1516.03.18	25.50	100.20	4½	云南大理巍山间	暂无考证
453	1516.06.09	25.00	101.50	4	云南楚雄	暂无考证
454	1516.07.09	25.70	100.20	4	云南大理	暂无考证
455	1516.08.25	25.70	100.20	4	云南大理	暂无考证
456	1516.08.26	25.20	100.30	4	云南巍山	暂无考证
457	1516.09.05	25.00	102.70	4	云南昆明	暂无考证
458	1516.09.25	20.60	114.20	4	湖北武昌	暂无考证
459	1516.10.05	25.00	118.40	4½	福建泉州南	暂无考证
460	1516.10.26	26.60	106.70	4	贵州贵阳	暂无考证
461	1516.11.12	25.50	103.80	4	云南曲靖	暂无考证
462	1516.12.17	39.70	98.50	4	甘肃酒泉	暂无考证
463	1517.01.25	24.40	100.80	4	云南景东	暂无考证
464	1517.03.31	24.90	118.60	4	福建泉州	暂无考证
465	1517.05.30	26.10	119.40	4	福建福州	暂无考证
466	1517.08.02	33.20	110.90	4½	陕西商南、湖北郧县间	暂无考证
467	1517.09.25	25.10	118.10	4	福建安溪	暂无考证
468	1517.10.02	25.20	100.30	4	云南巍山	暂无考证
469	1517.11.07	25.00	101.50	4	云南楚雄	暂无考证
470	1517.11.09	27.00	119.70	4½	福建福安	暂无考证
471	1517.11.16	30.00	103.00	4	四川雅安	暂无考证
472	1517.12.18	36.00	106.30	4	宁夏固原	暂无考证
473	1517.12.19	25.70	100.20	4	云南大理	暂无考证
474	1517.12.20	25.40	103.20	4½	云南寻甸、嵩明间	暂无考证

续表

序号	时间 (年.月.日)	北纬（°）	东经（°）	震级 M	地点	烈度
475	1518.02.05	22.40	107.30	4	广西崇左	暂无考证
476	1518.03.01	25.30	103.00	4	云南嵩明	暂无考证
477	1518.03.09	36.20	118.20	4½	山东益都西南	暂无考证
478	1518.03.18	29.60	103.80	4	四川乐山	暂无考证
479	1518.03.24	41.80	123.40	4	辽宁沈阳	暂无考证
480	1518.04.19	28.80	104.60	4	四川宜宾	暂无考证
481	1518.06.17	26.90	120.00	4	福建霞浦	暂无考证
482	1518.07.02	40.20	123.10	4	辽宁辽阳	暂无考证
483	1518.07.12	25.40	101.80	4¾	云南禄丰黑井	VI⁻
484	1518.07.18	25.70	100.20	4¾	云南大理一带	暂无考证
485	1518.09.07	38.10	106.10	4½	宁夏青铜峡	暂无考证
486	1518.10.10	39.00	100.50	4½	甘肃张掖	暂无考证
487	1518.12.10	25.20	100.30	4	云南巍山	暂无考证
488	1518.12.19	25.20	100.30	4	云南巍山	暂无考证
489	1518.12.24	40.80	122.70	4½	辽宁海城	暂无考证
490	1519.02.16	31.60	120.70	4½	江苏常州一带	暂无考证
491	1519.03.24	38.20	102.40	4½	甘肃永昌东南	暂无考证
492	1519.03.31	29.80	102.80	4½	四川荥经	暂无考证
493	1519.03.31	29.80	116.30	4	浙江九江彭泽间	暂无考证
494	1519.04.08	23.10	114.10	4	广东增城井惠州间	暂无考证
495	1519.06.01	39.90	118.10	4½	河北丰润北	暂无考证
496	1519.10.18	40.60	116.00	4½	北京延庆	暂无考证
497	1519.10.28	25.40	119.20	4½	福建莆田海外	暂无考证
498	1519.11.01	24.40	100.80	4	云南景东	暂无考证
499	1519.11.15	30.00	103.00	4	四川雅安	暂无考证
500	1520.01.18	29.60	121.60	4	浙江鄞县象	暂无考证
501	1520.03.24	24.60	117.70	4	福建长泰	暂无考证
502	1520.04.22	25.00	119.00	4½	福建泉州	暂无考证
503	1520.05.26	25.20	116.20	4	福建上杭	暂无考证
504	1520.06.18	25.70	100.20	4	云南大理	暂无考证
505	1520.07.07	31.40	103.40	4½	四川理县汶川间	暂无考证
506	1520.07.12	29.90	110.00	4	湖北鹤峰	暂无考证
507	1520.07.16	34.50	109.80	4½	陕西华县	暂无考证
508	1520.07.21	24.00	111.00	4¾	广西平乐、梧州间	暂无考证

续表

序号	时间 (年.月.日)	北纬 (°)	东经 (°)	震级 M	地点	烈度
509	1520.08.27	25.40	119.20	4½	福建莆田海外	暂无考证
510	1520.10.00	40.40	115.00	4¾	河北宣化南	暂无考证
511	1520.11.25	25.00	102.70	4	云南昆明	暂无考证
512	1521.01.18	29.60	121.60	4	浙江鄞县象山间	暂无考证
513	1521.02.17	33.00	112.00	4½	河南内乡	暂无考证
514	1521.04.16	30.10	120.30	4	浙江萧山	暂无考证
515	1521.09.21	36.00	106.30	4	宁夏固原	暂无考证
516	1521.11.02	28.20	105.40	4	四川叙永	暂无考证
517	1521.12.31	27.20	116.50	4	江西南丰	暂无考证
518	1521.12.31	27.50	119.50	4	福建寿宁	暂无考证
519	1522.05.05	32.20	112.40	4½	湖北黄陂黄冈间	暂无考证
520	1522.08.30	39.70	118.90	4½	河北卢龙南	暂无考证
521	1522.09.22	37.60	112.00	4¾	山西晋源西	暂无考证
522	1522.10.14	29.20	115.70	4	江西德安安义间	暂无考证
523	1522.10.16	24.90	99.10	4	云南保山潞江间	暂无考证
524	1522.12.31	35.00	109.80	4	陕西白水大荔间	暂无考证
525	1523.02.24	32.50	118.00	4½	安徽嘉山南	暂无考证
526	1523.02.24	35.10	109.10	4½	陕西铜川	暂无考证
527	1523.02.24	30.20	117.50	4	安徽望江旌德间	暂无考证
528	1523.02.24	37.50	116.90	4½	山东陵县东	暂无考证
529	1523.04.02	25.00	102.70	4	云南昆明	暂无考证
530	1523.04.05	25.50	103.80	4	云南曲靖	暂无考证
531	1523.05.24	39.00	100.50	4	甘肃张掖	暂无考证
532	1523.06.23	31.60	103.70	4½	四川汶川茂县间	暂无考证
533	1523.08.24	30.00	121.70	4¾	浙江镇海海滨	Ⅵ
534	1523.09.09	19.30	110.50	4	海南琼海	暂无考证
535	1523.09.18	39.70	118.90	4½	河北滦县东南	暂无考证
536	1523.10.16	40.10	117.70	4½	河北遵化西南	暂无考证
537	1523.11.16	31.00	112.20	4½	湖北荆门一带	暂无考证
538	1523.12.31	34.30	116.00	4	河南夏邑西	暂无考证
539	1524.00.00	28.90	88.00	4¾	西藏萨迦	暂无考证
540	1524.02.13	32.10	118.80	4	江苏南京	暂无考证
541	1524.02.23	39.50	116.80	4½	天津武清一带	暂无考证
542	1524.03.30	31.70	120.00	4½	江苏常州西南	暂无考证

中国地震史研究（远古至1911年）

续表

序号	时间（年.月.日）	北纬（°）	东经（°）	震级 M	地点	烈度
543	1524.05.00	40.30	115.00	4¾	河北宣化南	暂无考证
544	1524.09.30	39.10	117.20	4	天津	暂无考证
545	1525.02.01	31.00	113.00	4½	湖北京山一带	暂无考证
546	1525.02.23	34.10	113.90	4½	河南许昌长葛间	暂无考证
547	1525.09.12	25.10	98.80	4½	云南保山腾冲间	暂无考证
548	1525.10.16	40.60	121.50	4½	渤海辽东湾	暂无考证
549	1526 春	38.30	116.50	4¾	河北河间东南 1526 春	暂无考证
550	1526.01.21	41.20	123.20	4	辽宁辽阳	暂无考证
551	1526.03.08	29.50	120.50	4	浙江兰溪桐庐间	暂无考证
552	1526.05.15	34.50	105.70	4½	甘肃天水南	暂无考证
553	1526.05.17	33.80	105.60	4	甘肃武都	暂无考证
554	1526.05.24	33.80	105.60	4	甘肃武都	暂无考证
555	1526.05.31	25.10	98.80	4½	云南保山腾冲间	暂无考证
556	1526.06.01	25.90	105.50	4	贵州晴隆东北	暂无考证
557	1526.06.20	27.90	102.30	4	四川西昌	暂无考证
558	1526.06.26	31.00	112.20	4	湖北荆门	暂无考证
559	1526.07.18	34.00	115.40	4	河南鹿邑柘城间	暂无考证
560	1526.09.16	39.70	119.00	4	河北滦县昌黎间	暂无考证
561	1526.10.10	25.40	103.30	4	云南寻甸县东南	暂无考证
562	1526.10.28	26.50	119.50	4	福建罗源	暂无考证
563	1526.11.23	35.70	112.70	4½	山西高平阳城间	暂无考证
564	1527.01.00	35.80	114.90	4¾	河南濮阳西北	暂无考证
565	1527.03.11	37.80	120.70	4	山东蓬莱	暂无考证
566	1527.03.31	26.00	119.50	4	福建长乐	暂无考证
567	1527.06.08	26.60	106.70	4	贵州贵阳	暂无考证
568	1528.02.29	34.50	114.50	4	河南杞县尉氏间	暂无考证
569	1528.03.22	27.70	111.20	4½	湖南新化	暂无考证
570	1528.03.29	39.70	119.00	4	河北滦县昌黎间	暂无考证
571	1528.05.27	27.00	119.70	4½	福建福安东南	暂无考证
572	1528.06.05	31.10	104.20	4	四川什邡	暂无考证
573	1528.09.17	27.70	111.30	4½	湖南新化	暂无考证
574	1528.11.03	31.30	120.30	4½	江苏太湖	暂无考证
575	1528.12.31	21.70	109.20	4	广西合浦	暂无考证
576	1528.12.31	25.50	100.60	4	云南祥云	暂无考证

第五章　宋元明清时期（960—1911 年）

续表

序号	时间 （年．月．日）	北纬（°）	东经（°）	震级 M	地点	烈度
577	1528.12.31	27.10	119.70	4½	福建福安	暂无考证
578	1529.09.14	23.70	109.20	4	广西来宾	暂无考证
579	1529.12.18	37.20	111.80	4½	山西孝义	暂无考证
580	1530.02.07	34.50	107.40	4	陕西凤翔	暂无考证
581	1530.10.30	21.20	109.50	4½	北部湾	暂无考证
582	1531.07.00	40.50	115.00	4¾	河北宣化南	暂无考证
583	1531.12.18	30.50	106.40	4	四川岳池	暂无考证
584	1531.12.31	23.70	103.20	4	云南开远	暂无考证
585	1531.12.31	31.10	104.20	4	四川什邡	暂无考证
586	1532.01.16	26.32	105.90	4	贵州安顺	暂无考证
587	1533.00.00	29.50	90.10	4¾	西藏拉萨、日喀则一带	暂无考证
588	1533.02.14	40.40	115.30	4½	河北怀来	暂无考证
589	1533.03.05	31.30	103.50	4	四川汶川	暂无考证
590	1533.10.00	40.30	115.00	4¾	河北宣化南	暂无考证
591	1533.11.25	26.70	119.50	4	福建宁德	暂无考证
592	1533.12.25	27.20	116.50	4	江西南丰	暂无考证
593	1533.12.31	32.80	109.70	4	陕西旬阳东	暂无考证
594	1533.12.31	33.50	106.90	4	陕西北汉中一带	暂无考证
595	1534.04.20	23.60	102.80	4	云南建水	暂无考证
596	1534.04.22	34.60	103.70	4½	甘肃临潭东南	暂无考证
597	1534.07.12	34.70	110.00	4½	陕西大荔东南	暂无考证
598	1534.12.14	22.00	112.20	4	广东阳江恩平间	暂无考证
599	1534.12.31	25.90	116.00	4	江西瑞金	暂无考证
600	1535.01.00	30.70	117.50	4¾	安徽贵池	Ⅵ
601	1535.03.07	22.50	112.40	4	广东阳江四会间	暂无考证
602	1535.04.03	41.60	121.80	4	辽宁北镇	暂无考证
603	1535.05.00	25.80	116.40	4¾	福建长汀	Ⅵ
604	1535.05.04	41.80	122.90	4	辽宁黑山东北	暂无考证
605	1535.06.10	22.90	110.50	4	广西容县	暂无考证
606	1535.10.27	21.80	111.90	4	广东阳江	暂无考证
607	1535.12.32	36.50	114.00	4	河北武安安南	暂无考证
608	1536.03.01	28.20	106.80	4	贵州桐梓	暂无考证
609	1536.03.28	27.90	108.20	4	贵州思南	暂无考证
610	1536.04.29	31.70	118.20	4	安徽含山和县间	暂无考证

中国地震史研究（远古至1911年）

续表

序号	时间 （年. 月. 日）	北纬（°）	东经（°）	震级 M	地点	烈度
611	1536. 08. 19	23. 30	111. 30	4½	广西梧州，广东德庆间	暂无考证
612	1536. 08. 26	27. 90	108. 20	4	贵州思南	暂无考证
613	1536. 12. 24	37. 60	113. 70	4	山西昔阳一带	暂无考证
614	1537. 00. 00	25. 30	103. 90	4¾	云南曲靖东南	暂无考证
615	1537. 01. 30	31. 50	103. 50	4½	四川理县茂县间	暂无考证
616	1537. 04. 19	33. 00	108. 00	4½	陕西石泉一带	暂无考证
617	1537. 06. 03	23. 50	113. 70	4	广东增城从化间	暂无考证
618	1537. 09. 04	25. 00	102. 90	4	云南昆明宜良间	暂无考证
619	1538. 03. 00	23. 80	116. 50	4¾	广东潮州西北	暂无考证
620	1538. 03. 07	24. 30	116. 20	4	广东大埔兴宁间	暂无考证
621	1538. 03. 13	30. 70	104. 10	4	四川成都	暂无考证
622	1538. 05. 08	24. 30	116. 70	4	广东大埔北	暂无考证
623	1538. 06. 02	37. 50	112. 50	4½	山西太谷	暂无考证
624	1538. 06. 30	25. 10	99. 20	4	云南保山	暂无考证
625	1538. 10. 00	24. 70	118. 50	4¾	福建晋江安海	VI
626	1538. 10. 05	25. 10	99. 20	4	云南保山	暂无考证
627	1538. 12. 31	25. 00	102. 70	4½	云南昆明	暂无考证
628	1539. 04. 27	25. 50	103. 10	4½	云南蒙自建水间	暂无考证
629	1539. 04. 29	23. 10	112. 40	4	广东德庆四会间	暂无考证
630	1539. 05. 09	35. 10	110. 90	4½	山西运城临猗间	暂无考证
631	1539. 05. 12	35. 10	110. 90	4½	山西运城临猗间	暂无考证
632	1539. 11. 20	34. 50	114. 50	4	河南杞县尉氏间	暂无考证
633	1539. 11. 20	25. 10	102. 10	4	云南禄丰	暂无考证
634	1539. 11. 20	25. 50	100. 60	4	云南祥云	暂无考证
635	1539. 12. 19	22. 50	113. 00	4	广东新会	暂无考证
636	1539. 12. 31	34. 30	108. 70	4	陕西咸阳	暂无考证
637	1540. 05. 24	38. 90	100. 50	4	甘肃张掖	暂无考证
638	1540. 05. 24	35. 50	106. 60	4	甘肃平凉	暂无考证
639	1540. 05. 24	34. 70	103. 60	4	甘肃临潭新城	暂无考证
640	1540. 06. 23	39. 00	100. 50	4	甘肃张掖	暂无考证
641	1540. 06. 23	36. 00	106. 30	4	宁夏固原	暂无考证
642	1540. 10. 19	22. 50	113. 00	4	广东新会一带	暂无考证
643	1540. 10. 26	36. 00	106. 30	4	宁夏固原	暂无考证
644	1541. 05. 30	34. 70	103. 60	4	甘肃临潭新城	暂无考证

第五章　宋元明清时期（960—1911 年）

续表

序号	时间 （年．月．日）	北纬（°）	东经（°）	震级 M	地点	烈度
645	1541.07.10	39.00	100.50	4	甘肃张掖	暂无考证
646	1541.07.12	38.70	98.50	4	甘肃酒泉	暂无考证
647	1541.08.04	34.70	109.90	4½	陕西华县一带	暂无考证
648	1541.11.27	33.80	105.60	4	甘肃武都	暂无考证
649	1542.04.24	36.10	106.20	4	宁夏固原	暂无考证
650	1542.06.01	28.40	112.40	4¾	湖南宁乡	Ⅵ
651	1542.06.01	28.40	112.40	4½	湖南宁乡北一带	暂无考证
652	1542.07.04	36.50	117.60	4½	山东章丘淄川间	暂无考证
653	1542.07.10	35.80	106.20	4	宁夏固原南	暂无考证
654	1542.09.09	36.60	104.70	4	甘肃靖远	暂无考证
655	1542.11.14	34.70	103.70	4	甘肃临潭新城	暂无考证
656	1542.11.14	36.00	106.30	4	宁夏固原	暂无考证
657	1542.12.16	31.40	103.20	4½	四川理县	暂无考证
658	1542.12.31	26.80	108.50	4½	贵州天柱黄平间	暂无考证
659	1543.07.11	26.70	119.50	4½	福建宁德	暂无考证
660	1545.05.04	34.50	106.50	4	甘肃天水	暂无考证
661	1545.06.30	30.60	114.20	4	湖北武昌	暂无考证
662	1545.07.15	30.70	104.10	4	四川成都	暂无考证
663	1545.09.22	27.80	106.40	4	贵州怀仁一带	暂无考证
664	1545.10.08	41.60	121.80	4	辽宁北镇	暂无考证
665	1545.12.31	33.50	106.80	4	陕西汉中凤县间	暂无考证
666	1546.02.10	35.10	110.00	4	山西运城北一带	暂无考证
667	1546.02.10	35.50	105.70	4	甘肃静宁	暂无考证
668	1546.03.11	34.30	109.00	4½	陕西西安	暂无考证
669	1546.05.19	39.70	98.50	4	甘肃酒泉	暂无考证
670	1546.06.09	34.70	103.70	4	甘肃临潭新城	暂无考证
671	1546.10.05	37.30	122.20	4½	山东文登东北	暂无考证
672	1546.10.20	35.00	104.70	4	甘肃陇西	暂无考证
673	1546.11.03	34.60	116.80	4½	江苏徐州西北	暂无考证
674	1546.12.22	33.20	119.30	4	江苏宝应	暂无考证
675	1547.01.31	31.70	103.80	4	四川茂县	暂无考证
676	1547.03.08	36.50	115.50	4	山东冠县	暂无考证
677	1547.03.08	33.80	105.60	4	甘肃武都	暂无考证
678	1548.03.17	35.90	109.40	4½	陕西富县东南	暂无考证

序号	时间 (年.月.日)	北纬 (°)	东经 (°)	震级 M	地点	烈度
679	1548.07.14	25.10	98.80	4½	云南保山腾冲间	暂无考证
680	1548.08.18	39.50	116.00	4½	北京西南	暂无考证
681	1548.10.30	39.70	98.50	4	甘肃酒泉	暂无考证
682	1548.11.09	20.90	110.20	4½	广东雷州	暂无考证
683	1549.03.16	39.30	112.40	4	山西朔县	暂无考证
684	1549.06.22	33.20	118.40	4½	安徽淮安凤阳间	暂无考证
685	1549.10.22	36.80	115.70	4	山东临清南	暂无考证
686	1549.12.28	30.50	114.00	4½	湖北安陆咸宁间	暂无考证
687	1550.02.26	25.50	116.20	4	福建长汀武平间	暂无考证
688	1550.03.05	33.90	118.90	4	江苏宿迁	暂无考证
689	1550.06.11	26.10	119.70	4	福建福州连江一带	暂无考证
690	1550.06.30	25.90	116.00	4	江西瑞金	暂无考证
691	1550.12.02	39.70	98.50	4	甘肃酒泉	暂无考证
692	1551.08.21	40.90	122.80	4	辽宁海城	暂无考证
693	1551.09.26	33.60	119.20	4	江苏淮安东北	暂无考证
694	1552.01.05	36.00	115.30	4½	河南南乐东南	暂无考证
695	1552.03.15	33.00	117.70	4	安徽凤阳五河间	暂无考证
696	1552.05.15	34.50	106.60	4	甘肃天水	暂无考证
697	1552.05.31	23.70	102.20	4	云南石屏元江间	暂无考证
698	1552.06.02	23.60	102.80	4	云南建水	暂无考证
699	1552.06.23	25.00	102.70	4	云南昆明	暂无考证
700	1552.09.30	34.70	116.60	4	江苏丰县	暂无考证
701	1552.11.06	41.70	123.50	4½	辽宁沈阳附近	暂无考证
702	1552.12.31	38.80	111.70	4	山西岢岚一带	暂无考证
703	1552.12.31	38.80	116.50	4	河北文安大城间	暂无考证
704	1553.04.28	25.10	98.80	4½	云南保山腾冲间	暂无考证
705	1553.05.25	38.70	112.90	4	山西原平北	暂无考证
706	1553.10.27	36.60	101.80	4	青海西宁	暂无考证
707	1553.11.17	38.10	112.90	4¾	山西定襄南	暂无考证
708	1553.11.19	37.80	112.80	4½	山西榆次交城间	暂无考证
709	1554.02.11	32.70	111.10	4	湖北旧均县	暂无考证
710	1554.02.11	32.80	109.50	4½	陕西安康东	暂无考证
711	1554.02.16	33.70	104.30	4	甘肃舟曲	暂无考证
712	1554.02.21	28.60	104.20	4	四川屏山	暂无考证

第五章　宋元明清时期（960—1911 年）

序号	时间 （年．月．日）	北纬（°）	东经（°）	震级 M	地点	烈度
713	1554.02.22	28.60	104.20	4	四川屏山	暂无考证
714	1554.02.25	33.80	105.60	4	甘肃武都	暂无考证
715	1554.03.19	36.10	103.70	4	甘肃兰州	暂无考证
716	1554.04.10	38.90	100.40	4	甘肃张掖	暂无考证
717	1554.04.26	35.00	104.70	4	甘肃陇西	暂无考证
718	1554.05.11	31.30	120.80	4	江苏苏州东	暂无考证
719	1554.05.19	38.60	101.00	4¾	甘肃山丹附近	暂无考证
720	1554.05.23	34.50	106.50	4	甘肃天水	暂无考证
721	1554.05.27	34.50	105.50	4½	甘肃天水西南	暂无考证
722	1554.07.19	24.80	101.80	4½	云南楚雄安宁间	暂无考证
723	1554.11.13	36.10	103.70	4	甘肃兰州	暂无考证
724	1554.12.26	26.40	117.80	4	福建沙县	暂无考证
725	1554.12.31	25.10	100.50	4½	云南南涧	暂无考证
726	1555.01.03	33.80	105.60	4	甘肃武都	暂无考证
727	1555.03.02	32.40	114.50	4½	河南确山光山间	暂无考证
728	1555.03.13	33.80	105.60	4	甘肃武都	暂无考证
729	1555.04.08	22.40	107.40	4	广西崇左	暂无考证
730	1555.04.29	33.80	104.40	4	甘肃舟曲	暂无考证
731	1555.06.28	36.50	114.90	4	河北成安曲周间	暂无考证
732	1555.12.23	34.40	114.50	4	河南杞县尉氏间	暂无考证
733	1556.01.05	35.50	114.00	4	河南汲县淇县间	暂无考证
734	1556.01.21	31.30	120.80	4	江苏苏州东	暂无考证
735	1556.05.12	26.50	119.70	4½	福建罗源	暂无考证
736	1556.05.22	38.90	100.40	4	甘肃张掖	暂无考证
737	1556.07.03	37.20	115.00	4¾	河北隆尧东南	暂无考证
738	1556.07.08	25.00	102.70	4	云南昆明	暂无考证
739	1556.10.17	34.70	105.70	4	甘肃天水北	暂无考证
740	1557.02.08	36.00	116.00	4½	山东阳谷	暂无考证
741	1557.02.10	34.50	109.70	4	陕西华县	暂无考证
742	1557.03.10	34.50	114.50	4	河南杞县尉氏间	暂无考证
743	1557.04.05	37.20	112.20	4½	山西平遥	暂无考证
744	1557.04.25	34.70	104.90	4	甘肃武山	暂无考证
745	1557.07.00	40.30	115.00	4¾	河北宣化南	暂无考证
746	1557.08.04	22.60	113.10	4	广东新会附近	暂无考证

续表

序号	时间 （年.月.日）	北纬（°）	东经（°）	震级 M	地点	烈度
747	1557.11.15	39.70	98.50	4	甘肃酒泉	暂无考证
748	1557.12.31	35.60	116.70	4	山东汶上兖州间	暂无考证
749	1558.01.17	37.90	102.60	4	甘肃威武	暂无考证
750	1558.04.05	23.80	116.60	4	广东潮州	暂无考证
751	1558.06.25	25.50	99.50	4	云南永平	暂无考证
752	1558.06.25	29.30	120.20	4	浙江东阳	暂无考证
753	1558.08.23	32.80	112.50	4	河南南阳新野间	暂无考证
754	1558.12.31	33.80	106.10	4	甘肃徽县	暂无考证
755	1559.02.16	30.60	114.00	4½	湖北武汉西一带	暂无考证
756	1560.01.06	32.60	104.10	4	四川松潘小河	暂无考证
757	1560.02.05	30.50	111.50	4	湖北宜都一带	暂无考证
758	1560.04.03	30.20	118.30	4½	安徽太平旌德间	暂无考证
759	1560.04.05	25.50	103.50	4½	云南曲靖易隆间	暂无考证
760	1560.04.05	30.00	120.60	4	浙江绍兴	暂无考证
761	1560.04.22	22.50	112.80	4½	广东新会开平间	暂无考证
762	1560.05.29	30.80	120.40	4½	浙江嘉兴湖州间	暂无考证
763	1560.06.29	30.80	120.80	4	浙江嘉兴	暂无考证
764	1560.08.01	22.50	112.80	4½	广东新会开平间	暂无考证
765	1560.09.30	39.90	119.00	4	河北卢龙扶宁间	暂无考证
766	1560.10.28	29.50	113.30	4	湖南临湘	暂无考证
767	1560.10.28	30.80	120.80	4	浙江嘉兴	暂无考证
768	1561.00.00	30.50	117.40	4¾	安徽贵池西南 1561 春	暂无考证
769	1561.01.25	34.80	112.90	4½	河南偃师北	暂无考证
770	1561.02.01	39.80	112.70	4	山西平鲁阳高间	暂无考证
771	1561.03.25	25.40	103.60	4	云南马龙	暂无考证
772	1561.03.31	30.70	117.50	4	安徽池州	暂无考证
773	1561.05.23	35.20	106.00	4	甘肃庄浪	暂无考证
774	1561.07.20	22.20	112.80	4	广东台山	暂无考证
775	1561.09.18	31.60	119.90	4	江苏常州西南	暂无考证
776	1561.10.18	25.00	101.50	4	云南楚雄	暂无考证
777	1561.12.31	30.80	112.80	4	湖北钟祥潜江间	暂无考证
778	1562.00.00	25.80	116.00	4¾	江西瑞金	VI
779	1562.04.17	30.70	104.10	4	四川成都	暂无考证
780	1563.01.02	24.10	102.60	4	云南通海县西城	暂无考证

第五章 宋元明清时期（960—1911年）

续表

序号	时间 （年．月．日）	北纬（°）	东经（°）	震级 M	地点	烈度
781	1563.03.04	25.50	99.50	4½	云南永平	暂无考证
782	1563.03.07	25.60	103.90	4½	云南宣威陆良间	暂无考证
783	1563.04.03	26.50	106.40	4	贵州清镇	暂无考证
784	1564.01.30	30.00	103.00	4	四川雅安	暂无考证
785	1564.02.14	30.00	103.00	4	四川雅安	暂无考证
786	1564.03.22	23.60	116.60	4½	广东潮州	暂无考证
787	1564.10.26	31.60	118.10	4	安徽巢县东	暂无考证
788	1564.12.31	34.40	111.90	4½	河南宜阳洛宁间	暂无考证
789	1565.04.11	26.90	104.30	4	贵州威宁	暂无考证
790	1565.04.11	26.30	107.50	4	贵州都匀	暂无考证
791	1565.12.31	24.50	102.70	4	云南昆明	暂无考证
792	1566.00.00	28.90	88.00	4¾	西藏萨迦	暂无考证
793	1566.08.24	26.30	107.50	4	贵州都匀	暂无考证
794	1566.11.05	38.80	100.70	4½	甘肃山丹西	暂无考证
795	1567.00.00	39.70	119.20	4¾	河北昌黎	Ⅵ
796	1567.02.18	31.50	112.00	4½	湖北沔阳郧阳间	暂无考证
797	1567.04.10	24.70	119.00	4½	福建泉州湾一带	暂无考证
798	1567.05.21	24.70	119.00	4½	福建泉州湾一带	暂无考证
799	1567.09.12	40.30	114.50	4½	河北怀安	暂无考证
800	1567.11.10	33.60	117.60	4	安徽灵璧	暂无考证
801	1568.03.08	37.60	114.50	4	河北高邑	暂无考证
802	1568.03.08	32.50	120.20	4½	江苏高邮	暂无考证
803	1568.04.07	32.40	120.50	4½	江苏如皋一带	暂无考证
804	1568.04.11	32.50	111.00	4½	湖北十堰一带	暂无考证
805	1568.05.10	33.00	113.50	4½	河南南阳汝南间	暂无考证
806	1568.07.04	26.20	119.60	4	福建连江	暂无考证
807	1568.09.30	23.20	112.60	4	广东高要四会间	暂无考证
808	1568.09.30	32.80	109.80	4	陕西白河旬阳间	暂无考证
809	1568.11.26	31.70	103.80	4	四川茂县	暂无考证
810	1568.12.31	32.30	116.30	4	安徽霍丘	暂无考证
811	1569.01.06	30.80	120.90	4	浙江嘉兴平湖间	暂无考证
812	1569.01.27	39.00	111.00	4½	陕西榆林山西平鲁间	暂无考证
813	1569.07.23	22.10	111.80	4	广东阳春	暂无考证
814	1569.12.25	40.30	117.40	4½	北京平谷	暂无考证

序号	时间 （年．月．日）	北纬（°）	东经（°）	震级 M	地点	烈度
815	1570.01.06	30.80	120.90	4	浙江嘉兴平湖间	暂无考证
816	1570.11.11	41.60	121.80	4	辽宁北镇	暂无考证
817	1571.02.20	35.80	115.50	4	山东莘县南河南濮城间	暂无考证
818	1571.06.05	23.70	113.50	4	广东佛冈西	暂无考证
819	1572.12.31	34.50	118.90	4	江苏赣榆沐阳间	暂无考证
820	1573.05.15	28.70	104.70	4½	四川宜宾一带	暂无考证
821	1573.05.23	28.70	104.70	4	四川宜宾一带	暂无考证
822	1573.08.07	24.40	103.40	4	云南弥勒	暂无考证
823	1573.09.12	29.60	104.00	4½	四川宜宾雅安间	暂无考证
824	1573.09.13	29.60	104.00	4½	四川宜宾雅安间	暂无考证
825	1573.09.14	29.60	104.00	4½	四川宜宾雅安间	暂无考证
826	1573.09.23	29.60	104.00	4½	四川宜宾雅安间	暂无考证
827	1574.03.20	25.80	116.30	4½	福建长汀	暂无考证
828	1575.01.21	31.30	113.00	4½	湖北京山一带	暂无考证
829	1575.02.21	31.60	112.30	4½	湖北宜城一带	暂无考证
830	1575.10.13	37.60	114.50	4	河北高邑	暂无考证
831	1575.10.22	40.10	117.80	4½	河北迁西蓟县间	暂无考证
832	1575.11.05	39.90	116.60	4	北京东	暂无考证
833	1575.11.26	34.40	104.00	4	甘肃岷县	暂无考证
834	1575.12.06	34.60	103.90	4½	甘肃岷县西北	暂无考证
835	1575.12.31	27.50	115.40	4½	江西新干永丰间	暂无考证
836	1576.03.26	40.10	117.80	4½	河北迁西	暂无考证
837	1576.03.27	40.10	117.80	4½	河北迁西	暂无考证
838	1576.09.20	39.60	113.40	4½	山西浑源应县间	暂无考证
839	1576.10.28	35.10	111.10	4½	山西运城夏县间	暂无考证
840	1576.10.31	25.00	98.50	4	云南腾冲	暂无考证
841	1576.12.31	30.20	114.20	4½	湖北武昌蒲圻间	暂无考证
842	1577.02.27	24.80	115.00	4¾	江西定南	VI
843	1577.04.10	24.10	102.50	4½	云南澄江建水间	暂无考证
844	1577.04.11	24.40	102.40	4	云南晋宁东	暂无考证
845	1577.08.22	25.70	119.40	4½	福建福清一带	暂无考证
846	1577.08.23	23.20	112.40	4	广东高要北	暂无考证
847	1577.09.19	40.30	114.00	4½	山西阳高东一带	暂无考证
848	1578.03.19	37.70	108.70	4	陕西靖边	暂无考证

序号	时间 （年.月.日）	北纬（°）	东经（°）	震级 M	地点	烈度
849	1579.10.30	27.00	107.90	4½	贵州黄平施秉间	暂无考证
850	1580.07.05	40.00	118.40	4½	河北遵化	暂无考证
851	1580.07.06	40.00	118.40	4½	河北遵化	暂无考证
852	1580.07.07	40.00	118.40	4½	河北遵化	暂无考证
853	1580.07.08	40.00	118.40	4½	河北遵化	暂无考证
854	1580.07.09	40.00	118.40	4½	河北遵化	暂无考证
855	1580.07.10	40.00	118.40	4½	河北遵化	暂无考证
856	1580.07.11	40.00	118.40	4½	河北遵化	暂无考证
857	1580.09.18	27.60	116.90	4½	江西南城资溪间	暂无考证
858	1580.11.14	36.30	113.20	4	山西潞城一带	暂无考证
859	1581.02.28	41.80	121.90	4	辽宁黑山东北	暂无考证
860	1581.03.15	25.00	98.50	4	云南腾冲	暂无考证
861	1581.04.04	40.30	118.40	4	河北迁西	暂无考证
862	1582.05.12	31.60	106.00	4	四川阆中	暂无考证
863	1582.12.31	32.80	116.00	4	安徽阜阳颍上间	暂无考证
864	1583.01.24	31.00	121.80	4½	上海松江附近	暂无考证
865	1583.02.05	30.80	120.40	4	浙江嘉兴湖州间	暂无考证
866	1583.05.29	34.80	105.20	4½	甘肃甘谷西北	暂无考证
867	1583.06.19	40.60	115.10	4½	河北宣化一带	暂无考证
868	1583.09.00	38.40	111.90	4¾	山西静乐	Ⅵ
869	1583.12.13	38.30	114.50	4	河北正定行唐间	暂无考证
870	1584.02.22	25.00	102.70	4	云南昆明	暂无考证
871	1584.02.24	30.90	120.50	4	浙江崇德乌青镇间	暂无考证
872	1584.04.14	35.00	104.70	4	甘肃陇西	暂无考证
873	1584.09.14	19.40	109.40	4	海南儋县	暂无考证
874	1585.01.31	28.80	104.60	4	四川宜宾	暂无考证
875	1585.02.16	39.40	115.30	4	河北涞源易县间	暂无考证
876	1585.04.02	35.80	112.90	4	山西高平	暂无考证
877	1585.05.28	32.80	116.00	4	安徽颍上阜阳间	暂无考证
878	1585.07.26	25.00	98.50	4½	云南腾冲	暂无考证
879	1585.08.12	34.30	109.00	4	陕西西安高陵间	暂无考证
880	1585.09.22	32.70	119.00	4	安徽天长	暂无考证
881	1585.11.11	32.60	103.60	4	四川松潘	暂无考证
882	1585.11.26	32.70	119.40	4½	江苏高邮南	暂无考证

续表

序号	时间 （年．月．日）	北纬（°）	东经（°）	震级 M	地点	烈度
883	1585.12.31	25.00	98.50	4	云南腾冲	暂无考证
884	1586.03.31	41.60	121.80	4	辽宁北镇	暂无考证
885	1586.09.01	23.00	112.50	4	广东高要	暂无考证
886	1586.10.11	24.40	100.80	4	云南景东	暂无考证
887	1587.01.08	35.20	109.80	4½	陕西澄城	暂无考证
888	1587.01.26	24.80	110.90	4½	广西恭城东南一带	暂无考证
889	1587.04.22	35.30	113.70	4	河南获嘉一带	暂无考证
890	1587.04.23	35.30	113.70	4	河南获嘉一带	暂无考证
891	1587.06.21	38.10	112.70	4¾	山西太原一带	暂无考证
892	1587.09.02	25.00	98.50	4	云南腾冲	暂无考证
893	1587.10.01	24.80	102.60	4	云南寻甸	暂无考证
894	1587.10.09	38.10	102.30	4½	甘肃武威西北	暂无考证
895	1587.12.31	37.90	117.00	4	河北盐山山东乐陵间	暂无考证
896	1587.12.31	19.70	110.40	4½	海南定安	暂无考证
897	1588.05.03	37.50	117.40	4	山东惠民	暂无考证
898	1588.07.22	24.80	103.70	4½	云南陆良弥勒间	暂无考证
899	1588.10.09	36.60	104.70	4	甘肃靖远	暂无考证
900	1588.10.19	36.60	101.80	4	青海西宁	暂无考证
901	1588.12.31	25.00	98.50	4	云南腾冲	暂无考证
902	1589.00.00	37.70	112.50	4¾	山西晋源	VI
903	1589.02.14	23.10	111.80	4	广东德庆	暂无考证
904	1589.06.17	36.60	101.80	4	青海西宁	暂无考证
905	1589.06.24	36.60	101.80	4	青海西宁	暂无考证
906	1589.08.06	32.10	118.30	4½	安徽全椒一带	暂无考证
907	1589.09.03	36.60	101.80	4	青海西宁	暂无考证
908	1589.09.13	30.50	120.80	4	浙江海盐西	暂无考证
909	1589.12.31	33.80	105.60	4	甘肃武都	暂无考证
910	1589.12.31	25.00	102.70	4	云南昆明	暂无考证
911	1590.01.10	31.70	103.80	4	四川茂县	暂无考证
912	1590.03.30	37.20	114.50	4	河北邢台北	暂无考证
913	1590.04.12	36.00	106.30	4	宁夏固原	暂无考证
914	1590.09.28	31.40	120.70	4	江苏苏州常熟间	暂无考证
915	1591.02.01	40.10	117.50	4	河北遵化蓟县	暂无考证
916	1591.08.21	38.90	100.40	4	甘肃张掖	暂无考证

第五章　宋元明清时期（960—1911年）

续表

序号	时间 （年.月.日）	北纬（°）	东经（°）	震级 M	地点	烈度
917	1591.11.12	35.80	111.50	4	山西襄汾	暂无考证
918	1591.12.16	35.40	110.80	4½	山西临猗北	暂无考证
919	1591.12.31	23.30	112.70	4	广东四会	暂无考证
920	1592.02.12	30.50	112.00	4	湖北江陵枝江间	暂无考证
921	1592.03.11	24.50	116.00	4½	广东梅州平远间	暂无考证
922	1592.10.27	36.70	115.30	4	山东冠县，河北丘县间	暂无考证
923	1592.12.31	25.80	99.80	4½	云南大理云龙间	暂无考证
924	1593.08.26	26.60	107.20	4	贵州贵定	暂无考证
925	1593.08.26	36.40	111.70	4	山西霍县洪洞间	暂无考证
926	1593.09.30	29.90	121.50	4	浙江宁波慈溪间	暂无考证
927	1593.10.05	31.70	103.80	4	四川茂县	暂无考证
928	1593.12.31	32.40	120.60	4	江苏如皋	暂无考证
929	1594.02.19	25.00	102.70	4	云南昆明	暂无考证
930	1594.02.25	35.60	110.80	4	山西河津稷山间	暂无考证
931	1594.03.28	38.00	113.00	4¾	山西太原东北	暂无考证
932	1594.04.07	20.90	110.20	4½	广东海康	暂无考证
933	1594.04.17	19.90	110.50	4½	海南琼山	暂无考证
934	1594.05.13	39.70	98.50	4	甘肃酒泉	暂无考证
935	1594.05.16	38.30	109.80	4	陕西榆林	暂无考证
936	1594.06.02	25.00	119.00	4	福建惠安	暂无考证
937	1594.06.18	40.40	114.40	4	河北怀安	暂无考证
938	1594.07.26	39.70	98.50	4	甘肃酒泉	暂无考证
939	1594.09.30	32.60	116.20	4	安徽颍上	暂无考证
940	1594.10.19	19.80	110.50	4½	海南琼山文昌间	暂无考证
941	1594.10.19	36.60	101.80	4	青海西宁	暂无考证
942	1594.10.24	42.60	124.00	4	辽宁开原北	暂无考证
943	1594.10.25	42.60	124.00	4	辽宁开原北	暂无考证
944	1594.10.26	42.60	124.00	4¾	辽宁开原北	Ⅵ
945	1594.12.31	30.80	114.00	4	湖北武昌安陆间	暂无考证
946	1595.02.13	31.10	121.40	4	江苏松江	暂无考证
947	1595.07.02	40.00	120.50	4½	渤海	暂无考证
948	1595.07.06	21.40	110.20	4	广东遂溪	暂无考证
949	1595.08.05	40.30	116.20	4	北京昌平南	暂无考证
950	1595.08.05	41.20	123.20	4	辽宁辽阳	暂无考证

续表

序号	时间 (年.月.日)	北纬 (°)	东经 (°)	震级 M	地点	烈度
951	1595.09.04	36.00	106.30	4	宁夏固原	暂无考证
952	1595.10.21	36.00	106.30	4	宁夏固原	暂无考证
953	1595.10.26	35.50	103.90	4	甘肃临洮	暂无考证
954	1596.09.21	37.00	116.20	4	山东高唐北	暂无考证
955	1596.10.00	25.00	118.70	4¾	福建惠安西南	VI
956	1596.11.19	23.10	112.50	4	广东高要附近	暂无考证
957	1596.11.19	23.10	112.50	4½	广东高要附近	暂无考证
958	1597.01.17	24.40	100.80	4	云南景东	暂无考证
959	1597.02.16	31.90	104.40	4	四川北川治城一带	暂无考证
960	1597.02.17	31.90	104.30	4½	四川北川治城一带	暂无考证
961	1597.04.01	38.90	100.40	4	甘肃张掖	暂无考证
962	1597.05.16	36.60	101.80	4	青海西宁	暂无考证
963	1597.05.16	38.90	100.40	4	甘肃张掖	暂无考证
964	1597.09.13	23.40	116.50	4½	广东揭阳潮阳间	暂无考证
965	1597.09.28	23.40	116.50	4½	广东揭阳潮阳间	暂无考证
966	1597.10.01	26.70	103.70	4	云南永登	暂无考证
967	1597.10.09	32.60	116.20	4½	安徽颍上	暂无考证
968	1598.02.06	38.50	106.30	4	宁夏银川	暂无考证
969	1598.02.13	37.40	121.30	4¾	山东福山南	暂无考证
970	1598.02.26	37.20	122.10	4	山东文登	暂无考证
971	1598.11.27	21.60	110.30	4	广东廉江	暂无考证
972	1598.12.31	25.00	110.50	4½	广西阳朔	暂无考证
973	1599.00.00	35.60	109.20	4¾	陕西黄陵	VI
974	1599.01.29	38.80	115.10	4	河北完县西南	暂无考证
975	1599.02.05	42.60	124.00	4½	辽宁开原北	暂无考证
976	1599.02.24	42.60	124.00	4½	辽宁开原北	暂无考证
977	1599.03.06	42.60	124.00	4½	辽宁开原北	暂无考证
978	1599.03.07	25.10	103.50	4½	云南曲靖路南间	暂无考证
979	1599.03.27	37.40	120.90	4½	山东福山	暂无考证
980	1599.04.05	37.40	120.90	4½	山东福山	暂无考证
981	1599.04.10	26.40	106.20	4	贵州平坝	暂无考证
982	1599.05.24	33.80	119.30	4	江苏涟水	暂无考证
983	1599.06.13	39.90	119.10	4½	河北抚宁	暂无考证
984	1599.07.27	33.50	119.10	4	江苏淮安	暂无考证

第五章 宋元明清时期（960—1911年）

续表

序号	时间 （年·月·日）	北纬（°）	东经（°）	震级 M	地点	烈度
985	1599.09.00	25.50	110.40	4¾	广西灵川	Ⅵ
986	1599.09.13	29.70	113.10	4	湖南沅城岳阳间	暂无考证
987	1599.09.18	25.50	103.80	4	云南曲靖	暂无考证
988	1599.10.18	29.50	119.90	4	浙江浦江	暂无考证
989	1599.11.17	25.10	98.80	4½	云南保山腾冲间	暂无考证
990	1599.11.17	39.70	118.90	4½	河北滦县东	暂无考证
991	1599.12.31	23.10	116.50	4	广东惠来潮州间	暂无考证
992	1600.05.12	24.30	116.70	4	广东饶平大埔	暂无考证
993	1600.08.08	21.60	110.30	4½	广东廉江	暂无考证
994	1600.09.29	25.50	115.30	4½	江西兴国一带	暂无考证
995	1600.10.04	25.60	103.20	4	云南寻甸	暂无考证
996	1600.10.31	31.50	122.00	4½	江苏苏州崇明间	暂无考证
997	1600.12.31	25.30	100.90	4½	云南南华祥云间	暂无考证
998	1601.07.17	26.30	106.70	4½	贵州贵阳惠水间	暂无考证
999	1601.08.27	25.60	103.20	4	云南寻甸	暂无考证
1000	1602.02.09	23.40	117.00	4½	广东南澳一带	暂无考证
1001	1602.07.12	31.80	104.20	4½	四川北川西北	暂无考证
1002	1602.07.13	30.30	111.90	4½	湖北江陵枝城间	暂无考证
1003	1602.07.19	31.80	104.20	4½	四川北川小坝底	暂无考证
1004	1602.08.05	25.30	119.50	4½	福建泉州海外	暂无考证
1005	1602.08.08	25.30	119.50	4½	福建泉州海外	暂无考证
1006	1602.10.14	35.30	118.00	4	山东费县	暂无考证
1007	1602.12.31	28.60	119.30	4	浙江遂昌	暂无考证
1008	1602.12.31	22.80	112.70	4	广东高明	暂无考证
1009	1603.02.04	35.00	104.70	4	甘肃陇西	暂无考证
1010	1603.05.10	27.10	119.70	4	福建福安	暂无考证
1011	1603.06.02	40.70	115.40	4½	河北宣化赤城间	暂无考证
1012	1603.09.21	27.00	117.20	4½	福建泰宁北	暂无考证
1013	1603.09.27	18.80	110.40	4	海南万宁	暂无考证
1014	1603.09.30	18.80	110.40	4	海南万宁	暂无考证
1015	1603.11.05	25.40	114.40	4	江西大余东	暂无考证
1016	1603.12.31	27.90	116.30	4	江西崇仁金溪间	暂无考证
1017	1604.03.13	39.60	113.20	4	山西应县	暂无考证
1018	1604.04.05	24.50	118.50	4½	福建泉州漳州海外	暂无考证

序号	时间 （年.月.日）	北纬（°）	东经（°）	震级 M	地点	烈度
1019	1604.05.28	29.30	111.00	4½	湖南澧县大庸间	暂无考证
1020	1604.06.30	23.30	112.50	4	广东高要四会间	暂无考证
1021	1604.07.26	24.50	109.30	4	广西柳城	暂无考证
1022	1604.07.26	31.90	104.30	4	四川北川治城	暂无考证
1023	1604.08.24	28.00	116.80	4½	江西进贤	暂无考证
1024	1604.08.28	34.50	106.50	4	甘肃天水	暂无考证
1025	1604.08.30	27.30	117.50	4½	福建邵武	暂无考证
1026	1604.09.22	24.40	117.90	4	福建海澄	暂无考证
1027	1604.10.22	30.30	120.20	4	浙江杭州一带	暂无考证
1028	1604.11.04	34.20	107.80	4½	山西西周	暂无考证
1029	1604.11.20	32.50	104.50	4½	四川平武一带	暂无考证
1030	1604.11.28	29.80	120.60	4½	浙江绍兴	暂无考证
1031	1604.12.28	24.70	119.00	4½	福建泉州海外	暂无考证
1032	1605.04.17	30.50	114.20	4½	湖北武昌	暂无考证
1033	1605.09.10	37.60	121.60	4½	山东牟平东部海域	暂无考证
1034	1605.09.16	32.10	119.70	4½	江苏丹徒	暂无考证
1035	1605.09.23	19.90	109.60	4	海南临高	暂无考证
1036	1605.11.11	22.80	112.90	4½	广东顺德西	暂无考证
1037	1605.11.24	27.90	120.80	4½	浙江温州	暂无考证
1038	1606.03.20	34.80	112.50	4½	河南孟津	暂无考证
1039	1606.06.04	19.90	109.60	4	海南临高	暂无考证
1040	1606.07.23	35.30	109.60	4	陕西白水	暂无考证
1041	1606.11.29	25.60	103.20	4	云南弥勒	暂无考证
1042	1607.02.25	24.90	118.70	4	福建泉州	暂无考证
1043	1607.04.30	25.50	101.20	4	云南姚安	暂无考证
1044	1607.05.25	25.50	101.20	4	云南姚安	暂无考证
1045	1607.06.04	22.60	113.10	4	广东新会北	暂无考证
1046	1607.07.06	28.80	105.90	4½	四川合江	暂无考证
1047	1607.09.15	32.10	103.70	4½	四川松潘茂县	暂无考证
1048	1607.12.21	22.40	109.60	4	广西横县博白间	暂无考证
1049	1607.12.31	30.80	120.90	4	浙江嘉善	暂无考证
1050	1608.03.26	40.10	116.30	4	北京昌平东南	暂无考证
1051	1608.06.27	23.80	117.80	4½	福建东山	暂无考证
1052	1608.12.07	28.10	104.90	4	四川兴文建武	暂无考证

第五章　宋元明清时期（960—1911 年）　　　　　　　　·201·

续表

序号	时间 （年．月．日）	北纬（°）	东经（°）	震级 M	地点	烈度
1053	1608.12.31	31.20	112.60	4½	湖北钟祥	暂无考证
1054	1609.01.05	25.50	101.20	4	云南姚安	暂无考证
1055	1609.02.03	25.00	98.80	4½	云南腾冲	暂无考证
1056	1609.02.05	25.10	99.20	4½	云南保山	暂无考证
1057	1609.02.06	25.10	99.20	4½	云南保山	暂无考证
1058	1609.02.07	25.10	99.20	4½	云南保山	暂无考证
1059	1609.02.08	25.10	99.20	4½	云南保山	暂无考证
1060	1609.02.09	25.10	99.20	4½	云南保山	暂无考证
1061	1609.02.10	25.10	99.20	4½	云南保山	暂无考证
1062	1609.02.11	25.10	99.20	4½	云南保山	暂无考证
1063	1609.02.12	25.10	99.20	4½	云南保山	暂无考证
1064	1609.02.13	25.10	99.20	4½	云南保山	暂无考证
1065	1609.02.14	25.10	99.20	4½	云南保山	暂无考证
1066	1609.06.22	39.10	121.70	4	辽宁金州	暂无考证
1067	1609.09.26	26.50	119.50	4	福建罗源	暂无考证
1068	1609.12.31	41.20	123.10	4	辽宁辽阳	暂无考证
1069	1610.02.26	29.20	116.00	4½	江西都昌永修间	暂无考证
1070	1610.03.24	23.30	112.00	4	广东封开四会间	暂无考证
1071	1610.04.12	32.00	104.20	4½	四川北川小坝底	暂无考证
1072	1610.04.22	34.50	114.50	4	河南杞县尉氏间	暂无考证
1073	1610.06.03	37.60	112.40	4½	山西清徐晋源间	暂无考证
1074	1610.06.09	35.40	118.20	4	山东费县东	暂无考证
1075	1610.08.05	32.60	103.60	4½	四川松潘	暂无考证
1076	1610.08.20	37.70	112.40	4	山西太原	暂无考证
1077	1610.09.16	22.00	108.60	4½	广西钦州	暂无考证
1078	1610.12.31	28.40	116.20	4	江西进贤	暂无考证
1079	1610.12.31	24.50	117.70	4½	福建赣州	暂无考证
1080	1611.02.12	25.30	101.60	4	云南牟定	暂无考证
1081	1611.04.00	24.00	97.80	4¾	云南瑞丽	Ⅵ⁻
1082	1611.04.12	25.50	101.30	4	云南大姚牟定间	暂无考证
1083	1611.09.05	42.90	121.60	4	内蒙古库伦西北	暂无考证
1084	1612.05.14	23.60	102.80	4	云南建水	暂无考证
1085	1612.12.31	38.30	109.80	4½	山西榆次	暂无考证
1086	1613.10.13	25.60	102.40	4½	云南禄劝	暂无考证

续表

序号	时间 （年 . 月 . 日）	北纬（°）	东经（°）	震级 M	地点	烈度
1087	1613. 12. 31	40. 80	115. 70	4	河北赤城	暂无考证
1088	1614. 01. 06	38. 50	113. 00	4½	山西定襄	暂无考证
1089	1614. 03. 04	36. 30	111. 90	4	山西古县洪洞间	暂无考证
1090	1614. 04. 08	31. 70	109. 00	4	陕西安康	暂无考证
1091	1614. 04. 08	31. 70	109. 00	4½	陕西安康	暂无考证
1092	1614. 05. 10	30. 50	114. 50	4½	湖北武昌黄冈间	暂无考证
1093	1614. 06. 09	36. 40	111. 50	4¾	山西临汾北	暂无考证
1094	1614. 06. 09	36. 50	111. 70	4½	山西霍州一带	暂无考证
1095	1614. 07. 07	25. 10	99. 20	4	云南保山	暂无考证
1096	1614. 07. 08	25. 10	99. 20	4	云南保山	暂无考证
1097	1614. 07. 09	25. 10	99. 20	4	云南保山	暂无考证
1098	1614. 07. 10	25. 10	99. 20	4	云南保山	暂无考证
1099	1614. 07. 11	25. 10	99. 20	4	云南保山	暂无考证
1100	1614. 07. 12	25. 10	99. 20	4	云南保山	暂无考证
1101	1614. 09. 10	31. 20	114. 50	4½	湖北钟祥	暂无考证
1102	1614. 10. 20	30. 60	114. 20	4	湖北武昌	暂无考证
1103	1615. 02. 18	33. 40	105. 00	4½	甘肃武都一带	暂无考证
1104	1615. 02. 24	33. 40	105. 00	4½	甘肃武都	暂无考证
1105	1615. 03. 05	34. 50	106. 50	4	甘肃天水	暂无考证
1106	1615. 07. 01	24. 40	100. 80	4	云南景东	暂无考证
1107	1615. 07. 04	24. 40	100. 80	4	云南景东	暂无考证
1108	1615. 11. 08	41. 30	123. 10	4	辽宁辽阳	暂无考证
1109	1615. 11. 20	38. 30	114. 50	4	河北正定行唐间	暂无考证
1110	1615. 12. 08	40. 10	116. 80	4¾	北京密云南	暂无考证
1111	1615. 12. 31	36. 60	113. 70	4	河北涉县	暂无考证
1112	1615. 12. 31	26. 30	107. 50	4	贵州都匀	暂无考证
1113	1616. 02. 15	23. 00	113. 00	4	广东广州西南	暂无考证
1114	1616. 03. 17	25. 00	102. 70	4	云南昆明	暂无考证
1115	1616. 08. 01	33. 80	105. 60	4	甘肃武都	暂无考证
1116	1616. 08. 07	33. 80	105. 60	4	甘肃武都	暂无考证
1117	1616. 09. 31	34. 00	118. 00	4½	江苏邳州一带	暂无考证
1118	1616. 10. 11	33. 80	105. 60	4	甘肃武都	暂无考证
1119	1616. 10. 13	40. 70	116. 10	4	河北赤城东南	暂无考证
1120	1616. 10. 16	40. 70	116. 10	4	河北赤城东南	暂无考证

第五章　宋元明清时期（960—1911 年）

续表

序号	时间 （年．月．日）	北纬（°）	东经（°）	震级 M	地点	烈度
1121	1616. 11. 07	24. 70	102. 90	4	云南澄江	暂无考证
1122	1617. 02. 05	35. 40	113. 90	4	河南汲县辉县间	暂无考证
1123	1617. 02. 05	31. 70	118. 40	4½	安徽和县	暂无考证
1124	1617. 06. 13	33. 00	117. 70	4	安徽凤阳五河间	暂无考证
1125	1617. 06. 14	33. 00	117. 70	4	安徽凤阳五河间	暂无考证
1126	1617. 08. 25	24. 70	102. 70	4	云南晋宁东	暂无考证
1127	1617. 08. 31	25. 00	98. 50	4½	云南腾冲	暂无考证
1128	1617. 09. 05	40. 60	115. 50	4½	河北宣化北京延庆间	暂无考证
1129	1617. 10. 29	30. 70	104. 10	4	四川成都	暂无考证
1130	1617. 11. 08	23. 30	113. 70	4	广东增城从化间	暂无考证
1131	1618. 03. 25	24. 00	116. 70	4	广东饶平西一带	暂无考证
1132	1618. 03. 25	27. 70	106. 90	4	贵州遵义	暂无考证
1133	1618. 08. 15	40. 10	117. 10	4¾	河北香河北	暂无考证
1134	1618. 08. 19	38. 90	115. 80	4	河北保定容城间	暂无考证
1135	1618. 08. 19	24. 00	116. 70	4	广东饶平西一带	暂无考证
1136	1618. 08. 19	38. 70	100. 60	4½	甘肃张掖一带	暂无考证
1137	1618. 09. 31	38. 90	115. 80	4	河北保定容城间	暂无考证
1138	1618. 10. 01	40. 60	123. 30	4¾	辽宁海城东南	暂无考证
1139	1618. 11. 03	29. 70	104. 90	4½	四川资县一带	暂无考证
1140	1618. 11. 03	32. 40	104. 50	4	四川平武	暂无考证
1141	1618. 11. 04	30. 70	104. 10	4½	四川成都一带	暂无考证
1142	1618. 11. 05	30. 70	104. 10	4½	四川成都附近	暂无考证
1143	1618. 11. 06	30. 70	104. 10	4½	四川成都附近	暂无考证
1144	1618. 11. 07	30. 70	104. 10	4½	四川成都附近	暂无考证
1145	1618. 11. 14	30. 70	104. 10	4½	四川成都附近	暂无考证
1146	1618. 11. 14	24. 70	102. 90	4	云南澄江	暂无考证
1147	1618. 12. 31	34. 10	106. 10	4	甘肃清水	暂无考证
1148	1619. 04. 18	30. 70	104. 00	4	四川成都	暂无考证
1149	1619. 06. 20	35. 50	103. 90	4	甘肃临洮	暂无考证
1150	1619. 08. 05	30. 70	104. 00	4	四川成都	暂无考证
1151	1620. 07. 28	29. 80	102. 80	4½	四川荥经	暂无考证
1152	1620. 11. 19	29. 60	103. 80	4	四川乐山	暂无考证
1153	1620. 12. 21	31. 70	103. 80	4	四川茂县	暂无考证
1154	1620. 12. 31	35. 70	115. 00	4½	河南濮阳	暂无考证

续表

序号	时间 （年．月．日）	北纬（°）	东经（°）	震级 M	地点	烈度
1155	1621.02.24	33.90	118.20	4½	江苏徐州淮安间	暂无考证
1156	1621.03.10	32.40	105.80	4	四川广元	暂无考证
1157	1621.03.20	34.60	104.40	4¾	甘肃岷县东北	暂无考证
1158	1621.03.20	34.60	104.60	4½	甘肃岷县东北	暂无考证
1159	1621.04.05	32.40	104.50	4	四川平武	暂无考证
1160	1621.04.10	32.40	104.50	4	四川平武	暂无考证
1161	1621.05.09	35.80	115.20	4½	河南清丰北	暂无考证
1162	1621.05.31	40.40	115.60	4	河北怀来东南	暂无考证
1163	1621.06.06	41.10	115.70	4	河北赤城北	暂无考证
1164	1621.08.16	24.00	97.80	4	云南瑞丽	暂无考证
1165	1621.09.31	37.40	122.40	4	山东文登东北	暂无考证
1166	1621.10.14	27.30	105.30	4	贵州毕节	暂无考证
1167	1621.11.00	31.00	120.60	4¾	江苏吴江平望镇	VI
1168	1621.11.04	40.20	117.40	4½	天津蓟县北	暂无考证
1169	1621.12.12	25.30	102.40	4	云南富民罗茨间	暂无考证
1170	1621.12.12	37.00	119.00	4½	山东潍坊北	暂无考证
1171	1621.12.31	25.90	101.80	4	云南元谋	暂无考证
1172	1621.12.31	36.50	109.70	4½	陕西西安	暂无考证
1173	1621.12.31	22.60	113.40	4	广东东莞台山间	暂无考证
1174	1622.02.09	25.00	102.70	4	云南昆明	暂无考证
1175	1622.02.22	36.10	111.50	4½	山西临汾一带	暂无考证
1176	1622.03.02	37.50	117.20	4	山东惠民西	暂无考证
1177	1622.03.13	40.30	117.90	4	河北遵化	暂无考证
1178	1622.03.14	34.70	105.40	4	甘肃甘谷	暂无考证
1179	1622.04.07	40.30	117.90	4	河北遵化	暂无考证
1180	1622.04.25	35.30	117.00	4	山东邹县南部	暂无考证
1181	1622.06.08	25.00	102.70	4	云南昆明	暂无考证
1182	1622.06.08	36.30	116.60	4	山东东平北	暂无考证
1183	1622.06.21	35.80	111.30	4¾	山西汾城一带	暂无考证
1184	1622.07.03	19.50	109.60	4	海南儋州	暂无考证
1185	1622.08.10	37.20	119.90	4	山东掖县	暂无考证
1186	1622.08.20	36.60	116.20	4	山东茌平	暂无考证
1187	1622.08.24	23.10	111.00	4½	广西岑溪一带	暂无考证
1188	1622.10.04	35.30	107.00	4½	甘肃崇信	暂无考证

第五章 宋元明清时期（960—1911 年）

续表

序号	时间 （年．月．日）	北纬（°）	东经（°）	震级 M	地点	烈度
1189	1622.10.20	34.50	114.60	4	河南太康开封间	暂无考证
1190	1622.11.02	35.50	103.90	4	甘肃临洮	暂无考证
1191	1622.12.02	24.40	117.00	4	福建平和	暂无考证
1192	1622.12.07	37.80	120.60	4½	山东莱州湾	暂无考证
1193	1622.12.10	41.80	123.40	4	辽宁沈阳	暂无考证
1194	1622.12.31	30.50	117.80	4	安徽贵池广阳间	暂无考证
1195	1623.03.30	37.30	114.80	4½	河北隆尧	暂无考证
1196	1623.03.30	36.90	117.90	4½	山东桓台西南	暂无考证
1197	1623.03.31	40.10	120.50	4½	渤海	暂无考证
1198	1623.04.04	37.80	115.90	4½	河北武邑	暂无考证
1199	1623.04.12	31.10	121.30	4½	上海一带	暂无考证
1200	1623.04.15	31.10	121.30	4	上海一带	暂无考证
1201	1623.04.15	37.50	120.30	4½	山东蓬莱莱州间	暂无考证
1202	1623.09.13	32.10	103.70	4	四川松潘南	暂无考证
1203	1623.10.01	32.10	103.70	4	四川松潘南	暂无考证
1204	1623.12.26	36.10	115.20	4¾	河南南乐	VI
1205	1623.12.27	24.90	103.80	4½	云南师宗陆良间	暂无考证
1206	1624.02.08	31.30	119.80	4	江苏宜兴	暂无考证
1207	1624.02.23	39.50	116.80	4½	天津武清一带	暂无考证
1208	1624.06.07	37.80	112.70	4	山西太原榆次间	暂无考证
1209	1624.07.07	21.60	110.30	4	广东廉江	暂无考证
1210	1624.07.14	38.30	109.80	4	陕西榆林	暂无考证
1211	1624.08.15	34.60	108.10	4	陕西永寿	暂无考证
1212	1624.09.01	31.20	121.50	4¾	上海	VI
1213	1624.09.12	30.90	119.00	4½	安徽广德	暂无考证
1214	1624.10.04	35.90	115.10	4	河南清丰	暂无考证
1215	1624.11.02	34.90	109.60	4	陕西蒲城	暂无考证
1216	1625.00.00	29.60	91.10	4¾	西藏拉萨	暂无考证
1217	1625.01.30	33.50	119.10	4	江苏淮安	暂无考证
1218	1625.01.31	31.80	118.80	4	江苏南京南部一带	暂无考证
1219	1625.07.05	39.60	116.90	4	河北安次	暂无考证
1220	1625.12.31	24.10	105.10	4	云南广南	暂无考证
1221	1625.12.31	35.20	106.60	4½	甘肃华亭	暂无考证
1222	1626.05.29	38.80	115.80	4½	河北保定东一带	暂无考证

续表

序号	时间 （年．月．日）	北纬（°）	东经（°）	震级 *M*	地点	烈度
1223	1626.06.01	37.80	115.90	4	河北武邑	暂无考证
1224	1626.06.02	40.10	117.30	4	天津蓟县	暂无考证
1225	1626.06.29	27.90	110.60	4	湖南溆浦	暂无考证
1226	1626.07.06	40.40	115.50	4½	河北怀来东南	暂无考证
1227	1626.09.26	36.60	114.50	4	河北邯郸	暂无考证
1228	1626.10.01	26.00	100.60	4½	云南鹤庆姚安间	暂无考证
1229	1626.10.03	23.80	101.50	4½	云南石屏镇沅间	暂无考证
1230	1626.10.16	24.90	99.10	4	云南保山潞江间	暂无考证
1231	1627.01.05	30.30	116.80	4	安徽安庆望江间	暂无考证
1232	1627.05.13	33.50	119.10	4	江苏淮安	暂无考证
1233	1627.07.31	31.70	103.80	4	四川茂县	暂无考证
1234	1627.08.01	31.70	103.80	4	四川茂县	暂无考证
1235	1627.11.07	34.80	113.30	4	河南荥阳	暂无考证
1236	1627.12.31	37.00	109.80	4½	陕西子长永平一带	暂无考证
1237	1628.00.00	29.00	111.40	4¾	湖南桃源西北	Ⅵ
1238	1628.02.17	31.90	104.30	4	四川北川石泉	暂无考证
1239	1628.03.31	28.90	111.50	4½	湖南桃源	暂无考证
1240	1628.04.10	31.90	104.30	4	四川北川石泉	暂无考证
1241	1628.04.18	31.90	104.30	4	四川北川石泉	暂无考证
1242	1628.09.26	38.80	116.60	4	河北文安大城间	暂无考证
1243	1628.10.26	32.30	119.20	4	江苏仪征	暂无考证
1244	1628.12.31	29.00	104.00	4½	四川井研犍为间	暂无考证
1245	1628.12.31	36.80	108.80	4½	陕西志丹	暂无考证
1246	1628.12.31	33.30	104.90	4½	甘肃武都	暂无考证
1247	1629.04.00	30.30	115.10	4¾	湖北黄冈蕲州间	暂无考证
1248	1629.05.21	31.00	120.50	4½	江苏太湖一带	暂无考证
1249	1629.06.03	31.00	120.50	4	江苏太湖一带	暂无考证
1250	1629.06.30	30.30	115.10	4½	湖北黄冈蕲春一带	暂无考证
1251	1629.09.16	28.70	112.90	4	湖南湘阴	暂无考证
1252	1629.12.14	30.30	115.10	4½	湖北黄冈蕲春一带	暂无考证
1253	1630.01.26	31.00	120.50	4½	江苏太湖一带	暂无考证
1254	1630.02.04	32.00	119.20	4¾	江苏句容	Ⅵ
1255	1630.02.11	31.80	106.00	4	四川苍溪	暂无考证
1256	1630.12.31	32.50	113.10	4	河南唐河桐城间	暂无考证

第五章　宋元明清时期（960—1911 年）

续表

序号	时间 （年．月．日）	北纬（°）	东经（°）	震级 M	地点	烈度
1257	1630.12.31	27.10	113.10	4	湖南衡山攸县间	暂无考证
1258	1631.01.31	30.20	113.20	4½	湖北沔城	暂无考证
1259	1631.02.15	28.30	111.70	4½	湖南长沙沅陵间	暂无考证
1260	1631.05.22	26.50	112.20	4½	湖南衡阳	暂无考证
1261	1631.06.30	27.80	114.40	4½	江西宜丰	暂无考证
1262	1631.08.21	28.80	112.40	4	湖南沅江	暂无考证
1263	1631.09.00	25.80	105.20	4¾	贵州晴隆	VI
1264	1631.09.01	28.30	110.20	4½	湖南泸溪	暂无考证
1265	1632.01.20	29.70	105.00	4	四川资中内江一带	暂无考证
1266	1632.02.00	27.10	111.10	4¾	湖南邵阳西南	暂无考证
1267	1632.02.10	25.00	118.40	4	福建南安	暂无考证
1268	1632.03.22	25.00	118.40	4	福建南安	暂无考证
1269	1632.06.30	36.60	109.40	4	陕西延安	暂无考证
1270	1632.07.16	32.10	110.50	4	湖北房县竹山间	暂无考证
1271	1632.08.15	28.80	117.00	4	江西万年东北	暂无考证
1272	1632.12.06	38.30	106.30	4	宁夏银川南	暂无考证
1273	1632.12.11	26.90	109.20	4	贵州天柱	暂无考证
1274	1632.12.31	25.00	103.00	4	云南昆明宜良间	暂无考证
1275	1633.00.00	37.30	111.80	4¾	山西汾阳	VI
1276	1633.02.03	31.90	112.00	4	湖北襄樊南漳间	暂无考证
1277	1633.04.06	30.60	114.90	4¾	湖北黄冈	暂无考证
1278	1633.11.14	33.70	105.70	4	甘肃成县	暂无考证
1279	1633.12.16	34.70	103.70	4	甘肃临潭新城	暂无考证
1280	1633.12.31	30.90	111.70	4	湖北当阳远安间	暂无考证
1281	1634.02.25	30.70	116.70	4½	安徽潜山东	暂无考证
1282	1634.03.25	30.10	116.10	4	安徽宿松	暂无考证
1283	1634.03.26	30.30	115.10	4	湖北黄石	暂无考证
1284	1634.05.20	30.00	103.00	4	四川雅安	暂无考证
1285	1634.06.24	37.10	120.90	4½	山东莱阳东	暂无考证
1286	1634.07.24	30.50	114.00	4½	湖北咸宁安陆间	暂无考证
1287	1635.02.13	25.20	117.20	4	福建龙岩东北	暂无考证
1288	1635.02.17	30.50	116.50	4½	安徽潜山西南	暂无考证
1289	1635.05.01	30.50	116.50	4½	安徽潜山一带	暂无考证
1290	1635.06.26	24.30	110.70	4	广西平乐南	暂无考证

续表

序号	时间 （年．月．日）	北纬（°）	东经（°）	震级 M	地点	烈度
1291	1635.07.25	24.00	116.80	4½	广东潮州北	暂无考证
1292	1635.08.16	38.20	112.20	4	山西太原静乐间	暂无考证
1293	1635.08.21	38.20	112.20	4	山西太原静乐间	暂无考证
1294	1635.12.12	24.00	116.60	4	广东潮州北	暂无考证
1295	1635.12.15	24.00	116.60	4	广东潮州北	暂无考证
1296	1635.12.31	30.40	115.20	4½	湖北黄冈一带	暂无考证
1297	1636.01.20	19.60	110.80	4	海南文昌	暂无考证
1298	1636.02.02	19.60	110.80	4	海南文昌	暂无考证
1299	1636.02.06	25.40	116.20	4	福建长汀武平间	暂无考证
1300	1636.05.21	31.00	118.40	4½	安徽南陵一带	暂无考证
1301	1636.07.02	31.70	113.30	4	湖北随州	暂无考证
1302	1636.07.31	34.40	111.90	4	河南宜阳洛宁间	暂无考证
1303	1636.09.28	28.00	114.50	4½	江西修水	暂无考证
1304	1636.12.08	35.10	107.60	4	甘肃灵台	暂无考证
1305	1637.02.20	40.40	115.80	4	北京延庆一带	暂无考证
1306	1637.04.03	28.90	112.40	4	湖南沅江	暂无考证
1307	1637.05.27	30.00	103.00	4	四川雅安	暂无考证
1308	1637.07.21	27.90	114.40	4	江西宜春万载间	暂无考证
1309	1637.07.26	26.50	119.50	4	福建罗源	暂无考证
1310	1637.08.08	26.50	119.50	4	福建罗源	暂无考证
1311	1637.09.04	25.00	102.90	4	云南昆明宜良间	暂无考证
1312	1637.11.02	40.30	116.30	4	北京昌平密云间	暂无考证
1313	1637.12.15	36.50	118.60	4	山东临朐	暂无考证
1314	1637.12.31	38.20	116.10	4	河北献县	暂无考证
1315	1637.12.31	34.10	112.10	4	河南崇县	暂无考证
1316	1638.02.13	35.20	109.60	4	陕西白水	暂无考证
1317	1638.03.15	24.30	116.10	4	广东梅州	暂无考证
1318	1638.06.11	39.80	113.80	4½	山西大同灵丘间	暂无考证
1319	1638.08.02	29.80	121.50	4	浙江慈溪一带	暂无考证
1320	1638.09.14	41.80	123.40	4	辽宁沈阳	暂无考证
1321	1638.09.18	30.50	117.00	4½	安徽安庆一带	暂无考证
1322	1638.10.09	41.20	123.20	4	辽宁沈阳	暂无考证
1323	1638.11.05	28.30	112.40	4½	湖南益阳宁乡间	暂无考证
1324	1638.12.22	34.50	112.40	4¾	河南新安东南	暂无考证

第五章　宋元明清时期（960—1911 年）

续表

序号	时间 （年．月．日）	北纬（°）	东经（°）	震级 M	地点	烈度
1325	1639.01.02	41.80	123.40	4	辽宁沈阳	暂无考证
1326	1639.04.02	32.30	105.70	4	四川广元西南	暂无考证
1327	1639.04.15	28.30	112.60	4¾	湖南长沙西北	暂无考证
1328	1639.06.08	24.70	110.50	4½	广西阳朔平乐一带	暂无考证
1329	1639.08.09	34.00	113.80	4	河南许昌	暂无考证
1330	1639.11.24	25.90	111.60	4½	湖南零陵道县间	暂无考证
1331	1639.12.19	40.00	118.70	4	河北迁安	暂无考证
1332	1640.00.00	25.80	113.10	4¾	湖南郴州附近	暂无考证
1333	1640.04.00	34.70	112.50	4¾	河南洛阳	Ⅵ
1334	1640.06.11	24.60	118.50	4½	福建晋江一带	暂无考证
1335	1640.06.19	23.10	113.10	4½	广东广州一带	暂无考证
1336	1640.08.31	26.10	116.50	4	福建宁化长汀间	暂无考证
1337	1640.09.26	22.50	112.50	4	广东开平苍城	暂无考证
1338	1640.09.30	28.00	108.30	4	贵州思南印江间	暂无考证
1339	1641.01.23	23.50	116.60	4½	广东潮州南	暂无考证
1340	1641.05.30	30.50	115.90	4	湖北黄冈	暂无考证
1341	1641.06.07	33.80	105.60	4	甘肃武都	暂无考证
1342	1641.06.21	38.90	100.40	4	甘肃张掖	暂无考证
1343	1641.09.29	41.80	123.40	4	辽宁沈阳	暂无考证
1344	1641.10.01	41.80	123.40	4	辽宁沈阳	暂无考证
1345	1641.12.31	34.70	112.50	4½	河南渑池巩县间	暂无考证
1346	1642.03.31	27.90	114.50	4	江西宜春东北	暂无考证
1347	1642.04.21	37.30	117.40	4	山东阳信西南	暂无考证
1348	1642.08.11	37.20	120.60	4¾	山东莱阳北	暂无考证
1349	1642.10.04	34.20	116.90	4½	安徽萧县一带	暂无考证
1350	1642.10.04	34.20	116.90	4¾	安徽萧县	Ⅵ
1351	1642.12.31	24.10	105.10	4	云南广南	暂无考证
1352	1642.12.31	29.50	119.90	4	浙江浦江	暂无考证
1353	1643.04.17	23.30	116.60	4	广东潮阳	暂无考证
1354	1643.04.30	41.80	123.40	4	辽宁沈阳	暂无考证
1355	1643.10.12	35.10	107.60	4	甘肃灵台	暂无考证
1356	1643.10.13	32.90	117.60	4	安徽凤阳	暂无考证
1357	1643.10.22	41.80	123.40	4	辽宁沈阳	暂无考证
1358	1643.10.23	34.20	116.80	4¾	安徽萧县西北	暂无考证

续表

序号	时间 （年．月．日）	北纬（°）	东经（°）	震级 *M*	地点	烈度
1359	1643. 10. 26	32. 90	117. 60	4	安徽凤阳	暂无考证
1360	1643. 11. 28	32. 70	118. 00	4	安徽凤阳来安间	暂无考证
1361	1643. 12. 16	37. 00	116. 70	4	山东禹城一带	暂无考证
1362	1643. 12. 31	31. 50	117. 50	4½	安徽巢湖一带	暂无考证
1363	1643. 12. 31	23. 30	116. 40	4	广东朝阳普宁间	暂无考证
1364	1643. 12. 31	25. 40	112. 50	4½	湖南临武	暂无考证
1365	1643. 12. 31	25. 40	118. 80	4	福建莆田仙游间	暂无考证
1366	1644. 01. 12	32. 60	116. 20	4	安徽颖上一带	暂无考证
1367	1644. 01. 15	34. 40	116. 50	4¾	安徽砀山东	暂无考证
1368	1644. 04. 06	27. 90	114. 50	4	江西宜春东北	暂无考证
1369	1644. 04. 09	23. 10	112. 80	4	广东三水附近	暂无考证
1370	1644. 04. 14	41. 80	123. 40	4	辽宁沈阳	暂无考证
1371	1644. 04. 16	41. 80	123. 40	4	辽宁沈阳	暂无考证
1372	1644. 08. 02	25. 30	102. 50	4½	云南武定昆明间	暂无考证
1373	1644. 08. 31	34. 90	113. 10	4½	河南温县	暂无考证
1374	1644. 09. 25	23. 50	116. 40	4	广东潮阳揭阳间	暂无考证
1375	1644. 09. 30	25. 30	102. 50	4½	云南武定昆明间	暂无考证
1376	1644. 11. 08	33. 00	118. 00	4½	安徽凤阳东北	暂无考证
1377	1644. 11. 10	33. 00	118. 00	4½	安徽凤阳东北	暂无考证
1378	1644. 12. 31	27. 70	117. 10	4	江西资溪	暂无考证
1379	1645. 01. 27	25. 80	114. 50	4	江西上犹	暂无考证
1380	1645. 06. 18	36. 80	112. 50	4½	山西襄垣介休间	暂无考证
1381	1645. 08. 20	23. 50	116. 30	4	广东揭阳	暂无考证
1382	1645. 08. 20	36. 80	112. 50	4	山西襄垣介休间	暂无考证
1383	1645. 10. 18	25. 60	103. 20	4	云南寻甸	暂无考证
1384	1646. 03. 16	25. 00	102. 70	4	云南昆明	暂无考证
1385	1646. 07. 12	22. 80	108. 20	4	广西南宁	暂无考证
1386	1646. 08. 08	25. 50	118. 10	4	福建德化西	暂无考证
1387	1646. 09. 08	28. 30	110. 20	4	湖南沅陵	暂无考证
1388	1646. 10. 14	28. 20	113. 30	4	湖南长沙浏阳间	暂无考证
1389	1646. 12. 21	32. 90	120. 30	4	江苏东台东北	暂无考证
1390	1646. 12. 31	34. 20	116. 10	4	河南夏邑	暂无考证
1391	1647. 03. 11	26. 40	118. 10	4½	福建南平南	暂无考证
1392	1647. 05. 22	32. 50	117. 60	4½	安徽凤阳一带	暂无考证

第五章　宋元明清时期（960—1911年）

续表

序号	时间 （年.月.日）	北纬（°）	东经（°）	震级 M	地点	烈度
1393	1647.05.24	32.50	117.60	4	安徽凤阳一带	暂无考证
1394	1647.05.28	32.50	117.60	4	安徽凤阳一带	暂无考证
1395	1648.04.01	34.50	108.40	4¾	陕西泾阳西	暂无考证
1396	1648.05.17	37.10	113.00	4	山西榆社	暂无考证
1397	1648.08.21	34.30	116.80	4	安徽萧县西	暂无考证
1398	1648.10.15	36.30	113.20	4	山西长治潞城间	暂无考证
1399	1649.09.30	35.00	111.00	4	山西运城一带	暂无考证
1400	1649.10.06	34.40	116.80	4½	安徽萧县西北	暂无考证
1401	1650.01.26	25.10	117.00	4	福建龙岩	暂无考证
1402	1650.03.31	30.60	113.50	4½	湖北汉川潜江间	暂无考证
1403	1650.10.11	30.30	120.20	4½	浙江杭州	暂无考证
1404	1650.12.31	35.20	106.60	4½	甘肃华亭	暂无考证
1405	1651.02.14	31.10	120.70	4½	江苏吴江	暂无考证
1406	1651.02.19	33.30	114.60	4½	河南商水一带	暂无考证
1407	1651.03.01	30.40	113.40	4	湖北沔城汉川间	暂无考证
1408	1651.03.31	33.50	114.80	4	河南邓县	暂无考证
1409	1651.05.21	23.50	116.40	4	广东揭阳	暂无考证
1410	1651.12.31	36.60	109.50	4½	陕西延安	暂无考证
1411	1652.02.05	26.60	118.20	4½	福建南平	暂无考证
1412	1652.04.04	31.00	117.80	4	安徽铜陵	暂无考证
1413	1652.07.12	25.30	100.40	4	云南弥渡南	暂无考证
1414	1652.10.31	31.50	116.50	4	安徽霍山东北	暂无考证
1415	1653.02.12	32.50	115.00	4¾	河南息县东北	暂无考证
1416	1653.06.30	36.20	109.50	4	山西延安洛川间	暂无考证
1417	1653.09.11	21.70	110.20	4¾	广东廉江	VI
1418	1653.09.11	21.60	110.30	4½	广东廉江	暂无考证
1419	1653.10.20	25.30	102.30	4	云南禄丰东北	暂无考证
1420	1653.10.20	36.60	115.60	4	山东堂邑北	暂无考证
1421	1653.10.20	35.20	107.90	4	陕西长武	暂无考证
1422	1653.10.20	34.20	105.20	4	甘肃礼县	暂无考证
1423	1653.12.31	38.00	109.30	4	陕西横山	暂无考证
1424	1653.12.31	32.50	107.90	4	陕西镇巴一带	暂无考证
1425	1654.01.11	33.10	117.50	4½	安徽凤阳东北	暂无考证
1426	1654.07.30	23.00	113.50	4½	广东番禺一带	暂无考证

续表

序号	时间 （年．月．日）	北纬（°）	东经（°）	震级 M	地点	烈度
1427	1654.07.31	25.00	102.70	4	云南昆明	暂无考证
1428	1654.09.16	36.10	115.60	4½	山东莘县一带	暂无考证
1429	1655.01.21	23.40	120.30	4½	台湾台南北	暂无考证
1430	1655.02.12	31.50	120.40	4	江苏常州苏州间	暂无考证
1431	1655.03.12	31.30	121.00	4½	江苏昆山东南	暂无考证
1432	1655.07.11	31.10	121.00	4	上海松江西	暂无考证
1433	1655.09.04	36.10	115.70	4	山东阳谷	暂无考证
1434	1655.09.10	23.00	112.40	4	广东肇庆	暂无考证
1435	1656.03.00	22.60	112.80	4¾	广东鹤山	VI
1436	1656.10.17	35.50	116.90	4	山东兖州东南	暂无考证
1437	1656.10.27	31.10	121.50	4	上海南	暂无考证
1438	1656.12.01	31.10	121.50	4	上海南	暂无考证
1439	1657.04.16	31.30	103.50	4½	四川汶川一带	暂无考证
1440	1657.04.29	31.30	103.50	4½	四川汶川一带	暂无考证
1441	1657.05.08	31.00	105.90	4	四川西充	暂无考证
1442	1657.05.09	31.00	105.90	4	四川西充	暂无考证
1443	1657.05.21	31.30	103.50	4½	四川汶川一带	暂无考证
1444	1657.06.05	34.40	104.00	4	甘肃岷县	暂无考证
1445	1657.09.07	30.10	120.00	4	浙江富阳	暂无考证
1446	1657.12.31	28.30	105.10	4½	四川兴文	暂无考证
1447	1657.12.31	39.80	118.90	4½	河北卢龙昌黎间	暂无考证
1448	1658.05.05	32.90	120.20	4	江苏东台东北	暂无考证
1449	1658.06.30	34.30	116.80	4	安徽萧县西	暂无考证
1450	1658.09.19	31.50	121.00	4¾	江苏太仓西北	暂无考证
1451	1659.02.28	23.50	116.60	4	广东潮州西南	暂无考证
1452	1659.08.17	35.50	103.90	4½	陕西临洮	暂无考证
1453	1659.09.03	30.30	117.80	4	安徽贵池祁门间	暂无考证
1454	1660.09.00	35.20	116.20	4¾	山东金乡西北	暂无考证
1455	1660.12.31	23.00	120.20	4½	台湾台南	暂无考证
1456	1661.01.23	33.80	110.50	4	陕西洛南商南间	暂无考证
1457	1661.10.14	39.90	119.00	4½	河北卢龙抚宁间	暂无考证
1458	1661.11.19	40.50	115.00	4¾	河北宣化南	暂无考证
1459	1661.12.31	24.60	108.30	4½	广西宜山河池间	暂无考证
1460	1662.00.00	33.40	120.10	4¾	江苏盐城	VI

第五章　宋元明清时期（960—1911 年）

续表

序号	时间 （年．月．日）	北纬（°）	东经（°）	震级 M	地点	烈度
1461	1662.03.14	34.70	105.40	4	甘肃甘谷	暂无考证
1462	1662.08.20	36.60	116.20	4	山东荏平	暂无考证
1463	1662.08.24	23.10	111.00	4½	广西岑溪一带	暂无考证
1464	1662.10.20	34.50	114.60	4	河南太康开封间	暂无考证
1465	1662.12.10	41.80	123.40	4	辽宁沈阳	暂无考证
1466	1662.04.21	40.50	115.00	4¾	河北宣化南	暂无考证
1467	1663.03.04	31.20	112.60	4	湖北钟祥	暂无考证
1468	1663.04.07	25.00	102.50	4½	云南昆明西	暂无考证
1469	1663.04.07	26.50	100.20	4	云南鹤庆	暂无考证
1470	1663.06.26	30.60	114.00	4½	湖北安陆咸宁间	暂无考证
1471	1663.07.19	39.70	116.50	4	河北安次东北	暂无考证
1472	1664.01.27	26.50	100.20	4	云南鹤庆	暂无考证
1473	1664.03.28	40.50	115.10	4½	河北宣化一带	暂无考证
1474	1664.04.01	39.90	116.70	4¾	北京通县	Ⅵ
1475	1664.07.10	31.20	121.20	4	上海松江北	暂无考证
1476	1664.07.22	34.50	106.50	4	甘肃天水	暂无考证
1477	1664.09.19	24.60	103.70	4½	云南弥勒师宗间	暂无考证
1478	1664.10.06	36.90	121.00	4	山东莱阳	暂无考证
1479	1664.12.05	39.80	118.80	4	河北卢龙滦县间	暂无考证
1480	1664.12.31	24.40	108.10	4½	广西都安北	暂无考证
1481	1665.02.14	23.20	113.50	4	广东广州增城间	暂无考证
1482	1665.03.18	40.00	117.80	4½	河北遵化玉田间	暂无考证
1483	1665.06.02	22.70	113.10	4	广东顺德西南	暂无考证
1484	1665.08.10	33.90	115.50	4	河南鹿邑	暂无考证
1485	1665.09.14	22.80	111.30	4	广东罗定广西岑溪间	暂无考证
1486	1665.09.21	24.00	111.00	4½	广西梧州平乐间	暂无考证
1487	1665.12.31	37.30	122.50	4	山东文登成山头间	暂无考证
1488	1666.04.27	40.30	115.40	4½	河北宣化赤城一带	暂无考证
1489	1666.05.03	22.70	110.90	4	广东茂名吴川间	暂无考证
1490	1666.10.06	23.10	116.20	4	广东惠来	暂无考证
1491	1666.10.13	23.70	117.60	4	福建东山北	暂无考证
1492	1666.10.22	27.20	118.40	4½	福建建瓯被北	暂无考证
1493	1666.12.26	31.50	121.00	4½	江苏苏州上海崇明间	暂无考证
1494	1667.01.02	31.60	121.00	4½	江苏太仓西北	暂无考证

续表

序号	时间 (年.月.日)	北纬 (°)	东经 (°)	震级 M	地点	烈度
1495	1667.08.18	31.70	116.20	4½	安徽六安一带	暂无考证
1496	1667.10.01	37.20	114.50	4	河北邢台	暂无考证
1497	1667.11.08	36.80	115.00	4½	河北任县	暂无考证
1498	1667.11.10	37.20	114.50	4	河北邢台	暂无考证
1499	1667.11.23	41.80	123.40	4	辽宁沈阳	暂无考证
1500	1667.12.31	23.60	116.60	4½	广东潮州	暂无考证
1501	1667.12.31	33.70	110.00	4½	陕西山阳商州间	暂无考证
1502	1667.12.31	29.70	91.10	4½	西藏拉萨	暂无考证
1503	1668.06.09	32.00	115.00	4½	河南光山一带	暂无考证
1504	1668.07.18	35.20	113.60	4	河南获嘉	暂无考证
1505	1668.09.03	32.70	112.10	4½	河南邓县	暂无考证
1506	1668.09.23	37.00	119.70	4½	山东莱州	暂无考证
1507	1668.10.16	33.10	114.10	4½	河南汝南	暂无考证
1508	1669.01.13	31.20	120.60	4½	苏州吴江间	暂无考证
1509	1669.02.02	36.60	119.10	4	山东潍坊安丘间	暂无考证
1510	1669.03.28	19.60	110.70	4	海南文昌	暂无考证
1511	1669.04.06	19.60	110.70	4	海南文昌	暂无考证
1512	1669.04.09	37.70	121.10	4½	山东蓬莱海域	暂无考证
1513	1669.04.10	37.70	121.10	4½	山东蓬莱附近海域	暂无考证
1514	1669.04.14	37.70	121.10	4½	山东蓬莱附近海域	暂无考证
1515	1669.04.15	37.70	121.10	4½	山东蓬莱附近海域	暂无考证
1516	1669.07.27	31.20	121.10	4	上海青浦	暂无考证
1517	1669.09.24	33.10	111.40	4	河南淅川西南	暂无考证
1518	1669.09.24	24.40	100.80	4	云南景东	暂无考证
1519	1669.10.03	37.10	113.00	4	山西榆社	暂无考证
1520	1670.01.17	26.60	118.00	4½	福建南平西	暂无考证
1521	1670.04.16	36.60	118.10	4½	山东淄博东	暂无考证
1522	1670.05.24	31.60	104.40	4	四川安县	暂无考证
1523	1670.08.19	31.20	120.80	4½	苏州东南	暂无考证
1524	1671.03.10	36.60	119.10	4	山东潍坊安丘间	暂无考证
1525	1671.09.02	37.90	115.90	4	河北安新	暂无考证
1526	1671.11.26	25.00	118.40	4½	福建安溪	暂无考证
1527	1672.05.26	36.60	119.10	4	山东潍坊安丘间	暂无考证
1528	1672.09.06	31.20	121.50	4	上海川沙松江间	暂无考证

第五章 宋元明清时期（960—1911 年）

续表

序号	时间 （年．月．日）	北纬（°）	东经（°）	震级 M	地点	烈度
1529	1672.10.11	31.20	120.60	4	江苏苏州南	暂无考证
1530	1672.10.12	31.50	121.40	4	上海崇明嘉定间	暂无考证
1531	1672.11.04	24.50	110.50	4½	广西平乐西	暂无考证
1532	1672.12.05	26.30	119.60	4	福建连江	暂无考证
1533	1672.12.13	24.90	118.60	4	福建泉州	暂无考证
1534	1673.01.08	26.30	119.60	4	福建连江	暂无考证
1535	1673.02.17	25.00	102.70	4	云南昆明	暂无考证
1536	1673.05.02	25.00	118.50	4½	福建泉州	暂无考证
1537	1673.06.30	26.80	114.10	4	江西宁冈东北	暂无考证
1538	1673.09.03	39.50	117.00	4½	河北武清一带	暂无考证
1539	1673.10.18	31.10	104.40	4	四川德阳	暂无考证
1540	1673.10.22	21.80	110.00	4½	广东廉江西北一带	暂无考证
1541	1673.11.01	40.80	115.20	4	河北宣化北一带	暂无考证
1542	1673.12.31	24.00	105.00	4	云南广南	暂无考证
1543	1674.06.02	37.20	119.90	4	山东掖县	暂无考证
1544	1674.09.29	40.60	114.90	4½	河北宣化西一带	暂无考证
1545	1674.12.26	37.20	119.90	4	山东掖县	暂无考证
1546	1676.04.26	34.50	113.50	4½	河南密县一带	暂无考证
1547	1676.06.01	24.20	120.70	4	台湾台中	暂无考证
1548	1676.06.11	32.40	119.40	4¾	江苏扬州	Ⅵ
1549	1676.12.31	24.60	102.90	4½	云南澄江	暂无考证
1550	1676.12.31	27.50	119.50	4½	福建寿宁	暂无考证
1551	1677.01.01	31.10	120.50	4½	江苏苏州西南	暂无考证
1552	1677.05.01	35.20	113.60	4	河南获嘉	暂无考证
1553	1678.04.10	20.20	110.20	4½	海南琼山北	暂无考证
1554	1678.05.19	22.30	112.10	4	广东阳将新兴间	暂无考证
1555	1678.05.24	31.30	120.90	4¾	江苏吴县东	暂无考证
1556	1678.05.26	30.50	121.00	4¾	浙江海盐	Ⅵ
1557	1678.08.04	34.60	113.70	4½	河南新郑一带	暂无考证
1558	1678.08.16	30.50	120.90	4½	浙江海盐	暂无考证
1559	1678.09.13	40.00	116.00	4	北京西北	暂无考证
1560	1678.12.31	33.80	105.60	4	甘肃武都	暂无考证
1561	1679.07.08	37.50	122.00	4½	山东威海一带	暂无考证
1562	1679.11.11	36.80	114.00	4½	河北邢台西南	暂无考证

续表

序号	时间 （年．月．日）	北纬（°）	东经（°）	震级 M	地点	烈度
1563	1679.12.31	33.80	105.60	4	甘肃武都	暂无考证
1564	1680.01.01	36.30	114.50	4½	河北磁县	暂无考证
1565	1680.02.09	34.10	113.80	4	河南许昌长葛间	暂无考证
1566	1680.05.23	20.00	110.40	4	海南琼山一带	暂无考证
1567	1680.08.23	37.10	111.90	4½	山西孝义介休间	暂无考证
1568	1681.00.00	32.50	78.50	4¾	西藏阿里	暂无考证
1569	1681.02.02	36.20	116.20	4	山东东阿	暂无考证
1570	1681.06.30	33.80	105.60	4	甘肃武都	暂无考证
1571	1681.08.30	20.00	110.40	4½	海南琼山	暂无考证
1572	1681.11.19	26.70	105.80	4	贵州织金	暂无考证
1573	1681.11.19	36.30	113.10	4½	山西潞城	暂无考证
1574	1682.00.00	29.50	90.10	4¾	西藏日喀则、山南一带	暂无考证
1575	1682.08.31	22.80	120.50	4½	台湾台南附近	暂无考证
1576	1682.09.30	22.70	120.30	4½	台湾冈山附近	暂无考证
1577	1682.11.03	35.30	114.00	4	河南汲县新乡间	暂无考证
1578	1682.11.13	21.00	110.20	4½	广东海康一带	暂无考证
1579	1682.11.24	21.00	110.20	4	广东海康一带	暂无考证
1580	1682.12.31	23.00	120.20	4½	台湾台南	暂无考证
1581	1683.12.31	40.50	95.80	4	甘肃安西	暂无考证
1582	1684.01.17	19.90	110.10	4	海南琼山	暂无考证
1583	1685.11.25	21.80	108.50	4	广西钦州防城间	暂无考证
1584	1685.12.21	26.20	119.50	4	福建连江	暂无考证
1585	1686.01.08	24.60	110.60	4½	广西平乐一带	暂无考证
1586	1686.01.18	37.70	121.80	4¾	黄海	暂无考证
1587	1686.01.20	37.70	121.80	4	山东蓬莱北海域	暂无考证
1588	1686.01.23	22.10	110.90	4	广东高州北	暂无考证
1589	1686.06.10	23.30	120.30	4	台湾台南	暂无考证
1590	1686.09.17	25.40	119.00	4½	福建莆田一带	暂无考证
1591	1687.01.13	25.30	103.50	4½	云南马龙南	暂无考证
1592	1687.11.04	25.60	101.30	4	云南姚安大姚间	暂无考证
1593	1687.11.20	37.60	121.50	4¾	山东蓬莱东海域	暂无考证
1594	1688.01.03	31.50	117.60	4½	安徽合肥巢县间	暂无考证
1595	1688.01.18	37.30	120.80	4	山东栖霞	暂无考证
1596	1688.01.19	37.30	121.50	4½	山东文登西	暂无考证

第五章 宋元明清时期（960—1911年）

续表

序号	时间 （年．月．日）	北纬（°）	东经（°）	震级 M	地点	烈度
1597	1688.06.14	26.50	100.00	4½	云南鹤庆剑川间	暂无考证
1598	1688.10.00	40.60	115.00	4¾	河北宣化	暂无考证
1599	1689.02.07	19.30	110.20	4½	海南琼海	暂无考证
1600	1689.03.30	19.30	110.20	4½	海南琼海	暂无考证
1601	1689.07.17	37.30	122.30	4	山东文登东北	暂无考证
1602	1689.11.11	25.10	99.20	4	云南保山	暂无考证
1603	1690.03.18	25.60	103.20	4	云南寻甸	暂无考证
1604	1690.07.28	25.60	103.20	4	云南寻甸	暂无考证
1605	1690.09.02	36.00	112.00	4½	山西垣曲	暂无考证
1606	1690.10.30	26.00	106.40	4	贵州长顺	暂无考证
1607	1690.11.12	25.60	103.20	4	云南寻甸	暂无考证
1608	1690.12.01	25.60	103.20	4	云南寻甸	暂无考证
1609	1691.04.15	26.30	119.50	4½	福建连江	暂无考证
1610	1691.05.00	24.60	118.50	4¾	福建晋江安海	Ⅵ
1611	1692.01.07	24.40	100.80	4	云南景东	暂无考证
1612	1692.04.15	23.60	102.80	4	云南建水	暂无考证
1613	1692.06.14	25.70	101.90	4	云南元谋	暂无考证
1614	1692.10.14	25.00	103.70	4	云南陆良	暂无考证
1615	1693.04.25	23.00	115.30	4¾	广东海丰	Ⅵ
1616	1693.11.26	25.60	103.20	4	云南寻甸	暂无考证
1617	1693.11.29	23.00	115.30	4	广东海丰	暂无考证
1618	1693.12.31	24.50	103.80	4	云南泸西	暂无考证
1619	1694.03.03	31.70	117.60	4	安徽巢县合肥间	暂无考证
1620	1694.12.31	24.50	103.80	4	云南泸西	暂无考证
1621	1695.02.13	20.20	110.20	4½	海南琼州海峡	暂无考证
1622	1695.05.15	34.60	116.60	4	江苏丰县	暂无考证
1623	1695.06.03	34.20	108.70	4½	陕西咸阳	暂无考证
1624	1695.12.31	27.60	118.90	4	福建松溪浙江庆元间	暂无考证
1625	1696.02.22	31.70	117.90	4½	安徽巢县西北	暂无考证
1626	1696.07.02	24.20	102.20	4	四川峨山新平间	暂无考证
1627	1696.07.17	25.00	102.70	4	云南昆明	暂无考证
1628	1696.07.27	25.00	102.70	4	云南昆明	暂无考证
1629	1696.09.25	25.00	103.00	4	云南昆明宜良间	暂无考证
1630	1696.11.24	24.20	102.20	4	云南峨山	暂无考证

续表

序号	时间 （年.月.日）	北纬（°）	东经（°）	震级 M	地点	烈度
1631	1696.12.09	40.70	115.10	4½	河北宣化附近	暂无考证
1632	1697.12.29	27.40	92.60	4¾	西藏门隅	暂无考证
1633	1698.07.07	25.60	103.20	4	云南寻甸	暂无考证
1634	1698.12.31	23.70	102.50	4	云南石屏	暂无考证
1635	1699.00.00	39.80	99.50	4¾	甘肃高台西北	Ⅵ
1636	1699.04.14	20.00	110.30	4	海南琼山	暂无考证
1637	1699.06.26	25.60	103.20	4	云南寻甸	暂无考证
1638	1699.12.31	25.60	100.30	4	云南大理县凤仪	暂无考证
1639	1700.00.00	28.80	93.00	4¾	西藏朗县、加查一带	暂无考证
1640	1700.03.31	24.90	109.10	4	广西融县	暂无考证
1641	1700.04.17	26.60	106.70	4	贵州贵阳	暂无考证
1642	1700.05.04	30.10	115.30	4½	湖北蕲州	暂无考证
1643	1700.05.04	26.60	106.70	4	贵州贵阳	暂无考证
1644	1702.02.26	26.50	100.20	4	云南鹤庆	暂无考证
1645	1702.02.26	19.70	110.80	4½	海南文昌	暂无考证
1646	1702.05.24	36.70	115.40	4	河北馆陶	暂无考证
1647	1702.09.30	24.00	116.80	4	广东饶平附近	暂无考证
1648	1702.12.31	24.00	116.80	4	广东饶平附近	暂无考证
1649	1703.02.08	20.00	110.30	4	海南琼山	暂无考证
1650	1703.03.09	19.20	110.50	4	海南琼海一带	暂无考证
1651	1704.08.13	34.90	107.00	4½	陕西陇县	暂无考证
1652	1704.09.11	31.70	105.90	4	四川苍溪	暂无考证
1653	1704.10.28	36.40	107.60	4	甘肃庆阳环县间	暂无考证
1654	1705.12.15	25.50	119.50	4½	福建莆田北	暂无考证
1655	1706.04.12	25.90	101.80	4	云南元谋	暂无考证
1656	1706.12.30	25.50	115.80	4	江西会昌	暂无考证
1657	1707.08.01	31.30	121.20	4	上海西	暂无考证
1658	1707.09.29	24.60	100.00	4½	云南凤庆云县间	暂无考证
1659	1707.10.24	25.20	102.50	4½	云南崇明禄丰间	暂无考证
1660	1707.10.28	30.80	120.30	4	浙江湖州双林	暂无考证
1661	1707.11.07	30.40	120.60	4	浙江海宁	暂无考证
1662	1708.01.23	35.60	111.30	4	山西曲沃新绛间	暂无考证
1663	1708.10.25	33.80	108.40	4¾	陕西周至、宁陕一带	暂无考证
1664	1708.10.25	33.80	108.40	4½	山西秦岭一带	暂无考证

第五章　宋元明清时期（960—1911 年）

续表

序号	时间 （年．月．日）	北纬（°）	东经（°）	震级 M	地点	烈度
1665	1708.11.22	36.30	114.50	4½	河南安阳东北	暂无考证
1666	1709.12.31	22.70	110.20	4½	广西玉林	暂无考证
1667	1709.12.31	26.60	119.50	4½	福建宁德	暂无考证
1668	1710.01.30	36.70	104.00	4½	甘肃靖远	暂无考证
1669	1710.04.12	35.80	107.50	4½	甘肃灵台环县间	暂无考证
1670	1710.07.25	35.60	111.30	4½	山西曲沃新绛间	暂无考证
1671	1711.06.26	26.50	118.10	4½	福建南平西南	暂无考证
1672	1711.08.13	24.70	118.20	4½	福建同安一带	暂无考证
1673	1711.08.24	28.20	117.70	4	江西铅山	暂无考证
1674	1711.08.31	24.70	118.20	4½	福建同安一带	暂无考证
1675	1712.02.21	25.50	101.20	4½	云南姚安	暂无考证
1676	1712.10.11	32.40	105.80	4	四川广元	暂无考证
1677	1712.12.31	27.10	105.50	4	贵州大方	暂无考证
1678	1713.05.07	31.10	102.20	4	四川广汉什邡	暂无考证
1679	1713.05.18	34.40	112.80	4	河南登封西一带	暂无考证
1680	1713.05.18	25.10	99.20	4	云南保山	暂无考证
1681	1713.12.31	27.30	105.30	4	贵州毕节	暂无考证
1682	1714.04.27	24.20	102.90	4	云南华宁	暂无考证
1683	1714.09.02	35.50	105.70	4	甘肃静宁	暂无考证
1684	1714.12.06	26.50	99.90	4	云南剑川	暂无考证
1685	1714.12.31	33.80	105.60	4	甘肃武都	暂无考证
1686	1715.01.05	26.50	99.90	4	云南剑川	暂无考证
1687	1715.02.17	30.00	121.70	4	浙江镇海	暂无考证
1688	1715.10.26	35.20	105.20	4½	甘肃通渭	暂无考证
1689	1716.03.23	35.60	111.30	4	山西曲沃新绛间	暂无考证
1690	1716.10.14	32.60	103.60	4	四川松潘	暂无考证
1691	1716.11.02	23.30	120.40	4	台湾嘉义一带	暂无考证
1692	1716.11.04	23.30	120.40	4½	台湾嘉义一带	暂无考证
1693	1716.11.18	25.60	102.40	4	云南禄劝	暂无考证
1694	1716.12.05	24.20	102.40	4	云南峨山	暂无考证
1695	1717.01.06	24.20	102.40	4	云南峨山	暂无考证
1696	1717.01.12	24.70	102.20	4	云南易门	暂无考证
1697	1717.03.03	23.30	120.40	4½	台湾嘉义一带	暂无考证
1698	1717.07.05	35.00	104.70	4½	甘肃陇西	暂无考证

中国地震史研究（远古至1911年）

续表

序号	时间 （年.月.日）	北纬（°）	东经（°）	震级 M	地点	烈度
1699	1718.06.05	30.00	103.00	4½	四川雅安	暂无考证
1700	1719.07.17	37.60	117.20	4	山东阳信西	暂无考证
1701	1719.08.03	36.80	117.00	4½	天津南	暂无考证
1702	1719.08.15	40.40	114.30	4½	河北淮安一带	暂无考证
1703	1719.08.31	37.70	112.50	4	山西榆次西	暂无考证
1704	1719.10.12	40.30	115.90	4½	河北怀来	暂无考证
1705	1720.07.04	31.10	121.30	4	上海西南	暂无考证
1706	1720.08.19	22.00	108.60	4	广西钦州	暂无考证
1707	1720.11.24	30.90	88.70	4¾	西藏申扎	暂无考证
1708	1720.12.31	25.90	99.40	4	云南云龙	暂无考证
1709	1722.01.14	23.30	112.40	4	广东四会	暂无考证
1710	1722.04.15	25.20	102.10	4	云南禄丰	暂无考证
1711	1722.04.15	27.10	119.70	4	福建福安	暂无考证
1712	1722.05.03	35.10	113.70	4½	河南获嘉南	暂无考证
1713	1722.07.13	40.20	116.80	4½	北京密云	暂无考证
1714	1722.09.14	28.70	105.00	4	四川江安	暂无考证
1715	1722.09.15	28.70	105.00	4	四川江安	暂无考证
1716	1723.12.26	23.50	100.70	4	云南景谷	暂无考证
1717	1724.03.31	29.70	102.70	4	四川雅安清溪间	暂无考证
1718	1725.01.09	24.80	103.30	4	云南路南	暂无考证
1719	1725.01.10	25.30	103.00	4	云南崇明县杨林	暂无考证
1720	1725.12.05	36.60	107.30	4½	甘肃环县	暂无考证
1721	1726.01.02	37.10	112.00	4	山西介休北	暂无考证
1722	1726.03.03	24.90	115.60	4½	江西寻乌	暂无考证
1723	1727.01.08	29.50	116.20	4	江西湖口都昌间	暂无考证
1724	1727.03.22	26.20	104.10	4	云南宣威	暂无考证
1725	1727.07.08	31.50	112.00	4	湖北钟祥保康间	暂无考证
1726	1727.11.03	23.30	108.70	4½	广西宾阳上林间	暂无考证
1727	1727.12.31	40.50	95.80	4	甘肃安西	暂无考证
1728	1728.01.10	23.50	100.70	4	云南景谷	暂无考证
1729	1728.01.10	32.20	120.70	4	江苏南通如皋间	暂无考证
1730	1728.06.07	24.40	100.80	4	云南景东	暂无考证
1731	1728.07.06	22.70	109.30	4	广西横县	暂无考证
1732	1728.12.31	37.20	114.80	4	河北隆尧	暂无考证

第五章　宋元明清时期（960—1911 年）

续表

序号	时间 （年．月．日）	北纬（°）	东经（°）	震级 M	地点	烈度
1733	1729.03.07	30.00	100.20	4½	四川理塘	暂无考证
1734	1729.10.05	24.80	111.30	4½	广西富川	暂无考证
1735	1730.06.30	37.80	115.30	4½	河北束鹿	暂无考证
1736	1730.09.11	28.90	116.80	4	江西博洋万年间	暂无考证
1737	1730.09.28	40.40	114.10	4	山西天镇	暂无考证
1738	1730.12.31	30.60	101.50	4½	四川道孚噶达	暂无考证
1739	1730.12.31	35.70	108.20	4	甘肃合水正宁	暂无考证
1740	1731.01.06	31.00	120.80	4½	江苏吴江嘉善间	暂无考证
1741	1731.10.22	24.90	118.30	4	福建漳州仙游间龙溪	暂无考证
1742	1732.01.31	23.70	102.50	4	云南石屏	暂无考证
1743	1733.01.15	32.20	120.70	4½	江苏南通如皋间	暂无考证
1744	1734.02.06	37.60	117.40	4½	山东庆云	暂无考证
1745	1734.08.19	25.20	103.20	4½	云南昆明马龙间	暂无考证
1746	1734.12.31	25.50	100.60	4	云南祥云	暂无考证
1747	1735.04.27	23.70	103.20	4	云南开远	暂无考证
1748	1735.09.03	24.80	111.20	4	广西富川	暂无考证
1749	1735.09.07	25.60	103.80	4	云南沾益	暂无考证
1750	1735.11.13	24.50	108.60	4	广西宜山	暂无考证
1751	1736.03.23	22.90	111.00	4	广西岑溪	暂无考证
1752	1736.04.21	23.10	111.00	4½	广西容县梧州间	暂无考证
1753	1736.08.21	37.00	116.00	4	山东夏津	暂无考证
1754	1736.12.27	37.80	121.60	4½	山东烟台东	暂无考证
1755	1737.03.21	22.90	111.00	4	广西岑溪	暂无考证
1756	1737.12.28	42.90	93.70	4¾	新疆哈密东	暂无考证
1757	1737.12.28	42.80	94.00	4½	新疆哈密东一带	暂无考证
1758	1738.05.19	32.90	104.60	4	甘肃文县	暂无考证
1759	1738.06.16	30.60	111.30	4	湖北宜昌	暂无考证
1760	1738.12.10	34.90	110.70	4½	山西解州虞乡间	暂无考证
1761	1738.12.21	39.00	111.00	4	陕西府谷	暂无考证
1762	1738.12.31	26.10	105.80	4	贵州镇宁	暂无考证
1763	1739.04.02	36.00	111.70	4	山西襄汾古县间	暂无考证
1764	1739.05.01	30.10	119.30	4	浙江昌化东南	暂无考证
1765	1739.05.14	23.60	116.60	4	广东潮州	暂无考证
1766	1739.07.29	38.50	106.30	4	宁夏银川	暂无考证

续表

序号	时间 （年．月．日）	北纬（°）	东经（°）	震级 M	地点	烈度
1767	1739.08.03	38.50	106.30	4	宁夏银川	暂无考证
1768	1739.08.04	38.50	106.30	4	宁夏银川	暂无考证
1769	1739.12.24	35.40	110.60	4½	山西永济一带	暂无考证
1770	1739.12.24	37.90	102.60	4½	甘肃武威	暂无考证
1771	1740.05.22	38.50	106.30	4¾	宁夏银川	Ⅵ
1772	1740.09.13	35.80	103.50	4½	甘肃东乡一带	暂无考证
1773	1740.10.20	40.80	114.80	4½	河北万全	暂无考证
1774	1740.12.01	38.50	106.30	4	宁夏银川	暂无考证
1775	1740.12.31	38.10	106.30	4	宁夏灵武	暂无考证
1776	1740.12.31	34.40	108.80	4	陕西咸阳	暂无考证
1777	1741.01.11	38.90	106.60	4½	宁夏平罗	暂无考证
1778	1741.01.12	38.90	106.60	4	宁夏平罗	暂无考证
1779	1741.01.21	38.90	106.60	4	宁夏平罗	暂无考证
1780	1742.03.16	34.50	114.20	4½	河南蔚氏一带	暂无考证
1781	1742.05.02	36.00	111.80	4½	山西浮山	暂无考证
1782	1743.07.01	30.80	118.30	4	安徽繁昌泾县间	暂无考证
1783	1744.12.10	18.90	110.40	4	海南万宁	暂无考证
1784	1744.12.31	29.60	91.20	4½	西藏拉萨	暂无考证
1785	1744.12.31	24.70	102.90	4	云南澄江	暂无考证
1786	1745.07.28	29.50	116.20	4	江西都昌	暂无考证
1787	1746.07.17	23.10	113.20	4	广东广州一带	暂无考证
1788	1747.04.18	26.60	100.20	4	云南鹤庆	暂无考证
1789	1747.04.18	23.10	111.70	4	广东德庆	暂无考证
1790	1747.12.22	26.20	119.50	4	福建连江	暂无考证
1791	1748.05.28	30.90	103.90	4	四川彭县南	暂无考证
1792	1748.06.25	36.70	117.50	4	山东章丘一带	暂无考证
1793	1749.01.08	29.60	102.60	4	四川汉源清溪	暂无考证
1794	1749.02.19	22.90	112.00	4½	广东浮云一带	暂无考证
1795	1749.05.16	24.30	117.80	4½	福建海澄一带	暂无考证
1796	1749.12.31	25.00	101.50	4	云南楚雄	暂无考证
1797	1751.03.00	23.70	106.90	4¾	广西田阳那坡东	Ⅵ
1798	1751.03.26	23.70	106.90	4½	广西田阳西南那坡	暂无考证
1799	1751.07.00	30.20	91.50	4¾	西藏林周	≥Ⅵ
1800	1752.01.21	25.40	118.90	4	福建莆田西	暂无考证

第五章　宋元明清时期（960—1911 年）　　　·223·

续表

序号	时间 （年．月．日）	北纬（°）	东经（°）	震级 M	地点	烈度
1801	1752.04.13	18.40	109.20	4	海南崖县西北	暂无考证
1802	1752.05.19	31.30	121.70	4	上海宝山东南	暂无考证
1803	1752.06.11	18.40	109.20	4	海南崖县西北	暂无考证
1804	1752.07.31	23.80	120.50	4½	台湾台南彰县间	暂无考证
1805	1753.09.26	35.30	117.10	4	山东邹县南	暂无考证
1806	1755.06.22	34.00	113.30	4½	河南郏县禹县一带	暂无考证
1807	1755.12.31	18.90	110.40	4	海南万宁	暂无考证
1808	1756.01.02	31.20	120.70	4½	江苏苏州东一带	暂无考证
1809	1756.03.22	37.40	117.40	4	山东商河东	暂无考证
1810	1756.06.11	37.30	117.80	4	山东高青	暂无考证
1811	1756.10.24	30.80	112.20	4	湖北荆门荆州间	暂无考证
1812	1756.12.05	29.50	116.70	4½	江西波阳	暂无考证
1813	1757.01.07	28.40	116.20	4	江西进贤	暂无考证
1814	1757.06.25	25.00	98.50	4½	云南腾冲	暂无考证
1815	1757.06.26	25.00	98.50	4½	云南腾冲	暂无考证
1816	1757.06.27	25.00	98.50	4½	云南腾冲	暂无考证
1817	1757.06.28	25.00	98.50	4½	云南腾冲	暂无考证
1818	1757.06.29	25.00	98.50	4½	云南腾冲	暂无考证
1819	1757.06.30	25.00	98.50	4½	云南腾冲	暂无考证
1820	1757.07.01	25.00	98.50	4½	云南腾冲	暂无考证
1821	1757.07.02	25.00	98.50	4½	云南腾冲	暂无考证
1822	1759.03.03	25.70	118.50	4	福建仙游西北	暂无考证
1823	1759.06.24	25.90	105.60	4½	贵州关岭一带	暂无考证
1824	1759.10.25	23.90	109.90	4¾	广西象州东南	暂无考证
1825	1759.12.31	18.90	110.40	4	海南万宁	暂无考证
1826	1760.02.25	37.00	109.20	4½	陕西靖边东南一带	暂无考证
1827	1760.09.08	43.00	93.50	4	新疆哈密	暂无考证
1828	1760.12.26	36.20	113.10	4	山西长治长子间	暂无考证
1829	1762.09.17	31.20	119.80	4½	江苏宜兴南	暂无考证
1830	1763.03.13	26.50	119.50	4	福建罗源	暂无考证
1831	1763.07.08	31.20	120.60	4½	江苏苏州吴江间	暂无考证
1832	1764.02.06	31.00	120.60	4½	江苏吴江南	暂无考证
1833	1764.04.28	32.30	119.20	4	江苏仪征	暂无考证
1834	1764.10.24	26.20	118.20	4	福建尤溪	暂无考证

续表

序号	时间 （年．月．日）	北纬（°）	东经（°）	震级 M	地点	烈度
1835	1764.12.31	25.00	98.50	4	云南腾冲	暂无考证
1836	1764.12.31	23.50	100.70	4	云南景谷	暂无考证
1837	1764.12.31	35.60	104.60	4	甘肃定西	暂无考证
1838	1765.01.28	31.20	120.60	4	江苏苏州吴江间	暂无考证
1839	1765.03.02	37.30	122.30	4	山东文登东	暂无考证
1840	1765.06.27	35.30	103.90	4	甘肃临洮	暂无考证
1841	1765.06.29	35.30	103.90	4	甘肃临洮	暂无考证
1842	1765.08.15	26.70	107.80	4	贵州凯里西北	暂无考证
1843	1765.08.16	34.30	108.70	4½	陕西咸阳西	暂无考证
1844	1765.09.01	34.30	109.10	4	陕西西安临潼间	暂无考证
1845	1765.09.03	28.00	119.60	4	浙江景宁	暂无考证
1846	1767.06.18	34.40	109.20	4	陕西西安临潼	暂无考证
1847	1768.04.16	35.70	107.20	4	甘肃镇原	暂无考证
1848	1768.12.31	30.30	116.60	4	安徽宿松安庆间	暂无考证
1849	1768.12.31	23.00	120.20	4½	台湾台南一带	暂无考证
1850	1769.05.08	27.90	108.20	4	贵州思南	暂无考证
1851	1769.09.06	23.50	111.40	4	广西梧州东	暂无考证
1852	1769.12.31	22.80	109.90	4	广西玉林西北	暂无考证
1853	1771.02.06	31.00	115.20	4	湖北麻城罗田间	暂无考证
1854	1771.05.10	23.80	103.00	4½	云南华宁建水间	暂无考证
1855	1772.08.27	23.70	102.50	4	云南石屏	暂无考证
1856	1772.08.27	25.50	100.60	4½	云南祥云	暂无考证
1857	1773.04.21	18.80	110.40	4	海南万宁	暂无考证
1858	1773.04.28	19.20	110.50	4	海南琼海东北	暂无考证
1859	1773.06.19	23.70	108.20	4	广西马山	暂无考证
1860	1773.09.12	37.00	115.20	4	河北丘县南宫间	暂无考证
1861	1773.12.09	26.20	119.50	4	福建连江	暂无考证
1862	1773.12.18	23.50	116.40	4	广东揭阳	暂无考证
1863	1773.12.31	29.60	112.00	4	湖南安乡澧县间	暂无考证
1864	1774.04.26	23.50	120.30	4½	台湾台南	暂无考证
1865	1774.11.27	26.20	119.60	4	福建连江	暂无考证
1866	1774.12.02	35.80	116.30	4½	山东东平南	暂无考证
1867	1774.12.31	24.20	101.00	4½	云南景东镇沅间	暂无考证
1868	1774.12.31	24.60	108.70	4½	广西宜山西北	暂无考证

第五章 宋元明清时期（960—1911 年）

续表

序号	时间 （年．月．日）	北纬（°）	东经（°）	震级 M	地点	烈度
1869	1775.09.11	37.30	122.30	4	山东文登东	暂无考证
1870	1775.10.23	22.30	110.30	4	广西陆川	暂无考证
1871	1776.02.17	29.00	103.80	4½	四川隆昌马边间	暂无考证
1872	1776.04.17	25.70	101.30	4	云南大姚	暂无考证
1873	1776.05.18	23.30	108.70	4	广西宾阳上林间	暂无考证
1874	1776.08.30	25.40	101.40	4½	云南楚雄大姚间	暂无考证
1875	1776.10.11	25.40	101.40	4½	云南楚雄大姚盐丰间	暂无考证
1876	1776.11.10	23.30	108.70	4	广西宾阳上林间	暂无考证
1877	1776.11.30	21.70	109.20	4	广西合浦	暂无考证
1878	1776.12.10	21.70	109.20	4	广西合浦	暂无考证
1879	1776.12.31	22.90	112.60	4	广东肇庆新兴间	暂无考证
1880	1777.05.07	22.40	109.30	4	广西灵山	暂无考证
1881	1778.10.30	22.30	110.20	4	广西陆川	暂无考证
1882	1778.10.31	22.30	110.20	4	广西陆川	暂无考证
1883	1779.03.17	24.10	113.40	4	广东英德	暂无考证
1884	1781.04.09	27.90	120.90	4	浙江瑞安乐清间	暂无考证
1885	1781.11.03	29.40	111.10	4	湖南慈利	暂无考证
1886	1782.04.13	25.30	110.20	4	广西临桂	暂无考证
1887	1782.06.10	26.30	110.90	4½	湖南新宁广西兴安间	暂无考证
1888	1782.08.03	31.20	120.80	4½	江苏吴江南	暂无考证
1889	1782.10.15	22.00	110.90	4	广东高州北	暂无考证
1890	1783.10.24	30.30	121.00	4	浙江杭州湾一带	暂无考证
1891	1784.06.23	28.10	105.50	4	四川叙永	暂无考证
1892	1784.12.31	30.00	103.00	4½	四川雅安	暂无考证
1893	1785.07.05	25.00	104.00	4½	云南陆良罗平间	暂无考证
1894	1785.07.10	34.40	116.80	4½	江苏徐州西一带	暂无考证
1895	1785.08.04	22.60	120.40	4	台湾高雄	暂无考证
1896	1785.09.13	37.20	121.00	4½	山东莱阳东北	暂无考证
1897	1785.12.14	29.30	112.40	4¾	湖南临澧东	暂无考证
1898	1786.06.14	26.90	104.30	4	贵州威宁	暂无考证
1899	1786.07.24	25.00	98.50	4	云南腾冲	暂无考证
1900	1786.10.21	24.80	98.90	4½	云南保山	暂无考证
1901	1786.12.31	29.10	110.20	4½	湖南张家界西	暂无考证
1902	1787.02.17	33.60	114.20	4½	河南漯河东北	暂无考证

续表

序号	时间 (年.月.日)	北纬(°)	东经(°)	震级 M	地点	烈度
1903	1787.05.16	26.90	104.30	4	贵州威宁	暂无考证
1904	1787.06.14	26.90	104.30	4	贵州威宁	暂无考证
1905	1787.08.12	26.90	104.30	4	贵州威宁	暂无考证
1906	1787.11.09	25.80	114.50	4	江西上犹	暂无考证
1907	1787.12.13	31.00	103.60	4¾	四川灌县	VI
1908	1788.06.08	33.90	114.60	4	河南西华东北	暂无考证
1909	1788.07.03	28.80	105.40	4	四川纳溪	暂无考证
1910	1788.07.03	26.40	103.30	4	云南会泽	暂无考证
1911	1788.08.01	27.40	120.20	4	福建福鼎	暂无考证
1912	1788.12.31	30.00	104.20	4½	四川仁寿	暂无考证
1913	1789.02.01	26.20	106.60	4	贵州惠水	暂无考证
1914	1789.02.13	26.20	106.60	4	贵州惠水	暂无考证
1915	1789.04.24	38.20	112.60	4½	山西太原忻州间	暂无考证
1916	1789.08.20	23.40	113.80	4	广东增城	暂无考证
1917	1789.12.31	25.10	117.00	4	福建龙岩	暂无考证
1918	1790.02.21	37.00	116.60	4	山东禹城	暂无考证
1919	1790.07.11	23.50	103.10	4	云南建水蒙自间	暂无考证
1920	1790.11.12	37.30	122.30	4	山东文登东	暂无考证
1921	1791.03.25	22.70	110.90	4	广东茂名	暂无考证
1922	1791.04.02	23.40	116.80	4½	广东澄海	暂无考证
1923	1791.04.07	23.70	117.20	4½	福建诏安一带	暂无考证
1924	1791.06.07	28.80	103.50	4½	四川马边	暂无考证
1925	1791.09.25	22.70	113.20	4	广东顺德西南	暂无考证
1926	1791.11.04	37.30	122.30	4	山东文登东	暂无考证
1927	1792.03.23	23.60	101.70	4	云南墨江元江间	暂无考证
1928	1792.04.00	27.40	114.60	4¾	江西安福西	VI
1929	1792.04.03	28.10	121.00	4	浙江乐清	暂无考证
1930	1792.04.20	26.30	116.50	4½	福建建宁长汀间	暂无考证
1931	1792.05.09	23.60	101.70	4	云南墨江东	暂无考证
1932	1792.06.24	31.10	120.40	4	江苏吴江湖州江	暂无考证
1933	1792.08.07	23.60	120.60	4½	台湾嘉义一带	暂无考证
1934	1793.04.10	24.70	102.90	4	云南澄江	暂无考证
1935	1793.06.07	25.20	101.70	4	云南禄丰西广通	暂无考证
1936	1794.03.30	24.70	102.90	4	云南澄江	暂无考证

第五章　宋元明清时期（960—1911 年）

续表

序号	时间 （年．月．日）	北纬（°）	东经（°）	震级 M	地点	烈度
1937	1794.03.30	25.70	100.20	4	云南大理	暂无考证
1938	1794.04.28	25.70	101.30	4	云南大姚	暂无考证
1939	1794.06.26	24.90	103.10	4½	云南宜良	暂无考证
1940	1794.12.21	24.40	103.40	4	云南弥勒	暂无考证
1941	1795.01.20	25.30	101.60	4	云南牟定	暂无考证
1942	1795.03.18	43.00	93.50	4½	新疆哈密	暂无考证
1943	1795.11.21	23.50	120.20	4½	台湾彰化台南间	暂无考证
1944	1795.11.22	23.50	120.20	4½	台湾彰化台南间	暂无考证
1945	1796.03.08	28.20	120.90	4½	浙江乐清	暂无考证
1946	1796.04.07	32.20	110.20	4	湖北竹山	暂无考证
1947	1796.08.22	24.30	108.80	4	广西宜山东南	暂无考证
1948	1797.04.24	23.50	110.20	4	广西桂平平南间	暂无考证
1949	1797.07.06	26.80	117.80	4	福建顺昌	暂无考证
1950	1797.09.19	23.30	100.80	4½	云南普洱景谷间	暂无考证
1951	1797.10.13	27.20	117.80	4½	福建南平西北	暂无考证
1952	1798.07.12	25.20	103.20	4½	云南昆明马龙间	暂无考证
1953	1798.12.06	36.40	119.20	4½	山东安丘	暂无考证
1954	1799.03.01	37.30	122.30	4	山东文登东	暂无考证
1955	1799.06.30	39.90	119.90	4½	渤海	暂无考证
1956	1799.06.30	29.70	121.70	4	浙江宁波象山间	暂无考证
1957	1799.07.31	39.90	119.90	4½	渤海	暂无考证
1958	1799.08.26	24.20	102.20	4½	云南峨山江川间	暂无考证
1959	1799.09.27	23.60	103.10	4½	云南建水蒙自间	暂无考证
1960	1799.11.26	30.50	120.00	4½	浙江武康	暂无考证
1961	1800.03.21	39.70	118.90	4	河北昌黎滦县间	暂无考证
1962	1800.05.16	24.10	102.00	4	云南新平	暂无考证
1963	1800.07.26	23.60	116.60	4½	广东潮州	暂无考证
1964	1800.11.04	28.10	109.60	4	湖南凤凰	暂无考证
1965	1801.01.14	24.40	100.10	4	云南云县	暂无考证
1966	1802.01.29	34.30	114.10	4½	河南尉氏南	暂无考证
1967	1802.12.24	26.00	115.40	4	江西于都	暂无考证
1968	1804.03.11	25.50	101.20	4½	云南姚安	暂无考证
1969	1804.03.11	26.00	100.10	4½	云南洱源东南	暂无考证
1970	1804.06.30	25.10	99.20	4½	云南保山	暂无考证

续表

序号	时间 （年．月．日）	北纬（°）	东经（°）	震级 M	地点	烈度
1971	1804.08.04	25.50	101.20	4½	云南姚安	暂无考证
1972	1805.08.27	34.80	113.20	4½	河南荥阳一带	暂无考证
1973	1805.09.27	29.90	102.20	4¾	四川泸定	Ⅵ
1974	1805.12.31	25.40	107.90	4	贵州荔波	暂无考证
1975	1806.04.18	24.10	120.50	4½	台湾膨化	暂无考证
1976	1806.06.13	35.10	113.00	4	河南沁阳一带	暂无考证
1977	1806.07.18	25.10	109.40	4¾	广西融水洞口村	Ⅵ
1978	1806.09.16	33.50	119.10	4½	江苏淮安	暂无考证
1979	1806.09.17	31.60	120.70	4	江苏常熟	暂无考证
1980	1806.09.20	33.50	119.10	4	江苏淮安	暂无考证
1981	1806.12.09	24.10	120.50	4½	台湾彰化	暂无考证
1982	1806.12.31	23.30	108.30	4½	广西武鸣	暂无考证
1983	1807.01.22	35.70	107.20	4	甘肃镇原	暂无考证
1984	1807.02.06	26.90	104.30	4	贵州威宁	暂无考证
1985	1807.05.17	38.30	116.80	4¾	河北沧州西北	暂无考证
1986	1807.12.31	19.50	110.40	4	海南琼海定安间	暂无考证
1987	1808.03.31	28.40	92.30	4½	西藏隆子	暂无考证
1988	1808.05.31	28.40	92.30	4½	西藏隆子	暂无考证
1989	1808.06.01	25.40	119.00	4½	福建莆田	暂无考证
1990	1808.06.30	28.40	92.30	4½	西藏隆子	暂无考证
1991	1808.07.01	24.00	117.00	4	福建诏安永定间	暂无考证
1992	1808.08.06	24.80	118.60	4	福建泉州	暂无考证
1993	1808.12.16	24.50	108.60	4	广西宜山	暂无考证
1994	1809.01.15	27.30	114.80	4½	江西分宜泰和间	暂无考证
1995	1809.01.15	25.00	104.00	4	云南陆良罗平间	暂无考证
1996	1809.05.13	24.10	120.50	4½	台湾彰化	暂无考证
1997	1810.12.25	24.80	121.20	4½	台湾新竹东北	暂无考证
1998	1811.03.17	28.50	121.20	4½	浙江乐清黄岩间	暂无考证
1999	1811.03.23	25.40	107.90	4	贵州荔波	暂无考证
2000	1811.06.20	25.40	107.90	4	贵州荔枝	暂无考证
2001	1811.06.30	24.40	118.60	4½	福建金门海外	暂无考证
2002	1811.07.26	29.20	105.00	4½	四川富顺一带	暂无考证
2003	1812.06.30	23.40	108.60	4	广西上林	暂无考证
2004	1813.02.04	23.30	110.90	4	广西藤县	暂无考证

第五章 宋元明清时期（960—1911 年） · 229 ·

续表

序号	时间 （年.月.日）	北纬（°）	东经（°）	震级 M	地点	烈度
2005	1813.05.29	35.50	112.90	4	山西晋城	暂无考证
2006	1813.10.17	28.00	120.70	4¾	浙江温州	Ⅵ
2007	1813.10.25	24.60	110.70	4	广西平乐	暂无考证
2008	1814.01.12	35.70	107.20	4	甘肃镇原	暂无考证
2009	1814.07.16	24.40	100.10	4	云南云县	暂无考证
2010	1814.10.12	37.70	109.10	4½	陕西靖边东北	暂无考证
2011	1814.11.11	34.60	108.30	4	陕西乾县北	暂无考证
2012	1814.11.24	25.40	119.00	4	福建莆田	暂无考证
2013	1815.02.08	28.00	112.50	4½	湖南宁乡南	暂无考证
2014	1815.05.08	25.70	114.70	4	江西南康	暂无考证
2015	1815.05.27	32.40	111.70	4½	湖北光化	暂无考证
2016	1815.06.06	23.30	103.40	4	云南蒙自	暂无考证
2017	1815.08.17	22.30	112.40	4½	广东台山南海域	暂无考证
2018	1815.11.26	34.80	111.20	4¾	山西平陆	Ⅵ
2019	1815.11.30	34.50	113.40	4	河南密县	暂无考证
2020	1815.12.01	24.70	102.20	4	云南易门	暂无考证
2021	1816.03.28	35.70	107.20	4	甘肃镇原	暂无考证
2022	1816.08.07	38.50	117.00	4¾	河北沧州西北	暂无考证
2023	1816.09.05	34.90	110.90	4½	山西运城解州间	暂无考证
2024	1817.01.17	20.00	110.30	4	海南海口	暂无考证
2025	1817.04.16	34.60	113.80	4½	河南尉氏西北	暂无考证
2026	1817.05.23	37.30	122.30	4	山东文登东	暂无考证
2027	1817.10.01	23.10	106.40	4½	广西靖西	暂无考证
2028	1817.12.31	29.40	104.00	4	四川井研犍为	暂无考证
2029	1818.09.29	26.10	99.90	4½	云南洱源	暂无考证
2030	1818.09.30	24.40	100.10	4	云南云县	暂无考证
2031	1818.12.12	35.10	117.20	4	山东滕县	暂无考证
2032	1819.02.24	35.70	107.20	4	甘肃镇原	暂无考证
2033	1819.05.23	33.60	117.00	4	安徽宿县	暂无考证
2034	1819.07.10	31.00	105.20	4	四川射洪	暂无考证
2035	1819.08.15	25.10	109.20	4	广西融水	暂无考证
2036	1819.08.31	25.00	103.70	4	云南陆良	暂无考证
2037	1819.09.14	28.90	105.50	4	四川泸州	暂无考证
2038	1819.09.25	28.60	105.70	4	贵州赤水	暂无考证

中国地震史研究（远古至1911年）

续表

序号	时间 （年.月.日）	北纬（°）	东经（°）	震级 M	地点	烈度
2039	1819.10.12	26.20	106.60	4½	贵州惠水	暂无考证
2040	1819.10.18	26.00	110.60	4	广西资源	暂无考证
2041	1820.01.10	31.00	105.30	4	四川三台射洪一带	暂无考证
2042	1820.02.18	39.10	100.40	4	甘肃临泽西北	暂无考证
2043	1820.02.22	38.60	103.10	4	甘肃民勤	暂无考证
2044	1820.04.12	25.60	102.40	4	云南禄劝武定间	暂无考证
2045	1820.06.10	26.30	106.70	4	贵州贵阳惠水间	暂无考证
2046	1820.07.31	37.30	115.20	4	河北南宫巨鹿间	暂无考证
2047	1820.12.31	28.30	112.60	4½	湖南宁乡	暂无考证
2048	1821.08.26	30.90	104.00	4	四川新都西北	暂无考证
2049	1821.12.31	25.80	105.20	4	贵州晴隆	暂无考证
2050	1821.12.31	25.70	120.50	4½	台湾云林	暂无考证
2051	1822.06.21	25.40	119.00	4	福建莆田	暂无考证
2052	1822.09.12	29.20	121.00	4	浙江天台	暂无考证
2053	1822.10.01	18.80	110.40	4	海南万宁	暂无考证
2054	1822.12.31	25.30	108.30	4½	广西融水贵州荔波间	暂无考证
2055	1823.02.13	23.00	120.20	4½	台湾台南	暂无考证
2056	1823.03.30	26.90	102.10	4	四川米易	暂无考证
2057	1823.06.10	26.90	102.10	4½	四川米易	暂无考证
2058	1823.09.11	30.80	106.10	4	四川南充	暂无考证
2059	1823.11.17	25.40	119.00	4	福建莆田	暂无考证
2060	1823.12.01	32.30	105.70	4	四川广元西南	暂无考证
2061	1823.12.31	22.50	112.50	4	广东开平一带	暂无考证
2062	1824.04.30	19.70	110.20	4	海南澄迈定安间	暂无考证
2063	1825.10.00	25.90	119.00	4¾	福建永泰	VI
2064	1825.11.24	25.40	119.00	4	福建莆田	暂无考证
2065	1825.12.31	22.80	113.40	4	广东顺德	暂无考证
2066	1826.07.02	34.20	112.60	4	河南临汝汝阳间	暂无考证
2067	1826.09.30	24.20	110.50	4	广西蒙山	暂无考证
2068	1827.01.16	25.40	119.00	4	福建莆田	暂无考证
2069	1827.03.14	34.20	112.50	4½	河南临汝一带	暂无考证
2070	1827.04.22	34.60	111.30	4¾	河南渑池	VI
2071	1827.04.25	29.70	116.00	4	江西九江	暂无考证
2072	1827.04.25	36.40	119.10	4½	山东安丘一带	暂无考证

第五章　宋元明清时期（960—1911 年）

续表

序号	时间 （年．月．日）	北纬（°）	东经（°）	震级 M	地点	烈度
2073	1827.06.23	26.90	104.30	4	贵州威宁	暂无考证
2074	1827.12.07	36.70	117.30	4½	山东章丘一带	暂无考证
2075	1828.09.08	37.90	116.50	4	河北东光一带	暂无考证
2076	1828.12.31	38.00	114.00	4	河北井陉	暂无考证
2077	1829.06.30	36.10	112.90	4½	山西长子	暂无考证
2078	1829.07.30	32.60	119.70	4	江苏高邮泰州间	暂无考证
2079	1829.08.18	34.60	110.60	4¾	河南灵宝西北	Ⅵ
2080	1829.09.08	26.00	100.10	4	云南洱源东南	暂无考证
2081	1829.11.18	33.20	117.90	4¾	安徽五河	Ⅶ
2082	1829.11.20	36.60	118.50	4½	山东益都临朐间	暂无考证
2083	1829.11.20	36.60	118.50	4	山东益都临朐间	暂无考证
2084	1829.11.21	36.60	118.50	4½	山东益都临朐间	暂无考证
2085	1829.12.31	38.70	115.30	4	河北保定定县间	暂无考证
2086	1830.01.17	35.50	115.30	4½	山东鄄城西北	暂无考证
2087	1830.03.02	27.90	111.40	4	湖南新化东北	暂无考证
2088	1830.05.02	35.70	115.00	4¾	河南濮阳	暂无考证
2089	1830.08.17	25.00	103.30	4	云南昆明宣良间	暂无考证
2090	1830.09.13	27.20	102.20	4¾	四川西昌、会理间	Ⅵ
2091	1830.11.30	37.40	117.40	4½	山东惠民南	暂无考证
2092	1830.12.08	37.40	117.40	4½	山东惠民南	暂无考证
2093	1831.00.00	35.90	117.80	4¾	山东新泰	Ⅵ
2094	1831.05.30	38.90	115.50	4½	河北保定一带	暂无考证
2095	1831.06.17	37.40	117.40	4½	山东惠民南	暂无考证
2096	1831.09.26	24.70	102.90	4	云南澄江	暂无考证
2097	1831.10.28	32.50	119.90	4	江苏泰州	暂无考证
2098	1831.12.03	31.40	118.40	4½	安徽滁县来安间	暂无考证
2099	1832.08.11	36.40	114.40	4½	河北磁县	暂无考证
2100	1832.08.25	25.00	101.50	4	云南楚雄	暂无考证
2101	1832.10.23	32.60	116.20	4½	安徽颍上	暂无考证
2102	1832.12.21	24.10	120.50	4	台湾彰化	暂无考证
2103	1833.07.16	27.50	101.60	4	四川盐源东北	暂无考证
2104	1833.09.12	25.60	103.80	4	云南沾益	暂无考证
2105	1833.09.16	25.20	100.30	4	云南巍山	暂无考证
2106	1833.09.28	25.20	103.00	4½	云南嵩明南	暂无考证

中国地震史研究（远古至1911年）

续表

序号	时间 （年．月．日）	北纬（°）	东经（°）	震级 M	地点	烈度
2107	1833.12.10	32.90	110.60	4	湖北郧县郧西间	暂无考证
2108	1833.12.31	22.40	109.30	4	广西灵山	暂无考证
2109	1834.02.09	25.20	103.00	4½	云南嵩明南	暂无考证
2110	1834.04.09	34.00	112.70	4½	河南临汝西南	暂无考证
2111	1834.05.19	36.50	113.40	4	山西黎城	暂无考证
2112	1834.06.30	23.60	102.00	4	云南元江	暂无考证
2113	1834.09.02	32.60	119.70	4	江苏高邮泰州间	暂无考证
2114	1834.09.17	24.70	103.10	4	云南澄江路南间	暂无考证
2115	1834.10.02	19.80	110.60	4	海南琼山文昌间	暂无考证
2116	1834.11.30	31.90	119.20	4	江苏镇江溧水间	暂无考证
2117	1835.09.30	23.80	102.00	4	云南元江新平间	暂无考证
2118	1836.05.15	27.30	102.20	4½	四川会理西昌	暂无考证
2119	1837.05.10	33.80	114.00	4½	河南临颖	暂无考证
2120	1837.05.12	33.80	114.00	4	河南临颖	暂无考证
2121	1838.02.01	22.50	110.30	4	广西路川北流间	暂无考证
2122	1839.06.27	23.50	120.40	4½	台湾嘉义	暂无考证
2123	1839.09.08	26.00	100.10	4	云南洱源东南	暂无考证
2124	1839.10.29	31.10	120.70	4	江苏吴江东南	暂无考证
2125	1840.01.05	24.40	113.50	4	广东韶关英德间	暂无考证
2126	1840.02.25	31.70	113.40	4	湖北随县	暂无考证
2127	1841.06.14	29.70	115.40	4	江西瑞昌	暂无考证
2128	1841.06.17	29.70	115.40	4½	江西瑞昌	暂无考证
2129	1841.12.31	35.50	112.90	4	山西晋城	暂无考证
2130	1842.01.11	30.90	121.30	4	上海松江东南	暂无考证
2131	1842.12.31	24.80	98.60	4½	云南龙陵腾冲间	暂无考证
2132	1843.03.19	29.30	111.80	4¾	湖南慈利东南	暂无考证
2133	1844.10.06	37.40	121.60	4	山东牟平	暂无考证
2134	1844.12.31	27.30	105.30	4	贵州毕节	暂无考证
2135	1845.05.26	28.50	112.00	4½	湖南益阳西南	暂无考证
2136	1845.07.15	31.20	121.10	4½	上海青浦附近	暂无考证
2137	1845.10.24	32.00	120.30	4	江苏靖江	暂无考证
2138	1845.11.03	24.50	102.80	4	云南澄江江川间	暂无考证
2139	1845.11.13	29.60	120.80	4½	浙江嵊县	暂无考证
2140	1846.03.26	22.80	101.00	4	云南思茅	暂无考证

第五章　宋元明清时期（960—1911年）

续表

序号	时间 （年．月．日）	北纬（°）	东经（°）	震级 M	地点	烈度
2141	1846.09.16	43.00	93.50	4	新疆哈密	暂无考证
2142	1846.09.19	30.10	121.20	4	浙江余姚	暂无考证
2143	1846.11.23	31.20	121.60	4	上海一带	暂无考证
2144	1847.06.02	22.20	108.90	4	广西灵山	暂无考证
2145	1847.07.11	31.10	121.70	4	上海南汇	暂无考证
2146	1847.07.24	30.70	122.00	4¾	长江口	暂无考证
2147	1847.08.10	22.60	110.20	4	广西玉林	暂无考证
2148	1847.09.05	31.20	121.40	4	上海嘉定真如	暂无考证
2149	1847.10.18	34.10	117.50	4½	江苏徐州一带	暂无考证
2150	1847.12.31	24.60	114.90	4½	江西定南西南	暂无考证
2151	1848.02.07	21.90	110.80	4	广东高州北	暂无考证
2152	1848.07.30	23.40	110.90	4	广西藤县	暂无考证
2153	1848.08.28	32.10	108.00	4	四川万源	暂无考证
2154	1848.09.26	23.10	101.00	4½	云南普洱	暂无考证
2155	1849.00.00	23.40	116.20	4¾	广东普宁洪阳	VI
2156	1849.03.28	39.80	119.00	4	河北昌黎西北	暂无考证
2157	1849.03.31	24.10	120.50	4½	台湾彰化	暂无考证
2158	1849.08.31	31.10	121.20	4	上海松江一带	暂无考证
2159	1849.09.10	22.80	120.50	4	台湾台南	暂无考证
2160	1849.09.11	22.80	120.50	4	台湾台南	暂无考证
2161	1850.02.04	23.10	101.00	4	云南普洱	暂无考证
2162	1850.04.29	29.20	112.70	4	湖南洞庭湖	暂无考证
2163	1850.05.09	29.90	112.30	4¾	湖北公安东南	暂无考证
2164	1850.05.11	25.50	120.40	4½	台湾嘉义	暂无考证
2165	1850.07.05	25.90	101.10	4	云南大姚盐丰	暂无考证
2166	1850.08.27	27.70	113.50	4	湖南醴陵	暂无考证
2167	1850.09.05	28.10	104.50	4	四川筠连	暂无考证
2168	1850.09.05	26.70	100.70	4½	云南永胜	暂无考证
2169	1850.09.05	29.30	111.70	4	湖南常德临澧间	暂无考证
2170	1850.09.31	33.50	118.00	4	江苏泗县一带	暂无考证
2171	1850.10.11	34.60	108.20	4	陕西乾县	暂无考证
2172	1850.11.13	28.80	121.20	4	浙江临海	暂无考证
2173	1850.12.03	29.70	107.40	4	重庆涪陵	暂无考证
2174	1850.12.04	28.90	121.10	4	浙江临海	暂无考证

续表

序号	时间 (年.月.日)	北纬 (°)	东经 (°)	震级 M	地点	烈度
2175	1850.12.31	42.60	124.00	4	辽宁开原北	暂无考证
2176	1851.01.01	41.00	94.50	4	甘肃敦煌	暂无考证
2177	1851.01.31	33.40	109.20	4	陕西镇安	暂无考证
2178	1851.01.31	23.30	110.90	4	广西藤县	暂无考证
2179	1851.02.01	21.60	110.60	4	广东化州	暂无考证
2180	1851.02.17	31.20	121.50	4	上海	暂无考证
2181	1851.04.09	24.10	120.50	4½	台湾彰化	暂无考证
2182	1851.04.12	23.00	120.20	4	台湾台南	暂无考证
2183	1851.04.14	23.00	120.20	4	台湾台南	暂无考证
2184	1851.04.15	23.00	120.20	4	台湾台南	暂无考证
2185	1851.05.30	31.40	113.80	4	湖北安陆	暂无考证
2186	1851.06.12	37.60	114.80	4¾	河北晋县西南	暂无考证
2187	1851.06.22	33.80	117.90	4	江苏睢宁一带	暂无考证
2188	1851.06.23	33.80	117.90	4	江苏睢宁一带	暂无考证
2189	1851.09.30	25.60	100.30	4	云南大理县凤仪	暂无考证
2190	1851.12.31	35.10	109.20	4½	陕西铜川	暂无考证
2191	1852.01.10	34.10	116.20	4	河南夏邑永城间	暂无考证
2192	1852.01.19	32.00	119.60	4	江苏丹阳	暂无考证
2193	1852.03.10	37.00	114.80	4	河北南和一带	暂无考证
2194	1852.03.20	25.70	100.20	4	云南大理	暂无考证
2195	1852.04.25	35.60	118.90	4	山东莒县	暂无考证
2196	1852.05.30	31.30	114.10	4	湖北英山黄陂间	暂无考证
2197	1852.06.17	29.30	119.30	4	浙江兰溪西北	暂无考证
2198	1852.06.30	32.40	119.80	4	江苏泰州西南	暂无考证
2199	1852.09.13	25.90	101.80	4	云南元谋	暂无考证
2200	1852.12.20	31.20	121.50	4	上海一带	暂无考证
2201	1852.12.31	24.60	101.60	4	云南双柏	暂无考证
2202	1852.12.31	29.40	108.20	4½	四川彭水	暂无考证
2203	1853.02.08	24.90	111.70	4¾	湖南江华岭东	VI
2204	1853.02.15	36.90	118.30	4	山东宜都西北	暂无考证
2205	1853.03.09	31.70	119.00	4	江苏溧水西北	暂无考证
2206	1853.03.12	31.90	119.90	4	江苏常州北一带	暂无考证
2207	1853.04.07	30.30	120.20	4	浙江杭州	暂无考证
2208	1853.05.24	31.20	121.50	4	上海一带	暂无考证

第五章　宋元明清时期（960—1911 年）

续表

序号	时间 （年．月．日）	北纬（°）	东经（°）	震级 M	地点	烈度
2209	1853.05.29	28.90	121.10	4½	浙江临海	暂无考证
2210	1853.06.06	25.30	121.50	4½	台湾大屯山	暂无考证
2211	1853.06.06	32.20	120.50	4½	江苏如皋一带	暂无考证
2212	1853.07.20	25.20	111.60	4½	湖南江华沱城	暂无考证
2213	1853.08.04	32.90	115.80	4	安徽毫县	暂无考证
2214	1853.09.09	30.00	106.30	4	四川合川	暂无考证
2215	1853.10.02	31.70	120.30	4	江苏江阴无锡间	暂无考证
2216	1853.12.18	22.00	108.60	4	广西钦州	暂无考证
2217	1853.12.31	26.40	110.70	4½	湖南新宁	暂无考证
2218	1854.03.28	25.70	101.30	4	云南大姚	暂无考证
2219	1854.06.04	36.30	118.70	4¾	山东昌乐南	暂无考证
2220	1854.07.23	29.90	110.00	4½	湖北鹤峰	暂无考证
2221	1854.08.09	31.20	121.40	4½	上海一带	暂无考证
2222	1854.12.26	31.30	121.30	4	上海	暂无考证
2223	1855.00.00	29.30	108.10	4¾	四川彭水	Ⅵ
2224	1855.01.08	28.70	113.70	4½	湖南平江	暂无考证
2225	1855.01.15	31.20	121.00	4¾	江苏苏州东	暂无考证
2226	1855.01.24	31.50	113.10	4	湖北钟祥随县间	暂无考证
2227	1855.03.13	30.80	121.40	4	上海金山卫附近	暂无考证
2228	1855.03.17	30.80	122.30	4¾	长江口外	暂无考证
2229	1855.03.17	30.10	119.90	4½	浙江富阳	暂无考证
2230	1855.06.30	31.30	117.10	4	安徽庐江舒城间	暂无考证
2231	1855.10.18	31.00	121.40	4	上海松江东	暂无考证
2232	1855.12.00	30.10	120.00	4¾	浙江富阳	Ⅵ
2233	1855.12.08	29.30	116.20	4	江西都昌	暂无考证
2234	1856.02.07	39.20	121.80	4	辽宁金州北	暂无考证
2235	1856.02.08	21.80	108.50	4	广西钦州南	暂无考证
2236	1856.03.04	39.20	121.80	4	辽宁金州北	暂无考证
2237	1856.05.19	28.60	107.40	4	贵州正安	暂无考证
2238	1856.06.08	30.00	109.40	4½	湖北恩施来凤间	暂无考证
2239	1856.07.31	23.30	116.40	4	广东潮阳	暂无考证
2240	1856.07.31	25.70	104.30	4	云南富源	暂无考证
2241	1856.08.29	23.70	102.50	4	云南石屏	暂无考证
2242	1856.12.31	25.50	98.50	4½	云南腾冲县北明光隘	暂无考证

续表

序号	时间 (年.月.日)	北纬 (°)	东经 (°)	震级 M	地点	烈度
2243	1857.01.29	22.70	110.30	4¾	广西北流北	Ⅵ
2244	1857.05.11	26.80	115.30	4	江西兴国永丰间	暂无考证
2245	1857.07.22	31.10	109.50	4	重庆奉节	暂无考证
2246	1857.07.26	23.00	110.30	4½	广西容县西北	暂无考证
2247	1857.07.26	23.00	110.30	4	广西容县西北	暂无考证
2248	1858.01.31	22.50	110.30	4	广西陆川	暂无考证
2249	1858.02.09	37.80	120.80	4	山东蓬莱	暂无考证
2250	1858.02.16	22.40	109.20	4	广西灵山	暂无考证
2251	1858.02.20	22.60	110.30	4½	广西玉林东一带	暂无考证
2252	1858.03.14	37.80	120.80	4	山东蓬莱	暂无考证
2253	1858.04.15	30.70	105.70	4	四川蓬溪一带	暂无考证
2254	1858.04.15	30.90	104.30	4	四川广汉一带	暂无考证
2255	1858.10.06	38.20	111.00	4½	山西临县北	暂无考证
2256	1859.02.04	22.50	110.30	4	广西陆川北	暂无考证
2257	1859.03.12	35.70	115.80	4	山东郓城西北	暂无考证
2258	1859.06.27	25.90	105.50	4½	贵州关岭西南永宁一带	暂无考证
2259	1859.06.29	25.90	105.50	4	贵州关岭西南永宁一带	暂无考证
2260	1859.08.10	25.60	104.10	4	云南曲靖富源间	暂无考证
2261	1859.08.27	24.50	108.60	4	广西宜山	暂无考证
2262	1859.09.29	34.60	114.90	4	河南杞县一带	暂无考证
2263	1859.12.12	22.50	110.30	4	广西陆川北	暂无考证
2264	1860.01.04	22.50	110.30	4	广西陆川北	暂无考证
2265	1860.02.21	21.60	110.60	4	广东化州	暂无考证
2266	1860.06.24	29.60	111.40	4½	湖南石门	暂无考证
2267	1860.07.17	26.60	104.90	4	贵州水城	暂无考证
2268	1860.11.13	28.00	117.50	4	江西贵溪东南	暂无考证
2269	1860.12.11	24.70	120.90	4½	台湾新竹苗栗间	暂无考证
2270	1861.02.09	27.50	107.30	4½	贵州瓮安绥阳间	暂无考证
2271	1861.03.01	21.60	110.60	4	广东化州	暂无考证
2272	1861.07.00	24.20	102.90	4¾	云南华宁拖白乡	Ⅵ
2273	1861.07.18	37.20	119.90	4	山东掖县	暂无考证
2274	1861.09.05	34.70	104.90	4	甘肃武山	暂无考证
2275	1862.01.08	22.70	108.50	4½	广西邕宁南	暂无考证
2276	1862.03.15	30.30	108.90	4	湖北利川	暂无考证

第五章 宋元明清时期（960—1911 年）

续表

序号	时间 （年.月.日）	北纬（°）	东经（°）	震级 M	地点	烈度
2277	1862.03.31	24.70	120.90	4½	台湾新竹苗栗间	暂无考证
2278	1862.04.26	30.30	109.00	4	湖北利川	暂无考证
2279	1862.06.27	27.70	117.10	4	江西资溪	暂无考证
2280	1862.10.29	28.20	117.50	4	江西铅山贵溪间	暂无考证
2281	1862.12.20	24.60	120.80	4½	台湾苗栗一带	暂无考证
2282	1863.01.09	27.50	107.30	4½	贵州瓮安绥阳间	暂无考证
2283	1863.05.17	25.80	101.00	4½	云南大姚西一带	暂无考证
2284	1863.12.31	22.40	107.30	4	广西崇左	暂无考证
2285	1864.05.05	31.20	121.40	4	上海西	暂无考证
2286	1865.02.24	31.20	112.30	4	湖北钟祥西一带	暂无考证
2287	1865.11.06	22.60	109.30	4½	台湾高雄	暂无考证
2288	1866.03.31	24.70	120.90	4½	台湾新竹苗栗间	暂无考证
2289	1866.04.18	28.70	116.70	4	江西余干	暂无考证
2290	1866.05.07	19.70	109.30	4	海南儋州西北	暂无考证
2291	1866.06.13	30.40	119.10	4	安徽宁国东南	暂无考证
2292	1866.09.21	28.00	119.60	4¾	浙江云和鹤溪	Ⅵ
2293	1866.10.23	31.20	121.40	4	上海附近	暂无考证
2294	1866.12.16	22.60	109.30	4½	台湾高雄	暂无考证
2295	1866.12.31	32.80	114.00	4	河南确山	暂无考证
2296	1867.01.12	31.30	121.40	4	上海西	暂无考证
2297	1867.03.15	30.60	114.10	4	湖北汉口西	暂无考证
2298	1867.04.19	30.20	112.10	4	湖北公安江陵间	暂无考证
2299	1867.04.26	19.30	108.70	4	海南昌江	暂无考证
2300	1867.05.08	21.70	109.20	4	广西合浦	暂无考证
2301	1867.07.02	29.90	106.20	4	重庆合川南	暂无考证
2302	1867.09.00	30.40	120.50	4¾	浙江海宁盐官	Ⅵ
2303	1867.12.08	29.30	121.40	4	浙江宁海	暂无考证
2304	1867.12.13	28.81	120.60	4½	浙江仙居西	暂无考证
2305	1867.12.31	19.90	109.70	4½	海南临高	暂无考证
2306	1868.00.00	34.60	105.70	4¾	甘肃天水	Ⅵ
2307	1868.02.24	32.60	114.40	4	河南正阳	暂无考证
2308	1868.07.21	31.10	109.70	4	重庆奉节巫山	暂无考证
2309	1868.07.21	32.80	109.80	4½	陕西旬阳白河间	暂无考证
2310	1868.07.22	32.60	111.20	4½	湖北丹江水库一带	暂无考证

续表

序号	时间 （年．月．日）	北纬（°）	东经（°）	震级 M	地点	烈度
2311	1869.03.29	27.70	113.80	4	江西萍乡	暂无考证
2312	1869.04.29	28.00	117.00	4	江西金溪西北	暂无考证
2313	1869.05.11	24.60	99.90	4	云南凤庆	暂无考证
2314	1869.06.05	28.20	113.70	4½	湖南浏阳	暂无考证
2315	1869.06.06	28.20	113.70	4½	湖南浏阳	暂无考证
2316	1869.06.14	24.10	105.10	4	云南广南	暂无考证
2317	1869.07.11	22.20	107.30	4¾	广西宁明板棱	Ⅵ
2318	1869.07.23	25.80	104.60	4	贵州盘县	暂无考证
2319	1869.10.04	36.60	119.40	4	山东诸城	暂无考证
2320	1869.12.02	33.60	110.40	4	陕西商南山阳间	暂无考证
2321	1870.04.07	28.60	104.70	4½	四川高县南溪间	暂无考证
2322	1870.07.19	31.10	109.70	4	重庆奉节巫山间	暂无考证
2323	1870.09.24	39.20	100.20	4½	甘肃临泽	暂无考证
2324	1870.12.22	24.40	100.10	4½	云南云县	暂无考证
2325	1871.03.20	43.30	124.30	4	吉林梨树	暂无考证
2326	1871.05.18	42.80	124.00	4	辽宁昌图西	暂无考证
2327	1871.12.26	37.50	121.40	4	山东烟台	暂无考证
2328	1871.12.30	37.50	121.40	4	山东烟台	暂无考证
2329	1872.06.09	33.70	109.10	4	陕西柞水	暂无考证
2330	1872.07.05	32.10	120.50	4	江苏南通西	暂无考证
2331	1872.07.24	32.20	119.30	4¾	江苏镇江西	暂无考证
2332	1872.08.03	26.70	110.70	4	湖南武冈东	暂无考证
2333	1872.10.01	24.60	99.90	4	云南凤庆	暂无考证
2334	1872.11.16	23.70	102.50	4	云南石屏	暂无考证
2335	1873.02.23	39.70	98.50	4	甘肃酒泉	暂无考证
2336	1873.05.25	22.50	110.20	4½	广西陆川	暂无考证
2337	1873.07.29	27.70	109.20	4	贵州铜仁	暂无考证
2338	1873.10.07	24.90	114.10	4	广东始兴	暂无考证
2339	1873.12.31	25.20	110.20	4½	广西桂林	暂无考证
2340	1873.12.31	25.80	107.50	4	贵州独山	暂无考证
2341	1874.03.18	23.70	109.30	4	广西来宾	暂无考证
2342	1874.06.04	37.50	117.50	4	山东惠民一带	暂无考证
2343	1874.06.18	28.60	105.70	4	贵州赤水	暂无考证
2344	1874.06.30	33.30	114.20	4	河南上蔡	暂无考证

序号	时间 （年．月．日）	北纬（°）	东经（°）	震级 *M*	地点	烈度
2345	1874.07.00	23.00	115.30	4¾	广东海丰	Ⅵ
2346	1875.00.00	42.60	124.00	4¾	辽宁开原北老城	Ⅵ
2347	1875.03.08	24.70	107.80	4	广西河池	暂无考证
2348	1875.03.08	24.70	107.80	4½	广西河池西	暂无考证
2349	1875.08.30	23.40	101.70	4	云南墨江	暂无考证
2350	1875.10.31	40.50	95.80	4	甘肃安西	暂无考证
2351	1876.01.01	24.80	98.60	4½	云南龙岭腾冲间	暂无考证
2352	1876.01.02	24.80	98.60	4½	云南龙岭腾冲间	暂无考证
2353	1876.02.24	23.40	101.70	4	云南墨江	暂无考证
2354	1876.03.25	25.00	98.50	4	云南腾冲	暂无考证
2355	1876.06.02	43.30	124.30	4	吉林梨树	暂无考证
2356	1876.06.21	45.40	126.30	4½	黑龙江双城	暂无考证
2357	1876.08.18	28.50	108.10	4	贵州务川	暂无考证
2358	1876.12.31	27.50	107.30	4½	贵州瓮安绥阳间	暂无考证
2359	1877.03.04	27.20	99.30	4	云南维西	暂无考证
2360	1877.06.20	30.80	106.00	4	四川南充	暂无考证
2361	1877.06.22	30.10	105.30	4	四川安岳	暂无考证
2362	1877.07.04	27.90	107.20	4	贵州绥阳	暂无考证
2363	1877.07.10	21.70	109.20	4	广西合浦	暂无考证
2364	1877.07.14	30.80	121.40	4	上海松江东	暂无考证
2365	1877.08.08	42.80	124.00	4	辽宁昌图西	暂无考证
2366	1877.09.06	25.90	101.90	4	云南元谋北	暂无考证
2367	1878.01.31	23.50	116.40	4	广东揭阳	暂无考证
2368	1878.04.22	25.80	99.40	4	云南云龙南	暂无考证
2369	1878.06.14	31.60	120.30	4	江苏无锡	暂无考证
2370	1878.09.26	32.60	114.40	4½	河南正阳	暂无考证
2371	1878.11.19	22.60	112.80	4	广东江门一带	暂无考证
2372	1878.11.21	24.00	116.80	4	广东饶平	暂无考证
2373	1878.11.23	33.20	112.40	4½	河南方城内乡间	暂无考证
2374	1879.04.18	25.80	104.60	4	贵州盘县	暂无考证
2375	1879.06.19	31.40	109.60	4	重庆巫溪	暂无考证
2376	1879.06.26	34.50	108.50	4	陕西礼泉	暂无考证
2377	1879.07.13	27.80	107.50	4	贵州湄潭	暂无考证
2378	1879.12.12	33.80	105.60	4½	甘肃武都	暂无考证

中国地震史研究（远古至1911年）

续表

序号	时间 （年.月.日）	北纬（°）	东经（°）	震级 M	地点	烈度
2379	1880.03.22	29.90	107.70	4	重庆丰都	暂无考证
2380	1880.06.16	31.30	120.60	4	江苏苏州	暂无考证
2381	1880.06.19	33.40	114.90	4	河南项城	暂无考证
2382	1880.06.20	37.70	109.00	4½	陕西靖边东北	暂无考证
2383	1880.08.13	31.70	117.60	4	安徽巢县西北	暂无考证
2384	1880.10.03	36.00	111.70	4	山西洪洞翼城间	暂无考证
2385	1880.10.31	23.30	100.90	4½	云南思茅景谷间	暂无考证
2386	1880.11.10	32.20	111.90	4	湖北襄阳光化间	暂无考证
2387	1880.12.31	37.50	102.90	4	甘肃古浪	暂无考证
2388	1881.03.09	24.80	98.60	4	云南龙岭腾冲间	暂无考证
2389	1881.03.17	24.80	98.60	4	云南龙岭腾冲间	暂无考证
2390	1881.05.06	29.80	103.20	4½	四川雅安乐山间	暂无考证
2391	1881.06.07	32.80	108.30	4	陕西紫阳石泉间	暂无考证
2392	1881.06.09	27.90	108.20	4½	贵州思南	暂无考证
2393	1881.07.11	25.40	105.20	4½	贵州兴仁	暂无考证
2394	1881.08.24	35.10	105.50	4	甘肃通渭秦安间	暂无考证
2395	1881.12.22	36.60	101.30	4	青海湟源	暂无考证
2396	1881.12.23	36.60	101.30	4	青海湟源	暂无考证
2397	1882.00.00	43.00	126.70	4¾	吉林桦甸	VI
2398	1882.03.18	28.60	105.70	4	贵州赤水	暂无考证
2399	1882.03.26	32.50	106.00	4½	陕西略阳西北一带	暂无考证
2400	1882.04.25	35.40	109.30	4¾	陕西黄陵一带	暂无考证
2401	1882.06.03	26.10	119.70	4½	福建福州东	暂无考证
2402	1882.07.11	34.70	110.10	4	陕西华阴北	暂无考证
2403	1882.07.29	29.60	106.60	4	重庆	暂无考证
2404	1882.08.05	31.50	121.00	4½	江苏昆山一带	暂无考证
2405	1882.08.13	28.40	109.00	4	重庆秀山	暂无考证
2406	1882.09.11	24.80	121.00	4½	台湾新竹树杞林	暂无考证
2407	1882.09.12	29.20	121.00	4	浙江天台	暂无考证
2408	1882.09.30	25.90	119.40	4	福建福州	暂无考证
2409	1882.11.10	41.00	94.50	4½	甘肃敦煌	暂无考证
2410	1882.11.10	37.80	115.30	4	河北定县清河间	暂无考证
2411	1882.12.05	38.10	115.50	4¾	河北深县	暂无考证
2412	1882.12.31	31.70	105.90	4½	四川苍溪	暂无考证

第五章　宋元明清时期（960—1911 年）　　·241·

续表

序号	时间 （年．月．日）	北纬（°）	东经（°）	震级 M	地点	烈度
2413	1883.01.08	36.00	101.40	4	青海贵德	暂无考证
2414	1883.07.24	25.40	119.00	4	福建莆田	暂无考证
2415	1883.10.26	37.50	121.40	4	山东烟台	暂无考证
2416	1883.10.30	25.00	98.50	4	云南腾冲	暂无考证
2417	1883.11.30	23.50	103.00	4½	云南文山元江间	暂无考证
2418	1884.02.22	38.30	116.80	4½	河北沧州	暂无考证
2419	1884.05.27	40.00	118.70	4½	河北迁安	暂无考证
2420	1884.06.22	42.80	124.00	4	辽宁昌图西	暂无考证
2421	1884.11.01	25.10	99.20	4	云南保山	暂无考证
2422	1884.12.31	33.60	114.00	4	河南郾城	暂无考证
2423	1885.02.09	37.90	116.60	4	河北东光	暂无考证
2424	1885.03.09	25.00	102.70	4½	云南昆明	暂无考证
2425	1885.09.08	26.20	104.10	4	云南宣威	暂无考证
2426	1885.09.25	33.30	104.90	4	甘肃武都文县间	暂无考证
2427	1885.10.23	29.60	114.50	4½	湖北通山	暂无考证
2428	1885.11.24	22.30	106.80	4¾	广西龙州	Ⅵ
2429	1886.01.13	23.40	116.70	4¾	广东汕头	Ⅵ
2430	1886.02.27	27.30	120.20	4	福建福鼎	暂无考证
2431	1886.03.26	24.40	118.20	4	福建厦门	暂无考证
2432	1886.04.04	21.60	111.30	4½	广东廉江	暂无考证
2433	1886.07.30	25.30	102.90	4½	云南崇明一带	暂无考证
2434	1887.00.00	32.40	111.00	4¾	湖北武当山	Ⅵ
2435	1887.03.24	32.60	103.60	4	四川松潘	暂无考证
2436	1887.04.22	32.60	103.60	4	四川松潘	暂无考证
2437	1887.11.14	25.00	104.00	4½	云南陆良平罗间	暂无考证
2438	1887.12.14	32.60	103.60	4	四川松潘	暂无考证
2439	1888.01.04	35.60	103.20	4	甘肃临夏	暂无考证
2440	1888.02.01	23.60	102.70	4	云南石屏建水间	暂无考证
2441	1888.03.12	25.60	102.40	4	云南禄劝宜良间	暂无考证
2442	1888.04.01	20.00	110.00	4	海南澄迈	暂无考证
2443	1888.04.22	32.10	119.50	4½	江苏镇江东南一带	暂无考证
2444	1888.04.25	20.00	110.00	4	海南澄迈	暂无考证
2445	1888.05.30	25.90	114.90	4½	江西赣州	暂无考证
2446	1888.06.09	36.50	112.40	4	山西沁源	暂无考证

续表

序号	时间 （年.月.日）	北纬（°）	东经（°）	震级 M	地点	烈度
2447	1888.08.07	32.60	103.60	4	四川松潘	暂无考证
2448	1888.08.22	20.00	110.00	4	海南澄迈	暂无考证
2449	1889.08.12	23.20	108.80	4	广西宾州	暂无考证
2450	1889.08.25	23.00	111.50	4½	广东郁南东南	暂无考证
2451	1889.11.02	36.10	115.20	4	河南南乐	暂无考证
2452	1889.11.05	23.80	113.00	4½	广东清远北	暂无考证
2453	1889.11.06	23.80	113.00	4½	广东清远北	暂无考证
2454	1889.12.13	26.10	119.30	4	福建福州	暂无考证
2455	1889.12.28	31.30	121.30	4½	上海一带	暂无考证
2456	1889.12.31	40.70	111.30	4½	内蒙古土默特左旗	暂无考证
2457	1889.08.25	23.00	111.50	4½	广东郁南东南	暂无考证
2458	1890.02.22	20.00	110.50	4	海南琼山	暂无考证
2459	1890.03.24	39.50	116.80	4½	河北廊坊一带	暂无考证
2460	1890.04.09	19.90	110.10	4½	海南琼山一带	暂无考证
2461	1890.04.10	19.90	110.10	4	海南琼山一带	暂无考证
2462	1890.04.29	31.30	120.60	4	江苏苏州	暂无考证
2463	1890.05.18	36.30	111.90	4½	山西古县	暂无考证
2464	1890.08.21	30.10	103.10	4	四川名山一带	暂无考证
2465	1890.08.27	22.40	112.40	4½	广东开平一带	暂无考证
2466	1890.10.28	21.90	108.50	4	广西钦州	暂无考证
2467	1890.11.01	22.00	110.50	4½	广东电白广西陆川间	暂无考证
2468	1890.12.11	28.40	114.80	4	江西宜丰	暂无考证
2469	1891.04.05	30.20	103.50	4	四川名山彭山间	暂无考证
2470	1891.05.24	35.20	113.60	4	河南修武东南	暂无考证
2471	1891.12.31	29.70	103.90	4	四川犍为彭山间	暂无考证
2472	1891.12.31	24.20	112.50	4	广东怀集阳山间	暂无考证
2473	1892.02.11	25.10	114.30	4	广东南雄	暂无考证
2474	1892.03.00	36.50	102.40	4¾	青海乐都	VI
2475	1892.03.22	24.40	118.10	4	福建厦门	暂无考证
2476	1892.05.07	40.60	80.10	4½	新疆阿克苏	暂无考证
2477	1892.05.25	22.30	110.30	4	广西陆川	暂无考证
2478	1892.09.08	34.90	112.80	4½	河南孟县	暂无考证
2479	1892.09.20	20.00	110.30	4	海南琼山	暂无考证
2480	1892.10.26	24.40	118.20	4	福建厦门	暂无考证

第五章　宋元明清时期（960—1911 年）

续表

序号	时间 （年．月．日）	北纬（°）	东经（°）	震级 M	地点	烈度
2481	1892.12.16	24.40	118.20	4	福建厦门	暂无考证
2482	1893.02.09	31.50	104.70	4½	四川绵阳	暂无考证
2483	1893.03.19	19.90	110.00	4	汉南海口儋州县间	暂无考证
2484	1893.05.31	40.50	95.80	4	甘肃安西	暂无考证
2485	1893.08.24	22.70	121.20	4	台湾台东	暂无考证
2486	1893.10.13	33.30	116.50	4	安徽蒙城	暂无考证
2487	1893.11.14	25.10	121.50	4½	台湾台北	暂无考证
2488	1893.11.26	22.80	107.80	4¾	广西扶绥中东	VI
2489	1893.12.09	26.10	119.40	4	福建福州	暂无考证
2490	1893.12.27	26.70	100.20	4½	云南丽江鹤庆间	暂无考证
2491	1893.12.31	36.50	102.30	4½	青海乐都	暂无考证
2492	1894.02.12	22.70	121.20	4	台湾台东	暂无考证
2493	1894.03.09	22.70	121.20	4	台湾台东	暂无考证
2494	1894.04.01	34.20	111.70	4	河南洛宁渑池间	暂无考证
2495	1894.06.02	37.80	120.20	4	山东蓬莱	暂无考证
2496	1894.06.20	24.40	118.10	4½	福建厦门	暂无考证
2497	1894.08.10	23.80	116.40	4½	广东潮州西北	暂无考证
2498	1894.08.21	26.20	104.10	4	云南宣威	暂无考证
2499	1894.08.25	26.20	104.10	4	云南宣威	暂无考证
2500	1894.08.25	27.80	107.50	4	贵州湄潭	暂无考证
2501	1894.08.26	26.20	104.10	4	云南宣威	暂无考证
2502	1895.02.06	25.50	101.20	4	云南姚安	暂无考证
2503	1895.02.16	31.30	121.40	4	上海嘉定一带	暂无考证
2504	1895.02.20	23.60	116.60	4½	广东潮州	暂无考证
2505	1895.02.24	24.90	114.10	4½	广东始兴	暂无考证
2506	1895.04.04	26.10	119.40	4	福建福州	暂无考证
2507	1895.04.24	23.30	108.80	4	广西宾阳北新宾	暂无考证
2508	1895.07.02	25.20	100.30	4	云南巍山	暂无考证
2509	1895.07.08	21.90	108.60	4	广西钦州	暂无考证
2510	1895.07.09	43.90	81.30	4½	新疆伊宁	暂无考证
2511	1895.07.09	22.40	109.30	4	广西灵山	暂无考证
2512	1895.09.03	22.00	108.60	4½	广西钦州	暂无考证
2513	1895.09.18	32.00	105.50	4	四川剑阁	暂无考证
2514	1895.11.07	30.80	120.80	4	浙江嘉兴一带	暂无考证

续表

序号	时间 (年.月.日)	北纬 (°)	东经 (°)	震级 M	地点	烈度
2515	1895.12.31	32.30	118.30	4½	安徽滁州	暂无考证
2516	1896.01.18	38.80	101.10	4	甘肃山丹	暂无考证
2517	1896.02.11	26.90	100.20	4	云南丽江	暂无考证
2518	1896.06.15	35.70	115.40	4	河南濮阳	暂无考证
2519	1896.09.06	22.20	111.80	4	广东阳春	暂无考证
2520	1896.12.31	35.10	113.40	4	河南武陟	暂无考证
2521	1897.01.23	24.80	115.00	4	江西定南	暂无考证
2522	1897.02.26	25.90	101.10	4	云南大姚县盐丰	暂无考证
2523	1897.04.01	29.60	91.20	4½	西藏拉萨一带	暂无考证
2524	1897.04.16	25.30	100.50	4	云南弥渡	暂无考证
2525	1897.05.30	25.90	114.90	4½	江西赣州	暂无考证
2526	1897.05.30	24.60	98.70	4½	云南龙陵	暂无考证
2527	1897.06.12	33.60	114.50	4½	河南周口一带	暂无考证
2528	1897.06.29	26.00	100.10	4	云南洱源	暂无考证
2529	1897.07.14	31.30	118.40	4	安徽芜湖	暂无考证
2530	1897.11.19	37.30	75.80	4½	新疆塔什库尔干明铁盖达坂	暂无考证
2531	1897.11.20	37.30	75.80	4½	新疆塔什库尔干明铁盖达坂	暂无考证
2532	1897.11.23	37.60	103.90	4	甘肃景泰北红水	暂无考证
2533	1897.12.31	24.80	115.00	4	江西定南	暂无考证
2534	1898.00.00	40.40	111.90	4¾	内蒙古和林格尔	VI
2535	1898.01.21	26.20	100.20	4	云南鹤庆	暂无考证
2536	1898.08.01	24.80	102.90	4	云南宜良晋宁间	暂无考证
2537	1898.08.30	24.80	102.90	4	云南宜良晋宁间	暂无考证
2538	1898.09.01	24.80	102.90	4	云南宜良晋宁间	暂无考证
2539	1898.09.09	25.00	104.00	4½	云南罗平陆良间	暂无考证
2540	1898.11.12	23.10	112.50	4½	广东肇庆	暂无考证
2541	1898.12.27	21.60	109.30	4	广西合浦	暂无考证
2542	1898.12.31	24.70	107.80	4	广西河池西	暂无考证
2543	1899.00.00	38.10	106.30	4¾	宁夏灵武	VI
2544	1899.02.24	40.90	122.50	4	辽宁海城西北	暂无考证
2545	1899.03.14	30.70	111.30	4	湖北宜昌	暂无考证
2546	1899.04.09	27.50	89.00	4½	西藏亚东	暂无考证
2547	1899.05.14	24.80	102.90	4	云南宜良晋宁间	暂无考证
2548	1899.12.02	31.20	120.80	4	江苏苏州东	暂无考证

第五章　宋元明清时期（960—1911年）

续表

序号	时间 （年．月．日）	北纬（°）	东经（°）	震级 M	地点	烈度
2549	1899.12.31	23.00	103.70	4½	云南屏边	暂无考证
2550	1900.03.30	23.70	102.50	4½	云南石屏	暂无考证
2551	1900.05.27	32.10	112.80	4	湖北枣阳	暂无考证
2552	1900.05.27	29.50	103.30	4	四川荣经犍为	暂无考证
2553	1900.07.25	34.80	104.40	4½	甘肃漳县	暂无考证
2554	1900.07.31	25.90	101.10	4	云南大姚	暂无考证
2555	1900.08.24	29.50	103.30	4	四川荣经犍为	暂无考证
2556	1900.11.22	26.50	100.20	4	云南鹤庆	暂无考证
2557	1900.11.23	24.40	118.10	4	福建厦门	暂无考证
2558	1900.12.06	34.50	119.20	4	江苏冠云板浦镇	暂无考证
2559	1900.12.21	26.50	100.20	4	云南鹤庆	暂无考证
2560	1900.12.21	34.90	117.40	4	山东枣庄西北	暂无考证
2561	1900.12.31	40.80	109.10	4½	内蒙古乌拉特前旗一带	暂无考证
2562	1901.06.15	26.50	100.20	4	云南鹤庆	暂无考证
2563	1901.12.31	24.80	98.30	4	云南梁河	暂无考证
2564	1902.04.07	23.60	105.90	4½	云南富宁县皈朝	暂无考证
2565	1902.07.25	33.70	114.70	4½	河南淮阳西	暂无考证
2566	1902.11.08	38.80	101.10	4	甘肃山丹	暂无考证
2567	1903.06.19	38.00	115.50	4¾	河北深县	Ⅵ
2568	1904.08.08	31.80	104.50	4	四川北川石泉	暂无考证
2569	1904.08.10	24.00	104.20	4	云南丘北	暂无考证
2570	1904.09.30	39.70	98.50	4½	甘肃酒泉	暂无考证
2571	1904.12.31	39.40	99.80	4½	甘肃高台	暂无考证
2572	1905.01.10	23.50	116.40	4	广东揭阳	暂无考证
2573	1905.03.16	23.50	116.80	4	广东汕头	暂无考证
2574	1905.03.22	37.40	117.40	4½	山东惠民一带	暂无考证
2575	1905.05.03	25.50	101.20	4½	云南姚安	暂无考证
2576	1905.06.02	40.20	94.70	4½	甘肃敦煌	暂无考证
2577	1905.07.23	38.80	117.00	4½	河北青县一带	暂无考证
2578	1905.09.13	30.60	114.30	4	湖北武昌	暂无考证
2579	1905.11.22	22.50	113.50	4	广东珠江口一带	暂无考证
2580	1905.12.12	38.60	103.10	4	甘肃民勤	暂无考证
2581	1906.03.02	38.50	77.00	4½	新疆莎车	暂无考证
2582	1906.04.04	23.60	120.50	4¾	台湾嘉义	Ⅵ

续表

序号	时间 (年.月.日)	北纬(°)	东经(°)	震级 M	地点	烈度
2583	1906.09.17	22.20	107.90	4	广西上思	暂无考证
2584	1906.10.23	24.20	118.30	4	福建厦门	暂无考证
2585	1906.11.10	37.60	121.40	4	山东烟台东	暂无考证
2586	1906.12.31	39.90	111.70	4½	内蒙古清水河	暂无考证
2587	1907.01.10	39.80	121.80	4¾	辽宁复县西北	暂无考证
2588	1907.03.17	36.60	101.20	4½	青海湟源	暂无考证
2589	1907.05.01	31.50	122.50	4½	上海长江口一带	暂无考证
2590	1907.06.10	28.10	104.70	4½	四川叙永	暂无考证
2591	1907.11.05	30.60	116.60	4	安徽潜山	暂无考证
2592	1907.12.04	32.40	120.60	4	江苏如皋	暂无考证
2593	1907.12.23	37.70	121.90	4	山东威海近海	暂无考证
2594	1908.02.04	25.40	114.40	4½	江西大余	暂无考证
2595	1908.05.05	38.00	121.30	4½	山东烟台以北海域	暂无考证
2596	1908.06.28	22.30	112.90	4	广东台山一带	暂无考证
2597	1908.12.22	40.20	94.70	4½	甘肃敦煌	暂无考证
2598	1909.05.18	28.00	121.00	4½	浙江温州东	暂无考证
2599	1909.06.17	20.30	110.20	4	海南徐闻	暂无考证
2600	1909.08.11	23.10	112.50	4¾	广东肇庆	VI
2601	1909.10.15	30.00	103.10	4	四川名山雅安	暂无考证
2602	1909.10.21	32.30	119.20	4	江苏仪征	暂无考证
2603	1909.12.12	33.50	110.40	4	陕西山阳商南间	暂无考证
2604	1909.12.14	36.30	116.80	4	山东长清泰安间	暂无考证
2605	1910.00.00	24.50	105.20	4¾	广西西林东南	VI
2606	1910.01.09 17：22	35.00	122.00	4.9	黄海	暂无考证
2607	1910.02.20	24.10	120.70	4½	台湾台中一带	暂无考证
2608	1910.02.22	24.20	113.40	4½	广东英德	暂无考证
2609	1910.03.11	28.20	106.80	4	贵州桐梓	暂无考证
2610	1910.05.06	32.00	120.50	4	江苏无锡如皋间	暂无考证
2611	1910.05.07	33.00	121.50	4½	黄海金家沙一带	暂无考证
2612	1910.05.08	33.00	121.50	4½	黄海金家沙一带	暂无考证
2613	1910.05.31	32.10	119.40	4	江苏镇江	暂无考证
2614	1910.06.05	29.60	121.20	4	浙江奉化嵊县间	暂无考证
2615	1910.06.06	20.00	110.30	4	海南琼山	暂无考证
2616	1910.08.20	36.20	113.10	4	山西长治	暂无考证

第五章　宋元明清时期（960—1911 年）

续表

序号	时间 （年．月．日）	北纬（°）	东经（°）	震级 M	地点	烈度
2617	1910.09.30	27.70	113.80	4	江西萍乡	暂无考证
2618	1910.12.31	29.50	102.30	4	四川汉源	暂无考证
2619	1911.02.01	25.50	118.20	4½	福建德化	暂无考证
2620	1911.04.28	29.50	103.30	4½	四川荥经犍为间	暂无考证
2621	1911.06.15	31.20	121.60	4½	上海	暂无考证
2622	1911.06.25	25.40	112.10	4½	湖南蓝山	暂无考证
2623	1911.09.05	29.50	103.30	4½	四川荥经犍为间	暂无考证
2624	1911.09.21	24.40	100.80	4	云南景东	暂无考证
2625	1911.11.10	40.90	122.80	4	辽宁海城	暂无考证
2626	1911.12.31	30.50	120.40	4	浙江德清	暂无考证
2627	1911.12.31	33.80	119.90	4½	江苏阜宁	暂无考证

六、3≤M<4 级地震 4200 次（目录略）

第二节　宋元明清时期地震活动的时空分布特点

宋元明清时期（960~1911 年）历时 951 年。这一时期，有记载的有感地震（3≤M<5 级）共 6827 次，5 级以上地震（5≤M<9 级）767 次，其中 5≤M<6 级地震 504 次，6≤M<7 级地震 198 次，7≤M<8 级地震 53 次，8≤M<9 级地震 12 次。平均每年发生地震（3≤M<9 级）约 7.99 次，其中，平均每年发生有感地震（3≤M<5 级）约 7.18 次，发生 5 级以上地震（5≤M<9 级）约 0.81 次，发生 6 级以上地震（6≤M<9 级）约 0.28 次，发生 7 级以上地震（7≤M<9 级）约 0.07 次，发生 8 级以上地震（8≤M<9 级）约 0.01 次。换言之，平均约 1.2 年发生一次 5 级以上地震，3.6 年发生一次 6 级以上地震，14.6 年发生一次 7 级以上地震，79.3 年发生一次 8 级以上地震。可见，在这一时期，无论是有感地震，还是 5 级以上地震，发生频度均居中国古代地震史各时期之首。

这一时期，有感地震（3≤M<5 级）发生频度最高的时期是 1495 年的 54 次和 1853 年的 55 次，分别发生在明朝弘治八年前后和咸丰三年前后。5 级以上地震发生频度最高的时期是 1906 年的 18 次、1902 年的 16 次、1910 年的 12 次，分别发生在清朝光绪三十二年前后、光绪二十八年前后、宣统元年和二年前后（图 5-1、图 5-2）。

这一时期有感地震（3≤M<5 级）空间上主要分布在我国东部地区，5 级以上地震（5≤M<9）级空间上则在我国东西部均有分布，但以东部居多；构造上在我国 23 个主要地震带上均有分布（图 5-3、图 5-4）。

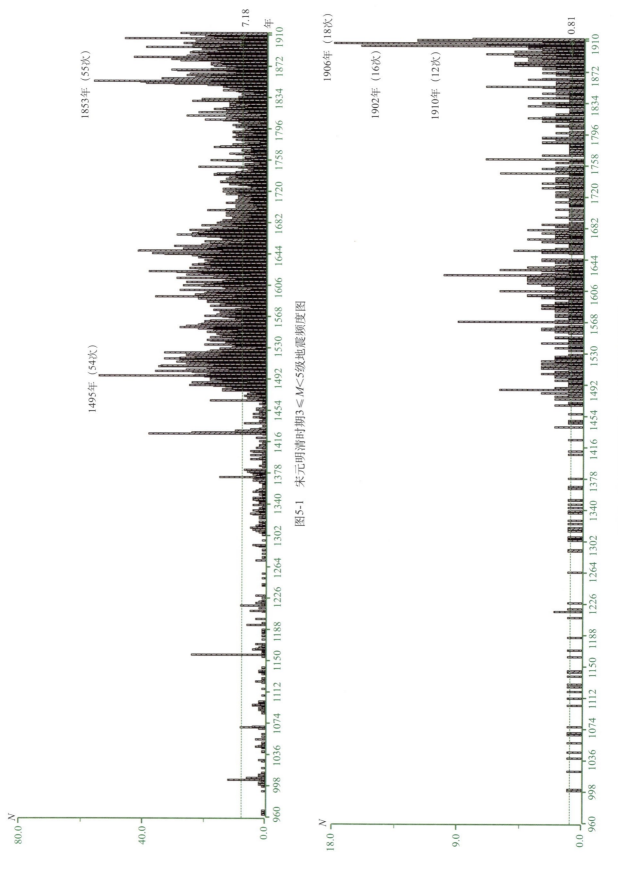

图5-1 宋元明清时期 $3 \leq M < 5$ 级地震频度图

图5-2 宋元明清时期 $5 \leq M < 9$ 级地震频度图

第五章　宋元明清时期（960—1911年）

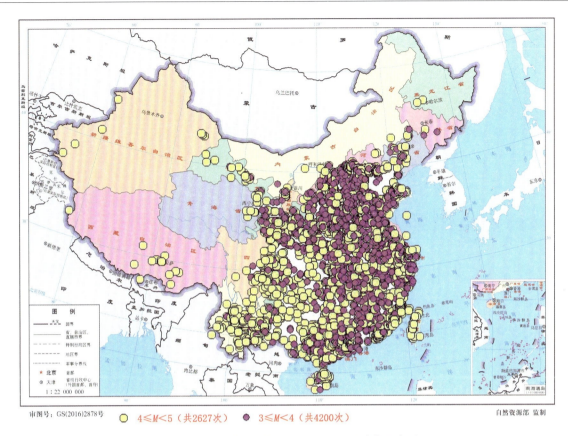

图 5-3　宋元明清时期 3≤M<5 级地震分布示意图

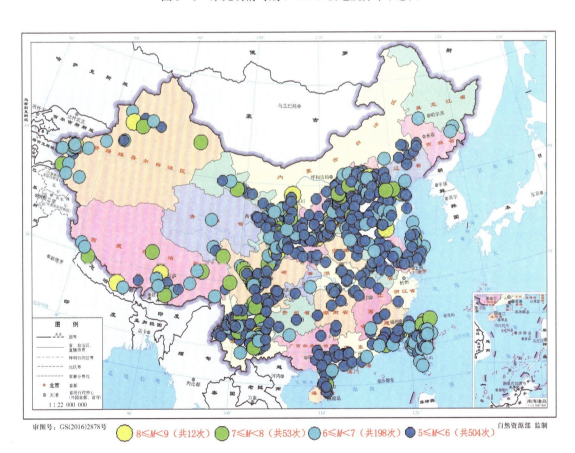

图 5-4　宋元明清时期 5≤M<9 级地震分布示意图

第三节　宋元明清时期的宏观异常

一、水

（一）1038 年 1 月 15 日宋仁宗景祐四年十二月十七日 7¼ 级地震

〔景祐四年十二月〕甲申（十七日），忻、代、并三州言地震。……自是河东地震，连年不止，或地裂泉涌，或火出如黑沙状，一日四五震，民皆露处。

（出自李焘《续资治通鉴长编》卷一二〇）

（二）1303 年 9 月 25 日元成宗大德七年八月初六 8 级地震

〔大德〕七年八月辛卯夕，地震，太原、平阳尤甚，坏官民庐舍十万计。平阳赵城县范宣义郇堡徙十余里。太原徐沟、祁县及汾州平遥、介休、西河、孝义等县地震成渠，泉涌黑沙。汾州北城陷，长一里，东城陷七十余步。

（出自《元史》卷五〇《五行志》）

（三）1328 年 11 月 9 日元文宗天历元年九月 4½ 级地震

元文宗天历元年九月，邛州地震，盐水涌溢。

（出自《元史》本纪卷三六《文宗》五）

（四）1449 年 9 月 10 日正统十四年八月十五日 4½ 级地震

正统十四年八月十五日，宜章县司马邝埜祖居田地震三日，泉水流出尽赤。

（出自《明史》卷一六七《列传》卷五五）

（五）1501 年 1 月 29 日弘治十四年正月庚戌朔 7 级地震

（1）〔弘治十四年正月庚戌〕陕西延安、庆阳二府、潼关等卫、同、华等州、咸阳、长安等县，是日至次日地皆震，有声如雷。……县东十七村所在地坼，涌水泛溢，有流而成河者。……蒲县自是日至初九日，日震三次或二次，城北地坼，涌沙出水。

（出自《弘治实录》卷一七〇）

（2）查得近该巡按陕西监察御史燕忠奏称：据西安并长安等县申称：弘治十四年正月初一日申时分，忽然地震，……及县东北、正东、东南地方安昌八里一十九处，遍地窍眼，涌出水深浅不等，汛流震开裂缝，长约一二丈、四五丈者，涌出溢流，良久方止；蔡家堡、严伯村等，四处涌出，几流成河。

（出自明·马文升《马端肃公奏议》卷七　嘉靖二十六年刊本）

（3）〔弘治〕十四年正月庚戌朔，延安、庆阳二府，同、华诸州，咸阳、长安诸县，潼关诸卫，连日地震，有声如雷。……县东地坼，水溢成河。

（出自《明史·五行志》）

（4）辛酉弘治十四年正月，陕西西安、延安、庆阳、潼关等处，地震有声，朝成（邑）县地震尤甚，……县东安昌八里，遍地窍眼涌水，有震开裂缝，长一二丈或四五丈者，涌出溢流如河。

（出自明·陈建《皇明通纪》卷一三）

（5）〔弘治〕十四年辛酉春正月朔，陕西西安府及长安等县地震，是日朝邑县亦震，……又本县正东安昌里等十九处遍地窍眼涌出水深浅不等，震开裂缝长约或一二丈、或四五丈；又蔡家堡、严伯村等四处涌水几成河。

（出自明·王圻《续文献通考》卷二二一）

（6）弘治十四年正月元日，关中地震，朝邑为甚，坏城郭官民庐舍，高原井竭，卑湿地裂，奄忽水深尺许，蒸庶惊惶四出，压死四百余人，至十一月犹震不已。

（出自明·郭实《续朝邑县志》卷八）

第五章　宋元明清时期（960—1911 年）　　·251·

（7）弘治十四年正月朔，陕西地震。（原注：西安、延安、庆阳、潼关地震有声，韩城县尤甚，声响如雷，自朔至望未已，县东有裂地长一二丈或四五丈者，涌水溢流如河。）

（出自明·李思孝《陕西通志》卷四　万历三十九年刊本）

（8）弘治十四年春正月朔，地震韩城，声响如雷，倾倒官民房屋五千余间，压死男妇一百七十，自朔至望震犹未息，县东安昌八里遍地决裂，有长一三丈者，有五丈者，涌水溢流成河。

（出自明·苏进《韩城县志》卷六）

（六）1502 年 10 月 25 日弘治十五年九月十五日 4½级地震

弘治十五年九月十五日，岐山山震地裂，润德泉复出。

（出自《润德泉复出记》碑）

（七）1509 年 7 月 21 日正德四年六月二十五日地震

正德四年六月乙酉地震，继又大雨。

（出自清·江峰青《嘉善县志》卷三四）

（八）1515 年 6 月 27 日正德十年五月初六 7¾级地震

〔正德十年五月壬辰〕云南地震，踰月不止，或日至二、三十震，黑气如雾，地裂水涌，坏城垣、官廨、民居，不可胜计。死者数千人，伤者倍之。地道之变未有若是之烈者也。

（出自《正德实录》卷一二五）

（九）1528 年 5 月 27 日嘉靖七年四月 4½级地震

〔嘉靖七年〕四月，福宁地大震，屋瓦皆鸣，池水尽沸。福安土雨雹，寿宁龙见，寻雨雹，人畜屋瓦俱伤。

（出自清·孙尔准《福建通志》卷二七一）

（十）1529 年 12 月 18 日嘉靖八年十一月初八日地震

嘉靖八年，正月大雨雪，十一月初八日地震。

（出自清·袁学模《石楼县志》卷三）

（十一）1543 年 7 月 11 日嘉靖二十二年五月 4½级地震

〔嘉靖〕二十二年癸卯五月地震，房屋摇动有声，砚水泼跃。

（出自明·陆梦祖《闽书》卷一四八）

（十二）1546 年 10 月 5 日嘉靖二十五年九月初二日地震

嘉靖二十五年九月初二日雨雹，地震如雷。

（出自清·王一夔《文登县志》卷一）

（十三）1556 年 2 月 2 日嘉靖三十四年十二月壬寅（十二日）8¼级地震

（1）〔嘉靖三十四年十二月〕壬寅，是日山西、陕西、河南同时地震，声如雷，鸡犬鸣吠。陕西渭南、华州、朝邑、三源（原）等处，山西蒲州等处尤甚。或地裂泉涌，中有鱼物，或城郭房屋陷入池（地）中，或平地突城（成）山阜，或一日连震数次，或城郭房屋陷（或累日震不止），河渭（渭河）泛张（涨），华兵（岳）终南山鸣。河清数日，压死官吏军民奏报有名者八十三万有奇。时致仕南京兵部尚书韩邦奇、南京光禄寺卿马理、南京国子监祭酒王维桢同日死焉。其不知名未经奏报者，复不可数计。

（出自《嘉靖实录》卷四三〇）

（2）大明嘉靖三十四年十二月十二日夜子时分，忽然地震。……临潼、渭南、泾阳等县，河水泛涨，平地成渠，横流黑水。平阳府夏县，四门陷塌，井水沸溢，官民房屋倾颓，压死男妇数多。城内土长约高丈余，平地出水。安邑县衙门尽塌，民房约倒八分，压死人口万余，头畜无其数，城西半里崩出水泉十数余眼。荣河县地裂成沟，泉水如河。

（出自佚　名《地震记》见《碧霞元君圣母行宫记碑》碑阴）

（3）（嘉靖）三十四年十二月，山西，陕西，河洛同时地震，蒲州等处尤甚。或地裂泉涌，或城房陷入地中，或平地突成山阜，或一日连震数次，或累日震不止，河、渭泛，华岳终南山鸣，或移数里，河清数日。压死奏报有名官吏军民八十二万有奇。致仕南兵书韩邦奇、光禄卿马理、祭酒王维桢同日死焉，其不知名未及经奏报者，复不可胜计。

(出自明·王圻《续文献通考》卷二二一)

（十四）1558 年 6 月 25 日嘉靖三十七年五月 4 级地震

〔嘉靖三十七年戊午五月〕东阳县地震，裂出血。

(出自明·查继佐《罪惟录》志卷三)

（十五）1560 年 3 月 29 日嘉靖三十九年二月二十三日 3½ 级地震

〔嘉靖三十九年二月〕乙未，湖广竹溪县地震有声，民家地出血。

(出自《嘉靖实录》卷四八一)

（十六）1560 年 9 月 30 日嘉靖三十九年九月 4 级地震

〔嘉靖三十九年〕九月，嘉兴府地震，屋宇如帆，河水撞击，水族跃起。

(出自清·傅维麟《明书》卷八五)

（十七）1561 年 8 月 4 日嘉靖四十年六月壬申（十四日）7¼ 级地震

（1）〔嘉靖四十年六月〕壬申，山西太原，大同等府，陕西榆林、宁夏、固原等处各地震有声，宁、固尤甚，城垣、墩台、房屋皆摇塌。地裂涌出黑黄沙水，压死军人无算，坏广武、红寺等城。兰州、庄浪天鼓鸣。

(出自《嘉靖实录》卷四九八)

（2）嘉靖四十年六月壬申，太原、大同、榆林地震，宁夏、固原尤甚。城垣、墩台、府屋皆摧，地涌黑黄沙水，压死军民无算，坏广武、红寺等城。

(出自《明史·五行志》)

（3）嘉靖四十年六月壬午（申），宁夏地震，城垣、墩台、屋舍皆摧，拥（涌）黄黑沙水，压死军民无算。

(出自清·张金城《宁夏府志》卷二二)

（十八）1564 年 12 月 14 日嘉靖四十三年十一月 3½ 级地震

嘉靖四十三年冬月，江川大雷雨地震，昼夜十余次，浃旬乃止。

(出自清·李熙龄《澂江府志》卷二)

（十九）1574 年 8 月 29 日万历二年八月初四日地震

万历二年十二月甲戌八月初四日未时地震，从东南方起，至西北方止，声大如雷，大小房屋摇动，沟水泛溢。

(出自明·吕一静《兴化府志》卷一)

（二十）1576 年 3 月 27 日万历四年二月十七日 4½ 级地震

〔万历四年二月〕庚辰夜，蓟辽地震，辛巳又震，滦河断流。

(出自《万历实录》卷四七)

（二十一）1594 年 9 月 30 日万历二十二年秋 4 级地震

万历二十二年颍上县地震，河水俱沸。

(出自清·王敛福《颍州府志》卷一〇)

（二十二）1596 年 9 月 21 日万历二十四年八月 4 级地震

〔万历二十四年〕八月地震，池水为倾。

(出自明·孙居相《恩县志》卷五)

（二十三）1597 年 9 月 28 日万历二十五年八月十八日 4½ 级地震

〔万历二十五年八月〕至十八日辰时又震，池塘中水溢，北又还南，移时乃定。

（出自清·陈树芝《揭阳县志》卷一）

（二十四）1597 年 10 月 6 日万历二十五年八月二十六日 7 级地震

（1）〔万历〕二十五秋八月甲申地震，水溢，诸乡村水俱溢。

（出自清·王鼐《滑县志》卷四）

（2）〔万历〕二十五年八月二十六日地震水涌，自二十六日至二十八日，连三日地震，城内外诸水皆旋长旋消，若潮汐然。

（出自明·罗士学《沛志》卷一）

（3）〔万历二十五年八月甲申〕山东潍县、昌邑、安乐〔乐安〕、即墨皆震。临淄县不雨濠水忽涨，南北相向而斗。又夏庄大湾，忽见潮起，随聚随开，聚则丈余，开则见底，乐安小清河水逆涌流，临清砖板二闸无风起大浪。

（出自《万历实录》卷三一三）

（4）〔万历二十五年八月甲申〕辽阳、开原、广宁等卫俱震，地裂涌水，三日乃止，宣府、蓟镇等处俱震，次日复震。蒲州池塘无风生波，涌溢三四尺。

（出自《万历实录》卷三一三）

（二十五）1597 年 10 月 9 日万历二十五年八月二十九日 4½ 级地震

万历二十五年八月二十九日巳时，颖上地震，河沸渠潦，水溅塗。

（出自清·翟乃慎《颖上县志》卷一一）

（二十六）1599 年 10 月 18 日万历二十七年八月 4 级地震

万历二十七年八月酉时，浦江地反，池水覆溢如盆水侧倾之状，各处皆然。

（出自明·吴应台《浦江县志》卷六）

（二十七）1600 年 8 月 8 日万历二十八年六月 4½ 级地震

万历二十八年夏六月，石城地震，水涌三尺，陷七潭。

（出自清·王椠《高州府志》卷五）

（二十八）1604 年 12 月 29 日万历三十二年十一月初九 7½ 级地震

（1）万历三十二年十一月初九戌时地震，河水腾涌，起自西北。

（出自清·张思齐《馀杭县志》卷八）

（2）万历三十二年十一月初九日夜，福宁地大震如雷，山谷响应，……兴化地大震，自南而北，树木皆摇有声，栖鸦惊飞，城圮数处，屋倾无数，洋尾、柯地、利港水利田皆裂，出黑沙，作硫磺臭，池水皆涸。

（出自清·孙尔準《福建通志》卷二七一）

（3）〔万历〕三十二年十一月初九日夜地大震，……洋尾厝地、下柯地、港利田地皆裂，中出黑沙作硫磺臭，池水亦因地裂而涸，故老谓地震以来未有如此之甚者也。初十日夜，地又震。俗传连震十数夜。

（出自明·马梦吉《兴化府志》卷五八）

（4）万历三十二年甲辰二月，黑光磨荡。十一月间，自初二地震，至初九夜戌时大震，……清源山及南安地裂，涌出沙水，气若硫磺，地裂沙涌，说处尚多，从古未有，半年方息。

（出自佚名《安海志》卷八）

（二十九）1605 年 7 月 13 日万历三十三年五月二十八日 7½ 级地震

〔万历三十三年〕五月二十八日亥时地大震，自东北起，声响如雷，公署民房崩倒殆尽，城中压死者数千，地裂水沙涌出，南湖水深三尺，田地陷没者不可胜计。调塘等都田沉成海，计若千顷。

（出自清·潘廷侯《琼山县志》卷一二）

（三十）1609 年 7 月 12 日万历三十七年六月十二日 7¼ 级地震

〔万历三十七年六月〕辛酉，甘肃地震，……东关地裂，南山一带崩，讨来等河绝流数日。

（出自《万历实录》卷四五九）

（三十一）1617年2月5日万历四十四年十二月4½级地震

万历四十四年十二月，和州地震出水。

（出自清·善贵《和州志》卷六）

（三十二）1623年3月30日天启三年4½级地震

天启三年春，济南府地震；新城地震，起西北行东南，屋宇皆动，水生波，连震者三。

（出自康熙《济南府志》卷十）

（三十三）1626年6月28日天启六年六月初五7级地震

天启六年闰六月地震，有声如雷，全城尽塌，官民庐舍无一存者，压死多人，枯井中涌水皆黑。

（出自清·丘宏誉《灵邱县志》卷二）

（三十四）1652年2月5日顺治八年十二月二十六日4½级地震

顺治八年十二月二十六日子夜，南平地震，剑潭水跃起数丈，有异声。

（出自《南平县志》）

（三十五）1652年7月13日顺治九年六月初七日7级地震

（1）顺治九年六月初七日辰时地震有声，次日巳时地复大震。……復雷雨大作，平地水泛，偶有声息，呼喊惶乱，莫能自主。邻郡次之，惟弥渡更甚，官舍民居，不存片瓦，压死人民三千有余，客商无名者不知其数。地皆崩裂，涌出臭泥，鳅鳝盘结地上，不知何来。山上乱石飞坠，河内流水俱乾。

（出自清·蒋旭　陈金珏《蒙化府志》卷一）

（2）〔顺治九年壬辰六月〕蒙化地大震。地中若万马奔驰，尘雾障天。夜复大雨，雷电交作，民舍尽塌，压死三千余人。地裂涌出黑水，鳅鳝结聚，不知何来。震时河水俱乾，年余乃止。

（出自清·范承勋　吴自肃《云南通志》卷二八）

（3）顺治九年六月，弥渡地大震，涌黑水，覆官舍民居，压死千余人。

（出自《赵州志》）

（三十六）1653年6月25日顺治十年六月地震

顺治十年夏，六月地震，有声如雷。大水。

（出自清·陈良玉、彭而述《邓州志》卷二）

（三十七）1654年7月21日顺治十一年六月初八8级地震

入夏以来，屡闻河决。昨又读陕抚马之先特报地震一疏，坏城堡，倾庐舍，毙人民，变甚烈矣。

（出自清·朱樇《国朝奏疏》卷七：季开生《沥陈民隐十款》）

（三十八）1655年1月21日明永历八年（顺治十一年）十二月十四日4½级地震

明永历八年（顺治十一年）十二月十四日，嘉义、台南激震，连续六周，见有湖水激荡。

（出自张宪卿《近三十年台湾之地震》卷一六三）

（三九）1657年9月7日顺治十四年七月4级地震

顺治十四年秋七月，富阳地震，水几沸。

（出自清·钱晋锡《富阳县志》卷一）

（四十）1668年7月25日康熙七年六月十七日8½级地震

（1）康熙七年六月十七日戌时地震，虩声自西北来。一时楼房树木皆前俯后仰，从顶至地者连二三次，遂一颤即倾。城楼垛口、官舍民房并村落寺观，一时俱倒塌如平地。打死男妇子女八千七百有奇。查上册人丁打死一千五百有奇。其时地裂泉涌，上喷二三丈高，遍地水流，沟洫皆盈，移时即消化为乌有。

（出自清·张三俊　冯可参《郯城县志》卷九）

第五章　宋元明清时期（960—1911年）

（2）康熙七年六月十七日夜戌时大地震，回复时多自西北如万毂声从东下，城堞台榭倾圮过半，压死者远近不可数。民多露处蓆棚中，经月乃定。是年复河溢，霆而（雨）蝗蝻互相为灾。

（出自清·臧兴祖　吴之元《徐州志》卷八）

（3）前此书震矣，无记。兹记者何？志甚也。先是苦雨几一月，是日城南渠一晷之间暴涨、涸，见者异之。城外旧无水，忽遭水至，急登陴视之，水循城南汛，澎湃奔驶，退则细沙腻壤，悉非赣物。井水高二丈，直上如喷。凡河俱暴涨，海反退舍三十里。室自出泉，寒冽不可触。裂地以丈尺计，旋复合，投石试之，其声空洞。及旦，人且谣曰：神告我后十日当陷，至期愚者率奔避山上，而是夜果大雨，飞虹绕电，天地若倾，人栖树下，视覆扉盖笠者大厦华庑矣。

（出自清·俞廷瑞　倪长犀《赣榆县志》卷四：《地震记》）

（4）〔康熙七年〕六月十七日戌时，地震有声，自西北来如雷。民舍楼房崩倒者十之七八。压死男妇甚众。地震后天鼓时鸣，星陨如雨，井泉上涌，水皆赤。

（出自清·阎元吉　徐霭《萧县志》卷五）

（5）〔康熙〕七年六月十七日戌时地大震，而安邑尤甚。城内大水行舟，天雨五十日，地震之后又雨五十日，民有孑遗之叹。

（出自清·徐光祖　孙超宗《安东县志》卷一五）

（6）康熙七年六月十七日戌时地震有声，河水尽溢。

（出自清·王培宗、邱性善《南乐县志》卷九）

（7）康熙七年六月十七日戌时地震如雷声，燕、齐、晋、魏尤甚。有山塌者，地裂黄水，红水及臭水浆上泛者，打死压死者人以万计。

（出自清·高成美　胡丛中《淮安府志》卷一）

（8）蒙阴县报：（康熙七年六月十七日）戌时大震……，城东八里山脊开，水高四尺。城北二里南造型院亦如之。

（出自清·彭孙贻《客舍偶闻》）

（9）地震之变载于书册者甚多。康熙七年戊申六月，予独卧一小楼最上起，已熟眠矣。忽觉床枕动摇，次日晨起，日色正赤如血，平地裂出黑水，遍地皆然……未震之前一日，耳中闻河水汹汹之声，遣僕子探视，亦无所见。或云先一日瀰丹诸河水忽涸，然予未之见也。

（出自宋宪章　邹允中《寿光县志》卷一六：《青社遗闻》）

（10）〔康熙〕七年六月十七日戌时，有声如雷，自西北来，地遂大震。地坼长至数里，阔尺余，深丈余，井水皆涌出，既而尽涸。

（出自清·叶方恒《莱芜县志》卷二）

（11）〔康熙〕七年六月十七日地大震，七月二日连雨八昼夜，至九日乃止。嗣后连震数月。

（出自清·张峋　唐梦赉《淄川县志》卷三）

（12）康熙七年六月十七日凤阳地大震，七日乃止。是岁水荒。

（出自清·耿继志　汤原振《凤阳府志》　卷二）

（13）〔康熙七年〕六月十七日戌时地大震。……地裂处沙涌水飞，深者数十丈。二十七日海水大涨，滨湖之家尽没。飓风旬日杀稼。冬大歉。

（出自清·张奇抱　胡简敬《沭阳县志》卷一）

（14）康熙戊申六月十七戌刻，山东、江南、浙江、河南诸省同时地大震，而山东之沂、莒、郯三州县尤甚。郯之马头镇死伤数千人，地裂山隤，沙水涌出，水中多有鱼蟹之属。

（出自清·王士禛《池北偶谈》卷二二）

（15）康熙七年六月十七日戌时地震。七月朔连雨七日。初七日辰时，东西两河水溢没城墙九尺，民多溺死。郭邑大水。彗星经天，越三月乃没。

（出自清·吴存礼　陆茂腾《通州志》卷一一）

（四十一）1668 年 9 月 3 日康熙七年秋七月二十七日 4½级地震

康熙七年秋七月二十七日戌刻，邓州地震有声，河水沸腾，移时止。

（出自清·蒋光祖、姚之琅《邓州志》卷二四）

（四十二）1670 年 1 月 17 日康熙八年十二月二十六日 4½级地震

康熙八年十二月二十六日子夜，南平地震，剑潭水跃起数丈，有异声。

（出自清·萧来鸾　金章《延平府志》卷二一）

（四十三）1678 年 6 月 7 日康熙十七年四月十九日 3½级地震

康熙十七年四月十九日，上海大雨，雨后地震。

（出自《历年记》）

（四十四）1679 年 9 月 2 日康熙十八年七月二十八日 8 级地震

（1）〔康熙〕十八年七月二十八日巳时地震，从西北至东南，如小舟遇风浪，人不能起立。城垣房屋存者无多。四面地裂，黑水涌出，月余方止。所属境内压毙人民甚众。

（出自清·陈昶　王大信《三河县志》卷七）

（2）康熙十八年己未七月二十八日巳时，……盖地多折裂，黑水兼沙从地底涌泛。有骑驴道中者，随裂而堕，了无形影。故致人惊骇呼告耳。

（出自清·陈昶　王大信《三河县志》卷一五　任塾《地震记》）

（3）康熙十八年七月二十八日巳时，忽地底如鸣大炮，……黑水横流，田禾皆毁。阖境人民，除墙屋压毙及地裂陷毙之外，其生者止存十之三四。

（出自李兴焯　王兆元《平谷县志》卷三陈景伊《平谷地震记》）

（四十五）1683 年 11 月 22 日康熙二十二年十月初五 7 级地震

（1）〔康熙〕二十二年十月初五日未时地大震，其声如雷，平地绝裂出水，或出黄黑沙。

（出自清·王会隆《定襄县志》卷七）

（2）康熙二十二年十月初五日未时地大震。……神山、三泉、原平、大阳等处尤甚，地且迸裂，或出水，或出黑沙，人皆露处，屋虽存，不时摇动，至十月中乃定。是冬天气颇燠。

（出自清·邵丰镟《崞县志》卷五）

（四十六）1695 年 5 月 18 日康熙三十四年四月初六 7¾级地震

康熙三十四年四月六日地震，邑中井溢。

（出自清·钱之青　张天泽《榆次县志》卷七）

（四十七）1697 年 3 月 25 日康熙三十六年三月初三 3 级地震

康熙三十六年三月初三戌时，巢县地微震，湖水清。

（出自清·邹珵《巢县志》卷二一）

（四十八）1707 年 10 月 28 日康熙四十六年十月初四日 4 级地震

康熙四十六年十月初四日，归安双林镇地震，水涌。

（出自蔡蒙《双林镇志》卷一九）

（四十九）1707 年 10 月 28 日康熙四十六年十月十四日 4 级地震

康熙四十六年十月十四日，海宁州地震，水沸。

（出自清·管廷芬《海昌续载》卷四）

（五十）1709 年 10 月 14 日康熙四十八年九月十二日 7½级地震

康熙四十八年九月十二日辰时地大震。初，大声自西北来，轰轰如雷。官舍、民房、城垣、边墙皆倾覆。河南各堡平地水溢没踝，有鱼游，推出大石有合抱者，井水激射高出数尺，压死男妇二千余口。

（出自清·黄恩锡《中卫县志》卷二）

（五十一）1716 年 12 月 5 日康熙五十五年十月二十二日 4 级地震

康熙五十五年十月二十二日戌时，嵋峨雨黑，地动，彻夜人心惶惶。

（出自清·薛祖顺《嵋峨县志》卷二七）

（五十二）1720 年 7 月康熙五十九年六月地震

康熙五十九年六月地震，大雨。

（出自清·左承业《万全县志》卷一）

（五十三）1733 年 8 月 2 日雍正十一年六月二十三日 7¾级地震

（1）〔雍正〕十一年六月二十三日地大震，山谷崩裂，河水滥流。

（出自清·崔乃镛《东川府志》卷一）

（2）七月廿夜丑时，迅雷疾霆，大雨如注，阴阳和顺，自是而后遂无震惊之虑。

（出自清·崔乃镛《东川府地震纪事》）

（五十四）1739 年 1 月 3 日乾隆三年十一月四日 8 级地震

（1）臣查郎阿于十二月十八日到宁。查得宁夏府城于十一月二十四日戌时陡然地震，竟如簸箕上下两簸。……而平罗、新渠、宝丰等处，平地裂缝，涌出黑水更甚，或深三五尺、七八尺不等。

（出自川陕总督查郎阿等奏折）

（2）臣等宁夏地方，于十一月二十四日戌时，忽自西北有声，遽尔地震摇动一二次，所有满兵城中房屋，自臣等衙署以至兵丁房屋，尽皆塌坍。……其城中数处，地皆裂开二三寸，向外涌水。

（出自镇守宁夏等处将军阿鲁等奏折（满文））

（3）兹于初六日又据总兵杨大凯呈称：……续据都司董茂林呈称：差人探得宝丰、新渠并所属各营堡，以及沿河户民一带，地震后裂开大窟，旋壅出大水，并河水泛涨进城，一片汪洋，深四五尺以至六七尺不等。民人、牲畜冻死、淹死甚多。一应军器等项，俱被水淹无存。其军民男妇得生者，暂在城上栖身。再查户民房屋庄村，亦被水淹大半。

（出自川陕总督查郎阿奏折）

（4）据宁夏总兵官杨大凯呈称：宁夏城于十一月二十四日戌时陡然地震，变出非常，一刻官署、民房一齐俱倒。……据报平罗、宝丰、洪广被震亦重，且地裂水出，较镇城涌水更大。

（出自川陕总督查郎阿奏折）

（5）乾隆三年十一月二十四日酉时，宁夏地震，从西北至东南，平罗及郡城尤甚，东南村堡渐减，地如奋跃，土皆坟起。平罗北新渠、宝丰二县地多坼裂，宽数尺或盈丈，水涌溢，其气皆热，淹没村堡。

（出自清·张金城 杨浣雨《宁夏府志》卷二二）

（6）乾隆三年冬十一月，靖远、庆阳、宁夏地震。平罗北新渠、宝丰、中卫、香山等处尤甚。一时地如奋跃，土皆坟起，坼裂数尺或盈丈，水涌溢，其气皆热。村堡、城垣、堤坝、屋舍、窑庄尽倒，压毙官民男妇五万余人。

（出自清·升允 安维峻《甘肃新通志》卷二）

（7）宁夏地震，每岁小动，民习为常，大约春冬二季居多，如井水忽浑浊，炮声散长，群犬□吠，即防此患。至若秋多雨水，冬时未有不震者。乾隆三年十二月（十一月）二十四日地大震，数百年来震灾莫甚于此。……地多裂，涌出黑水，高丈余。是夜动不止，城堞、官廨、屋宇无不尽倒。震后继以水火，民死伤十之八九，积尸遍野，暴风作，数十里尽成冰海。

（出自清·王经辰《银川小志》卷末）

（8）乾隆三年十一月二十四日地忽震裂，河水上泛，灌注两邑，而地中涌泉直立丈余者不计其数，四散溢水，深七八尺以至丈余不等，而地土低陷数尺，城堡房屋倒塌，户民被压溺而死者甚多。新渠县城南门陷下数尺。北城门洞仅如月牙，而县属商贾民房及仓廒亦俱陷入地中。粮石俱在水沙之内，令人刨挖，米粮热如汤泡，味若酸酒，已不堪食用。四面各堡俱成土堆，惠农、昌润两渠俱已坍塌，渠底高于渠□。自新渠而起二三十里以外，越宝丰而至石咀子，东连黄河，西连贺兰山，周廻一二百里，竟成一片水海。宝丰县城仓廒亦半入地中，户民无栖息之所，大半仍回原籍。

（出自清·徐保宇《平罗纪略》卷八）

（五十五）1774 年 12 月 31 日乾隆三十九年 4½ 级地震

乾隆三十九年，庆远府德胜镇地震。西南二门外裂陷数十穴，水极澄清。土民缒石测其深浅，自七八十丈至百余丈不等。

（出自清·英秀　唐仁《庆远府志》卷二〇）

（五十六）1792 年 8 月 9 日乾隆五十七年六月二十二日 7 级地震

六月十三日起至二十一日，连日大雨，溪水正在泛涨，加以地震，近溪之眉目义等庄民屯、叛产田园，被水冲压，约有二百余甲。

（出自福建水师提督兼台湾总兵哈当阿奏折）

（五十七）1796 年 3 月 8 日嘉庆元年正月 4½ 级地震

嘉庆元年春正月，乐清地震，地裂，涌黑水。

（出自《清史稿》志·卷一九）

（五十八）1808 年 6 月 1 日嘉庆十三年五月初八日 4½ 级地震

嘉庆十三年五月初八日夜，莆田地震，屋瓦有声，又壶公山顶灯光见数夜，木兰陂水回澜，定庄池水红一月。

（出自清·林扬祖《莆田县志》卷二〇）

（五十九）1830 年 6 月 12 日道光十年闰四月二十二日 7½ 级地震

（1）道光十年五月初八、十一等日，运司陈崇礼先后禀详据称：五月初四、初八等日，据磁州商人晋永泰，临漳、成安二县商人晋元亨禀报：磁州、临漳引地于闰四月二十二日戌刻同时地震。……再，于五月十一日，据运司详称：闰四月二十日至五月初六日先后据赞皇县商人晋永吉……等禀报：该商等引地自四月二十八、九日起至闰四月初四、五等日止，连日大雨倾注，河水、山水涨发漫溢。被水情形，各处轻重不同。

（出自盐政阿扬阿奏折）

（2）窃查去年闰四月二十二日，京畿三辅地方广轮千余里，同日地震。其尤甚者，则直隶之磁州、河南之临漳县等处。近有臣乡人入都，据云：该地方将震之时，有声从西北来，如雷轰炮击，瞬息之间，树梢扫地，尘埃障天，屋瓦飞掷，井水肆溢，房屋倒塌殆尽，人物压毙无算。又平地坼裂，有水从内涌出，其色黑白不等。水尽继之以沙，沙尽继之以寒气。

（出自给事中刘光三奏折）

（3）二十五、六、七等日亲赴四乡周历查勘，西乡情形最重……随查得城乡地多坼裂，黑水挟细沙从地底涌出，泛滥大道。黑水涌处，其洞或圆样，或腰圆，大小不一。或有高地而改注者，或有城濠洼地反挤而为高者，有井水味淡变而为咸者，亦有本味咸改而为淡者。西乡离城十五里，地名东武仕，有平石桥，下通滏阳河发源之水，地动后，水漫桥上一二尺不等。余查灾每过是桥，舆夫必多人扶持过去，询之土人，金云：地动则水涨，动稍息则水渐消，复动则复涨。又云：地动水涨则井涸，种种灾异，令人不可解者，未能枚举。

（出自清·沈旺生《磁州地震大灾纪略》）

（六十）1832 年 10 月 23 日道光十二年 4½ 级地震

道光十二年，颍上河溢大水，庐舍漂没过半，九月地震有声，屋宇有至倾覆者。

（出自清·都宠锡　李道章《颍上县志》卷一二）

（六十一）1833 年 9 月 6 日道光十三年七月二十三日 8 级地震

（1）〔道光〕十二年壬辰六月十八日安宁河大水。十三年癸巳七月二十三日辰、巳时地大震。八月初二日安宁河大水。

（出自清·何东铭《邛嶲野录》卷六九）

（2）查七月份据各属禀报，上旬得雨深透，中下两旬晴雨调匀。……二十三日巳刻，云南、澂江、曲靖、临安、武定等府州所属地方，同时地震。

（出自云南巡抚伊里布奏折）

（3）〔道光十三年七月二十三日〕巳刻，昆明等十余县同时地大震，……地面裂而复合，黑泉涌出，杨林尤甚。

（出自龙云　周锺嶽《云南通志》卷二二）

（4）汤池：（原注：宜良县采访）宜良汤池源出涌金山，分数脉，漫流至池，水热如沸。道光癸巳七月念三日地震后水忽竭。

（出自清·岑毓英　陈灿《云南通志》卷二四二）

（5）〔道光〕十三年地震，杨林尤甚，房屋倾圮，人民压毙，裂而复合，黑泉涌出。

（出自清·胡绪昌　王沂渊《嵩明州志》卷二）

（六十二）1851 年 8 月 27 日咸丰元年八月地震

咸丰元年八月地震，江水斗。

（出自清·卢思诚　季念诒《江阴县志》卷八）

（六十三）1852 年 6 月 17 日咸丰二年四月 4 级地震

咸丰二年夏四月□日午夜，寿昌忽然地动，人不自由，致有已睡而自床倾覆者，厨房覆碗，琳琅有声，塘水皆翻涌，移时始平。

（出自陈焕　李饪《寿昌县志》卷一）

（六十四）1853 年 7 月 20 日咸丰三年癸丑六月十五日 4½ 级地震

咸丰三年癸丑六月十五日，江华地震声如雷，井泉赤如血。

（出自清·卞宝第　曾国荃《湖南通志》卷二四四）

（六十五）1853 年 12 月 31 日咸丰三年 4½ 级地震

咸丰三年，新宁新柴村、大飘坪地震，有声如雷，陷成七潭，大小不一，曾有水涌出迄今（光绪三年）尚存。

（出自清·李炳耀　李大绪《新宁县志》卷一八）

（六十六）1855 年 1 月 8 日咸丰四年十一月二十日 4½ 级地震

咸丰四年甲寅冬十一月二十日申刻，平江县东地震，民房尘埃飞落，柜中碗盏皆震动倾侧，池水波荡，泼上岸者，高至二三尺。

（出自清·张培仁　李元度《平江县志》卷五〇）

（六十七）1855 年 2 月 17 日咸丰五年正月地震

咸丰五年正月、十一月俱地震，屋墙破裂，河水沸腾。

（出自清·汪文炳、蒋敬时《富阳县志》卷一五）

（六十八）1866 年 12 月 16 日同治五年十一月初十日 4½ 级地震

一八六六年十二月十六日（同治五年阴历十一月初十）晨八时二十分，凤山打狗港发生地震，约历十一分钟，树木、房舍及港中船只无不震动，河水陡落三尺，忽又上升，似将发生水灾。

（出自方豪《方豪六十自定稿》上册）

（六十九）1867 年 12 月 18 日同治六年十一月二十三日 7 级地震

（1）〔同治〕六年艋舺街火，六月有年。冬十一月地大震。淡北大水，……。二十三日鸡笼头、金包里沿海山倾地裂，海水暴涨，屋宇倾坏，溺数百人。

（出自清·陈培桂《淡水厅志》卷一四）

（2）一八六七年地震发生在十二月十八日，海水从基隆港倾泻而出，留下了一个干涸的泊位，但不几秒钟，带着两个浪头的海水又汹涌而回，淹没了舢板和人口。基隆、金包里及巴其那等城镇部分泡为废墟。淡水遭到严重破坏，好几百人死亡。

（出自《1881 年通商各关贸易报告》（英文） 第十七期）

（3）FORMOSA 一书，此次记述，乃作者本人口吻，曰："一八六七年二月十八日（原按：为同治六年阴历十一月二十三日）北部地震更烈，灾害亦更大。基隆城全被破坏，港水似已退落净尽，船只被搁于沙滩上，不久，水又复回，来势猛烈，船被冲出，鱼亦随之而去。沙滩上一切被冲走。原本建筑良好之屋宇，亦被冲坏。土地被沙掩没，金包里地中出声。水向上冒，高达四十尺；一部分土地沉入海中，基隆港口内，有若干尺面积地方，其下落已较原来为深。此系据若干欧洲商人证实报告。"

（出自方豪《方豪六十自定稿》上册）

（4）〔一八六七年十二月十八日〕台湾基隆地方地大震，全市倒坏。海啸。死者众多。附近火山口岩浆溢出。

（出自武者金吉《日本地震史料·年表》（日文））

（七十）1869 年 6 月 5 日同治八年四月二十五日 4½级地震

同治八年四月二十五、六日，浏阳连日大水，县东地震，山有裂者。

（出自清·王汝惺 邹焌杰《浏阳县志》卷一四）

（七十一）1870 年 4 月 11 日同治九年三月十一日 7½级地震

臣于四月初七、十一等日，连据管理巴塘粮务试用通判吴福同、驻防巴塘汛崇化营都司马开昌报称：三月十一日巳刻，巴塘一带，突然地震山崩。……而连日地震，不但人难驻足，兼之河水暴竭，直至十七日，始得将火救熄。

（出自四川总督吴棠奏折）

（七十二）1878 年 9 月 26 日光绪四年九月 4½级地震

光绪四年九月初卯时地震，池塘水偏向激流，荡溢出岸，若将倾覆，人物站立不稳，屋宇震动，越时许始定。

（出自刘月泉 陈全三《正阳县志》卷三）

（七十三）1879 年 7 月 1 日光绪五年五月十二日 8 级地震

（1）光绪五年五月十二日地震，坑水有漾出者。

（出自清·陈兆麟 祁德昌《开州志》卷一）

（2）光绪五年五月十二日寅刻，池水溢，似被搏激。陕西、四川是日地震。

（出自秦夏声 刘鸿逵《庆云县志》卷三）

（3）据甘肃藩司崇保详称：唯十二日寅时，阶州及文县、西和等处大震，有声如雷，地裂水涌。城堡、衙署、祠庙、民房，当之者非彻底坍圮，即倾欹坼裂。压毙民人或数十名及百余名，或二三百名不等。牲畜被压伤毙甚多。

（出自陕甘总督左宗棠奏折）

（4）复据署阶州直隶州石本清禀称：地震之后，山裂水涌，滨城河渠失其故道；上下游各处，节节土石堆塞，积潦纵横。五月二十九、六月初一等日，大雨如注，山谷积水复横决四出，将州城西南隅新筑溃口冲塌，并灌入城，淹倒南门城楼及迤东一带城身，宽长约计七八百丈。城中游击衙署及民房数百所并遭淹没。阶城地势低洼，居民于地震时已移避高处，故淹毙尚少。

（出自陕甘总督左宗棠录副奏折）

（5）光绪五年（五月初十日地震，）十一日大水，十二日寅刻地大震，南山崩塌，冲压西南城垣数十丈，居民二百余家。城中突起土阜，周二里许。各处山飞石走，地裂水出，杀九千八百八十一人，弥月不息。六月朔，江水涨发，淹没城垣、营署、民房。十月十四日黄雾四塞，人对面不相识。

（出自清·叶恩沛 吕震南《阶州直隶州续志》卷一九）

第五章　宋元明清时期（960—1911 年）　　·261·

（七十四）1880 年 6 月 19 日光绪六年五月十二日 4 级地震

光绪六年五月十二日，项城地震，水涌数尺，屋瓦震动。

（出自清·张镇芳　施景舜《项城县志》卷一）

（七十五）1888 年 6 月 13 日光绪十四年五月初四 7½ 级地震

光绪十六年五月初四日下午二钟地震，约五分钟，池水泛滥，铃铎作声。

（出自唐肯章钰《霸县志》卷四）

（七十六）1895 年 12 月 31 日光绪二十一年 4½ 级地震

光绪二十一年，滁州西门外十余里突遭地震，居民惊骇。嗣有人见近山之麓裂地道一条，围三丈余，深数丈，泛滥之水从孔涌出，如瀑布上泻。

（出自《益闻录》）

（七十七）1897 年 5 月 30 日光绪二十三年四月 4½ 级地震

光绪二十三年四月上午十一时许，赣州地震，门环摇动作响，桌上杯碗碰击，河中无风起浪约有一尺多高，街上行人乱跑，惊逃户外，不稳的簷瓦落下。

（出自《江西省历史地震调查资料》）

（七十八）1902 年 8 月 22 日光绪二十八年七月十九日 8¼ 级地震

晚宿，遇湘人马某自喀什噶尔来云：光绪二十八年七月十九日加未，喀什噶尔东八十里，地名喀什牙满牙〔地〕震甚，忽裂陷，宽四五尺，长约百里，深不可测，间涌黑水，俯视阴风刺骨，作硫磺臭。有缠民跨马过，蹈入。酉刻再震，白气自内出，裂复合，所陷马伸一首不能出。喀什、莎车西四城连震二年有余始止。

（出自清·裴景海《河海昆仑录》卷四）

（七十九）1911 年 1 月 30 日宣统三年元旦 3½ 级地震

宣统三年元旦，海丰地震兼大雨。

（出自《汕尾市风、水、旱灾害灵》）

二、地声

（一）1128 年 9 月 9 日南宋理宗绍定元年八月初三 3½ 级地震

南宋理宗绍定元年八月初三二鼓，雷雨之声自东北来，地遂震。

（出自周密《癸辛杂识续集》）

（二）1346 年 9 月 28 日元顺帝至正六年九月戊子 3½ 级地震

元顺帝至正六年九月戊子，邵武路地震，有声如鼓，至夜复鸣。

（出自《中华文脉·历史传记》）

（三）1426 年 8 月 13 日宣德元年七月 3 级地震

宣德元年七月癸已，京师地震，有声，自东南迄西北。

（出自《明史》）

（四）1468 年 4 月 13 日成化四年三月十二日 4½ 级地震

成化四年三月十二日夜四更，琼州府地震。未震之先，有声从西南起，遂大震，既而复震。

（出自《成化实录》卷五五）

（五）1469 年 12 月 22 日成化五年十一月初十日 4 级地震

成化五年十一月初十日，儋州地动；十一月临高地震，响彻陵谷。

（出自清·韩祐《儋州志》卷二）

（六）1471 年 2 月 28 日成化七年正月 4 级地震

成化七月春正月，顺宁府地震，声如雷吼，逾三日始宁。

（出自明·邹应龙 李元阳《云南通志》卷一七）

（七）1472 年 10 月 2 日成化八年八月乙酉 4 级地震

成化八年八月酉，陕西榆林城地震，有声如风涛。

（出自《成化实录》卷一〇七）

（八）1478 年 6 月 3 日成化十四年四月二十四日 3½级地震

成化十四年四月二十四日夜，增城地震，天响如钟。

（出自明·张文海《增城县志》卷一九）

（九）1484 年 6 月 30 日成化二十年五月甲寅 3½级地震

成化二十年五月甲寅，山西代县一日七震，俱有声。

（出自《成化实录》卷二五二）

（十）1485 年 3 月 16 日成化二十一年二月癸酉 3½级地震

成化二十一年二月癸酉，山西平阳府地震，声如风。

（出自《成化实录》卷二六二）

（十一）1487 年 4 月 22 日成化二十三年三月庚申 3½级地震

成化二十三年三月庚申，凤阳府灵璧县地震，声吼如风。

（出自《成化实录》卷二八八）

（十二）1501 年 1 月 29 日弘治十四年正月十七日 7 级地震

（1）〔弘治十四年正月庚戌〕陕西延安、庆阳二府、潼关等卫、同、华等州、咸阳、长安等县，是日至次日地皆震，有声如雷。而朝邑县尤甚，自是日以至十七日频震不已，摇倒城垣楼橹；损坏官民庐舍共五千四百余间，压死男妇一百六十余人，头畜死者甚众，县东十七村所在地坼，涌水泛溢，有流而成河者。是日河南陕州及永宁县、卢氏县、山西平阳府及安邑、荣河等县，各地震有声。蒲县自是日至初九日，日震三次或二次，城北地坼，涌沙出水。

（出自《弘治实录》卷一七〇）

（2）查得近该巡按陕西监察御史燕忠奏称：据西安并长安等县申称：弘治十四年正月初一日申时分，忽然地震，有声从东北起响，向西南而去，动摇军民房屋。本日酉时分复响，有声如前，至次日寅时又响如前。及据本府朝邑县申，本年正月初一日并初二日寅时地震，声响如雷，自西南起，将本县城楼、垛口，并各衙门仓监等房，及既县军民房屋，震摇倒塌，共五千四百八十五间，压死大小男女一百七十名口，压伤九十四名口，压死头畜三百九十一头只。及县东北、正东、东南地方安昌八里一十九处，遍地窍眼，涌出水深浅不等，汛流震开裂缝，长约一二丈、四五丈者，涌出溢流，良久方止；蔡家堡、严伯村等，四处涌出，几流成河。不明（时）动摇，自本日起至十五日尚震未息，人民惊惶四散，逃避高阜去处塔庵存住等因。随据延安、庆阳二府及直隶潼关等处各申称，所属州县与前长安等县日（同）时地震，声势相同。具奏该礼部抄出。又访河南河南府灵宝等县，亦各地震如前。臣惟地乃静物，止而不动，动则失其常也。……，况朝邑县南近华岳，东连黄河，而潼关、朝邑地震如此之甚，则华岳黄河必为之震溢矣。

（出自明·马文升《马端肃公奏议》卷七）

（3）〔弘治〕十四年正月庚戌朔，延安、庆阳二府，同、华诸州，咸阳、长安诸县，潼关诸卫，连日地震，有声如雷。朝邑尤甚，频震十七日，城垣、民舍多摧，压死人畜甚众，县东地坼，水溢成河；自夏至冬，复七震。是日，陕州永宁、卢氏二县，平阳府安邑、荣河二县，俱震有声。蒲州自是日至戊午连震。

（出自《明史·五行志》）

（4）〔弘治〕十四年正月朔日，蒲州地震，有声如雷，坏庐舍，压死人民甚众。

（出自明·杨宗气《山西通志》卷三一）

（5）〔弘治〕十四年正月朔，蒲州地震，有声如雷，形势闪荡，如舟在浪中。官民墙屋倾颓，压死人民甚多。

（出自清·傅淑训《平阳府志》卷一〇）

（6）弘治十四年正月朔，陕西地震。（原注：西安、延安、庆阳、潼关地震有声，韩城县尤甚，声响如雷，自朔至望未已，县东有裂地长一二丈或四五丈者，涌水溢流如河。）

（出自明·李思孝《陕西通志》卷四）

（7）弘治十四年春正月朔，地震韩城，声响如雷，倾倒官民房屋五千余间，压死男妇一百七十人，自朔至望震犹未息，县东安昌八里遍地决裂，有长一三丈者，有五丈者，涌水溢流成河。（原注：引自宪章录）

（出自明·苏进《韩城县志》卷六）

（8）弘治十四年正月朔，延安地震有声。

（出自清·陈天植《延安府志》卷一）

（9）〔弘治〕十四年正月庚戌地大震，有声如雷。

（出自清·高观鲤《环县志》卷一〇）

（10）〔弘治〕十四年正月朔，平凉、庆阳地震，有声如雷，地裂涌水，自朔至望未已。

（出自清·许容《甘肃通志》卷二四）

（十三）1501 年 2 月 20 日弘治十四年正月 3½级地震

弘治十四年正月壬申，辽宁盖州永宁连日地震有声，天鼓鸣，如雷。

（出自《弘治实录》卷一七〇）

（十四）1506 年 11 月 7 日正德元年十月 3½级地震

正德元年十月戊午，河南确山县天鼓鸣，地震声如雷。

（出自《明武宗毅皇帝实录》卷六十八）

（十五）1510 年 12 月 18 日正德五年十一月初八日地震

〔正德五年十一月庚申〕，陕西巩昌府地震有声。

（出自《正德实录》卷六九）

（十六）1514 年 10 月 31 日正德九年冬十月四日 3½级地震

正德九年冬十月四日寅初，寿阳地震，有声如雷，随震随止。顷复震，至卯刻又震。

（出自清·吴祚昌《寿阳县志》卷八）

（十七）1518 年 12 月 24 日正德十三年十一月 4½级地震

正德十三年十一月戊申，辽东及海州卫俱地震，天鼓随鸣；盖州卫天鼓鸣。

（出自《正德实录》卷一六八）

（十八）1521 年 12 月 21 日正德十六年十一月冬至日 3½级地震

正德十六年十一月冬至夜，松阳地震，其声如雷；遂昌地吼，其声如虎。

（出自清·赵士麟《浙江通志》卷二）

（十九）1530 年 10 月 30 日嘉靖九年九月 4½级地震

嘉靖九年秋九月，廉州府巳时既震，申时复震，俱隐隐如雷鸣，自西北而适于东南，屋宇动摇，人心惊悸。雷州府亦然。嘉靖九年秋九月，合浦地震。

（出自《广东通志初稿》，嘉靖十四年刊本）

（二十）1533 年 2 月 21 日嘉靖十二年正月 3½级地震

嘉靖十二年正月辛酉，山东青州府地震，声如风吼。

（出自《嘉靖实录》卷一四六）

（二十一）1536 年 3 月 29 日嘉靖十五年二月二十八日 7½级地震

（1）嘉靖十五年丙申二月二十八日癸丑，四更点将尽，地震者三，初震房屋有声，鸡犬皆鸣，随以天鼓自西北而南。后数日得报，唯建昌尤甚，城郭廨宇皆倾，死者数千人，都司李某亦与焉。

（出自明·陆深《蜀都杂抄》）

（2）嘉靖丙申二月二十八日夜子时四川一省地震，有声如雷，南至建昌尤甚。山崩地裂，城室尽塌，五昼夜雷声不绝，烈风可畏，山泉河水尽皆黄浊。

（出自明·徐应秋《玉芝堂谈荟》卷二五）

（3）嘉靖十五年蜀中之震亦奇，是年为丙申年二月二十八日丑时，四川行都司附郭建昌卫、建昌前卫以至宁番卫，地震如雷吼者数阵，都司与二卫公署，二卫民居城墙一时皆倒，压死都指挥一人、指挥二人、千户一人、百户一人、镇抚一人、吏三人、士夫一人、太学生一人、土官土妇各一人，其他军民夷獠不可数计。又徐都司父子、书吏、军伴等百余，无一得脱，水涌地裂，陷下三、四尺，卫城内外，俱若浮块，震至次月初六日犹未止。

（出自明·沈德符《野获编》卷二九）

（4）《巡抚都御史潘鉴亟处重大灾患疏》：嘉靖十五年三月十五日，据四川行都司金事、都指挥金事曹元呈称：本年二月二十八日丑时建昌卫地震，声吼如雷数阵。本都司并建前二卫大小衙门、官厅宅舍、监房仓库、内外军民房舍、墙垣、门壁、城楼、垛口、城门俱各倒塌顷（倾）塞，压毙掌印都指挥金事徐锐、指挥郝廷、千户翟忠、杨晟、百户陈銮、所镇抚冷裕、吏陈嘉颂、朱维鉴、喻金重。土妇师额、土舍安宇、乡官李珍、监生傅备等并各家口及内外屯镇乡村、军民客商人等，死伤不计其数。自二十八日以后至二十九日，时常震动有声，间有地裂涌水，陷下三、四、五尺者。卫城内外，似若浮块，山崩石裂，军民惊惶。又据宁番卫申称：同日地震，房屋墙垣倒塌无存，压死指挥刘英，千户刘爵、郑廉及军民男妇等因各到臣，臣覩灾惭负，闻言忧悯，痛自修省及县……。续据越巂卫镇西、邛、雅、崇庆、嘉、眉、资阳、大邑、峨嵋等卫所州县各申：地震倒塌城垣不等。……本年三月十九日又据建昌卫申称：前项地震至本月初六日摇动未止，人心欠宁。

（出自明·刘大谟《四川总志》卷一六《巡抚都御史潘鉴亟处重大灾患疏》）

（二十二）1539 年 11 月 20 日嘉靖十八年九月 4 级地震

嘉靖十八年九月，禄丰县地震连宵，有声如雷者弥月。

（出自明·邹应龙　李元阳《云南通志》卷一七）

（二十三）1546 年 3 月 11 日嘉靖二十五年正月 4½级地震

嘉靖二十五年正月，西安府山吼如雷，昼夜不止，忽上高一百余丈，襞裂二半而下，土石粉碎，民居移走三十余里，山底东有土岭西聚深涧一条，土石流走，淤塞漫平。

（出自明·陈建《皇明通纪》卷一七）

（二十四）1548 年 9 月 22 日嘉靖二十七年八月十一日 7 级地震

嘉靖二十七年八月十一日未时，地大震有声，坏民庐舍，夜复震，至十三日乃止。

（出自明·李光先《宁海州志》卷上）

（二十五）1553 年 10 月 27 日嘉靖三十二年九月 4 级地震

嘉靖三十二年九月甲寅，陕西西宁卫地震，有声如鼓。

（出自《嘉靖实录》卷四〇二）

（二十六）1554 年 12 月 26 日嘉靖三十三年十一月二十二日 4 级地震

嘉靖三十三年十一月二十二日未时地震，有声如雷，自西至东，山林皆涌，如涛浪状。

（出自清·林采《沙县志》卷一一）

第五章　宋元明清时期（960—1911年）

（二十七）1555年6月28日嘉靖三十四年五月4级地震

嘉靖三十四年乙卯夏五月，成安、曲周地一日三震，声如雷，成安学宫钟自鸣。

（出自清·沈奕琛《广平府志》卷一九）

（二十八）1556年2月2日嘉靖三十四年十二月十二日8¼级地震

（1）嘉靖三十四年十二月地震。本月十二日夜，子丑之辰连震三次，有声如雷，从西南去。是时山西蒲州等处，坏城郭庐舍大半，压死居民不可胜计。华山崩，沔水溢，灾变为甚，自此以下，百余年无考。

（出自清·韩国瓒《获鹿县志》卷九）

（2）嘉靖三十四年十二月壬寅夜，地震有声。

（出自清·宗琮《长垣县志》卷二）

（3）〔嘉靖三十四年十二月〕壬寅，山西、陕西、河南同时地震，声如雷。渭南、华州、朝邑、三原、蒲州等处尤甚，或地裂泉涌，中有鱼物，或城郭房屋陷入地中，或平地突成山阜，或一日数震，或累日震不止。河渭大泛，华岳终南山鸣，河清数日，官吏军民压死八十三万有奇。

（出自《明史·五行志》）

（4）〔嘉靖三十四年十二月〕平陆县十二日狂风大阵，夜更时分，炮响三声如鼓。十三日子时，震，声响如万雷，摇塌房屋，山岸、平地崩裂，涌出黑水泥沙，压死人口数多。

（出自明·佚名《地震记》见《碧霞元君圣母行宫记碑》碑阴）

（5）大明嘉靖三十四年十二月十二日夜子时分，忽然地震，势如风雷惊觉人口，出户立站不定，只见树梢点地，房倒歪斜。河南地方稍轻，山陕极重，别省微觉地动。有西安府咸、长并华州、乾、耀、三源（原）十余州县各申称，前项月日，同时地震，声如轰雷，致将城楼、墙垣、垛口、王府宫殿、官民宅舍、仓库、公廨、监房摇塌殆尽，压死人口不知其数。……代州、定襄等处，十三日子丑时地震。自西北方起往东南去，即时六次。徐沟、汾州等处申称；自东北方起西南去。保德州十二日亥末时，震声响如雷。自南往北方去。岢岚州并兴县申：十三日子时震如雷，连动三次，自西往东去。平陆县十二日狂风大阵，夜更时分，炮响三声如鼓。十三日子时，震声如万雷，摇塌房屋、山岸、平地崩裂、涌出黑水沙泥，压死人口数多。虽有此事，隔省岂知的切。

（出自佚名《地震记》见《碧霞元君圣母行宫记碑》碑阴）

（6）嘉靖三十四年乙卯十二月十二日壬寅，山西、河南、山陕同日地大震，声如雷，鸡犬鸣吠。陕西华州、朝邑、三原等处，山西蒲州等处尤甚。或地裂泉涌，中有鱼物，或城郭房屋陷入地中，或平地突成山阜，或一日连震数次，或累日震不止。河渭泛涨，华岳终南山鸣，河壅数日。压死官吏军民奏报有名者八十三万有奇。

（出自明·朱国桢《涌幢小品》卷二七）

（二十九）1557年2月10日嘉靖三十六年正月初二日4级地震

嘉靖丁巳春正月二日，华山、渭水皆鸣，凡六日而止，地屡震。

（出自明·赵时春《赵浚古文集》卷八）

（三十）1561年8月4日嘉靖四十年六月十四日7¼级地震

〔嘉靖四十年六月〕壬申，山西太原、大同等府，陕西榆林、宁夏、固原等处各地震有声，宁、固尤甚，城垣、墩台、房屋皆摇塌。地裂涌出黑黄沙水，压死军人无算，坏广武、红寺等城。兰州、庄浪天鼓鸣。

（出自《嘉靖实录》卷四九八）

（三十一）1563年3月4日嘉靖四十二年正月4½级地震

嘉靖四十二年正月，永平地震自西方，声闻百里。

（出自清·范承勋《云南通志》卷二八）

（三十二） 1585 年 8 月 12 日万历十三年七月 4 级地震

万历十三年七月丙戌，西安府及高陵县地震，势如风，声如雷。

（出自《大明神宗显皇帝实录》卷一六三）

（三十三） 1588 年 8 月 9 日万历十六年闰六月十八日 7 级地震

（1）万历十六年闰六月十八日，建水、曲江同日地震，有声如雷，山木摧裂，河水噎流。

（出自清·陈肇奎《建水州志》卷一七）

（2）万历十六年闰六月十八日，临安通海、曲江同日地震，有声如雷，山木摧裂，河水噎流，通海倾城垣，仆公署、民居，压者甚众，曲江尤甚。

（出自明·刘文徵《滇志》卷三一）

（三十四） 1590 年 3 月 30 日万历十八年二月 4 级地震

万历十八年二月丁酉，直隶德顺府地震，星陨如火，隐隐如鼓声；万历十八年二月，内丘地震有声，天鼓鸣。

（出自《大明神宗显皇帝实录》卷二二○）

（三十五） 1594 年 10 月 19 日万历二十二年九月 4½级地震

万历二十二年九月辛巳，广东琼山县地震，文昌县地震，雷鸣，怪风作；万历二十二年九月，安定又震。

（出自《万历实录》卷二七七）

（三十六） 1598 年 11 月 27 日万历二十六年十月 4 级地震

万历二十六年冬十月，石城地震有声，树木摇，灯烛灭。

（出自清·张大凯《石城县志》卷四）

（三十七） 1599 年 5 月 24 日万历二十七年闰四月 4 级地震

万历二十七年闰四月朔日卯正初刻，淮安府地震，自西北方起有声，转东南方；安东地震，自西北方起东南止，有声如雷。

（出自明·宋祖舜《淮安府志》卷二四）

（三十八） 1600 年 9 月 29 日万历二十八年八月二十二日 7 级地震

（1）〔万历〕二十八年八月二十二日地大震，有声如雷，城垣、衙署、民舍倾圮殆尽，人民压死无算。是夜连震三四次。是月地上生毛。

（出自清·齐翀《南澳志》卷一二）

（2）〔万历二十八年〕十月福建巡抚金学曾奏漳南道于八月二十二日戌时地震，响声如雷。又二十三日夜戌时地震，澳城官舍民房倾倒，压死陈二、黄森、张德、妇女吴氏等六命。自戌至卯连震六七次。二十五日复震。上杭、武平等县续报皆同。又福州、兴化、泉州、延平、建宁、汀州、邵武等府，福宁等州陆续各报二十三日戌时震起，亥时复震，有声。二十四日酉时连震三次。

（出自明·王圻《续文献通考》卷二二一）

（3）万历庚子八月地震，有半时之久，声似雷响，有风无雨，东城墙垣倒十五丈。

（出自清·王相《平和县志》卷一二）

（4）〔万历〕二十八年庚子秋八月念三夜地大震，有声如雷。翌日下午又震。

（出自清·唐文藻《潮阳县志》卷一二）

（5）〔万历〕二十八年秋八月地数震，至念三日酉时又大震，有声如雷，墙垣皆裂，三四刻乃止。其明日申时又震。念七日申时又震。

（出自清·张秉政《惠来县志》卷一二）

（三十九） 1604 年 9 月 29 日万历三十二年九月七日 3½级地震

万历三十二年九月七日未申间，金坛地震，有声如两舟相触。

（出自《江苏省志》）

（四十）1604 年 12 月 29 日万历三十三年十一月初九日 7½级地震

（1）〔万历〕三十二年十一月九日，地震有声，自西北至东南。

（出自清·程国栋《嘉定县志》卷三）

（2）〔万历〕三十二年冬十一月初九地震，声闻数百里。（原注：旧郡志）

（出自清·连柱《玉山县志》卷一）

（3）〔万历〕二十八年庚子秋八月念三夜地大震，有声如雷。翌日下午又震。

（出自清·唐文藻《潮阳县志》卷一二）

（4）〔万历〕二十八年秋八月地数震，至念三日酉时又大震，有声如雷，墙垣皆裂，三四刻乃止。其明日申时又震。念七日申时又震。

（出自清·张秉政《惠来县志》卷一二）

（5）万历三十二年甲辰冬十一月初九日戌时地震，居民房屋有声如倒塌，声闻数百里。

（出自清·毕士俊《贵溪县志》卷一）

（6）万历三十二年十一月初九日夜，福宁地大震如雷，山谷响应；寿宁县地震。是年饥。是日，福州、兴化、建宁、松溪、寿宁同日地震。福州大震有声，夜不止，墙垣多颓。兴化地大震，自南而北，树木皆摇有声，栖鸦惊飞，城圮数处，屋倾无数，洋尾、柯地、利港水利田皆裂，中出黑沙，作硫磺臭，池水皆涸。初十夜，地又震。

（出自清·孙尔准《福建通志》卷二七一）

（7）〔万历〕三十二年十一月初九日，地大震有声。时方夜，动摇不止，屋若将倾，人争惊避，墙垣多颓塌。江浙之震皆然。

（出自明·喻政《福州府志》卷七五）

（四十一）1605 年 7 月 13 日万历三十三年五月二十八日 7½级地震

〔万历三十三年〕五月二十八日亥时地大震，自东北起，声响如雷，公署民房崩倒殆尽，城中压死者数千，地裂水沙涌出，南湖水深三尺，田地陷没者不可胜计。调塘等都田沉成海，计若千顷。二十九日午时复大震，以后不时震响不止。

（出自清·潘廷侯《琼山县志》卷一二）

（四十二）1605 年 9 月 16 日万历三十三年八月初四日 4½级地震

万历三十三年八月初四日戌时，泰州天鸣有声如潮而怒，起自南方，转而东下，更余乃息，数日不止，时镇江、宜兴县等处，亦同时鸣，镇江西南华山开裂，阔二三尺。

（出自《万历实录》卷四一二）

（四十三）1607 年 11 月 27 日万历三十五年十月 3½级地震

万历三十五年十月戊辰，陕西咸宁、长安二县天鸣、地震。

（出自《万历实录》卷四三九）

（四十四）1609 年 6 月 22 日万历三十七年五月 4 级地震

万历三十七年五月辛丑寅刻，金州天鼓鸣响，地震。

（出自《万历实录》四五八）

（四十五）1613 年 9 月 31 日万历四十一年秋 3½级地震

万历四十一年秋，天鼓响，平山地震。

（出自清·汤聘《平山县志》卷一）

（四十六）1618 年 8 月 19 日万历四十六年六月二十九日 4½级地震

万历四十六年六月二十九日午时，宁远堡东北，天鼓如大炮震响一声，往西北去；红崖堡地震二次，有声如雷。

（出自《万历实录》卷五七四）

（四十七）1622 年 8 月 10 日天启二年七月 4 级地震

天启二年七月戊戌寅时，山东莱州府地震，有声如狮吼，自西北往东南，屋瓦皆动。

（出自《两朝从信录》卷一五）

（四十八）1622 年 10 月 25 日天启二年九月二十一日 7 级地震

〔天启〕二年九月二十一日夜半地震有声。

（出自明·张一英《同州志》卷一六）

（四十九）1626 年 6 月 28 日天启六年六月初五 7 级地震

（1）〔天启六年〕大同府于六月初五日地震，从西北起，东南而去，其声如雷。摇塌城楼城墙二十八处。浑源州从西起，城撼山摇，声如巨雷，将城垣大墙四面官墙震倒甚多。王家庆堡天飞云气一块，明如星色，从乾地起，声如巨雷之状，连震二十余顷，至辰时仍不时摇动。本堡男妇群集，涕泣之声遍野。摇倒内外女墙及大墙二十余丈，仓库、公署、军民庐舍十颓八九。压死多命，积尸匝地，秽气薰天，惨恻不忍见闻。灵邱亦然。广昌同日四鼓地震，摇倒城墙开三大缝。

（出自明·金日升《颂天胪笔》卷二一）

（2）〔天启〕六年六月，地震有声。

（出自清·李英《蔚州志》卷上）

（3）天启六年六月初五日丑时地大震，其声如雷，至天明连震十馀次，百日方息。鬼魅作祟，祈禳，不敢寝于室。接壤灵丘城垣屋舍一概倾颓，压死数万人，该镇抚院俱有章疏以闻。

（出自明·刘世治《广昌县志》不分卷）

（4）天启六年闰六月地震，有声如雷，全城尽塌，官民庐舍无一存者，压死多人，枯井中涌水皆黑。

（出自清·岳宏誉《灵邱县志》卷二）

（5）〔天启六年〕六月，大同、武乡、榆社、寿阳、襄垣、广昌、灵丘、广灵、浑源地震，有声如雷。（闰六月，寿阳再震，秋九月又震。）

（出自清·石麟《山西通志》卷一六三）

（五十）1632 年 2 月 10 日崇祯四年十二月二十一日 4 级地震

崇祯四年十二月二十一日丑时地震，声如微雷。

（出自清·刘佑《南安县志》卷二〇）

（五十一）1634 年 2 月 25 日崇祯七年正月二十八日 4½ 级地震

崇祯七年甲戌春正月地震，屋宇动摇，轰然有声。

（出自清·李世治《太湖县志》卷九）

（五十二）1635 年 6 月 26 日崇祯八年五月十二日 4 级地震

崇祯八年五月十二日，平乐府、昭平地震，河水响如雷吼。

（出自清·胡醇仁《平乐府志》卷一四）

（五十三）1637 年 12 月 31 日崇祯十年 4 级地震

崇祯十年夜，献县地震，房屋地摇，地内响如鼓。

（出自清·刘徵廉《献县志》卷八）

（五十四）1638 年 4 月 14 日崇祯十一年三月地震

崇祯十一年戊寅三月，宁远地震，有声如钟鸣。

（出自清·曾国荃《湖南通志》卷二四三）

（五十五）1650 年 10 月 11 日顺治七年九月十六日 4½ 级地震

〔顺治七年九月十六日〕是夕，北峰塔倒，城中地震，山鸣。

（出自清·魏峴　袭琏《钱塘县志》卷一五）

（五十六）1651 年 1 月 28 日顺治八年正月初八日 3½ 级地震

顺治八年正月初八日清晨地震，声如奔雷，轰然而过。

（出自清·王凝命　董喆《会昌县志》卷一三）

（五十七）1652 年 7 月 13 日顺治九年六月初七日 7 级地震

（1）顺治九年六月初七日辰时地震有声，次日巳时地复大震。时其下若万马奔驰，上有黄灰遮蔽，鸡犬皆惊，婴孩喊叫，城垛尽坏，民居半颓倾，压死十余人。日夜之中，震动不可数计，有若簸扬，民懼覆压，俱皆露宿。复雷雨大作，平地水泛，偶有声息，呼喊惶乱，莫能自主。邻郡次之，惟弥渡更甚，官舍民居，不存片瓦，压死人民三千有余，客商无名者不知其数。地皆崩裂，涌出臭泥，鳅鳝盘结地上，不知何来。山上乱石飞坠，河内流水俱乾。自后或日震数次，或间日又震，直至十二年始渐息。

（出自清·蒋旭　陈金珏《蒙化府志》卷一）

（2）〔顺治九年壬辰六月〕蒙化地大震。地中若万马奔驰，尘雾障天。夜复大雨，雷电交作，民舍尽塌，压死三千余人。地裂涌出黑水，鳅鳝结聚，不知何来。震时河水俱乾，年余乃止。

（出自清·范承勋　吴自肃《云南通志》卷二八）

（五十八）1654 年 5 月 21 日顺治十一年四月初六日 3½ 级地震

顺治十一年四月初六日辰时，萧山地震，有声如雷，是日又山鸣。

（出自清·张三异　王嗣槑《沼兴府志》卷一三）

（五十九）1654 年 7 月 21 日顺治十一年六月初八 8 级地震

（1）〔顺治十一年〕本年陆月初捌日夜半，臣方卧榻，忽觉身摇，忽起出听，地震有声，墙壁房屋势同倾覆，历数刻始止。诘朝据报：……今震而徧（遍）历西、延、平、庆、巩、汉等府地方，声若轰雷，则更异常。虽各处报有震倒墙垣房屋，伤亡人口，无如巩属地方为甚。

（出自陕西巡抚马之先题本）

（2）顺治十一年六月初八日夜，西安各郡地大震，自西北来，有声如雷，坏室庐，压人无算。

（出自清·贾汉复　李楷《陕西通志》卷三〇）

（3）〔顺治〕十一年六月初八日夜地震，有声如雷。

（出自清·何耿绳　姚景衡《渭南县志》卷一一）

（4）〔顺治〕甲午年六月初八日地震，自西北来，有声如雷。

（出自清·袁陈佩《醴泉县志》卷四）

（5）（顺治十一年六月初八日夜，西安各郡地大震，自西北来，有声如雷，坏室庐，压人无算。）次日又微震。秦州为甚，震百余日，山皆倒置，水上高原，城廓、衙舍一无存者，自是或数月震，经年震，大小震凡三年乃止。

（出自清·贾汉复　李楷《陕西通志》卷三〇）

（六十）1654 年 10 月 5 日顺治十一年八月二十五日 3½ 级地震

顺治十一年八月二十五日辰时，威县地震，有声如风，自西北以迄东南。

（出自清·李文栋《威县志》卷一五）

（六十一）1655 年 3 月 12 日顺治十二年二月初五日 4½ 级地震

顺治十二年乙未二月初五日未时地震，声如屋崩，从西北来迤东而去。

（出自清·盛符升　叶奕苞《崑山县志》卷二二）

（六十二）1656 年 9 月 30 日顺治十三年 3½ 级地震

顺治十三年秋，深县地震，如车辙声，来自东南，月余乃止。

（出自清·李天培　段文华《深州志》卷七）

（六十三）1667 年 11 月 10 日康熙六年九月二十五日 4 级地震

康熙六年九月二十五日戌时地震，有声如车行。

（出自清·汪匡鼎　和羹《内丘县志》卷三）

（六十四）1668 年 7 月 25 日康熙七年六月十七日 8½ 级地震

（1）康熙七年六月十七日地震，从西北起，嘎嘎有声，房屋动摇。

（出自清·刘深《香河县志》卷一〇）

（2）康熙七年六月十七日戌时地震，虢声自西北来。

（出自清·张三俊　冯可参《郯城县志》卷九）

（3）郯城县报：〔康熙七年六月十七日〕地震，声若轰雷，势如覆舟。城内四关六百余户尽倒，死者百余，城垛全坍，周围坼裂，城楼倾尽，城门压塞，自夜彻旦，响震不止。监仓衙库无存，烟灶俱绝，暴雨烈日，官民露宿无依。马头集为通商办课所赖、商贾杂处，房屋尽塌，压死男妇千余。四郊地裂，穴涌沙泉，河水横溢，人民流散。

（出自清·彭孙贻《客舍偶闻》《振绮堂丛书》）

（4）郯城野老沿乡哭，自言地震遭荼毒。忽听空中若响雷，霎时大地皆翻覆。或如奔马走危坡，或如巨浪摇轻轴。忽然遍地涌沙泉，须臾旋转皆乾没。开缝裂坼陷深坑，斜颤倾欹难驻足。……

（出自清·张三俊　冯可参《郯城县志》卷九；冯可参《灾民歌》）

（六十五）1673 年 5 月 2 日康熙十二年三月十六日 4½ 级地震

康熙十二年三月十六日午时，泉州府、晋江、惠安地震，其鸣如雷；安溪地大震，声如微雷。

（出自《八闽通志》）

（六十六）1673 年 6 月 30 日康熙癸丑年夏月 4 级地震

康熙癸丑年夏月，永宁县左地鼓大震旬日，始听系地鼓响。

（出自清·陈欲达　袁有龙《永宁县志》卷上）

（六十七）1679 年 9 月 2 日康熙十八年七月 8 级地震

（1）据天文科该直五官灵台郎贾善等呈报：本年七月二十八日庚寅（申）巳时地动有声，从东北艮方起。……

（出自钦天监治理历法南怀仁等题本）

（2）康熙十八年己未七月二十八日巳时，余公事毕，退西斋假寐，若有人从梦中推醒者，视门方扃，室内阒无人，正惝恍间，忽地底如鸣大炮，继以千百石炮，又四远有声，俨数十万军马飒沓而至。余知为地震，蹶然起，见窗牖已上下簸荡，如舟在天（大）风波浪中。

（出自清·陈昶　王大信《三河县志》卷一五　任塾《地震记》）

（3）康熙十八年七月二十八日巳时，忽地底如鸣大炮，……平谷东南自水峪庄至海子及新开峪，连及蓟县之盘山，其崩陷尤甚。

（出自李兴焯　王兆元《平谷县志》卷三；陈景伊《平谷地震记》）

（六十八）1679 年 11 月 11 日康熙十八年十月初九日 4½ 级地震

康熙十八年己未，十月地连动，有水流声。

（出自清·吴九龄　蔡履豫《长治县志》卷二一）

（六十九）1683 年 11 月 22 日康熙二十二年十月初五 7 级地震

（1）〔康熙〕二十二年十月初五日未时地大震，其声如雷，平地绝裂出水，或出黄黑沙。县治前旌善、申明亭俱倒，四面城楼垛口尽裂，树疃屋垣塌倒，压死人千余，畜类无数，而横山（村）及原平等处尤甚。抚院奏疏，奉旨委工部亲勘，每口给棺银一两二钱，次年粮免三分之一。是冬大震后时或动摇，每日夜十数次，五六年内，或一日数次，或数日一次，渐复其常。

（出自清·王会隆《定襄县志》卷七）

（2）康熙二十二年癸亥冬十月初五日午时地震，声如万马，从西北来。城垣、楼橹、女墙、衙宇、仓库、寺观皆圮，压死男妇多人。奉旨颁银一千八百两，委官按给。

（出自清·周三进《五台县志》卷八）

（3）康熙二十二年十月初五日未时地大震。初，西北声若震雷，黄尘遍野，树梢几至委地，毁坏民房，人多压死。神山、三泉、原平、大阳等处尤甚，地且迸裂，或出水，或出黑沙，人皆露处，屋虽存，不时摇动，至十月中乃定。是冬天气颇燠。

（出自清·邵丰银《崞县志》卷五）

（七十）1695 年 5 月 18 日康熙三十四年四月初六 7¾级地震

（1）康熙三十四年四月初六日酉时地震甚急，有声如雷。

（出自清·王嘉谟《徐沟县志》卷三）

（2）康熙三十四年四月初六日酉时地震甚急。有声如万马奔腾，房屋多坏，平阳各处尤甚。

（出自清·王绶　康乃心《重修平遥县志》卷八）

（3）〔康熙〕三十四年四月地震。初六日戌时有声如雷，城垣、衙署、庙宇、民居尽行倒塌，压死人民数万。各州县一时俱震，临汾、襄陵、洪洞、浮山尤甚。知府王辅详请发蒲州、河津仓米煮粥。奉旨发帑银赈济，又给贫民盖房银每间一两，又发陕西库银修筑城垣、府县两学及文武各衙门。

（出自清·刘棨　孔尚任《平阳府志》卷三四）

（4）康熙三十四年乙亥四月初六日戌时，平阳地震，有声如雷，顷刻间城垣、衙署、庙宇、民舍尽行倒塌，城乡人民压死数万，城内东关压死者尤多。时知府王辅详请发蒲州、河津仓米煮粥赈济。奉旨发帑金，遣户部大堂马齐发赈济。每大口给银二两，赈过银三万六千二百一十二两，每小口给银七钱五分，赈过银七千三百零五两。自力不能盖房之户，每户给银乙两，赈过银乙万四千二百乙十八两。以上三项，通共赈过银五万七千七百三十五两。随奉户部大堂马齐题请，阖省大小各官捐银与在城贫民盖房。每户盖房乙间，给银乙两，共给过银四千五百九十两零。七月内又奉旨发西安捐纳银二十万，遣工部员外郎倭伦修理城垣、府县两学并文武各衙门、仓库、监狱，共用过银二万九千五百一十五两六钱七分一厘。临汾县知县三韩彭希孔谨识。

（出自清·林弘化《临汾县志》卷八）

（七十一）1707 年 12 月 23 日康熙四十六年十一月 3½级地震

康熙四十六年冬十一月，兴宁又震，有声如疾飞。

（出自清·施念曾《兴宁县志》卷九）

（七十二）1709 年 10 月 14 日康熙四十八年九月十二日 7½级地震

康熙四十八年九月十二日辰时地大震。初，大声自西北来，轰轰如雷。官舍、民房、城垣、边墙皆倾覆。河南各堡平地水溢没踝，有鱼游，推出大石有合抱者，井水激射高出数尺，压死男妇二千余口，自是连震五十余日，势虽稍减，然犹日夜十余次或二三次，人率露栖，过年馀始定。

（山白清·黄恩锡《中卫县志》卷二）

（七十三）1717 年 7 月 1 日康熙五十六年丁酉二十三日 3½级地震

康熙五十六年丁酉五月二十三日午时，澧州、澧县地震，声如流水。

（出自清·何璘　黄宜中《澧州志林》卷一九）

（七十四）1733 年 8 月 2 日雍正十一年六月二十三日 7¾级地震

自震后，不时地鸣有声，如涛如雷，昼夜无常，几匝月而后止，其震之前一日，天气山光，昏暗如暮，疑其将雨，不知地震也。自廿三以来，日有昏沉之气，非雾非烟，非沙非土，微雨则息，洎十二日始清。是年雨旸合节，谷丰岁稔，何以罹此灾也。闻之丰乐之世，亦有灾异，凶荒之年，不乏祥瑞。天道不可必，而人事之修省则未可弛也。事闻，各大宪恻然悯恤，飞檄委员赍锾逮赈，亡者伤者，覆者损者，溥及厚施，实惠广被。七月廿夜丑时，迅雷疾霆，大雨如注，阴阳和顺，自是而后遂无震惊之虑。

说者又以地震主兵，庚戌四年动，则有乌东之变，壬予正月动则有元普之师，其或然耶！有土者其预慎之。

（出自清·崔乃镛《东川府地震纪事》）

（七十五）1739 年 1 月 3 日乾隆三年十一月二十四日 8 级地震

（1）宁夏地震，每岁小动，民习为常，大约春冬二季居多，如井水忽浑浊，炮声散长，群犬□吠，即防此患。至若秋多雨水、冬时未有不震者。乾隆三年十二月（十一月）二十四日地大震，数百年来震灾莫甚于此。甲戌夏，余赴馆宁夏署中，有刘姓老火夫并二三故老遇难幸免，备述是夜更初，太守方宴客，地忽震有声，在地下如雷，来自西北往东南，地摇荡掀簸，衙署即倾倒。

（出自清·王绎辰《银川小志》卷末）

（2）臣等宁夏地方，于十一月二十四日戌时，忽自西北有声，遽尔地震摇动一二次，所有满兵城中房屋，自臣等衙署以至兵丁房屋，尽皆塌坍。……其城中数处，地皆裂开二三寸，向外涌水。自此地动不止，直至日出之后，方得稍安。所有各城城楼，坍有数处。城垣虽未塌坍，俱皆下陷，以致城门不能开展。

（出自镇守宁夏等处将军阿鲁等奏折）

（七十六）1741 年 2 月 1 日乾隆五年十二月十六日 3½级地震

乾隆五年十二月十六日午时，宁夏府地震，虽震声略大，然片刻即逝。

（出自镇守宁夏将军杜赖等奏摺）

（七十七）1742 年 3 月 16 日乾隆七年二月初十日 4½级地震

乾隆七年二月初十日地震有声，如空磨鸣，房屋皆动。

（出自清·沈传义 黄舒昺《祥符县志》卷二三）

（七十八）1749 年 1 月 8 日乾隆十三年十一月二十日 4 级地震

乾隆十三年十一月二十日辰时清溪地震，自西转东，地中有声如雷，查验四乡民庐舍牲畜，尚无倾塌伤损。

（出自《清高宗实录》卷三三一）

（七十九）1806 年 9 月 16 日嘉庆十一年八月初五日 4½级地震

嘉庆十一年八月初五日丑初，山阳地震，势甚壮，天上有声，似雷非雷，百物摇撼非常；嘉庆十一年八月初五日子丑之交，天长地震，停刻又震，皆微。

（出自清·曹镳《淮城信今录》卷六）

（八十）1830 年 6 月 12 日道光十年闰四月二十二日 7½级地震

（1）窃查去年闰四月二十二日，京畿三辅地方广轮千余里，同日地震。其尤甚者，则直隶之磁州、河南之临漳县等处。近有臣乡人入都，据云：该地方将震之时，有声从西北来，如雷轰炮击，瞬息之间，树梢扫地，尘埃障天，屋瓦飞掷，井水肆溢，房屋倒塌殆尽，人物压毙无算。又平地坼裂，有水从内涌出，其色黑白不等。水尽继之以沙，沙尽继之以寒气。男号女泣，惨苦万状。且大震以后或一日数震，或间日一震，或呜呜有声，或微微稍动。自去年闰四月以迄于今未止。考之历代史册，所记地震之甚且久，罕有过于此者。

（出自给事中刘光三奏折）

（2）道光十年庚寅闰四月二十二日戌刻，余晚餐甫毕，与洌泉朱表兄同坐三堂闲话。忽闻有声如地雷、火炮，初听远远而来，顷刻即至，又如千军万马，并作一声，其势甚猛，目见三堂楹柱，上下簸荡，如舟在大风波浪中。

（出自清·沈旺生《磁州地震大灾纪略》）

（八十一）1833 年 9 月 6 日道光十三年七月二十三日 8 级地震

（1）滇南以癸巳七月下浣三日，日逾午震。先期黄沙四塞，昏晓不能辨，凡三昼夜。又期先降霪雨九日，雨色黑，沾白夹衣玄若涅。将震昼晦，屋尽炬炷以烛，历十有二刻乃复明，明已，震。震之时，声自北来，状若数十巨炮轰，计十余州县相次厄，或裂或墳，或高者谷，或渊者陵。……走出，瓦飞坠。奔诣堂，堂之檐亦冽然崩析有声，历旬有一日夜乃息。（嗣仲秋十五日震又作，为时二十有四刻余，声微，所损较逊于前。越明年元旦日丑时又震，申刻方已，余如癸巳八月状。）

（出自清・魏祝亭《天涯闻见录》卷二）

（2）〔道光十三年七月二十三日〕巳刻，昆明等十余县同时地大震。……姚州自西而来，有声如雷。陆良大震，有声如雷，房屋倾圮者甚多，月余乃止。

（出自龙云　周锺嶽《云南通志》卷二二）

（八十二）1846 年 8 月 4 日道光二十六年六月十三日 7 级地震

（1）〔道光〕二十六年丙午春霪雨，六月十三日地震。有声如雷，刻余始定。

（出自清・梁蒲贵　朱延射《宝山县志》卷一四）

（2）〔道光二十六年六月〕十三日寅时地震。（二十六日酉刻复震，有声自北而南。）

（出自清・王政　王庸立《滕县志》卷五）

（3）大气中有个低沉的吼声（原注：本城中其他各处的好几个人也都听到），明显地来自北方或西北方向，房顶也在动，好像被猛烈大风逐渐吹起，我以为是个特大风暴，正想起床去关窗户，发现摇动还在继续，整幢房子都在猛烈地摇动，这时我才知道事情的性质，我怕房子会倒塌，我想最好的办法是逃到室外空地。但是我走出房子以前，摇动已停止。所有这些，历时约一分钟。地面和房子摇动的方向是从北到南的，并且在某些地方比在其他各处感觉更为明显。

（出自《中国丛报》（英文））

（4）〔道光〕二十六年丙午六月十三日寅刻，有大声如排山倒海，拉獵雷硠，栋宇皆摇。是时人多未起，觉床如舟在浪中，掀簸不已。时方有怪异，人皆以为怪，钪砲钲鼓呐喊，满城阗然，而不知为地震。闻东南各省，同时皆震，此亦非常之变也。

（出自清・尹元炜《溪上遗闻别录》卷二）

（八十三）1847 年 7 月 11 日道光二十七年五月 4 级地震

道光二十七年夏五月，南汇又震，大地喷涌若水纹，趋南仍有声。

（出自清・金福增　张文虎《南汇县志》卷二二）

（八十四）1847 年 12 月 31 日道光二十七年 4½级地震

道光二十七年冬，定南厅地震，听之隆隆之声，若雷鸣，远近悉闻，人家床柱桌皆浮起二三尺，墙壁摇动状欲倾斜，杯盘器皿多掀掷在地，食顷乃定。

（出自《定南厅志》卷六）

（八十五）1870 年 4 月 11 日同治九年三月十一日 7¼级地震

同治九年三月十一日未刻，巴塘山崩地裂，顷刻数百户人烟为乱石压平，而伤人无数。管塘粮务员吴次陶（通）字福同，河南固始人。是日忽闻天上一片响声，不知何故。旋见山裂地震，风火俱起，又见场市房屋随倒，非常惊吓，顷刻即到公所前，地亦裂，自以为决无生矣。忽由上落下大木柱一根，压于身上，即抱此柱蛇行而上，竟未损折，亦大福之人也。……附刊禀报：

窃卑台本年三月十一日突然地震，后被火灾，前经大略禀报去后，复再设法于十七日始行将火救灭，衙署仓库卷宗均为火烬，而地震山崩尚不时倾颓，觉地中声隐约如雷，盘旋顶撞，如登浪舟，汉番军民恐慌万状。

（出自清・恒保《公余随笔》卷三）

（八十六）1871 年 6 月同治十年 7½级地震

（1）〔同治〕十年辛未地震有声。

（出自清・李应观　杨益豫《新繁县志》卷一四）

（2）云南总督报告：云南省南部发生强烈地震。地震开始于一月十四日下午五时至六时之间，持续至翌晨四时，在此期间，猛烈震动在十次以上，声如雷鸣。在石屏、建水及其附近城市，城墙或倒塌或坼裂，官署寺庙亦遭同样命运。石屏城南部房屋，倒塌十之八九，东部房屋倒塌及半，北部与西部房屋虽倒塌较少，但仍有千余间墙壁坼裂倾斜。二百名男女老幼惨遭压毙，三百余人终身残废。周围村庄死伤亦众。东郊死八百人，伤七八百人；南郊死二百人，伤四百人；西郊死三百人，伤五百人；北郊死一百人，伤二百人。总计市内外共死伤四千余人。……在建水城内有七八百人死亡，数十人受伤。

（出自《字林西报》（英文））

（八十七）1878 年 11 月 23 日光绪四年冬十月二十九 4½ 级地震

光绪四年冬十月二十九辰时，裕州地震，初如重载战车声，须臾房屋摇动，人将眩晕，瞬即定止。

（出自杜绪攒　张嘉谋《方城县志》卷五）

（八十八）1879 年 7 月 1 日光绪五年五月十二日 8 级地震

（1）据甘肃藩司崇保详称：（案据阶州、文县、成县、西固州同，秦州、秦安、清水、礼县、徽县、两当、三岔州判，泾州、崇信、灵台、安化、甯州、固原、海城、平凉、静宁、隆德、化平、西和、洮州、陇西县丞，会宁、安定各厅、州、县先后驰报：本年五月初十日午时地震，至二十二日始定。中间或隔日微震，或连日稍震即止。）唯十二日寅时，阶州及文县、西和等处大震，有声如雷，地裂水涌。城堡、衙署、祠庙、民房，当之者非彻底坍圮，即倾欹坼裂。压毙民人或数十名及百余名，或二三百名不等。牲畜被压伤毙甚多。

（出自陕甘总督左宗棠奏折）

（2）光绪五年己卯春，甘肃阶州地震，有声如雷，荡决数百里，山崩壅江，江夺溜埽半城去，压毙学正训导各一，有册可稽报到司者，城内外十铺共死六百九十四人，四乡共死八千五百六十四人。文县共死一万七百九十二人。成县、西固、秦安共死约二千余人。秦州、礼县、西和、徽县最轻，亦共死五百余人。阶州下游有巨镇曰洋汤河，万家烟火，倏成泽国，鸡犬无踪，竟莫可考其人数。当其初震也，烈风暴雨，山川吼啸，大地起落如波浪，万民失魄，四方奔窜颠跌，生死相压蹂躏，郊野号哭震天，如是者两日夜，略停又大震一日夜。从此，一日或数震，数日或一震，虽不若前之猛，然难民之逃避山隈水涯者又复伤残无算。直至数月后其震始稀，将及两年始永定。噫！诚亘古之大劫也。念时任提刑，与崇巂峰方伯会请人告，且请发帑。制军方舘钦符兼带督篆，驻肃州督吴外师，雅不欲以内地灾祲萦圣虑，致启他变，故再上不报。数月后御史劾川督讳匿地震，得旨严诘。制军恐，星夜补奏，以"伤人无多"、四字括之。实则川震为陇震余波，彼劾者竟舍陇而言川，真能得避实击虚之诀矣。

（出自清·史念祖《搜园随笔》）

（3）〔光绪五年七月〕戊寅，谕内阁：左宗棠奏甘肃东南各州，县地震情形，现筹抚恤一摺。甘肃阶州等州县，于本年五月初十日地震至二十二日始定。其间或隔日微震，或连日稍震即止。唯十二日阶州、文县、西和等处大震有声。城堡庙宇官署民房率多倾坏，伤毙多人。览奏实深矜悯。著左宗棠委员详加查勘，将被灾户口妥为抚恤，毋任失所。阶州教谕鲁遵孔、训导栗遇寅，阖家眷属被灾陷没，著即查明请恤。

（出自《清德宗实录》卷九八）

（八十九）1895 年 7 月 5 日光绪二十一年闰五月十三日 7 级地震

（1）光绪十三年丁亥冬十一月初二日，石屏地大震，声如雷鸣，自远而近。城垣崩颓，房屋倾圮过半，压死老幼男女二千余人。每日或震一次，或震数次不等，至两月乃止。

（出自清·岑毓英　陈灿《云南通志》卷四）

（2）七月二十七日参观塔什库尔干的乡村。村庄和堡垒都呈现出一种凄惨的景象，此地全部及毗临地域，曾遭七月七日至二十日多次地震所强烈动摇，本区每一间房子都被摧毁，少数未坍的房子，其墙壁上从顶到底，都有裂纹。不过这些房屋系用抗震程度很差的材料外涂泥土建成的。地面还有几条裂纹，方向是西南、东北。在地震进行中，前后共有八十次震动。第一次最强烈，就在这次震动中，使全城被

第五章　宋元明清时期（960—1911 年）　　　• 275 •

毁。最末次震动，发生于今晨八点十分，我正睡在地上，很清楚地觉得它是沿着东西线移动的，地面上似乎隆起波动，一个爆炸声如远方雷声一般，清晰可辨。

(出自斯文赫定《通过亚细亚》（英文）卷二)

（九十）1899 年 2 月 24 日光绪二十五年正月十五日 4 级地震

一八九九年二月二十四日（光绪二十五年正月十五日）下午三时七分，海城牛庄城经历一次由西往东的强烈地震，同时出现如同爆炸般的一声巨响。

(出自《字林西报》（英文）1899 年 3 月 13 日)

（九十一）1899 年 12 月 2 日光绪二十五年十月二十九日 4 级地震

光绪二十五年十月二十九日夜五点钟时，苏坦忽然地动，全城屋坦皆震，封门一带尤甚，复闻有若车马奔驰声音，往东南而去，约一点余钟而止。

(出自《中外日报》光绪二十五年十一月初二日)

（九十二）1900 年 7 月 25 日光绪二十六年六月 4½ 级地震

光绪二十六年六月，漳县新寺南各山连日有声如雷，地土松涌，若猪嗛然。

(出自清·升允　安维峻《甘肃新通志》卷二)

（九十三）1905 年 11 月 22 日光绪三十一年十月二十六日 4 级地震

光绪三十一年十月二十六日晚十一点三刻，广东省坦地面又觉地震，连震两次，不甚厉，而杠环亦震震有声；澳门同时地震，其震声恍如响雷。

(出自《时报》光绪三十一年十一月初五日)

（九十四）1907 年 10 月 5 日光绪三十三年九月初九日地震

上月九日夜九点钟，（泉州）地大震。先闻有声如雷，自东南来向西北去，霎时床塌震动。

(出自《盛京时报》光绪三十三年十月初一日)

（九十五）1909 年 10 月 21 日宣统元年九月 4 级地震

宣统元年九月，仪征地震有声，自西北而东，如裂帛。

(出自《江苏省通志征访稿册》)

（九十六）1911 年 6 月 15 日宣统三年五月十九日地震

捷报云：十九夜十点半钟时，上海曾遭猛烈之地震，历时十秒至十二秒之久，继之以洪大之响声。初如远处狮吼，后隐隐如海浪触岸，乃渐弱而止。

(出自《时报》宣统三年五月二十二日)

三、动物

（一）1288 年 11 月 26 日元世祖至元二十五年十月二十四日 4½ 级地震

元世祖至元二十五年戊子岁，冬十月二十四日内子夜止中，杭州路地人震，屋瓦皆摇，鸡犬皆鸣。

(出自宋·周密《癸辛杂识续集》)

（二）1481 年 7 月 3 日成化十七年五月二十七日 4 级地震

成化十七年五月二十七日夜四鼓，通许县声自西方来，鸡犬惊鸣，屋宇振动。

(出自明·韩玉《通许县志》卷上)

（三）1495 年 7 月 29 日弘治八年六月 4 级地震

弘治八年六月，高明地震，二十里鸡犬惊；阳春地震。

(出自明·戴璟《广东通志初稿》卷三七)

（四）1502 年 1 月 27 日弘治十四年十二月 4 级地震

弘治十四年十二月癸丑，陕西朝邑县地连震，俱有声如雷，摇动房屋，鸡犬鸣吠。

（出自《弘治实录》卷一七〇）

（五）1502 年 9 月 23 日弘治十五年八月十三日 4 级地震

弘治十五年八月十三夜，乐平地震，房屋摇动，山雉惊鸣。

（出自《江西省地震志》）

（六）1528 年 3 月 22 日嘉靖七年二月二十二日 4½ 级地震

嘉靖七年戊子二月二十二日夜一鼓，新化地震，有声如雷，自西南而东，屋瓦掣动，鸡犬鸣吠，邑人皆惊。

（出自明·余杰《新化县志》卷一〇）

（七）1536 年 3 月 29 日嘉靖十五年二月二十八日 7½ 级地震

嘉靖十五年丙申二月二十八日癸丑，四更点将尽，地震者三，初震房屋有声，鸡犬皆鸣，随以天鼓自西北而南。后数日得报，惟建昌尤甚，城郭廨宇皆倾，死者数千人，都司李某亦与焉。

（出自明·陆深《蜀都杂抄》不分卷）

（八）1556 年 2 月 2 日嘉靖三十四年十二月十二日 8¼ 级地震

〔嘉靖三十四年十二月〕壬寅，是日山西、陕西、河南同时地震，声如雷，鸡犬鸣吠。陕西渭南、华州、朝邑、三源（原）等处，山西蒲州等处尤甚。或地裂泉涌，中有鱼物，或城郭房屋陷入池（地）中，或平地突城（成）山阜，或一日连震数次，或城郭房屋陷（或累日震不止），河渭（渭河）泛张（涨），华兵（岳）终南山鸣。河清数日，压死官吏军民奏报有名者八十三万有奇。时致仕南京兵部尚书韩邦奇，南京光禄寺卿马理，南京国子监祭酒王维桢同日死焉。其不知名未经奏报者，复不可数计。（校勘记：声如雷，阁本脱声以下十九字。三源旧校改"源"作"原"。平地突城山阜，广本抱本"城"作"成"，是也。或城郭房屋陷，河渭泛张，华兵终南山鸣，旧校改作：或累日震不止，渭河泛涨，华岳终南山鸣。）

（出自《嘉靖实录》卷四三〇）

（九）1556 年 2 月 2 日嘉靖三十四年十二月十二日 8¼ 级地震

（1）〔嘉靖〕三十四年十二月十二日子时分地震，鸡坠埘，犬惊吠，良久乃已。

（出自清·程大夏《黎城县志》卷二）

（2）〔嘉靖〕三十四年十二月十二日夜半地大震，有声如雷，栎马皆惊。

（出自清·赵来鸣《禹州志》卷九）

（十）1558 年 5 月 28 日嘉靖三十七年五月地震

〔嘉靖三十七年〕戊午五月地震。池泉浪涌，鸡犬皆惊。

（出自明·方尚祖《封川县志》卷四）

（十一）1602 年 12 月 31 日万历三十年 4 级地震

万历三十年，高明地震，池鱼惊沸。

（出自清·鲁傑《高明县志》卷一）

（十二）1614 年 1 月 16 日万历四十一年十一月二十六日 4½ 级地震

万历四十一年十一月二十六日寅时天鼓鸣，地震，西北乾地来，东南巽地去，摇动房屋，惊起鸡犬鸣吠。

（出自清·王时炯《定襄县志》卷七）

（十三）1620 年 7 月 28 日泰昌元年六月 4½ 级地震

泰昌元年六月，荥经地震五日，瓦屋声赫，鸡犬皆惊。

（出自清·劳世源《荥经县志》卷三）

（十四）1626 年 5 月 29 日天启六年五月初五日 4½ 级地震

天启六年五月朔，五日子时地大震，鸡犬皆鸣，振物有声。

第五章　宋元明清时期（960—1911 年）　　　　　·277·

（出自清·刘世祚《饶阳县志》卷五）

（十五）1626 年 6 月 1 日天启六年五月初八 4 级地震

天启六年五月初八夜，武邑地大震，有声轰轰，自西北而东南，鸟惊鸡鸣，牛吼犬吠，男女张皇。

（出自清·许维梴《武邑县志》卷一）

（十六）1626 年 6 月 28 日天启六年六月初五 7 级地震

地震谣：六月五日地震，次日皇子薨。

四更床翻如震涛，鸡未鸣，狗群嗥，卷衣起望天星高，但闻人语沸嘈嘈，狱庙沉森鬼不敢号。

（出自明·高出《镜山庵集》卷三四）

（十七）1631 年 8 月 21 日崇祯四年七月二十四日 4 级地震

崇祯四年七月二十四日半晚，沅江地震异常，瓦片俱响，鸡犬皆惊。

（出自清·顾智《沅江县志》卷一）

（十八）1636 年 2 月 2 日崇祯八年十二月二十六日 4 级地震

崇祯八年十二月十三日，文昌地震，声如潮涌，居室摇动，宿鸟惊鸣。

（出自《海南省志》）

（十九）1639 年 8 月 9 日崇祯十二年七月十一日 4 级地震

崇祯十二年七月十一日亥时，许昌地震，其声如雷，房屋俱动，鸡犬皆惊。

（出自清·胡良弼《许州志》卷九）

（二十）1643 年 12 月 31 日崇祯十六年 4½ 级地震

崇祯癸未冬地震，响自午夜，如风涛人马之骤至，树杪栖鸟俱起。

（出自清·胡献珍《庐州府志》）

（二十一）1652 年 7 月 13 日顺治九年六月初七 7 级地震

顺治九年六月初七日辰时地震有声，次日巳时地复大震。时其下若万马奔驰，上有黄灰遮蔽，鸡犬皆惊，婴孩喊叫，城堞尽坏，民居半颓倾，压死十余人。日夜之中，震动不可数计，有若簸扬，民惧覆压，俱皆露宿。复雷雨大作，平地水泛，偶有声息，呼喊惶乱，莫能自主。邻郡次之，唯弥渡更甚，官舍民居，不存片瓦，压死人民三千有余，客商无名者不知其数。地皆崩裂，涌出臭泥，鳅鳝盘结地上，不知何来。山上乱石飞坠，河内流水俱乾。自后或日震数次，或间日又震，直至十二年始渐息。

（出自清·蒋旭　陈金珏《蒙化府志》卷一）

（二十二）1652 年 7 月 12 日顺治九年六月初七日地震

〔顺治九年壬辰六月〕蒙化地大震。地中若万马奔驰，尘雾障天。夜复大雨，雷电交作，民舍尽塌，压死三千余人。地裂涌出黑水，鳅鳝结聚，不知何来。震时河水俱乾，年余乃止。

（出自清·范承勋　吴自肃《云南通志》卷二八）

（二十三）1654 年 7 月 21 日顺治十一年六月初八日地震

〔顺治十一年〕六月初八日丑时地震，自西北来，有声如雷，鸡犬皆惊，至日午。垣宇倾颓，压毙人畜。

（出自清·刘瀚芳　冯文可《扶凤县志》卷一）

（二十四）1668 年 7 月 25 日康熙七年六月十七日 8½ 级地震

（1）〔康熙七年六月十七日〕戌时地震作声，其响如雷，烟气弥布，旋复地震。房屋摇荡，士民惊奔露宿，树木披拂将偃，鸡犬鸣吠不休，自戌抵亥方止。

（出自清·彭孙贻《客舍偶闻》页五《振绮堂丛书》）

（2）康熙戊申六月十七戌刻，山东、江南、浙江、河南诸省同时地大震，而山东之沂、莒、郯三州县尤甚至。郯之马头镇死伤数千人，地裂山隤，沙水涌出，水中多有鱼蟹之属。又天鼓鸣，钟鼓自鸣。

淮北沭阳人，白日见一龙腾起，全鳞烂然，时方晴明，无云气云。

（出自清·王士祯《池北偶谈》卷二二）

（3）安东县旧有三城，俱废无考……〔天启五年〕兴工，焕然巍峙为淮北金汤，迨我朝康熙七、九年间大水地震，鱼夺民居，城之不倾者一版。今内外竟成通衢。

（出自清·余光祖　孙超宗《安东县志》卷二）

（4）康熙七年六月十七日戌时地震有声，房屋动摇，人仆倒不能立。鸡犬震惊。

（出自清·杨燡《清丰县志》卷二）

（5）康熙七年六月地大震，人几不能立，鸡犬皆惊飞走，楼房倾颓。

（出自清·孙荣《开州志》卷四）

（二十五）1695 年 5 月 18 日康熙三十四年四月初六 7¾级地震

康熙三十四年四月初六日戌时地震有声，鸡犬皆惊，是日〔地震〕山西尤甚。

（出自清·康如琏　刘士麟《晋州志》卷一〇）

（二十六）1695 年 6 月 3 日康熙三十四年四月二十二日戌时 4½级地震

康熙三十四年四月二十二日戌时，咸阳地震，卧床者倾地，宿鸟惊飞。

（出自清·臧应桐《咸阳县志》卷二一）

（二十七）1709 年 12 月 31 日康熙四十八年 4½级地震

康熙四十八年，郁林州、北流地震有声，行人仆地，池鱼惊跃。

（出自清·张允观《北流县志》卷三）

（二十八）1726 年 3 月 3 日雍正四年丙午正月 4½级地震

雍正四年丙午正月，长宁地震，枥马皆惊，池鱼有荡激至岸者。

（出自清·沈铸　沈大中《长宁县志》卷三）

（二十九）1733 年 8 月 2 日雍正十一年六月二十三日 7¾级地震

城西三里许有龙谭，水自山罅出，甚清冽，居人从不知山腹之有鱼也。潭上祠内读书童子，因地震趋立潭侧，见众鱼倒出，大者盈数尺，捕之不可得。震已，鱼悉入。水昏弥月不清，以弥月数动不息也。巧家离府治三百里，震尤数，署泛悉坏。

（出自清·崔乃镛《东川府志》卷二《东川府地震纪事》）

（三十）1825 年 12 月 31 日道光乙酉 4 级地震

道光乙酉，顺德地震，有声如雷，山林鸟惊起，屋瓦皆响。

（出自清·冯秉芸《迩言·地震》卷二）

（三十一）1834 年 5 月道光十四年闰四月地震

道光十四年闰四月二十二日申刻地震，鸡犬鸣吠，楼舍几倾。（五月初五日黎明又震，魁星阁倾圮。）

（出自清·苏玉　李飞鹏《唐山县志》卷三）

（三十二）1857 年 2 月 4 日咸丰七年正月初十 3½级地震

咸丰七年正月癸亥夜半，鄞县、镇海天明如昼，山雉皆鸣，少倾地起泄，声隆隆如鼓。

（出自清·戴枚　张恕《鄞县志》卷六九）

（三十三）1862 年 6 月 27 日同治元年六月 4 级地震

同治元年六月朔夜，泸溪地震，床榻摇动，门环郎当有声，牛马鸡犬久嘶鸣，天明始息。

（出自清·杨松兆　彭锺华《泸溪县志》卷一一）

（三十四）1885 年 10 月 23 日光绪十一年九月十六日 4½级地震

光绪十一年九月十六日申刻，通山地震，墙壁摇撼，鸡犬乱鸣，老人有眩晕者。

（出自清·高振镁　乐振玉《通山县志》卷上）

第五章　宋元明清时期（960—1911 年）　　　　　　　　·279·

（三十五）　1888 年 6 月 13 日光绪十四年五月初四日 7½ 级地震

〔光绪十四年〕五月初四日未申之际地大震，有声自西北来，人自倾倒，房屋摇动，犬吠鹊噪，炊许始定。闻是日近海诸县震动尤甚。海丰、阳信等处平地有陷如井者，有坼裂数尺自缝中喷出黑泥，中有虾蟹鱼蛤之类。

（出自卢永详　王嗣鋆《济阳县志》卷二〇）

（三十六）　1892 年 2 月 11 日光绪十八年正月十一日 4 级地震

新正十三日（光绪十八年正月十一日），粤省南雄州地震，瓶罐动荡，屋宇作淅沥声，鸡犬不安，人声鼎沸，幸为候不久，未闻有塌屋伤人之事。

（出自《益闻录》）

（三十七）　1905 年 1 月 10 日光绪三十年十二月初五日 4 级地震

光绪三十年十二月初五早五点钟，广东潮郡地震，檐瓦微动；揭阳忽大震，其声如雷，瓦屋摇动，犬皆惊吠不已。

（出自《时报》光绪三十年十二月十二日）

（三十八）　1905 年 3 月 22 日光绪三十一年二月十七日 4½ 级地震

光绪三十一年二月十七日子时，临邑地震，房屋多颠簸，门窗什具皆有声；阳信地震，屋摇动有声，门窗家具皆响，犬吠鹊噪。

（出自朱兰　劳乃宣《阳信县志》卷二）

四、天气

（一）　1477 年 2 月 22 日成化十三年正月三十日 3½ 级地震

成化十三年春正月己巳，直隶凤阳、临淮两县昼晦，地震有声。

（出自《成化实录》卷一六一）

（二）　1513 年 5 月 21 日正德八年四月乙巳 4½ 级地震

正德八年四月乙巳，山东文登、莱阳二县各地震有声，陨霜杀稼。

（出自《明穆宗实录》）

（三）　1514 年 8 月 30 日正德九年八月朔 4 级地震

正德九年八月朔，泰顺日有食之，星见鸡栖，地大震。

（出自清·朱国源《泰顺县志》卷九）

（四）　1515 年 6 月 27 日正德十年五月初六 7¾ 级地震

〔正德十年五月壬辰〕云南地震，踰月不止，或日至二、三十震，黑气如雾，地裂水涌，坏城垣、官廨、民居，不可胜计。死者数千人，伤者倍之。地道之变未有若是之烈者也。

（出自《正德实录》卷一二五）

（五）　1523 年 8 月 20 日嘉靖二年六月 3½ 级地震

嘉靖二年荆门大旱，六月地震。

（出自清·舒成龙《荆门州志》卷三四）

（六）　1528 年 12 月 31 日嘉靖七年 3½ 级地震

嘉靖七年，东安大风昼晦地震。

（出自清·李文章《东安县志》卷一）

（七）　1548 年 9 月 12 日嘉靖二十七年八月地震

〔嘉靖〕二十七年八月昌黎地震。抚志云地震，大风拔树，雨雹杀稼。

（出自清·李奉翰《永平府志》卷三）

（八） 1556 年 2 月 2 日嘉靖三十四年十二月十二日 8¼级地震

大明嘉靖三十四年十二月十二日夜子时分，忽然地震，势如风雷惊觉人口，出户立站不定，只见树梢点地，房屋歪斜。

（出自佚名《地震记》见《碧霞元君圣母行宫记碑》碑阴）

（九） 1588 年 10 月 9 日万历十六年八月十九日 4 级地震

万历十六年秋八月十九日，靖虏卫雷鸣地震，降雪尺余。

（出自清·李一鹏《靖远卫志》卷一）

（十） 1614 年 9 月 10 日万历四十二年 4½级地震

万历四十二年秋地震，屋瓦有声，狂风灭烛，香案倾倒。

（出自清·鲁之裕《下荆南通志》卷二八）

（十一） 1626 年 6 月 26 日天启六年六月初三日 3½级地震

天启六年夏六月初三日，祁州地震有声，大风拔木。

（出自清·罗以桂《祁州志》卷八）

（十二） 1638 年 9 月 8 日崇祯十一年八月地震

崇祯十一年八月地震有声，怪风拔木转石。

（出自清·段鼎臣《怀宁县志》卷三）

（十三） 1665 年 3 月 20 日康熙四年二月初四日 3½级地震

康熙四年二月初四日夜，平阴地震，大风。

（出自清·喻春霖　朱续孜《平阴县志》卷四）

（十四） 1668 年 7 月 25 日康熙七年六月十七日 8½级地震

〔康熙七年六月十七日〕吾邑漕艘适泊滕县韩庄，月明如昼，水底大声，如雷如龙风，舟大簸荡，两岸行人仆地，始知地震。

（出自清·彭孙贻《客舍偶闻》《振绮堂丛书》）

（十五） 1668 年 7 月 25 日康熙七年六月十七日 8½级地震

（1）郯城县报：〔康熙七年六月十七日〕地震，声若轰雷，势如覆舟。城内四关六百余户尽倒，死者百余，暴雨烈日，官民露宿无依。马头集为通商办课所赖、商贾杂处，房屋尽塌，压死男妇千余。四郊地裂，穴涌沙泉，河水横溢，人民流散。

（出自清·彭孙贻《客舍偶闻》《振绮堂丛书》）

（2）〔康熙〕七年六月十七日戌时地震，房舍至有倾塌者。又日大风发屋。

（出自清·张斑　刘尔浩《丘县志》卷八）

（3）灾民歌有引：予下车甫两月，而天灾洊至，疟痢继发。号苦之声，彻于四境，触目伤心，遂作是歌。其文虽浅率无当大雅，然情之所至，聊为郯民告哀，亦将为凡被灾者告哀也。……

郯城野老沿乡哭，自言地震遭荼毒。忽听空中若响雷，霎时大地皆翻覆。或如奔马走危坡，或如巨浪摇轻轴。忽然遍地涌沙泉，须臾旋转皆乾没。开缝裂坼陷深坑，斜颤倾欹难驻足。阴风飒飒鬼神号、地惨天昏蒙黑雾。逃生走死乱纷纷，相呼相唤相驰逐。举头不见眼前人，举头不见当时屋。……

（出自清·张三俊　冯可参《郯城县志》卷九《灾民歌》）

（十六） 1668 年 8 月 27 日康熙七年七月二十日地震

康熙七年七月二十日地震，霪雨连朝。三吴亦然。

（出自清·李铎　汪爆《杭州府志》卷一）

（十七） 1683 年 11 月 22 日康熙二十二年十月初五 7 级地震

康熙二十二年十月初五日未时地大震。初，西北声若震雷，黄尘遍野，树梢几至委地，毁坏民房，

第五章　宋元明清时期（960—1911年）　　　　　　　·281·

人多压死。神山、三泉、原平、大阳等处尤甚，地且迸裂，或出水，或出黑沙，人皆露处，屋虽存，不时摇动，至十月中乃定。是冬天气颇燠。

(出自清·邵丰镳《崞县志》卷五)

（十八）1690年12月1日康熙二十九年十一月4级地震

康熙二十九年十一月朔，寻甸州地震，太白昼见。

(出自清·孙世榕《寻甸州志》卷二八)

（十九）1707年3月12日康熙四十六年二月初九日3级地震

康熙四十六年二月初九日，元谋彩霞成文，经久不散，地亦微动。

(出自清·莫舜鼐　彭学曾《元谋县志》卷三)

（二十）1733年8月2日雍正十一年六月二十三日$7\frac{3}{4}$级地震

自震后，不时地鸣有声，如涛如雷，昼夜无常，几匝月而后止，其震之前一日，天气山光，昏暗如暮，疑其将雨，不知地震也。自廿三以来，日有昏沉之气，非雾非烟，非沙非土，微雨则息，洎十二日始清。是年雨旸合节，谷丰岁稔，何以罹此灾也。闻之丰乐之世，亦有灾异，凶荒之年，不乏祥瑞。天道不可必，而人事之修省则未可弛也。……七月廿夜丑时，迅雷疾霆，大雨如注，阴阳和顺，自是而后遂无震惊之虑。

(出自清·崔乃镛《东川府志》卷二《东川府地震纪事》)

（二十一）1739年1月3日乾隆三年十一月二十四日8级地震

宁夏地震，每岁小动，民习为常，大约春冬二季居多，如井水忽浑浊，炮声散长，群犬□吠，即防此患。至若秋多雨水、冬时未有不震者。乾隆三年十二月（十一月）二十四日地大震，数百年来震灾莫甚于此。……是夜动不止，城堞、官廨、屋宇无不尽倒。震后继以水火，民死伤十之八九，积尸遍野，暴风作，数十里尽成冰海。

(出自清·王绎辰《银川小志》卷末)

（二十二）1796年8月22日嘉庆元年六月二十三日4级地震

宜山理苗县丞署后有岩曰雷神庙。嘉庆元年六月二十三日午后，岩内忽震动，至七月二十日申时，岩中大震。署前榕树枝叶披靡，摇曳及地。附近墙屋俱被扫压，居民惶恐。

(出自清·秀英　恒悟《庆远府志》卷二〇)

（二十三）1830年5月3日道光十年四月十一日地震

道光十年夏四月十一日夕时地震，声殷殷然，自西北而来，向东南而去。后数日，传闻直隶磁州城中于是时地大震，城垣、房屋皆有坍毁，地裂成渠，随即而合。秋七月某日未申之间，日光如血，照地皆赤。冬十二月十一日大雨雪，平地深三四尺。

(出自清·马家鼎　张嘉言《寿阳县志》卷一三)

（二十四）1833年8月26日道光十三年七月十二日8级地震

二月四日，卑职代、总等接宗噶宗二宗本报称：水蛇年七月十二日，在宗噶宗琼噶关帝庙一带连续发生强烈地震，并降大雪。本年正月十六、十七、十八日，连续猛刮大风，致使该庙西侧楼顶层建筑倒塌五庹长，需要挖找埋压之物。代理代本接到文书称：因关帝庙十分重要，不能不予修缮，特遣值班甲本益西随同二宗本到现场查看，并在第二年三月十九日送上巡查报告，内称：该庙主楼一层西侧倒塌约五庹许，即初次震倒之一椽面积；西南外墙原裂损严重，木料已不堪使用，此次全部塌毁。关帝庙西侧楼上塌陷必须重修。

(出自西藏驻定日代、总呈噶厦文（藏文）)

（二十五）1833年9月6日道光十三年七月二十三日8级地震

滇南以癸巳七月下浣三日，日逾午震。先期黄沙四塞，昏晓不能辨，凡三昼夜。又期先降霪雨九日，雨色黑，沾白夹衣玄若涅。将震昼晦，屋尽炬炷以烛，历十有二刻乃复明，明已，震。震之时，声自北来，状若数十巨炮轰，计十余州县相次厄，或裂或墳，或高者谷，或渊者陵。

（出自清·魏祝亭《天涯闻见录》卷二）

（二十六）1888 年 5 月光绪十四年四月地震

〔光绪〕十四年夏四月地震。冬暖，黄河冰桥未结。

（出自清·张国常《皋兰县志》卷一四）

（二十七）1846 年 8 月 4 日道光二十六年六月十三日 7 级地震

〔道光〕二十六年丙午夏闰五月二十九日大风。六月十三日地震。

（出自常之英　刘祖幹《潍县志稿》卷三）

（二十八）1852 年 3 月 30 日咸丰二年二月十日 3½级地震

咸丰二年二月十日，永城地震，黄雾四塞。

（出自清·岳廷楷　胡赞彩《永城县志》卷一五）

（二十九）1857 年 2 月 4 日咸丰七年正月初十 3½级地震

咸丰七年正月癸亥夜半，天明如昼，山雉皆鸣，少倾地气泄，声隆隆如鼓。

（出自清·戴枚　张恕《鄞县志》卷六九）

（三十）1870 牛 4 月 11 日同治九年三月十一日 7¼级地震

关于巴塘发生地震一事，想神聪早已获悉。此处民众遭到从未听闻之毁坏和危难。本来在地震前二三日，天降大雪，牛马家畜被封圈中，砍柴山路亦被大雪堵塞。大家只好困坐家中。至三月十二日，日出天晴，刚过午时，突然发生地震。顷刻间房屋全部倒塌。当脱难者正抢救被压于塌屋断壁下男女时，上村年敖代巴住房和下村代康涅巴才久恩穷毗连之一带房屋又起大火。风助火势，越烧越旺，大火有烧遍全村之势。当人众跑去取水救火时，又发现村庄附近浇田水槽已被震塌断裂，水源断绝，大家不知所措。此时，压于塌屋下之人，被烟熏火烧，难以忍受，人人痛哭惨叫，呼喊求救，竟被活活烧死。

（出自四川雅砻粮官平饶呈噶厦禀帖）（藏文）

（三十一）1879 年 7 月 1 日光绪五年五月十二日 8 级地震

（1）光绪五年己卯二月十八日，夜大雪，坚冰数日不解，雀鼠多冻死，是岁大熟。又是年五月彗星见于西方，芒长数丈。又是五月初十日未刻地震，十二日寅刻复大震，时止时作，屋宇有摧塌者。（原注：查档卷有督学张之洞奏请修省以弭灾变摺，内云：恭考康熙七年，金星昼见复兼地震。本年六月以来，金星昼见，五月甘肃地震，毗连省份同时震动等语。）

（出自谭毅武　陈品金《中江县志》　卷一五）

（2）光绪五年（五月初十地震，）十一日大水，十二日寅刻地大震，十月十四日黄雾四塞，人对面不相识。

（出自清·叶恩沛　吕震南《阶州直隶州续志》卷一九）

（3）光绪五年己卯春，甘肃阶州地震，有声如雷，荡决数百里，当其初震也，烈风暴雨，山川吼啸，大地起落如波浪，万民失魄，四方奔窜颠跌，生死相压蹂躏，郊野号哭震天，如是者两日夜，略停又大震一日夜。

（出自清·史念祖《弢园随笔》）

（三十二）1883 年光绪九年十月地震

（1）〔光绪九年〕冬十月朔，昆明彩云见东方，日入后西南赤气上蒸，更余始尽，如是者数月。宣威大雷雨，虹见于东北，十二月彗星见。开化、元江地震，十一月晋宁杨柳花如三月。元谋白气见西方，旬余乃没。

（出自清·岑系毓英　陈灿《云南通志》卷四）

（2）光绪九年冬十一月，民见有星孛于东南。光如昼，渐升，声如鸟拂羽，入西北而陨，声訇然，俄顷地震。

（出自清·周学铭　熊祥谦《蓬溪县续志》卷三）

（三十三）1902 年 8 月 22 日光绪二十八年七月十九日 8¼级地震

（1）晚宿，遇湘人马某自喀什噶尔来云：光绪二十八年七月十九日加未，喀什噶尔东八十里，地名喀什牙满牙〔地〕震甚，忽裂陷，宽四五尺，长约百里，深不可测，间涌黑水，俯视阴风刺骨，作硫磺臭。有缠民跨马过，蹈入。酉刻再震，白气自内出，裂复合，所陷马伸一首不能出。喀什、莎车西四城连震二年有余始止。

（出自清·裴景海《河海昆仑录》卷四）

（2）八月二十二号，即华历七月十九日，新疆喀什噶尔地震甚厉，自是连日大震，直至八月初二日始止。旋有热气一阵吹来，历五日少散。

（出自《汇报》　光绪二十八年壬寅十月三十日）

五、地光

（一）1193 年 9 月 30 日藏历第三绕回阴水牛年（南宋光宗绍熙四年）约八月 4½级地震

藏历第三绕回阴水牛年（南宋光宗绍熙四年）约八月，楚布寺出现发声、发光、地震等现象。

（出自巴吴·祖拉陈娃《贤者喜宴》）

（二）1283 年 4 月 30 日藏历第五绕回阴水羊年（元世祖至元年二十年）三月 4½级地震

藏历第五绕回阴水羊年（元世祖至元年二十年）三月，楚布寺连续二十一天地震，反复出现发声、发光、地震、下花雨等现象。

（出自巴吴·祖拉陈娃《贤者喜宴》）

（三）1509 年 6 月 5 日正德四年五月初八 3½级地震

正德四年五月乙亥夜二漏下，湖广武昌府见碧光闪烁如电者六七次，隐隐有声如雷，既而地震，良久止。

（出自《明武宗实录》）

（四）1637 年 4 月 3 日崇祯十年三月初九 4 级地震

崇祯十年三月初九子时，天响放光，沅江地震一刻，屋瓦皆响。

（出自清·顾智《沅江县志》卷一）

（五）1667 年 12 月 31 日藏历阴火羊年 4½级地震

藏历阴火羊年（1667 年），〔西藏〕出现地震和白光。

（出自阿旺·洛桑嘉楷《祈祷词》（藏文）　）

（六）1808 年 6 月 1 日嘉庆十三年五月初八 4½级地震

嘉庆十三年五月初八日夜，莆田地震，屋瓦有声，又壶公山顶灯光见数夜，木兰陂水回涧，定庄池水红　月。

（出自清·林扬祖《莆田县志》册二〇）

（七）1851 年 6 月 28 日咸丰元年五月 3½级地震

咸丰元年五月，黄安地震有声、屡有红光如电，俗称天霞。

（出自清·朱锡绶　张家俊《黄安县志》卷一〇）

（八）1907 年 5 月 1 日光绪三十三年三月十九日 4½级地震

一九零七年五月一日（光绪三十三年三月十九日）晚七时十一分十二秒，上海和徐家汇许多人感觉到地震，大戢山同时感到地震和看到闪电现象；光绪三十三年三月，南汇、南汇二区旧五团乡地震。

（出自《字林西报》）

六、地生毛

（一）1180 年 6 月 16 日金世宗大定二十年五月丙寅 3½ 级地震

金世宗大定二十五年五月丙寅，京师地震，生黑白毛。

（出自《金史》卷二三）

（二）1479 年 6 月 8 日成化十五年五月初十 4 级地震

成化十五年五月乙丑，直隶常州府地震，生白毛。

（出自《成化实录》卷一九〇）

（三）1487 年 5 月 2 日成化二十三年四月地震

成化二十三年丁未四月地震，目视之，遍地生白毛，类猫须，长数寸，风过冉冉而动。两日忽无。

（出自明·牛若麟《吴县志》卷一一）

（四）1507 年 1 月 22 日正德元年冬十二月 3½ 级地震

正德元年冬十二月，温州府地震，有声如雷，地出白毛，长者三四寸。

（出自清·汪爌《温州府志》卷三〇）

（五）1510 年 12 月 31 日正德五年 4 级地震

正德五年大水、岁荒、民疫，地震生白毛。

（出自明·刘沂春《乌程县志》卷四）

（六）1511 年 10 月 1 日正德六年八月 3½ 级地震

正德六年八月福州地震，后三日，地生白毛。

（出自明·叶溥《福州府志》卷三三）

（七）1523 年 12 月 16 日嘉靖二年十月 3½ 级地震

嘉靖二年冬地震，生白毛。

（出自清·卢腾龙《苏州府志》卷二）

（八）1526 年 1 月 22 日嘉靖四年十二月 3½ 级地震

嘉靖四年十二月地震，遍生白毛。

（出自明·牛若麟《吴县志》卷一一）

（九）1553 年 8 月 18 日嘉靖三十二年五月 3½ 级地震

嘉靖三十二年五六月，地连震，生白毛，长者四五寸。

（出自明·樊维城《海盐图经》卷一六）

（十）1554 年 5 月 11 日嘉靖三十三年三月 4 级地震

嘉靖三十三甲寅春三月地震，有白毛出。雨后经夜，长经三尺。

（出自明·韩浚《嘉定县志》卷一七）

（十一）1600 年 9 月 29 日万历二十八年八月二十二日 7 级地震

（1）〔万历〕二十八年八月二十二日地大震，有声如雷，城垣、衙署、民舍倾圮殆尽，人民压死无算。是夜连震三、四次。是月地上生毛。

（出自清·齐翀《南澳志》卷一二）

（2）万历二十八年庚子，连日地震，生毛，短者四、五分。

（出自佚名《安海志》卷八）

（3）〔万历二十八年〕八月二十日夜戌时，地大震，城倒三百九十余垛，坏屋伤人，南澳城亦圮数十丈。是夜，连震数次。次日未时，又震。以后每日皆震数次。地上生毛。

（出自清·秦炯《诏安县志》卷二）

第五章 宋元明清时期（960—1911 年）

（十二）1623 年 4 月 12 日天启三年三月十三日 4½级地震

天启三年癸亥春三月，地大震。丙午复震，海上地生白毛。

（出自清·史彩《上海县志》卷一二）

（十三）1644 年崇祯十七年春地震

〔崇祯十七年春〕地震，生白毛。民间有"地动白毛生，老小一齐行"之谚。

（出自清·王日桢《南浔镇志》卷一九）

（十四）1668 年 7 月 25 日康熙七年六月十七日 8½级地震

（1）康熙七年六月地震，生白毛。

（出自清·魏□ 裘琏《钱塘县志》卷一二）

（2）〔康熙〕七年六月地震。（是月二十四夜震），次日遍地生白毛。

（出自清·张之鼐《栖乘类编》卷一三）

（3）康熙七年夏六月地震。（是月廿四日夜震，屋栋憾摇，磔磔有声）。次日遍地生毛，即空舍亦然。

（出自清·赵世安 顾豹文《仁和县志》卷二五）

（4）康熙七年六月十七日酉刻地大震，地生白毛。

（出自清·许三礼 黄承琏《海宁县志》卷一二）

（5）〔康熙戊申〕六月十七日戌时，阖城内外地震。越三日，地生白毛。

（出自清·袁国梓《嘉兴府志》卷二）

（6）〔康熙戊申〕六月十七日戌时，合城内外地震。越三日，地生白毛。

（出自清·任之鼎 范正辂《秀水县志》卷七）

（7）康熙七年六月十七日戌时地震，屋柱皆动，街道如浪涌，生白毛。

（出自清·杨廉 郁之章《嘉善县志》卷一二）

（8）康熙七年六月十七日地震，窗扉皆鸣。二十日地生白毛。大风海溢，塘崩。八月秦山鸣。

（出自清·张素仁 彭孙贻《海盐县志补遗·灾祥》）

（9）康熙七年六月十三日太白经天。十五日昼星见。六月十七日戌时地震，白毛生。

（出自清·朱维熊 陆莱《平湖县志》卷一〇）

（10）康熙七年戊申（原注：府志作六年）六月十七日戌时地大震。生白毛，长尺馀。

（出自清·严辰《桐乡县志》卷二〇）

（11）〔康熙七年〕六月十七日戌时地大震，生白毛，长尺馀。

（出自清·张园真《乌青文献》卷三）

（12）康熙七年六月十七日昏时地大震，久之折屋，压死人民。山谷多生白毛，长二三寸。

（出自清·潘玉璿 汪曰桢《乌程县志》卷二七）

（13）康熙七年六月十七日地震，生白毛。

（出自清·姚时亮 严经世《归安县志》卷六）

（14）〔康熙〕七年六月十七日夜地震。生白毛，（原注：谈志）

（出自蔡蒙《双林镇志》卷一九）

（15）康熙七年六月十七日昏时地大震，久之折屋，压死人民。山谷多生白毛，长二三寸许。

（出自清·韩应恒 金镜《长兴县志》卷四）

（16）〔康熙〕七年夏六月地震，生白毛。时六月十七日戌时震，至夜半复震。

（出自清·侯元棐 王振孙《德清县志》卷一〇）

（17）康熙七年戊申夏六月十七日夜地震。地上生白毛，长者尺馀，形如马鬣。

（出自清·李廷机 左臣黄《宁波府志》卷三〇）

（18）康熙七年戊申夏六月十七日夜地震。地上生白毛，长者尺余，形如马鬣。

（出自清·汪源泽 闻性道《鄞县志》卷二四）

（19）康熙七年六月十七日夜地震。（原注：池北偶谈，六月十七日戌时）地上生白毛，长者尺许如马鬣。

（出自清·杨泰亨　冯可镛《慈溪县志》卷五五）

（20）〔康熙〕七年戊申六月十七日戌时地震，又夏秋间遍地生白毛，状似马鬣，长短不一。

（出自清·高登光　单国骥《山阴县志》卷九）

（21）康熙七年六月十七日地震。夏地生白毛。

（出自清·吕化龙　董钦德《会稽县志》卷八）

（22）康熙七年六月十七日戌时地震三四刻，门壁皆响。（三十日亥时地震）。地生白毛，亦间有黑毛。

（出自清·邹勋　蔡时敏《萧山县志》卷九）

（23）康熙七年六月十七日戌时地震、屋瓦皆崩。七月地上生白毛。

（出自清·郑侨　唐徵麟《上虞县志》卷二〇）

（24）康熙七年戊申六月十七日戌时地震，生白毛。

（出自清·戚延裔　马天选《建德县志》卷九）

（25）康熙七年戊申六月十七日地大震，生白毛。（原注：府志）

（出自清·贝蕴章　黄标《寿昌县志》卷一一）

（26）〔康熙〕七年六月十七日戌时地震有声，生白毛。（二十二日夜地又震）。

（出自清·卢腾龙　宁云鹏《苏州府志》卷二）

（27）康熙七年三月，昆山县天雨花，或赤或白。海神见城北新邨，遂昼晦如夜。大风卷屋入空中，重舟掀坠树颠，死伤甚多。六月甲申苏州地震有声，生白毛。（己丑夜又震）。

（出自清·觉罗雅尔哈善　习寯《苏州府志》卷七七）

（28）〔康熙七年〕六月十七日戌正三刻地震。从西北起，民居震动，逾时止。地生白毛。

（出自清·汤斌　孙佩《吴县志》卷二一）

（29）〔康熙〕七年六月十七日甲申夜地震，生白毛。

（出自清·陈维中《甫里志》卷三）

（30）〔康熙七年〕六月十七日戌时地震有声，人畜皆惊狂走。后四五日地生白毛，长三寸许，火之臭与牛羊毛等。（二十二夜地又震）。

（出自清·盛符升　叶奕苞《崑山县志》卷二二）

（31）〔康熙〕七年戊申夏地震，地生白毛，长四五寸许。

（出自清·陈元模《淞南志》卷五）

（32）〔康熙〕七年六月十七日地震有声，地生白毛。

（出自清·杨振藻　钱陆灿《常熟县志》卷一）

（33）〔康熙〕七年六月十七口戌时地震有声，生白毛。（二十二日夜地又震）。七月太白昼见。

（出自清·郭琇　屈运隆《吴江县志》卷一五）

（34）〔康熙〕七年夏六月甲申地震，生白毛。

（出自清·纪磊　沈眉寿《震泽镇志》卷三）

（35）康熙七年戊申夏六月十七日戌时震，自西北至东南，屋宇摇撼，河水尽沸，约一刻止。地生白毛。

（出自清·冯鼎高　王显增《华亭县志》卷一六）

（36）〔康熙〕七年六月十七日地震，自西北至东南，房宇摇撼，河水尽沸，约一刻止。翌日地生白毛。

（出自清·谢庭薰　陆锡熊《娄县志》卷一五）

（37）康熙七年六月十七日戌时地震有声，自西北至东南，约一刻止。北直、山东、河南、两越同日同时震，真古今异变。十八日遍地生白毛。

（出自清·陈方瀛　俞樾《川沙厅志》卷一四）

（38）〔康熙〕七年戊申夏六月十七日戌时地震有声，浦水腾跃自西北起至东南约一刻止。两越亦如是日地震，既而北直山东河南皆以地震告，五省同日同时，真古今变异。十八日遍地生白毛。

（出自清·应宝时　俞樾《上海县志》卷三〇）

（39）康熙戊申六月十七夜戌时地震，生白毛。（十月二十九日地震有声）。

（出自清·魏球　诸嗣郢《青浦县志》卷八）

（40）康熙七年六月十七日戌时地大震。六月至七月地生白毛。

（出自清·王昶《太仓直隶州志》卷五八）

（41）〔康熙七年〕六月十七日戌时地震，屋宇俱动，人身摇摆如在舟中。太白经天，竟月不退。六月至七月地生白毛，短者一二寸，长者尺。

（出自清·施若霖　甘斋甫《璜泾志稿》卷七）

（42）康熙七年夏六月常州府，武进，无锡，宜兴地震。生白毛，毛长尺许，燎之气腥。

（出自清·于琨　陈玉璂《常州府志》卷三）

（43）〔康熙〕七年夏六月甲申地震，生白毛，毛长尺许。燎之气腥。

（出自清·陈玉琪《武进县志》卷三）

（44）涓滩之岁月在未，鼓妖中夜西北至，硡訇只愁坤轴翻，苍皇讵识真宰意。床头儿女争啼号，屋瓦君□纷坠地。须臾恶飙扬尘沙，簸荡十日奔雷车，传闻山东祸尤烈，郯城平原尸如麻。前月经天垂太白，迄来白毛生一尺，阊门童谣真有无，妖异从来不胜德，野夫觅纸书时日，彼苍回斡君相力。

（出自清·邵长蘅《青门簏稿》卷三　《地震行》）

（45）〔康熙〕七年六月十六日戌时地震，生白毛。

（出自清·徐永言　严绳孙《无锡县志》卷二四）

（46）〔康熙〕七年夏六月十七夜地震，生白毛，长尺许。

（出自清·阮升基　宁楷《宜兴县旧志》卷末）

（47）康熙七年六月十七日地动有声，是年地生白毛。

（出自清·江映鲲　张振光《天长县志》卷一）

（48）〔康熙七年〕六月十七日戌时，江南地震，自西北起至东南。屋宇摇撼，河水尽沸，约一刻止。翌日遍地生白毛。两越亦于是日地震。既而北直、山东、河南皆以地震告。五省同日同刻，真古今异变。

（出自清·董含《三冈识略》卷五）

（49）〔康熙〕七年戊申六月十六日戌时地大动，水翻波斗，屋倾墙圮，人立俱仆。九月遍地生羊毛，其有二（三）四寸长者，雨粒如红豆。

（出自清·李斯佺《高淳县志》卷二〇）

（50）〔康熙〕七年（六月十七日戌时地震有声，生白毛）。二十二日夜地又震。

（出自清·卢腾龙　宁云鹏《苏州府志》卷二）

（51）康熙七年三月崑山县天雨花，或赤或白，海神见。城北新邻遂昼晦如夜，大风卷屋入空中，重舟掀坠树颠，死伤甚多。（六月甲申苏州地震有声，生白毛），已丑夜又震。

（出自清·觉罗雅尔哈善　习隽《苏州府志》卷七七）

（52）〔康熙七年〕六月（十七日戌时地震有声，人畜皆惊狂走），后四五日地生白毛，长三寸许，火之臭与牛羊毛等。二十二夜地又震。

（出自清·盛符升　叶突苞《崑山县志》卷二二）

（53）〔康熙〕七年六月地震。是月二十四夜震，次日遍地生白毛。

（出自清·张之鼎《栖乘类编》卷一三）

（54）康熙七年夏六月地震。是月二十四日夜震，屋栋撼摇，磔磔有声。次日遍地生毛，即空舍亦然。

（出自清·赵世安　顾豹文《仁和县志》卷二五）

（55）康熙七年六月（十七日戌时地层三，四刻，门壁皆响）。三十日亥时地震，地生白毛，亦间有黑毛。

（出自清·邹勷　蔡时敏《萧山县志》卷九）

（56）康熙七年六月地大震，房屋有倾倒者。屡震后，地中生毛，引之出如抽丝，可三尺许。

（出自清·黄桂　宋骧《太平府志》卷三）

（57）康熙七年六月地大震，墙垣多倾倒者，人如舟行被荡，数刻方宁。屡震后，地中生毛，引之如丝，可三尺。

（出自清·祝元敏　彭希周《当涂县志》卷三）

（58）康熙七年六月地震，生白毛。

（出自清·康如琏《余姚县志》卷五）

（59）康熙七年六月地震。又地生白草如毛，是处皆有。

（出自清·马象麟　柴文卿《桐庐县志》卷四）

（60）康熙七年夏六月十七日酉刻地大震，生白毛。屋栋憾摇，磈磈有声。次日，遍地生毛，即空舍亦然。

（出自清·李铎汪燎《杭州府志》卷一）

（十五）1669 年 7 月 27 日康熙八年夏六月 4 级地震

（1）〔康熙〕八年六月十七日黄昏地动。八月内地生白毛，长四寸许。

（出自清·蔡灼　章平事《诸暨县志》卷三）

（2）康熙八年夏六月，青浦地震。屋宇皆动，遍地生白毛，长五六寸。

（出自乾隆《青浦县志》）

（十六）1807 年 7 月 5 日嘉庆十二年六月地震

嘉庆十二年丁卯，旱，六月地震，遍地生毛。

（出自清·王抱承　侯学愈《无锡开化乡志》卷下）

七、地中出火

（一）1506 年 9 月 12 日正德元年八月十五 4½级地震

正德元年八月壬戌，山东鳌山、大嵩二卫及即墨县各地震有声，夜有火光，落即墨农家，化为绿石，形圆高尺余。

（出自《正德实录》卷一六）

（二）1668 年 7 月 25 日康熙七年六月十七日 8½级地震

（1）〔康熙〕七年六月十七日戌刻地震。七月十九日东南落火如斗，隆隆有声，见白气如龙。

（出自清·徐若阶　傅尔英《鲁山县志》卷九）

（2）康熙七年六月十七日戌时地震有声，至子时止。震坍房屋，压死乡村男妇百余人。又震落峄山上大石一块，其声如雷，火光一道如流星，乱坠小石不计其数。

（出自清·朱承命　陈子芝《邹县志》卷二）

（三）1695 年 5 月 18 日康熙三十四年四月初六 7¾级地震

〔康熙三十四年岁次乙亥〕据云曾见小报内有山西平阳府洪洞等三县，于四月初六、七、八三日大雨，地震，房屋坍倒，压死多人。既而地中出火，烧死人畜树木房屋什物无算。随又水发，淹死人畜又无算。闻有亢姓者，系敌国之富，亦遭此劫。地俱沉陷。朝廷差官勘验，发帑赈济，拯救难民。查报只存活六万口有零。……如此灾异，古今罕见。

（出自清·姚廷遴《历年记》续记卷四）

（四）1846 年 8 月 4 日道光二十六年六月十三日 7 级地震

道光丙午六月十三日，时加寅，江、浙等处地震，屋瓦横飞，居民狂奔，呐喊之声，山鸣谷应。震前片时东南有流星大如斗，光烛天门，震后有流火如碗口大小，下堕者甚多。

（出自清·马承昭《续当湖外志》卷六）

八、其他异象

（一）震后出现字的痕迹

（1）〔崇祯十四年〕四月，湖广地震。黄州地大震，釜铛皆有篆文。

（出自清·杨承禧《湖北通志》卷七五）

（2）康熙七年六月十七日戌时，忽有白气冲起，天鼓忽鸣，地随大震，声如雷鸣，音如风吼，隐隐有戈甲之声，或自东南震起，或自西北震起，势若掀翻，树皆仆地，食时方止。城垣房屋塌坍大半，城市乡村人皆露处。当夜连震六次，比天明震十一次，自后常常震动，至次年六月十二犹震。城西南故城村地裂，深不见底，宽狭不等，其长无际。城东梭村庄地裂出水，东南留宋，羊楼等庄地陷为坑，大小不等皆有水。珠山崩裂，石上有文，人不能辨。泰山顶庙钟鼓皆自鸣有声。或见马蹄其大如斗，或见大人之迹其长尺许。查抚疏，山东全省未报地震地方仅一十二处，其余州县俱报与本州同日地震等灾伤。

（出自清·邹文郁 朱衣点《泰安州志》卷一）

（3）康熙七年六月甲申地震有声，如兵车铁马。城垣民屋俱坏。比天明连震十一次。（七月甲寅，八月乙卯复震）。泰安，莱芜地坼及泉。珠山崩裂，石上有文莫能辨。泰山钟鼓自鸣。

（出自清·颜希深 成城《泰安府志》卷二九）

（4）戊申三月，蕲之安平乡……。六月十七日甲申地震，雨穀，釜底皆篆文不可识，亦作花卉状者，……。

（出自清·顾景星《白茅堂集》卷一四）

（5）道光癸巳七月二十三日云南地震，一日夜十余次，灾最重者为杨林汤池。闻是日人家釜底皆有字，多寡不一，郭孝廉宗泰课徒十八人于大佛寺楼下，人皆死，楼上人卧醒，见楼板与地平，由窗出皆免；又某家妇示（适）哺子压墙下三日，人闻儿啼出之，母子皆无恙。

（出自清·吴振棫《养吉斋余録》卷五）

（6）癸巳七月滇地震，凡三旬始安，而二十三日为甚。昆明、嵩明诸处伤人及屋宇无算。震毕，偶一人取釜炊食，视之有文如古篆不可辨，传播渐众，各取釜视之，悉有文，同者才十之三四，已而征他处，莫不然，又偏处石上有细纹如针类墨画，亦不知其故。

（出自清·何彤云《赓缦堂杂俎》）

（二）震后沿街出现黑线痕

光绪六年二月十二夜，酆都邑属大地震，拂晓，高镇沿街均有黑线痕。

（出自黄光辉 余树棠《酆都县志》卷一三）

（三）白日见龙腾飞

康熙戊申六年十七戌刻，山东、江南、浙江、河南诸省同时地大震，而山东之沂、莒、郯三州县尤甚。郯之马头镇死伤数千人，地裂山隤，沙水涌出，水中多有鱼蟹之属。又天鼓鸣，钟鼓自鸣。淮北沭阳人，白日见一龙腾起，全鳞烂然，时方晴明，无云气云。

（出自清·王士禛《池北偶谈》卷二二）

第四节 宋元明清时期的救灾理念、机制、模式、措施

继秦汉之后，历经千年发展，到宋元明清时期，中国封建经济持续发展，封建制度不断完善，救灾

理念、机制、模式、措施等逐步进入集大成时期，并开始固化成一套较为完备的封建社会救灾体系。

一、救灾理念

（一）重农思想

中国是个传统农业国家，重农思想由来已久。而且随着封建经济逐步进入全盛时期，重农思想越来越占据统治地位。这为救灾工作提供了充足的物质基础。

1. 宋朝时期

经历唐末黄巢农民大起义和半个世纪的五代十国长期战乱之后，宋初统治者十分重视农业生产的恢复和发展。"命官分诣诸道均田""垦辟荒田者止输旧租""所垦田即为永业，官不取其租""逃民复业及浮客请佃者……以给复田土，……并五年后收其租""均田赋税、招辑流亡、惠恤贫孤、窒塞奸幸"等重农政策的施行，使得北宋农业经济得到快速恢复和发展。

2. 元朝时期

元朝领土较之两汉、隋唐时期更为广阔。《元史·地理志》载：元朝的疆域"北踰阴山、西极流沙、东尽辽左、南越海表""盖岭北辽阳与甘肃四川云南湖广之边，唐所谓羁縻之州，往往在是，今皆赋役之，比于内地"。但由于元朝是由北方游牧民族蒙古族所建立，立国之初习惯于游牧而忽视农业生产。后经过不断的政策调整，重农兴水，始开唐来、汉延、秦家等渠，垦中兴、西凉、甘、肃、瓜（州治安西）、沙（州治敦煌）等州之土，为水田若干，于是"民之归者户四五万。"（《元史·董文用传》）。《元史·地理志》又载：至元二十三年（公元1286年）在甘州以北一千五百里的赤集乃路"以新军二百人凿合即渠"，"屯田九千余顷"。至元二十七年（公元1290年）于甘州"黑山满峪泉水渠、鸭子翅等处"开展农田水利建设，"屯田一千一百六十余顷"。此后，元朝农业经济逐步开始恢复发展。

3. 明朝时期

明太祖朱元璋亲身经历元末动乱，对下层社会体会颇深，对农业生产尤为重视。"四民之业，莫劳于农。观其终岁勤劳，少得休息。时和岁丰，数口之家犹可足食，不幸水旱，年谷不登，则举家饥困。（《明太祖实录》卷二五〇）"君天下者不可一日无民，养民者不可一日无食，食之所恃在农，农之所恃在岁。"（《明太祖实录》卷五三）

4. 清朝时期

清朝出现过多位有作为的皇帝，并皆重视农业生产。如乾隆皇帝认为"五谷者乃命之所关"，只有抓好农耕，才有可能有效地防备灾荒。乾隆在上谕中说："一夫不耕或受之饥，一女不织或受之寒，而耕九余三，虽遇荒年，民无菜色"。"今天下土不为不广，民人不为不众，以今之民，耕今之地，使皆尽力"，才有可能出现"水旱无虞"的局面，从而达到积极主动备荒的效果。

红薯在清代中期以后大量种植，与乾隆帝的一道圣旨有关。乾隆得知红薯既可充食、又耐旱高产，就下令各地农民广泛种植，"以为救荒之备"。由皇帝亲自下令推广种植一种农作物，在中国历史上并不多见，效果可想而知。史称"自是种植日繁，大济民食"，"虽遇饥岁恃无恐"。

（二）阴阳五行和天人感应思想

阴阳五行和天人感应思想是中国传统灾害思想的重要组成部分，在宋元明清时期得到进一步发展。

1. 宋朝时期

宋朝时期，人们对伯阳父"阳伏而不能出，阴迫而不能蒸，于是有地震"的观点深信不疑。北宋名臣包拯讲："臣近闻登州地震山摧，今又镇阳、雄州五月朔日地震，北京、贝州诸处蝗蝻虫生，皆天意先事示变，必不虚发也。谨按汉五行志曰：地之戒莫重于震动。谓地者阴也，法当安静。今乃越阴之职，专阳之政，其异孰甚焉。又夷狄者，中国之阴也，今震于阴长之月，臣恐四夷有谋中国者。且雄州控扼北鄙，登州密迩东夷，今继以地震山摧，不可不深思而预备之也。"（《包拯集》卷二《论地震》）金海陵王正陵五年二月，"河东、陕西地震。镇戎、德顺等军大风，坏庐舍，民多压死。海陵王问司天马贵中等曰：'何为地震?' 贵中等曰：'伏阳逼阴所致。' 又问：'震而大风，何也?' 对曰：'土失其性，则地以震。风为号令，人君严急则有烈风及物之灾。'"

2. 元朝时期

元成宗大德七年，太原地震，皇帝询问地震原因，大臣齐履谦答曰："地为阴而主静，妻道、臣道、子道也。三者失其道，则地为之弗宁。弭之之道，大臣当反躬责己，去专制之威，以答天变，不可徒为禳祷也。"（《元史》卷一七二《齐履谦传》）

3. 明朝时期

明朝开国皇帝朱元璋对儒家天人感应思想深信不疑，认为自然灾害的发生与人间政事是有因果关系的。他引用董仲舒的话:"国家将有失道败德，天乃出灾害以谴告之。不知自省，又出怪异以警惧之。尚不知变而伤败乃至"；自然灾害的发生是"天心仁爱人君而欲止其乱"的结果，"古之圣贤不以天无灾异为可喜，惟以只惧天谴而致隆"。遇到地震等自然灾害发生时，朱元璋就要对现行政策进行反思，并作适当调整。朱元璋曾对中书省臣说："近京师火，四方水旱相仍，朕夙夜不遑宁处，岂刑罚失中、武事未息、徭役屡兴、赋敛不时，以致阴阳乖戾而然耶?"（《明太祖实录》卷三四）"人君能恐惧修德，则天灾可弭"。（《明太祖实录》卷七三）

4. 清朝时期

清代地震频发，康熙在位 61 年，经历 7 次 7 级以上大地震，对地震颇多认识。康熙亲撰"地震"一文："大凡地震，皆由积气所致""既震之后，积气已发，断无再大震之理"，否定了"天人感应"，形成了新的阴阳五行地震思想。（《康熙皇帝御制文》第四辑）

（三）仁政思想

仁政思想古已有之。孔子讲："仁者爱人"（《论语·颜渊》）。孟子讲："仁之实，时亲是也。"（《孟子·离娄上》）。到宋元明清时期，仁政思想发展到了一个新的历史阶段。宋朝开国皇帝赵匡胤"克平诸国，每以恤民为先务。累朝相承，凡无名苛细之敛，常加铲革。尺缣斗粟，未闻有所增益"。"吏员猥多，难以求治，俸禄鲜薄，未可责廉；与其冗员而重费，不若省官而益俸。""建隆以来，释藩镇兵权，绳赃吏重法，以塞浊乱之源。州郡司牧，下至令录幕职，躬自引对。务农兴学，慎罚薄敛，与世休息，迄于丕平。治定功成，制礼作乐。在位十有七年之间，而三百余载之基，传之子孙，世有典则。"高度概括了宋太祖一生施行仁政的治国思想和实践。（《赵匡胤·宋朝开国皇帝》）

元朝英宗皇帝"以国用匮竭，停诸王赏赉及皇后答里麻失里等岁赐。"然而，"庚寅，曹州、滑州饥，赈之"；"壬辰，赈上都十一驿"；"甲午，辽阳哈里宾民饥，赈之"；"赈奉元路饥"；"河间、河南、陕西十二郡春旱秋霖，民饥，免其租一半"；"癸亥，辽阳等路饥，免其租，仍赈粮一月"；"京师饥，发粟二十万石赈粜"；"癸亥，地震，甲子，临安河西县春夏不雨，种不入土，居民流散，命有司赈给，令复业"。一"停"一"赈"，爱民救民的仁政思想彰显无缺。（《元史·本纪》卷二十七《英宗》）

明朝太祖皇帝朱元璋曾讲："朕起寒微，备知农事艰难。"（《明太祖实录》卷二四一）"朕所以切虑三时，虑恐九年之水，七年之旱，民无立命。所以读听之间，不觉毛发悚然而立，惊畏如是，为此也!"（《明太祖实录》卷五三）"君天下者不可一日无民，养民者不可一日无食，食之所恃在农，农之所恃在岁"。（《明太祖实录》卷五三）

清朝乾隆皇帝不仅强调农业生产的重要性，"五谷者乃命之所关"，而且强调积谷入仓的重要性，"储蓄之道，实为吾民养命之源"；不仅强调救灾的重要性，而且强调处置"得法""合宜"。要求在开展救灾前，"先事预算，务在虑之以周详，而出之以镇静，遮临事不至周章，穷黎得沾实惠，奸徒不致逞刁，地方亦均得安辑矣!""救荒如救焚拯溺，早一日得一日之济。尽得一份心，民受一份之惠；灾黎得一日之赈，即度一日之命"（《清高宗实录》卷三一一），并强调"拯救之方，刻不容缓"，各级官吏必须全力以赴。救民于水火的仁政思想表露无遗。

二、救灾机制

经周秦汉晋及隋唐，古代救灾机制不断发展完善。至宋元明清时期，虽然仍未设立专门的救灾管理机构，但是，以封建君主为核心的国家行政管理体系日益成熟，救灾工作作为相关部门职责的一部分被日益强化并固化，救灾机制也因此而更加顺畅。

（一）宋朝

隋唐之后，中央一级政府的三省六部制总体上一直沿用。宋朝中央机构分为行政、军事、财政、司法监察和为皇室服务的机构等五个系统。从行政系统看，最高长官仍为宰相。宋朝特点有二，一是官名变化多，二是权力小于前代。宋初，沿唐后期和五代制度，设中书门下。中书门下下设孔目、吏、户、兵礼、刑等五房。神宗元丰五年（1082年）改革官制，撤销中书门下，恢复唐初三省六部制度，原中书门下之权分属三省，中书省取旨，门下省覆奏，尚书省施行，三省成为最高政务机构。南宋时期，中书省与门下省合并为中书门下省，与尚书省并列，但习惯上仍称三省。

宋朝寺监设置有太常、宗正、光禄、卫尉、太仆、大理、鸿胪、司农、太府等九寺，国子、少府、将作、司天、军器、都水等六监。元丰改制后，撤销司天监，另设太史局，九寺五监各专其职，设官职掌，一如唐制。但各寺职责繁简不一，《尘书·谐谑》记载：太府寺因所隶事务繁多，有"忙卿"之称；司农寺因所掌仓库分布很广，有"走卿"之称；光禄寺因掌酒醴膳馐，有"饱卿"之称；鸿胪寺掌四邻各国朝贡，而宋朝国势弱，朝贡者少，有"睡卿"之称。南宋时期，对部分寺监进行撤并，鸿胪寺、光禄寺并入礼部，卫尉寺、太仆寺并入兵部，少府监、都水监并入工部。

从财政系统看，国家财政管理的主要机构是三司和内库。三司即盐铁、度支、户部，总揽全国财政。元丰改制时，撤销三司，分其职于尚书省户部。不过，财政大权又非户部所能全部定夺，所以北宋后期又有总领财赋官及经制使。如果说三司或户部是皇帝间接控制的国家财政机构，内库则是皇帝直接控制下的财政机构。宋朝内库起于太祖皇帝建封桩库，太宗皇帝时期扩大为内藏库，成为收入大、支出广、朝廷重大开支的主要来源。

从以上可见，宋代的救灾工作总体上看属于尚书省及其下辖的户部管理，寺监里又主要由司农寺管理，大额款项则由皇帝直管的内藏库开支。

宋代地方政府主要分路、州（府、军、监）、县三级，为地方救灾的直接承办组织。

宋朝中央机构简表、宋朝主要职官隶属简表见表5-4至表5-6。

表5-4　宋代中央机构简表

官署名称 与机构名称	长官名	编制员额	职掌	下属机构
三师	太师	无定员	为宰相、亲王、使相加官，无职掌	
	太傅			
	太保			
三公	太尉	无定员	为宰相、亲王、使相加官，无职掌	
	司徒			
	司空			
门下省	侍中	各1员	佐天子议大政，审命令，驳正违失	起居院、进奏院、登闻检院
	侍郎			
	左散骑常侍			

续表

官署名称与机构名称	长官名	编制员额	职掌	下属机构
中书省	令 侍郎 右散骑常侍	各1员	进拟庶务，宣奉命令，除授高级官员	舍人院、吏、户、礼、兵、刑、工等房
尚书省	令 左、右仆射 左、右丞	各1员	施行制命、振举纲纪、听内外辞诉，考百司治否	吏部、户部、礼部、兵部、刑部、工部
枢密院	知院 同知院	各1员	掌军国机务、兵防、边备、戎马之政令	承旨司
翰林学士院	翰林学士	2员	掌制、诰、诏、令撰述之事	
吏部	尚书 侍郎	1员 2员	掌文武官吏选试、拟注、资任、迁叙、荫补、考课之政令	司封、司勋、考功司，官告院
户部	尚书 侍郎	1员 2员	掌天下人户、土地、钱谷之政令，贡赋、征役之事	度支、金部、仓部司
礼部	尚书 侍郎	各1员	掌礼乐、祭祀、朝会、宴享、学校、贡举之政令	祠部、主客、膳部司
兵部	尚书 侍郎	各1员	掌兵卫、武选、车辇、甲械、厩牧之政令	职方、驾部、库部司
刑部	尚书 侍郎	1员 2员	掌刑法、狱讼、奏谳、赦宥、叙复之事	都官、比部、司门司
工部	尚书 侍郎	各1员	掌城郭、宫室、舟车、器械、符印、钱币、山泽、河渠之政	屯田、虞部、水部司、文思院
御史台	御史中丞	1员	掌纠察百官，肃正纲纪	台院、殿院、察院
秘书省	监 少监	各1员	掌古今经籍图书、国史实录、天文历数之事	日历所、太史局
殿中省	监 少监	各1员	掌供奉天子玉食、医药、服御、舆辇之政令	御药院、尚衣库
太常寺	卿 少卿	各1员	掌礼乐、郊庙、社稷、坛壝、陵寝之事	太医局、教坊
宗正寺	卿 少卿	各1员	掌叙皇族宗派，纪其属籍，以别亲疏	玉牒所
大宗正司	知 同知	各1员	掌训导宗室，纠正其违失	
光禄寺	卿 少卿	各1员	掌祭祀、朝会、宴享酒醴膳馐之事	内酒坊、翰林司、牛羊司、乳酪院

续表

官署名称与机构名称	长官名	编制员额	职掌	下属机构
卫尉寺	卿 少卿	各1员	掌仪卫兵械、甲胄之政令	仪鸾司、左右金吾街仗司
太仆寺	卿 少卿	各1员	掌车辂、厩牧之政令	车辂院、骐骥院、群牧司
大理寺	卿 少卿	1员 2员	掌折狱、详刑、鞫谳之事	左断刑、右治狱
鸿胪寺	卿 少卿	各1员	掌四夷朝贡、宴劳、给赐、送迎之事，及凶仪、中都祠庙、道释籍帐	往来国信所、都亭西驿、礼宾院、寺务司、传法院、僧录司
司农寺	卿 少卿	各1员	掌仓储、苑囿、库务出纳之政令	草场、排岸司、下卸司、都由院、水磨务
太府寺	卿 少卿	各1员	掌邦国财货之政令，及商税、平准、贸易之事	左藏库、内藏库、粮料院、审计司、都商税务、市易司
国子监	祭酒 司业	各1员	掌学校之政令	国子学、太学、武学
少府监	监 少监	各1员	掌百工伎巧之政令	绫锦院、染院、裁造院
将作监	监 少监	各1员	掌宫室、城郭、桥梁、舟车营缮之事	修内司、八作司、事材场、丹粉所、竹木务
军器监	监 少监	各1员	掌监督缮治兵器什物，以给军国之用	东西作坊、作坊物料库、皮角场
都水监	使者	1员	掌川泽、河渠、津梁、堤堰疏凿浚治之事	街道司
殿前司	都指挥使 副都指挥使	各1员	掌殿前诸班直及步骑诸指挥之名籍，总统制、训练、番卫、戍守、迁补、赏罚之政令	
马军司	都指挥使 副都指挥使	各1员	掌马军之名籍，总其统制，训练番卫、戍守、迁补、赏罚之政令	
步军司	都指挥使 副都指挥使	各1员	掌步军之名籍，总其统制、训练、番卫、戍守、迁补、赏罚之政令	
皇城司	勾当官	无定员	掌宫城出入之禁令	
客省	使 副使	各2员	掌国信使见辞宴赐，及四方进奉、朝觐贡献之仪	
引进司	使 副使	各2员	掌臣僚、蕃国进奉礼物之事	

第五章　宋元明清时期（960—1911 年）

续表

官署名称 与机构名称	长官名	编制员额	职掌	下属机构
四方馆	使	2 员	掌接受、进呈文武官朝见辞谢、庆贺起居章表	
阁门司	使	6 员	掌朝会宴幸、供奉赞相礼仪之事	
	副使	4 员		
内侍省	都知	无定员	掌拱侍殿中、备洒扫之职	
	副都知			
入内内侍省	都都知	无定员	掌禁中侍奉之事	御药院，内东门司，合同凭由司
	都知			

＊本表据《中国历代职官辞典》和《中国历代官制大辞典》（修订版）等整理。

表 5-5　元丰改制前宋朝主要职官隶属简表

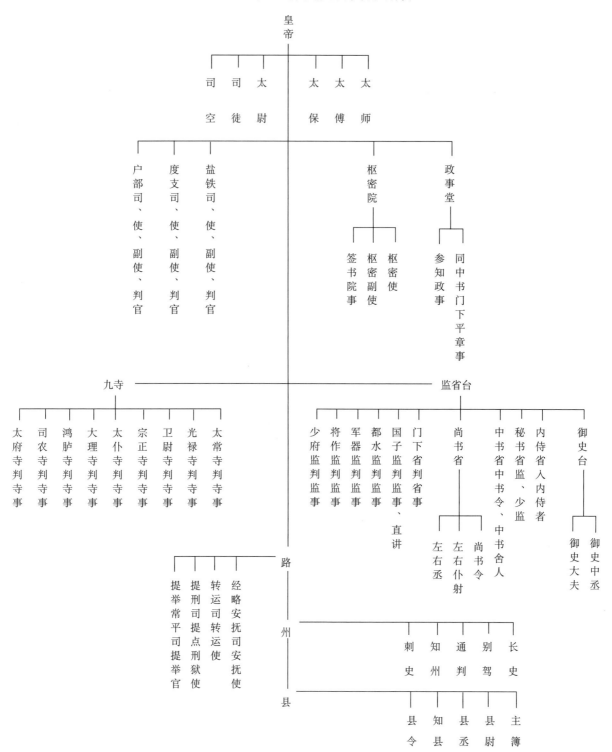

* 本表据《中国历代职官辞典》和《中国历代官制大辞典》（修订版）等整理。

表 5-6　元丰改制后宋朝主要职官隶属简表

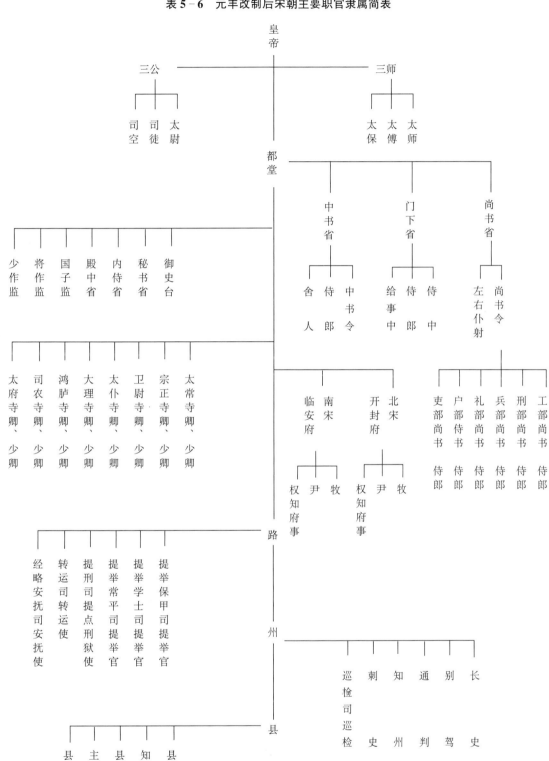

* 本表据《中国历代职官辞典》和《中国历代官制大辞典》（修订版）等整理。

(二) 元朝

元朝的中央政府机构，主要由中书省、枢密院和御史台组成。中书省主要下辖吏部、户部、礼部、兵部、刑部和工部六部。

元朝中书省最早成立于窝阔台三年（1231 年），后撤并。中统元年（1260 年）三月忽必烈在开平即位，第二年四月复立中书省，七月，又立燕京行中书省。约在中统三年前后，燕京行中书省复合并于中书省。

至元三年（1266 年）设制国用使司，总揽全国财政大权，以后一度成为与省、台、院并立的最重要的中央政府组成部门之一。至元七年，裁撤制国用使司，改设尚书省，下辖六部，并将全国行中书省改为行尚书省。中书省建置虽仍保留，但实际上由尚书省总领国政。至元九年（1272 年），裁撤尚书省，归并于中书省内。此外，又相继设置了下列机构：

翰林兼国史院，掌管制诰文字，纂修国史。

大劝农司，掌管农桑、水利。

集贤院，掌管提调学制和道教事务。

太史院，掌管天文历数。

将作院，掌管工艺。

通政院，掌管驿传。

宣政院，主持释教及吐蕃地区军、民之政。

大宗正府，主持诸王、驸马、投下蒙古、色目人的刑名等公事，一度时期兼管汉人刑狱，是掌管刑政的札鲁忽赤（断事官）官署。

崇福司，掌管也里可温（元朝人对基督教徒和教士的通称）的宗教事务。

回回司天监，掌管回回历法。

蒙古翰林院及其所属蒙古国子监，掌管蒙古文字。

经正监，掌管皇室和贵族的营盘纳钵、标拨投下草地并治理有关词讼。管领本位下怯怜口随路诸色民匠打捕鹰房都总管府，掌管为中宫从事织染、杂造等。

中尚监，掌管成吉思汗大斡耳朵位下怯怜口诸务及内府供应。

会秋寺，掌管武宗五斡尔朵（行宫）户、钱粮、营缮诸寺等。

从以上可见，元代的救灾工作总体上看属于中书省及其下辖的户部管理，具体又主要由大劝农司主管。

元朝时期的地方最高行政机构，在忽必烈即位之初为十路宣抚司，同时以都省官"行某处省事"系衔，派到各地，行使中书省的权力。此后，行省逐渐由临时性的中央派出机构定型为常设的地方最高行政机构，"凡钱粮、兵甲、屯种、漕运、军国重事，无不领之"。（《元史》卷九一《百官志》七）

行省以下的地方行政机构，依次为路、府、州、县四级，为基层各级政权组织，负责基层日常政务，包括救灾各项工作。

元朝中央机构简表、元朝主要职官隶属简表见表 5－7、表 5－8。

第五章　宋元明清时期（960—1911 年）　　　　　·299·

表 5 - 7　元朝中央机构简表

官署名称 与机构名称	官名 （长官名）	编制员额	职掌	下属机构
三公	太师	1 人	以道燮阴阳，经邦国	
	太傅	1 人		
	太保	1 人		
中书省	中书令	无定员	典领百官会决庶务	左司、右司等
	右、左丞相	各 1 人	统六官率百官，次于令	
	平章政事	4 人	掌机务，贰丞相，决军国事	
	左、右丞	各 1 人	副宰相裁决庶务	
	参政	2 人	副宰相参大政，亚于丞	
吏部	尚书	3 人	掌天下官吏选授之政令	
	侍郎	2 人		
户部	尚书	3 人	掌天下户口、田土之政令	宝钞总库、都漕运使司、各路盐使司、钞纸坊、大都酒课提举司等
	侍郎	2 人		
礼部	尚书	3 人	掌天下礼乐、禄祀朝会、燕享、贡举之政令	左三部照磨所、侍仪司、仪从库、常和署、兴和署等
	侍郎	2 人		
兵部	尚书	3 人	掌天下郡邑邮驿屯牧之政令	大都陆运提举司等
	侍郎	2 人		
刑部	尚书	3 人	掌天下刑名法律之政令	司狱司、司籍所
	侍郎	2 人		
工部	尚书	3 人	掌天下营造百工之政令	左、右架阁库，诸色人匠总管府、提举右、左八作司等
	侍郎	2 人		
枢密院	知枢密院事	6 人	掌天下兵甲机密之务	右、左、中、前、后五卫，武卫亲军都指挥使司等
	同知枢密院事	4 人		
御史台	大夫	2 人	掌纠察百官善恶、政治得失	殿中司、察院、肃政廉访司等
	中丞	2 人		
大宗正府	札鲁忽赤 （断事官）	无定员	掌诸王驸马投下蒙古、色目人应犯一切公事及汉人奸盗诈伪等	
大司农司	达鲁花赤 （大司农）	1 人	掌农桑、学校、饥荒等事	籍田署、供膳司、永平屯田总管府
		4 人		
	卿	2 人		
翰林兼 国史院	承旨	6 人	掌拟写诏令、纂修国史及备咨询	
	学士	2 人		
蒙古翰林院	承旨	7 人	掌译写一切文字，及颁降玺书，并用蒙古新字仍以其国文学副之	蒙古国子监、内八府宰相
	学士	2 人		

续表

官署名称 与机构名称	官名 （长官名）	编制员额	职掌	下属机构
集贤院	大学士	5 人	掌提调学校、征求隐逸、合集贤良	国子监、国子学、兴文署
	学士	2 人		
宣政院	院使	11 人	掌佛教僧徒及吐蕃之境而隶治之	兴教寺、吐蕃等处宣慰司都元帅府等
	同知	2 人		
宣徽院	院使	6 人	掌供玉食。凡稻粱牲牢酒醴、燕享宾客宗戚，及诸王宿卫、怯怜口粮食等事	尚食、尚药、尚酝三局、光禄寺、尚舍寺、尚牧所、永备仓等
	同知	2 人		
	副使	2 人		
太禧宗禋院	院使都典制 神御殿事	6 人	掌神御殿朔望岁时、讳忌、日辰、禋享礼典	隆禧总管府、会福总管府、崇祥总管府、隆祥使司、寿福总管府
	同知兼佐仪 神御殿事	2 人		
	副使兼奉赞 神御殿事	2 人		
太常礼仪院	院使	2 人	掌大礼乐、祭祀宗庙社稷、封赠谥号	太庙、郊祀、社稷、大乐四署
	同知	2 人		
典瑞院	院使	4 人	掌宝玺、金银符牌	
	同知	2 人		
太史院	院使	5 人	掌天文历数之事	
	同知	2 人		
太医院	院使	12 人	掌医事，制奉御药物，领各署医职	广惠司、御药院、大都惠民局、上都惠民司等
	同知	2 人		
奎章阁 学士院	大学士	4 人	命儒臣进经史之书考帝王之治，以他官兼	群玉内司
	侍读学士	2 人		
艺文监	太监检 校书籍事	2 人	专以蒙古语敷译儒书，及儒书之合校准者兼治之	艺林库、广成局
	少监同检 校书籍事	2 人		
侍正府	侍正	14 人	掌内廷近侍之事	
	同知	2 人		
将作院	院使	7 人	掌成造金玉珠翠宝贝及制绣段匹纱罗等	诸路匠人总管府、异祥局总管府等
	同知	2 人		
通政院	院使	大都 4 人 上都 1 人	掌驿站以给使传，辨奸伪	廪给司
	同知	大都 2 人 上都 1 人		

第五章 宋元明清时期（960—1911 年）

续表

官署名称 与机构名称	官名 （长官名）	编制员额	职掌	下属机构
中政院	院使	7 人	掌中宫财赋营造供给，并番卫之士、汤沐邑	中瑞司、翊正司、典饮局等
	同知	2 人		
储正院	院使	6 人	备左右辅翼皇太子之任	家令司、府正司、延庆司、典用监等
	同知	2 人		
大都留守司	留守	5 人	掌守卫宫阙都城，兼理营建内府诸邸兼少府	修内司、祗应司、器物局等
	同知	2 人		
武备寺	卿	4 人	掌缮治戎器，兼典受给	寿武库、利器库、广胜库、各路军器局等
	同判	6 人		
太仆寺	卿	2 人	掌阿塔思马匹受给造作鞍辔	
	少卿	2 人		
尚乘寺	卿	4 人	掌上御鞍辔舆辇等事	资乘库
	少卿	2 人		
长信寺	卿	4 人	领大斡耳朵怯怜口诸事	怯怜口诸色人匠提举司、大都及上都铁局
	少卿	2 人		
太府监	太卿	6 人	领左、右藏等库掌钱帛出纳之数	内藏库，右、左藏
	太监	6 人		
度支监	卿	3 人	掌给马驼□粟	
	太监	2 人		
利用监	卿	8 人	掌出纳皮货衣物之事	资用库、杂造双路局、熟皮局、软皮局等
	太监	5 人		
中尚监	卿	8 人	掌大斡耳朵位下怯怜口诸务，领资成库毡作	资成库
	太监	2 人		
经正监	太卿	1 人	掌营盘纳钵及标投下草地，有词讼则治之	
	太监	2 人		
都水监	都水监	2 人	掌治河渠，并堤防水利桥梁插堰之事	领河道提举司
	少监	1 人		
秘书监	卿	4 人	掌历代图籍并阴阳禁书	
	太监	2 人		
司天监	提点	1 人	掌凡历象之事，与太史院并立	
	司天监	3 人		
回回司天监	提点	1 人	掌领回回人观测天象，编订回回历	
	司天监	3 人		

＊本表据《中国历代职官辞典》和《中国历代官制大辞典》（修订版）等整理。

表 5-8 元朝主要职官隶属简表

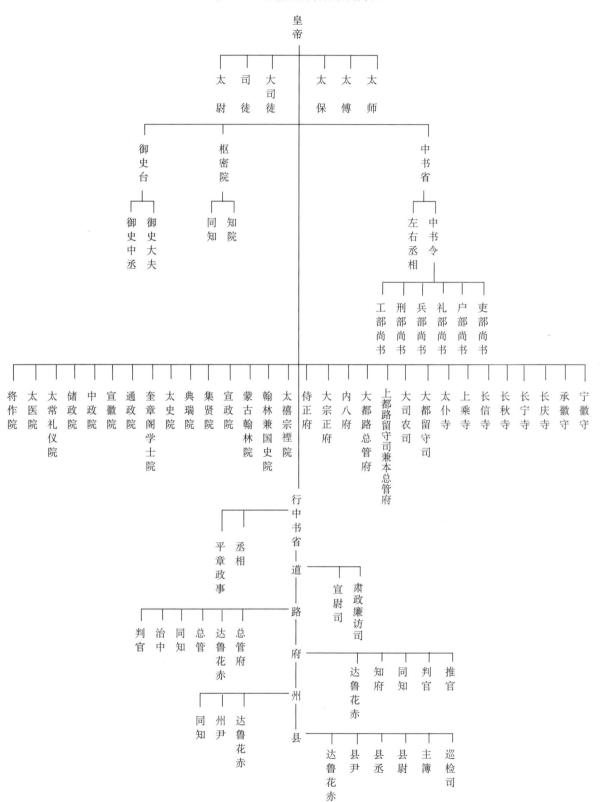

* 本表据《中国历代职官辞典》和《中国历代官制大辞典》(修订版) 等整理。

（三）明朝

明朝实行内阁制。内阁以下设吏部、户部、礼部、兵部、刑部、工部六部和督察院（监察部门）。具体设置如下：

1. 三公、三孤

三公：太师、太傅、太保（正一品）。

三孤：少师、少傅、少保（从一品）。

三公三孤之外有太子太师、太子太傅、太子太保（从一品）和太子少师、太子少傅、太子少保（正二品），均属加官，只是用来表明受封者的功绩和身份，并无实际管辖权限。

2. 六部

吏部、户部、礼部、兵部、刑部、工部（按顺序）。

六部各设尚书一人，直接对皇帝负责。尚书之下各设左右侍郎（相当于副部长）、郎中（相当于司长）、主事等。

吏部：负责掌管官吏的日常管理、考核、升迁等。

户部：下设十三个司，分别掌管各地的收支与报销等。

礼部：掌管国家凶吉大典、教育与考试、招待外宾、宴劳功臣等。

兵部：掌管天下军政（军令由五军都督府管理）等。

刑部：掌管天下刑名等。

工部：掌管建筑、后勤、水利、制造等。

3. 督察院

直属于皇帝的监察部门。

督察院下设左右督御史（正二品）、左右副督御史（正三品）、左右金督御史（正四品）。全国设十三道监察御史，负责十三个省的监察工作（当时全国共十三个省）。十三道监察御史与直属于皇帝的六科给事中统称"科道"，属于言官范畴。

4. 六科

分为吏、户、礼、兵、刑、工六科，每科设督给事中（正七品）、左右给事中与给事中（从七品）。

六科给事中虽然品级较低，权力很大。皇帝交付各个衙门办理的事项由六科每五天注销一次，如果发现有拖拉或者办事不力的，六科可以直接向皇帝报告。六科还可以参与全国官员的选拔、皇帝御前会议以及参与审理治罪官员的案件。更为重要的是，六科还有封还皇帝诏书的权利，如果六科认为皇帝的某个诏书不妥可以封还，建议不予执行。

5. 五寺

五寺包括大理寺、太常寺、光禄寺、太仆寺、鸿胪寺，是五个衙门的简称。

大理寺：相当于今天的最高法院，是全国最高上诉机关，与督察院、刑部构成三法司。

太常寺：掌管祭祀等。

光禄寺：掌管宴享等。

太仆寺：掌管马匹等。

鸿胪寺：掌管招待外宾等。

6. 詹士府

詹士府是负责辅佐太子的机构，设正三品詹士一人，正四品少詹士一人，正六品府丞一人。詹士府设左右春坊、司经局、主簿厅。

7. 太医院

太医院是负责掌管为宫廷及贵族诊断病情以及制药的，设正五品院使一人，正六品院判二人，正八品御医四人，从九品吏目若干人。

8. 翰林院

相当于现在的大学、干部进修培训学院。翰林院设翰林学士（正五品）一人，侍读学士两人，侍讲学士两人（从五品），侍读、侍讲各两人（正六品），修撰（从六品），考中状元后就会被授予此职位。编修（正七品），考中榜眼、探花后就会被授予此职位。

由以上可见，明朝救灾工作实行内阁负总责、户部主管的救灾工作机制。

明朝地方政府的设置主要是府、州、县三级，承担地方政务日常工作，包括救灾各项事务。

明朝中央机构简表、明朝主要职官隶属简表见表 5-9、表 5-10。

表 5-9 明朝中央机构简表

官署名称 与机构名称	长官名	编制员额	职掌	下属机构
内阁	大学士	中极殿、建极殿、文华殿、武英殿、文渊阁、东阁、均设	参与机务，票拟批答，起草制诰诏书等	诰敕房 制敕房
吏部	尚书	1人	天下官吏选授、封勋、考课之政令	文选、验封、稽勋、考功四清吏司
	左、右侍郎	各1人		
户部	尚书	1人	天下户口、田赋之令	浙江、江西、湖广、陕西、广东、山东、福建、河南、山西、四川、广西、贵州、云南十三清吏司
	左、右侍郎	各1人		
礼部	尚书	1人	天下礼仪、祭祀、宴享、贡举之政令	仪制、祠祭、主客、精膳四清吏司
	左、右侍郎	各1人		
兵部	尚书	1人	天下武卫官军选授、简练之政令	武选、职方、车驾、武库四清吏司
	左、右侍郎	各1人		
刑部	尚书	1人	天下刑名及徒隶、勾覆、关禁之政令	浙江、江西、湖广、陕西、广东、山东、福建、河南、山西、四川、广西、贵州、云南十三清吏司
	左、右侍郎	各1人		
工部	尚书	1人	天下百官、山泽之政令	营缮、虞衡、都水、屯田四清吏司
	左、右侍郎	各1人		
都察院	左、右都御史	各1人	纠劾百官、辨明冤枉、提督各道御史，为天子耳目风纪之司	浙江、江西、河南、山东、福建、广东、广西、四川、贵州、陕西、湖广、山西、云南十三道
	左、右副都御史	各1人		
	左、右佥都御史	各1人		
通政使司	通政使	1人	受内外章疏敷奏封驳之事	
	左、右通政	各1人		
	腾黄右通政	1人		
大理寺	卿	1人	审谳平反刑狱之令	左、右二寺
	左、右少卿	各1人		

第五章　宋元明清时期（960—1911 年）

续表

官署名称与机构名称	长官名	编制员额	职掌	下属机构
詹事府	詹事	1 人	统府、坊、局之政事，辅导太子	左、右春坊，司经局
	少詹事	2 人		
翰林院	学士	1 人	制诰、史册、文翰之事，以考议制度、详正文书、备天子顾问	
	侍读学士侍讲学士	各 2 人		
国子监	祭酒	1 人	国学诸生训导之政令	绳衍厅、博士厅、率性、修道诚心、正义、崇志、广业六堂，典簿厅、典籍厅、掌馔厅
	司业	1 人		
太常寺	卿	1 人	祭祀礼乐之事、总其官属、籍其政令，以听于礼部	
	少卿	2 人		
光禄寺	卿	1 人	祭享、宴劳、酒醴、膳羞之事、以听于礼部	大官、珍羞、良酝、掌醢四署
	少卿	2 人		
太仆寺	卿	1 人	牧马之政令、以听于兵部	各牧监
	少卿	2 人		
鸿胪寺	卿	1 人	朝会、宾客、吉凶礼仪之事	司仪、司宾二署
	左、右少卿	各 1 人		
尚宝司	卿	1 人	宝玺、符牌、印章	
	少卿	1 人		
吏科	都给事中	1 人	侍从、规谏、补阙、拾遗、稽察六部百司之事	
户科	都给事中	1 人		
礼科	都给事中	1 人		
兵科	都给事中	1 人		
刑科	都给事中	1 人		
工科	都给事中	1 人		
中书科	中书舍人	20 人	书写诰敕、制诏、银册、铁券等事	
行人司	司正	1 人	捧节、奉使之事	
	左、右司副	各 1 人		
钦天监	监正	1 人	察天文、定历数、占候、推步之事	
	监副	2 人		
太医院	院使	1 人	医疗之法	
	院判	2 人		
上林苑监	左、右监正	各 1 人	苑囿、囿池、牧畜、树种之事	良牧、蕃育、林衡、嘉蔬四署
	左、右监副	各 1 人		
僧录司	左、右善世	各 1 人	天下僧寺事务	
道录司	左、右正一	各 1 人	天下道观事务	

续表

官署名称 与机构名称	长官名	编制员额	职掌	下属机构
教坊司	奉銮	1人		
宗人府	宗人令	1人	皇九族属籍、以时修玉牒、书宗室子女适庶、名封、嗣袭、生率、婚嫁、谥葬之事	
	左、右宗正	各1人		
	左、右宗人	各1人		

* 本表据《中国历代职官辞典》和《中国历代官制大辞典》（修订版）等整理。

表 5-10 明朝主要职官隶属简表

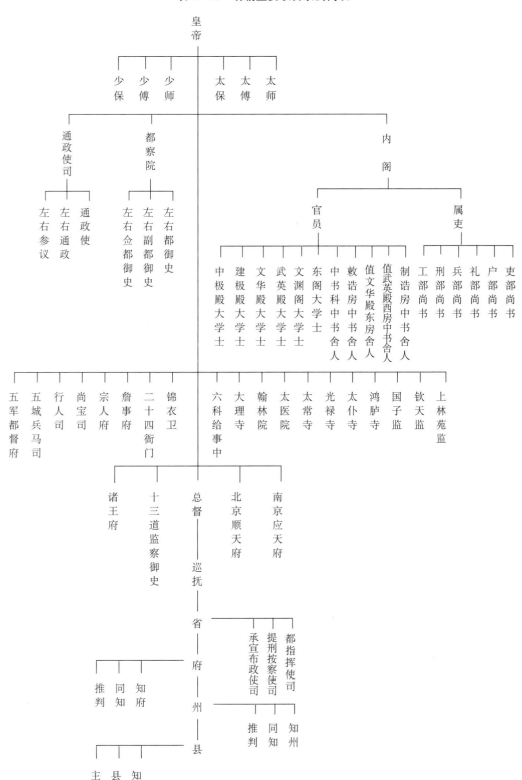

* 本表据《中国历代职官辞典》和《中国历代官制大辞典》（修订版）等整理。

（四）清朝

清朝中央政府实行内阁制。《光绪会典》卷二载：内阁"掌议天下之政，宣布丝纶、厘治宪典，总钧衡之任，以赞上理庶务。凡大典礼，则率百寮以将事"。中央政府行政管理机构主要由吏、户、礼、兵、刑、工六部组成。同时还设有管理边疆少数民族地区事务的理藩院，这在中国政治制度史上亦属首创。清朝的中央政府各部门无权向地方直接发布政令，只能奏请皇帝颁发诏谕，最高行政机构直接由皇帝指挥，对皇帝负责，皇帝掌握着最高行政权。

作为中央政府行政管理机构的六部，其部务由尚书掌管，侍郎佐之。侍郎如果与尚书出现意见不一时，可单独上奏，由皇帝裁决。六部职权分别如下：

吏部位居六部之首，是主管全国文职官员任命考核的机构。主要负责制定中央及地方各衙门文职官员的编制，铨选官员，依照有关规制铨叙品秩勋阶，稽考功绩过失，议定黜陟赏罚，办理调动等事务。

户部是掌管全国疆土、田地、户籍、税赋、俸饷、财务的机构。天下钱粮，统归户部，国家各种开支，皆由户部支配。清朝疆土分为二十七个省区，各省户数和人数每年报部一次。全国各种名分的田地顷亩丈量之数都要报部注册，各种赋税也要定期报部缴纳，经费要按定制报销。户部所掌政务分别由下设的十四个清吏司和井田科、八旗俸饷处、现审处、饭银处、捐纳房、内仓等具体部门分别管理。清朝户部沿袭明朝旧制，以地区划分清吏司。

礼部是管理国家典礼及学校、科举等事务的机构。

兵部是管理全国军事及武职官员考核任免的机构。

刑部是掌管全国法律、刑罚的司法机构。

工部是管理全国各种工程事务的机构。凡土木、水利、制作等工程的筹划、施工、管理、经费都由工部负责。下设营缮、虞衡、都水、屯田四个清吏司，以及节慎库（负责工程经费的收支）、料估所（负责各项工程所用工料的预算与核算）。

理藩院是掌管内外蒙古及青海、新疆、西藏等地区少数民族事务的机构。主要管理有关政令、朝贡、封爵、刑罚等，还掌管部分外交事务。

由以上可见，清朝救灾工作实行内阁总负责、户部具体负责、工部在以工代赈等项目上配合的救灾工作机制。

清朝地方政府设置主要是省、府、县三级，承担地方政务日常工作，包括救灾各项事务。

清朝中央机构简表、清朝主要职官隶属简表见表 5-11、表 5-12。

表 5-11　清朝中央机构简表

官署名称 与机构名称	长官名	编制员额	职掌	下属机构
内阁	大学士	满、汉各 2 人	钧国政，赞诏命，厘宪典，议大政	兼管实录馆、三通馆等修书各馆，以及稽察钦奉上谕事件处，中书科
	协办大学士	满、汉各 1 人		
稽察钦奉上谕事件处	管理大臣	无定员	稽察各部院及八旗谕旨特交之事，督其限期	
中书科	稽察科事内阁学士	满、汉各 1 人	缮写册文、诰敕	
军机处	军机大臣	无定员	掌军国大政，以赞理机务	兼管内翻书房、方略馆
内翻书房	管理大臣	无定员	掌谕旨、书、文翻译事务	
方略馆	总裁	无定员	纂修方略	

第五章 宋元明清时期（960—1911 年）

续表

官署名称与机构名称		长官名	编制员额	职掌	下属机构
吏部		尚书	俱满、汉各 1 人	管理全国文职官员选拔、任免、考核、封勋等事	文选、考功、验封、稽勋四清吏司
		左、右侍郎			
户部		尚书	俱满、汉各 1 人	管理全国疆土、田亩、户口、财谷之政令	江南、江西、浙江、湖广、福建、山东、山西、河南、陕西、四川、广东、广西、云南、贵州十四清吏司，以及宝泉局、三库、仓场衙门
		左、右侍郎			
礼部		尚书	俱满、汉各 1 人	管理国家祀典、庆典、军礼、丧礼，接待外宾，以及学校、科举之事	仪制、祠祭、主客、精膳四清吏司，以及会同四译馆、陵寝礼部衙门。兼领乐部
		左、右侍郎			
乐部		典乐大臣	无定员	管理大祭祀大朝会演乐及审定乐器音律事务	神乐署、和声署、什傍处
兵部		尚书	俱满、汉各 1 人	管理全国军事及武职官员的任免、考核	武选、职方、车驾、武库四清吏司，以及会同馆、捷报处
		左、右侍郎			
刑部		尚书	俱满、汉各 1 人	掌管全国刑罚政令，并参加重大案件的审理	直隶、奉天、江苏、安徽、江西、福建、浙江、湖广、河南、山东、山西、陕西、四川、广东、广西、云南、贵州十七清吏司，以及督捕清吏司、秋审处、减等处、律例馆
		左、右侍郎			
工部		尚书	俱满、汉各 1 人	掌管天下造作之政令及处项工程之经费	营缮、虞衡、都水、屯田四清吏司、制造库、节慎库、料估所，以及宝源局、管理火药局、值年河道沟渠处、督理街道衙门、陵寝工部衙门
		左、右侍郎			
盛京五部	户部	侍郎	1 人	掌盛京财赋	经会、粮储、农田三司
	礼部	侍郎	1 人	掌盛京朝祭	左、右二司
	兵部	侍郎	1 人	掌盛京戎政	左、右二司
	刑部	侍郎	1 人	掌盛京谳狱	肃纪前、后、左、右四司
	工部	侍郎	1 人	掌盛京工政	左、右二司
理藩院		尚书	俱各 1 人	掌理内外藩蒙古、回部及诸番部，制爵禄，定朝会，正刑罚	旗籍、王会、柔远、典属、理刑、徕远六清吏司
		左、右侍郎			
都察院		左都御史	俱满、汉各 2 人	监察政治得失，参加重大政事的讨论及重大案件的会审	六科、十五道、五城察院、宗室御史处、稽察内务府御史处
		左副都御史			
通政使司		通政使	俱满、汉各 1 人	掌收各省题本，校阅后送内阁	登闻鼓厅
		副使			
大理寺		少卿	俱满、汉各 1 人	平反全国刑名案件，参加重大案件的会审	左、右二寺
		卿			
翰林院		掌院学士	满、汉各 1 人	论撰文史，以备顾问	庶常馆、起居注馆、国史馆

续表

官署名称与机构名称	长官名	编制员额	职掌	下属机构
詹事府	詹事 / 少詹事	俱满、汉各1人	掌文学侍从	左、右春坊，司经局
太常寺	卿 / 少卿	俱满、汉各1人	掌管坛庙祭祀礼仪	祠祭署、工程处
光禄寺	卿 / 少卿	俱满、汉各1人	掌管典礼预备筵席及供应官员食物	大官、珍馐、良酝、掌醢四署
太仆寺	卿 / 少卿	俱满、汉各1人	掌牧马事务	左、右二司
鸿胪寺	卿 / 少卿	俱满、汉各1人	掌管朝会与国家宴会之赞导礼仪	
国子监	祭酒	满、汉各1人	掌管国学政令	绳愆厅、博士厅、六堂、南学、八旗官学、算学
钦天监	监正 / 左、右监副	俱满、汉各1人	观测天文气象，编制历书	时宪科、天文科、漏刻科
太医院	院使 / 左、右院判	俱汉1人	掌管医药卫生事务	
宗人府	宗令 / 左、右宗正 / 左、右宗人	俱各1人	管理皇族事务，掌皇族属籍，并纂修玉牒	左、右二司，左、右翼宗学，八旗觉罗学
内务府	总管大臣	无定员	掌宫廷事务	广储、都虞、掌仪、会计、营造、庆丰、慎刑七司，兼管上驷院、武备院、奉宸苑、文渊阁、武英殿、御史处、咸安宫官学、景山官学、长房官学、御药房、敬事房
上驷院	卿	2人	管理御用马匹	左、右二司
武备院	卿	2人	制备器械，陈设兵仗	北鞍、南鞍、甲、毡四库
奉宸苑	卿	2人	管理皇家各园庭	
责任内阁	总理大臣 / 协理大臣	各1人	参画机要，处理国政	承宣厅、制诰局、叙官局、统计局、印铸局，并辖法制院
制法院	院长 / 副院长	各1人	编制法规	
外务部	外务大臣 / 副大臣	各1人	掌管外交事务	和会、考工、榷算、庶务四司，司务厅，俄、德、英、法、日本五处，附设储才馆

续表

官署名称与机构名称	长官名	编制员额	职掌	下属机构
民政部	民政大臣 副大臣	各1人	掌管民政及工巡事务	民治、警政、疆理、营缮、卫生五司，下辖内外巡警总厅、消防队
度支部	度支大臣 副大臣	各1人	管理全国财政事务	田赋、漕仓、税课、管榷、通阜、库藏、廉俸、军饷、制用、会计十司，下辖宝泉局、大清银行、造币总厂、仓场总督衙门
学部	学务大臣 副大臣	各1人	管理全国学校教育事务	总务、专门、普通、实业、会计五司
陆军部	陆军大臣 副大臣	各1人	管理全国陆军事务	承政、军制、军衡、军需、军医、军法六司
海军部	海军大臣 副大臣	各1人	管理全国海军事务	军制、军政、军学、军枢、军储、军法、军医七司
法部	司法大臣 副大臣	各1人	掌司法行政，监督大理院及京内外审判、检察机构	审录、制勘、编置、宥恤、举叙、典狱、会计、都事八司，下属京师各级审判厅、检察厅
大理院	正卿 少卿	各1人	审判讼诉案件	刑事四厅、民刑二厅，附设总检察厅
农工商部	农工商大臣 副大臣	各1人	掌全国农工商政令，专司推演实业	农务、工务、商务、庶务四司，下辖农事试验场、工艺局、劝工陈列所、化分矿质所、度量权衡局、商标局、商律馆
邮传部	邮传大臣 副大臣	各1人	掌全国交通、邮电事务	船政、路政、电政、邮政四司，下辖邮政总局、铁路总局、电政总局、电话局、交通银行、北京银行
军谘府	军谘大臣	2人	秉承诏命，襄赞军谋	一、二、三、四厅、下辖测地局、军事官报局
弼德院	院长 副院长	各1人	参预机密事务，并审议"洪疑大政"	
资政院	总裁 副总裁	各1人	议定国家岁出入预算、决算、税法、公债，及奉旨交议之事	
盐政院	盐政大臣 丞	各1人	掌管全国盐政，制定盐务法规	总务、南盐、北盐三厅
典礼院	掌院学士 副掌院学士	各1人	掌朝廷坛庙、陵寝之礼乐及制造、典守事宜，并修明礼乐，更定章制	礼制、祠祭、奉常、精膳四署

* 本表据《中国历代职官辞典》和《中国历代官制大辞典》（修订版）等整理。

表 5-12 清朝主要职官隶属简表

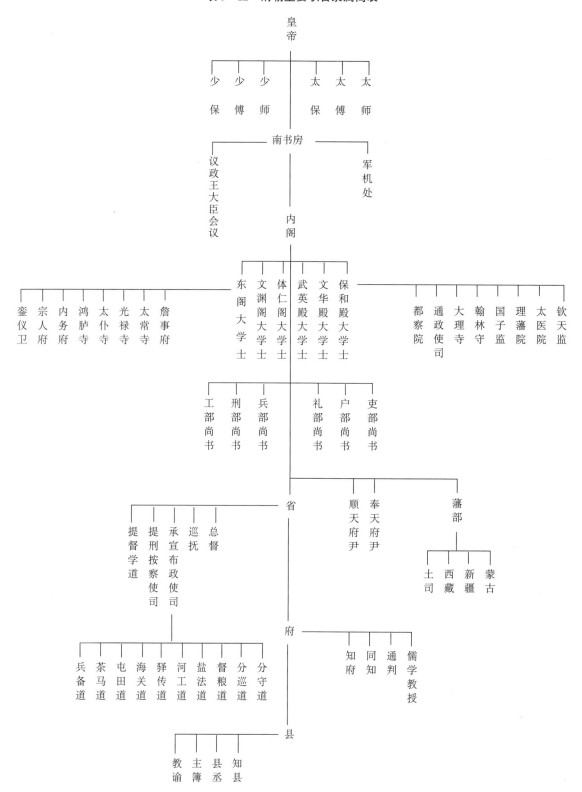

* 本表据《中国历代职官辞典》和《中国历代官制大辞典》(修订版) 等整理。

第五章 宋元明清时期（960—1911 年）

三、救灾模式

宋元明清时期的救灾模式，基本沿袭了隋唐旧制，但又比隋唐时期更为完善。尤其表现在对报灾时限的规定上和严厉的追责方面。

（一）上报

上报制度古已有之，但往往因朝代更替而有所反复。隋唐时期有上报制度，但无上报时限，导致许多救灾工作不及时。宋太宗淳化二年（991 年）下令，荆湖、江淮、四川、岭南等道管辖的州县报灾，夏灾以四月三十日为限，秋灾以八月三十日为限。南宋孝宗淳熙年间重申，地方受灾，夏田四月，秋田七月，经县上报，超过时限不予受理。地震等突发性自然灾害，则不拘月份，自受灾后限一个月内上报。上报灾情的"诉灾伤状"有定式，须逐项填报。

到了元代，上报期限稍向后延，秋田报灾不得过九月。地震等突发性灾害则仍以一个月为限。

明代洪武时上报不拘时限；弘治时夏灾不得过五月底，秋灾不得过七月底。万历九年（1581 年），对上报制度做了重大修改和补充，上报之期，在内地仍照旧例，北、西北、东北沿边各地，夏灾改限七月，秋灾改限十月内。

清代要求，"凡地方有灾者，必速以闻"。顺治六年（1649 年）规定，直省地方如遇灾伤，该省督抚即当详查被灾田亩分数，明确具奏，不得先行笼统奏报。当时未规定上报期限。顺治十年始定夏灾限六月底，秋灾限九月底。先将被灾情形驰奏，再于一月之内，查核轻重分数，题请蠲免。从此上报时限遂成定制。雍正六年（1741 年）又增定勘报之官宽限 10 日，奏报之官宽限 5 日，统以 45 日为限。也即州县官报灾限 40 日，上司官接州县奏报后于 5 日内上报。甘肃地区节气较晚，收获期迟，准夏灾于七月中、秋灾于十月中奏报，上报时限要求更符合各地实际情况，更具科学性。

宋元明清时期对不按时上报灾情也有了明确的追责规定。如明代规定，州、县、卫、所官如不按时上报，或上报不实，要严厉追究责任。巡抚报灾过期，或匿灾不报，巡按勘灾不实，或上奏迟缓，也要追究责任。康熙皇帝曾讲："自古弊端匿灾为甚"（《清圣祖实录》卷二一九）清代规定，上报超过期限在一个月内，巡抚及道、府、州、县官均要罚俸；超过一个月的各降一级，误期严重的要革职。顺治十七年，进一步明确了州县官上报逾期一个月的罚俸六个月，一个月外的降一级，二个月外的降二级，三个月外的革职。抚、司、道官以州县报到日起限，逾期亦按州县官例处罚。有了上报的时限规定，匿灾者、减灾分者、报灾不速者都要定罪，这就为灾情及时上达及中央政府统筹安排救灾事务提供了时间上的保障。

（二）勘察

宋代对勘察已有明确规定。官吏接到报灾，即分头赴灾区勘察，然后报州遣官覆检，以便由三司核定蠲赈数量。南宋淳熙年间进一步规定，州县官接到"诉灾伤状"后，应立即派通判或幕僚官于一日内启程，赶赴灾区亲自勘察受灾亩数，将验过村、户姓名、应免分数等情况，依固定格式填写"检覆灾伤状"，逐级造册上报。经核对后，将蠲赈数额张贴公示。对违规者，按其情形依法处置。明代的勘察规定更为详细，凡遇自然灾害，地方官吏要亲自勘察清楚，将灾情报告上司官。上司官要派人前往灾区，覆勘核实，将受灾人口姓名、田地亩数、该征应免税粮数目等，详细造册报户部立案，并写明受灾原因一起上报。如果参加初、覆勘察的官吏不亲临田间，或虽到实地但不用心勘察，只凭里长、甲首含含糊糊的报告以熟作荒、以荒作熟、增减分数，视为与里长、甲首通同作弊，要杖 100，并罢官不再使用。

清代勘察的方法进一步完善。清初规定，受灾六分至十分为成灾，五分以下为不成灾。乾隆元年（1736 年）下令，将五分灾当作成灾对待，受灾五分也可以蠲免 1/10。勘察要在报灾的同时进行。勘察的具体做法是：各州县先刊刻简明呈式，首先开列灾户姓名、所在村庄，依次列被灾田亩若干、坐落某区某村某庄，再下一行刊列男女大人几口、小孩几口等，在姓名、田数、区图村庄、大小口数后面预留空格，最后面写明年月。待全部勘察完毕，将原册缴县汇总，州县官核造总册，注明应否蠲赈上报。州县官还要将本境绘出全图，分注村庄，将被灾之处，水用青色、旱用赤色描绘清楚，随折报送，以便上司查核。对勘察不实或随意删改成灾分数的地方官吏要严加惩处。

（三）审核

审核是实施赈济前的最后一道程序。上报灾情的实与不实，需在审核阶段最后把关。因此，审核工作的细与不细，就会直接影响赈济工作的公平程度。

宋代苏次参在澧州（治今湖南澧县）放赈，因担心放赈不公平，用纸半幅，上书某家口数若干，大人若干，小儿若干，合计应赈米若干，张贴在各户的门壁上，并声明如有不实之处，准许众人上告，使审核愈加细致准确。

元初统治者赈济甚多，但多被豪强用计巧取，不能惠及贫民。成宗大德五年（1301年），令地方官吏用半印号簿文帖登记饥贫户数，上书姓名口数，逐月对帖赈济，号称"红帖粮"。

明代审核把灾民分为三等：最困难是断炊枵腹，命在旦夕者；其次是贫困之极，可维持一餐，仅仅免死沟壑者；再次是秋收全无，但尚能借贷度日者。区分不同户情况，给予不同等次的赈济。

清代审核，对极贫次贫、大口小口等，都有严格区分。饥口以16岁以上为大口，16岁以下至能行走者为小口，再小的不准入册。清廷对审核的要求主要是无遗无滥。凡灾区应赈户口，要正、佐官分地确查，亲填入册，不得假手胥役。倘有劣绅及吏役人等串通一气虚报贫户冒领赈粮，查出后严惩不贷。若查核官开报不实，或徇私情导致冒滥，或挟私愤导致严苛，均以不尽职守参治。

（四）发赈

发赈就是将救灾钱粮发到灾民手里。这是救灾环节中的最后一道、也是最关键的一道程序。救灾钱粮能否顺利发放下去，关系到救灾的最终成效。

发赈面对的是千家万户，而且是饥不择食的灾民，稍有不慎，则诸弊并生，甚至会出现拥挤踩踏等混乱局面。

地方官在多年的救灾实践中，创造出许多有效的发赈方法。北宋苏次参在澧州放赈时，为避免灾民争抢拥挤，将数人分为一队，逐队用旗引领。卯时一刻，引第一队，二刻引第二队……以至辰时巳时，皆用此法，秩序井然。老幼妇女及疾病体弱者，都可按顺序领到救济粮食。明代开州知县陈霁岩开仓发赈时，让饥民按顺序编号，手执小旗有序而入。清代发赈依照等级按户给付。极贫无论大小多寡，皆全给；次贫则老幼妇女全给，其少壮丁男力能佣工谋生的酌给。州县本城设厂，四乡各于适中处设厂，使一日可以往返。如果一乡一厂相距较远，天寒日短，领赈百姓没有地方栖居，地方官可以不拘成例，多设一两个厂以便利灾民。赈米有一日、三日一领或半月一月一给。发赈前先将发赈点在某村庄某处、某时发赈张贴告示，避免灾民无序往返。有的地方按乡设厂，再于被灾村庄分设小厂，预告发放时间，用肩牌开明领赈赈区图，逐起传唤，令灾民随牌进领，验票给付。为防止冒领，每次发赈后，于赈票上加盖第几赈放讫戳记，票仍还灾民，留作下次领赈。赈济底册内亦加盖戳记。待领完末赈，将赈票收回，缴县核销。

四、救灾措施

（一）震前准备措施

1. 发展农业生产

宋初实行"均田法"，"命官分诣诸道均田"，均定人民租赋负担；兴修水利，开通疏浚河道；号召人民"垦辟荒田者，止输旧租"；凡新占地区，即明令减免"烦苛"，禁止任意"课役"。太宗赵光义还颁布"所垦田即为永业，官不取其租"的办法，提倡人民种植桑枣，邻伍互助凿井，并以课农及人口复员成绩为官吏考勤标准，多收民租者杀头。

元朝推行劝农政策，虽有蒙古游牧贵族重牧轻农的阻力，但也取得了一些实效。"中统元年（1260年），世祖即位。擢（谭澄）怀孟路总管。""岁旱，（谭澄）令民凿唐温渠，引沁水以溉田，民用不饥。教之种植，地无遗利。"《元史·谭澄传》。中统二年（1261年）继续在沁水下游修建广济渠，六月，"怀孟广济渠提举王允中大使杨端仁凿沁河，渠成溉田四百六十余所。"（《元史·世祖本纪》）至元十二年

（1275 年），元军攻下江陵城后，忽必烈派廉希宪（维族知识分子）主持政务，"江凌城外蓄水杆御，希宪决之，得良田数万亩。"（《元史·廉希宪传》）把南宋时为防御元军进攻而蓄水淹没的江陵城北大片土地中的清水排放出去，变水害而为水利，重新开辟了几万亩良田。

明朝朱元璋在洪武元年（1368 年）下令农民归耕，所开荒地，不论有主无主皆为己业，并免除三年徭役或赋税。洪武二年又下令把北方各城市附近的荒闲土地分给无地的人耕种，每人 15 亩，另给菜地 2 亩，"有余力者，不限顷亩"，并以垦田多少作为对官吏的赏罚依据。洪武二十七年（公元 1394 年），皇帝又发布了"额外垦荒，永不起科"的诏令，规定山东、河南、河北、陕西的农民除纳税的土地外，如有余力继续垦荒，垦地听其自有，永不征税。这些措施为明朝的农业生产奠定了基础。明朝政府禁止"富者兼并"与"卫所占田"，也促进了农业生产的恢复。

清朝顺治初年，允许满洲贵族圈占大量土地，严重影响了农业生产。康熙八年（1669 年）宣布停止圈地，凡该年所圈旗地，立即退还汉民。康熙五十一年（1712 年）宣布，以五十年（1711 年）全国的丁银额为准，以后额外添丁不再多征，即"圣世滋丁，永不加赋"。雍正时，清政府又进一步采取了"地丁合二"、"摊丁入亩"的办法，把康熙五十年固定的丁银平均摊入各地田赋银中一体征收，即农业税和人口税统一起来，按地亩征收，使中国成为世界上最早取消人头税的国家。

2. 推进仓储建设

（1）宋朝。

宋朝时大力进行仓储建设，各种仓库名目繁多，计有常平仓、义仓、社仓、患民仓、广惠仓、丰储仓、平籴仓等等。

常平仓：《宋史·食货志》载，宋承前代设置常平仓的通例，太宗淳化三年（公元 992 年）即规定每州每县均设常平仓一所。"大中祥符二年（1009 年）二月，分遣使臣出常平仓粟麦，于京城四方开八场，减价粜之，以平物价。"

义仓：义仓的作用在于赈济。太祖乾德元年（963 年）即下诏诸州于其所属各县分设义仓。乾德三年（965 年）复诏："民欲借义仓谷以充种食者，由州、县计口贷与，勿俟奏闻。义仓不足当发公廪者，奏待报。"

社仓：社仓即是乡仓，是由南宋朱熹创设的。社仓的建立，为地方救荒开辟了新的途径。一是社仓立于本乡，遇灾可及时开仓，不致延误时机。二是其分布乡里，方便民众，赈济易于普及。

惠民仓：惠民仓的作用，类似于常平仓。但常平仓的经济是独立的，惠民仓则是以杂记钱折粟而贮藏起来的，它的本钱是纯由补助而得。据《玉海》记载，宋太宗淳化五年（994 年），在各地设置惠民仓，谷价稍涨则减价粜给贫民，每人不超过一斛。惠民仓当时与常平仓并行，二者互为补充。但从总体来看，惠民仓的发展不大，至孝宗天禧末即已不存。

广惠仓：广惠仓是仅存于宋代的一种经常性的慈善放谷部门。《宋史·食货志》载：北宋仁宗嘉祐二年（1057 年），"诏天下置广惠仓"，所留税米给与州县，以备赡养所辖地区的老、幼、贫、病等不能自食其力者。据《玉海》记载，广惠仓最初由提点刑狱司专管，年终上报出入细账于三司。嘉祐四年（1059 年）二月，改为隶属于司农寺，由每州选派公职人员和部曹各一人担负监督之责。

丰储仓：丰储仓也是宋代特有的仓种，其作用类似于广惠仓，也是专备赈灾之用，南宋高宗绍兴二十六年（1156 年）设置。南宋建都临安时，曾将上供米所余百万石，贮藏于他廪以备军储及饥荒之用，该廪即是后来的丰储仓。不久，又储米两万石于镇江、建康等处。因借贷者人数众多，至绍兴三十年（1160 年）夏，遂下诏令其补还。孝宗淳熙十五年（1188 年），因农户青黄不接，又粜出久藏之米，至秋收之时复行补籴。

平籴仓：平籴仓是南宋末年理宗绍定、淳祐年间以救荒为目的而设立的仓种，当时各地普遍设置。《武林掌故丛编·淳祐临安志》"仓场库务"一则记载："平籴仓，淳祐三年（1243 年）大资政赵公与□于兰桥之北新桥东岸创设。至八年（1248 年）增创凡为二十八廒，积米六十余万。""每岁敛散，以平市价。"《文献通考》记载："度宗咸淳元年（1265 年）拨公田米五十五万石付予平籴仓，待米价涨而粜之。"

（2）元朝。

《元史·食货志》载："元立义仓于乡社，又置常平于路府，使饥不损民，丰不伤农，粟直不低昂，而民无菜色。""常平仓世祖至元六年（1269 年）始立，其法丰年米贱官为增价籴之，歉年米贵官为减价粜之。于是，八年（1271 年）以和籴粮及诸河仓所拨粮贮焉。二十三年（1286 年）定铁法，又以铁课籴粮充焉。义仓亦至元六年始立。其法社置一仓，以社长主之。丰年每亲丁纳粟五斗，驱丁二斗，无粟听纳杂色，歉年就给社民。于是，二十一年（1284 年）新城县水，二十九年（1292 年）东平等处饥，皆发义仓赈之。皇庆二年（1313 年）复申其令。然行之既久，名存而实废。"

（3）明朝。

常平仓：《明会典》载：嘉靖六年（1527 年）"合抚按二司督责有司设法多积米谷以备救荒，仍效古人平粜常平之法，春间放赠贷民，秋成抵斗还官，不取其息。万历以后郡国之府库尽入内帑，常平之名遂废"。

军储仓：《明史·食货志》载："明初京卫有军储仓。洪武三年（1370 年）增置至二十所，且建临濠、临清二仓以供转运。各行省有仓，官吏俸取给焉。边境有仓，收老田所入以给军。"

预备仓：《明史·食货志》载：洪武三年（1370 年），"州、县则设预备仓"，规定府、州、县各置"东南西北四所，以振凶荒"。"预备仓之设也，太祖选耆民运钞籴米以备振济，即令掌之。州县多所储蓄。后渐废弛。于谦抚河南、山西修其政。周忱抚南畿，别立济农仓，他人不能也"。修建水利和振贷农民之费，皆由此出。

社仓：《明政统宗》载："嘉靖八年（1529 年）三月，从兵部侍郎王延相言，令各府按设社仓，令民二三十家为一社，择家殷实而有义行者一人为社首，处事公平者一人为社正，能书算者一人为社副，每朔望会集。别户上、中、下，出米四斗至一斗有差，斗加耗五合。上户主其事。年饥，上户不足者，量贷，稔岁还仓。中、下户酌量振给，不还仓。有司造册，送抚按岁一察核。仓虚，罚社首出一岁之米。"

（4）清朝。

常平仓：清代常平仓恢复重建于顺治中期。顺治十二年（1655 年）题准各州县自理罚金，春夏积银，秋冬积谷，悉入常平仓备赈。次年又令各地建常平仓，修葺仓廒，印烙仓斛，选择仓书，籴粜平价，不准别项动支。清代常平仓保持了赈贷与平粜两大功能，春夏出粜，秋冬籴还。如遇凶荒，按数赈济灾民。

裕备仓：清代在一些地区设有少量的裕备仓，其功能基本与常平仓相同，用于平粜赈贷。仓谷来源于捐输或以漕米易谷存仓。如遇无需动用年份，则按照常平粜籴之例，于粮价昂贵时，存 7 粜 3，减价平粜。若遇贮谷年久，亦一律出陈易新。

社仓：康熙时期社仓屡有兴废。雍正即位之后，下令各省推行社仓，并参照宋代社仓制度制定了较为完备的社仓条例，于雍正二年（1724 年）颁布。其主要内容有：劝输社谷，不拘升斗，听民自便。出借社谷每石收息 2 斗，小歉之年减息之半，大歉之年全免其息。息谷 2 倍于本谷之后只收 1/10 谷息。由于立法完备，督促严厉，雍正年间各省社仓基本上建立起来并逐步得到发展。

义仓：清代义仓主要建于直隶、江西、湖北等省，而以两淮、两浙的盐义仓运行较好。盐义仓设立于雍正四年（1726 年），由商人经理，每年于青黄不接之时照存 7 粜 3 之例出陈易新，或于米贵时开仓平粜，至秋成买补还仓。如遇灾荒，则用其赈济。但盐义仓数量有限，贮谷不多，不能与常平仓、社仓同日而语。

（参见孟昭华《中国灾荒史记》、李向军《中国救灾史》等》）

（二）震时救灾措施

1. 祈禳

（1）大德癸卯八月六日夜漏栖成（戌），郡国同时地震，河东为甚。天子特遣近臣并祷群望，必阇赤塔的迷石、翰林直学士林元，钦赍御香、宫酒、异锦、幡合、内帑、银锭，拉平阳府寮、霍州赵城官属致祭于霍山中镇崇德应灵王。越十月三日丁亥，三献礼成，因剿诸石，庸志岁月云。

第五章　宋元明清时期（960—1911 年）

（出自元大德七年十月进义付尉赵城县主簿□尉申敦武等撰《中镇庙碑》

（2）大明嘉靖三十四年十二月十二日夜子时分，忽然地震，势如风雷惊觉人口，出户立站不定，只见树梢点地，房倒歪斜。……

彼时山陕抚按等官，各据府州县申云地震缘由，各奏一本。奉圣旨：地方灾变非常，遣官祭神、赈恤等项事宜，通报灾省。比掾王泮抄来，聊刊入石，写无尽言。自来地动，未有若此者也。……

（出自佚名《地震记》见《碧霞元君圣母行宫记碑》碑阴）

（3）维嘉靖三十五年岁次丙辰三月庚申朔，皇帝遣户部左侍郎邹守愚初六日乙丑致祭于中镇霍山之神曰：唯神受命上帝，镇奠一方，兹者山西蒲、解、霍、泽、临汾、临晋、翼城、闻喜、襄陵、灵石、安邑、荣河、平陆、高平、芮城、夏等州县及河东运司，各因地震，接连千里，响声如雷，震倒房舍，压死人民不计其数。唯兹灾变异常，予深用惶恻，特遣大臣敬斋香帛，往诣祭告。

（出自·明禇　相《霍州志》卷八）

（4）明嘉靖三十四年乙卯地大震，次年丙辰三月遣户部左侍郎邹守愚致祭云：唯神奉天抚世，奠境保民，圣德神功，万世攸赖。兹者，因地震将蒲州等三州，临汾等十二县，河东运司城垣陷下，官民房舍倒塌，压死人口不计其数，守臣具实上闻。朕不胜惶恻，兹命大臣，敬赍香帛，往诣祭告，伏冀圣灵鉴佑，默相化机，转灾为祥。

（出自·清李长庚《荣河县志》卷四）

（5）嘉靖三十年八月遣河南抚按潘恩孙昭。唯神奉天抚世，奠境保民，圣德神功，万世攸赖。兹者适因地震，致将河南、怀庆等二府卫，陕州、灵宝等五县城垣坏损，官民房舍倒塌，压死人口不计其数，守臣具实上闻，朕不胜惶恻，兹遣大臣敬斋香帛往诣祭告，伏冀圣灵鉴佑，默相化机，转灾为祥，地方其永依庇焉。

（出自·清宋恂《西华县志》卷三）

（6）〔康熙十八年八月丁丑〕以地震遣官告祭天坛。

（出自《清圣祖实录》卷八三）

〔康熙十八年（1679 年）九月乙巳〕谕礼部：前以地震示警，朕恐惧修省，夙夜靡宁，已经遣官虔告郊坛，乃精诚未达，迄今时复震动未已，朕心益用悚惕。兹当虔诚斋戒，躬诣天坛亲行祈祷，尔部即择期具议以奏。

（出自《清圣祖实录》卷八四）

〔康熙十八年（1679 年）九月〕庚戌，上以地震，率诸王、文武官员诣天坛祈祷。

（出自《清圣祖实录》卷八四）

2. 修政

（1）〔大安二年〕九月，地大震。乙未，诏求直言，招勇敢，抚流亡。庚子，遣使慰抚宣德行省军士。丙午，京师戒严。上日出巡抚，百官请视朝，不允。辛亥，宣德行省罢。癸丑，诏抚谕中都、西京、清、沧被灾民户。

（出自《金史》卷一三《卫绍王纪》）

（2）七月二十八日庚申早，上御乾清门听部院各衙门官员面奏政事，辰时上诣皇太后宫问安。巳时地大震，京城倒坏城堞、民房，死伤人民甚众。上复诣太皇太后、皇太后问安。未时奉旨：传内阁、九卿、詹事、科、道、满汉各官齐集，召大学士明珠、李尉、尚书宋德宜、左都御史魏象枢、学士佛伦入乾清宫，面奉上谕曰：兹者异常地震，尔九卿大臣各官其意若何？朕每念及，甚为悚惕，岂非皆由朕躬料理机务未当，大小臣工所行不公不法，科道各官不直行参奏，无以仰合天意以致变生耶？起居注官库勒纳、王鸿绪。

（出自康熙十八年起居注册）

（3）〔康熙十八年七月庚申〕谕户部、工部：本月二十八日巳时地忽大震，变出非常。……念京城内外，军民房屋多有倾倒，无力修葺，恐致失业；压倒人口，不能棺殓，良可悯恻；作何加恩轸恤，速议以闻。

(出自《清圣祖实录》卷八二)

(4)〔康熙十八年七月壬戌〕命满汉大学士以下副都御史以上各官集左翼门。上遣侍卫费耀色赉谕旨,仍口传上谕曰:顷者地震示警,实因一切政事不协天心,故召此灾变。在朕固宜受谴,尔诸臣亦无所辞责。然朕不敢诿过臣下,唯有力图修省以冀消弭。兹朕于宫中勤思召灾之由,力求弭灾之道、约举大端。凡有六事,尔等可详议举行,勿仍以空文塞责。……

(出自《清圣祖实录》卷八二)

(5)〔康熙十八年七月〕庚申,京师地震,诏臣工修省。在京都院三品以上官及科道、在外督抚等言政治得失。

(出自·清王先谦《十一朝东华录·康熙》卷二四)

(6)八月十四日丙子早,上于中和殿视地震告祭天坛祝版毕,回宫。少顷,御乾清门听部院各衙门官员面奏政事。本日起居注官牛钮、王鸿绪。

(出自康熙十八年起居注册)

(7)〔康熙十八年〕……索额图权势日盛。会地震,左都御史魏象枢入对,陈索额图怙权贪纵状,请严谴。上曰:"修省当自朕始"。翌日,召索额图及诸大臣谕曰:"兹遭地震,朕反躬修省,尔等亦宜洗涤肺肠,公忠自矢……"

(出自《清史稿》卷二六九《索额图传》)

(8)〔康熙三十三年闰五月癸酉谕大学士等……(魏象枢)与索额图争论成隙后,十八年地震时,魏象枢密奏速杀大学士索额图,则于皇上无干矣。朕曰:凡事皆朕所理,与索额图何关轻重?道学文人果如是挟仇怀恨乎?

(出自清·王先谦《十一朝东华录·康熙》卷五三)

(9)〔康熙四十五年(1706年)三月丙寅〕谕大学士等:朕观前史,如汉朝有灾异见,即重处宰相,此大谬矣。……康熙十八年地震,魏象枢云有密本,因独留面奏,言此非常之变,唯重处索额图、明珠,可以弭此灾矣。朕谓:此朕身之过,与伊等何预?朕断不以己之过移之他人也。魏象枢惶遽不能对。

(出自清·王先谦《十一朝东华录·康熙》卷七七)

(10)〔康熙十八年八月甲子〕谕内阁、户部:官员兵丁房屋墙垣顷因地震塌毁甚多,一时不能修茸,四品官员以下见食半俸,此一次仍行全给。其护军,拨什库,披甲当差人役钱粮并原增银一两,着即支与两月,令其修理。

(出自《清圣宗实录》卷八三)

3. 赈济

(1)〔景祐四年十二月〕甲申(十七日),忻、代、并三州言地震,坏庐舍,覆压吏民。忻州死者万九千七百四十二人,伤者五千六百五十五人,畜牧死者五万余。代州死者七百五十九人,并州千八百九十人。知忻州祖百世、都监王文恭、监押高继芳、石岭关监押李昊并伤。而前忻州监押薛文昌、并州阳兴寨监押苗整皆死。诏赐百世、整及文昌之家钱各十万,文恭、继芳、昊各五万,其军民死伤者,皆赐有差。自是河东地震,连年不止,或地裂泉涌,或火出如黑沙状,一日四五震,民皆露处。乙酉(十八日),命侍御史程戡往并、忻州,体量安抚。右司谏韩琦上疏曰:"……今北道数郡,继以地震上闻……。"

(出自宋·李焘《续资治通鉴长编》卷一二〇)

(2)〔大德七年八月〕辛卯夜,地震,平阳、太原尤甚,村堡移徙,地裂成渠,人民压死不可胜计,遣使分道赈济,为钞九万六千五百余锭,仍免太原、平阳今年差税,山场河泊听民采捕。

(出自《元史》卷二一《成宗纪》)

(3)〔嘉靖三十五年二月〕甲午,以地震发银四万两,赈山西平阳府、陕西延安府诸属县,并蠲免税粮有差。

第五章　宋元明清时期（960—1911 年）　　　　·319·

（出自《嘉靖实录》卷四三二）

（4）〔嘉靖三十五年四月丙申〕以陕西地震，诏发太仓银三万两于延绥，一万两于宁夏，一万五千两于甘肃，一万两于固原，协济民屯兵饷；仍令所司亟覆被灾重者，停免夏税；并将先发内帑银及该省备赈赃罚事例茶马折谷银赈救贫民。

（出自《嘉靖实录》卷四三四）

（5）〔康熙〕七年六月十七日，益都地大震，有声如雷。民居倾圮大半，有压死者。莒州、蒙阴、沂水尤甚，城郭房舍俱倾，压死数万人。奉诏遣官赈济。

（出自清·崔俊　李焕章《青州府志》卷二〇）

（6）王埙：公无意仕进，躬耕课读，于桑梓利害，如疴瘵之切于己。戊申，山东地大震，沂尤甚他邑。公与郡人前户部侍郎宋公之普，指困以倡好义者，得粮数千石，比户计口而给。元旦露处，抚恤也。又力白监司徐君惺，请蠲请赈，沂人无死徙者。

（出自清·王士禛《带经堂集·蚕尾文集》卷五：《文林郎内阁中书舍人王公墓志铭》）

（7）康熙十八年己未七月二十八日巳时，余公事毕，退西斋假寐，若有人从梦中推醒者，视门方扃，室内阒无人，正惝恍间，忽地底如鸣大炮，继以千百石炮，又四远有声，俨数十万军马飒沓而至。余知为地震，蹶然起，见窗牖已上下簸荡，如舟在天（大）风波浪中。……八月初一日，銮仪卫沙必汉奉上谕，着户、工二部堂官一员查明其复，施恩拯救。阁臣会议具请，奉旨着侍郎萨穆哈去。初六日萨少农到县，散赈城厢穷民五百二十九户，十六日户部主事沙世到县，散赈乡村穷民九百四十一户，户各白金一两。十八日又传旨，通州、三河等处遇灾压死之人，查明具奏。九月十五日工部主事常德、笔帖式武宁塔到县，散给压死民人旗人男妇大小共二千四百七十四名口，又无主不知姓名人二百三名口，内孩幼不给，旗民死者另请旨，并无主不知姓名地方官料理外，将压死男妇一千一百六十八名口，人给棺殓银二两五钱，伊亲属具领讫。又先是八月初九日上谕。通州、三河等处地震重灾地方，分别豁免钱粮具奏。随奉巡抚金查明三河、平谷最重，香河、武清、宝坻次之，蓟州、固安又次之。最重者应将本年地丁钱粮尽行蠲免，次者应免十分之三，又次者应免十分之二，具疏题奏，奉旨依议。三河地丁应得全蠲。

（出自清·陈昶　王大信《三河县志》卷一五　任塾《地震记》）

（8）康熙十八年地震后，奉诏赈城乡穷民及户丁一千四百七十户，各白银一两。压死男妇一千一百六十八名，各给棺殓银一两五钱。本年地丁钱粮全行蠲免。又免十七年以前民欠钱粮。

（出自清·陈昶　王大信《三河县志》卷五）

（9）〔康熙〕三十四年夏四月六月（日）泽州、高平、阳城、陵川、沁水地震。与太原、平、汾、潞，属同日地震。旬日凡数次，城堞屋宇多倾坏。奉旨发帑散赈，又给贫民修葺银，每间一两。并发西安库帑修筑城垣、官廨、学舍。（原注：省志）

（出自清·朱樟　田嘉榖《泽州府志》卷五〇）

（10）〔康熙〕三十四年四月初六日亥时地大震，临汾、洪洞、翼城、浮山尤甚，坏庐舍十之五，压死者数万余人，民皆露处。奉旨发帑散赈，又给贫民修葺银，每间一两。并发西安库帑修筑城垣、官廨、学舍。百姓困苦者数十年。

（出自清·贾酉　张尧《浮山县志》卷三四）

（11）〔康熙〕三十四年乙亥夏四月地大震。初六之夕，忽有声自西北来，俄顷屋宇皆如铺地者，尘涨迷天，人有压死者，至岁终不止。上命户部尚书马齐赍帑金赈之。

（出自清·刘崇元《太平县志》卷七）

（12）〔康熙〕五十七年戊戌五月二十一日寅时地大震，声如雷，城楼女墙官署民舍尽圮，南五台山前峰崩，治平川山崩壅河，压死居民数千。旋奉旨发帑金一万三千有奇，特命大臣驰驿赈恤，大口给银二两，小口一两五钱，露居者给苫盖银一两。

（出自清·王烜《静宁州志》卷八）

（13）〔康熙五十七年七月甲寅〕陕西平凉府属静宁州等处地震。遣刑部侍郎李华之、副都御史杨注，前往赈济。

（出自《清圣祖实录》卷二八〇）

（14）戊戌夏，静宁、庄浪、隆德同日地震，死者甚众，君使其令长即日开仓遍赈，而后以闻。其后奉旨遣赈者至，即以赈事属君，稔君之心诚，保亦不遗余力也。……

（出自清·孙襄《鹤侣斋文稿·户部王君家传》卷三）

（15）〔康熙五十七年〕又复准陕西平凉府属静宁等七州县地震查明赈济，其续报安定等县五处地震，一并酌量散给。

（出自清·许容　李迪《甘肃通志》卷一七）

（16）〔乾隆三年十二月〕辛卯，谕：前据宁夏将军阿鲁奏报：宁夏地方于十一月二十四日戌时地动，朕心轸念。已降旨令将军督抚等加意抚绥安插，无使兵民失所。今据阿鲁续奏：是日地动甚重，官署民房倾圮，兵民被伤身毙者甚多。文武官弁亦有伤损者……。著兵部侍郎班第，驰驿前去即于明日起程，动拨兰州藩库银二十万两，会同将军阿鲁并地方文武大员，查明被灾人等，逐户赈济，急为安顿，无使流离困苦。其被压身故之官弁，著照巡洋被风身故之例，加恩赏恤，其动用银两，该部另行拨补。再宁夏附近之州县被灾者，著班第会同地方文武大员，一体查赈，无得遗漏。

（出自《清高宗实录》卷八二）

（17）〔乾隆四年三月壬子〕吏部等部议覆：钦差兵部右侍郎班第奏称：宁夏地震，所属新渠、宝丰率成冰海，不能建城筑堡，仍复旧观，请将二县裁汰，所有户口，从前原系召集宁夏、宁朔等乡民人，令其仍回原籍，有愿留佣工者，以工代赈。俟春融冰解，勘明可耕之地，设法安插，通渠溉种，其渠道归宁夏水利同知管理。应如所请，从之。

（出自《清高宗实录》卷八八）

（18）〔康熙十八年八月〕庚辰，遣官赈通州，三河诸路灾民，瘗暴骸。

（出自清·王先谦《十一朝东华录·康熙》卷二四）

（19）乾隆五十一年五月地震成灾，前邑令徐麟趾奉文抚恤银一千七百一十五两零。

（出自清·刘传经　陈一沺《清溪县志》卷三）

（20）乾隆五十一年五月初六日，清溪地大震，城垣倒塌百余丈，县署皆倾斜，民房墙垣倒塌，伤毙人口甚多。大渡河山崩，磨西面、磨岗岭河水断流九日夜，于十五日冲开，河水奔腾，汹涌异常，将娃娃营、杨泗营、万工汛等处官署民房尽行冲没，经富林汛把总丁宏仪转请详报，奉文抚恤银一千七百余两。

（出自刘裕常　王琢《汉源县志·杂识志》）

（21）〔乾隆五十七年十二月戊寅〕又谕曰：……前据孙士毅奏：七月二十一日，打箭炉明正土司，及附近各土司地方地震，间有坍塌墙垣、压毙番民之事。惠远庙墙垣亦有倒塌。业经委员确查核办，照例先行抚恤。今泰宁惠远庙又复地震，墙垣房间，多有倒塌，……著交英善就近饬委妥员，前往照例抚恤。

（出自《清高宗实录》卷一四一八）

（22）嘉庆十七年正月二十五日戊亥二时，伊犁地震，厄鲁特游牧衮佐特哈、胡吉尔泰（台）、齐木库尔图等处山裂四处，长二十里至六十里不等，宽五、六里不等，深高十余丈至二十丈不等，压毙蒙古人四十七名，遣犯十一名，官厂牲畜二千五百九十五只，厄鲁特本身牲畜一千七百余集（只），当经将军晋昌奏明。奉上谕：伊犁厄鲁特游牧衮佐特哈等处山崩数里，压毙官厂牧兵家奴并伐木民人，甚属可怜，施恩，著照晋昌所奏，被灾脱出男妇七十名，每名赏给马一匹，牛四只，羊五只，皮袄一件，布一匹，银二两，即在去年收获孳生及房租银两内动拨外，压毙人等，加恩每大口赏银五两，每小口赏银三两，其压毙官厂牲畜，免其赔补。

（出自清·松筠《新疆识略》卷一〇）

（23）道光十年闰四月二十二日地震，裂缝有长二三十丈者，涌出黄黑沙，多寡不等。漳河水涸，官

第五章　宋元明清时期（960—1911年）　　　　　　　　　·321·

署民居倾圮大半，毙人畜甚多，发帑赈济灾民（原注：采访兼府志。）

（出自张应麟　张永和《成安县志》卷一五）

（24）道光十年闰四月二十二日地震。州牧沈旺生禀经本道府即日莅磁，先将义仓谷一万余石散给灾民，一面飞禀通报大府，据情入奏，即奉旨发帑抚恤。大府派道府大员率同府卒州县暨佐杂等官先后到磁，同本州教官吏目分赴四乡查勘压毙人口及倒塌房屋，造册查对。共计压毙大小男女五千四百八十五名口，每大口一名给埋葬银二两，小口一两，共给银八千二百六十两，倒塌房屋二十余万间。内除有力之家不计外，其无力贫民共倒瓦房九千九百五间，土房六万六千五百五十三间。每瓦房一间，给修费银一两，土房五钱，共给修费银四万三千五百八十一两五钱。又奉旨将本年下忙钱粮全行蠲免云。

（出自清·程光滢《磁州续志》卷五）

（25）〔道光十年五月庚申〕抚恤河南安阳、汤阴、临漳三县地震灾民。

（出自《清宣宗实录》卷一六九）

（26）〔道光十年五月〕庚午，给河南武安、林、涉三县地震灾民房费并一月口粮。

（出自《清宣宗实录》卷一六九）

（27）〔道光〕十年四月地震。五月大雹为灾。知县赖福邦禀请拨帑赈济，共散赈银三万九千余两，民霑实惠。

（出自清·周秉彝　周寿梓《临漳县志》卷一）

道光十年庚寅闰四月二十二日，……豫灾唯临最重，禀经杨海梁中丞奏蒙天恩赈衁，戴兰莊方伯拨帑十余万两，委官二十七员，亲临漳郡，逐加履勘。临漳派留黎藉花司马等十二员，帮查户口，当堂发给，共散赈银三万九千余两，余交藩库。

（出自清·周秉彝　周寿梓《临漳县志》卷一三：赖福邦《滏水震灾记》）

（28）四月时地震为灾，当造次之际，经画裕如，伤者医，死者葬，修圮勘灾，一一抚慰。请拨帑散赈三万九千余两，民沾实惠，无浮无滥。被雹村庄悉得蠲赋，震灾者亦缓征。

（出自清·周秉彝　周寿梓《临漳县志》卷七）

（29）四县文武生童、商旅压毙者不知凡几，灾后霪雨弥月，人心惶惶，县令鸣谦祈晴无术，愚民讹言牛鸣地动，府县官司姓合谶语而同城所以致灾也。于是府县官出示改牛为刘，鸣为明。……各州县捐银共六万两，委候补府翁次竹来赈，树梅捐千八百两，痤群尸，为文以祭之，又作地震纪变、祈晴纪异各诗。

（出自郑少成　杨肇基《西昌县志》卷四）

（30）道光十三年七月二十三日（1833年9月6日）地大震，迄九月末已，荡析民居无数，人多死者。

（出自清·戴絅孙《昆明县志》卷八）

丁口毙伤，丁口赈银各数目刊后：坍塌房一间，赈银二两，共塌房七千四百二十二间。塌墙一堵，赈银五钱，共塌墙一千三百八十八堵。大丁口，赈银两，共大丁一万四千六百七十八口。小丁一口，赈银五钱，共小丁一万零一百七十八口。毙丁一口，赈银三两，共毙丁六百一十一口。伤丁一口，赈银五钱，共伤丁二百三十四口。一份修文庙工程银二千九百六十六两五钱八分四厘，一份修武庙工程银八百两零八钱四分六厘。分查各坊铺里卫灾户，于春刊后，道光十四年。

（出自《滇东地震调查资料年表》卷四：《土主庙内慈善救济会碑记》）

（31）总计昆明等十州县因地震倒塌瓦屋四万八千八百八十八间半，每间赈给银五钱，共银四万四千四百四十四两二钱五分；草房三万八千七百三十三间，每间赈给银三钱，共银一万一千六百十九两九钱；压毙大口四千三百五十六人，每大口赈给银一两五钱，共银六千五百三十四两；小口两千三百五十一人，每小口赈给银五钱，共银一千一百七十五两五钱；受伤男妇大小口一千七百五十四人，每人赈给银五钱，共银八百七十七两；受灾男妇大口九万一百九十六人，每大口赈给粮一石，共粮九万一百九十六石，小口六万三千一百八十九人，每小口赈给粮五斗，共粮三万一千五百九十四石五斗。

（出自管理户部事务长龄题本（满文））

（32）边鸣珂，直隶任邱人。道光十年任嵩明州，清廉勤慎，爱士恤民。十三年地震，详请赈恤，每男丁一名给银五钱，妇孺一口给银三钱，赖以全活甚众。

（出自清·胡绪昌　王沂渊《嵩明州志》卷四）

（33）道光三十年岁在庚戌，秋八月初七日夜正亥时，人有睡者，亦有未睡者，忽闻有声自北方而来，吼如雷鸣，霎时乃是地动，山崩地裂，庙宇房屋一概倒塌，扷地打死者数千余人，有合家数口打毙绝者，又有打毙二三者，亦有一人未打坏者，虽同遭难，所受独别，又有鳏寡孤独无依者。……而谓身逢其际，能不悚然也哉！以后有乔州主临扷施贫，及时有数千余人，每人领钱三百文。时有天盛公合家并合族俱未损伤保全者。

（出自清·万进华《万氏年庚》）

（34）〔光绪〕三年夏大〔旱〕，无麦禾，民大饥，发帑赈济，至四（五）年春三月乃雨。五月十二日地震。

（出自翁樫　宋联奎《咸宁长安两县续志》卷六）

（三）震后恢复措施

1. 安辑

（1）〔康熙十八年七月辛酉〕户部，工部遵谕议：地震倾倒房屋，无力修葺者，旗下人房屋，每间给银四两；民间房屋，每间给银二两。压倒人口，不能棺殓者，每名给银二两。得旨：所议尚少，著发内帑银十万两，酌量给发。

（出自《清圣祖实录》卷八三）

（2）〔康熙十八年八月庚辰〕谕户部：通州、三河等处地震灾变，压伤人口，无人收瘗，殊为可悯。户部、工部会同，将旗下及民人房屋并各寺庙内有见被压埋者，作何察明数目，速议以闻。部议遣司官四员前往验视。上令动支帑银带去。有主收瘗者，即给银两。无主收瘗者，著所遣司官同地方官设处埋瘗。

（出自《清圣祖实录》卷八三）

（3）康熙三十四年四月初六日地震，房屋倒塌，人畜压死无数，东池堡尤甚。蒙上赈济棺木银两，每一大口给银一两，每一小口给银八钱。

（出自清·赵温　常逊《岳阳县志》卷九）

（4）〔康熙〕三十四年四月初六日戌时地震，有声如雷，城垣、学校、公署、民居倾覆殆尽，死者不可胜计。数日后黑眚见，暮夜攫人，多被伤者。知府王祥请奉旨发帑赈济。又给贫民盖房银，每间一两，又给埋瘗银，大口二两，小口七钱五分。

（出自清·赵懋本　卢秉纯《襄陵县志》卷二三）

（5）康熙三十四年四月初六日戌时地震，房窑倒塌，城乡压伤二百余人。邑令鱼□详报□题达奉旨赏给棺木，大口三两，小口二两。

（出自清·袁学谟　秦燮《石楼县志》卷三）

（6）康熙三十四年八月六日寅时建。康熙三十四年地震，压死人不可胜计。皇恩赈济，死者大小口，赏银大口二两，小口七钱五分，捐献房窑每间赏银一两。

（出自《家庙梁上题记》）

（7）震灾后，命侍郎班第查办赈恤陈奏。奉恩旨：凡被压身故民人，大口每民给埋葬银二两，小口每名给埋葬银七钱五分，无主人口，官与埋葬，共费帑银六万五百余两。现在人口散给口粮外，有两口者给房一间，三口者给房二间，五口者给房三间，多者照例递增，每间给房价银二两。灵州、中卫被灾轻者，每间给房价银一两，共费帑银二十九万七千余两。民家牛只有被灾伤毙者，每户给牛价八两，分四年带征还项。满汉官兵被压身故者，照巡洋被风倒赏恤，共费帑银二万八百余两。

（出自清·张金城　杨浣雨《宁夏府志》卷二二）

第五章 宋元明清时期（960—1911 年）

（8）道光十年闰四月二十二日地震。……州牧沈旺生禀经本道府即日莅磁，先将义仓谷一万余石散给灾民，一面飞禀通报大府，据情入奏，即奉旨发帑抚恤。大府派道府大员率同府卒州县暨佐杂等官先后到磁，同本州教官吏目分赴四乡查勘压毙人口及倒塌房屋，造册查对。共计压毙大小男女五千四百八十五名口，每大口一名给埋葬银二两，小口一两，共给银八千二百六十两，倒塌房屋二十余万间。内除有力之家不计外，其无力贫民共倒瓦房九千九百五间，土房六万六千五百五十三间。每瓦房一间，给修费银一两，土房五钱，共给修费银四万三千五百八十一两五钱。又奉旨将本年下忙钱粮全行豁免云。

（出自清·程光滢《磁州续志》卷五）

（9）道光十年庚寅闰四月二十二日，……于是会议分历查勘，伤可医者医之，死无葬者葬之。

（出自清·周秉彝 周寿梓《临漳县志》卷一三：赖福邦《滏水震灾记》）

（10）道光三十年七月初二，兄开棚春府试，至八月初七，文试已毕，武试方半。是夜三更，歘然地震，簸摇筛荡，不过一袋水烟时，只闻崩裂之声，不可名状。兄被压逾时，始获救出，左腿重伤，百日始愈。此时大雨弥月，而仍一夜淋漓，兀坐待旦。天明一望，满城尽成平地，水石填塞，不辨街巷。可怜绳从细处断，三岁孩躬玉挖出后，绝气而殇。……有谒门丁胡玉金、喜娃亦葬焉。……本署内外压死者一二十人，西昌一县有数可稽者二万余人，两学教官俱死，武弁死六人。时积雨连月，灾后犹霪淋不止。……日光渐露时八月之十二日也。自是大晴月全，禾谷有收。各宪及缺分较优之府州县共捐银六万余两，委候补府翁次竹祖烈来赈。……兄捐银一千五六百两，雇人于城外掘大坑数处，扛尸掩埋，为文以祭焉。

（出自牛树梅《省斋全集》卷一：《胞兄纪略》）

2. 蠲缓

（1）〔嘉靖三十五年五月〕丙寅，以地震免山西蒲、解、临晋、安邑、夏、芮城、猗氏、平陆、荣河九州县去年秋粮，而于平阳、潞安及汾、绛二州无灾之处加征补了。

（出自《嘉靖实录》卷四三五）

（2）康熙七年六月十七日地震，声如雷，地裂屋倾。免钱粮十分之三。

（出自清·王中兴 余为霖《齐东县志》卷一）

（3）〔康熙〕七年六月十七日地震，声如雷，山崩地裂，涌水喷沙，民家堂、土幼凹出水，洪宁镇地陷如池，山间涌海上车螯。城郭官廨民房倾圮，压死民人。三日再震，五、六、七日又震，渐差。二十七日大风雨，自戌至寅，房屋再倾。以后或浃旬微震，逾月微震，计四年余。免本年税粮四分，复发银米赈济。

（出自清·杨士雄 丁时《日照县志》卷一）

（4）〔康熙七年秋七月〕丙辰，以山东六月地震，命户部速行详议，分别蠲赈。

（出自《清圣祖实录》卷二六）

（5）康熙七年冬十月诏免田租之二，以地震后人民死伤，庐舍倾覆，将本年钱粮十蠲其二共免银七千四百五十两有奇。

（出自清·任国鼎 王训《安丘县志》卷一）

（6）〔康熙七年十二月戊寅〕，免山东省地震地方照水旱灾例本年份额赋有差。

（出自《清圣祖实录》卷二七）

（7）刘芳躅，字增美，顺天宛平人。康熙七年擢山东巡抚。十二月因地震疏请格外蠲恤。部议：沂、莒、郯三州县俱被伤最重，蠲免本州钱粮十分之四，其安丘等二十一州县及章丘等十六州县，各照被灾轻重分别蠲免。

（出自清·王增芳 成瓘《济南府志》卷三七）

（8）〔康熙九年闰二月〕壬子，免山东沂州、鱼台等四十州县卫及信阳等三场起存项下银二十二万七千三百有奇，以康熙七年地震被灾故也。

（出自《清圣祖实录》卷三二）

（9）〔康熙〕十八年七月二十八日巳时地震，从西北至东南，如小舟遇风浪，人不能起立。凡雉堞、城楼、仓廒、儒学、文庙、官廨、民房、楼阁、寺院无一存者。燃灯佛塔自后周宇文氏时建，历今二千余年，同时倾仆。周城四面地裂，黑水涌出丈许，月余方止。压死人民一万有余。城内火起，延烧数十处。张湾潞县亦然。自二十八日以后，或一日数十动，或数日一动，经年不息。孤山塔也同倾仆。小米集地裂出温泉。八月，上命户部侍郎萨发帑金赈济，蠲免人丁钱粮。

（出自清·吴存礼　陆茂腾《通州志》卷一一）

（10）〔康熙十八年十一月乙巳〕户部议覆，直隶巡抚金世德疏言：本年地震，通州、三河、平谷被灾最重，应将本年地丁钱粮尽行蠲免。其香河、武清、永清、宝坻等县，被灾稍次者，蠲免额赋十之三。蓟州、固安县被灾又次者，免十之二。

（出自《清圣祖实录》卷八六）

（11）"〔康熙〕二十二年十月灵丘、广灵地震，奉旨赈卹，并免次年钱粮三之一"。

（出自《大同府志》）

（12）〔康熙〕三十四年夏四月初六日戌时地大震，其声如雷，地裂涌水，衙署、庙宇、民舍半为倒塌，压死人民甚众。奉旨发帑赈济，复蠲免本年未完钱粮。

（出自清·余世堂　蔡行仁《洪洞县志》卷八　雍正八年刊本）

（13）〔康熙五十七年闰八月戊辰〕谕户部：朕临宇五十七年，凡师行转饷，及灾祲偶见，靡不廑怀忧切，蠲免赈济，稠叠加恩……，庄浪等处地震，随经特遣部院堂官，驰往查赈，而用兵之后，尤宜格外施仁。应将陕西巡抚、甘肃巡抚所属通省各府州县卫所钱粮米豆草束悉予蠲免。……其康熙五十八年应征地丁银一百八十八万三千五百三十六两有奇，亦历年积欠银四万七百五十七两有奇着一概蠲免。

（出自《清圣祖实录》卷二八一）

（14）接收巩昌卫……共应徵均载丁银三十八两四分九厘九毫一丝零，内除乾隆元年在（于）钦奉上谕事案内，奉旨豁免康熙五十七年地震伤亡人丁银六钱八分八厘九毫八丝零。止该实徵丁银三十七两三钱六分九毫二丝零。

（出自清·邱大英《西和县志》卷二）

（15）接收岷州卫……共应徵均载丁银四十六两一钱七分七厘六丝零，内除乾隆元年在于钦奉上谕事案内，奉旨豁免康熙五十七年地震伤亡人丁银三两七钱五厘三丝零。……又收以粮载丁新增闰月银一两四钱六分九毫零，内除乾隆元年在于钦奉上谕事案内，奉旨豁免地震伤亡人丁闰月银一钱五分五厘九毫零。

（出自清·邱大英《西和县志》卷二）

（16）接收阶州……共应徵均载丁银一百二十三两四钱一毫五丝零，内除乾隆元年在于钦奉上谕事案内，奉旨豁免康熙五十七年地震伤亡人丁银九两九钱八厘二毫六丝零。……又收以粮载丁新增闰月银三两八钱三分一厘三毫九丝零，内除乾隆元年在于钦奉上谕事案内，奉旨豁除地震伤亡人丁闰月银三钱九分九厘四毫二丝零。

（出自清·邱大英《西和县志》卷二）

（17）奉旨永行豁免康熙五十七年地震伤亡人丁银一十三两八钱五分一厘二毫四丝五忽二微三纤一尘五渺八漠。

（出自清·孙巘　何浑《文县志》页三六）

（18）接收文县……共应徵均载丁银六十五两八钱四分三厘四毫七丝零，内除乾隆元年在于钦奉上谕事案内，奉旨豁免康熙五十七年地震伤亡人丁银七两七钱一分四厘一毫一丝零。

（出自清·邱大英《西和县志》卷二）

（19）接收西固……共应〔征〕均载丁银一百一十八两一钱五分七厘四毫零，内除乾隆元年在于钦奉上谕事案内，奉旨豁免康熙五十七年地震伤亡人丁银九两四钱八分六厘一毫四丝零。……又收以粮载丁新增闰月银三两九钱七分八厘六毫六丝零，内除乾隆元年在于钦奉上谕事案内，奉旨豁免地震伤亡人丁闰月银六钱三分六厘四毫六丝零。

(出自清·邱大英《西和县志》卷二)

(20) 唯是被震之区虽秋收仍属有望，而摒挡什物、缮葺室庐所费已多，瞬届下忙启徵，即有力之户，亦恐输将不无竭蹶。又五月十八、九等日雨中带雹。勘明安阳县南白壁等四十一村庄，临漳县务本村等五十九村庄，秋禾全已损伤，被灾尤重。……其余被震较重之安阳、临漳二县合境村庄，同武安县之崔炉等四十四村庄，林县盘阳等三十八村庄，涉县南岗等二十五村庄，汤阴县鹤壁集等五十五村庄，应征本年下忙钱漕加价并应带征各旧欠概行缓至道光十一年麦后分别启征。

(出自河南巡抚杨国桢奏折)

(21)〔乾隆四年十一月壬申〕又谕：上年宁夏地震之后，朕心日夕忧思，多方筹划，一年以来，陆续经理，地方渐有起色，……着将宁夏、宁朔、平罗三县额徵银粮草束，再宽免一年。

(出自《清高宗实录》卷一〇五)

(22) 道光十年庚寅闰四月二十二日，……又奏准兼被冰雹村庄全蠲本年钱漕，其第被震者，粮赋皆展缓至十一、十二分年带征。嗟呼！吾民虽罹此大灾，疮痍疲敝，而仰沐圣恩至优极渥，是又不幸中之一幸也。此外如坛庙衙署，亦蒙发款饬修，各还其旧。甫竣事，层台遣员密查知临民均沾实惠，余此役亦有微劳，蒙保以应升之缺升用。此余甫莅临漳遇震办赈之原委也。特誌之以示不忘云。

(出自清·周秉彝 周寿梓《临漳县志》卷一三：赖福邦《滏水震灾记》)

(23)〔道光十年七月甲申〕以长芦引地地震成灾，缓征直隶磁、邯郸、成安、河南安阳、临漳、武安、涉、林、汤阴九州县新旧引课有差。

(出自《清宣宗实录》卷一七一)

(24)〔道光十年十一月乙卯朔〕以河南安阳、临漳、武安三县地震灾重，命发仓谷设厂煮赈，缓征武陟县咸荒地亩新旧额赋。

(出自《清宣宗实录》卷一七九)

(25)〔道光十一年四月己亥〕缓征河南安阳、临漳二县上年地震灾区积欠额赋。

(出自《清宣宗实录》卷一八七)

(26) 彻查上年七月二十三日滇省昆明等十州县地震成灾，当经奏明赈恤并请将该州县上年应征钱粮蠲免。嗣复查明该州县秋禾收获甚丰，又经奏请将被灾之户蠲免钱粮，其不被灾之户仍旧输纳。……统计昆明等十州县内除无粮之户不计外，实计被灾有粮二万六千九百五十一户，应免税秋米四千四百三十四石零米，折银三千三百二十八两零条、公耗羡银一万一千三百七十二两零，应一并蠲免。其未被灾有粮一十万三千四百八十七户，应征税秋米一万六千九百三十三石零米，折银一万一百五两零条，公耗羡银三万九千七百七十三两零，应照旧征收。

(出自云贵总督阮元等奏折)

(27) 道光十三年河阳、江川地震成灾，诏照例抚恤，并免额征钱粮。

(出自清·李熙龄《澂江府志》卷三)

(28)〔光绪二十九年二月戊子〕谕：潘效苏奏，查明新疆被灾地方请豁免粮草一摺。上年六、七月间新疆镇西厅被雹，疏附县地震尤重，业经饬令勘灾区轻重，妥筹抚恤。兹据查明被灾情形，深堪悯恻，所有该厅应征粮草，着加恩一律豁免，以纾民困。该部知道。

(出自清·朱寿朋《光绪朝东华录》卷一七八)

3. 放贷

(1) 道光十一年贷沧州上年地震水灾贫民籽种口粮，并平粜仓谷。

(出自清·沈家本 徐宗亮《天津府志》卷五)

(2)〔道光十一年正月己未〕贷河南武安县上年地震灾民仓谷。

(出自《清宣宗实录》卷一八三)

4. 督办

(1) 军机大臣字寄署四川总督丁。光绪五年七月二十四日奉上谕：有人奏访闻四川西北，东南各府州县，均于本年五月十二日同时地震，房屋既有坍塌，人畜亦有压坏者。保宁府等处城垣倾圮，更有地裂之处，至十五、六、二十三等日始止。该署督竟讳灾不报，……著丁宝桢详细查明，迅速具奏，毋许稍涉隐饰迟延。

（出自《军机处上谕档》）

（2）〔光绪五年七月丙申〕又谕：有人奏：访闻四川西北、东南各府州县，均于本年五月十二日同时地震，房屋既有坍塌，人畜亦有压坏者。保宁府等处城垣倾圮，更有地裂之处，至十五、六、二十三等日始止，该署督竟讳灾不报，……著丁宝桢详细查明，迅速具奏。

（出自《清德宗实录》卷九八）

（3）〔光绪五年九月己亥〕谕内阁：前因给事中吴镇奏四川地震情形，丁宝桢讳灾不报，……当谕令该署督详查具奏。兹据奏称；四川省城，于本年五月十二日微觉地动，旋据重庆等府及梓潼等县共十九属禀报，亦于五月初十、十二等日地动，情形尚轻。阆中等七属城墙间有坍塌。唯南坪一处城署房屋倒塌甚多。又珠河场河沟被山岩坠塌，将河身壅塞，后复冲开，水势汹涌，致河北街民房尽行淹坏，伤人甚重。实因委查禀报未齐，是以具奏稍迟等语。川省地震成灾，各属轻重情形不一，即著丁宝桢迅即查明，分别筹款抚恤，毋令一夫失所。

（出自《清德宗实录》卷一〇〇）

（4）其酉阳一属现据禀报，该属地动甚微，并无损塌城垣、房屋压坏人口情事，民间尚多有不及觉者。此外尚有东乡、盐亭两属亦轻，禀明该县五月十二日地震甚轻，并无损坏城垣、民房伤人之事，均不成灾。

（出自署四川总督丁宝桢录副奏片）

附　　录

附录一　康熙皇帝论"地震"

　　朕临揽六十年，读书阅事务体验至理。大凡地震，皆由积气所致。程子曰：凡地动只是气动。盖积土之气不能纯一，闭郁既久，其势不得不奋。老子所谓地无以宁，恐将发，此地之所以动也。阴阳迫而动于下，深则震虽微而所及者广，浅则震虽大而所及者近。广者千里而遥，近者百十里而止。适当其始发处，甚至落瓦倒垣，裂地败宇，而方辐之内递以近远而差。其发始于一处，旁及四隅，凡在东西南北者皆知其所自也。至于涌泉溢水，此皆地中所有随此气而出耳。既震之后，积气既发，断无再大震之理。而其气之复归于脉络者，升降之间，犹不能大顺，必至于安和通适，而后返其宁静之体。故大震之后不时有动摇，此地气返元之征也。宋儒谓阳气郁而不申，逆为往来，则地为之震。玉历通政经云，阴阳太甚则为地震，此皆明于理者。西北地方数十年内每有震动，而江浙绝无，缘大江以南至于荆楚滇黔多大川支水，地亦隆洼起伏无数百里平衍者，其势奇侧下走，气无停行；而西北之地弥广磅礴，其气厚劲坌涌而又无水泽以舒泄之，故易为震也。然边海之地如台湾，月辄数动者，又何也？海水力厚而势平，又以积阴之气镇乎土精之上，国语所谓阳伏而不能出，阴迫而不能丞，于是有地震，此台湾之所以常动也。谢肇淛五杂组云闽广地常动说者，谓滨海水多则地浮，夫地岂能浮于海乎？此非通论。京房言地震云于水则波，今泛海者遇地动无风而舟自荡摇，舟中人辄能知也。地震之由于积气，其理如此，而人鲜有论及者，故详著之。

《康熙皇帝御制文》第四辑　卷三十

附录二 中国古代有影响的《地震记》类文献辑录（部分）

（一）秦可大《地震记》

嘉靖乙卯季冬，十有二日夜半，关中地震，盖近古以来书传所记未有之变也。是夜予自梦中摇撼惊醒，身反复不能贴褥，闻近榻器具若人推堕，屋瓦暴响，有万马奔腾之状。初疑盗，继疑妖祟，俄顷间，头所触墙划然倒矣，始悟之，此地震也。见月色尘晦，急揽衣下榻，身倾欹如醉，足不能履地焉。家南有空地，从墙隙中疾走，比至其处，见母暨兄及弟侄咸先至无恙，口急号呼汝，汝不闻耶！盖其时万家房舍一时摧裂，声杂然塞耳都不闻也，矧号呼哉！时四更余，势益甚，声如万雷可畏，逾五鼓少定，始闻四邻远近多哭声矣。予阖家幸无恙，因急令人候亲族之最关切者，俱幸无恙。比明，见地裂横竖如画，人家房屋大半倾坏，其墙壁有直立者，亦十中之一二耳。人往来哭泣，慌忙奔走，如失穴之蜂蚁然。过午，人俱未食，盖爨具顿毁，即谷面之类皆覆土埋压。无何，未申时，哄然传呼，城东北阿尔尕回人反至，人益逃惧思死，盖讹言也，实无回人反者。噫！人心易摇如此。四乡之外，村居被祸者，幸奔入省城暂避。至如穴居之民，谷处之众，多全家压死而鲜有逃脱者。

详其震之发也，盖自潼关、蒲坂，奋暴突撞，如波浪愤沸，四面溃散，故各以方向漫缓而故受祸亦差异焉。他远不可知，自吾省之西也则渐轻，自吾省之东也则渐重，至潼关、蒲坂极焉。震之轻者，房壁之类尚以渐倾，而重者则一发即倾荡尽矣。震之轻者，人之救死尚可走避，而重者虽有倖活，多自覆压之下掘挖出矣。如渭南之城门陷入地中，华州之堵无尺竖，潼关、蒲坂之城垣沦没，则他如民庶之居，官府之舍，可类推矣。缙绅之被害者：三原则有光禄卿马理，渭南则有郎中薛祖学、员外贺承光，主事王尚礼、进士白大用，华阴则有御史杨九泽，华州则有祭酒王维桢，朝邑则有尚书韩邦奇，蒲州则有分守参议白璧，而渭南谢令全家靡遗。其他如士大夫，居民合族而压死者甚众，盖又不可以名姓纪矣。受祸大数，潼蒲之死者什七，同、华之死者什六，渭南之死者什五，临潼之死者什四，省城之死者什三，而其他州县，则以地之所剥剔近远分浅深矣。中间受祸之惨者，如韩尚书以火厢坑而煨烬其骨，薛郎中陷入水穴者丈余、马光禄深埋土窟而捡尸甚难。

其事变之异者，或涌出朽烂之舡板，或涌出赤毛之巨鱼，或山移五里而民居俨然完立，或奋起土山而迷塞道路。其他村树之易置，阡陌之更反，盖又未可一一数也。时地方乘变起乱，省城讹言固可畏已。如渭南之民抢仓库，以乡官副使南逢吉斩二人而定。蒲州居民惊财物，以乡官尚书杨守礼斩一人而定。同州之民劫乡村，以举人王命手刃数人而定。当其时非官司之法度严明、诸公之机见审断，关中亦岌岌乎危矣。鸣呼伤哉！此变之后，次年而固原地震，其祸亦甚。乃隆庆戊辰，本地再震，其祸少差。自是以来，无年无月，居常震摇，迄今万历之岁，未甚息焉。是以居民罹此荼毒，竭筋力膏血勉造房屋，而不敢为安业。有力之家，多用木板合厢四壁，上起暗楼；公廨之内，别置板屋，士庶人家亦多有之，以防祸也。二十年之内，同、华、蒲、渭之地，幼而生齿，壮而室家，大抵皆秦民半死之遗孤也，鸣呼伤哉！伤哉！按《文献通考》诸书，自古地震，关中居多，而据其得祸之数，未有如今之甚者。

盖关中土厚水深，夫土厚则震动为难，水深则奋勇必甚，以极难震动之土而加之以极甚奋勇之水，是土欲压而力不敌，水欲激而势欲怒，此地震必甚，受祸必惨，理固然也。若中原之土疏水平，东南之土薄水浅，气易冲泄，虽间有地震之变而受祸者不如此之甚也。然予独怪关中地震之尤多者。无抑水性本动而为土厚所壅故耶！抑或水脉伏地西土或为厚土镇压而怒激震荡，故常致然耶！皆不可强究矣。噫！鸟必择木以栖，兽必深居而简出，以害乎己也。人可无是虑乎？

吾秦本乐土而独多地震之变，固且奈何。况祖宗坟墓在此，又安所往避也。因计居民之家，当勉置合厢楼板，内竖壮木床榻，卒然闻变，不可疾出，伏而待定，纵有覆巢，可冀完卵。力不办者，预择空隙之处，审趋避可也。或者曰，地震独不可以疾出避耶？曰，富厚之家，房屋辏合，墙壁高峻，走未必出，即出，顾此误彼，反遭覆压。华州王祭酒，正罹此害。盖地震之夕，祭酒侍娱太夫人，漏下二鼓，太夫人命祭酒归寝，祭酒领诺，归未即榻而觉，乃奔出急呼太夫人，时太夫人已就寝睡熟矣，祭酒反被合墙压毙，太夫人虽屋覆而固无恙也。又富平举人李羔与今冀北道参议耀州左熙，内兄妹丈也，同会试抵旧阌乡店宿，联榻而卧，李觉地动，走出呼左，时左被酒，窹闻未起，既，李被崩崖死，而左赖床榻撑支，止伤一指耳。此虽定数，而避者反遇害焉。予故曰，闻变不可疾出，伏而待定，纵有覆巢，可冀完卵也。虽然祭酒太夫人寿延八旬，熙中乙丑进士，官阶四品，其福亦自可无恙云。万历乙亥，大寓都下，待补无因，谨著记。

（出自清·黄家鼎《咸宁县志》卷八：秦可大《地震记》）

（二）任塾《地震记》

康熙十八年己未七月二十八日巳时，余公事毕，退西斋假寐，若有人从梦中推醒者，视门方扃，室内阒无人，正惝恍间，忽地底如鸣大炮，继以千百石炮，又四远有声，俨数十万军马飒沓而至。余知为地震，蹶然起，见窗牖已上下簸荡，如舟在天（大）风波浪中。跣而趋，屡仆，仅得至门。门启，门后有木屏，余方在两空间，訇然一声，而屋已摧矣。梁柱众材，交横门屏上，堆积如山，一洞未灭顶耳。牙齿腰胁俱伤，疾呼无闻者，声气殆不能续，因极力伸右手出寸许。儿璧辈遍寻余，望见手指动摇，亟率众徙木畚土，食顷始得出。举目则远近荡然，了无障隔，茫茫浑浑，如草昧开辟之初。从瓦砾上奔入，一婢指云：主母在此下。掘救之，气已绝。恸哭间，问儿璧弟垄云："汝辈幸无恙，余三十口何在？"答云："在土积中未知存亡"。乃俯而呼，有应者，掘出之。大抵床几之下，门户之侧，皆可赖以免。其他无不破颅折体，或呼不应，则不救矣。正相莫知所以，忽闻喧噪声，云地且沉，争登山缘木而避。盖地多折裂，黑水兼沙从地底涌泛。有骑驴道中者，随裂而堕，了无形影。故致人惊骇呼告耳。顷之，又闻呼大火且至，乃倾压后灶有遗烬，从下延烧而然。急命引水灌之。旋闻劫棺椁夺米粮，纷纷攘攘，耳无停声。因扶伤出抚循，茫然不得街巷故道。但见土砾成丘，尸骸枕籍，覆垣欹户之下，号哭呻吟，耳不忍闻，目不忍睹。历废城内外，计剩房屋五十间有半，不特柏梁松栋倏似灰飞，即铁塔石桥，亦同粉碎。登高一呼，惟天似穹庐盖四野而已。顾时方暑，归谋殡孺人。觅一裁工无刀尺。一木工无斧凿。不得已，为暂藁埋毕。举家至晚不得食，仿佛厨室所在，疏之获线面一筐，煮以破甕底，盛以水筲，各就啖少许。次日人报县境较低于旧时。往勘之。西行三十余里及柳河屯，则地脉中断，落二尺许。渐西北至东务里，则东南界落五尺许。又北至潘各庄，则正南界落一丈许。阖境似甑之脱坏，人几为鱼鳖，岂唯陵谷之变已耶。八月初一日，銮仪卫沙必汉奉上谕，着户、工二部堂官一员查明其复，施恩拯救。阁臣会议具请，奉旨着侍郎萨穆哈去。初六日萨少农到县，散赈城厢穷民五百二十九户，十六日户部主事沙世到县，散赈乡村穷民九百四十一户，户各白金一两。十八日又传旨，通州、三河等处遇灾压死之人，查明具奏。九月十五日工部主事常德、笔帖式武宁塔到县，散给压死民人旗人男妇大小共二千四百七十四名口，又无主不知姓名人二百三名口，内孩幼不给，旗民死者另请旨，并无主不知姓名地方官料理外，将压死男妇一千一百六十八名口，人给棺殓银二两五钱，伊亲属具领讫。又先是八月初九日上谕。通州、三河等处地震重灾地方，分别蠲免钱粮具奏。随奉巡抚金查明三河、平谷最重，香河、武清、宝坻次之，蓟州、固安又次之。最重者应将本年地丁钱粮尽行蠲免，次者应免十分之三，又次者应免十分之二，具疏题奏，奉旨依议。三河地丁应得全蠲。钦哉皇恩浩荡，如海如天，民始渐得策立，骨肉相依。其不幸至于流离鬻卖者，十之一二而已。计震所及，东至奉天之锦州，西全豫之彰德，凡数十里，而三河极惨。自被灾以来，九阅月矣，或一月数震，或间日一震，或微有摇杌，或势欲摧崩，迄今尚未镇静。备阅史册，千古未有，不知何以致此？虽然，九水七旱，天所见于尧汤之世者，岂关人事哉！

（出自清·陈昶 王大信《三河县志》卷一五 任塾《地震记》）

（三）冯可参《灾民歌》

灾民歌有引：予下车甫两月，而天灾洊至，疟痢继发。号苦之声，彻于四境，触目伤心，遂作是歌。其文虽浅率无当大雅，然情之所至，聊为郯民告哀，亦将为凡被灾者告哀也。……

郯城野老沿乡哭，自言地震遭荼毒。忽听空中若响雷，霎时大地皆翻覆。或如奔马走危坡，或如巨浪摇轻轴。忽然遍地涌沙泉，须臾旋转皆乾没。开缝裂坼陷深坑，斜颤倾欹难驻足。阴风飒飒鬼神号、地惨天昏蒙黑雾。逃生走死乱纷纷，相呼相唤相驰逐。举头不见眼前人，举头不见当时屋。盖藏委积一时空，断折伤残嗟满目。颓垣败壁遍荒村，千村能有几村存。少妇黄昏悲独宿，老妪白首抚孤孙。夜夜阴磷生鬼火，家家月下哭新魂。积尸臭腐无棺殓，半就编芦入塚墦。结席安蓬皆野处，阴愁霖潦晴愁暑。几许伶仃泣路旁，身无归傍家无主。老夫四顾少亲人，举纛谁人汲沙渚。妻孥寂寂葬荒丘，泣向厨中自蒸黍。更苦霪雨不停休，满陌秋田水涨流。今年二麦充官税，明年割肉到心头。嗟乎哉，漫自猜，天灾何事洊相摧，愁眉长锁几时开。先时自谓灾方过，谁知灾后病还来。恨不当时同日死，于今病死有谁哀。

（出自清·张三俊　冯可参《郯城县志》卷九；冯可参《灾民歌》）

（四）沈旺生《磁州地震大灾纪略》

道光十年庚寅闰四月二十二日戌刻，余晚餐甫毕，与浏泉朱表兄同坐三堂闲话。忽闻有声如地雷、火炮，初听远远而来，顷刻即至，又如千军万马，并作一声，其势甚猛，目见三堂楹柱，上下簸荡，如舟在大风波浪中。朱兄曰：大灾至矣，迅步往外。

余思印信在卧室，宜亟取，而眷口亦须保护，遂趋进。时有二仆，因上房摇动，恐飞瓦掷及余身，扶掖复回三堂。余立意内进，二仆不谙余意，左右牵制，来往者再四。余细视住房及过堂均未坍塌，奋身直趋，急取印藏诸怀。聚集家人，幼儿孙男女，暨妪婢辈，择空旷处围坐。

是时，余侧室刘氏在东厢房内，正思趋出间，而厢房东墙北墙俱倒。东倒者压其背，北倒者压其一手，幸未及首，故能出声嚷喊，时众方喧哗，罔觉。刘所生子保儿才十二岁，泣告余曰：我母且压在东厢矣！亟宜救。余以手击破窗楞，命仆妇扒进救出。刘手背均受微伤。

寿儿、惠儿于地未动时，同往署之西偏花园内纳凉，及见动，皆奋奔东北，赴上房视余。其时地如掀簸，且走且蹶，一路飞砖飘瓦，着肩背负痛不知，直至见余。余视两儿虽受磕伤，尚无妨害。检点亲丁人口，少一四岁孙女，系寿儿所生。寿儿妇唐，余之甥女也，意甚忧戚。余慰之曰：不妨。命干仆寻觅，至夜半于署外抱回，惊喜交集。

又遣仆遍问幕中友戚诸公。知盂、聂、屠、施诸兄及堂叔，俱在大西偏莲池北隙地内，无恙。朱兄于三堂分手后，从已坍之断椽碎瓦上，跣足踊避于三堂西院杏树下。又知山阴俞兄、福建曾兄，皆经被压，借仆辈勇力掘土救出，幸俱无恙。家人中压毙司阍方升一人，曾仆郭湘一人，情殊可悯。

二十三日黎明急欲出外履勘、茫然不得街巷故道。唯闻都阃刘公压伤腿足。学师马公、彭城千总郝公均被压受伤，城关及四乡压毙人口无数。衙署、仓监、城垣、庙宇、民房倒塌殆尽。是日戌刻又复大动。

二十四日从折栋崩榱瓦砾中，高高下下走看情形。黎民老幼、莫不风栖露宿，悲若衷鸿，伤心惨目，何忍视之。千百年石梁绰楔均已毁折，奚况市廛之不为齑粉哉！

二十五、六、七等日亲赴四乡周历查勘，西乡情形最重，南乡次之，东北乡稍轻。当即遍为安抚，官民相视而哭，此时民情大可见矣。随查得城乡地多坼裂，黑水挟细沙从地底涌出，泛滥大道。黑水涌处，其洞或圆样，或腰圆，大小不一。或有高地而改洼者，或有城濠洼地反挤而为高者，有井水味淡变而为咸者，亦有本味咸改而为淡者。西乡离城十五里，地名东武仕，有平石桥，下通滏阳河发源之水，地动后，水漫桥上一二尺不等。余查灾每过是桥，舆夫必多人扶持过去，询之土人，佥云：地动则水涨，动稍息则水渐消，复动则复涨。又云：地动水涨则井涸，种种灾异，令人不可解者，未能枚举。先是禀请本道府按临督办。署中房屋尽倒，集夫畚除积土碎料，择隙地或就倒房之基搭蓆棚数十处，以为道府厅及大小委员办公栖息之所。幕友均住蓆棚。内眷大小二十余人踚踇于一矮棚内，昼夜不安。因嘱表弟蔡率家丁将眷口送于广平府，赁房暂寓。

常平仓倒塌，毂石雨淋，恐致霉变，急用蓆片露囤迁之。监墙已倒，囚人不能羁禁，禀请本道府于清河、广平、曲周、鸡泽、威县五处，分寄监禁。

是时官民用蓆甚夥，磁产不敷所用，遣胥役往邻邑各处采买。署内外因公用蓆片二万数千张，计费二千余金。

余初有先放义仓谷以安民心之议，嗣道府按临，指示机宜，意见吻合。于是尽放城乡义谷一万一百五十余石，以资民食。民心大定。

两旬之间，发通禀者三。旋蒙大宪据禀入奏。天子轸念民瘼，命督臣派委大员发帑，带同各委员查勘抚恤。维时大宪檄委清河道宪徐、前首府候补刺史白，天津司马顾，正定司马陶，顺德司马彭，广平司马罗，肥乡县汪，威县曹，怀柔县曾，灵寿县梁、候补知州阿，即用知县袁，候补知县陈、黎、刘，候补县丞徐，候补未入葛、岳先后到磁。即同本州学正张，训导马、吏目宋分赴城乡查勘压毙人口及倒塌房屋。又分别倒房有力无力之家，造册查对，苇篷秉烛达旦不休。又分委监放恤银，按名散给。共计压毙大小男女五千四百八十五名口，倒塌房屋二十余万间。内除有力之家不计外，其无力贫民查明应给修费者，共瓦房九千九百五间，土房六万六千五百五十三间。每压毙大口一名给埋葬银二两，小口一两，共给埋葬银八千二百六十两。每瓦房一间给修费银一两，土房五钱，共给修费银四万三千一百八十一两五钱。

初因西乡彭城界连豫省，恐有不逞之徒及外来游民藉端生事，当即知会分防州判杨、千总郝实力稽查。一面禀请本道商之镇台，委大名游府张带同弁兵驻劄彭城深资弹压。本城赖有都阃刘，署都阃安、千总李巡查防护，城乡藉以安静。

同时被灾者：北邯郸、东成安、西南豫之武安、安阳、临漳等县，而磁州为独重。复蒙大宪奏准豁免磁州本年下忙钱粮，赏给兵丁三月口粮。……

余不文，聊为磁民纪灾异，亦为磁民颂皇恩也。是为记。

道光十年岁次庚寅秋八月，桐乡沈旺生记于磁州官廨。

（出自清·沈旺生《磁州地震大灾纪略》）

（五）周乐《纪磁州地震》

道光庚寅，余客关中，闻磁州地震事，未得其详。庚子馆永年韩雪坡明府署，得与磁州范莲塘先生同幕，询悉颠末，走笔记之。先是磁州庚寅元旦日，天气凄清，日惨澹无光。迎春日，午前热甚，午后狂风大起，又冷甚，此后冷热无常。闰四月二十一日，城隍庙一树，忽如数十人摇撼，南门外一池，素清澈，忽泥水上翻，满池为浊，见者传以为异。至二十四（二）日，莲塘东邻某有事约饮，欲赴之，而心动，遂率二子往城西鉴上村看刈麦。出城，日已衔山，风刺骨。至场，风更甚，先遣二子还，而己避风于麦垛南。甫盘膝坐，有声自西北来，甚厉，惊为雷，俄而霹雳，声震耳，地上白气如雾，高丈许，面前渠水泼溅，亦高丈许，身与地相上下，如坐船簸荡于飓风怒浪中，又如千军万马并为一声。四顾村落，则蠹蠹灰起，旋为北风吹去。喧呼号哭之声如鼎沸，移时动稍息，犹如人战栗状。莲塘虑惊老母，急趋回，路已凹凸非旧，逡巡至西城，城已颓，砖石下塞门，攀而上，得小口，俯视有光如斗大，伛偻入。见城内傍街楼舍俱倒，奔至己门，门与重门已为乌有，至内院，母与家人团伏一处，惊相慰问，问二子，未归。即欲返觅，家人以夜里，牵衣止之，踯躅间，地又动，惊怛却坐。三更许，外来彷佛有人影，问之，则二子也，一家转悲为喜，共觅席蔽风团坐，随地掀翻。至晓，视庭前纵横龟坼，屋中裂如刀劈，墙半陷地，街上人互相枕藉，城垣十坏八九，内外民居官署尽坏，间有存者，亦徒壁立而已。南关一大石桥，跨滏河上，为十三省康衢，工最固，亦裂圮。唯大城殿、城隍庙大殿，巍然独存。滏河与漳河水尽涸，而陆地忽多涌泉，涌处沙高约一二尺，色黑、黄、白各别。城内，泉或从屋中潏然涌出，沙水并流，水定沙半屋，井水亦相随喷溢，甘苦互易。州西有巨镇曰彭城，多缸瓦窑场，人烟辐辏，客民尤伙，震时顷刻都尽。镇西石鸡岭、两岔口，山崩数处。镇北炭窑深三十余丈，炭块如方，凡大者随水涌出。其余村镇，重轻有差。共压毙大小男女五六千人，不知名者，不与其数。人不得食者几二日。家家购席结庐空旷地，昼露处，夜则潜卧。自后，或一日数动，或间日一动，动即声如雷，树摇，犬吠，牛马俱伏。年来，每遇大热，数日则动，一年概三五次。今已十一年正月十日，间犹微动焉。

（出自清·周乐《二南文集·外集》卷下：《纪磁州地震》）

（六）吴炽昌《客窗闲话》

维道光岁在庚寅闰四月二十有二日戌刻，磁之人或甫晚餐，或已奄息，忽大声雷吼，从东南来，莫测其自天自地，如人在鼓中，逢逢四击。方骇愕间，若有千军涌溃，万马奔腾，而地皆震荡矣。人咸争先恐后，扶老携幼，走避空旷之区，亦如驾轻舟，涉江海而遇飓风，上下簸扬，浮沉倏忽。俄顷间，屋宇倾颓，砖瓦雨下，木石飘舞，飞灰蔽空。唯闻男嚎女啼，呼父母唤妻孥之声，与夫牛马惊嘶、鸡犬叫号，喧哗嘈杂，莫辨谁何。夜半稍息，复哀声四起，相传覆屋之内，颓垣之下，裂首破腹，折骨残支者，比比皆是，以是内外抢呼，遐迩悲恸也。黎明，睹城郭庙宇及官私房舍，无一存者。地多坼裂，方圆长阔，寻丈不等，均涌黑水挟细砂，泛滥于道，而井泉反涸。于是山陵分崩，河渠翻凸，桥梁尽折、茔墓皆平，村庄道路不复可辨。二十三日戌刻复大动，人皆野处，依树为栖，树拔则人物金滚，男妇互撞，衣裳颠倒，疏戚溷涌，唯有架席作庐，掘地为灶，聊以食息。然而骨肉莫能顾，朝夕不相保，悽悽蹙蹙，惝惝懔懔，无复人寰气象矣。旬月间，犹或时动时止，其地陷之处，皆作空声，甚有软如棉浮如沙者，其人则心胆俱碎，面目尽黑，稍一动摇，无不相抱痛泣，俯伏待毙，所谓民不聊生者莫此为甚。钦唯圣天子视民如伤，恩纶叠沛，恤死赈生，葺城建宅，而群黎于是乎大定。唯坤土坚刚之气未复，间或震动，于今三年云。

（出自清·吴炽昌《客窗闲话》初集卷二）

（七）季元瀛《地震记》

地震之灾，史不绝书，或百余日，或倾屋以万计，或地裂数十里，广深数十丈，民死无数，尝读史窃疑焉，今乃信史笔不诬而地震之为祸烈也。初，乙亥八月六日，阴雨连绵四旬，盆倾篸注，过重阳微晴，十三日大雾。乡老有识者，谓淫雨后天大热，宜防地震。闻者初不为意。二十日早，微雨随晴。及午，歊蒸殊甚，傍晚，天西南大赤，初昏，半天有红气如绳下注，见者诧之，亦不知何吉凶也。二鼓后，或寝或否，从无音响。忽然屋舍倾塌，继有声逾迅雷，人身簸摇惑（撼）荡，莫知为在天在地也。觅户而出，阈限与檐齐。其在屋外者，见两檐斗合复分。出巷中，倒卧者仰伏不一，其立者左右前后不自持，男妇哭号，不啻丛处万马营中。移时，各检家口，皆不如数。置老幼妇女于外，壮者复入，光明洞达，一望十余家。按屋土寻觅其压者、病者，急出之。死者长已矣，亦未暇痛哭。其幸免无死伤之家，将出郭视姻亲，而街巷垣墙堕落，不能坦平十余步。甫出郭，骇声四哄，与震声相助。地上行者，如在舟中大风飘摇之势，人亦不遑惊愕。天未曙，而各处被灾轻重，已略传知矣。运城四围无砖陴，解州城截其半，门楼俱落，人民死伤甚众。虞乡、猗氏略同。唯平陆、芮城依山多窑居。其全家而没者比比然也，故二邑伤人逾万。自初震及次日晚，如雷之声未绝。夜，人不敢室居，于场圃中戴星架木，铺草为寝所，丁壮结伴巡家，彻夜不息，至夜分，约一时一震，震时鸡敛翅贴地，犬缩尾，吠声怪诞，至人情震怖，其情形可想也。二十四日晚，云如苍狗，甚雨滂沱，天上地下，震声接连，即地水盈尺，人于车中就处，任雨不敢入室，而车四面皆水，兼震响动摇，真如船行，人人有地陷之惧。幸不一时雨止。自是人心惶惑，谣言四起，而日数次震。牛马仰首，鸡犬声乱，即震验也。弥月后，或日一震，或数日一震，今犹每年数震。闻初震时，有大树仆地旋起者，有井水溢出者。而死亡之状，传闻甚悉，欲详述之，下笔辄痛，遂终止。若震之来自西北，望东南去。有司驰报，蒙恩发帑数万，查灾轻重抚恤之。……尝考明嘉靖乙未（卯）地大震、国朝康熙乙亥平阳路地大震，何今又适逢此支干也？

（出自清·崔铸善　陈鼎隆《虞乡县志》卷一一：季元瀛《地震记》）

（八）柴溥《地震记》

嘉庆二十年乙亥九月十九日夜半，余梦惊醒，觉得簸摇，几欲坠地。耳畔闻屋瓦飞鸣，如风驰雨骤虎啸而狮吼也。儿辈窗外大呼地震，问余安否？余始仓皇而起，挑灯出视，但见东、西两屋离地尺许，仆而复地者十余次。当是时也，口噤目眩，心碎胆裂，不知魂之在体。踰刻稍平，偕儿辈步至村中，闻父哭子嚎，兄号弟泣，墙倒屋塌，崖倾窑裂，崩摧拉杂之声不绝于耳。至村外，又闻邻村有祷神声、号佛声、被压者有求救声，压毙者有哭泣声，又有钟声、锣声、钹声、如千军万马往来奔驰，如铁甲金戈互相击撞，自戌至辰，尚呼号不止。呜呼！彼苍者天，曷其有极，伤心惨目，又如是耶？儿辈扶余归，同弟约亭及诸子明烛守视，四座寂然，俱悚惧恐惶，低声叹息而已。诘朝，有自县来者曰："城颓矣，衙署倒矣，监仓坏矣，囚犯俱拘守大堂矣！"越三二日，又自县东北来者曰："某村伤五六矣，某村十无二三矣，某村并无一人矣！"噫，悲哉！冤痛又向谁诉哉！呜呼，此劫也。有一家压毙一二人者，有一家三五人者，有一家全殁不留一人者。葬埋之具，有以箱代棺者，有以席代棺者，有以马槽、磁瓮代棺者，更有无力裹尸赤身填坑者，有掘土掩尸，崖复崩塌复被压死者，又有窑决被压前半土入沟中尸挂半崖随风摆动摇摇如悬旌者，真令人目不忍睹。我平自前明嘉靖三十四年十二月十二日及崇祯十五年六月初三日两次大震后，二百余年未有此奇灾也。邑侯陆公名樟，目击心伤，飞禀上闻。藩宪吴邦庆即带领汾守并各官六员驻扎运城，饬汾守率各员至平，分道勘验，汇册上禀。抚宪印衡龄据实奏闻。圣天子恻然垂悯，叠沛恩施，仿康熙三十四年平阳府地震之案，拨运库帑银赈济难民，大口给银二两，小口七钱五分。又简放钦差刑部左侍郎、满州副都统那彦宝抚恤灾黎，额外动支藩库捐项，查被灾首重之家，加赏银五两，又每项加修费银一两。其损毁房屋窑孔。房一间全塌者给银一两二钱，半塌者给银六钱，以三间为限。窑一孔全塌者给银八钱，半塌者给银四钱，亦以三孔为限。有力者弗给。旋奉谕，饬各宪核被灾之轻重，详细奏闻，蠲免丁粮。又饬官于各乡煮粥散米，拯济贫民。次年春，又赏给压毙牲畜银两，以为耕种之资。圣恩高厚，民无不以手加额，祝我天子万年矣。然自今以往，百年之内，不知能殷繁如旧否？此余所愿望而不可必得者也。（原按：是年八月三十日未刻，天大雨，绵延至九月十八日微晴，十九日亥时又雨，片刻复晴，月明星朗而地震矣。自夜半及旦，共震一十三次，压毙人民三万余口。知县陆樟自缢殉之。屡震连月不息，民无所居，各结草为庵。时值隆冬，风寒雪烈，惨苦情况，不堪言状矣。）

（出自清·刘鸿逵　沈承恩《平陆县续志》卷下：柴溥《地震记》）

（九）崔乃镛《东川府地震纪事》

雍正癸丑六月二十三日申时，东川府地震。是日停午，怪风迅烈，飒然一过，屋瓦欲飞，为惊异者久之。及申刻，地忽动，始自西南来，轰声如雷，疾驱而北，平地如波涛起落，汹涌排訾，楼台房屋如舟之逐浪，上下四五反复而后定。立者仆，行者颠，神悸魂摇，莫知所措，相向直视，嗫无一语。人民惘惘趋祝于城隍祠，祠固无损，列庑墙圯而已。衢巷瓦屋多有圮者，而四城楼高五丈，甍甓脊檐无分毫损，斯亦奇已，睥睨低于楼三丈，南北则十损其九，东西十存其六、抑又奇也。民间板屋茅屋旧颓败者反全，而完者多四壁倾倒，亦有不可解者。府署年久积朽及参将署多五十年物，不胜动摇，故多倒塌，其材木朴拙，墙堵坚厚者俱无损。南关伤十二岁幼童一。所幸动在昼日，故人知趋避，无覆没之惨耳。合城中、庙祠民舍倾仆摧残，惶惶怅怅，日间但觉惊骇，初不知其可悯也。就夜，家人妇子露宿野处，三鼓下沿陌巷稽之，以防宵小乘机，而灯火荧荧，皆在园圃间，隔垣篱望之，乃始涔涔泪下也。当初震时，适坐参戎王荣先斋中，与祖令商往省禾，惊而趋出，屋瓦悉落于二人座所，而余座无片瓦，使稍迟出，则二人不能无患已。城东三里许为土城，与以舍村居址相接。以舍二十四家倾其二十一家，无一椽存者，而土城乃毫无损伤。鱼硐邻居悬崖之下，壁石槎枒，垒垒欲坠，偶一过之，辄为心惕，询之土人，有古不闻仆压之患。是日地震，一大石崩落，正及夷人五即之屋，观者胥谓其必覆无留余矣。甫近屋，石忽斜飞而去，置诸隙地，若人推转之者，草屋数楹竟无恙。又夷人普三元一屋离山颇远，忽一石飞下，压其草庐，椽栋篱壁，毫不可见，幸其男女俱就田，故免于祸。城西三里许有龙潭，水自山罅出，甚清冽，居人从不知山腹之有鱼也。潭上祠内读书童子，因地震趋立潭侧，见众鱼倒出，大者盈数尺，捕之不可得。震已，鱼悉入。水昏弥月不清，以弥月数动不息也。巧家离府治三百里，震尤数，署泛悉坏。一民屋地如湍激而旋，屋与人俱陷，及震已竟如故。阿白汛兵五十附崖为营伍。是日，李守戎成票唤汛丁操阅，兵悉出屋，听约，期病者亦强起就问，忽地震崖倾，汛兵俱得无恙。龙格兵民庐舍皆倾，千总署独晏然。一兵既醉，伏于门限，为梁压死。统计巧家一路夷寨山岩峡径被压死者共十六人，或以不及避而死，或竟以避而死，虽其数定，而皆以横死，宁不悲夫！扯勒田开裂，水尽漏竭，次日悉合无痕，苗蕃如故，引水溉之如初。大抵巧家居山巅左右环二大江，居人传年有震撼，未有如此之甚也。小江一区，居治之西隅，南通碧谷坝，西南通汤丹厂，尤称甚焉。山谷纷飚，土石翻飞，崖岸隳堕，陵皋分错，而沿山道途，多阻绝不通。最可悯者，禾苗沃若，畦塍纵横破裂，渐就枯槁耳。莲花池者苗寨也，民家旧房基一方约半亩，居人种蔴甚茂。地震时蔴地中分，一半不动，其一半飞旋而去，越其连陌之稻畦贴于其侧，稻苗无少损，蔴亦无一茎偃者，与原留之一半，遥相对峙，茁茁然如故也。紫牛坡耕牛震仆于地者三次，战慄不能移步，而耕者直立不仆。巴河夷妇采茶蓼饲畜，地裂足陷伏地，拔趾甫出而地裂忽合，长裙合入地尺许，剖之得出。牧子负刍归，行阡陌中，与一人迎面蹉跌，不谙地震，唯相顾而笑，顾视田塍横斜破裂，竟失归途。阿旺小营土阜居人数家，地震推其居址于前一里许，房舍瓜蔬果木竹篱，无纤毫参差，宛如未动，而男妇竟不觉其在谷口也。回视旧址仅一土壤耳。引格河对峙两山，一时同卸，土石阻流，鱼虾毕现，居人环视而不敢取。木树郎两岸山颓断流，沙石汇阻三日，水溢溃决田亩，冲蚀禾稼，而沟洫寸裂，无复旧形。有兄妹三人，居屋面崖，地震恐惧，出屋坐石崖下，俱压死而屋无恙。夷人板壁草舍即覆压可救，而碧谷、阿旺、小江皆倚山为居，山崩石裂，故致毙者四十余人，视他处独惨。八年之杀戮，独碧谷一带生全不被兵，而年来丰稔为东郡之最，往复消长，造化之理，固如斯耶，碧谷之西曰卑七马生，于七月初五日见山半之村居田畦移行至山下，而山上叠石以次堆积旧址，其田畦谷苗依然蕃茂，水道亦从田间来，竟不断梗，若天然者。自紫牛坡地裂，有罅由南而北，宽者四五尺，田苗陷于内，狭者尺许，测之以长竿，竟莫知浅深，相延几二百里，至寻甸之柳树河止，田中裂纹，直横不一，断续不绝，引水□不闻声，盖浸入甚深，其内必多空缺，高岸为谷，古之志矣。汤丹厂与碧谷相连，震动略相等。厂人累万，厂有街市巷陌，震时可以趋避，伤亡者仅四五人，而入山采矿之曹硐，深入数里，一有动摇，碛叠沙挤，难保其不死亡也。厂数百硐，硐千百砂丁，一硐有七十三尖。尖者各商取矿之路径也，每尖至少不下十四五人，即一硐中而倖出者盖少矣。硐客辄匿之，谓我硐小兄弟俱出无损者。小兄弟者，即砂丁也。大抵厂商聚楚、吴、蜀、秦、滇、黔各民，五方杂聚，谁为亲识，贪利亡躯，盖不知其凡几，呜呼可哀也。纵复怜而恤之，胡从而及之，呜呼！亦惨甚已！况厂地之多，又不止于汤丹一处，民命可惜，至于死亡，等诸蝼蚁，则平时之悯卹商民，当何如其留心也。自震后，不时地鸣有声，如涛如雷，昼夜无常，几匝月而后止，其震之前一日，天气山光，昏暗如暮，疑其将雨，不知地震也。自二十三以来，日有昏沉之气，非雾非烟，非沙非土，微雨则息，洎十二日始清。是年雨旸合节，谷丰岁稔，何以罹此灾也。闻之丰乐之世，亦有灾异，凶荒之年，不乏祥瑞，天道不可必，而人事之修省则未可弛也。事闻，各大宪恻然悯卹，飞檄委员赍锾逮赈，亡者伤者，覆者损者，溥及厚施，实惠广被。七月廿夜丑时，迅雷疾霆，大雨如注，阴阳和顺，自是而后遂无震惊之虑。说者又以地震主兵，庚戌四年动，则有乌东之变，壬子正月动则有元普之师，其或然耶！有土者其预慎之。

（出自清·崔乃镛《东川府志》卷二：崔乃镛：《东川府地震纪事》）

附录三 中国古代地震灾情的有关统计资料

因掌握资料和统计口径不一致，本书没有采纳楼宝棠先生主编、地震出版社出版的《中国古今地震灾情总汇》中的数据。但该书中所述灾情，对研究历史地震确有参考价值。故摘录其部分内容，作为本书附录，供研究者参阅。

（一）死亡万人以上的地震一览表

附表 3-1

序号	日期	地点	震级 M_S	震中烈度	死亡人数/人
1	1038.01.09	山西定襄—忻县	7¼	X	32300
2	1057.03.24	北京（南）	6¾	IX	25000
3	1068.08.14	河北河间	6½	VIII	10000
4	1219.06.02	宁夏固原（南）	6½	IX	10000
5	1303.09.17	山西洪洞—赵城	8	XI	200000（475800）
6	1367	山西太原	5¼	VII	30000
7	1499.07.17	云南巍山	5½	VII	20000
8	1500.01.04	云南宜良	7	IX	10000
9	1556.01.23	陕西华县	8½	XI	830000
10	1622.10.25	宁夏固原（北）	7	IX⁺	12000
11	1654.07.21	甘肃天水（南）	8	XI	31000
12	1668.07.25	山东郯城	8½	XII	47615（50000）
13	1679.09.02	河北三河—北京平谷	8	XI	45500
14	1695.05.18	山西临汾	7¾	X	52600
15	1718.06.19	甘肃通渭（南）	7½	X	75000
16	1739.01.03	宁夏平罗—银川	8	X⁺	50000
17	1791.04.08	福建东山（东）海域	5½	VII	10000
18	1815.10.23	山西平陆	6¾	IX	37000（13000）
19	1830.06.12	河北磁县	7½	X	10000
20	1850.09.12	四川西昌—普格	7½	X	23860
21	1879.07.01	甘肃武都（南）	8	XI	29480
合计					1591355（1845540）

注："死亡人数"列中括号内数字为死亡人数的另一说法。

（二）部分地震赈灾拨发钱款表（1911 年前）

附表 3－2

日期	地点	震级	金额	备注
1038.01.09	山西定襄—忻州	7¼	钱 450000 元	其中：发百世、整及文昌之家钱各 10 万，文恭、继芳、昊各 5 万，其军民死伤者，皆赐有差
1068.08.14	河北河间	6½	钱 500000 贯	贯：古称穿钱的绳索。又称一千钱为一贯
1290.09.27	内蒙古宁城（西）	6¾	钞 840 锭	锭：铸成贝状、颗粒或块状等的金银。其重量为 5 两或 10 两
1303.09.07	山西洪洞—赵城	8	钞 96500 余锭	
1305.05.03	山西怀仁—大同	6½	钞 4000 锭	
1306.09.12	宁夏固原（南）	6½	钞 13600 锭	
1337.09.08	河北怀来（一带）	6½	钞 15000 锭	
1536.03.19	四川西昌（北）	7½	银 10000 余两	
1556.01.23	陕西华县	8¾	银 95000 两	其中：发 4 万两于山西平阳府、陕西延安府，2 万两于延绥，1 万两于宁夏，1.5 万两于甘肃，1 万两于固原
1561.07.25	宁夏中宁（东）	7¼	银 25000 两	
1562.02.14	宁夏银川	5½	银 22000 两	
1568.05.15	陕西西安（东北）	6¾	银 8830 两	
1616.10.10	河北赤城（东南）	5	帑金 300000（两）	帑金：古代指国库里的金钱
1626.06.28	山西灵丘	7	银 1500 余两	
1668.07.25	山东郯城	8½	银 51115 两	其中：诸城 40000 两，莒州 9915 两，峄县 1200 两
1679.09.02	河北三河—北京平谷	8	银 100000 两	
1683.11.22	山西原平（附近）	7	银 9865 两	赈济崞县、忻州、定襄、五台、代州及振武卫
1695.05.18	山西临汾	7¾	银 126900 两	赈济临汾等 14 州县一卫
1718.06.19	甘肃通渭（南）	7½	帑金 13000 两有奇	
1730.09.30	北京（西北郊）	6½	银 31195 两	其中：东城 3516 两，西城 12360 两，南城 865 两，北城 13670 两，中城 784 两
1739.01.03	宁夏平罗—银川	8	银 378300 余两	其中：埋葬费 60500 两，建房费 297000 两，被压身故官兵偿恤费 20800 两
1751.05.25	云南剑州	6¾	银 20000 两	
1761.05.23	云南玉溪（北古城）	6	银 7357.2 两	赈济玉溪、江川二州县
1761.11.03	云南玉溪	5¾	银 3747 两	同上
1765.09.02	甘肃武山—甘谷	6½	帑金 90022 两	
1786.06.01	四川康定（南）	7¾	银 1552.5 两	
1789.06.07	云南华宁（踏居）	7	银 9090 余两	

附　录

续表

日期	地点	震级	金额	备注
1792.09.07	四川道孚（东南）	6¾	银 1664 两	
1811.09.27	四川炉霍（朱倭）	6¾	银 3105.5 两	
1815.10.23	山西平陆	6¾	银 50000 两	
1816.12.08	四川炉霍	7½	银 5281 两	
1820.08.04	河南许昌（东北）	6	银 15470 两	
1830.06.12	河北磁县	7½	银 90441.5 两	其中：磁县 51441.5 两，临漳 39000 余两
1833.09.06	云南嵩明（杨林）	8	银 63773.65 两	发昆明等 10 州县
1850.09.12	四川西昌—普格	7½	银 10000 两	
1881.07.20	甘肃礼县（西南）	6½	钱 13484 缗	缗：穿钱的绳子，也指成串的钱，一千文为一缗
1887.12.16	云南石屏	7	银 8151.34 两	赈济石屏、建水二县
1896.11.01	新疆阿图什	6½	银 256.5 两	
1897.06.12	印度阿萨姆地震波及西藏亚东地区	6	银 5398 两	
1904.08.30	四川道孚	7	银 600 元	

注：①中国各历史时期使用货币情况为：远古时为贝币；先秦时用布币和刀币；秦以后用方孔钱，汉以后同时还用银两，在明清两
代特为盛行，清末用铜板。
②赈灾钱款发放办法和标准：通常是根据人员死伤和房屋受损及自救能力等情况直接发给。

(三) 历史上各世纪地震灾情比较

我国古代历史上地震灾情最重、死亡人数最多的为 16 世纪（85.35 万人），依次为 14 世纪（23.77 万）、17 世纪（21.32 万）、18 世纪（15.65 万）及 19 世纪（12.65 万），其余均小于 10 万。地震灾情事件次数和死亡人数分布情况，如附图 3-1。

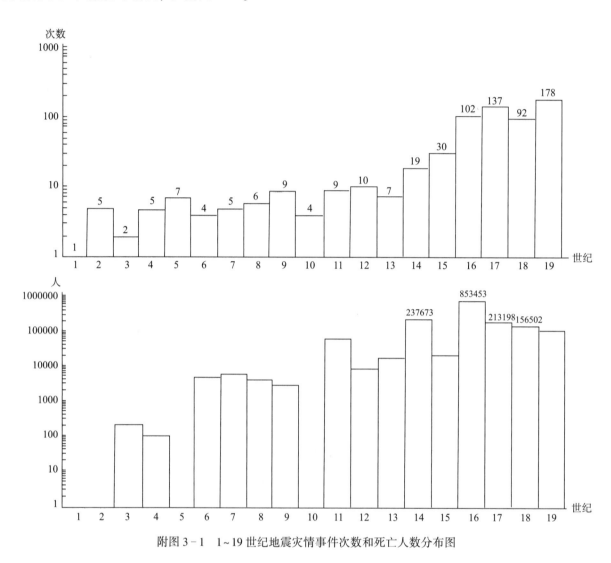

附图 3-1　1~19 世纪地震灾情事件次数和死亡人数分布图

附录四 远古至 1911 年 7 级以上大地震一览表

附表 4-1

序号	时期	时间	历史记载摘要及来源	震级
1	先秦时期	前 780 年【周幽王二年】	幽王二年，西周三川皆震。……是岁也，三川竭，岐山崩。《国语》卷一《周语》十月之交，朔日辛卯，日有食之，亦孔之丑。彼月而微，此日而微，今此下民，亦孔之哀！日月告凶，不用其行。四国无政，不用其良！彼月而食，则维其常，此日而食，于何不臧。烨烨震电，不宁不令。百川沸腾，山冢崒崩。高岸为谷，深谷为陵。哀今之人，胡憯莫惩。《毛诗正义注疏》卷一二之二《小雅·节南山之什·十月》	7
2	秦汉时期	前 70 年 6 月 1 日【汉宣帝本始四年四月二十九日】	本始四年四月壬寅，地震河南以东四十九郡，北海琅邪坏祖宗庙城郭，杀六千余人。《汉书》卷二七《五行志》	7
3	秦汉时期	143 年 9 月 26 日至 144 年 2 月 23 日【东汉顺帝汉安二年九月至建康元年正月初三】	建康元年正月，凉州部郡六，地震。从去年九月以来至四月，凡百八十地震，山谷坼裂，坏败城寺，伤害人物。《后汉书》志一六《五行志》	7
4	秦汉时期	180 年秋至 181 年春【东汉灵帝光和三年秋至四年春】	（光和）三年自秋至明年春，酒泉表氏地八十余动，涌水出，城中官寺民舍皆顿，县易处，更筑城郭。《后汉书》志一六《五行志》	7½
5	三国两晋南北朝时期	512 年 5 月 23 日【北魏宣武帝延昌元年四月二十日】	延昌元年四月庚辰，京师及并、朔、相、冀、定、瀛六州地震。恒州之繁峙、桑乾、灵丘、肆州之秀容、雁门地震陷裂，山崩泉涌，杀五千三百一十人，伤者二千七百二十二人，牛马杂畜死伤者三千余。《魏书》卷一一二《灵征志》	7½
6	隋唐五代十国时期	734 年 3 月 23 日【唐玄宗开元二十二年二月初十】	（玄宗开元二十二年）二月壬寅，秦州地震，廨宇及居人庐舍崩坏殆尽，压死官吏以下四十（千）余人，殷殷有声，仍连震不止。命尚书右丞相萧嵩往祭山川，并遣使存问赈恤之，压死之家给复一年， 家二人已上死者给復一年。《旧唐书》卷八《玄宗纪》	7
7	隋唐五代十国时期	814 年 4 月 6 日【唐宪宗元和九年三月初八】	（元和）九年三月丙辰，嶲州地震，昼夜八十震方止，压死者百余人。《旧唐书》卷三七《五行志》	7
8	隋唐五代十国时期	849 年 10 月 24 日【唐宣宗大中三年十月初一】	（宣宗大中三年）十月辛巳，京师地震，河西、天德、灵、夏尤甚，戍卒压死者数千人。《旧唐书》卷一八《宣宗纪》	7

序号	时期	时间	历史记载摘要及来源	震级
9	宋元明清时期	1038 年 1 月 15 日～18 日【宋仁宗景祐四年十二月二日至五日】	先是京师地震，直使馆叶清臣上疏曰："……乃十二月二日丙夜，京师地震，移刻而止。定襄同日震，至五日不止，坏庐寺、杀人畜，凡十之六。大河之东，弥千五百里而及都下，诚大异也。……" （宋）李焘《续资治通鉴长编》卷一二〇	7¼
10	宋元明清时期	1125 年 9 月 6 日【宋徽宗宣和七年七月三十日】	（宣和）七年七月己亥，熙河路地震，有裂数十丈者，兰州尤甚。陷数百家，仓库俱没。河东诸郡或震裂。 《宋史》卷六七《五行志》	7
11	宋元明清时期	1216 年 3 月 24 日【南宋宁宗嘉定九年二月二十八日】	（嘉定九年）二月甲申朔，日有食之。辛亥，东西两川地大震。 《宋史》卷三九《宁宗纪》	7
12	宋元明清时期	1303 年 9 月 17 日【元成宗大德七年八月初六】	（大德）七年八月辛卯夕，地震，太原、平阳尤甚，坏官民庐舍十万计。平阳赵城县范宣义郇堡徙十余里。太原徐沟、祁县及汾州平遥、介休、西河、孝义等县地震成渠，泉涌黑沙。汾州北城陷，长一里，东城陷七十余步。 《元史》卷五〇《五行志》 考元之大德七年八月初六日戌时地震，本路一境房屋尽皆塌坏，压死人口二十七万有余，地震频频不止，直至十一年乃定。 清康熙三十四年十月邑庠生郭巩图撰《重建三圣楼记》	8
13	宋元明清时期	1352 年 4 月 26 日【元顺帝至正十二年闰三月初四】	（至正十二年）闰三月丁丑，陕西地震，庄浪、定西、静宁、会州尤甚，移山湮谷，陷没庐舍，有不见其踪者。 《元史》卷五一《五行志》	7
14	宋元明清时期	1411 年 10 月 8～11 日【永乐九年九月十二日至十五日（藏历第七绕廻阴铁兔年九月十一日至十五日）】	（铁兔年九月十一日）约半夜时分发生强烈地震，黎明时发生比前更大的地震，许多房屋倒塌，经堂东门墙壁倒塌五至六度长，门窗亦倒，旧依怙殿门前经书倒约五十捆，金顶下塌一大块墙壁；正中的供奉品亦倒下来。此时佛仍在背诵经文，并令念经之僧众迁居室外。十五日夜又发生大地震，托其恩泽，幸无大损失。其他地区灾害严重，出现山岩塌落、湖崩等现象；有的村庄被埋入地下，平地出现大裂缝，众多人畜死亡，损失惊人。 阿旺朗杰《达隆白教传》	8
15	宋元明清时期	1500 年 1 月 13 日【弘治十二年十二月初四】	（弘治十二年十二月己丑）云南云南府地震。 《弘治实录》卷一五七 弘治十二年十二月初四日，澂江地震。官民庐舍倾坏，人多压死，月余乃止。 （明）邹应龙、李元阳《云南通志》卷一七	7

附　　录　　　　　　　　　　　　　　　　　　　　　　　　　　　·341·

续表

序号	时期	时间	历史记载摘要及来源	震级
16	宋元明清时期	1501年1月29日至2月14日【弘治十四年正月庚戌朔至十七日】	（弘治十四年正月庚戌）陕西延安、庆阳二府，潼关等卫，同、华等州，咸阳、长安等县，是日至次日地皆震，有声如雷。而朝邑县尤甚，自是日以至十七日频震不已，摇倒城垣楼檐；损坏官民庐舍共五千四百余间，压死男妇一百六十余人，头畜死者甚众；县东十七村所在地坼，涌水泛溢，有流而成河者。是日河南陕州及永宁县、卢氏县、山西平阳府及安邑、荣河等县，各地震有声。蒲县自是日至初九日，日震三次或二次，城北地坼，涌沙出水。 《弘治实录》卷一七〇	7
17	宋元明清时期	1515年6月27日【正德十年五月初六】	正德十年五月六日姚安、大姚地震，官民庐舍倾圮殆尽。 （明）邹应龙、李元阳《云南通志》卷一七 （正德十年五月壬辰）云南地震，踰月不止，或日至二、三十震，黑气如雾，地裂水涌，坏城垣、官廨、民居，不可胜计。死者数千人，伤者倍之。地道之变未有若是之烈者也。 《正德实录》卷一二五	7¾
18	宋元明清时期	1536年3月29日【嘉靖十五年二月二十八日】	嘉靖十五年丙申二月二十八日癸丑，四更点将尽，地震者三，初震房屋有声，鸡犬皆鸣，随以天鼓自西北而南。后数日得报，唯建昌尤甚，城郭廨宇皆倾，死者数千人，都司李某亦与焉。 （明）陆深《蜀都杂抄》不分卷	7½
19	宋元明清时期	1548年9月22日【嘉靖二十七年八月十一日】	（嘉靖二十七年八月）癸丑，京师及辽东广宁卫，山东登州府同日地震。 《嘉靖实录》卷三三九	7
20	宋元明清时期	1556年2月2日【嘉靖三十四年十二月十二日】	（嘉靖三十四年十二月）壬寅，山西、陕西、河南同时地震，声如雷。渭南、华州、朝邑、三原、蒲州等处尤甚，或地裂泉涌，中有鱼物，或城郭房屋陷入地中，或平地突成山阜，或一日数震，或累日震不止。河渭大泛，华岳终南山鸣，河清数日，官吏军民压死八十三万有奇。 《明史·五行志》	8¼
21	宋元明清时期	1561年8月4日【嘉靖四十年六月十四日】	（嘉靖四十年六月）壬申，山西太原，大同等府，陕西榆林、宁夏、固原等处各地震有声，宁、固尤甚，城垣、墩台、房屋皆摇塌。地裂涌出黑黄沙水，压死军人无算，坏广武、红寺等城。兰州、庄浪天鼓鸡。 《嘉靖实录》卷四九八	7¼
22	宋元明清时期	1588年8月9日【万历十六年闰六月十八日】	万历十六年闰六月十八日，建水、曲江同日地震，有声如雷，山木摧裂，河水噎流。 （清）陈肇奎《建水州志》卷一七 夏秋间，临安通海地震，连日不止，压死可千余人。 （明）诸葛元声《滇史》卷一四	7

序号	时期	时间	历史记载摘要及来源	震级
23	宋元明清时期	1597年10月6日【万历二十五年八月二十六日】	（万历二十五年八月）礼科署科事给事中项应祥奏地震事。于本月二十六日晨起，栉沐间，忽见四壁动摇，窗棂戛戛有声，移时始定，正在惊骇。及入垣办事，复据长安、承天等门守卫等官包宗仁等禀称：本日卯时，皇城内外地动，从西北起，往东南，连震三次乃止。 （明）王圻《续文献通考》卷二二一） （万历二十五年八月甲申）山东潍县、昌邑、安乐（乐安）、即墨皆震。临淄县不雨濠水忽涨，南北相向而斗。又夏庄大湾，忽见潮起，随聚随开，聚则丈余，开则见底，乐安小清河水逆涌流，临清砖板二闸无风起大浪。 《万历实录》卷三一三	7
24	宋元明清时期	1600年9月28日【万历二十八年八月二十二日】	（万历）二十八年八月二十二日地大震，有声如雷，城垣、衙署、民舍倾圮殆尽，人民压死无算。是夜连震三、四次。是月地上生毛。 （清）齐翀《南澳志》卷一二	7
25	宋元明清时期	1604年12月29日【万历三十二年十一月初九】	（万历三十二年十一月乙酉）夜，浙、直、福建地震，兴化尤甚，坏城舍，数夕而止。 《国榷》卷七九 万历三十二年十一月初九日夜，福宁地大震如雷，山谷响应；寿宁县地震。是年饥。是日，福州、兴化、建宁、松溪、寿宁同日地震。福州大震有声，夜不止，墙垣多颓。兴化地大震，自南而北，树木皆摇有声，栖鸦惊飞，城圮数处，屋倾无数，洋尾、柯地、利港水利田皆裂，中出黑沙，作硫磺臭，池水皆涸。初十夜，地又震。 （清）孙尔準《福建通志》卷二七一	7½
26	宋元明清时期	1605年7月13日【万历三十三年五月二十八日】	（万历）三十三年五月二十八日丑时地大震，次日子时复震，又次日申时大震。〈六月初四日戌时大震。七月初四日子时复震。八月二十五日戌时震，子时复大震。十月初七日申时又震。半年之间连震八次，闻琼，雷更甚，盖从前所无云。〉 （明）刘廷元《南海县志》卷三　万历三十七年刊本 （万历三十三年）五月二十八日亥时地大震，自东北起，声响如雷，公署民房崩倒殆尽，城中压死者数千，地裂水沙涌出，南湖水深三尺，田地陷没者不可胜纪。调塘等都田沉成海，计若干顷。二十九日午时复大震，以后不时震响不止。 （清）潘廷侯《琼山县志》卷一二	7½
27	宋元明清时期	1609年7月12日【万历三十七年六月十二日】	（万历三十七年六月）辛酉，甘肃地震，红崖、清水等堡军民压死者八百四十余人，边墩摇损凡八百七十里。东关地裂，南山一带崩，讨来等河绝流数日。 《万历实录》卷四五九	7¼

续表

序号	时期	时间	历史记载摘要及来源	震级
28	宋元明清时期	1622年10月25日【天启二年九月二十一日】	(天启二年九月甲寅)陕西固原州星殒如雨。平凉、隆德等县,镇戎、平虏等所,马刚、双峰等堡地震如黿,城垣震塌七千九百余丈,房屋震塌一万一千八百余间,牲畜塌死一万六千余隻,男妇塌死一万二千余名口。 《天启实录》卷二六	7
29	宋元明清时期	1626年6月28日【天启六年六月丙子(初五)】	(天启)六年六月丙子,京师地震。济南、东昌及河南一州六县同日震。天津三卫、宣府、大同俱数小震,死伤惨甚。山西灵丘昼夜数震,月余方止,城郭、庐舍并摧,压死人民无算。 《明史·五行志》 (天启六年闰六月辛亥)宣大总督张朴疏言:灵丘县从六月初五日丑时至今一月,地震不止,日夜震摇数十次,城廓庐舍先已尽皆倾倒,压死居民五千二百余人,往来商贾不计其数。臣等先设处银一千五百余两,委官分赈,必须大破口格,发千金速行赈恤,死者藁埋,生者饘养。 《天启实录》卷七三	7
30	宋元明清时期	1642年	西藏洛隆西北1642~1654 (全国地震目录标此地震,历史记载暂未找到。)	7
31	宋元明清时期	1652年7月12日【顺治九年六月初七】	(顺治九年壬辰六月)蒙化地大震。地中若万马奔驰,尘雾障天。夜复大雨,雷电交作,民舍尽塌,压死三千余人。地裂涌出黑水,鳅鳝结聚,不知何来。震时河水俱乾,年余乃止。 (清)范承勋 吴自肃《云南通志》卷二八 顺治九年六月,弥渡地大震,涌黑水,覆官舍民居,压死千余人。 《赵州志》	7
32	宋元明清时期	1654年7月21日【顺治十一年六月初八】	(顺治十一年六月)丙寅,陕西西安、延安、平凉、庆阳、巩昌、汉中府属地震,倾倒城垣、楼垛、堤坝、庐舍,压死兵民三万一千余人及牛马牲畜无算。 《清世祖实录》卷八四 顺治十一年六月初八日夜,西安各郡地大震,自西北来,有声如雷,坏室庐,压人无算。(次日又微震。秦州为甚,震百余日,山皆倒置,水上高原,城廓、衙舍一无存者。自是或数月震,经年震,大小震凡三年乃止。) (清)贾汉复 李楷《陕西通志》卷三〇	8

续表

序号	时期	时间	历史记载摘要及来源	震级
33	宋元明清时期	1668 年 7 月 25 日【康熙七年六月十七日】	（康熙七年）六月十七日戌时地震。督抚入告者，北直、山东、浙江、江南、河南五省而已。闻之入都者，山西、陕西、江西、福建、湖广诸省同时并震。大都天下皆然，远者或未及知，史册所未有。诸督抚疏，唯浙督赵公廷臣引咎请罢，最得大臣之体。今年长庚属地，白气经天，洪水犯都城，地震遍海内，旱蝗水潦，萃于半载之中…… （清）彭孙贻《客舍偶闻》 康熙七年六月十七日戌时地震，辘声自西北来。一时楼房树木皆前俯后仰，从顶至地者连二三次，遂一颤即倾。城楼垛口，官舍民房并村落寺观，一时俱倒塌如平地。打死男妇子女八千七百有奇。 （清）张三俊 冯可参《郯城县志》卷九	8½
34	宋元明清时期	1679 年 9 月 2 日【康熙十八年七月二十八日】	邸报：七月二十八日庚申，时加辛巳，京师地大震，声从西北来，内外城官宦军民死不计其数，大臣重伤，通州三河尤甚，总河王光裕压死。是日黄沙冲空，德胜门内涌黄流，天坛旁裂出黑水，古北口山裂。大震之后，昼夜常动。 （清）顾景星《白茅堂集》卷二	8
35	宋元明清时期	1683 年 11 月 22 日【康熙二十二年十月初五】	（康熙二十二年十月壬寅）山西太原府地震。 《清圣祖实录》卷一一二 （康熙二十二年十二月丙辰）谕户部：又山西崞县、忻州、定襄、五台、代州、振武卫新经地震，被灾颇重，虽经遣官赈济，仍应量行加恩，以示轸恤。其被压身故民人，所有康熙二十三年应徵地丁钱粮，著与全免。其房舍倒坏，力不能修者，丁银全免。地亩钱粮，著免十分之四。…… 《清圣祖实录》卷一一三	7
36	宋元明清时期	1695 年 5 月 18 日【康熙三十四年四月初六】	康熙三十四年四月初六日戌时地震有声，鸡犬皆惊，是日（地震）山西尤甚。 （清）康如琏 刘土麟《晋州志》卷一〇 （康熙）三十四年四月地震。初六日戌时有声如雷，城垣、衙署、庙宇、民居尽行倒塌，压死人民数万。各州县一时俱震，临汾、襄陵、洪洞、浮山尤甚。知府王辅详请发蒲州、河津仓米煮粥。奉旨发帑银赈济，又给贫民盖房银每间一两，又发陕西库银修筑城垣、府县两学及文武各衙门。 （清）刘棨 孔尚任《平阳府志》卷三四	7¾
37	宋元明清时期	1709 年 10 月 14 日【康熙四十八年九月十二日】	（康熙）四十八年九月十二日辰时固原、宁夏等处地震伤人，中卫尤甚。河南各堡平地水溢鱼游，推出大石有合抱者，井水激射高出数尺，压死男妇二千余口。自是震动无常，人率露栖，年余始定。 （清）升允 安维峻《甘肃新通志》卷二	7½

续表

序号	时期	时间	历史记载摘要及来源	震级
38	宋元明清时期	1713年9月4日【康熙五十二年七月十五日】	康熙五十二年癸巳秋七月庚申，全蜀地大震，茂州震甚，倾塌城屋，压杀人民。 （清）王谦言　陆箕永《绵竹县志》卷一	7
39	宋元明清时期	1718年6月19日【康熙五十七年五月二十一日】	朕又闻康熙五十七年伏羌、通渭、秦安、会宁等县及岷州卫有地震伤亡缺额之七千六百八十丁。该银一千四百八十六两有零，人口既无，丁银自应蠲免。 摘自军机处上谕档	7½
40	宋元明清时期	1725年8月1日【雍正三年六月二十三日】	六月二十三日申时打箭炉地动，将税务衙门及买卖人、蛮人住房碉楼房屋俱行摇塌，压死宣慰司土司桑结、驿丞俞殿宣、粮务办事之南部县典史徐翀霄，并压死买卖人、蛮人等甚多，…… 《硃批谕旨》四川巡抚王景灏奏折	7
41	宋元明清时期	1733年8月2日【雍正十一年六月二十三日】	（雍正）十一年六月二十三日地大震，山谷崩裂，河水滥流。南城压死一儿，甫十岁，四境压死数十人。知府崔乃镛有地震纪事。自是以后，巧家每月地震，至十三年犹不止。 （清）崔乃镛《东川府志》卷一	7¾
42	宋元明清时期	1739年1月3日【乾隆三年十一月二十四日】	乾隆三年十一月二十四日酉时，宁夏地震，从西北至东南，平罗及郡城尤甚，东南村堡渐减，地如奋跃，土皆填起。平罗北新渠、宝丰二县地多坼裂，宽数尺或盈丈，水涌溢，其气皆热，淹没村堡。三县地城垣、堤坝、屋舍尽倒，压死官民男妇五万余人。 （清）张金城　杨浣雨《宁夏府志》卷二二	8
43	宋元明清时期	1786年6月1日【乾隆五十一年五月初六】	查各该处被灾情形，大势系东北较轻，至西南（北）渐重。其在山谷之间，又重于平地，而唯打箭炉为尤甚。该处于初六日午刻地忽大动，至西刻势方稍定。初七日复动数次，以后连日小动，至十八日方止，以致城垣全行倒塌，不存一雉。 四川总督保宁录副奏摺	7¾
44	宋元明清时期	1789年6月7日【乾隆五十四年五月十四日】	乾隆五十四年四月，宁州雨沙，五月与通海同时地震，坏屋舍，伤人畜，矣渎村倾入湖中。震无时，月余乃止。 （清）江濬源　罗惠恩《临安府志》卷一七 乾隆五十四年五月初七日，河阳星陨如斗。十四日地震，城垣庐舍倾坏，压伤人畜无算，至二十八日大雨乃止。江川、新兴、路南地震。 （清）李熙龄《澄江府志》卷二	7

序号	时期	时间	历史记载摘要及来源	震级
45	宋元明清时期	1792年8月9日【乾隆五十七年六月二十二日】	本年六月二十二日申时，台湾府城地震，其势颇重。……嘉义城乡共坍塌民、番瓦房一万四千四百二十六间……又倒坏草房四百三十八间，压毙男妇大口二百一十二名口，小口三十九口，压伤男妇大小共四百一十四名口。又塌倒各汛营房一百八十一间，压毙兵丁一名，压伤兵丁一十八名。 　　　　　　　　福建水师提督兼台湾总兵哈当阿等奏折 六月十三日起至二十一日，连日大雨，溪水正在泛涨，加以地震，近溪之眉目义等庄民屯、叛产田园，被水冲压，约有二百余甲。 　　　　　　　　福建水师提督兼台湾总兵哈当阿等奏折	7
46	宋元明清时期	1799年8月27日【嘉庆四年七月二十七日】	查此次石屏地震，西北之宝秀等一百八十四村，情形最重，近城九铺次之。东南之吴家庄等四十九村又次之。因夜深俱已睡卧，猝不及避，以致人口多有伤毙。内除有力各户倒不给赈外，其实在贫乏者，统计城乡共倒塌瓦房五千七百二十八间，草房九千二百八十六间。压毙男妇大口一千一百六十口，小口一千六十一口，压伤男妇大小共一千一百四十九口。实在被灾各户，男妇大口八千四百六十口，小口六千二百八十三口。 　　　　　　　　　　　　云贵总督富纲录副奏折	7
47	宋元明清时期	1806年6月11日【嘉庆十一年四月二十五日】	卑职隆子宗堆二人恭呈短裹如下：自前年火虎年四月二十五日夜发生严重地震，造成大批房塌人伤以来，每月都发生四，五次地震。 　　　　　　隆子宗堆呈报连续地震成灾贴（藏文）	7½
48	宋元明清时期	1812年3月8日【嘉庆十七年正月二十五日】	为伊犁地震、厄鲁特放牧之山崩坍、人畜压毙、查明赈救，仰请天恩事。本年正月二十五日戌时、亥时连续大震二次。奴才当即交付详查。各仓库官兵驻房，未有倾倒，仅墙垣坍塌。……二月初九日，厄鲁特部领队大臣杨桑阿率该部总管那顺波罗特众官员，会见奴才报称：正月二十五日夜晚大地震，衰造哈、呼吉尔台、齐木库尔图等山崩坍数处。特穆尔放牧牲畜之兵丁三十九名，家奴八名被压毙。官私牲畜压毙五千三百余匹。又昌马等地所居伐木民人、犯人十一名，皆房倒毙命。……衰造哈、呼吉尔台、齐木库尔图等地之山，共四处崩坍，每处长二十里至六十里不等，宽五六里不等，深十余丈、二十丈不等，共压毙四十七人、二千五百九十余匹官家牲畜及二千七百余私畜属实。又房倾压毙罚为奴之犯人及伐木民人，共十一人，亦属实。 　　　　　　　　　　伊犁将军晋昌奏折（满文）	8

附 录 ·347·

续表

序号	时期	时间	历史记载摘要及来源	震级
49	宋元明清时期	1816 年 12 月 8 日【嘉庆二十一年十月二十日】	接据署打箭炉同知吉恒转据口外角洛汛弁禀报：嘉庆二十一年十月二十日丑时，章谷一带地震，喇嘛寺及各房屋猝遭倒塌，压毙汉、番男、妇大小人口甚多。……当即饬委建昌道叶文馥，督同署同知吉恒出口确勘。……兹据该道督同该署同知，驰往该处逐处确查。勘得共倒塌楼房一百一十八间，平房九百八十六间。刨验各尸，共压毙汉、番大男妇并大喇嘛一千八百一十六名口，小男女、小喇嘛一千三十八名口。 四川总督常明奏折	7½
50	宋元明清时期	1830 年 6 月 12 日【道光十年闰四月二十二日】	窃查磁州一带地震……磁州城关及彭城镇等被灾四百一十三村，压毙男妇大口二千七百七十五名口，小口二千七百一十名口，应给埋葬银八千二百六十两，震塌民房查明无力应给修费者，瓦房九千九百五间，土房六万六千五百五十三间。 直隶总督那彦成奏折　道光十年五月三十日 共计压毙大小男女五千四百八十五名口，倒塌房屋二十余万间。内除有力之家不计外，其无力贫民查明应给修费者，共瓦房九千九百五间，土房六万六千五百五十三间。每压毙大口一名给埋葬银二两，小口一两，共给埋葬银八千二百六十两。每瓦房一间给修费银一两，土房五钱，共给修费银四万三千一百八十一两五钱。 （清）沈旺生《磁州地震大灾纪略》	7½
51	宋元明清时期	1833 年 8 月 26 日【道光十三年七月十二日】	为咨报事：本年八月十七日有官员自日喀则报称：据定日守备马文治禀称：闻知道光十三年七月二十九日申时，聂拉木和绒辖两地区发生地震。前已明令调查后向上呈禀。今年八月六日申时，据绒辖宗本桑珠林报称：七月十二日戌时，绒辖地区地震二十一次。当第三次地震时，宗署住房之楼顶及马厩等被震塌。百姓住房震毁二十二处。绒辖卓偏岭寺共二十二柱殿舍震倒十二柱。另有一座四柱佛殿被震倒塌。此处西侧京仁寺之佛像震碎，东北侧僧舍亦震垮。 驻藏大臣隆文致摄政策墨林·楚臣加措文	8
52	宋元明清时期	1833 年 9 月 6 日【道光十三年七月二十三日】	总计昆明等十州县因地震倒塌瓦屋四万八千八百八十八间半，每间赈给银五钱，共银四万四千四百四十四两二钱五分；草房三万八千七百三十三间，每间赈给银三钱，共银一万一千六百一十九两九钱；压毙大口四千三百五十六人，每大口赈给银一两五钱，共银六千五百三十四两；小口两千三百五十一人，每小口赈给银五钱，共银一千一百七十五两五钱，受伤男妇大小口一千七百五十四人，每人赈给银五钱，共银八百七十七两；受灾男妇大口九万一百九十六人，每大口赈给粮一石，共粮九万一百九十六石，小口六万三千一百八十九人，每小口赈给粮五斗，共粮三万一千五百九十四石五斗。 管理户部事务长龄题本（满文）	8

续表

序号	时期	时间	历史记载摘要及来源	震级
53	宋元明清时期	1842 年 6 月 11 日【道光二十二年五月初三】	为巴里坤地方忽遭地震，恭摺奏闻，于五月初三日卯时，猛然地震，一刻之间，满汉两城、文武大小衙署及兵房、仓库等处，同时被震。其中有全行压塌者，城垣城楼，并商民百姓房屋，率皆塌损歪斜，军民人等男妇家口均在空隙之处，搭盖棚帐，暂行栖止。是晚复大雨一夜，……且连日仍不时震动。……再查军民内亦有压毙、压伤者约数十名。 伊犁参赞大臣庆昌录副奏折	7
54	宋元明清时期	1846 年 8 月 4 日【道光二十六年六月十三日】	道光丙午六月十三日，时加寅，江、浙等处地震，屋瓦横飞，居民狂奔，呐喊之声，山鸣谷应。震前片时东南有流星大如斗，光烛天门，震后有流火如碗口大小，下坠者甚多。 （清）马承昭《续当湖外志》卷六	7
55	宋元明清时期	1850 年 9 月 12 日【道光三十年八月初七】	本年八月初七日夜，西昌县城内地震。……共计灾户二万七千八百八十家，灾民十三万五千三百八十二名口，倒塌居民瓦屋、草房二万六千一百六十间，压毙男妇二万六百五十二名口。官无栖止，民多露处。加以连日大雨，至八月十四日，始获晴霁。 四川总督徐泽醇奏折	7½
56	宋元明清时期	1867 年 12 月 18 日【同治六年十一月二十三日】	（一八六七年十二月十八日）台湾基隆地方地大震，全市倒坏，海啸，死者众多。附近火山口岩浆溢出。 武者金吉《日本地震史料·年表》（日文）	7
57	宋元明清时期	1870 年 4 月 11 日【同治九年三月十一日】	四月十一日午前约十一时，四川以西的巴塘发生一次强烈的地震。官署、寺庙、粮仓、库房、堡垒和所有平民住房都震塌了，建筑物里的人们大部分丧命。四处发生火灾，到 16 日才扑灭。但地下的隆隆声像远处雷鸣那样的继续着，而地面则东摇西摆，起伏颠簸，过了约十天才平静下来。在平静之前有好几天河水溢出堤坝，地面龟裂，喷出黑色臭水。受地震影响的地区其范围超过 400 英里，地震在这整个地区同时发生，有 2298 人死亡，有几处陡竣的山开裂，成为很深的裂罅。在别处，平原上的丘陵成为险峻的悬崖，而道路则被阻塞，不能通行。 《中国风土人民事物记》（英文）	7¼
58	宋元明清时期	1871 年 6 月【同治十年五月】	本年错那地区发生前所未闻之地震，宗府楼上楼下全部倒塌。 西藏噶厦饬洛扎等四宗令（藏文）	7½

序号	时期	时间	历史记载摘要及来源	震级
59	宋元明清时期	1879 年 7 月 1 日【光绪五年五月十二日】	唯前月十二日，山、陕、川、陇四省同日地震。晋中不过略动片刻；陕西有山崩、桥断之异，城楼房屋亦有倒塌；川省则山崩，倾陷民房甚多，而尤以甘肃阶、文为甚。石泉中丞来信，连震半月不定。此等异象，实为罕见。 （清）曾国荃《曾忠襄公书札·致刘南云》卷一四 据甘肃藩司崇保详称：（案据阶州、文县、成县、西固州同，秦州、秦安、清水、礼县、徽县、两当、三岔州判，泾州、崇信、灵台、安化、宁州、固原、海城、平凉、静宁、隆德、化平、西和、洮州、陇西县丞，会宁、安定各厅、州、县先后驰报：本年五月初十日午时地震，至二十二日始定。中间或隔日微震，或连日稍震即止。）唯十二日寅时，阶州及文县、西和等处大震，有声如雷，地裂水涌。城堡、衙署、祠庙、民房，当之者非彻底坍圮，即倾欹坼裂。压毙民人或数十名及百余名，或二三百名不等。牲畜被压伤毙甚多。 陕甘总督左宗棠奏摺	8
60	宋元明清时期	1883 年 10 月【光绪九年九月】	阿里总管觉哲和哲德二人经驿站投递禀帖及附礼收悉，现批复如下：1882 年九月普兰和噶尔通等地遭到空前大地震，宗府、谿卡房屋倒塌，曾饬尔二人调查。据报称：查从噶尔通废墟土石中挖出之粮、物、死牲畜皮等，已按库存帐目查收回库，所缺部分应由有关人员备办交齐。库存帐目上未曾载有之多余财物及死牲畜皮张等，系属暂交财物，着暂交噶尔通谿堆本人保存；木料应设法从废墟土石下面挖出，备今后修建谿卡房屋之用。此事应切实通知各头人和百姓，共同效力。其他事项，分别批复如后，须即切实遵办勿违。 西藏噶厦批复（藏文）	7
61	宋元明清时期	1887 年 12 月 16 日【光绪十三年十一月初二】	据临安府及所属之石屏、建水等州县各禀报：十一月初二日酉刻，至初三日寅刻，地忽大震十余次，有声如雷。城垣、衙署或倒或裂，庙宇倾圮。石屏州城内民房南城震倒十之八九，东城震倒一半，西北稍差，而决裂歪斜已千余间。男妇老幼压毙二百余人，受伤及成废者共三百余人。四乡村寨被压民人：东乡死者八百余人，伤者七八百人。南乡死者二百余人，伤者四百余人。西乡死者三百余人，伤者五百余人。北乡死者百余人，伤者倍之。城乡死伤共四千余名口。房屋倒者十之八九。未倒之房，亦皆决裂歪斜。谷米器具，尽被覆压。满目哀鸿，非特栖身无所，抑且糊口无资，露宿风餐，贫富无异。又建水县城内压毙七人，伤者数十人。城外西南乡至西北乡三十余村寨，倒房三四百间，压毙二百四十九人，伤者一百五六十人。灾民冻馁情形与石屏相等。伏查此次该州县地震为灾，倒塌民房死伤之众，实为从来所未有。……又阿迷、新兴二州及威远厅地方，同时地震。城署民房亦有倒裂，幸未伤人。惟威远厅监狱震倒，监犯一并逸出。 云南巡抚谭钧培录副奏摺	7

序号	时期	时间	历史记载摘要及来源	震级
62	宋元明清时期	1888 年 6 月 13 日【光绪十四年五月初四】	据臣监观象台值班官生报称：五月初四日申正二刻，西北方起地震动二次。 <div align="right">管理钦天监事务奕淙等奏</div>（光绪十四年）五月乙卯，京师、（奉天、山东）地震。 <div align="right">《清史稿·德宗本纪》</div>	7½
63	宋元明清时期	1893 年 8 月 29 日【光绪十九年七月十八日】	顷接卓和协副将徐联魁、打箭炉枭司同知赵贡等呈文禀称：光绪十九年七月二十二日噶达把总张仲礼禀报：今年七月十八日卯时，卑职治下突然发生地震，军营民房除六间外全部倒塌，男女百姓十五人被倒屋压下毙命。汉人军士高福元、刘玉龙等人负伤，卑职幸无恙。此外，经去惠远寺察看，寺庙全部倾倒。僧侣二百余人，以及无数骡马牲口、牛羊等俱被埋于瓦砾之中。幸存堪布、执事等僧众之下体均负重伤。至于朝廷御赐各物是否损失，待查清后再报等情。 <div align="right">驻藏大臣致摄政第穆咨文</div>一八九三年八月二十九日，四川省边境的西藏噶达地区，发生一次极猛烈的地震，毁坏了九千平方英里的地方。达赖喇嘛的惠远大寺院和七座小喇嘛庙全毁。本地士兵和藏族土兵及其家属之住房八百零四幢遭到同一命运。七十四名喇嘛和一百三十七名汉、藏人民死亡，还有多人受伤。 <div align="right">《中国风土人民事物记》（英文）1903 年刊本</div>	7
64	宋元明清时期	1895 年 7 月 5 日【光绪二十一年闰五月十三日】	再，据莎车直隶州知州潘震禀报：光绪二十一年闰五月十三日辰刻，色勒库尔地方，忽然地震，簸动异常，约计一时之久。未刻又震一次。十四、十五两日，犹不时震动。该处旧堡基址、垛口均经损毁，西面倒缺两处，长三四丈不等。并坏炮台三座。其余营房、局屋、粮仓，坍塌无存。军装、粮料多被压坏。堡内及附近各庄民房，倾倒不少。 <div align="right">新疆巡抚陶模录副奏片</div>	7
65	宋元明清时期	1896 年 3 月【光绪二十二年二月】	卑职昌都基巧、强佐、大尔汗喇嘛谨此敬禀，窃以为诸公深思远虑，必不因此见责！ 卑职所禀要旨：西藏与康青等藏族地方众生利乐之根本，邓柯地方曲柯寺主寺与分寺，以及龙塘渡母经堂、佛像和法器供品庙产，溯其福斋之来源，本由曲柯与噶布西两地土司负责管理并安排堪布。……然不幸众生灾难临头，火猴年二月，一场可怖之地震，使寺庙、经堂、佛像以及僧俗人等尽陷地下。经敝寺代理人丹杰滚布扎西率人排除万难，尽力抢救，方使未遭地震损坏之主佛像龙塘渡母殊圣宝像有所安置，仍为众生依托祈求之救主，我等并竭尽全力按原样重建经堂庙宇，并恢复经堂寺庙原有内藏外附物品。 <div align="right">昌都基巧、寺庙拉让等呈西藏诸噶伦文（藏文）</div>	7

序号	时期	时间	历史记载摘要及来源	震级
66	宋元明清时期	1902年8月22日【光绪二十八年七月十九日】	八月二十二号，即华历七月十九日，新疆喀什噶尔地震甚厉，民屋坍倒，城镇毁伤，灾区甚广，人民之被压而死者约千余名，附近亚士颠村压毙四百人，吕宜林死二十人。自是连日大震，直至八月初二日始止。旋有热气一阵吹来，历五日少散。 《汇报》 光绪二十八年壬寅十月三十日〔一九〇二年八月二十二日喀什噶尔地震〕：附近村庄完全破坏了，在山区有裂缝，崩塌。被破坏的建筑物在一千四百〔所〕以下，约四百人死亡。传播地区比较大，从北纬三十七度至四十五度，东经六十七度至八十一度。 《苏联中央地震常设委员会通报》第二卷 第三期	8¼
67	宋元明清时期	1902年11月21日【光绪二十八年十月二十二日】	一九〇二年十一月二十一日十五时三分在台东发生地震，全岛有感。稍显著地震。 西村传三《昭和十年台湾震灾志·台湾地震史》（日文）	7¼
68	宋元明清时期	1904年8月30日【光绪三十年七月二十日】	再，前据阜和协副将陈均山、打箭炉直隶同知刘廷恕电禀，转据角洛汛把总禀报，该汛将军梁等处地方，暨麻书、孔撒两土寨，于七月二十日、三十日，八月初二日三次地震成灾，坍塌居民房屋多间。该处灵雀寺殿宇，并衙寨道坞均多震塌，计压毙汉、番居民、寺内喇嘛共四百余人。 四川总督锡良奏片	7
69	宋元明清时期	1906年12月23日【光绪三十二年十一月初八】	再，上年十一月初八日丑初，新疆省城忽尔地震，至丑初一刻始止，尚无倒屋伤人情事。……于是月十三日，据署绥来县知县杨存蔚禀报，该县属博罗通古等村镇，均于初八日同时地震，房屋倒塌伤毙人口为数不少。……计县属博罗通古地方，震倒民房五百二十间，压毙男女一百零五名，灾民二百五十四名，震塌渠岸十余里。又石厂子地方，震倒民房六百八十间，压毙男女六十七名，灾民三百四十四名。又庄浪庙地方，震倒民房三百四十二间，压毙男女四十六名，灾民二百二十九名，震塌渠岸三十余里。又牛圈子地方，震倒民房三百七十八间，压毙男女二十六名，灾民二百一十九名。又附近数里之大塘地方，震倒民房一百零八间，压毙男女四十一名，灾民四十六名。被灾各户，或全家覆毙，或仅存老稚，即残喘幸延，亦压覆数时，受伤甚重。粮食衣物，既陷没无余。况值雪厚冰坚，异常冻冷，沙碛露处，冻馁交逼，情形实堪悯恻。……此次地震甚广，由北路塔城、乌苏，以达南路吐鲁番、焉耆府等处，均于是夜同时震动，幸尚无倒屋伤人情事。 甘肃新疆巡抚联魁奏片	7.7

序号	时期	时间	历史记载摘要及来源	震级
70	宋元明清时期	1908 年 8 月 20 日【光绪三十四年七月】	尔等所报情形和请求书五件，已于七月十七日收悉，并已转呈代理摄政赤苏活佛及助理摄政大人，并经认真商酌。已对受地震灾害倒塌之桑却寺呈文单独批复。多尔拉寺震损严重，该寺喇嘛僧侣仅存一人。为资助其修复工程，兹从当地三分之一利粮中拨粮六十、八十、一百克，可告知寺主热穷布巴。其所需民工乌拉由所属地区以供食不供薪方法征调。修缮管事由尔等及该寺执事共同担任。 西藏噶厦饬浪卡子宗本令（藏文） 从去年六月二日起，地震日夜不停。到十六日晚茶时分，又发生极大地震。 西藏浪卡子打隆寺、塔尔林寺僧众属民呈摄政噶丹池巴文（藏文）	7
71	宋元明清时期	1909 年 4 月 15 日【宣统元年闰二月二十五日】	〔一九〇九年四月十五日〕台北强震。三时五十四分，发生在台北南部（北纬二十五度，东经一百二十一度五）全岛有感，台北州及新竹州北部，死九人，伤五十一人。住房全坏一百二十二户，半坏二百五十二户，破损七百九十八户，烧毁一户。在台北仅仅感到有一次余震。 西村传三《昭和十年台湾震灾志·台湾地震史》（日文）	7.3
72	宋元明清时期	1909 年 11 月 21 日【宣统元年十月初九】	〔一九〇九年十一月二十一日〕北东部强震。十五时三十六分发生在大南澳南部（原注：北纬二十四度四，东经一百二十一度八），除本岛南端外全都有感。台北州及花莲港厅北部伤四人，住房全坏十四户，半坏二十五户，破损十四户。 西村传三《昭和十年台湾震灾志·台湾地震史》（日文）	7.3
73	宋元明清时期	1910 年 4 月 12 日【宣统二年三月初三】	（一九一〇年四月十二日）八时二十二分，在基隆东方海中（原注：北纬二十五度一，东经一百二十二度九）发生强震，全岛及澎湖有弱震以上感觉。台北新竹州住房全坏十三户，半坏二户，破损五十七户。 西村传三《昭和十年台湾震灾志·台湾地震史》（日文）	7¾

附录五 《中国地震史》（远古至 1911 年）审稿意见（部分）

《中国地震史》（远古至 1911 年）书稿成型后，中国地震学会及多位专家进行了认真审核，并分别出具审稿意见。编者虽然已按照审稿意见对书稿进行了多次修改完善，但在许多地方仍然存在不足。现将部分审稿意见辑录于后，既作为本书永久纪念，也为读者深入研究中国地震史提供参考。

(一) 中国地震学会的审稿意见

中国地震学会

关于《中国地震史(远古至 1911 年)》的意见

中国地震局震害防御司：

受贵司委托，我会承担了《中国地震史(远古至 1911 年)》书稿审阅工作。

接受委托后，我会历史地震专业委员会推荐了 5 名历史地震专家组成了专家组。专家组成员于 2018 年 10 月 1 日至 20 日对书稿进行了认真的审读，形成了初步的审稿意见。2018 年 10 月 26 日我会召开了书稿审阅会议，经专家组讨论后形成了"《中国地震史(远古至 1911 年)》书稿审阅意见"（附后）。

根据专家组的意见，建议本书在做必要的修改后可出版。

2018 年 10 月 30 日

《中国地震史（远古至 1911 年）》书稿审阅意见

受中国地震局委托，中国地震学会于 2018 年 10 月 26 日在北京召开会议，对李文元、李佳金编著的《中国地震史（远古至 1911 年）》进行了审阅。审查专家组（名单附后）在认真审读和讨论后，形成审稿意见如下：

1、本书作者在前人大量研究分析的基础上，编撰成对我国历史地震研究和防震减灾工作极具参考价值的新书。尤其是本书系统地编辑了历史上不同时期的救灾思想、救灾管理机制、救灾模式、抗震救灾措施等资料，对历史地震记载中有关的自然现象也进行了单独编辑，这是本书编者思维的创新。对了解和研究中国地震总体情况，是一份宝贵、丰富、详细的参考资料，且对现今防震减灾事业的发展和管理有一定的借鉴作用。

2、本书在以下方面仍需改进：书中对于历史地震特别是远古地震的震级表述应遵循正式出版地震目录的表示方法，不能任意改动；凡直接摘录其他著作和资料者，需给出明确标注；地震灾情分省区统计表，数字表达过于精确，考虑历史资料的不完整程度，建议适当选择合适的有效数字；有关历史地震的位置应考虑不同时期资料的精确程度；建议本书略去 4 级以下地震的目录。

《中国地震史》（远古至 1911 年）史料丰富并别具特色，图文并茂，文字规范，表述流畅，能起到存史、资政、育教之作用，建议本书在做必要的修改后出版。

专家组：

2018年10月26日

（二）何永年的审稿意见

众所周知，中国是多地震的国家，地震频繁、震级高、灾害深重。历史上，远从上古时期，直到现今时代，我国不时有强震发生，给人民造成巨大的灾难。远的不说，1976 年唐山地震造成 24 万余人死亡和 16 万人伤残；2008 年汶川地震造成 8 万余人死亡，包括 69227 人死亡，17923 人失踪。因此，防震减灾工作和地震的科学研究是摆在我们面前重要的使命。然而，由于强烈地震是罕见现象，重复率很低，只有在长期积累资料后，才能了解其活动规律。现代的地震仪器于 1900 年问世，地震的仪器观测和记录迄今刚过百年，我们只有依靠历史资料才能掌握更长时期的地震活动情况。所以，历史地震的研究历来是我们防震减灾和地震科学研究的一个重要方面。

不久前，山西省地震局震防处尉燕普处长把山西忻州市地震局李文元局长的大作《中国地震史》（远古至 1911 年）文稿推荐给我，使我有幸先睹为快；拜读了全文，我这个防震减灾战线的老兵深为感动。听说李局长转到地震部门工作时间仅有数年，而且学的并非地震专业，但是他的地震史著作，特别是有关地震历史资料的整理却很有价值和意义。下面简要地谈谈我的看法，供有关同志参考：

我国不是没有历史地震的研究成果，诸如李善邦、谢毓寿等老先生都有重要的权威性的著作；而李文元同志的《中国地震史》（远古至 1911 年）》有它自己的特点。一是运用古籍资料比较丰富，进行了精心的归纳和整理，而且无论是历史学还是文学著作，凡涉及可能的地震现象描述都尽量做了收录和分析，资料相对更全；二是作者在判断历史地震震级的基础上进行了不同历史时期地震活动的划分，使人们对不同历史时期的强烈地震活动有一个初步的印象；三是收集了不少古地震当时出现的自然现象和造成的严重后果的描述资料，还包括了大震后的救援和赈灾等资料，是今天防震减灾工作的宝贵借鉴。当然，我个人认为，本书也有不足之处，最大的问题是对历史地震，特别是远古时期地震震级的估计过于精确，在一定意义上说，古籍所载的那些"突变"现象是不是地震恐怕还有争议，所以建议作者在历史地震的震级估计上更慎重一些。但是，瑕不掩瑜，李文元同志的《中国地震史》（远古至 1911 年）无疑是一本有价值历史地震学术性著作，值得祝贺。

2018 年 3 月 15 日

何永年：中国地震局研究员，原国家地震局副局长。

(三) 高建国的审稿意见

李文元先生原来我不熟悉。2018年3月6日,他的朋友、中国地震局预测研究所汪成民研究员递给我一本书《中国地震史》,称"我不做这方面的工作,您比较熟悉,您看看吧。"他介绍李文元先生,原为领导的秘书,后担任山西省忻州市地震局局长,刚去时该局防震减灾工作被评为全省最后,他还是有办法的,最近三年被评为全省第一。3月22日,同在江苏淮安一起开会,我见到了李文元先生,并与他进行深入交谈,发现他是很有激情的一位干部,工作做得那么好,热爱防震减灾工作,并在学术造诣上也有所贡献。这就是《中国地震史》。我想,作为地震事业的基层领导干部,如果都能像李文元先生那样,那该多好!

过去,中国地震系统一批学界前辈,如李善邦、顾功叙、郭增建等老先生,都做了大量的历史地震的考证与整理,并出版了许多高水平高质量的学术专著。李文元这本《中国地震史》的不同点是,一方面对各个历史时期自然界的地震活动及其规律、异常进行了归纳总结,另一方面又对各个历史时期的人类的抗震救灾思想、措施、机制、模式等进行了总结介绍。具体讲,一是不仅对历史震例进行了系统搜集整理,大震有历史记载,小震有目录,而且自己归纳整理了各个历史时期地震活动的时空分布特点,以期说明各时期的地震活动规律;二是系统搜集整理了各个历史时期的地震宏观异常,以期为今天的地震预测预报提供历史资料。因为地震是小概率事件,深入挖掘整理历史大地震的宏观异常,分析解剖历史资料,以史为鉴,可以缩短研究周期,尽早突破预测预报这个世界科学难题;三是系统搜集整理了各个历史时期的抗震救灾思想、措施、管理机制和救灾模式,以期为现代政府开展抗震救灾工作提供一些历史经验和借鉴。

我认为,这本书的特色是地震灾害管理,目前尚无人从这一角度对中国地震进行过深入地探讨。李文元思路清晰,对中国有史以来各朝代发生地震的基本情况做了全面掌握,对如何应对地震这一突发事件有顺应形势的把控,以不至于整个社会因为破坏性地震发生而走向无序。

本人查过许多资料和书籍,有救荒史、救灾史等等,但尚未见过一本地震史专著(包括其他国家也未找见);有许多地震历史资料汇编,但尚未见过一本集地震活动、地震规律、宏观异常和政府抗震救灾等为一体的专著。所以,在尚无先例可循的情况下,出版这部书,对于完善中国地震防震减灾工作是十分有益的。因此,我愿意推荐这本书。

2018年4月4日

高建国:中国地震局地质研究所研究员,中国灾害防御协会灾害史专业委员会第一、二届主任。

（四）张九辰的审稿意见

《中国地震史》（远古至 1911 年）一书，为山西省忻州市地震局李文元局长的地震史研究系列专著之一。该书作者既有丰富的地震工作实践经验，又利用六年多的时间查阅了大量的原始文献，是一部史料和内容都很丰富的著作。

《中国地震史》按照时间的顺序，对各个历史阶段的地震活动及其时空分布特点，宏观异常，抗震救灾的思想、管理机制、救灾模式和措施等内容进行了全面和系统的梳理与研究。该书不但有深入的历史震例的分析，更有对各时期的地震活动规律的阐释。这项工作为现代的地震预测预报提供了扎实的历史资料，也为现代政府开展抗震救灾工作提供了历史的经验和借鉴。

中国是地震灾害多发区，历史上不乏高质量的地震史料汇编类著作，但是目前尚无长时段、大跨度的全面系统的地震史总结性专著出版。该书的出版，无疑填补了学术研究的空白领域，对于完善中国地震防震减灾工作也十分有益。因此，我愿意推荐这本书。

中国科学院自然科学史研究所中国近现代科技史研究室主任

中国地质学会地质学史专业委员会副主席

国际地质科学史委员会副主席（2008-2016 年两任）

张九辰

2018 年 4 月 10 日

（五）曲克信的审稿意见

作者李文元、李佳金先生甄选了 1911 年前的中国历史地震资料，按照地震的活动性（地震的时、空、强度分布）、救灾（救灾思想、救灾措施、救灾机制、救灾模式）和宏观异常（即地震征兆异常，地震的前兆异常现象是地震预报的基础资料）三部分编写该阶段的《中国地震史》，并单开一节介绍张衡发明的候风地动仪和公元 138 年测定陇西地震的情况，彰显了早在公元二世纪中国地震科技创新发展的水平。书中归纳的历史经验值得借鉴。

《中国地震史》在时间域应包括现代地震史，在国土领域要关注台湾和东海、南海的地震活动。

建议：《中国地震史》分集出版。本文可作第一集（或者上集）出版。

曲克信

2018 年 3 月 5 日

曲克信：中国地震局研究员，中国地球物理学会原常务副秘书长。

主要参考书目

史志类（按首字母排序）：

[1]（北齐）魏收：《魏书·灵征志》，中华书局点校本，1974 年。

[2]（北齐）魏收：《魏书·天象志》，中华书局点校本，1974 年。

[3]（北齐）魏收：《魏书·礼志》，中华书局点校本，1974 年。

[4]（北齐）魏收：《魏书·食货志》，中华书局点校本，1974 年。

[5]《北史·魏本纪》，中华书局点校本，1974 年。

[6] 毕宿焘修，张史笔纂：（乾隆）《万泉县志》，乾隆二十三年刻本。

[7]（春秋）孔子：《论语》，黑龙江人民出版社，2004 年。

[8] 陈寿：《三国志》，中华书局，1959 年。

[9] 崔铸善修，陈鼎隆等纂：（光绪）《虞乡县志》，光绪十二年刻本。

[10] 蔡广锁：《武县志》（清乾隆三十一年修），中州古籍出版社，2013 年。

[11] 长子县史志办公室：《长子县志》（清乾隆四十三年、光绪八年版点校本），山西人民出版社，2011 年。

[12] 董杏林、赵锺灵：《徽县新志》（卷二），民国十三年刊本。

[13]（道光）《嘉兴府志》，道光二十六年刻本。

[14] 杜士铎：《北魏史》，山西高校联合出版社，1992 年。

[15] 戴国泰、王怡学、戴盛斌：《鞍山市地震志》，辽海出版社，1998 年。

[16] 福建省地方志编纂委员会：《福建省志·地震志》，中国社会科学出版社，2001 年。

[17] 浮山县地方志办公室整理：（明清）《浮山县志》，山西人民出版社，2010 年。

[18]（光绪）《麻城县志》，光绪八年刻本。

[19] 甘肃省地方史志编纂委员会：《甘肃省志·地震志》，甘肃人民出版社，1991 年。

[20] 高塘、吴士淳修，吕淙、吴克元纂：（乾隆）《临汾县志》，乾隆四十四年刻本。

[21] 高平市志办公室点校：《高平县志》，山西人民出版社，2015 年。

[22] 广西壮族自治区地方志编纂委员会：《广西通志·地震志》，广西人民出版社，1990 年。

[23] 广东省地方史志编纂委员会：《广东省志·地震志》，广东人民出版社，2003 年。

[24]（汉）司马迁：《史记》，中华书局，1974 年。

[25]（汉）董仲舒：《春秋繁露》（丛书集成初编本），中华书局，1991 年。

[26]（汉）班固：《汉书·五行志》，中华书局，1983 年。

[27]（汉）范晔：《后汉书·五行志》，中华书局，1965 年。

[28]《湖北通志》，民国 10 年，商务印书馆影印，清光绪版。

[29]《湖南通志》，清光绪十一年重修，商务印书馆影印，民国 23 年。

[30] 湖北地震志编委会：《湖北地震志》，地震出版社，1990 年。

[31] 黄家鼎修，陈大经、杨生芝纂：（康熙）《咸宁县志》，康熙六年刻本。

[32] 洪亮吉：《十六国疆域志》，商务印书馆，1958 年。

[33] 杭州市萧山区人民政府地方志办公室：《明清萧山县志》，上海远东出版社，2012 年。

[34] 杭州市地方志办公室：（康熙）《仁和县志》，西泠出版社，2011 年。

[35]（嘉庆）《余杭县志》，嘉庆十年刻本。

[36]（晋）嵇康：《嵇中散集》（文渊阁四库全书本，第 1063 册），上海古籍出版社，1987 年。

[37]（晋）王弼：《老子道德经注》（文渊阁四库全书本，第 1055 册），上海古籍出版社，1987 年。

[38]《畿辅通志》，清光绪十年重修，商务印书馆影印，民国 23 年。

[39] 觉罗石麟修，储大文纂：（雍正）《山西通志》，雍正十二年刻本。

[40]（康熙）《湖广武昌府志》，清康熙二十六年刻本。

[41] 康文慧　总点校，马少甫　点校：《府谷县志》，上海古籍出版社，2014 年。

[42] 李文元：《忻州市地震志》，当代中国出版社，2016 年。

[43] 李百药：《北齐书》，中华书局，1972 年。

[44] 李延寿：《北史》，中华书局，1974 年。

[45] 李荣和、刘钟麟修，胡仰廷纂：（光绪）《永济县志》，光绪十二年刻本。

主要参考书目 ・361・

[46] 李国祥等：《明实录类纂・自然灾异卷》，武汉出版社，1993 年 6 月。

[47] 拉昌阿修、王本智纂：(乾隆)《绛县志》，乾隆三十年刻本。

[48] 刘鸿逵修，洪承恩纂：(光绪)《平陆县续志》，光绪六年刻本。

[49] 刘维栋、叶振甲修纂：《大田县志》，厦门大学出版社，2016 年。

[50] 兰州市地震局：《兰州地震志》，兰州大学出版社，1991 年。

[51] 黎景曾等修纂：《宁化县志》，厦门大学出版社，2009 年。

[52] 灵山县县志编纂委员会办公室校：《灵山县志》(清雍正癸丑版影印点校本)，广西民族出版社，2015 年。

[53] (明) 夏浚修、徐泰纂：《嘉靖海盐县志》，西泠出版社，2015 年。

[54] (明) 黄裳、郭斯垕：(永乐)《政和县志》，厦门大学出版社，2015 年。

[55] (明) 温朝祚修，方廉纂：《万历新城县志》，国家图书馆出版社，2016 年。

[56] 勉县志编纂委员会：《勉县志》，地震出版社，1989 年。

[57] 马丕瑶、魏象乾修，张承熊纂：(光绪)《解州志》，光绪七年刻本。

[58] 马鉴、王希濂修，寻銮炜纂：(光绪)《荣河县志》，光绪七年刻本。

[59] (南梁) 沈约：《宋书・五行志》，中华书局，1974 年。

[60] (南梁) 肖子显：《南齐书・五行志》，中华书局，1972 年。

[61] 宁夏地震志编纂委员会：《宁夏地震志》，地震出版社，2014 年。

[62] 潘锦修，仇翊道纂：(康熙)《曲沃县志》，康熙四十五年刻本。

[63] (清) 田文镜：《河南通志》(卷七十三、卷七十四)，1914 年。

[64] (清) 贾汉复、李楷：《陕西通志》(卷三十)，康熙六年刊本。

[65] (清) 许容、李迪纂：《甘肃通志》(卷二十四)，乾隆元年刊本。

[66] (清) 升允、安维峻：《甘肃新通志》(卷六十一)，宣统元年刊本。

[67] (清) 叶恩沛、吕震南：《阶州直隶州续志》(卷十三)，光绪十二年刊本。

[68] (清) 雷文渊、王思温：《礼县新志》(卷四)，光绪十六年刊本。

[69] (清) 黄居中、杨淳纂：《灵台县志》(卷四)，顺治十五年刊本。

[70] (清) 费廷珍：《秦州直隶州新志》(卷六)，乾隆二十九年刊本。

[71] (清) 邱大英：《西和县志》(卷二)，乾隆三十九年刊本。

[72] (清) 王烜：《静宁州志》(卷八)，乾隆十一年刊本。

[73] (清) 巩建丰：《伏羌县志》(卷十二)，乾隆十四年刊本。

[74] (清) 何大璋、张志达：《通渭县志》(卷一)，乾隆二十六年修] 抄本 (北京图书馆)。

[75] (清) 高蔚霞、苟廷诚：《通渭县新志》(卷三)，光绪十九年刊本。

[76] (清) 严长宦、刘德熙：《秦安县志》，道光十八年刊本。

[77] (清) 桂超、侯龙光：《新续略阳县志》(卷二)，光绪九年刊本。

[78] (清) 刘懋官、周斯亿：《泾阳县志》，宣统三年刊本。

[79] (清) 孙铭钟、彭龄：《沔县新志》(卷四)，光绪九年刊本。

[80] (清) 彭洵：《麟游县志》(卷八)，光绪九年刊本。

[81] (清)《沈德潜竹啸轩诗抄・地震行》(卷十三)，乾隆二十九年刊本。

[82] (清) 史念祖：《弢园随笔》，民国六年刊本。

[83] (清) 黄维申：《报晖堂集・逃禅集》(下)，光绪十八年刊本。

[84] (清) 赵尔等撰：《清史稿》，中华书局，1977 年。

[85] (清) 赵良生、李基益修纂：(康熙)《永定县志》，厦门大学出版社，2012 年。

[86] (清) 庄成修：《安溪县志》，厦门大学出版社，2012 年。

[87] (清) 洪济修：《泰宁县志》，厦门大学出版社，2007 年。

[88] (清) 何其泰、吴新德等修纂：《岳池县志》，巴蜀书社，2010 年。

[89] (清) 乔履信、纂修，徐朋彪、徐国娟校注：(乾隆)《富平县志》，西北大学出版社，2016 年。

[90]《清史稿・河渠三》，中华书局点校本，1974 年。

[91]《清朝文献通考》，商务印书馆，1936 年。

[92]《清代史料笔记丛刊》(五十四种)，中华书局，1997 年。

[93] (乾隆)《六合县志》，故宫珍本丛刊第 087 册，海南出版社。

[94]（乾隆）《溧水县志》，故宫珍本丛刊第 088 册，海南出版社。

[95]（乾隆）《高淳县志》，故宫珍本丛刊第 089 册，海南出版社。

[96]（乾隆）《吴江县志》，乾隆十二年刻本。

[97]（乾隆）《襄城县志》，乾隆五十一年刻本。

[98]（乾隆）《汉阳县志》，乾隆十二年刻本。

[99]（乾隆）《杞县志》，乾隆五十三年刻本。

[100] 齐书勤：《山西通志·地震志》，中华书局，1991 年。

[101] 钱以垲修纂：（康熙）《隰州志》，康熙四十九年刻本。

[102] 庆钟修纂：（同治）《浮山县志》，同治十三年刻本。

[103]（宋）李昉等：《太平御览》卷八八，中华书局，1960 年。

[104]《山东通志》，商务印书馆影印清光绪版，民国 4 年。

[105] 山东省地方史志编纂委员会：《山东省志·地震志》，山东人民出版社，2014 年。

[106] 陕西省地方志编纂委员会：《陕西省志·地震志》，地震出版社，1989 年。

[107] 陕西通志局：《续修陕西省通志稿》，民国 23 年。

[108] 司马光：《资治通鉴》，中华书局，1963 年。

[109] 沈千鉴修，莫溥纂：（嘉庆）《河津县志》，光绪七年重印本。

[110] 沈卫新：（乾隆）《震泽县志》，江苏广陵书社，2017 年。

[111] 睡虎地秦墓竹简整理小组：《睡虎地秦墓竹简》，文物出版社，1978 年。

[112] 四川省地方志编纂委员会：《四川省志·地震志》，四川人民出版社，1998 年。

[113]（唐）房玄龄：《晋书·武帝纪》，中华书局点校本，1974 年。

[114]（唐）房玄龄：《晋书·食货志》，中华书局点校本，1974 年。

[115]（唐）房玄龄：《晋书·五行志》，中华书局，1974 年。

[116]（唐）魏征等：《隋书·五行志》，中华书局，1973 年。

[117]（唐）魏征等：《隋书·食货志》，中华书局，1974 年。

[118]（唐）姚思廉：《梁书》，中华书局，1973 年。

[119]（唐）姚思廉：《陈书》，中华书局，1972 年。

[120]（同治）《大冶县志》，同治六年刻本。

[121] 王树民：《二十四史札记校正》，中华书局，1984 年。

[122] 王钦若、杨亿等：《册府元龟》，台湾商务印书馆，1986 年。

[123] 王圻：《续文献通考·续修四库全书》，上海古籍出版社，1995 年。

[124] 王士仪修，刘愈深纂：（康熙）《永和县志》，康熙四十九年刻本。

[125] 王正茂修纂：（乾隆）《临晋县志》，光绪六年重印本。

[126] 王辉章、龚履坦修纂：（光绪）《翼城县志》，光绪七年刻本。

[127] 王轩等纂修：（清光绪）《山西通志》，中华书局，1990 年。

[128] 王效武：《西和县地震志》，地震出版社，2016 年。

[129] 王步才、赵平顺：《江西省地震志》，方志出版社，2003 年。

[130] 韦之瑗修，郭佩纂：（乾隆）《稷山县志》，乾隆三十年刻本。

[131]（西晋）陈寿：《三国志》，中华书局，1959 年。

[132] 西安市地震局：《西安市地震志》，地震出版社，1991 年。

[133] 邢云路修，林弘化纂：（康熙）《临汾县志》，康熙三十五年刻本。

[134] 萧子显：《南齐书》，中华书局，1972 年。

[135] 许崇楷修纂：（乾隆）《翼城县志》，乾隆三十六年刻本。

[136]（元）马端临：《文献通考·市籴二》，中华书局影印本，1986 年。

[137]《元明史料笔记》（二十四种），中华书局，1997 年。

[138] 杨廷亮修纂：（道光）《赵城县志》，道光七年刻本。

[139] 姚思廉：《梁书》，中华书局，1973 年。

[140] 姚学瑛修，姚学甲纂：（乾隆）《沁州志》，乾隆三十六年刻本。

[141] 余世堂修，董维纂：（雍正）《洪洞县志》，雍正九年刻本。

［142］言如泗修，吕溢、郑必阳纂：（乾隆）《解州安邑县志》，乾隆二十九年刻本。

［143］言如泗修，李遵唐纂：（乾隆）《解州夏县志》，乾隆二十九年刻本。

［144］言如泗修纂：（乾隆）《解州志》，乾隆二十九年刻本。

［145］言如泗修，韩夑典纂：（乾隆）《解州平陆县志》，民国二十一年石印本。

［146］言如泗修，万启钧、张承熊纂：（光绪）《芮城县续志》，光绪七年刻本。

［147］叶县地方史志办公室整理：（乾隆）《叶县志》，中州古籍出版社，2012年。

［148］曾国荃、张熙等修，王轩、杨笃等纂：（光绪）《山西通志》，中华书局点校本，1990年。

［149］周景柱等修纂：（乾隆）《蒲州府志》，乾隆二十年刻本。

［150］（战国）孟轲：《孟子》，中国书店，1992年。

［151］张典、徐湘：《松潘县志》（卷八），民国十三年刊本。

［152］张廷珪修，范安治纂：（雍正）《平阳府志》，乾隆元年刻本。

［153］张建民：《湖北通史·明清卷》，华中师范大学出版社，1999年。

［154］张成德修，李友洙纂：（乾隆）《直隶绛州志》，乾隆三十年刻本。

［155］张钟秀修，周令德纂：（乾隆）《太平县志》，乾隆四十年刻本。

［156］张坊修，胡元琢、徐储纂：（乾隆）《曲沃县志》，乾隆二十三年刻本。

［157］赵懋本修，卢秉纯纂：（雍正）《襄陵县志》，雍正十年刻本。

［158］赵温修，常逊纂：（雍正）《岳阳县志》，雍正十三年刻本。

［159］《浙江通志》，清光绪二十五年重修，商务印书馆影印，民国23年。

资料汇编类（按首字母排序）：

［1］北京大学哲学系中国哲学史教研室：《中国哲学史教学资料选辑》，中华书局，1981年。

［2］北京市地震局、台北中研院历史语言研究所：《明清宫藏地震档案》（下卷），地震出版社，2007年。

［3］陈高傭：《中国历代天灾人祸表》，上海书店影印出版，1980年。

［4］刁守中、晁洪太：《中国历史有感地震目录》，地震出版社，2008年。

［5］冯君实：《中国历史大事年表》，辽宁人民出版社，1985年。

［6］国家地震局震害防御司：《中国历史强震目录》（公元前23世纪—公元1911年），地震出版社，1995年。

［7］国家档案局明清档案馆：《清代地震档案史料》，中华书局，1959年。

［8］顾功叙：《中国地震目录》，科学出版社，1983年。

［9］贺旭志、贺世庆：《中国历代职官辞典》，中国社会出版社，2003年。

［10］楼宝棠：《中国古今地震灾情总汇》，地震出版社，1996年。

［11］吕宗力：《中国历代官制大辞典》（修订版），商务印书馆，2016年。

［12］李焘：《资治通鉴长编》，中华书局，1986年。

［13］李鸿章等：《钦定大清会典事例》，商务印书馆，光绪三十四年刻本。

［14］闵子群：《中国历史地震研究文集》，地震出版社，1989年。

［15］宁可：《中华五千年纪事本末》，人民出版社，1996年。

［16］齐书勤、蒋克训：《中国地震碑刻文图精选》，地震出版社，1999年。

［17］（宋）宋敏求：《唐大诏令集》，中华书局，2008年。

［18］（宋）司义祖：《宋大诏令集》，中华书局，1962年。

［19］宋治平、张国民、刘杰、尹继尧、薛艳、宋先月：《全球地震目录》，地震出版社，2011年。

［20］宋治平、张国民、刘杰、尹继尧、薛艳、宋先月：《全球地震灾害信息目录》，地震出版社，2011年。

［21］宋正海等：《中国古代重大自然灾害和异常年表总集》，广东教育出版社，1992年。

［22］王子平：《地震社会学研究——全国地震社会学研讨会文集》，地震出版社，1989年。

［23］谢毓寿、蔡美彪：《中国地震历史资料汇编》，科学出版社，1983—1987年。

［24］张波、冯风、张纶、李宏斌：《中国农业自然灾害史料集》，陕西科学技术出版社，1994年。

［25］中国科学院地震工作委员会历史组：《中国地震资料年表》，科学出版社，1956年。

［26］中国社会科学院历史研究所资料编纂组：《中国历代自然灾害及历代盛世农业政策资料》，农业出版社，1988年。

［27］中国地震局、中国第一历史档案馆：《明清宫藏地震档案》（上卷），地震出版社，2005年。

研究著作类（按首字母排序）：

[1] 白寿彝、何兹全等：《中国通史》第五卷（三国两晋南北朝时期），上海人民出版社，1995 年。

[2] 卜风贤：《周秦汉晋时期农业灾害和农业减灾方略研究》，中国社会科学出版社，2006 年。

[3] 卜宪群：《中国通史》，华夏出版社、安徽教育出版社，2016 年。

[4] 北京大学哲学系中国哲学史教研室：《中国哲学史》，中华书局，1980 年。

[5] 邓云特：《中国救荒史》，商务印书馆，2011 年。

[6] ［法］魏丕信著，徐建青译：《十八世纪中国的官僚制度与荒政》，江苏人民出版社，2006 年。

[7] 傅筑夫：《中国封建社会经济史》（第三卷），人民出版社，1984 年。

[8] 傅衣凌：《明清社会经济变迁论》，人民出版社，1989 年。

[9] 冯尔康等：《中国社会史研究概述》，天津教育出版社，1998 年。

[10] 冯天瑜、何晓明、周积明：《中华文化史》，上海人民出版社，1997 年。

[11] 复旦大学：《自然灾害与中国社会历史结构》，复旦大学出版社，2001 年。

[12] 复旦大学历史地理研究中心：《自然灾害与中国社会历史结构》，复旦大学出版社，2001 年。

[13] 高建国：《中国减灾史话》，大象出版社，1999 年。

[14] 高峰：《北朝灾害史研究》，首都师范大学，2003 年。

[15] 高敏：《魏晋南北朝经济史》，上海人民出版社，1996 年。

[16] 高庆华等：《中国自然灾害史》（总论），地震出版社，1997 年。

[17] 郭增建：《中国历史地震研究文集》，地震出版社，1991 年。

[18] 郭增建、马宗晋：《中国特大地震研究》（一），地震出版社，1988 年。

[19] 顾浩：《中国治水史鉴》，中国水利水电出版社，1997 年。

[20] 葛兆光：《中国思想史导论》，复旦大学出版社，2002 年。

[21] 葛剑雄：《中国人口史》（第四册、第五册），复旦大学出版社，2001 年。

[22] 何兆武、步近智、唐宇元、孙开太：《中国思想发展史》，中国青年出版社，1980 年。

[23] 黄河水利委员会黄河志总编辑室：《黄河大事记》，黄河水利出版社，2001 年。

[24] 黄瑞棠：《数术穷天地　制作侔造化——浅论张衡》，国家地震局地震研究所，1990 年。

[25] 韩国磐：《魏晋南北朝经济史略》，厦门大学出版社，1990 年。

[26] 郝治清：《中国古代灾害史研究》，中国社会科学出版社，2007 年。

[27] 刘锦藻：《清朝续文献通考》，浙江古籍出版社，2000 年。

[28] 李善邦：《中国地震》，科学出版社，1983 年。

[29] 李向军：《中国救灾史》，广东人民出版社、华夏出版社，1996 年。

[30] 李向军：《清代荒政研究》，农业出版社，1995 年。

[31] 李程伟、张永理：《自然灾害类突发事件恢复重建政策体系研究》，中国社会出版社，2009 年。

[32] 李文海、夏明方：《中国荒政全书》第一辑（全一卷），北京古籍出版社，2003 年。

[33] 李文海、夏明方：《中国荒政全书》第二辑（全四卷），北京古籍出版社，2004 年。

[34] 李泽厚：《中国古代思想史论》，天津社会科学院出版社，2003 年。

[35] 吕思勉：《两晋南北朝史》，上海古籍出版社，1983 年。

[36] 梁家勉：《中国农业科学技术史稿》，农业出版社，1989 年。

[37] 马伯英：《中国医学文化史》，上海人民出版社，1994 年。

[38] 马宗晋：《中国减灾重大问题研究》，地震出版社，1992 年。

[39] 马宗晋等：《灾害与社会》，地震出版社，1990 年。

[40] 马宗晋：《山西临汾地震研究与系统减灾》，地震出版社，1993 年。

[41] 马大英：《汉代财政史》，中国财政经济出版社，1983 年。

[42] 孟昭华：《中国灾荒史记》，中国社会出版社，1999 年。

[43] 孟繁星等：《地震与地震考古》，文物出版社，1976 年。

[44] 邱国珍：《三千年天灾》，江西高校出版社，1998 年。

[45] 任继愈：《中国佛教史》第二卷，中国社会科学出版社，1981 年。

[46] 任继愈：《中国哲学发展史》（魏晋南北朝），人民出版社，1988 年。

[47] 孙绍骋：《中国救灾制度研究》，商务印书馆，2004 年。

［48］孙翊刚：《中国财政史》，中国广播电视大学出版社，1984 年。

［49］时振梁：《中国地震考察：公元前 466 年——公元 1900 年》，地震出版社，1992 年。

［50］汤用彤：《汉魏两晋南北朝佛教史》，中华书局，1983 年。

［51］唐长孺：《魏晋南北朝史论拾遗》，中华书局，1983 年。

［52］谈敏：《中国财政思想史》，中国财政经济出版社，1989 年。

［53］唐锡仁：《中国地震史话》，科学出版社，1978 年。

［54］王子平：《地震社会学初探》，地震出版社，1989 年。

［55］王仲荦：《魏晋南北朝史》，上海人民出版社，1979 年。

［56］万绳楠：《魏晋南北朝史论稿》，安徽教育出版社，1983 年。

［57］薛仲三、欧阳颐：《两千年中西历对照表》，三联书店，1956 年。

［58］谢天佑：《秦汉经济政策与经济思想史稿》，华东师范大学出版社，1989 年。

［59］许辉、邱敏、胡阿祥：《六朝文化》，江苏古籍出版社，2001 年。

［60］袁林：《西北灾荒史》，甘肃人民出版社，1994 年。

［61］竺可桢：《竺可桢文集》，科学出版社，1979 年。

［62］张仲裁、杨杰：《中国通史》，中国书籍出版社，2004 年。

［63］张建民、宋俭：《灾害历史学》，湖南人民出版社，1998 年。

［64］张帆：《中国古代简史》，北京大学出版社，2001 年。

［65］张剑光：《三千年疫情》，江西高校出版社，1998 年。

［66］臧励和：《汉魏六朝文》，台湾商务印书馆，2005 年。

［67］邹其嘉：《地震社会学研究》，地震出版社，1989 年。

［68］中国地球物理协会：《中国地球物理学史》，中国科学技术出版社，2017 年。

［69］赵靖：《中国经济思想通史》（第一卷），北京大学出版社，1991 年。

［70］周伯棣：《中国财政史》，上海人民出版社，1981 年。

［71］曾延伟：《两汉社会经济发展史初探》，中国社会科学出版社，1989 年。

［72］朱大渭：《六朝史论》，中华书局，1998 年。

后　记

　　中国是历史地震大国。地震数量多、分布广、震级高、灾害重，始终是一个基本国情。诚如马瑾院士在序言中所说，用历史学的观点和方法研究历史地震，这类著作目前尚不多见。所以，在本书即将出版之际，编者心中甚觉忐忑。

　　书稿编写、送审和出版过程中，得到中国地震局领导和众多中外业界前辈、同仁的鼎力支持与细致指导，令编者倍感欣慰。2018年三、四月份，经人推荐，中国地震局研究员、原国家地震局副局长何永年，中国地震局地质研究所研究员、中国灾害防御协会灾害史专业委员会第一和第二届主任高建国，中国地震局研究员、中国地球物理学会原常务副秘书长曲克信，中国科学院自然科学史研究所研究员、中国地质学会地质学史专业委员会副主席、国际地质科学史委员会副主席张九辰等四位专家，不辞辛苦、亲自审稿；七、八月份，中国地震局震害防御司委托中国地震学会再次审稿；国庆前后，中国地震学会组织中国地震局地球物理研究所研究员金严、许忠淮、肖承邺、王健和中国地震台网中心研究员宋臣田等五位中国地震学界德高望重的历史地震专家，放弃法定休息，对书稿进行认真审读审阅，并召开专题讨论会议，形成书稿审阅意见。此外，中国地震局系统牛之俊、孙福梁、黎益仕、韦开波、徐锡伟、马明、薛辰忠、岳安平、周利杰、李亚琦、汪成民、郑大林、齐书勤、郭星全、郭跃宏、郭君杰、李杰、田勇、史宝森、薛振岳、尉燕普，中国社会科学院副研究员、历史研究所副所长田波，中央党史和文献研究院院务委员会委员、原中央党史办副主任张树军，中国人民大学党史党建研究院院长、长江学者杨凤成，山西省忻州市委书记郑连生，忻州市市长朱晓东，常务副市长赵新年，副市长王月娥、武宪堂等，都在不同阶段给予编者不同方面的支持、指导和帮助。尤其是中国科学院院士、中国地震局地质研究所研究员、著名构造物理与构造地质学家马瑾前辈，中国工程院院士、中国地质科学院研究员、著名勘查地球物理学家赵文津前辈，中国科学院院士、中国科学院地质与地球物理研究所研究员、著名地球物理学家姚振兴前辈，中国社会科学院学部委员（院士）、中国社会科学院历史研究所研究员、著名历史学家王震中前辈，国际地质科学史委员会主席、世界著名地质学与地质科学史学家Barry J. Cooper博士等五位世界知名学界大师，素昧平生，先后在百忙中分别为本书作序或题词，既使本书增色，又给编者以充分肯定和鼓励，不仅是锦上添花，更是雪中送炭。在此，谨向各位领导、前辈、专家、学者，以及给予编者各种帮助的各界朋友，致以崇高敬意和衷心的感谢！马瑾院士在尚未见到本书正式出版之际，竟于2018年8月12日不幸仙逝。谨向马瑾院士致以沉痛哀悼！

　　地震是一种自然灾害，虽以其突发性、瞬时性、毁灭性给人类造成了无数次巨大灾难，但其本身并无社会属性。就单个震例而言，从本质上讲，远古地震与现代地震并无任何区别，不同震例只是时间、地点、震级、震源深度不同，与时代性无关。研究地震史，惟有把自然界不同震例放到各个历史时期进行分析，总结不同阶段的地震活动规律，研究古人的救灾理念、措施，才能起到资政育人的作用。所以，本书按照历史学的观点和方法，将中华民国成立前的中国地震史划分为五个历史时期，不同时期围绕自然界地震活动的历史记载、时空分布特点、宏观异常现象，和人类抗震救灾活动的理念、机制、模式、措施等两条主线七个维度，搭建中国地震史（远古至1911年）的学科架构，既为地震工作者研究预测预报提供史料支撑，也为各级政府工作人员开展震后应急处置提供历史借鉴。

　　我国历史文献中关于地震的记载纷繁复杂、量大面广，地震学界的震例汇编也有多个版本。编者综合考虑权威性、准确性等多种因素，地震介绍主要采用谢毓寿、蔡美彪主编，科学出版社出版的《中国地震历史资料汇编》中的记载；地震目录主要采用国家地震局震害防御司编、地震出版社出版的《中国历史强震目录》和刁守中、晁洪太主编，地震出版社出版的《中国历史有感地震目录》中的记载；震级则统一以中国地震局地震台网中心（CENC）公布的"全国地震目录"中的震级为准，地震学界尚未确定震级的历史地震均不标注震级。

历史地震的文献记载，与人类文明发展程度相一致，越往前，记载越简略；越往后，记载越详细。而地震活动的强弱，主要受地壳运动的影响，不以人的意志和文明程度而改变。本书中对各个历史时期地震活动时空分布特点的总结，只是根据古人已有记载进行归纳，只能作为各个历史时期历史地震活动规律的一种参考。切不可据此就以为越往前地震活动越少，越往后地震活动越多；更不宜教条对待本书中各时期地震活动时空分布特点。这也是唯物史观的基本态度。

需要加以说明的是，2017年底书稿成型后，书名一直是《中国地震史》（远古至1911年），所有题词、序言和审稿意见中均用此名。2019年3月，按照中国地震局相关部门意见，书名更改为"《中国地震史研究》（远古至1911年）"。因无法联系到中外所有院士、专家，马瑾院士甚至已经作古，故所有题词、序言、审稿意见中的书名均未作变更。专此予以说明，并向读者致歉。

今年是汶川地震13周年和唐山地震45周年。编者希望以本书的出版，作为对汶川地震和唐山地震的最好纪念。愿逝者安息，生者更加努力，以史为鉴，共同为实现强国梦想而奋斗。

灾害史属于新兴学科，地震史研究目前尚少有先例可循。本书虽已按照专家意见进行了多次修改完善，但因编者水平有限，难免仍有许多缺点错误和不当之处，恳请业界同仁和读者朋友不吝指正。

编著者
2021年元旦